经济管理类数学基础

微积分

于伟红 王义东 主编

清华大学出版社
北京

内 容 简 介

本书涵盖了教育部非数学类专业数学基础课程教学指导分委员会最新制定的经济管理类本科数学基础教学基本要求,与教育部最新颁布的研究生入学考试数学三考试大纲的微积分内容相衔接.教材编写遵循加强基础、强化应用、注重后效的原则,将微积分和经济学的有关内容有机结合,注重渗透现代数学思想,符合经济管理类各专业对数学要求越来越高的趋势.

全书共 10 章,包含了极限、导数与微分、中值定理及其应用、不定积分与定积分、多元函数微分与积分、无穷级数、微分方程与差分方程等内容.每章节配有难易兼顾的习题,书后附有习题的参考答案.

本书可作为高等学校经济管理类或其他非数学类专业的教材或教学参考书.

版权所有,侵权必究。举报:010-62782989,beiqinquan@tup.tsinghua.edu.cn。

图书在版编目(CIP)数据

微积分/于伟红,王义东主编.—北京:清华大学出版社,2012.7(2022.10重印)
(经济管理类数学基础)
ISBN 978-7-302-28919-7

Ⅰ.①微⋯ Ⅱ.①于⋯ ②王⋯ Ⅲ.①微积分 Ⅳ.①O172

中国版本图书馆 CIP 数据核字(2012)第 107017 号

责任编辑:石 磊 赵从棉
封面设计:傅瑞学
责任校对:王淑云
责任印制:曹婉颖

出版发行:清华大学出版社
网　　址:http://www.tup.com.cn, http://www.wqbook.com
地　　址:北京清华大学学研大厦 A 座　　邮　编:100084
社 总 机:010-83470000　　邮　购:010-62786544
投稿与读者服务:010-62776969, c-service@tup.tsinghua.edu.cn
质量反馈:010-62772015, zhiliang@tup.tsinghua.edu.cn

印 装 者:三河市君旺印务有限公司
经　　销:全国新华书店
开　　本:185mm×230mm　　印　张:25　　字　数:543 千字
版　　次:2012 年 7 月第 1 版　　印　次:2022 年 10 月第16次印刷
定　　价:65.00 元

产品编号:042956-05

丛书序

随着我国经济与管理学科的迅速发展，数学作为经济与管理学科的重要基础课受到越来越广泛的关注和重视．数学课的教学目的在于培养学生的抽象思维能力、逻辑思维能力、科学的定量分析能力等基本数学素质，特别是培养学生在研究经济理论和经济管理的实践中综合运用数学思想方法去分析问题和解决问题的能力．数学课的教学质量，直接影响后续专业课的教学和相关专业学生的培养质量．

经济管理类数学基础系列课程主要有微积分、线性代数、概率论与数理统计三门课程．长期以来，中央财经大学应用数学学院一直非常重视这些基础课程的建设与改革．学院曾于1998年组织骨干教师编写出版了这三门课程的教材．该教材被评为中央财经大学重点系列教材，自出版发行以来，深受广大教师及学生的好评，还在一定程度上满足了兄弟院校教学的需要．

近年来，随着我校教育教学改革的不断深入，我们进一步对数学课的教学内容、教学手段等方面进行了一系列改革，力求使之更加适应新形势下财经应用型创新人才培养的要求．依据新的培养目标和培养方案，参考2009年教育部最新颁布的研究生入学数学考试大纲，我们重新修订了这三门课的教学大纲，组织教学小组积极探索提高公共数学课教学质量的途径、方法和有效手段．经过几年的努力，我们在课程建设方面取得了一定的成绩．目前，三门经济管理类数学课程均已成为校级精品课，其中微积分于2008年被评为北京市精品课程．

2010年5月，教育部为贯彻落实《国家中长期教育改革和发展规划纲要（2010—2020年）》，扎实有序地推进教育改革，决定在全国范围分区域、有步骤地开展改革试点工作．中央财经大学的"财经应用型创新人才培养模式改革"成为首批国家教育体制改革试点项目．基于此，我们在课程建设中进一步突出了学生创新意识和创新能力的培养，成立教学改革课题组，开展"数学课程与教材一体化建设的研究"．

在上述工作的基础上，我们编写了这套"经济管理类数学基础"系列教材，包括《微积分》、《线性代数》、《概率论与数理统计》，以及配套的习题课教材和电子教案．教材内容涵盖了教育部非数学类专业数学基础课程教学指导分委员会最新制定的"经济管理类本科数学基础教学基本要求"，并且满足经济类、管理类各专业对数学越来越高的要求．在我们原有教材的基础上，该系列教材凝聚了作者近年来在大学数学教学改革方面的一些新成果，借鉴了近几年国内外一批优秀教材的有益经验．教材在内容上注重基本概念、基本理论和基本技能的讲解,突出理论联系实际,努力体现实用性.根据经济管理类专业学生的实际情况,尽量以直观的、通俗的方法重点阐述数学方法的思想、应用背景及其在金融、保险、统计等领域应用中应该注意的问题. 选择与当今社会经济生活和现代科技密切相关的实例,避免那种远离实际而只讲数学的抽象定义、定理、证明的模式,尽量突出数学建模的思想和方法.通过加强对经济学、管理学具体问题的数学表述和数学理论问题的经济学含义解释,使得数学的能力培养功能与应用功能有机结合,培养学生在经济学中的数学思维方式和数学应用能力,实现经济、管理类数学基础教育的"培养素质、提高能力特别是专业素质"的目标.我们希望系列教材与精品课程互为依托,进一步促进课程与专业建设水平全面提高.

在本系列教材的编写和出版过程中,得到中央财经大学教务处、应用数学学院以及清华大学出版社的大力支持,在此一并致谢.

尽管作者都有良好的愿望和多年的教学经验,但由于受经验和水平的限制,加之时间仓促,书中难免存在作者未发现的错漏,恳请使用本书的读者不吝指正,以便进一步完善.

编 者
2012 年 5 月

前言

本书依据教育部《经济管理类本科数学基础教学基本要求》编写,内容涵盖一元微积分、多元微积分、无穷级数与微分方程等.可作为经济管理类和其他非数学专业的教材或教学参考书.

本书突出了微积分在经济中的应用.例如,在第2章介绍了单利、复利、连续复利三种常用的计息方式;第4章介绍了常用的经济函数及其边际、弹性、极值;第6章引入了收益流的现值和将来值;第7章给出了偏边际与偏弹性以及拉格朗日乘数的经济解释;第10章引入了治污、价格调整、贷款等与实际联系紧密的模型,突出了数学建模思想.这样从具体到抽象,再从抽象到具体,将微积分内容与经济问题有机地结合起来,为学生将来利用数学方法讨论更复杂的经济问题打下扎实的基础.

此外,对一些内容和定理的证明,作了简化和新的处理,注意几何意义和实际背景的介绍,更加突出对数学思想与方法的分析.例如,在第2章中将有界变量、无穷小、无穷大与函数的极限放在一起,将极限的性质与极限的四则运算法则放在一起;第4章将经济函数及其边际、弹性、极值等问题合并到一节集中介绍;第6章将积分上限函数与函数的单调性、连续性、可导性、极值、最值、中值定理、微分方程等知识点结合;第7章将空间解析几何初步与多元微分学结合;第9章将级数与极限、现值、定积分、微分方程等知识点结合,并增加了利用函数的幂级数展开式求函数的 n 阶导数等内容;在第10章将微分方程与一元积分学、多元微积分学等知识点结合,提高学生综合运用数学知识的能力.

在教材编写过程中,我们还注意到高中数学和大学数学的有机衔接问题,将现行中学课本已经淡化但在大学数学中又经常使用的知识在第1章中做了梳理和补充,例如三角函数公式、极坐标、参数方程、复数等;同时我们也对教材的深度和广度进行调整,对篇幅较长、公式推导相对繁难和与某些专业的实际问题联系比较紧密的问题以"*"号的形式加以阐述,以适应不同层次的需求.吸收国内外优秀教材的优点,在习题类型的选取、难度的把握和数量等问题上都进行了充分的研究,其中有很多题目是我们多年教学经验的总结;给出了一些综合性很强、知识覆盖面广的习题,以帮助学生提高数学素养、培养创新意识、提高运用数学工具解决具体问题的能力.书末还附有习题答案与提示.

本书共分 10 章，第 1,2,10 章由刘丽敏编写，第 3,4 章由于伟红编写，第 5,6,9 章由姜玲玉编写，第 7,8 章由王义东编写．全书由于伟红统稿．

由于水平有限，书中的错误和不妥之处恳请广大读者批评指正，以期不断完善．

作 者

2011 年 12 月

目录

第1章 函数 ·· 1

  1.1 集合 ·· 1

    1.1.1 区间与邻域 ·· 1

    1.1.2 函数的概念 ·· 2

    1.1.3 初等函数 ·· 3

  1.2 函数的参数方程与极坐标方程 ·· 5

    1.2.1 函数的参数方程 ·· 5

    1.2.2 函数的极坐标方程 ·· 6

  1.3 复数 ·· 7

    1.3.1 复数域 ·· 7

    1.3.2 复数的模与辐角 ·· 8

复习题一 ·· 9

第2章 极限与连续 ·· 10

  2.1 数列的极限 ·· 10

    2.1.1 引例 ·· 10

    2.1.2 数列的极限 ·· 11

  习题2.1 ·· 15

  2.2 函数的极限 ·· 15

    2.2.1 自变量趋于无穷大时函数的极限 ·· 16

    2.2.2 自变量趋于有限值时函数的极限 ·· 17

    2.2.3 有界变量、无穷小与无穷大 ·· 19

  习题2.2 ·· 22

  2.3 极限的性质与运算法则 ·· 23

    2.3.1 极限的性质 ·· 23

    2.3.2 极限的运算法则 ·· 24

  习题2.3 ·· 29

2.4 极限存在准则与两个重要极限 ... 30
2.4.1 夹逼准则 ... 30
2.4.2 单调有界收敛准则 ... 32
2.4.3 连续复利 ... 35
习题 2.4 ... 36

2.5 无穷小的比较 ... 37
2.5.1 无穷小的比较 ... 37
2.5.2 等价无穷小 ... 38
习题 2.5 ... 39

2.6 函数的连续性与间断点 ... 40
2.6.1 函数的连续性 ... 40
2.6.2 函数的间断点 ... 41
2.6.3 连续函数的运算性质 ... 42
习题 2.6 ... 43

2.7 连续函数的性质 ... 44
2.7.1 最大值与最小值定理 ... 44
2.7.2 零点定理与介值定理 ... 45
习题 2.7 ... 46

复习题二 ... 46

第 3 章 导数与微分 ... 49

3.1 导数的概念 ... 49
3.1.1 引例——变化率问题 ... 49
3.1.2 导数的定义 ... 51
3.1.3 导数的几何意义 ... 55
3.1.4 函数的可导性与连续性的关系 ... 56
习题 3.1 ... 57

3.2 求导法则与基本初等函数的求导公式 ... 58
3.2.1 函数的和、差、积、商的求导法则 ... 58
3.2.2 反函数的求导法则 ... 60
3.2.3 复合函数的求导法则 ... 61
3.2.4 求导法则与基本初等函数导数公式表 ... 64
习题 3.2 ... 65

3.3 高阶导数 ... 67
习题 3.3 ... 69

  3.4 隐函数的导数以及由参数方程所确定的函数的导数 ……………………… 70
    3.4.1 隐函数的导数 ……………………………………………………… 70
    3.4.2 由参数方程所确定的函数的导数 ………………………………… 72
    习题 3.4 ……………………………………………………………………… 74
  3.5 微分及其简单应用 ……………………………………………………………… 75
    3.5.1 微分的定义 ………………………………………………………… 75
    3.5.2 可微与可导的关系 ………………………………………………… 75
    3.5.3 微分的几何意义 …………………………………………………… 77
    3.5.4 基本初等函数的微分公式与微分运算法则 ……………………… 77
    3.5.5 微分形式的不变性 ………………………………………………… 78
    3.5.6 微分在近似计算中的应用 ………………………………………… 80
    习题 3.5 ……………………………………………………………………… 81
 复习题三 ………………………………………………………………………………… 82

第 4 章　微分中值定理与导数的应用 ………………………………………………… 84

  4.1 微分中值定理 …………………………………………………………………… 84
    4.1.1 罗尔中值定理 ……………………………………………………… 84
    4.1.2 拉格朗日中值定理 ………………………………………………… 87
    4.1.3 柯西中值定理 ……………………………………………………… 90
    习题 4.1 ……………………………………………………………………… 91
  4.2 洛必达法则 ……………………………………………………………………… 92
    4.2.1 $\dfrac{0}{0}$ 型未定式 …………………………………………………………… 92
    4.2.2 $\dfrac{\infty}{\infty}$ 型未定式 ………………………………………………………… 94
    4.2.3 $0 \cdot \infty, \infty - \infty, 0^0, 1^\infty, \infty^0$ 型未定式 ……………………………… 95
    习题 4.2 ……………………………………………………………………… 97
  4.3 函数的单调性、极值与最值 …………………………………………………… 97
    4.3.1 函数的单调性 ……………………………………………………… 97
    4.3.2 函数的极值 ………………………………………………………… 100
    4.3.3 函数的最大值和最小值 …………………………………………… 104
    习题 4.3 ……………………………………………………………………… 106
  4.4 曲线的凹凸性与拐点 …………………………………………………………… 107
    4.4.1 曲线的凹凸性 ……………………………………………………… 107
    4.4.2 曲线的拐点 ………………………………………………………… 108

　　　　习题 4.4 ··· 109
4.5　函数图形的描绘 ·· 109
　　　　习题 4.5 ··· 112
4.6　导数在经济学中的应用 ·································· 112
　　4.6.1　经济学中的常用函数 ···························· 112
　　4.6.2　导数在经济分析中的应用 ······················ 116
　　4.6.3　函数最值的经济应用问题 ······················ 122
　　　　习题 4.6 ··· 126
4.7　泰勒公式 ··· 127
　　　　习题 4.7 ··· 131
复习题四 ·· 132

第 5 章　不定积分 ··· 134

5.1　不定积分的概念与性质 ·································· 134
　　5.1.1　原函数与不定积分的概念 ······················ 134
　　5.1.2　基本积分公式表 ··································· 136
　　5.1.3　不定积分的性质 ··································· 137
　　　　习题 5.1 ··· 138
5.2　换元积分法 ··· 138
　　5.2.1　第一类换元积分法 ································ 139
　　5.2.2　第二类换元积分法 ································ 144
　　　　习题 5.2 ··· 148
5.3　分部积分法 ··· 150
　　　　习题 5.3 ··· 153
5.4　有理函数的积分 ·· 154
　　5.4.1　真分式的分解 ······································ 154
　　5.4.2　有理函数的积分 ··································· 156
　　　　习题 5.4 ··· 158
复习题五 ·· 159

第 6 章　定积分 ··· 162

6.1　定积分的概念 ·· 162
　　6.1.1　问题的提出 ··· 162
　　6.1.2　定积分的定义 ······································ 164
　　6.1.3　定积分的几何意义 ································ 165

　　　　习题 6.1 ……………………………………………………………………… 166
　6.2　定积分的性质 ……………………………………………………………… 167
　　　　习题 6.2 ……………………………………………………………………… 170
　6.3　微积分基本公式 …………………………………………………………… 170
　　　　6.3.1　变速直线运动的位置函数与速度函数之间的联系 ………… 170
　　　　6.3.2　积分上限函数及其导数 ………………………………………… 171
　　　　6.3.3　牛顿-莱布尼茨公式 ……………………………………………… 172
　　　　习题 6.3 ……………………………………………………………………… 174
　6.4　定积分的换元积分法 ……………………………………………………… 175
　　　　习题 6.4 ……………………………………………………………………… 178
　6.5　定积分的分部积分法 ……………………………………………………… 179
　　　　习题 6.5 ……………………………………………………………………… 181
　6.6　反常积分与 Γ 函数 ………………………………………………………… 182
　　　　6.6.1　无穷限区间上的反常积分 ……………………………………… 182
　　　　6.6.2　无界函数的反常积分 …………………………………………… 183
　　　　6.6.3　Γ 函数 ……………………………………………………………… 185
　　　　习题 6.6 ……………………………………………………………………… 186
　6.7　定积分的几何应用 ………………………………………………………… 187
　　　　6.7.1　定积分的微元法（元素法）……………………………………… 187
　　　　6.7.2　微元法在求平面图形面积中的应用 …………………………… 188
　　　　6.7.3　微元法在求特殊立体体积中的应用 …………………………… 191
　　　　习题 6.7 ……………………………………………………………………… 194
　6.8　定积分在经济学中的应用 ………………………………………………… 195
　　　　6.8.1　由变化率求总量函数 …………………………………………… 195
　　　　6.8.2　收益流的现值与将来值 ………………………………………… 197
　　　　习题 6.8 ……………………………………………………………………… 199
　复习题六 ………………………………………………………………………… 199

第 7 章　多元函数微分学 …………………………………………………………… 202

　7.1　空间直角坐标系与空间曲面 ……………………………………………… 202
　　　　7.1.1　空间直角坐标系 ………………………………………………… 202
　　　　7.1.2　空间中的曲面与方程 …………………………………………… 204
　　　　7.1.3　柱面和旋转曲面 ………………………………………………… 205
　　　　7.1.4　常见的二次曲面简介 …………………………………………… 207
　　　　习题 7.1 ……………………………………………………………………… 208

7.2 多元函数的概念 …………………………………… 209
7.2.1 平面区域 …………………………………… 209
7.2.2 多元函数的概念 …………………………… 210
习题 7.2 ………………………………………………… 211

7.3 二元函数的极限与连续 ………………………… 211
7.3.1 二元函数的极限 …………………………… 211
7.3.2 二元函数的连续性 ………………………… 213
习题 7.3 ………………………………………………… 214

7.4 偏导数与全微分 ………………………………… 214
7.4.1 偏导数 ……………………………………… 214
7.4.2 全微分 ……………………………………… 217
习题 7.4 ………………………………………………… 220

7.5 多元复合函数微分法 …………………………… 221
7.5.1 全导数公式 ………………………………… 221
7.5.2 复合函数求偏导数公式 …………………… 223
习题 7.5 ………………………………………………… 225

7.6 隐函数微分法 …………………………………… 226
7.6.1 一元隐函数的求导公式 …………………… 226
7.6.2 二元隐函数求偏导数的公式 ……………… 227
*7.6.3 由方程组确定的隐函数偏导数的计算公式 …… 228
习题 7.6 ………………………………………………… 230

7.7 高阶偏导数 ……………………………………… 231
习题 7.7 ………………………………………………… 234

7.8 多元函数的极值与条件极值 …………………… 235
7.8.1 极值 ………………………………………… 235
7.8.2 条件极值 …………………………………… 237
习题 7.8 ………………………………………………… 240

7.9 多元函数微分法的应用举例 …………………… 241
7.9.1 偏边际与偏弹性 …………………………… 241
*7.9.2 拉格朗日乘数的一种解释 ………………… 243
*7.9.3 最小二乘法 ………………………………… 245
习题 7.9 ………………………………………………… 246

复习题七 ……………………………………………… 247

第8章 二重积分 ... 250

8.1 二重积分的概念与性质 ... 250
8.1.1 二重积分的概念 ... 250
8.1.2 二重积分的几何意义 ... 252
8.1.3 二重积分的性质 ... 252
习题 8.1 ... 253

8.2 二重积分的计算 ... 253
8.2.1 利用直角坐标系计算二重积分 ... 253
8.2.2 利用极坐标计算二重积分 ... 256
8.2.3 反常(广义)二重积分简介 ... 259
习题 8.2 ... 261

复习题八 ... 263

第9章 无穷级数 ... 265

9.1 常数项级数的概念与性质 ... 265
9.1.1 常数项级数的概念 ... 265
9.1.2 常数项级数的性质 ... 270
习题 9.1 ... 272

9.2 正项级数 ... 273
9.2.1 正项级数收敛的充要条件 ... 273
9.2.2 正项级数的比较审敛法 ... 274
9.2.3 正项级数的比值审敛法和根值审敛法 ... 277
*9.2.4 正项级数的积分审敛法 ... 279
习题 9.2 ... 281

9.3 任意项级数 ... 282
9.3.1 交错级数及其审敛法 ... 282
9.3.2 绝对收敛与条件收敛 ... 283
习题 9.3 ... 285

9.4 幂级数 ... 285
9.4.1 函数项级数的概念 ... 285
9.4.2 幂级数及其收敛性 ... 286
9.4.3 幂级数的性质 ... 290
习题 9.4 ... 293

9.5 函数的幂级数展开 ... 294

	9.5.1 泰勒级数	294
	9.5.2 函数展开成幂级数的方法	297
	习题 9.5	302
9.6	函数幂级数展开式的应用	303
	9.6.1 利用幂级数展开式求函数的 n 阶导数	303
	9.6.2 函数的幂级数展开式在近似计算中的应用	305
	习题 9.6	306
复习题九		306

第 10 章 微分方程与差分方程 … 309

10.1	微分方程的基本概念	309
	习题 10.1	311
10.2	一阶微分方程	311
	10.2.1 可分离变量的微分方程	312
	10.2.2 一阶线性微分方程	313
	10.2.3 用适当的变量替换解微分方程	314
	10.2.4 一阶微分方程的应用	318
	习题 10.2	320
10.3	可降阶的二阶微分方程	321
	10.3.1 $y''=f(x)$ 型的微分方程	321
	10.3.2 $y''=f(x,y')$ 型的微分方程	322
	10.3.3 $y''=f(y,y')$ 型的微分方程	322
	习题 10.3	323
10.4	二阶线性微分方程	324
	10.4.1 二阶线性微分方程解的理论	324
	10.4.2 二阶常系数线性微分方程	325
	*10.4.3 欧拉方程	329
	习题 10.4	330
10.5	差分与差分方程的概念、线性差分方程解的结构	331
	10.5.1 差分的概念	331
	10.5.2 差分方程的概念	332
	10.5.3 线性差分方程解的结构	333
	习题 10.5	334
10.6	一阶常系数线性差分方程	334
	10.6.1 一阶常系数齐次线性差分方程的求解	334

  10.6.2 一阶常系数非齐次线性差分方程的求解 ………………………… 335
  10.6.3 一阶常系数差分方程在经济中的应用 …………………………… 336
  习题 10.6 …………………………………………………………………… 338
 10.7 二阶常系数线性差分方程 ……………………………………………… 339
  10.7.1 二阶常系数齐次线性差分方程的解法 …………………………… 339
  10.7.2 二阶常系数非齐次线性差分方程的解法 ………………………… 340
  习题 10.7 …………………………………………………………………… 342
 复习题十 ……………………………………………………………………… 342

部分习题答案 ……………………………………………………………… 345

参考文献 …………………………………………………………………… 382

第 1 章

函 数

函数是数学中最重要的基本概念之一,是现实世界中量与量之间的依存关系在数学中的反映,也是经济数学的主要研究对象. 本章将对中学学过的一些函数知识进行总结.

1.1 集合

1.1.1 区间与邻域

在数学中,我们把具有某种特定性质的事物所组成的全体称为**集合**. 例如,全体复数的集合记为 **C**;全体实数的集合记为 **R**;全体有理数的集合记为 **Q**;全体整数的集合记为 **Z**;全体自然数的集合记为 **N**(通常我们记 $\mathbf{N}^*$ 为正整数集合).

在微积分中最常用的一类实数集是区间. 设 a 与 b 都是实数,且 $a<b$,则数集 $\{x|a<x<b\}$ 称为**开区间**,记为 (a,b). 数集 $\{x|a\leqslant x\leqslant b\}$ 称为**闭区间**,记为 $[a,b]$. 类似地,规定:$[a,b)=\{x|a\leqslant x<b\}$,$(a,b]=\{x|a<x\leqslant b\}$ 为半开半闭区间. 这些区间均称为**有限区间**. 引进记号 $+\infty$ 及 $-\infty$,可类似地表示**无限区间**. 例如

$$[a,+\infty)=\{x\mid x\geqslant a\},\quad (-\infty,b)=\{x\mid x<b\},$$

全体实数的集合 **R** 可记为 $(-\infty,+\infty)=\{x|x\in\mathbf{R}\}$.

邻域是另一种常用的集合. 设 a,δ 是实数且 $\delta>0$,集合

$$\{x\mid |x-a|<\delta\}=\{x|a-\delta<x<a+\delta\}$$

称为**点 a 的 δ 邻域**(图 1-1(a)),记为 $U(a,\delta)$,其中 a 称为**邻域的中心**,δ 称为**邻域的半径**. 如果把邻域的中心 a 去掉,就成为空心的,称为**点 a 的去心 δ 邻域**(图 1-1(b)),记为 $\mathring{U}(a,\delta)$,即

$$\mathring{U}(a,\delta)=\{x|0<|x-a|<\delta\}.$$

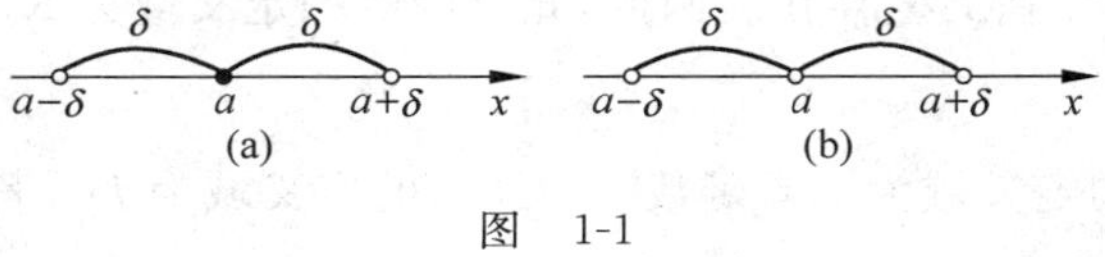

图 1-1

为了后面研究方便，把区间 $(a-\delta,a)$ 称为点 a 的**左 δ 邻域**；区间 $(a,a+\delta)$ 称为**点 a 的右 δ 邻域**.

1.1.2 函数的概念

1. 函数的定义

设数集 D 是一非空数集，若按照某一对应法则 f，对于 D 内每个数 x 都有唯一确定的数 y 与之对应，则称 f 是**定义在 D 上的一元函数**，简称为**函数**，记做 $y=f(x)$，$x\in D$，其中 x 称为函数 f 的**自变量**，y 称为函数 f 的**因变量**，D 称为函数 f 的**定义域**，记做 D_f，$R=\{y|y=f(x),x\in D\}$ 称为函数 f 的**值域**，记做 R_f. 集合 $\{(x,y)|y=f(x),x\in D\}$ 称为函数 $y=f(x)$ 的**图形**（或图像）.

给定一个函数，就给定了一个对应关系和定义域. 但当我们只是在数学上研究由算式表达的对应关系时，如无特别指出，则函数的定义域就是使算式有意义的一切实数组成的集合，称为**函数的自然定义域**. 例如，函数 $y=\dfrac{1}{\sqrt{1-x^2}}$ 的定义域就是区间 $(-1,1)$.

例 1.1 符号函数 $\operatorname{sgn} x=\begin{cases}1, & x>0,\\0, & x=0,\\-1, & x<0\end{cases}$ 的定义域是 $(-\infty,+\infty)$，值域是 $\{-1,0,1\}$.

例 1.2 对于任意的 $x\in\mathbf{R}$，用记号 $[x]$ 表示不超过 x 的最大整数，从而得到取整函数 $y=[x]$. 例如 $[\sqrt{2}]=1$，$\left[\dfrac{1}{2}\right]=0$，$[-2.8]=-3$. 此函数的定义域为 $\mathbf{R}$，值域是整数集 $\mathbf{Z}$.

2. 反函数

设函数 $y=f(x)$ 的定义域为 D_f，值域为 R_f，若对任意的 $y\in R_f$，有唯一确定的 $x\in D_f$ 满足 $f(x)=y$，则 x 是定义在 R_f 上以 y 为自变量的函数，记做 $x=f^{-1}(y)$，并称 $x=f^{-1}(y)$ 是 $y=f(x)$ 的**反函数**.

由于改变自变量和因变量的字母并不改变函数的对应关系，而且习惯上以 x 表示自变量，因此常把 $x=f^{-1}(y)$ 写作 $y=f^{-1}(x)$. 相对于反函数 $y=f^{-1}(x)$ 来说，原来的函数 $y=f(x)$ 称为**直接函数**. 把直接函数 $y=f(x)$ 和它的反函数 $y=f^{-1}(x)$ 的图形画在同一坐标平面上，这两个图形关于直线 $y=x$ 对称.

容易验证，若 $f(x)$ 为定义在 D_f 上的单调函数，则 $f(x)$ 是从定义域 D_f 到值域 R_f 的一一映射，其反函数一定存在. 有时，$f(x)$ 在它的整个定义域 D_f 上不是单调的，但它在某个区间 $I(I\subset D_f)$ 上是单调的（称 I 为 f 的一个单调区间）. 如果我们把它的定义域限制在单调区间 I 上，记做 $f|_I$，则 $f|_I$ 在 I 上存在反函数，此反函数的定义域为 $R_{f|_I}$，值域为 I.

3. 复合函数

设函数 $y=f(u)$ 的定义域为 D_f，函数 $u=\varphi(x)$ 的定义域为 D_φ，若集合

$$D = \{x \mid \varphi(x) \in D_f, x \in D_\varphi\} \neq \varnothing,$$

则由下式确定的函数

$$y = f[\varphi(x)], \quad x \in D$$

称为由函数 $y=f(u)$ 与 $u=\varphi(x)$ 复合而成的**复合函数**. 通常称 $y=f(u)$ 为**外层函数**, $u=\varphi(x)$ 为**内层函数**, u 为**中间变量**.

注意: 函数经复合后, 其自然定义域未必是中间函数的自然定义域. 例如函数 $y=\arcsin x^2$ 可看做由 $y=\arcsin u$ 与 $u=x^2$ 复合而成, 但是 $u=x^2$ 的自然定义域是 $(-\infty, +\infty)$, 相应的值域 $[0,+\infty)$ 并没有完全包含在 $y=\arcsin u$ 的自然定义域 $[-1,1]$ 内, 只有当 $u=x^2$ 的定义域取为 $D=[-1,1]$ 时, 值域 $[0,1]$ 才包含在 $y=\arcsin u$ 的定义域内, 因此复合函数 $y=\arcsin x^2$ 的定义域是 $D=[-1,1]$. 此外, 一定要注意两个函数能够复合的条件. 例如 $y=\arcsin u$ 和 $u=x^2+2$ 就不能构成复合函数, 因为表达式 $\arcsin(x^2+2)$ 对任何实数都没有意义.

1.1.3 初等函数

常函数、幂函数、指数函数、对数函数、三角函数、反三角函数统称为**基本初等函数**.

1. 常函数

$$y = C \,(\text{常数}), \quad x \in (-\infty, +\infty).$$

2. 幂函数

$$y = x^a \,(a \text{ 是常数}), \quad x \in D.$$

D 随 a 而异, 但不论 a 为何数, $y=x^a$ 的定义域都包含 $(0,+\infty)$.

3. 指数函数

$$y = a^x \,(a \text{ 是常数}, \text{且 } a>0, a \neq 1), \quad x \in (-\infty, +\infty), y \in (0, +\infty).$$

4. 对数函数

$$y = \log_a x \,(a \text{ 是常数}, \text{且 } a>0, a \neq 1), \quad x \in (0, +\infty), y \in (-\infty, +\infty).$$

5. 三角函数

我们将所有的三角函数列在表 1-1 中, 便于大家复习.

表 1-1 三角函数

函数名称	函数记号	定义域	值域	周期	奇偶性
正弦函数	$y=\sin x$	$\mathbf{R}$	$[-1,1]$	2π	奇
余弦函数	$y=\cos x$	$\mathbf{R}$	$[-1,1]$	2π	偶
正切函数	$y=\tan x$	$\mathbf{R}\setminus\left\{\left(n+\dfrac{1}{2}\right)\pi \mid n \in \mathbf{Z}\right\}$	$\mathbf{R}$	π	奇
余切函数	$y=\cot x$	$\mathbf{R}\setminus\{n\pi \mid n \in \mathbf{Z}\}$	$\mathbf{R}$	π	奇

函数名称	函数记号	定义域	值域	周期	奇偶性
正割函数	$y=\sec x$	$\mathbf{R}\setminus\left\{\left(n+\dfrac{1}{2}\right)\pi\,\middle|\, n\in\mathbf{Z}\right\}$	$\mathbf{R}\setminus(-1,1)$	2π	偶
余割函数	$y=\csc x$	$\mathbf{R}\setminus\{n\pi\mid n\in\mathbf{Z}\}$	$\mathbf{R}\setminus(-1,1)$	2π	奇

为了大家使用方便，下面给出常用的三角函数公式.

(1) 和差角公式

① $\sin(\alpha\pm\beta)=\sin\alpha\cos\beta\pm\cos\alpha\sin\beta$；

② $\cos(\alpha\pm\beta)=\cos\alpha\cos\beta\mp\sin\alpha\sin\beta$；

③ $\tan(\alpha\pm\beta)=\dfrac{\tan\alpha\pm\tan\beta}{1\mp\tan\alpha\tan\beta}$.

(2) 倍角与半角公式

① $\sin2\theta=2\sin\theta\cos\theta=\dfrac{2\tan\theta}{1+\tan^2\theta}$；

② $\cos2\theta=\cos^2\theta-\sin^2\theta=2\cos^2\theta-1=1-2\sin^2\theta=\dfrac{1-\tan^2\theta}{1+\tan^2\theta}$；

③ $\tan2\theta=\dfrac{2\tan\theta}{1-\tan^2\theta}$；

④ $\sin^2\theta=\dfrac{\tan^2\theta}{1+\tan^2\theta}=\dfrac{1-\cos2\theta}{2}$；

⑤ $\cos^2\theta=\dfrac{1+\cos2\theta}{2}$；

⑥ $\sqrt{1\pm\sin\theta}=\sqrt{\left(\cos\dfrac{\theta}{2}\pm\sin\dfrac{\theta}{2}\right)^2}=\left|\cos\dfrac{\theta}{2}\pm\sin\dfrac{\theta}{2}\right|$；

⑦ $\tan\dfrac{\theta}{2}=\dfrac{\sin\theta}{1+\cos\theta}=\dfrac{1-\cos\theta}{\sin\theta}$.

(3) 积化和差公式

① $\sin\alpha\cos\beta=\dfrac{1}{2}[\sin(\alpha+\beta)+\sin(\alpha-\beta)]$；

② $\cos\alpha\sin\beta=\dfrac{1}{2}[\sin(\alpha+\beta)-\sin(\alpha-\beta)]$；

③ $\cos\alpha\cos\beta=\dfrac{1}{2}[\cos(\alpha+\beta)+\cos(\alpha-\beta)]$；

④ $\sin\alpha\sin\beta=-\dfrac{1}{2}[\cos(\alpha+\beta)-\cos(\alpha-\beta)]$.

(4) 和差化积公式

① $\sin\alpha+\sin\beta=2\sin\dfrac{\alpha+\beta}{2}\cos\dfrac{\alpha-\beta}{2}$；

② $\sin\alpha - \sin\beta = 2\cos\dfrac{\alpha+\beta}{2}\sin\dfrac{\alpha-\beta}{2}$;

③ $\cos\alpha + \cos\beta = 2\cos\dfrac{\alpha+\beta}{2}\cos\dfrac{\alpha-\beta}{2}$;

④ $\cos\alpha - \cos\beta = -2\sin\dfrac{\alpha+\beta}{2}\sin\dfrac{\alpha-\beta}{2}$.

6. 反三角函数

由于三角函数是周期函数,所以它们在各自的自然定义域上不是一一映射,不存在反函数. 若将三角函数的定义域限制在某一单调区间上,这样得到的函数就存在反函数,称为**反三角函数**. 表 1-2 中的反三角函数是限制在主值区间上的反三角函数.

表 1-2 反三角函数

函数名称	函数记号	定义域	值域	单调性	性　　质
反正弦函数	$y = \arcsin x$	$[-1,1]$	$\left[-\dfrac{\pi}{2}, \dfrac{\pi}{2}\right]$	递增	$\arcsin(-x) = -\arcsin x$,奇函数
反余弦函数	$y = \arccos x$	$[-1,1]$	$[0,\pi]$	递减	$\arccos(-x) = \pi - \arccos x$
反正切函数	$y = \arctan x$	$\mathbf{R}$	$\left(-\dfrac{\pi}{2}, \dfrac{\pi}{2}\right)$	递增	$\arctan(-x) = -\arctan x$,奇函数
反余切函数	$y = \operatorname{arccot} x$	$\mathbf{R}$	$(0,\pi)$	递减	$\operatorname{arccot}(-x) = \pi - \operatorname{arccot} x$

基本初等函数经过有限次四则运算和复合所生成的函数,称为**初等函数**. 例如 $y = \sqrt{1-x^2}$, $y = \sin x^2$, $y = \sqrt{\cot\dfrac{x}{2}}$ 等都是初等函数. 本课程中讨论的函数基本上都是初等函数.

1.2　函数的参数方程与极坐标方程

1.2.1　函数的参数方程

一般情况下,若方程

$$\begin{cases} x = x(t), \\ y = y(t) \end{cases} \tag{1-1}$$

确定了 y 与 x 之间的函数关系,则称此函数为由参数方程所确定的函数. 变量 t 称为**参数**,关系式(1-1)称为**参数方程**.

例 1.3　(1) 圆周 $x^2 + y^2 = a^2 (a>0)$ 的参数方程一般表示为

$$\begin{cases} x = a\cos t, \\ y = a\sin t \end{cases} \quad (0 \leqslant t < 2\pi).$$

(2) 椭圆 $\dfrac{x^2}{a^2}+\dfrac{y^2}{b^2}=1$ 的参数方程一般表示为

$$\begin{cases} x=a\cos t, \\ y=b\sin t \end{cases} (0\leqslant t<2\pi).$$

(3) 双曲线 $\dfrac{x^2}{a^2}-\dfrac{y^2}{b^2}=1$ 的参数方程一般表示为

$$\begin{cases} x=a\cosh t, \\ y=b\sinh t \end{cases} (-\infty<t<+\infty).$$

这里,$\sinh t=\dfrac{e^t-e^{-t}}{2}$,$\cosh t=\dfrac{e^t+e^{-t}}{2}$,称为双曲函数.

(4) 当半径为 R 的圆周沿水平直线(地面)滚动时,开始时圆周上与地面相切的那个点的运动轨迹称为摆线(图 1-2),其参数方程为

$$\begin{cases} x=R(t-\sin t), \\ y=R(1-\cos t) \end{cases} (-\infty<t<+\infty).$$

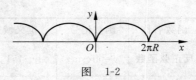

图 1-2

1.2.2 函数的极坐标方程

在平面内取一个定点,叫做**极点**;自极点 O 引一条射线 Ox,叫做**极轴**;再选定一个长度单位、一个角度单位(通常用弧度)及其正方向(通常取逆时针方向).这样就建立了一个**极坐标系**.如图 1-3 所示,设 M 是平面内一点,极点 O 与点 M 的距离 $|OM|$ 叫做点 M 的**极径**,记为 $r(r\geqslant 0)$;以极轴 Ox 为始边,射线 OM 为终边的 $\angle xOM$ 叫做点 M 的**极角**,记为 θ;有序实数对 (r,θ) 叫做点 M 的**极坐标**,记为 $M(r,\theta)$.

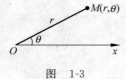

图 1-3

将直角坐标系与极坐标系放在同一个平面中,原点与极点重合,极轴与 x 轴的正半轴重合,并取相同的单位长度.设 M 是平面内任意一点,它的直角坐标是 (x,y),极坐标是 (r,θ),则有

$$\begin{cases} x=r\cos\theta, \\ y=r\sin\theta \end{cases} \text{与} \begin{cases} r^2=x^2+y^2, \\ \tan\theta=\dfrac{y}{x} \end{cases} (x\neq 0),$$

若 $x=0,y>0$,则 $\theta=\dfrac{\pi}{2}$;若 $x=0,y<0$,则 $\theta=\dfrac{3\pi}{2}$.即直角坐标与极坐标之间可以相互转化.

例 1.4 (1) 圆心在原点、半径为 $a\,(a>0)$ 的圆周的极坐标方程为 $r=a\,(\theta\in[0,2\pi))$.

(2) 直线 $ax+by=c$ 的极坐标方程为 $r=\dfrac{c}{a\cos\theta+b\sin\theta}$.

特别地,垂直于 x 轴的直线 $x=a$ 的极坐标方程为 $r=\dfrac{a}{\cos\theta}$;

垂直于 y 轴的直线 $y=b$ 的极坐标方程为 $r=\dfrac{b}{\sin\theta}$.

(3) 直径均为 a ($a>0$) 的两个圆周外切,当一个圆周沿另一个圆周滚动时,动圆周上一点的运动轨迹就是心脏线(图 1-4),其极坐标方程为

$$r=a(1+\cos\theta), \quad \theta\in[0,2\pi).$$

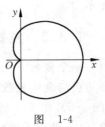

图 1-4

1.3 复数

1.3.1 复数域

在解实系数的一元二次方程 $ax^2+bx+c=0$ 时,如果 $\Delta=b^2-4ac<0$,则方程没有实根. 这是因为在实数范围内,没有一个实数的平方会等于负数. 为了解决这一问题,我们引入一个新数 i,叫做虚数单位,并规定:

(1) $i^2=-1$;

(2) 实数可以与它进行四则运算,原有的运算法则仍然成立.

根据虚数单位 i 的第(2)条性质,i 可以与实数 y 相乘,再与实数 x 相加,从而可以把结果写成 $x+iy$. 称形如 $z=x+iy$ ($x,y\in\mathbf{R}$) 的数为**复数**,实数 x 和 y 分别称为复数 z 的**实部**和**虚部**,记为

$$x=\mathrm{Re}z, \quad y=\mathrm{Im}z.$$

复数 $z_1=x_1+iy_1$ 与 $z_2=x_2+iy_2$ 相等,是指它们的实部与实部相等,虚部与虚部相等,即

$$x_1+iy_1=x_2+iy_2 \Leftrightarrow x_1=x_2, \quad y_1=y_2.$$

全体复数的集合称为**复数集**,记为 **C**. 虚部为零的复数是实数,即实数集是复数集的真子集. 虚部不为零的复数称为**虚数**,实部为零且虚部不为零的复数称为**纯虚数**. 我们称复数 $x+iy$ 和 $x-iy$ 互为**共轭复数**,复数 z 的共轭复数记为 $\bar{z}$,即

$$x-iy=\overline{x+iy} \quad \text{或} \quad x+iy=\overline{x-iy}.$$

设复数 $z_1=x_1+iy_1, z_2=x_2+iy_2$,那么复数的四则运算为:

(1) $z_1\pm z_2=(x_1\pm x_2)+i(y_1\pm y_2)$;

(2) 两个复数相乘,按多项式乘法法则进行,其中 $i^2=-1$,即

$$z_1z_2=(x_1x_2-y_1y_2)+i(x_1y_2+x_2y_1);$$

(3) 若 $z_2\neq 0$,对于 $\dfrac{z_1}{z_2}$,分子分母同乘以分母的共轭复数,再进行化简,即

$$\dfrac{z_1}{z_2}=\dfrac{z_1\cdot\bar{z_2}}{z_2\cdot\bar{z_2}}=\dfrac{x_1x_2+y_1y_2}{x_2^2+y_2^2}+i\dfrac{x_2y_1-x_1y_2}{x_2^2+y_2^2}, \quad z_2\neq 0.$$

全体复数引入上述运算后就称为**复数域**. 与实数域不同,复数域中不能规定复数的

大小.

1.3.2 复数的模与辐角

一个复数 $z=x+\mathrm{i}y$ 本质上是由一对有序实数 (x,y) 唯一确定. 因此可以建立平面上全部的点与全体复数间的一一对应,即以横坐标为 x、纵坐标为 y 的点来表示复数 $z=x+\mathrm{i}y$ (图 1-5). 由于 x 轴上的点对应着实数,故 x 轴称为**实轴**;y 轴上的非原点的点对应着纯虚数,故 y 轴称为**虚轴**. 这样表示复数 z 的平面称为**复平面**或 z 平面.

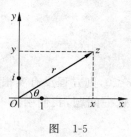

图 1-5

也可以借助点 z 的极坐标 (r,θ) 来表示复数 z 的位置. 用向量 $\overrightarrow{Oz}$ 表示复数 $z=x+\mathrm{i}y$,其中 x,y 分别是 $\overrightarrow{Oz}$ 沿 x 轴与 y 轴的分量. 向量 $\overrightarrow{Oz}$ 的长度称为**复数 z 的模或绝对值**,以符号 $|z|$ 或 r 表示,因而有

$$r=|z|=\sqrt{x^2+y^2}\geqslant 0,$$

且 $|z|=0$ 的充要条件是 $z=0$. 由于复数 z 的模 $|z|$ 是非负实数,所以能够比较大小. 实轴正向到非零复数 $z=x+\mathrm{i}y$ 所对应的向量 $\overrightarrow{Oz}$ 间的夹角 θ 称为**复数 z 的辐角**,记为 $\theta=\mathrm{Arg}z$. 有

$$\tan\theta=\frac{y}{x}.$$

由于任一非零复数 z 有无穷多个辐角,称在区间 $(-\pi,\pi]$ 内的辐角为 $\mathrm{Arg}z$ 的主值,或称为 z 的**主辐角**,记为 $\mathrm{arg}z$. 于是

$$\theta=\mathrm{Arg}z=\mathrm{arg}z+2k\pi,\quad k\in\mathbf{Z}.$$

从直角坐标与极坐标的关系,我们可以用复数的模与辐角来表示复数 z,即

$$z=r(\cos\theta+\mathrm{i}\sin\theta),$$

称为复数 z 的**三角形式**. 特别地,当 $r=1$ 时,

$$z=\cos\theta+\mathrm{i}\sin\theta,$$

这种复数称为**单位复数**.

由欧拉公式

$$\mathrm{e}^{\mathrm{i}\theta}=\cos\theta+\mathrm{i}\sin\theta,$$

可引入复数 z 的**指数形式**

$$z=r\mathrm{e}^{\mathrm{i}\theta},$$

并称 $z=x+\mathrm{i}y$ 为复数 z 的**代数形式**. 复数的这三种表示形式可相互转换,以适应讨论不同问题时的需要,且使用起来各有其便. 例如,设 $z_1=r_1\mathrm{e}^{\mathrm{i}\theta_1}$,$z_2=r_2\mathrm{e}^{\mathrm{i}\theta_2}$,由指数函数的性质知

$$z_1\cdot z_2=r_1\mathrm{e}^{\mathrm{i}\theta_1}\cdot r_2\mathrm{e}^{\mathrm{i}\theta_2}=r_1r_2\mathrm{e}^{\mathrm{i}(\theta_1+\theta_2)},\quad \frac{z_1}{z_2}=\frac{r_1\mathrm{e}^{\mathrm{i}\theta_1}}{r_2\mathrm{e}^{\mathrm{i}\theta_2}}=\frac{r_1}{r_2}\mathrm{e}^{\mathrm{i}(\theta_1-\theta_2)}.$$

显然,利用复数的指数形式做乘除法较简单.

复习题一

1. 求下列函数的自然定义域.

   (1) $y=\dfrac{1}{x+2}$；　(2) $y=\sqrt{x^2-9}$；　(3) $y=\dfrac{1}{1-x^2}+\sqrt{x+1}$；　(4) $y=\dfrac{1}{[x+1]}$.

2. 下列各对函数中哪些相同，哪些不同？

   (1) $f(x)=\dfrac{x}{x},g(x)=1$；　　(2) $f(x)=x,g(x)=\sqrt{x^2}$；

   (3) $f(x)=1,g(x)=\cos^2 x+\sin^2 x$；　(4) $f(x)=1,g(x)=\sec^2 x-\tan^2 x$.

3. 下列函数中哪些是偶函数？哪些是奇函数？哪些是非奇非偶函数？

   (1) $y=x+x^2-x^3$；　　　(2) $y=a+b\cos x$；

   (3) $y=\ln(\sqrt{1+x^2}-x)$；　(4) $y=x\sin\dfrac{1}{x}$.

4. 指出下列函数的复合过程.

   (1) $y=\sqrt{\ln(x^2+1)}$；　　(2) $y=2^{\sin^2\frac{1}{x}}$；

   (3) $y=\sin[\lg(x^2+1)]$；　　(4) $y=\arcsin^2\dfrac{2x}{1+x^2}$.

5. 设函数 $f(x)$ 在 $(-\infty,+\infty)$ 内是奇函数，且 $f(1)=a$，对任何 x 值都有
$$f(x+2)-f(x)=f(2).$$
   (1) 用 a 表示 $f(2)$ 和 $f(5)$；

   (2) 问 a 取何值时，$f(x)$ 是以 2 为周期的周期函数.

6. 设 $f(x)=\begin{cases}4-x^2, & |x|\leqslant 2,\\ 0, & |x|>2,\end{cases}$ 求 $f[f(x)]$.

7. 求下列函数的反函数及反函数的定义域.

   (1) $y=\dfrac{2^x}{2^x+1}$；　　　　(2) $y=1+2\sin\dfrac{x-1}{x+1}$ $(x\geqslant 0)$；

   (3) $y=\sqrt{1-x^2}$ $(-1\leqslant x\leqslant 0)$；　(4) $y=\begin{cases}x, & -\infty<x<1,\\ x^2, & 1\leqslant x\leqslant 4,\\ 2^x, & 4<x<+\infty.\end{cases}$

8. 设 $f(x)=\dfrac{1}{1-x^2}$，求 $f[f(x)],f\left[\dfrac{1}{f(x)}\right]$.

9. 设 $z=\dfrac{1-\sqrt{3}\mathrm{i}}{2}$，求 $|z|$ 及 $\mathrm{Arg}z$.

10. 设 $z_1=\dfrac{1+\mathrm{i}}{\sqrt{2}}$，$z_2=\sqrt{3}-\mathrm{i}$，试用指数形式表示 $z_1\cdot z_2$ 及 $\dfrac{z_1}{z_2}$.

第 2 章

极限与连续

微积分是一门以变量作为研究对象、以极限方法作为基本研究手段的数学学科.应用极限方法研究各类变化率问题和曲线的切线问题,就产生了微分学;应用极限方法研究诸如曲边梯形的面积等这类涉及微小量无穷积累的问题,就产生了积分学.可以说,整个微积分学是建立在极限理论基础之上的.

本章将介绍极限的概念、性质和运算法则;介绍与极限概念密切相关且在微积分运算中扮演重要角色的无穷小量;还将求得两个应用非常广泛的重要极限.学好这些内容,准确理解极限概念,熟练掌握极限运算方法,是学好微积分的基础.本章的后半部分将通过极限引入函数的一类重要性质——连续性,连续性是对客观世界广泛存在的连续变化现象的数学描述.由于连续函数具有良好的性质,无论在理论上还是在应用中都十分重要,故本课程主要讨论连续函数.

2.1 数列的极限

2.1.1 引例

自然界中很多量仅通过有限次的算术运算是计算不出来的,必须通过分析一个无限变化过程的变化趋势才能求得结果,这正是极限概念产生的客观基础.古希腊数学家阿基米德(Archimedes)利用内接矩形的面积来推算曲边三角形①(图 2-1)的面积的方法就是极限思想在几何学上的应用.

如图 2-1 所示,曲线 $y=x^2$ 与 x 轴、直线 $x=1$ 围成一个曲边三角形,求其面积 S.

解决这个问题的困难在于这个图形的上部边界是一条曲线,

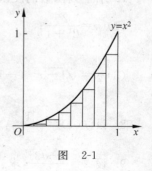

图 2-1

---

① 注:一条边为曲线的三角形称为曲边三角形,曲线边简称为曲边.

古希腊人只知道怎样计算由直线段围成的多边形的面积. 因此阿基米德首先想到了以多边形的面积来近似地代替曲边三角形的面积.

他把底 $[0,1]$ 分成 n 等份, 分点依次为 $\frac{1}{n}, \frac{2}{n}, \cdots, \frac{n-1}{n}$. 然后在每个分点处作底边的垂线, 这样曲边三角形被分成了 n 个窄条. 对每个窄条, 都用矩形来近似替代. 每个矩形的底宽为 $\frac{1}{n}$, 高为 $\left(\frac{i}{n}\right)^2 (i=0,1,2,\cdots,n-1)$. 把这些矩形的面积累加起来, 得到了 S 的近似值 S_n:

$$
\begin{aligned}
S_n &= 0 \cdot \frac{1}{n} + \left(\frac{1}{n}\right)^2 \cdot \frac{1}{n} + \left(\frac{2}{n}\right)^2 \cdot \frac{1}{n} + \cdots + \left(\frac{n-1}{n}\right)^2 \cdot \frac{1}{n} \\
&= \frac{1}{n^3}[1^2 + 2^2 + \cdots + (n-1)^2] \\
&= \frac{1}{n^3} \cdot \frac{(n-1)n(2n-1)}{6} \\
&= \frac{1}{6}\left(1 - \frac{1}{n}\right)\left(2 - \frac{1}{n}\right).
\end{aligned}
$$

当 n 取不同值时, 相应的 S_n 的值一般来说也不同, 显然, 随着 n 的增大, S_n 的值越来越接近于曲边三角形的面积 S, 然而, 不管 n 取多大, 所得到的 S_n 都只是 S 的近似值.

为了求得曲边三角形面积的精确值, 阿基米德设想让 n 无限制地增大, 这时从几何上看, S_n 越来越贴近于曲边三角形, 即阿基米德所说的将"穷竭"填满曲边三角形. 从数值上看, S_n 将无限接近于一个确定的数, 这个数就是曲边三角形的面积 S. 用极限语言来表述即为: 曲边三角形的面积 S 是 S_n 当 n 趋于无穷大时的极限, 记做

$$S = \lim_{n \to \infty} S_n = \lim_{n \to \infty} \frac{1}{6}\left(1 - \frac{1}{n}\right)\left(2 - \frac{1}{n}\right) = \frac{1}{3},$$

即曲边三角形的面积为 $\frac{1}{3}$. 当年阿基米德就是通过这样的过程求得结果的.

可以看出, 解决这个问题的关键在于分析变量 S_n 的变化趋势, 确定 S_n 无限逼近的那个数值. 也就是说, 关键在于引入极限方法. 若停留在算术运算的层面上, 不管你计算多少次, 都得不出曲边三角形面积的精确值.

这种利用多边形的面积来逼近曲边三角形面积的极限方法是人类文明的伟大创造, 我国魏晋时代数学家刘徽就曾用圆的内接正多边形来逼近圆的方法计算出圆周率 $\pi = 3.1416$. 尽管这些古代数学家已经有了极限的初步思想, 但他们从未明确地表述过极限概念. 直到 17 世纪, 牛顿(Newton)解释极限的真正含义是一些量以"比任何给定的误差还要小的方式趋近"; 19 世纪 20 年代, 柯西(Cauchy)提出来"无限趋近"这一直观性很强的说法; 19 世纪后半叶, 维尔斯特拉斯(Weierstrass)等提出"ε-δ"说法, 澄清了极限概念并给出了极限的精确定义, 极限概念才被明确提出并系统加以使用.

2.1.2 数列的极限

在中学代数中大家已初步学习了极限的概念, 本节将用精确的"ε-N"语言描述数列极

限的概念，以便在今后的理论推导和实际计算中加以应用.

若按照某一法则，使得对任意的正整数 n 有一个确定的数 x_n，将其按下标从小到大依次排成一个序列
$$x_1, x_2, \cdots, x_n, \cdots,$$
称为**数列**，记为 $\{x_n\}$，其中第 n 项 x_n 叫做数列的**一般项**.

从上述定义可以看出，数列 $\{x_n\}$ 可以看做定义域为正整数集 $\mathbf{N}^*$ 的函数
$$x_n = f(n), \quad n \in \mathbf{N}^*,$$
当自变量依次取 $1, 2, 3, \cdots$ 一切正整数时，对应的函数值排成的一列有次序的数. 因此，数列又被称为**整标函数**. 下面，我们看几个数列的例子：

(1) $\dfrac{1}{2}, \dfrac{2}{3}, \dfrac{3}{4}, \cdots, \dfrac{n}{n+1}, \cdots$，一般项 $x_n = \dfrac{n}{n+1}$；

(2) $2, 4, 8, \cdots, 2^n, \cdots$，一般项 $x_n = 2^n$；

(3) $\dfrac{1}{2}, \dfrac{1}{4}, \dfrac{1}{8}, \cdots, \dfrac{1}{2^n}, \cdots$，一般项 $x_n = \dfrac{1}{2^n}$；

(4) $1, -1, 1, -1, \cdots, (-1)^{n-1}, \cdots$，一般项 $x_n = (-1)^{n-1}$；

(5) $2, \dfrac{1}{2}, \dfrac{4}{3}, \cdots, \dfrac{n+(-1)^{n-1}}{n}, \cdots$，一般项 $x_n = \dfrac{n+(-1)^{n-1}}{n}$.

关于数列，我们关心的主要问题是当 n 无限增大时，x_n 的变化趋势是怎样的？特别地，x_n 是否无限地接近某个常数？上面的例子经观察易知
$$\lim_{n \to \infty} \frac{n}{n+1} = 1, \quad \lim_{n \to \infty} \frac{1}{2^n} = 0, \quad \lim_{n \to \infty} \frac{n+(-1)^{n-1}}{n} = 1,$$
而数列 $\{2^n\}$ 和 $\{(-1)^{n-1}\}$ 没有极限.

但是，光凭观察来判断极限很难做到准确. 特别在进行理论推导时，以直觉作为理论依据是不可靠的. 因此需要寻找精确的、定量化的数学语言对数列极限加以定义. 我们以数列 $x_n = \dfrac{n+(-1)^{n-1}}{n}$ 为例进行分析，看看 x_n 与常数 1 之间存在着怎样的数量关系.

我们知道，两个数 a 与 b 之间的接近程度可以用这两个数之差的绝对值 $|b-a|$ 来度量 (在数轴上 $|b-a|$ 表示点 a 与点 b 之间的距离)，$|b-a|$ 越小，a 与 b 就越接近.

由于 $|x_n - 1| = \left| \dfrac{n+(-1)^{n-1}}{n} - 1 \right| = \dfrac{1}{n}$，因此随着 n 的不断增大，$|x_n - 1|$ 可以无限地变小，从而 x_n 可无限地接近于 1.

例如，若要 $|x_n - 1| < \dfrac{1}{10^2}$，只需 $n > 100$，即从第 101 项起以后的一切项均满足此要求；

若要 $|x_n - 1| < \dfrac{1}{10^4}$，只需 $n > 10\,000$，即从第 10 001 项起以后的一切项均满足此要求；

若要 $|x_n - 1| < \dfrac{1}{10^k}$，只需 $n > 10^k$，即从第 $10^k + 1$ 项起以后的一切项均满足此要求.

上述不等式验证了这样一个事实：不论你要 x_n 与 1 多么接近，只要 n 足够大（其大的程度由 x_n 与 1 的接近程度来确定），就可使 x_n 变得与 1 那么接近．换句话说，不论你要 $|x_n-1|$ 多么小，只要 n 足够大（其大的程度由 $|x_n-1|$ 小的程度来确定），就可使 $|x_n-1|$ 变得那么小，这正是数列 $x_n = \dfrac{n+(-1)^{n-1}}{n}$ 与常数 1 之间存在着的数量关系．

为了使这个验证过程表达得更一般，我们用希腊字母 ε 来刻画 x_n 与 1 的接近程度．这里的 ε 表示任意给定的小正数（其小的程度没有限制）．这样，数列 $x_n = \dfrac{n+(-1)^{n-1}}{n}$ 与 1 之间的关系可以用如下方式精确地刻画出来．

不论给定怎样小的正数 ε，要使 $|x_n-1| = \dfrac{1}{n} < \varepsilon$，只要 $n > \dfrac{1}{\varepsilon}$，因为 n 只取正整数，所以从 $\left[\dfrac{1}{\varepsilon}\right]$ 项起以后的一切项均能满足这个要求．因此，记 $N = \left[\dfrac{1}{\varepsilon}\right]$，只要 $n > N$，不等式 $|x_n-1| < \varepsilon$ 都成立．即：不论给定怎样小的正数 ε，总存在着一个正整数 N，只要 $n > N$，不等式 $|x_n-1| < \varepsilon$ 都成立．

以上数量刻画正是我们断言"数列 $x_n = \dfrac{n+(-1)^{n-1}}{n}$ 的极限是 1"的依据．下面给出数列极限的精确定义．

定义 2.1 设 $\{x_n\}$ 是数列，a 是常数，若对于任意给定的正数 ε（不论它多么小），总存在正整数 N，只要 $n > N$，不等式

$$|x_n - a| < \varepsilon$$

都成立，则称常数 a 是数列 $\{x_n\}$ 的极限，或者称数列 $\{x_n\}$ **收敛**于 a，记为

$$\lim_{n\to\infty} x_n = a \quad \text{或} \quad x_n \to a \quad (n \to \infty).$$

若这样的常数 a 不存在，就说数列没有极限，或称数列是**发散**的．

说明：(1) 正数 ε 的**任意性**．ε 用来衡量 x_n 与 a 的接近程度．ε 越小，表示 x_n 与 a 越接近．正是由于 ε 可以给得任意小，$|x_n - a|$ 就可以任意小，从而 x_n 与 a 可以无限接近．然而，尽管 ε 具有任意性，但一经给出，就应暂时看做是固定不变的，以便根据它求出正整数 N．此外，由于 ε 具有任意性，那么 $2\varepsilon, \varepsilon^2$ 等也具有任意性．

(2) 正整数 N 的相应性．一般而言，N 是依赖于 ε 的给定而确定的（常数列除外），它指出一个位置，只要 n 增大的过程到达这一步以后，就有 $|x_n - a| < \varepsilon$，即实现了"x_n 那么接近于 a"．一般 ε 越小，N 越大，但 N 不是唯一确定的，假定对给定的 ε，N_1 满足要求，那么大于 N_1 的任何自然数 N 均满足要求．

我们引入逻辑符号"$\forall$"表示任意的，"$\exists$"表示存在，可简述数列极限的 ε-N 定义：

$$\lim_{n\to\infty} x_n = a \Leftrightarrow \forall \varepsilon > 0, \exists N \in \mathbf{N}^*, \text{当 } n > N \text{ 时，有 } |x_n - a| < \varepsilon.$$

由于在实数集 $\mathbf{R}$ 中，点 a 的 ε 邻域记做 $U(a, \varepsilon)$，若点 x_n 满足不等式 $|x_n - a| < \varepsilon$，说明 $x_n \in U(a, \varepsilon)$，因此，按邻域的概念，数列极限的定义可表述为

$$\lim_{n\to\infty} x_n = a \Leftrightarrow \forall \varepsilon > 0, \exists N \in \mathbf{N}^*, 当 n > N 时, 有 x_n \in U(a, \varepsilon).$$

由于点 a 的 ε 邻域是开区间 $(a-\varepsilon, a+\varepsilon)$，因此"数列 $\{x_n\}$ 收敛于 a"的几何意义是第 N 项以后的所有的点 x_n 落在开区间 $(a-\varepsilon, a+\varepsilon)$ 内，只有有限个（至多 N 个）点在此区间之外（图 2-2）。由此可得到如下推论：

推论 数列 $\{x_n\}$ 收敛于 a 的充分必要条件是：对于 a 的任一 ε 邻域 $U(a, \varepsilon)$，只有有限项 $x_n \notin U(a, \varepsilon)$。

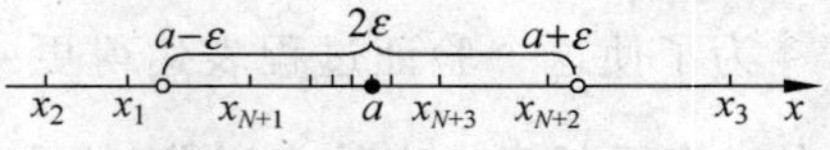

图 2-2

下面举例说明极限的概念。

例 2.1 证明 $\lim\limits_{n\to\infty} \dfrac{n+(-1)^{n-1}}{n} = 1$。

分析：$|x_n - 1| = \left| \dfrac{n+(-1)^{n-1}}{n} - 1 \right| = \dfrac{1}{n}$。

$\forall \varepsilon > 0$，要使 $|x_n - 1| < \varepsilon$，只要 $\dfrac{1}{n} < \varepsilon$，即 $n > \dfrac{1}{\varepsilon}$。

证明 因为 $\forall \varepsilon > 0, \exists N = \left[\dfrac{1}{\varepsilon}\right] \in \mathbf{N}^*$，当 $n > N$ 时，有

$$|x_n - 1| = \left| \dfrac{n+(-1)^{n-1}}{n} - 1 \right| = \dfrac{1}{n} < \varepsilon,$$

所以 $\lim\limits_{n\to\infty} \dfrac{n+(-1)^{n-1}}{n} = 1$。

例 2.2 证明 $\lim\limits_{n\to\infty} \dfrac{\sin n}{(n+1)^2} = 0$。

分析：$|x_n - 0| = \left| \dfrac{\sin n}{(n+1)^2} - 0 \right| = \dfrac{|\sin n|}{(n+1)^2} \leqslant \dfrac{1}{(n+1)^2} < \dfrac{1}{n}$，$\forall \varepsilon > 0$，要使 $|x_n - 0| < \varepsilon$，只要 $\dfrac{1}{n} < \varepsilon$，即 $n > \left[\dfrac{1}{\varepsilon}\right]$。

证明 因为 $\forall \varepsilon > 0, \exists N = \left[\dfrac{1}{\varepsilon}\right] \in \mathbf{N}^*$，当 $n > N$ 时，有

$$|x_n - 0| = \left| \dfrac{\sin n}{(n+1)^2} - 0 \right| < \dfrac{1}{n} < \varepsilon,$$

所以 $\lim\limits_{n\to\infty} \dfrac{\sin n}{(n+1)^2} = 0$。

注：利用定义证明数列的极限是某个数时，只要指出对于任意给定的正数 ε，使不等式 $|x_n - a| < \varepsilon$ 成立的自然数 N 确实存在，并不需要找出使不等式成立的最小的 N 值。比如例 2.2 的论证分析中，有

$$|x_n - 0| = \dfrac{|\sin n|}{(n+1)^2} \leqslant \dfrac{1}{(n+1)^2},$$

使 $|x_n-0|<\varepsilon$ 成立的充分条件也可以是 $\frac{1}{(n+1)^2}<\varepsilon$，即 $n>\sqrt{\frac{1}{\varepsilon}}-1$，因此也可取 $N=\left[\sqrt{\frac{1}{\varepsilon}}-1\right]$. 追究 N 取 $\left[\sqrt{\frac{1}{\varepsilon}}-1\right]$ 与 $\left[\frac{1}{\varepsilon}\right]$ 中哪个好，一般是没有必要的. 确定 N 的方法原则上是：化简或适当地放大 $|x_n-a|$，使之小于等于某个与 n 有关的量，这个量是以 n 为变量的比较简单的单调递减趋于零的函数，令它小于 ε（以此作为 $|x_n-a|<\varepsilon$ 成立的充分条件），然后通过解不等式求出 N.

习题 2.1

1. 用数列极限的定义证明下列极限.

(1) $\lim\limits_{n\to\infty}\dfrac{1}{2^n}=0$；

(2) $\lim\limits_{n\to\infty}\dfrac{3n+1}{2n+1}=\dfrac{3}{2}$；

(3) $\lim\limits_{n\to\infty}\dfrac{\sin n}{n}=0$；

(4) $\lim\limits_{n\to\infty}\dfrac{\sqrt{n^2+a^2}}{n}=1$.

2. 若 $\lim\limits_{n\to\infty}x_n=a$，证明 $\lim\limits_{n\to\infty}|x_n|=|a|$，并举例说明数列 $\{|x_n|\}$ 有极限，数列 $\{x_n\}$ 未必有极限.

3. 设数列 $\{x_n\}$ 有界，又 $\lim\limits_{n\to\infty}y_n=0$，证明 $\lim\limits_{n\to\infty}x_n y_n=0$.

4. 用极限定义考查下列结论是否正确，为什么？

(1) 设数列 $\{x_n\}$，当 n 越来越大时，$|x_n-a|$ 越来越小，则 $\lim\limits_{n\to\infty}x_n=a$；

(2) 设数列 $\{x_n\}$，若 $\forall \varepsilon>0$，$\exists N\in \mathbf{N}^*$，当 $n>N$ 时，有无穷多个 x_n 满足 $|x_n-a|<\varepsilon$，则 $\lim\limits_{n\to\infty}x_n=a$；

(3) 设数列 $\{x_n\}$，若 $\forall \varepsilon>0$，$\exists N\in \mathbf{N}^*$，当 $n>N$ 时，有 $x_n-a<\varepsilon$，则 $\lim\limits_{n\to\infty}x_n=a$；

(4) 设数列 $\{x_n\}$，若 $\forall \varepsilon>0$，$\{x_n\}$ 中仅有有限项 x_n 不满足 $|x_n-a|<\varepsilon$，则 $\lim\limits_{n\to\infty}x_n=a$.

2.2 函数的极限

数列作为定义在正整数集上的函数，它的自变量在数轴上不是连续变化的，且自变量的变化趋势只有一种情况 $n\to\infty$. 因此，数列极限反映的是一种"离散型"的无限变化过程. 但是自然界的很多实际问题中存在着"连续型"的变化，为了研究这类变化过程，就需要讨论函数的极限. 对于一元函数 $y=f(x)$，在 x 轴上自变量 x 的变化趋势有两类：一种情况是自变量 x 的绝对值 $|x|$ 无限增大，或者说 x 趋于无穷大时（记为 $x\to\infty$），对应的函数值 $f(x)$ 的变化情况；另一种情况是自变量 x 连续地变动无限趋近于 x_0，或者说 x 趋向于 x_0 时（记为

$x \to x_0$),对应的函数值 $f(x)$ 的变化情况. 总之,就是研究在自变量的某一变化过程中,对应的函数值的变化趋势问题. 若在自变量的某一变化过程中,对应的函数值无限接近于某一确定的常数,那么这个确定的常数就叫做在该变化过程中函数的极限.

2.2.1 自变量趋于无穷大时函数的极限

设 $f(x)$ 当 $|x|$ 大于某一正数 M 时有定义,当自变量 x 的绝对值无限增大时(记做 $x \to \infty$),对应的函数值 $f(x)$ 无限接近于确定的常数 A,那么 A 就叫函数 $f(x)$ 当 $x \to \infty$ 时的极限,简称为函数在无穷大处的极限. 下面用精确的数学语言给出严格的定义.

定义 2.2 设 $f(x)$ 在 $|x| > M (M > 0)$ 时有定义,A 是常数,若对于任意给定的正数 ε(不论它多么小),总存在正数 X,使得当 x 满足 $|x| > X$ 时,总有
$$|f(x) - A| < \varepsilon,$$
则称常数 A 为函数 $f(x)$ 当 $x \to \infty$ 时的极限,记为
$$\lim_{x \to \infty} f(x) = A \quad \text{或} \quad f(x) \to A (\text{当 } x \to \infty).$$

此定义可简述为
$$\lim_{x \to \infty} f(x) = A \Leftrightarrow \forall \varepsilon > 0, \exists X > 0, \text{当 } |x| > X \text{ 时,有 } |f(x) - A| < \varepsilon.$$

上述极限定义称为函数极限的 ε-X 定义,它的几何意义是:对任意给定的正数 ε,总有一个正数 X,在直线 $x = -X$ 的左侧,直线 $x = X$ 的右侧,曲线 $f(x)$ 位于直线 $y = A - \varepsilon$ 与 $y = A + \varepsilon$ 构成的带形区域内(图 2-3).

由于正数 ε 可以任意小(相应的正数 X 将随之增大),因此,以直线 $y = A$ 为中心线,宽为 2ε 的带形区域可无限变窄. 故曲线 $y = f(x)$ 在沿 x 轴的正方向和负方向无限延伸时,将越来越接近于直线 $y = A$.

当曲线上的点 P 沿曲线无限远离坐标原点时,若 P 到某直线的距离趋于零,则称该直线为此曲线的**渐近线**.

因此,极限 $\lim\limits_{x \to \infty} f(x) = A$ 的几何意义是:曲线 $y = f(x)$ 以直线 $y = A$ 为水平渐近线.

例 2.3 证明 $\lim\limits_{x \to \infty} \dfrac{1}{x} = 0$(见图 2-4).

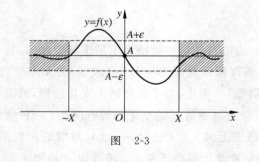

图 2-3

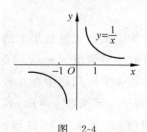

图 2-4

分析：$|f(x)-A|=\left|\dfrac{1}{x}-0\right|=\dfrac{1}{|x|}$. $\forall \varepsilon>0$，要使$|f(x)-A|<\varepsilon$，只要$|x|>\dfrac{1}{\varepsilon}$.

证明 因为$\forall \varepsilon>0$，$\exists X=\dfrac{1}{\varepsilon}>0$，当$|x|>X$时，有
$$|f(x)-A|=\left|\dfrac{1}{x}-0\right|=\dfrac{1}{|x|}<\varepsilon,$$

所以，$\lim\limits_{x\to\infty}\dfrac{1}{x}=0$.

类似于定义 2.2 可定义：

$\lim\limits_{x\to +\infty}f(x)=A \Leftrightarrow \forall \varepsilon>0$，$\exists X>0$，当 $x>X$ 时，有 $|f(x)-A|<\varepsilon$；

$\lim\limits_{x\to -\infty}f(x)=A \Leftrightarrow \forall \varepsilon>0$，$\exists X>0$，当 $x<-X$ 时，有 $|f(x)-A|<\varepsilon$.

这样的极限称为**单侧极限**.

显然，$\lim\limits_{x\to\infty}f(x)$存在且等于 A 的**充要条件**是 $\lim\limits_{x\to +\infty}f(x)$ 与 $\lim\limits_{x\to -\infty}f(x)$ 都存在且等于 A.

当 $x\to +\infty$ 或 $x\to -\infty$ 时，函数 $f(x)$ 以 A 为极限的几何意义，由图 2-3 不难作出解释. 由该极限的几何意义给出下面求曲线的水平渐近线的方法.

对于曲线 $y=f(x)$，若
$$\lim\limits_{x\to +\infty}f(x)=c \quad \text{或} \quad \lim\limits_{x\to -\infty}f(x)=c,$$
则直线 $y=c$ 是曲线 $y=f(x)$ 的水平渐近线.

2.2.2 自变量趋于有限值时函数的极限

对于函数 $f(x)=\dfrac{x^2-1}{x-1}$，由于当 $x\neq 1$ 时，$f(x)=x+1$，容易看出，当 $x\to 1$ 时，$f(x)$无限接近于 2，也就是说，当 $x\to 1$ 时，$f(x)$的极限是 2，即$\lim\limits_{x\to 1}f(x)=2$（见图 2-5）.

一般地，若在自变量 $x\to x_0(x\neq x_0)$ 的过程中，对应的函数值 $f(x)$ 无限接近于确定的常数 A，则称当 $x\to x_0$ 时，函数 $f(x)$ 以 A 为极限. 下面用精确的数学语言给出严格的定义.

定义 2.3 设函数 $f(x)$ 在点 x_0 的某一去心邻域内有定义. A 是常数，若对于任意给定的正数 ε（不论它多么小），总存在正数 δ，使得当 x 满足 $0<|x-x_0|<\delta$ 时，总有
$$|f(x)-A|<\varepsilon,$$
则称函数 $f(x)$ 当 $x\to x_0$ 时以 A 为极限，记为
$$\lim\limits_{x\to x_0}f(x)=A \quad \text{或} \quad f(x)\to A \quad (当 x\to x_0).$$

说明：(1) 定义中的正数 δ 一般是依赖于 ε 的给定而确定的（常函数除外），它指出一个位置，只要 δ 足够小，就有$|f(x)-A|<\varepsilon$. 一般 ε 越小，δ 越小，但 δ 不是唯一确定的，假定对给定的 ε，δ_1 满足要求，那么小于 δ_1 的任何正数 δ 均满足要求.

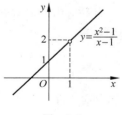

图 2-5

(2) 定义中限定 $|x-x_0|>0$（即 $x\neq x_0$）是由于我们考查的是 $f(x)$ 当 x 无限接近 x_0 时的变化趋势，这种变化趋势与 $f(x)$ 在点 x_0 处是否有定义，取什么值没关系，因此可把 x_0 排除在外. 即 $x\to x_0$ 时，$f(x)$ 有无极限与 $f(x)$ 在 x_0 处有无定义无关.

此定义可简述为：

$$\lim_{x\to x_0}f(x)=A \Leftrightarrow \forall \varepsilon>0, \exists \delta>0, 当 0<|x-x_0|<\delta 时, 有 |f(x)-A|<\varepsilon.$$

上述极限定义称为函数极限的 ε-δ 定义，它的几何意义是：对任意给定的正数 ε，必存在以直线 $x=x_0$ 为中心线，宽为 2δ 的竖带形区域，使该区域内的曲线段 $y=f(x)$ 全部落在直线 $y=A-\varepsilon$ 与 $y=A+\varepsilon$ 所夹的横带形区域内（图 2-6）. 但点 $(x_0, f(x_0))$ 可能例外或无意义.

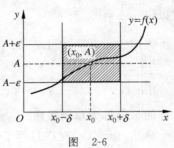

图 2-6

例 2.4 证明 $\lim\limits_{x\to x_0}c=c$.

证明 这里 $|f(x)-A|=|c-c|=0$，因此 $\forall \varepsilon>0$，可任取一正数 $\delta>0$，当 $0<|x-x_0|<\delta$ 时，有

$$|f(x)-A|=0<\varepsilon,$$

所以，$\lim\limits_{x\to x_0}c=c$.

例 2.5 证明 $\lim\limits_{x\to 1}\dfrac{x^2-1}{x-1}=2$.

分析：注意此函数在 $x=1$ 处没有定义，但这与函数在该点是否有极限无关. 当 $x\neq 1$ 时，

$$|f(x)-A|=\left|\dfrac{x^2-1}{x-1}-2\right|=|x-1|.$$

证明 $\forall \varepsilon>0, \exists \delta=\varepsilon$，当 $0<|x-1|<\delta$ 时，有

$$|f(x)-A|=\left|\dfrac{x^2-1}{x-1}-2\right|=|x-1|<\varepsilon,$$

所以，$\lim\limits_{x\to 1}\dfrac{x^2-1}{x-1}=2$.

例 2.6 设 $x_0>0$，证明 $\lim\limits_{x\to x_0}\sqrt{x}=\sqrt{x_0}$.

分析：因为函数 $\sqrt{x}$ 的定义域是 $[0,+\infty)$，因此我们要考查的 x_0 的邻域 $(x_0-\delta, x_0+\delta)$ 必须落在 $[0,+\infty)$ 内，即 $\delta\leq x_0$.

$$|f(x)-A|=|\sqrt{x}-\sqrt{x_0}|=\dfrac{|x-x_0|}{\sqrt{x}+\sqrt{x_0}}<\dfrac{|x-x_0|}{\sqrt{x_0}},$$

所以要使 $|f(x)-A|<\varepsilon$，只要 $\dfrac{|x-x_0|}{\sqrt{x_0}}<\varepsilon$，即 $|x-x_0|<\varepsilon\sqrt{x_0}$，因此可取

$$\delta=\min\{x_0, \varepsilon\sqrt{x_0}\}.$$

证明 $\forall \varepsilon > 0$,取 $\delta = \min\{x_0, \varepsilon\sqrt{x_0}\}$,当 x 满足 $0 < |x - x_0| < \delta$ 时,有
$$|f(x) - A| = |\sqrt{x} - \sqrt{x_0}| < \varepsilon,$$
所以,$\lim\limits_{x \to x_0}\sqrt{x} = \sqrt{x_0}$.

类似于定义 2.3,设函数 $f(x)$ 在 x_0 的左(或右)邻域内有定义,A 为常数,若对于任意给定的正数 ε,总存在正数 δ,使得当 x 满足
$$0 < x_0 - x < \delta \quad (\text{或 } 0 < x - x_0 < \delta)$$
时,对应的函数值 $f(x)$ 都满足不等式
$$|f(x) - A| < \varepsilon,$$
那么常数 A 就叫做函数 $f(x)$ 在 x_0 的**左(或右)极限**. 左极限记为 $\lim\limits_{x \to x_0^-} f(x) = A$ 或 $f(x_0 - 0)$. 右极限记为 $\lim\limits_{x \to x_0^+} f(x) = A$ 或 $f(x_0 + 0)$.

显然,点 x_0 处的左、右极限与 x_0 处的极限有下述关系:
$$\lim_{x \to x_0} f(x) = A \Leftrightarrow \lim_{x \to x_0^-} f(x) = \lim_{x \to x_0^+} f(x) = A.$$

由此可见,若 $f(x_0 - 0)$ 与 $f(x_0 + 0)$ 都存在,但不相等,或者 $f(x_0 - 0)$ 与 $f(x_0 + 0)$ 中至少有一个不存在,则可断言 $f(x)$ 在点 x_0 处没有极限.

例 2.7 证明当 $x \to 0$ 时,函数 $f(x) = \text{sgn}\, x = \begin{cases} -1, & x < 0, \\ 0, & x = 0, \\ 1, & x > 0 \end{cases}$ 的极限不存在.

证明 $\lim\limits_{x \to 0^-} f(x) = \lim\limits_{x \to 0^-}(-1) = -1$,$\lim\limits_{x \to 0^+} f(x) = \lim\limits_{x \to 0^+} 1 = 1$. 因为
$$\lim_{x \to 0^-} f(x) \ne \lim_{x \to 0^+} f(x),$$
所以,$\lim\limits_{x \to 0} f(x)$ 不存在.

以上引入了下述 7 种类型的极限:

(1) $\lim\limits_{n \to \infty} x_n$;   (2) $\lim\limits_{x \to \infty} f(x)$;   (3) $\lim\limits_{x \to -\infty} f(x)$;   (4) $\lim\limits_{x \to +\infty} f(x)$;

(5) $\lim\limits_{x \to x_0} f(x)$;   (6) $\lim\limits_{x \to x_0^-} f(x)$;   (7) $\lim\limits_{x \to x_0^+} f(x)$.

为了统一论述它们共有的性质和运算法则,本书若不特别指出是其中的哪一种极限,将用 $\lim f(x)$ 泛指其中任何一种,其中的 $f(x)$ 通常称为变量. 有时,在叙述或论证某一命题时,仅就 $x \to x_0$ 的情形加以说明.

2.2.3 有界变量、无穷小与无穷大

有界变量、无穷小与无穷大都是由极限过程确定的量.

1. 有界变量

在中学代数中大家已初步学习了有界函数的概念,下面用简洁的数学语言给出其定义:设函数 $f(x)$ 在区间 I 上有定义,若

$$\exists M>0, \forall x \in I, 总有 |f(x)| \leqslant M(可以没有等号),$$

则称 $f(x)$ 在区间 I 上是**有界函数**,或称函数 $f(x)$ 在区间 I 上有界;否则,若

$$\forall M>0, \exists x_0 \in I, 使得 |f(x_0)|>M,$$

则称 $f(x)$ 在区间 I 上是**无界函数**,或称函数 $f(x)$ 在区间 I 上无界.

例如,在 $(-\infty,+\infty)$ 上,$y=\sin x$,$y=\cos x$ 是有界函数,而 $y=x^2$,$y=e^x$ 是无界函数.

有界变量是指在自变量的某一变化过程中变量有界.例如,若在点 x_0 的某邻域内 $f(x)$ 有界,则称 $f(x)$ 在 $x \to x_0$ 时是有界变量.若在 $|x|$ 充分大时,函数 $f(x)$ 有界,则称 $f(x)$ 在 $x \to \infty$ 时是有界变量.显然,有界变量包括有界数列和有界函数.

2. 无穷小

定义 2.4 在自变量的某一变化过程中,以零为极限的变量称为无穷小.即若 $\lim f(x)=0$,则称变量 $f(x)$ 为自变量在这一变化过程中的无穷小.

例如,因为 $\lim\limits_{x \to \infty} \dfrac{1}{x}=0$,所以函数 $\dfrac{1}{x}$ 为 $x \to \infty$ 时的无穷小.

因为 $\lim\limits_{x \to 1}(x-1)=0$,所以函数 $x-1$ 为 $x \to 1$ 时的无穷小.

因为 $\lim\limits_{n \to \infty} \dfrac{1}{n+1}=0$,所以数列 $\left\{\dfrac{1}{n+1}\right\}$ 为 $n \to \infty$ 时的无穷小.

注:无穷小是在自变量的某一变化过程中极限为零的函数.除了常数零可作为无穷小外,其他任何常数,即使它的绝对值很小很小(例如亿万分之一),都不是无穷小.

由无穷小的定义可以证明**无穷小的运算法则**:

性质 1 有限个无穷小的和是无穷小.

性质 2 有界函数与无穷小的乘积是无穷小.

推论 1 常数与无穷小的乘积是无穷小.

推论 2 有限个无穷小的乘积也是无穷小.

例 2.8 求极限 $\lim\limits_{x \to \infty} \dfrac{\arctan x}{x}$.

解 当 $x \to \infty$ 时,$\dfrac{1}{x}$ 是无穷小,$\arctan x$ 是有界函数.由性质 2 知 $\dfrac{1}{x}\arctan x$ 是 $x \to \infty$ 时的无穷小,即 $\lim\limits_{x \to \infty} \dfrac{\arctan x}{x}=0$.

3. 无穷大

定义 2.5 在自变量的某一变化过程中,绝对值无限增大的变量称为无穷大.

注:变量 $f(x)$ 是无穷大,它是没有极限的,但它有确定的变化趋势.为了便于叙述这种

变化趋势,我们也称变量 $f(x)$ 的极限是无穷大,并借用极限的记法,记做 $\lim f(x)=\infty$.

若变量 $f(x)$ 取正值且无限增大,则称变量 $f(x)$ 是正无穷大,记做 $\lim f(x)=+\infty$;

若变量 $f(x)$ 取负值且绝对值无限增大,则称变量 $f(x)$ 是负无穷大,记做 $\lim f(x)=-\infty$.

思考:(1) 无穷大是一个数吗?很大很大的数是无穷大吗?

(2) 无穷大有界吗?

(3) 无界变量是无穷大吗?

例 2.9 证明 $\lim\limits_{x\to 1}\dfrac{1}{x-1}=\infty$.

分析:要使 $\left|\dfrac{1}{x-1}\right|>M$,只要 $|x-1|<\dfrac{1}{M}$.

证明 $\forall M>0, \exists \delta=\dfrac{1}{M}$,当 $0<|x-1|<\delta$ 时,有 $\left|\dfrac{1}{x-1}\right|>M$,所以 $\lim\limits_{x\to 1}\dfrac{1}{x-1}=\infty$.

如图 2-7 所示,$\lim\limits_{x\to 1}\dfrac{1}{x-1}=\infty$ 说明曲线 $y=\dfrac{1}{x-1}$ 在直线 $x=1$ 的两侧向上、向下无限延伸时越来越接近于直线 $x=1$,即直线 $x=1$ 是曲线 $y=\dfrac{1}{x-1}$ 的铅直渐近线.

如图 2-8 所示,$\lim\limits_{x\to 0^+}\ln x=-\infty$ 说明曲线 $y=\ln x$ 在直线 $x=0$ 的右侧向下无限延伸时越来越接近于直线 $x=0$,即直线 $x=0$ 是曲线 $y=\ln x$ 的铅直渐近线.

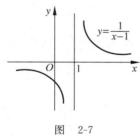

图 2-7   图 2-8

因此,有如下求曲线 $y=f(x)$ 的铅直渐近线的一般方法.

对于曲线 $y=f(x)$,若

$$\lim_{x\to x_0^-}f(x)=\infty \quad \text{或} \quad \lim_{x\to x_0^+}f(x)=\infty,$$

则直线 $x=x_0$ 是曲线 $y=f(x)$ 的**铅直渐近线**.

例 2.10 证明当 $x\to 0$ 时,$y=\dfrac{1}{x}\sin\dfrac{1}{x}$ 是无界变量但不是无穷大.

证明 取 $x_n=\dfrac{1}{2n\pi+\dfrac{\pi}{2}}$,$n=1,2,3,\cdots$,则 $\lim\limits_{n\to\infty}x_n=0$,$x_n\neq 0$,$y(x_n)=2n\pi+\dfrac{\pi}{2}$,对于任意

给定的正数 M，只要 $n > M$，总有 $|y(x_n)| > M$，即函数 $y = \dfrac{1}{x} \sin \dfrac{1}{x}$ 无界.

取 $x'_n = \dfrac{1}{2n\pi}, n = 1, 2, 3, \cdots$，则 $\lim\limits_{n \to \infty} x'_n = 0, x'_n \neq 0, y(x'_n) = 0$，显然 $|y(x'_n)| = 0 < 1$，即函数 $y = \dfrac{1}{x} \sin \dfrac{1}{x}$ 不是无穷大.

上例说明：**无穷大是一种特殊的无界变量，但无界变量未必是无穷大.**

由无穷大与无穷小的定义可得到二者之间有如下关系.

在自变量的同一变化过程中，

(1) 若 $f(x)$ 为无穷大，则 $\dfrac{1}{f(x)}$ 为无穷小；

(2) 若 $f(x)$ 为无穷小且 $f(x) \neq 0$，则 $\dfrac{1}{f(x)}$ 为无穷大.

与无穷小不同的是，在自变量的同一变化过程中，两个无穷大的和、差、商是没有确定结果的，需具体问题具体分析.

习题 2.2

1. 用函数极限的定义证明下列极限.

(1) $\lim\limits_{x \to 1}(2x + 3) = 5$；　　　　(2) $\lim\limits_{x \to -3} \dfrac{x^2 - 9}{x + 3} = -6$；

(3) $\lim\limits_{x \to \infty} \dfrac{1 + x^3}{2x^3} = \dfrac{1}{2}$；　　　　(4) $\lim\limits_{x \to +\infty} \dfrac{\sin x}{\sqrt{x}} = 0$.

2. 证明极限 $\lim\limits_{x \to x_0} f(x)$ 存在的充要条件是 $f(x)$ 在点 x_0 的左、右极限都存在且相等.

3. 对函数 $f(x) = \dfrac{|x|}{x}$，回答下列问题：

(1) 函数 $f(x)$ 在 $x = 0$ 处的左右极限是否存在？

(2) 函数 $f(x)$ 在 $x = 0$ 处是否有极限？为什么？

(3) 函数 $f(x)$ 在 $x = 1$ 处是否有极限？为什么？

4. 当 $x \to 2$ 时，$y = x^2 \to 4$，问 δ 等于多少，当 $0 < |x - 2| < \delta$ 时，有 $|y - 4| < 0.001$？（提示：因为 $x \to 2$，所以不妨先限定 $0 < |x - 2| < 1$.）

5. 两个无穷小的商是否必为无穷小？试举例说明可能出现的各种情形.

6. 根据定义证明：

(1) 当 $x \to 0$ 时，$y = x \cos \dfrac{1}{x}$ 为无穷小；

(2) 当 $x \to 0$ 时，$y = \dfrac{1 + 2x}{x}$ 为无穷大.

7. 证明在自变量的同一变化过程中，

(1) 若 $f(x)$ 为无穷大,则 $\dfrac{1}{f(x)}$ 为无穷小;

(2) 若 $f(x)$ 为无穷小且 $f(x)\neq 0$,则 $\dfrac{1}{f(x)}$ 为无穷大.

2.3 极限的性质与运算法则

2.3.1 极限的性质

性质 1(极限的唯一性) 若极限 $\lim f(x)$ 存在,则极限必唯一.

性质 2(极限的局部有界性) 有极限的变量是局部有界变量.

注：这里的局部有界性是指：若极限 $\lim\limits_{x\to x_0}f(x)$ 存在,则变量 $f(x)$ 在点 x_0 的某个去心邻域内有界；若 $\lim\limits_{x\to\infty}f(x)$ 存在,则变量 $f(x)$ 在 $|x|$ 充分大时有界；若 $\lim\limits_{n\to\infty}x_n$ 存在,则数列 $\{x_n\}$ 有界.

推论 无界数列必发散.

性质 3(函数极限的局部保号性) 若 $\lim\limits_{x\to x_0}f(x)=A$,且 $A>0$(或 $A<0$),那么在点 x_0 的某个去心邻域内有 $f(x)>0$(或 $f(x)<0$).

若极限 $\lim\limits_{x\to\infty}f(x)=A$,且 $A>0$(或 $A<0$),则存在 $X>0$,使得在区间 $(X,+\infty)$ 和 $(-\infty,-X)$ 内有 $f(x)>0$(或 $f(x)<0$).

性质 3'(收敛数列的保号性) 若 $\lim\limits_{n\to\infty}x_n=A$,且 $A>0$(或 $A<0$),那么存在 $N\in \mathbf{N}^*$,当 $n>N$ 时,有 $x_n>0$(或 $x_n<0$).

此定理的直接推论是:

推论 1 若在点 x_0 的某个去心邻域内 $f(x)\geqslant 0$(或 $f(x)\leqslant 0$)且 $\lim\limits_{x\to x_0}f(x)=A$,则 $A\geqslant 0$(或 $A\leqslant 0$).

请读者写出这条推论在极限 $\lim\limits_{x\to\infty}f(x)$ 以及在数列极限情况下的表述形式.

推论 2 若 $f(x)\geqslant g(x)$,而 $\lim f(x)=a, \lim g(x)=b$,那么 $a\geqslant b$.

性质 4(函数极限与数列极限的关系) 若 $\lim f(x)$ 存在,$\{x_n\}$ 为 $f(x)$ 的定义域内任一收敛于 x_0 的数列,且满足 $x_n\neq x_0(n=1,2,\cdots)$,那么相应的函数值数列 $\{f(x_n)\}$ 必收敛,且 $\lim\limits_{n\to\infty}f(x_n)=\lim\limits_{x\to x_0}f(x)$.

性质 4'(子数列的收敛性) 若数列收敛,那么它的任一子数列都收敛并且收敛于同一值.

此定理的证明留给读者.由于命题等价于其逆否命题,所以性质 4 和性质 4'可推得两个很有用的结论：

若存在两个趋于 x_0 且各项均异于 x_0 的数列 $\{x_n\}$ 与 $\{x'_n\}$,使得对应的函数值数列 $\{f(x_n)\}$ 或 $\{f(x'_n)\}$ 发散,或者两者都收敛但极限不相等,那么 $x \to x_0$ 时,$f(x)$ 的极限不存在.

若一个数列存在发散的子数列或者存在两个收敛于不同极限的子数列,则该数列发散.

例 2.11 数列 $1,-1,1,-1,\cdots,(-1)^{n-1},\cdots$ 是发散的.因为它的奇子列 $1,1,\cdots,1,\cdots$ 与偶子列 $-1,-1,\cdots,-1,\cdots$ 分别收敛到 1 和 -1.

例 2.12 证明当 $x \to 0$ 时,$\sin\dfrac{\pi}{x}$ 没有极限.

证明 取收敛于 0 的两个数列,一个是
$$\left\{x_n = \frac{1}{n}\right\}, \quad \lim_{n\to\infty}\sin\frac{\pi}{x_n} = \lim_{n\to\infty}\sin n\pi = 0;$$

另一个是
$$\left\{x'_n = \frac{1}{2n+1/2}\right\}, \quad \lim_{n\to\infty}\sin\frac{\pi}{x'_n} = \lim_{n\to\infty}\sin\left(2n+\frac{1}{2}\right)\pi = 1.$$

由性质 4 的逆否命题知,当 $x \to 0$ 时,$\sin\dfrac{\pi}{x}$ 没有极限.

下面给出无穷小与函数极限的关系.

性质 5(极限与无穷小的关系) 在自变量的某一变化过程中,函数 $f(x)$ 极限存在且等于 A 的充要条件是 $f(x) = A + \alpha(x)$,其中 $\alpha(x)$ 是自变量在这一变化过程中的无穷小.

此性质为我们证明极限的四则运算法则带来了方便.

2.3.2 极限的运算法则

以下把自变量 x 的变化过程简记为 lim.在同一命题中,考虑的是 x 的同一变化过程.

定理 2.1(极限的四则运算法则) 设 $\lim f(x) = A, \lim g(x) = B$,那么

(1) $\lim[f(x) \pm g(x)] = \lim f(x) \pm \lim g(x) = A \pm B$;

(2) $\lim[f(x) \cdot g(x)] = \lim f(x) \cdot \lim g(x) = AB$;

(3) 若 $B \neq 0$,则有 $\lim\dfrac{f(x)}{g(x)} = \dfrac{\lim f(x)}{\lim g(x)} = \dfrac{A}{B}$.

证明 由极限与无穷小的关系以及无穷小的性质易证(1)与(2).这里只证明(3).

由(2)知,为了证明(3),只需证明
$$\lim\frac{1}{g(x)} = \frac{1}{\lim g(x)} = \frac{1}{B}.$$

仍以 $x \to x_0$ 时的情况证明,$x \to \infty$ 的情形可类似地证明.已知 $\lim_{x \to x_0} g(x) = B \neq 0$,由性质 3 知,在 x_0 的某去心邻域内 $g(x) \neq 0$,从而函数 $\dfrac{1}{g(x)}$ 有意义,并且

$$\frac{1}{g(x)} = \frac{1}{B+\beta} = \frac{1}{B} - \frac{\beta}{(B+\beta)B}, \quad \text{其中 } \beta \text{ 是 } x \to x_0 \text{ 时的无穷小}.$$

要证明 $\lim\limits_{x\to x_0}\dfrac{1}{g(x)}=\dfrac{1}{B}$，根据极限与无穷小的关系，只要证明 $\gamma=\dfrac{\beta}{(B+\beta)B}$ 是 $x\to x_0$ 时的无穷小.

由于 β 是 $x\to x_0$ 时的无穷小，要证 γ 是 $x\to x_0$ 时的无穷小，只需证明 $\dfrac{1}{(B+\beta)B}$ 在 x_0 的某去心邻域内是有界函数即可.

由 $\lim\limits_{x\to x_0}\beta=0$ 知，对于 $\varepsilon=\dfrac{|B|}{2}>0$，$\exists\,\delta>0$，当 $x\in\overset{\circ}{U}(x_0,\delta)$ 时，有 $|\beta|<\varepsilon=\dfrac{|B|}{2}$.

于是在 $\overset{\circ}{U}(x_0,\delta)$ 内

$$|B+\beta|\geqslant|B|-|\beta|>|B|-\dfrac{|B|}{2}=\dfrac{|B|}{2},$$

因此，$\left|\dfrac{1}{(B+\beta)B}\right|<\dfrac{2}{B^2}$，即在 $\overset{\circ}{U}(x_0,\delta)$ 内 $\dfrac{1}{(B+\beta)B}$ 是有界函数. 定理证毕.

推论 1 若 $\lim f(x)=A$，c 为常数，则
$$\lim[cf(x)]=c\lim f(x)=cA.$$

推论 2 若 $\lim f(x)=A$，n 是正整数，则
$$\lim[f(x)]^n=[\lim f(x)]^n=A^n.$$

以上运算法则可推广到有限个函数的情形. 而且**定理 2.1 及其推论对数列极限也适用**.

定理 2.2（复合函数的极限运算法则） 设函数 $y=f(u)$ 与 $u=\varphi(x)$ 构成复合函数 $y=f(\varphi(x))$，若 $\lim\limits_{x\to x_0}\varphi(x)=a$，且存在点 x_0 的某去心邻域，对于此邻域内的任意一点 x，$\varphi(x)\neq a$.

(1) 若 $\lim\limits_{u\to a}f(u)=A$，则
$$\lim\limits_{x\to x_0}f(\varphi(x))=\lim\limits_{u\to a}f(u)=A; \tag{2-1}$$

(2) 特别地，若 $\lim\limits_{u\to a}f(u)=f(a)$，则
$$\lim\limits_{x\to x_0}f(\varphi(x))=\lim\limits_{u\to a}f(u)=f(a)=f(\lim\limits_{x\to x_0}\varphi(x)) \tag{2-2}$$

注：(1) 式(2-1)表明，求极限 $\lim\limits_{x\to x_0}f(\varphi(x))$ 时，若作变量替换 $u=\varphi(x)$，当 $\lim\limits_{x\to x_0}\varphi(x)=a$ 时，就转化为求极限 $\lim\limits_{u\to a}f(u)$. 即在求复合函数极限时，可用变量替换的方法.

(2) 式(2-2)表明，求极限 $\lim\limits_{x\to x_0}f(\varphi(x))$ 时，若满足 $\lim\limits_{u\to a}f(u)=f(a)$，则函数符号"$f$"与极限符号可以交换次序，即极限运算可移到内层函数上去.

(3) 定理中若把 $\lim\limits_{x\to x_0}\varphi(x)=a$ 换成 $\lim\limits_{x\to x_0}\varphi(x)=\infty$ 或 $\lim\limits_{x\to\infty}\varphi(x)=\infty$，并且将 $\lim\limits_{u\to u_0}f(u)=A$ 换成 $\lim\limits_{u\to\infty}f(u)=A$，定理的结论仍成立.

推论（幂指函数的极限） 设 $\lim f(x)=A>0$，$\lim g(x)=B$，则幂指函数 $f(x)^{g(x)}$ 的极限存在，且
$$\lim f(x)^{g(x)}=\lim f(x)^{\lim g(x)}=A^B. \tag{2-3}$$

例 2.13 求 $\lim\limits_{x\to 2}(3x^2-5x+3)$.

解 原式 $=\lim\limits_{x\to 2}3x^2-\lim\limits_{x\to 2}5x+\lim\limits_{x\to 2}3=3\lim\limits_{x\to 2}x^2-5\lim\limits_{x\to 2}x+3=3\times 2^2-5\times 2+3=5$.

由该题有结论：若 $P_n(x)=a_0x^n+a_1x^{n-1}+\cdots+a_{n-1}x+a_n$ 为 n 次多项式，则

$$\lim_{x\to x_0}P_n(x)=a_0x_0^n+a_1x_0^{n-1}+\cdots+a_{n-1}x_0+a_n=P_n(x_0).$$

例 2.14 设 $f(x)=\dfrac{x^2-4}{x^2-5x+6}$，求：(1) $\lim\limits_{x\to 1}f(x)$；(2) $\lim\limits_{x\to 2}f(x)$；(3) $\lim\limits_{x\to 3}f(x)$.

解 (1) 由于分母的极限 $\lim\limits_{x\to 1}(x^2-5x+6)=2\neq 0$，由商的极限法则有

$$\lim_{x\to 1}f(x)=\frac{\lim\limits_{x\to 1}(x^2-4)}{\lim\limits_{x\to 1}(x^2-5x+6)}=\frac{1^2-4}{1^2-5\times 1+6}=-\frac{3}{2}.$$

(2) 分子、分母的极限都为 0，不能直接用商的极限法则. 由于分子与分母有以 0 为极限的公因子 $x-2$，消去零因子再取极限.

$$\lim_{x\to 2}f(x)=\lim_{x\to 2}\frac{(x+2)(x-2)}{(x-3)(x-2)}=\lim_{x\to 2}\frac{x+2}{x-3}=-4.$$

(3) 分母的极限为 0，分子的极限为 $5\neq 0$. 将分式颠倒后求极限有

$$\lim_{x\to 3}\frac{x^2-5x+6}{x^2-4}=\frac{0}{5}=0.$$

根据无穷大与无穷小的关系，得 $\lim\limits_{x\to 3}\dfrac{x^2-4}{x^2-5x+6}=\infty$.

一般地，若有理分式

$$R(x)=\frac{P_n(x)}{Q_m(x)}=\frac{a_0x^n+a_1x^{n-1}+\cdots+a_{n-1}x+a_n}{b_0x^m+b_1x^{m-1}+\cdots+b_{m-1}x+b_m},\quad a_0\neq 0, b_0\neq 0,$$

则

$$\lim_{x\to x_0}R(x)=\begin{cases}P_n(x_0)/Q_m(x_0), & Q_m(x_0)\neq 0,\\ \infty, & P_n(x_0)\neq 0, Q_m(x_0)=0,\\ \text{消去零因子}, & P_n(x_0)=Q_m(x_0)=0.\end{cases}$$

例 2.15 $\lim\limits_{x\to 1}\dfrac{x^2+ax+b}{x^2+2x-3}=2$，求 a,b.

解 $x\to 1$ 时，分母的极限为零，又商的极限存在，所以

$$\lim_{x\to 1}x^2+ax+b=1+a+b=0.$$

于是，

$$\lim_{x\to 1}\frac{x^2+ax+b}{x^2+2x-3}=\lim_{x\to 1}\frac{(x-b)(x-1)}{(x+3)(x-1)}=\frac{1-b}{4}=2,$$

所以 $a=6, b=-7$.

求分式的极限时，若分母与分子的极限都为 0，此时分式的极限可能存在，也可能不存在，通常称这种类型的极限为 $\dfrac{0}{0}$ 型未定式.

例 2.16 求 $\lim\limits_{x\to\infty}\dfrac{3x^4+4x^2+2}{7x^4+5x^3-3}$.

解 分母、分子都趋于无穷大.用无穷小与无穷大的关系,将分母与分子同除以 x 的最高次幂 x^4,然后取极限:

$$原式 = \lim_{x\to\infty}\frac{3+\dfrac{4}{x^2}+\dfrac{2}{x^4}}{7+\dfrac{5}{x}-\dfrac{3}{x^4}}=\frac{3}{7}.$$

例 2.17 求 $\lim\limits_{x\to\infty}\dfrac{3x^2-2x-1}{2x^3-x^2+5}$.

解 分母与分子除以 x^3,然后取极限:

$$原式 = \lim_{x\to\infty}\frac{\dfrac{3}{x}-\dfrac{2}{x^2}-\dfrac{1}{x^3}}{2-\dfrac{1}{x}+\dfrac{5}{x^3}}=\frac{0}{2}=0.$$

例 2.18 求 $\lim\limits_{x\to\infty}\dfrac{2x^3-x^2+5}{3x^2-2x-1}$.

解 因为 $\lim\limits_{x\to\infty}\dfrac{3x^2-2x-1}{2x^3-x^2+5}=0$,所以 $\lim\limits_{x\to\infty}\dfrac{2x^3-x^2+5}{3x^2-2x-1}=\infty$.

一般地,对于有理分式,当 $a_0,b_0\ne 0$ 时,

$$\lim_{x\to\infty}\frac{a_0 x^n+a_1 x^{n-1}+\cdots+a_n}{b_0 x^m+b_1 x^{m-1}+\cdots+b_m}=\begin{cases}0, & n<m,\\ \dfrac{a_0}{b_0}, & n=m,\\ \infty, & n>m.\end{cases}$$

求分式的极限时,若分母与分子的极限都是无穷大,此时分式的极限可能存在,也可能不存在,通常称这种类型的极限为 $\dfrac{\infty}{\infty}$ **型未定式.**

例 2.19 求 $\lim\limits_{n\to\infty}\left(\dfrac{1}{n^2}+\dfrac{2}{n^2}+\cdots+\dfrac{n}{n^2}\right)$.

解 原式 $=\lim\limits_{n\to\infty}\dfrac{n(n+1)}{2n^2}=\dfrac{1}{2}$.

此例说明,无穷个无穷小的和未必是无穷小.

例 2.20 求 $\lim\limits_{x\to 1}\left(\dfrac{x}{x-1}-\dfrac{2}{x^2-1}\right)$.

解 因为 $\lim\limits_{x\to 1}\dfrac{x}{x-1}=\infty$,$\lim\limits_{x\to 1}\dfrac{2}{x^2-1}=\infty$,所以不能用差的极限运算法则,这种两个无穷大差的极限也是未定式,通常称为"∞-∞"型未定式.这时一般通分恒等变形为"$\dfrac{0}{0}$"或"$\dfrac{\infty}{\infty}$"的极限,再用前面例题的解法求解.

原式 $= \lim\limits_{x \to 1} \dfrac{(x-1)(x+2)}{(x-1)(x+1)} = \dfrac{3}{2}$.

例 2.21 设函数 $y=f(x)$ 为已知, 且 $\lim\limits_{x \to +\infty}[f(x)-(ax+b)]=0$.

(1) 试用含有 $f(x)$ 的极限式表示常数 a 和 b;

(2) 说明已知极限式的几何意义.

解 (1) 由已知式有

$$\lim_{x \to +\infty} x\left[\dfrac{f(x)}{x} - a - \dfrac{b}{x}\right] = 0,$$

若上式成立, 必有

$$\lim_{x \to +\infty}\left[\dfrac{f(x)}{x} - a - \dfrac{b}{x}\right] = 0,$$

因 $\lim\limits_{x \to +\infty} \dfrac{b}{x} = 0$, 故

$$a = \lim_{x \to +\infty} \dfrac{f(x)}{x}.$$

常数 a 已确定, 将其代入已知极限式得

$$b = \lim_{x \to +\infty}[f(x) - ax].$$

(2) 一般而言, 函数 $y=f(x)$ 的图形是一条曲线, 而函数 $y=ax+b$ 的图形是一条直线. 由

$$\lim_{x \to +\infty}[f(x)-(ax+b)] = 0$$

可知, 当 $x \to +\infty$ 时, 曲线 $y=f(x)$ 上的点 $(x, f(x))$ 到直线 $y=ax+b$ 的距离将越来越近, 趋于 0 (图 2-9). 即曲线 $y=f(x)$ 沿着 x 轴正方向无限延伸时, 将以直线 $y=ax+b$ 为渐近线. 当 $a \neq 0$ 时, 直线 $y=ax+b$ 与 x 轴既不平行也不垂直, 通常称 $y=ax+b$ 是曲线 $y=f(x)$ 的**斜渐近线**.

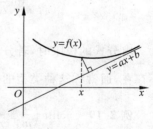

图 2-9

同样可以讨论极限 $\lim\limits_{x \to -\infty}[f(x)-(ax+b)]=0$ 的几何意义.

由此例得**求曲线 $y=f(x)$ 的斜渐近线的一般方法**:

对于曲线 $y=f(x)$, 若

$$\lim_{x \to -\infty} \dfrac{f(x)}{x} = a \quad 并且 \quad \lim_{x \to -\infty}[f(x) - ax] = b,$$

或

$$\lim_{x \to +\infty} \dfrac{f(x)}{x} = a \quad 并且 \quad \lim_{x \to +\infty}[f(x) - ax] = b,$$

则直线 $y=ax+b$ 是曲线 $y=f(x)$ 的**斜渐近线**.

例 2.22 求 $\lim\limits_{x\to 0}\dfrac{\sqrt{1+x}-\sqrt{1-x}}{x}$.

解 当我们遇到 $\sqrt{a}\pm\sqrt{b}$ 或 $a\pm\sqrt{b}$ 时,考虑分子或分母有理化.

$$\text{原式}=\lim_{x\to 0}\frac{(\sqrt{1+x}-\sqrt{1-x})(\sqrt{1+x}+\sqrt{1-x})}{x(\sqrt{1+x}+\sqrt{1-x})}$$

$$=\lim_{x\to 0}\frac{2}{\sqrt{1+x}+\sqrt{1-x}}=1.$$

例 2.23 当 $|x|<1$ 时,求 $\lim\limits_{n\to\infty}(1+x)(1+x^2)(1+x^4)\cdots(1+x^{2^n})$.

解
$$\text{原式}=\lim_{n\to\infty}\frac{(1-x)(1+x)(1+x^2)(1+x^4)\cdots(1+x^{2^n})}{1-x}$$

$$=\lim_{n\to\infty}\frac{1-x^{2^{n+1}}}{1-x}=\frac{1}{1-x}.$$

习题 2.3

1. 填空题.

(1) 已知 a,b 为常数,若 $\lim\limits_{n\to\infty}\dfrac{an^2+bn+5}{3n-2}=2$,则 $a=$ _____,$b=$ _____.

(2) 已知 a,b 为常数,若 $\lim\limits_{x\to\infty}\dfrac{(1+a)x^3+bx^2+1}{x^2+1}=5$,则 $a=$ _____,$b=$ _____.

(3) 已知 a,b 为常数,若 $\lim\limits_{x\to 2}\dfrac{x^2+ax+b}{x^2-x-2}=2$,则 $a=$ _____,$b=$ _____.

2. 证明函数极限的唯一性:若极限 $\lim\limits_{x\to x_0}f(x)$ 存在,则极限是唯一的.

3. 证明收敛数列的有界性:设数列 $\{x_n\}$ 收敛,那么存在正常数 M,使得所有的 x_n 均满足 $|x_n|\leqslant M$ $(n=1,2,\cdots)$.

4. 证明收敛数列的保号性:若 $\lim\limits_{n\to\infty}x_n=A$,且 $A>0$(或 $A<0$),那么存在 $N\in\mathbf{N}^*$,当 $n>N$ 时,有 $x_n>0$(或 $x_n<0$).

5. 对于数列 $\{x_n\}$,若 $x_{2k-1}\to a(k\to\infty)$,$x_{2k}\to a(k\to\infty)$,证明 $x_n\to a(n\to\infty)$.

6. 设 $x_n>y_n(n=1,2,\cdots)$,且 $\lim\limits_{n\to\infty}x_n=a$,$\lim\limits_{n\to\infty}y_n=b$,问是否必有 $a>b$? 若此结论一般不成立,那么正确的结论应是什么? 又若 $\lim\limits_{n\to\infty}x_n=a$,$\lim\limits_{n\to\infty}y_n=b$ 且 $a>b$,那么关于 x_n 与 y_n 的大小关系有何一般性的结论?

7. 证明当 $x\to\infty$ 时,$\sin x$ 无极限.

8. 求下列数列的极限.

(1) $\lim\limits_{n\to\infty}\dfrac{(n+1)(n+2)(n+3)}{5n^3}$;

(2) $\lim\limits_{n\to\infty}\dfrac{\sqrt[3]{n^2+n}}{n+2}$;

(3) $\lim\limits_{n\to\infty}\dfrac{1+\frac{1}{2}+\frac{1}{4}+\cdots+\frac{1}{2^n}}{1+\frac{1}{3}+\frac{1}{9}+\cdots+\frac{1}{3^n}}$;

(4) $\lim\limits_{n\to\infty}\left(\dfrac{1+2+3+\cdots+n}{n+2}-\dfrac{n}{2}\right)$;

(5) $\lim\limits_{n\to\infty}\left(1-\dfrac{1}{2}\right)\left(1-\dfrac{1}{3}\right)\cdots\left(1-\dfrac{1}{n}\right)$;

(6) $\lim\limits_{n\to\infty}\left[\dfrac{1}{1\times3}+\dfrac{1}{3\times5}+\dfrac{1}{5\times7}+\cdots+\dfrac{1}{(2n-1)(2n+1)}\right]$.

9. 求下列函数的极限.

(1) $\lim\limits_{x\to\infty}(\sqrt{x^2+1}-\sqrt{x^2-1})$;

(2) $\lim\limits_{x\to1}\left(\dfrac{1}{1-x}-\dfrac{3}{1-x^3}\right)$;

(3) $\lim\limits_{x\to1}\dfrac{x^n-1}{x-1}$;

(4) $\lim\limits_{x\to-\infty}\dfrac{\sqrt{4x^2+x-1}+x+1}{\sqrt{x^2+\sin x}}$;

(5) $\lim\limits_{h\to0}\dfrac{(x+h)^2-x^2}{h}$;

(6) $\lim\limits_{h\to0}\dfrac{(x+h)^3-x^3}{h}$;

(7) $\lim\limits_{x\to\infty}\dfrac{(x+1)^{10}(2x-1)^{20}}{(3x+2)^{30}}$;

(8) $\lim\limits_{x\to+\infty}\dfrac{2^x-1}{2^x+1}$;

(9) $\lim\limits_{x\to+\infty}(\sqrt{4x^2+2x+3}-2x)$;

(10) $\lim\limits_{x\to+\infty}(\sqrt{x^2+x+1}-\sqrt{x^2-x+1})$.

10. 求曲线的渐近线.

(1) $y=2\ln\dfrac{x+3}{x}-3$;   (2) $y=\dfrac{(x-3)^2}{4(x-1)}$;   (3) $y=\dfrac{x}{2}+\arctan x$.

11. 由已知条件确定 a,b 的值,并说明极限式的几何意义.

(1) $\lim\limits_{x\to+\infty}(\sqrt{2x^2+4x-1}-ax-b)=0$;

(2) $\lim\limits_{x\to\infty}\left(\dfrac{x^2+2}{x+1}+ax+b\right)=0$.

12. 设 $\lim\limits_{x\to x_0}f(x)=A$,$\lim\limits_{x\to x_0}g(x)$ 不存在,证明 $\lim\limits_{x\to x_0}[f(x)\pm g(x)]$ 不存在.

2.4 极限存在准则与两个重要极限

本节将介绍极限存在的两个准则及由这些准则而推得的两个重要极限:

$$\lim_{x\to0}\dfrac{\sin x}{x}=1 \quad 与 \quad \lim_{x\to\infty}\left(1+\dfrac{1}{x}\right)^x=\mathrm{e}.$$

2.4.1 夹逼准则

定理 2.3(数列收敛的夹逼准则) 若数列 $\{x_n\}$,$\{y_n\}$ 及 $\{z_n\}$ 满足下列条件:

(1) $y_n\leqslant x_n\leqslant z_n(n=1,2,\cdots)$; (2) $\lim\limits_{n\to\infty}y_n=\lim\limits_{n\to\infty}z_n=a$;

那么数列 $\{x_n\}$ 的极限存在,且 $\lim\limits_{n\to\infty}x_n=a$.

定理 2.3′（函数收敛的夹逼准则） 若函数 $f(x), g(x)$ 及 $h(x)$ 满足下列条件：

(1) 当 $x \in \mathring{U}(x_0, r)$（或 $|x| > M$）时，有
$$g(x) \leqslant f(x) \leqslant h(x);$$

(2) $\lim g(x) = \lim h(x) = A;$

那么 $\lim f(x)$ 存在，且 $\lim f(x) = A$。

由夹逼准则，可以证明下述重要极限：
$$\lim_{x \to 0} \frac{\sin x}{x} = 1.$$

证明 首先注意到，函数 $\frac{\sin x}{x}$ 对于一切 $x \neq 0$ 都有定义。在单位圆（图 2-10）中，$BC \perp OA$，$DA \perp OA$。设圆心角 $\angle AOB = x$，x 取弧度 $\left(0 < x < \frac{\pi}{2}\right)$。显然
$$S_{\triangle AOB} < S_{\text{扇形}AOB} < S_{\triangle AOD},$$
所以
$$\frac{1}{2}\sin x < \frac{1}{2}x < \frac{1}{2}\tan x, \quad x \in \left(0, \frac{\pi}{2}\right),$$
即 $\sin x < x < \tan x$。

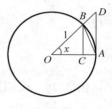

图 2-10

不等号各边都除以 $\sin x$，就有
$$1 < \frac{x}{\sin x} < \frac{1}{\cos x}, \quad \text{或} \quad \cos x < \frac{\sin x}{x} < 1.$$

注意，$\cos x, \frac{\sin x}{x}, 1$ 均是偶函数，故当 $-\frac{\pi}{2} < x < 0$ 时上述不等式也成立。

而 $\lim_{x \to 0} \cos x = 1$，根据定理 2.3′，$\lim_{x \to 0} \frac{\sin x}{x} = 1$。

例 2.24 求 $\lim_{x \to 0} \frac{\tan x}{x}$。

解 原式 $= \lim_{x \to 0} \frac{\sin x}{x} \cdot \frac{1}{\cos x} = \lim_{x \to 0} \frac{\sin x}{x} \cdot \lim_{x \to 0} \frac{1}{\cos x} = 1.$

例 2.25 求 $\lim_{x \to 0} \frac{1 - \cos x}{x^2}$。

解 原式 $= \lim_{x \to 0} \frac{2\sin^2 \frac{x}{2}}{x^2} = \frac{1}{2} \lim_{x \to 0} \frac{\sin^2 \frac{x}{2}}{\left(\frac{x}{2}\right)^2} = \frac{1}{2} \lim_{x \to 0} \left[\frac{\sin \frac{x}{2}}{\frac{x}{2}}\right]^2 = \frac{1}{2}.$

例 2.26 求 $\lim_{x \to 0} \frac{\arcsin x}{x}$。

解 令 $u = \arcsin x$，则 $x = \sin u$，且当 $x \to 0$ 时，有 $u \to 0$，于是
$$\text{原式} = \lim_{u \to 0} \frac{u}{\sin u} = 1.$$

例 2.27 求 $\lim\limits_{x \to \pi} \dfrac{\sin x}{x - \pi}$.

解 令 $u = x - \pi$,当 $x \to \pi$ 时,有 $u \to 0$,于是

$$\text{原式} = \lim_{u \to 0} \frac{\sin(u+\pi)}{u} = \lim_{u \to 0} \frac{-\sin u}{u} = -1.$$

例 2.28 证明 $\lim\limits_{n \to \infty}\left(\dfrac{1}{\sqrt{n^2+1}} + \dfrac{1}{\sqrt{n^2+2}} + \cdots + \dfrac{1}{\sqrt{n^2+n}}\right) = 1$.

证明 括号内每一项都是无穷小,且从左向右单调递减,因此可考虑夹逼准则:

$$\frac{n}{\sqrt{n^2+n}} \leqslant \frac{1}{\sqrt{n^2+1}} + \frac{1}{\sqrt{n^2+2}} + \cdots + \frac{1}{\sqrt{n^2+n}} \leqslant \frac{n}{\sqrt{n^2+1}},$$

由于

$$\lim_{n \to \infty} \frac{n}{\sqrt{n^2+n}} = 1, \quad \lim_{n \to \infty} \frac{n}{\sqrt{n^2+1}} = 1,$$

所以

$$\lim_{n \to \infty}\left(\frac{1}{\sqrt{n^2+1}} + \frac{1}{\sqrt{n^2+2}} + \cdots + \frac{1}{\sqrt{n^2+n}}\right) = 1.$$

例 2.29 证明 $\lim\limits_{n \to \infty} n^{\frac{1}{n}} = 1$.

证明 因为当 $n > 1$ 时,$n^{\frac{1}{n}} > 1$,可令 $n^{\frac{1}{n}} = 1 + a_n (a_n > 0)$,于是 $n = (1+a_n)^n$. 由牛顿二项公式

$$n = (1+a_n)^n = 1 + na_n + \frac{n(n-1)}{2}a_n^2 + \cdots + a_n^n > \frac{n(n-1)}{2}a_n^2,$$

可见

$$a_n^2 < \frac{2}{n-1}, \quad \text{即} \quad 0 < a_n < \sqrt{\frac{2}{n-1}}.$$

由于 $\lim\limits_{n \to \infty} 0 = \lim\limits_{n \to \infty}\sqrt{\dfrac{2}{n-1}} = 0$,根据夹逼准则得 $\lim\limits_{n \to \infty} a_n = 0$,所以

$$\lim_{n \to \infty} n^{\frac{1}{n}} = \lim_{n \to \infty}(1+a_n) = 1.$$

由这个极限,利用不等式 $[x] \leqslant x < [x] + 1$($[x]$ 为取整函数)以及夹逼准则,可以得到更一般性的结果:

$$\lim_{x \to +\infty} x^{\frac{1}{x}} = 1.$$

2.4.2 单调有界收敛准则

定理 2.4(单调有界收敛准则) 单调有界数列必有极限.

单调有界收敛准则是实数集 **R** 的一个重要属性,这条准则在本教材中不加证明,姑且把它当作公理. 其几何解释是单调增加(减少)数列的点恒朝右(左)方移动,但又不超越其上

界(下界),必然无限趋近于某一定点 A,如图 2-11 所示.

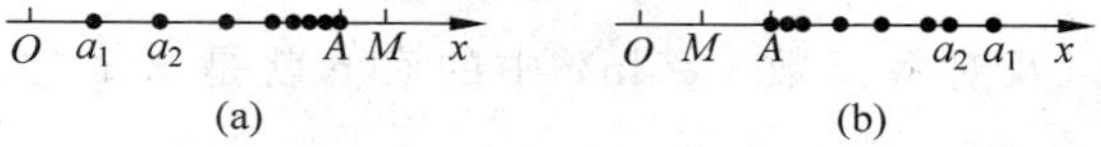

图 2-11

现在讨论另一个重要极限

$$\lim_{x \to \infty} \left(1 + \frac{1}{x}\right)^x = e.$$

先考虑 x 取自然数 n 而趋于 $+\infty$ 的情形.

设 $x_n = \left(1 + \frac{1}{n}\right)^n$,现证明数列 $\{x_n\}$ 是单调有界数列. 按二项式公式,有

$$\begin{aligned} x_n &= \left(1 + \frac{1}{n}\right)^n \\ &= 1 + \frac{n}{1!} \cdot \frac{1}{n} + \frac{n(n-1)}{2!} \cdot \frac{1}{n^2} + \frac{n(n-1)(n-2)}{3!} \cdot \frac{1}{n^3} + \cdots \\ &\quad + \frac{n(n-1)\cdots(n-n+1)}{n!} \cdot \frac{1}{n^n} \\ &= 1 + 1 + \frac{1}{2!}\left(1 - \frac{1}{n}\right) + \frac{1}{3!}\left(1 - \frac{1}{n}\right)\left(1 - \frac{2}{n}\right) + \cdots \\ &\quad + \frac{1}{n!}\left(1 - \frac{1}{n}\right)\left(1 - \frac{2}{n}\right)\cdots\left(1 - \frac{n-1}{n}\right). \end{aligned}$$

同样地,

$$\begin{aligned} x_{n+1} &= 1 + 1 + \frac{1}{2!}\left(1 - \frac{1}{n+1}\right) + \frac{1}{3!}\left(1 - \frac{1}{n+1}\right)\left(1 - \frac{2}{n+1}\right) + \cdots \\ &\quad + \frac{1}{(n+1)!}\left(1 - \frac{1}{n+1}\right)\left(1 - \frac{2}{n+1}\right)\cdots\left(1 - \frac{n}{n+1}\right). \end{aligned}$$

比较 x_n 与 x_{n+1} 的展开式,可以看出除前两项外,x_n 的每一项都小于 x_{n+1} 的对应项,并且 x_{n+1} 还多了最后一项,且其值又大于 0,因此

$$x_n < x_{n+1}, \quad n = 1, 2, \cdots,$$

即数列 $\{x_n\}$ 是单调递增的. 再将 x_n 的展开式中各项括号内的数用较大的数 1 代替,得

$$x_n < 1 + 1 + \frac{1}{2!} + \frac{1}{3!} + \cdots + \frac{1}{n!} < 1 + 1 + \frac{1}{2} + \frac{1}{2^2} + \cdots + \frac{1}{2^{n-1}}$$

$$= 1 + \frac{1 - \frac{1}{2^n}}{1 - \frac{1}{2}} = 3 - \frac{1}{2^{n-1}} < 3.$$

这说明数列 $\{x_n\}$ 是单调递增有上界的. 根据定理 2.4,数列 $\{x_n\}$ 必有极限. 这个极限姑且用 e 来表示,即

$$\lim_{n\to\infty}\left(1+\frac{1}{n}\right)^n = e.$$

指数函数 $y=e^x$ 以及对数函数 $y=\ln x$ 中的底 e 就是这个常数,它是个无理数,$e=2.718\,281\,828\,459\,045\cdots$. 下面证明,当 x 取实数而趋于 $+\infty$ 或 $-\infty$ 时,函数 $\left(1+\frac{1}{x}\right)^x$ 的极限都存在且为 e.

(1) 当 $x\to+\infty$ 时,记 $[x]=n$,则当 $x\to+\infty$ 时 $n\to\infty$ 且有不等式

$$\left(1+\frac{1}{n+1}\right)^n < \left(1+\frac{1}{x}\right)^x < \left(1+\frac{1}{n}\right)^{n+1},$$

由于

$$\lim_{n\to\infty}\left(1+\frac{1}{n}\right)^{n+1} = \lim_{n\to\infty}\left(1+\frac{1}{n}\right)^n \cdot \lim_{n\to\infty}\left(1+\frac{1}{n}\right) = e,$$

$$\lim_{n\to\infty}\left(1+\frac{1}{n+1}\right)^n = \lim_{n\to\infty}\left(1+\frac{1}{n+1}\right)^{n+1} \Big/ \lim_{n\to\infty}\left(1+\frac{1}{n+1}\right) = \frac{e}{1} = e,$$

由夹逼准则可得

$$\lim_{x\to+\infty}\left(1+\frac{1}{x}\right)^x = e.$$

(2) 当 $x\to-\infty$ 时,令 $x=-(t+1)$,则 $x\to-\infty$ 时 $t\to+\infty$,于是

$$\lim_{x\to-\infty}\left(1+\frac{1}{x}\right)^x = \lim_{t\to+\infty}\left(1-\frac{1}{t+1}\right)^{-(t+1)} = \lim_{t\to+\infty}\left(1+\frac{1}{t}\right)^{t+1} = e.$$

综合(1)和(2)有

$$\lim_{x\to\infty}\left(1+\frac{1}{x}\right)^x = e. \tag{2-4}$$

令 $x=\frac{1}{t}$,由式(2-4)可得 $\lim\limits_{t\to 0}(1+t)^{\frac{1}{t}}=e$,即

$$\lim_{x\to 0}(1+x)^{\frac{1}{x}} = e. \tag{2-4$'$}$$

若 $\lim f(x)=1, \lim g(x)=\infty$,幂指函数的极限 $\lim f(x)^{g(x)}$ 可能存在,也可能不存在,通常称这种类型的极限为 **1^∞ 型未定式**. 重要极限式(2-4)及式(2-4)$'$就是 1^∞ 型未定式.

例 2.30 求 $\lim\limits_{x\to\infty}\left(1-\frac{1}{x}\right)^x$.

解 令 $t=-x$,则当 $x\to\infty$ 时,$t\to\infty$. 于是

$$原式 = \lim_{t\to\infty}\left(1+\frac{1}{t}\right)^{-t} = \lim_{t\to\infty}\frac{1}{\left(1+\frac{1}{t}\right)^t} = \frac{1}{e}.$$

例 2.31 求 $\lim\limits_{x\to 0}\frac{\ln(1+x)}{x}$.

解 原式 $= \lim\limits_{x\to 0}\ln(1+x)^{\frac{1}{x}} = \ln\left[\lim\limits_{x\to 0}(1+x)^{\frac{1}{x}}\right] = \ln e = 1.$

例 2.32 求 $\lim\limits_{x \to 0} \dfrac{a^x - 1}{x}$.

解 令 $t = a^x - 1$, 则当 $x \to 0$ 时, $t \to 0$. 于是

$$\text{原式} = \lim_{t \to 0} \frac{t}{\log_a(1+t)} = \lim_{t \to 0} \frac{t}{\ln(1+t)} \cdot \ln a = \ln a.$$

例 2.33 求 $\lim\limits_{x \to 0}(1+x)^{\frac{3}{\tan x}}$.

分析: 此极限为 1^∞ 型未定式, 由于指数趋于无穷大, 极限不存在, 不能直接利用求幂指函数的极限公式(2-3). 我们利用重要极限式(2-4)将其变形, 然后利用幂指函数的极限公式(2-3)求解.

解 原式 $= \lim\limits_{x \to 0}\left[(1+x)^{\frac{1}{x}}\right]^{\frac{3x}{\tan x}} = e^3$.

例 2.34 确定常数 c, 使 $\lim\limits_{x \to \infty}\left(\dfrac{x+c}{x-c}\right)^x = 4$.

解 $\lim\limits_{x \to \infty}\left(\dfrac{x+c}{x-c}\right)^x = \lim\limits_{x \to \infty}\left(1 + \dfrac{2c}{x-c}\right)^x = \lim\limits_{x \to \infty}\left[\left(1 + \dfrac{2c}{x-c}\right)^{\frac{x-c}{2c}}\right]^{\frac{2cx}{x-c}} = e^{2c} = 4,$

所以, $2c = \ln 4$, $c = \ln 2$.

例 2.35 设 $x_0 = 1, x_1 = 1 + \dfrac{x_0}{1+x_0}, \cdots, x_n = 1 + \dfrac{x_{n-1}}{1+x_{n-1}}, \cdots$. 证明 $\lim\limits_{n \to \infty} x_n$ 存在, 并求此极限.

解 显然 $x_n > 0 (n = 0, 1, 2, \cdots)$, 并且

$$x_n = 1 + \frac{x_{n-1}}{1+x_{n-1}} = 2 - \frac{1}{1+x_{n-1}} < 2.$$

即数列 $\{x_n\}$ 为有界数列. 若能证明此数列单调, 则其极限必存在. 下面证明数列 $\{x_n\}$ 单调.

显然 $x_1 > x_0$, 由数学归纳法, 假设 $x_k > x_{k-1}$, 则

$$x_{k+1} - x_k = \left(1 + \frac{x_k}{1+x_k}\right) - \left(1 + \frac{x_{k-1}}{1+x_{k-1}}\right) = \frac{x_k - x_{k-1}}{(1+x_k)(1+x_{k-1})} > 0,$$

故数列 $\{x_n\}$ 单调递增有上界, $\lim\limits_{n \to \infty} x_n$ 存在. 令 $\lim\limits_{n \to \infty} x_n = a$, 则

$$\lim_{n \to \infty} x_n = \lim_{n \to \infty}\left(1 + \frac{x_{n-1}}{1+x_{n-1}}\right), \text{即 } a = 1 + \frac{a}{1+a}.$$

所以, $a = \dfrac{1 \pm \sqrt{5}}{2}$ (舍掉负值 $a = \dfrac{1-\sqrt{5}}{2}$), 数列 $\{x_n\}$ 的极限为 $\lim\limits_{n \to \infty} x_n = \dfrac{1+\sqrt{5}}{2}$.

2.4.3 连续复利

设初始本金为 A_0 元, 年利率为 r, 下面就几种不同的计息方式进行讨论.

单利付息是指每次支付的利息都不计入本金, 若一年分 n 次付息, 则 t 年末的资金总额 A_t 为

$$A_t = A_0\left(1 + nt\,\frac{r}{n}\right) = A_0(1 + tr),$$

即本利和与支付利息的次数无关.

复利付息是指每次支付的利息都记入本金,若一年分 n 次付息,则 t 年末的资金总额 A_t 为

$$A_t = A_0\left(1 + \frac{r}{n}\right)^{tn},$$

易见本利和是随付息次数 n 的增大而增加的.

若令 $n \to \infty$,即每时每刻计算复利,称为**连续复利**,那么 t 年末的资金总额 A_t 为

$$A_t = \lim_{n\to\infty} A_0\left(1 + \frac{r}{n}\right)^{tn} = A_0 \lim_{n\to\infty}\left[\left(1 + \frac{r}{n}\right)^{\frac{n}{r}}\right]^{tr} = A_0 e^{rt}.$$

上式称为 t 年末本利和的**连续复利公式**. 式中的 A_0 称为**现在值**或**现值**,A_t 称为**将来值**,已知 A_0 求 A_t,称为**复利问题**;已知 A_t 求 A_0,称为**贴现问题**,这时称利率 r 为**贴现率**.

例 2.36 现有初始本金 10 000 元,若银行储蓄年利率为 7%,问:

(1) 按单利计算,3 年末的本利和为多少?

(2) 按年复利计算,3 年末的本利和为多少?

(3) 按连续复利计算,3 年末的本利和为多少?

(4) 按单利计算,需多少年能使本利和为初始本金的 2 倍?

(5) 按连续复利计算,需多少年能使本利和为初始本金的 2 倍?

解 (1) $A_3 = 10\,000(1 + 3 \times 7\%) = 12\,100$(元);

(2) $A_3 = 10\,000\,(1 + 7\%)^3 = 12\,250.43$(元);

(3) $A_3 = 10\,000 e^{3 \times 7\%} = 12\,336.78$(元);

(4) 令 $A_t = 10\,000(1 + t \times 7\%) = 20\,000$,则 $t \approx 14.29$ 年;

(5) 令 $A_t = 10\,000 e^{t \times 7\%} = 20\,000$,则 $t \approx 9.90$ 年.

显然,随着时间的推移,连续复利与单利产生的利息相比相差很大.

习题 2.4

1. 计算下列极限.

(1) $\lim\limits_{n\to\infty} 2^n \sin\dfrac{x}{2^n}$;

(2) $\lim\limits_{x\to\infty}\left(\dfrac{1+x}{x}\right)^{2x}$;

(3) $\lim\limits_{x\to 0}\dfrac{1-\cos x}{x\sin x}$;

(4) $\lim\limits_{x\to 0^+}\dfrac{x}{\sqrt{1-\cos x}}$;

(5) $\lim\limits_{x\to 0}\dfrac{\cos\alpha x - \cos\beta x}{x^2}$;

(6) $\lim\limits_{x\to\infty}\left(\dfrac{x-1}{x+3}\right)^x$;

(7) $\lim\limits_{x\to\infty}\left(\dfrac{3x}{2+3x}\right)^{x-1}$;

(8) $\lim\limits_{x\to 0}(\cos x)^{\frac{1}{1-\cos x}}$;

(9) $\lim\limits_{x\to\infty}\left(\dfrac{4+x}{2+x}\right)^x$;

(10) $\lim\limits_{x\to 2}\left(\dfrac{x}{2}\right)^{\frac{1}{x-2}}$;

(11) $\lim\limits_{n\to\infty}\left(1+\dfrac{1}{n}\right)^{n+5}$;

(12) $\lim\limits_{n\to\infty}\{n[\ln(n+1)-\ln n]\}$.

2. 利用夹逼准则证明下列极限.

(1) $\lim\limits_{n\to\infty}\left(\dfrac{1}{n^2+n+1}+\dfrac{2}{n^2+n+2}+\cdots+\dfrac{n}{n^2+n+n}\right)=\dfrac{1}{2}$；

(2) $\lim\limits_{n\to\infty}(1+2^n+3^n)^{\frac{1}{n}}=3.$

3. 利用单调有界收敛准则证明下列数列极限存在,并求出极限值.

(1) $x_1=\sqrt{2},x_{n+1}=\sqrt{2+x_n}\quad(n=1,2,\cdots)$；

(2) $x_1=2,x_{n+1}=\dfrac{1}{2}\left(x_n+\dfrac{1}{x_n}\right)\quad(n=1,2,\cdots).$

4. 利用极限 $\lim\limits_{n\to\infty}n^{\frac{1}{n}}=1$,(1)用夹逼准则证明 $\lim\limits_{x\to+\infty}x^{\frac{1}{x}}=1$；(2)继而证明 $\lim\limits_{x\to 0^+}x^x=1$,并求极限 $\lim\limits_{x\to 0^+}x\ln x.$

2.5 无穷小的比较

两个无穷小的和、差及乘积仍是无穷小,而两个无穷小之商却会出现各种可能的情况. 例如：当 $x\to 0$ 时,$x,3x,x^2,\sin x$ 都是无穷小,但是

$$\lim_{x\to 0}\dfrac{x^2}{3x}=0,\quad \lim_{x\to 0}\dfrac{3x}{x^2}=\infty,\quad \lim_{x\to 0}\dfrac{\sin x}{x}=1.$$

两个无穷小之比的极限的各种不同情况,反映出不同无穷小趋向于零时,在"快慢"上是有区别的. 就上述几个例子来说,在 $x\to 0$ 的过程中,我们粗略地感觉到 x^2 比 $3x$ 趋向于零更快,反过来 $3x$ 比 x^2 趋向于零慢些,而 $\sin x$ 与 x 趋向于零时,在快慢上大体相当.

2.5.1 无穷小的比较

由于常数零(它是无穷小)在无穷小的比较中意义不大,故**本节中提到的无穷小均指非零无穷小**.

设 α 与 β 是同一自变量在同一变化过程中的两个无穷小,而 $\lim\dfrac{\beta}{\alpha}$ 表示这个变化过程中的极限.

(1) 若 $\lim\dfrac{\beta}{\alpha}=0$,称 β 是比 α 高阶的无穷小,记做 $\beta=o(\alpha)$；

(2) 若 $\lim\dfrac{\beta}{\alpha}=\infty$,称 β 是比 α 低阶的无穷小；

(3) 若 $\lim\dfrac{\beta}{\alpha}=c$($c$ 是不为零的常数),称 β 是与 α 同阶的无穷小；特别地,若 $\lim\dfrac{\beta}{\alpha}=1$,就称 β 与 α 是等价无穷小,记做 $\beta\sim\alpha$ 或 $\alpha\sim\beta.$

(4) 特别地,若 $\lim\limits_{x\to 0}\dfrac{|\alpha|}{|x|^k}=c(c\neq 0)$,就称当 $x\to 0$ 时 α 是 x 的 k 阶无穷小($k>0$).

例如 $\lim\limits_{x\to 0}\dfrac{1-\cos x}{x^2}=\dfrac{1}{2}$，因此，当 $x\to 0$ 时，$1-\cos x$ 是 x 的二阶无穷小.

对于两个无穷小 α 与 β，若 $\alpha\sim\beta$，则 $\lim\dfrac{\alpha-\beta}{\beta}=\lim\left(\dfrac{\alpha}{\beta}-1\right)=\lim\dfrac{\alpha}{\beta}-1=0$，说明 $\alpha-\beta$ 是比 β 高阶的无穷小，即 $\alpha-\beta=o(\beta)$，因此 α 可表示成 $\alpha=\beta+o(\beta)$.

反过来，若 $\alpha=\beta+o(\beta)$，则 $\lim\dfrac{\alpha}{\beta}=\lim\left(\dfrac{\beta+o(\beta)}{\beta}\right)=\lim\left(1+\dfrac{o(\beta)}{\beta}\right)=1$，说明 $\alpha\sim\beta$. 于是，有下面的结论.

定理 2.5 设 α 与 β 是两个无穷小，则 $\alpha\sim\beta$ 的充分必要条件是 $\alpha=\beta+o(\beta)$. 并称 β 是 α 的主要部分，当然 α 也是 β 的主要部分.

例 2.37 求 $\lim\limits_{x\to 0}\dfrac{\tan x-\sin x}{x^3}$.

解 原式 $=\lim\limits_{x\to 0}\dfrac{1}{\cos x}\cdot\dfrac{\sin x}{x}\cdot\dfrac{1-\cos x}{x^2}=1\times 1\times\dfrac{1}{2}=\dfrac{1}{2}$.

由此可见，当 $x\to 0$ 时，$\tan x-\sin x$ 是 x 的三阶无穷小，$\dfrac{x^3}{2}$ 是 $\tan x-\sin x$ 的主要部分.

2.5.2 等价无穷小

定理 2.6（无穷小代换） 设 $\alpha,\alpha',\beta,\beta'$ 都是自变量在同一变化过程的无穷小，且 $\alpha\sim\alpha'$，$\beta\sim\beta'$，若 $\lim\dfrac{\beta'}{\alpha'}$ 存在，那么 $\lim\dfrac{\beta}{\alpha}=\lim\dfrac{\beta'}{\alpha'}$.

证明 $\lim\dfrac{\beta}{\alpha}=\lim\dfrac{\beta}{\beta'}\cdot\dfrac{\beta'}{\alpha'}\cdot\dfrac{\alpha'}{\alpha}=\lim\dfrac{\beta}{\beta'}\cdot\lim\dfrac{\beta'}{\alpha'}\cdot\lim\dfrac{\alpha'}{\alpha}=\lim\dfrac{\beta'}{\alpha'}$.

这一性质表明，求两个无穷小之比的极限，分子及分母都可用等价无穷小来代替，从而达到简化极限计算之目的.

例 2.38 求 $\lim\limits_{x\to 0}\dfrac{(1+x)^a-1}{x}$，$a\neq 0$.

解 令 $(1+x)^a-1=u$，当 $x\to 0$ 时，有 $u\to 0$，且由 $(1+x)^a=1+u$ 的两端取自然对数后，得 $a\ln(1+x)=\ln(1+u)$，即 $\ln(1+x)=\dfrac{1}{a}\ln(1+u)$. 因为当 $x\to 0$ 时，$\ln(1+x)\sim x$，所以

$$\text{原式}=\lim_{x\to 0}\dfrac{(1+x)^a-1}{\ln(1+x)}=\lim_{u\to 0}\dfrac{u}{\dfrac{1}{a}\ln(1+u)}=a.$$

由前面的一些例题可知，当 $x\to 0$ 时，

$$x\sim\sin x\sim\tan x\sim\arcsin x\sim\arctan x\sim\ln(1+x)\sim(e^x-1)\sim\sqrt{1+x}-\sqrt{1-x},$$

$$a^x-1\sim x\ln a,\quad (1+x)^a-1\sim ax(a\neq 0),\quad 1-\cos x\sim\dfrac{x^2}{2}.$$

例 2.39 求 $\lim\limits_{x\to 0}\dfrac{\arcsin 5x}{\sqrt[3]{x+1}-1}$.

解 当 $x\to 0$ 时，$\arcsin 5x \sim 5x$，$\sqrt[3]{x+1}-1 \sim \dfrac{x}{3}$，所以

$$\text{原式} = \lim_{x\to 0}\dfrac{5x}{\dfrac{x}{3}} = 15.$$

例 2.40 求 $\lim\limits_{x\to 0}\dfrac{2^{x^2}-1}{\sqrt{1+x\tan x}-1}$.

解 当 $x\to 0$ 时，$2^{x^2}-1 \sim x^2\ln 2$，$\sqrt{1+x\tan x}-1 \sim \dfrac{x\tan x}{2} \sim \dfrac{x^2}{2}$，所以

$$\text{原式} = \lim_{x\to 0}\dfrac{x^2\ln 2}{x^2/2} = 2\ln 2.$$

切记，只可对函数的因子作等价无穷小代换，对分子或分母中的某个代数和中的项作等价无穷小的代换，则可能出错. 比如当 $x\to 0$ 时，$\tan x \sim x$，$\sin x \sim x$，在例 2.37 中若把 $\tan x$ 与 $\sin x$ 换成 x，就会得出错误的结果：

$$\lim_{x\to 0}\dfrac{\tan x-\sin x}{x^3} = \lim_{x\to 0}\dfrac{0-0}{x^3} = 0$$

习题 2.5

1. 下列各函数均为 $x\to 0$ 时的无穷小，若取 x 为基本无穷小，求下列各函数的阶.

(1) x^3+x^5；　　　(2) $\sqrt{x\sin x}$；　　　(3) $\sqrt{1+x}-\sqrt{1-x}$；

(4) $\ln(1+x^2)$；　(5) $\tan x-\sin x$；　(6) $1-\cos 3x$.

2. 利用等价无穷小的代换性质，求下列极限.

(1) $\lim\limits_{x\to 0}\dfrac{1-\cos mx}{x^2}$；　(2) $\lim\limits_{x\to 0}\dfrac{1}{x}\sin\left(x^2\sin\dfrac{1}{x}\right)$；　(3) $\lim\limits_{x\to\infty}\dfrac{2-\sqrt{2}x^2}{4x+1}\cdot\sin\dfrac{\sqrt{2}}{x}$；

(4) $\lim\limits_{x\to 0}\dfrac{\sin 5x}{x^5+5x}$；　(5) $\lim\limits_{x\to 0}\dfrac{\sec x-1}{x^2}$；　(6) $\lim\limits_{x\to 0}\dfrac{2\sin x-\sin 2x}{x^3}$；

(7) $\lim\limits_{x\to 0^+}\dfrac{\ln(e^{\sin x}+\sqrt{1-\cos x})}{\arcsin(\sqrt{1-\cos x})}$；　(8) $\lim\limits_{x\to 1}\dfrac{\sin\sin(x-1)}{\ln x}$；

(9) $\lim\limits_{x\to 0}\dfrac{\sin(\sin^2 x)\cos x}{3x^2+4x^3}$；　(10) $\lim\limits_{x\to 0}\dfrac{1}{x}\cdot\ln\sqrt{\dfrac{1+x}{1-x}}$；　(11) $\lim\limits_{x\to 0}\dfrac{e^{ax}-e^{\beta x}}{x}$；

(12) $\lim\limits_{\alpha\to\beta}\dfrac{e^\alpha-e^\beta}{\alpha-\beta}$；　(13) $\lim\limits_{x\to 0}\dfrac{\sin\alpha x-\sin\beta x}{x}$；　(14) $\lim\limits_{x\to 0}\dfrac{2^x-3^x}{x}$.

3. 证明等价无穷小具有下列性质.

(1) $\alpha\sim\alpha$（自反性）；

(2) 若 $\alpha\sim\beta$，则 $\beta\sim\alpha$（对称性）；

(3) 若 $\alpha \sim \beta, \beta \sim \gamma$，则 $\alpha \sim \gamma$（传递性）.

4. 任何两个无穷小都可以比较吗？为什么？

2.6 函数的连续性与间断点

2.6.1 函数的连续性

对于函数 $y=f(x)$，假设自变量由 x_0 改变到 $x_0+\Delta x$，自变量改变了 Δx，这时，函数值相应地由 $f(x_0)$ 变到 $f(x_0+\Delta x)$，若记 Δy 为函数相对应的改变量，则

$$\Delta y = f(x_0+\Delta x) - f(x_0).$$

按这种记法，在 x_0 处，当 Δx 很微小时，Δy 也很微小，即 $\Delta x \to 0$ 时，也有 $\Delta y \to 0$，就称函数 $y=f(x)$ 在点 x_0 处连续.

定义 2.6 设函数 $y=f(x)$ 在点 x_0 的某邻域内有定义，若

$$\lim_{\Delta x \to 0} \Delta y = \lim_{\Delta x \to 0} [f(x_0+\Delta x) - f(x_0)] = 0, \tag{2-5}$$

就称函数 $y=f(x)$ 在点 x_0 处连续.

若令 $x = x_0 + \Delta x$，则 $\Delta x = x - x_0$，当 $\Delta x \to 0$ 时，$x \to x_0$，所以定义 2.6 中的式(2-5)还可表述为

$$\lim_{x \to x_0} f(x) = f(x_0). \tag{2-6}$$

显然，函数 $y=f(x)$ 在点 x_0 处连续，必须满足下列 3 个条件：

(1) $f(x)$ 在 x_0 点有定义；

(2) 极限 $\lim_{x \to x_0} f(x)$ 存在，即 $\lim_{x \to x_0^+} f(x) = \lim_{x \to x_0^-} f(x)$；

(3) $\lim_{x \to x_0} f(x) = f(x_0)$.

利用函数极限的 ε-δ 定义，可给出函数连续的 ε-δ 定义：

$\forall \varepsilon > 0, \exists \delta > 0$，当 $|x - x_0| < \delta$ 时，总有 $|f(x) - f(x_0)| < \varepsilon$ 成立，则称函数 $y = f(x)$ 在点 x_0 处连续.

上述定义精确地刻画了函数在一点连续的性态：自变量的微小变动只能引起函数值的微小变化.

思考：函数 $y=f(x)$ 在点 x_0 处极限存在与在点 x_0 处连续的区别与联系？

类似于左、右极限的定义，有下述左、右连续的定义.

定义 2.7 设函数 $y=f(x)$ 在点 x_0 的某左(右)邻域内有定义，若

$$\lim_{x \to x_0^-} f(x) = f(x_0) \left(\lim_{x \to x_0^+} f(x) = f(x_0) \right),$$

则称 $y=f(x)$ 在点 x_0 处左(右)连续.

函数 $y=f(x)$ 在点 x_0 处连续的**充要条件**是函数 $y=f(x)$ 在点 x_0 处既左连续又右连续.

若函数 $y=f(x)$ 在区间 I 上每一点都连续,则称 **$f(x)$ 在区间 I 上连续**,或称**函数 $f(x)$ 为区间 I 上的连续函数**. 若函数 $f(x)$ 在开区间 (a,b) 内连续,且在右端点 b 处左连续,左端点 a 处右连续,则称 $f(x)$ 在闭区间 $[a,b]$ 上连续.

2.6.2 函数的间断点

设函数 $f(x)$ 在点 x_0 的某去心邻域内有定义,若 x_0 不是函数 $f(x)$ 的连续点,就称 x_0 是 $f(x)$ 的**间断点**. 此时,下列 3 种情形中至少有一种发生:

(1) $f(x)$ 在 x_0 处没有定义;

(2) $f(x)$ 在 x_0 处有定义,但 $\lim\limits_{x \to x_0} f(x)$ 不存在;

(3) $f(x)$ 在 x_0 处有定义,且 $\lim\limits_{x \to x_0} f(x)$ 存在,但 $\lim\limits_{x \to x_0} f(x) \neq f(x_0)$.

下面举例说明常见的几类间断点.

例 2.41 函数 $f(x) = x\sin\dfrac{1}{x}$ 在 $x=0$ 处没有定义,所以点 $x=0$ 是函数的间断点. 但这里

$$\lim_{x \to 0} x\sin\frac{1}{x} = 0,$$

若补充定义 $f(0)=0$,即①

$$f(x) = \begin{cases} x\sin\dfrac{1}{x}, & x \neq 0, \\ 0, & x = 0, \end{cases}$$

显然,$f(x)$ 在 $x=0$ 处由间断变为连续.

例 2.42 设函数 $y=f(x) = \begin{cases} x, & x \neq 1, \\ \dfrac{1}{2}, & x = 1 \end{cases}$ 在 $x=1$ 处有定义,$f(1)=\dfrac{1}{2}$,但是

$$\lim_{x \to 1} f(x) = \lim_{x \to 1} x = 1, \quad 可见 \quad \lim_{x \to 1} f(x) \neq f(1),$$

所以 $x=1$ 是函数 $f(x)$ 的间断点. 若改变函数 $f(x)$ 在 $x=1$ 处的函数值,即令 $f(1)=1$,则函数 $f(x)$ 在 $x=1$ 处由间断变为连续.

一般地,若 x_0 是函数 $f(x)$ 的间断点,而极限 $\lim\limits_{x \to x_0} f(x)$ 存在,则称 x_0 为函数 $f(x)$ 的**可去间断点**. 只要补充定义 $f(x_0)$ 或重新定义 $f(x_0)$,令 $f(x_0) = \lim\limits_{x \to x_0} f(x)$,则函数 $f(x)$ 将在 x_0 处连续. 由于函数在 x_0 处的间断性可通过再定义 $f(x_0)$ 去除,故称 x_0 是**可去间断点**.

例 2.43 设函数 $f(x) = \begin{cases} x^2+1, & x<0, \\ 0, & x=0, \\ x-1, & x>0. \end{cases}$

---

① 注:此处的函数与原来的函数 $f(x)$ 已经不同,但从问题的性质出发,此处仍记做 $f(x)$,以下均如此.

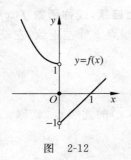

图 2-12

因为 $\lim_{x \to 0^-} f(x) = \lim_{x \to 0^-} (x^2+1) = 1$, $\lim_{x \to 0^+} f(x) = \lim_{x \to 0^+} (x-1) = -1$. 函数在 $x=0$ 处的左右极限都存在但不相等, 所以极限 $\lim_{x \to 0} f(x)$ 不存在, 因此 $x=0$ 是函数 $f(x)$ 的间断点.

若 x_0 是函数 $f(x)$ 的间断点, 而函数在 x_0 处的左右极限都存在但不相等, 则称 x_0 是函数的**跳跃间断点**. 如例 2.43 中 $x=0$ 是函数 $f(x)$ 的跳跃间断点, 就是由于 $y=f(x)$ 的图形 2-12 在 $x=0$ 处产生跳跃现象而得名.

例 2.44 正切函数 $y = \tan x$ 在 $x = \frac{\pi}{2}$ 处没有定义, 且因为

$$\lim_{x \to \frac{\pi}{2}} \tan x = \infty,$$

故称 $x = \frac{\pi}{2}$ 为函数 $y = \tan x$ 的无穷间断点.

若 x_0 是函数 $f(x)$ 的间断点, 且 $\lim_{x \to x_0^+} f(x) = \infty$ 或 $\lim_{x \to x_0^-} f(x) = \infty$, 则称 x_0 是函数 $f(x)$ 的**无穷间断点**.

例 2.45 函数 $y = \sin \frac{1}{x}$ 在点 $x=0$ 没有定义, 且当 $x \to 0$ 时, 函数值在 -1 与 1 之间无限次地变动(图 2-13), 故极限不存在. 称点 $x=0$ 为函数 $y = \sin \frac{1}{x}$ 的振荡间断点.

一般地, 在 $x \to x_0$ 的过程中, 若函数值 $f(x)$ 无限次地在两个不同数之间变动, 则称点 x_0 为函数 $f(x)$ 的**振荡间断点**.

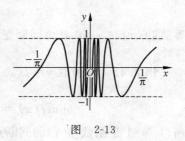

图 2-13

通常把间断点分成两类: 若 x_0 是函数 $f(x)$ 的间断点, 但左、右极限都存在, 那么 x_0 称为函数 $f(x)$ 的**第一类间断点**. 显然可去间断点与跳跃间断点是第一类间断点. 不是第一类间断点的间断点, 称为**第二类间断点**. 无穷间断点和振荡间断点是第二类间断点.

2.6.3 连续函数的运算性质

定理 2.7(四则运算性质) 设函数 $f(x)$ 和 $g(x)$ 在点 x_0 连续, 则其代数和 $f(x) \pm g(x)$, 乘积 $f(x) \cdot g(x)$, 商 $\frac{f(x)}{g(x)}$(当 $g(x_0) \neq 0$ 时)在点 x_0 也连续.

定理 2.8(反函数的连续性) 设函数 $y = f(x)$ 在区间 I_x 上单调增加(或减少)且连续, 则它的反函数 $x = f^{-1}(y)$ 在对应的区间 $I_y = \{y \mid y = f(x), x \in I_x\}$ 上单调增加(或减少)且连续.

从图形上看该定理显然成立. 设函数 $y = f(x)$ 在 $[a,b]$ 上单调增加且连续, 则它的图形

(图 2-14)是一条连续上升的曲线,其反函数 $x=f^{-1}(y)$ 的图形是同一条曲线,因此,函数 $x=f^{-1}(y)$ 在对应的区间 $[f(a),f(b)]$ 上也单调增加且连续.

根据函数在一点连续的定义和复合函数极限的运算法则可得到以下定理.

定理 2.9(复合函数的连续性) 设函数 $u=\varphi(x)$ 在点 x_0 处连续,且 $\varphi(x_0)=u_0$;又函数 $y=f(u)$ 在点 u_0 处连续,则复合函数 $y=f(\varphi(x))$ 在点 x_0 处连续,即
$$\lim_{x\to x_0}f(\varphi(x))=f(\varphi(x_0)).$$

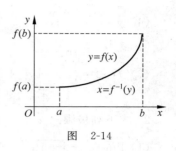

图 2-14

利用定理 2.9,可以证明:若 $\lim f(x)=0$,$\lim g(x)=\infty$,则
$$\lim [1\pm f(x)]^{g(x)}=\mathrm{e}^{\pm\lim g(x)\cdot f(x)}. \tag{2-7}$$

例 2.46 求 $\lim\limits_{x\to 0}\left(\dfrac{1+\tan x}{1+\sin x}\right)^{\frac{1}{x^3}}$.

解 原式 $=\lim\limits_{x\to 0}\left(1+\dfrac{\tan x-\sin x}{1+\sin x}\right)^{\frac{1}{x^3}}=\exp\lim\limits_{x\to 0}\dfrac{\tan x-\sin x}{1+\sin x}\cdot\dfrac{1}{x^3}$

$=\exp\lim\limits_{x\to 0}\dfrac{\tan x-\sin x}{x^3}$

$=\exp\lim\limits_{x\to 0}\dfrac{\tan x}{x}\cdot\dfrac{1-\cos x}{x^2}$

$=\mathrm{e}^{\frac{1}{2}}.$

可以证明**基本初等函数在其定义域内都是连续的**.

根据初等函数的定义、基本初等函数的连续性以及本节有关定理可得下述重要结论:

一切初等函数在其有定义的区间内都是连续的.

根据上述结论,若 $f(x)$ 是初等函数,且 x_0 是 $f(x)$ 的定义区间内的点,则
$$\lim_{x\to x_0}f(x)=f(x_0).$$

例 2.47 求 $\lim\limits_{x\to +\infty}(\sin\sqrt{x+1}-\sin\sqrt{x})$.

解 原式 $=\lim\limits_{x\to +\infty}2\sin\dfrac{\sqrt{x+1}-\sqrt{x}}{2}\cos\dfrac{\sqrt{x+1}+\sqrt{x}}{2}$

$=\lim\limits_{x\to +\infty}2\sin\dfrac{1}{2(\sqrt{x+1}+\sqrt{x})}\cos\dfrac{\sqrt{x+1}+\sqrt{x}}{2}$

$=0.$

习题 2.6

1. 研究下列函数的连续性,如有间断点,说明间断点的类型.

(1) $f(x) = \dfrac{1}{(x-2)^3}$; (2) $f(x) = \dfrac{\sqrt{1+x} - \sqrt{1-x}}{x}$; (3) $f(x) = \sin x \cdot \cos^2 \dfrac{1}{x}$;

(4) $y = \cos^2 \dfrac{1}{x}$; (5) $f(x) = \dfrac{x^2 - x}{|x|(x+1)}$; (6) $y = \dfrac{x}{\tan x}$;

(7) $f(x) = \begin{cases} 0, & x < 1, \\ 2x - 1, & 1 \leqslant x \leqslant 2, \\ 1 + x^2, & x > 2, \end{cases}$ (8) $f(x) = \begin{cases} \dfrac{x^3 - x}{\sin \pi x}, & x < 0, \\ \sin \dfrac{1}{x^2 - 1}, & x \geqslant 0. \end{cases}$

2. 求下列极限.

(1) $\lim\limits_{x \to 0} \sqrt{e^x + x + 1}$; (2) $\lim\limits_{x \to \frac{\pi}{4}} \ln(\tan x)$; (3) $\lim\limits_{x \to \infty} \left(\dfrac{x+1}{x}\right)^{2x+1}$;

(4) $\lim\limits_{x \to 1} \dfrac{\sqrt{x+1} - \sqrt{3-x}}{x - 1}$; (5) $\lim\limits_{x \to 0} \dfrac{e^x - \sqrt{x+1}}{x}$; (6) $\lim\limits_{x \to a} \dfrac{\sin x - \sin a}{x - a}$;

(7) $\lim\limits_{x \to +\infty} \left(\sqrt{x^2 + x} - \sqrt{x^2 - x}\right)$; (8) $\lim\limits_{x \to +\infty} x\left(\sqrt{1 - \dfrac{1}{x}} - 1\right)$.

3. 讨论下列函数的连续性,若有间断点,判别其类型.

(1) $f(x) = \lim\limits_{n \to \infty} \dfrac{1 - x^{2n}}{1 + x^{2n}} x$; (2) $f(x) = \lim\limits_{t \to x} \left(\dfrac{\sin t}{\sin x}\right)^{\frac{x}{\sin t - \sin x}}$.

4. 设 $f(x) = \begin{cases} x, & x < 1, \\ a, & x \geqslant 1, \end{cases}$ $g(x) = \begin{cases} b, & x < 0, \\ x + 2, & x \geqslant 0, \end{cases}$ 确定 a, b 的值,使 $F(x) = f(x) + g(x)$ 在 $(-\infty, +\infty)$ 内连续.

2.7 连续函数的性质

闭区间上的连续函数有很多重要性质,其中不少性质从几何直观上看是明显的,但证明却不容易,需要用到实数理论.我们将以定理的形式把这些性质叙述出来,略去严格的证明.

2.7.1 最大值与最小值定理

设 $f(x)$ 定义在区间 I 上,若有 $x_0 \in I$,使得对于任一 $x \in I$ 都有
$$f(x) \leqslant f(x_0) \quad (\text{或 } f(x) \geqslant f(x_0)),$$
则称 $f(x_0)$ 是函数 $f(x)$ 在区间 I 上的**最大值**(或**最小值**).

定理 2.10(最值定理) 闭区间上的连续函数在该区间上有界并一定能取得它的最大值和最小值.

如图 2-15 所示,函数 $f(x)$ 在闭区间 $[a, b]$ 上连续,那么至少有一点 $x_1 \in [a, b]$,使得 $f(x_1)$ 是 $f(x)$ 在 $[a, b]$ 上的最小值,又至少有一点 $x_2 \in [a, b]$,使得 $f(x_2)$ 是 $f(x)$ 在 $[a, b]$ 上的最大值.这也表明 $f(x)$ 在 $[a, b]$ 上是有界的.

使用一些数学符号可将最值定理 2.10 简洁地表述为
$f \in C[a,b] \Rightarrow \exists x_1, x_2 \in [a,b]$，使得
$$\min_{x \in [a,b]} \{f(x)\} = f(x_1), \quad \max_{x \in [a,b]} \{f(x)\} = f(x_2).$$
"闭区间 $[a,b]$ 上连续的函数 f 在 $[a,b]$ 上是有界的"可简洁地表述为
$$f \in C[a,b] \Rightarrow f \in B[a,b].$$

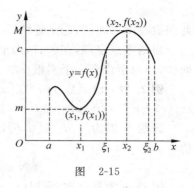

图 2-15

注：若函数在开区间、半开半闭区间内连续，或者函数在闭区间上有间断点，那么函数在该区间上就不一定有最大值或最小值. 例如在区间 $(0,1]$ 上的连续函数 $f(x) = \dfrac{1}{x}$ 在 $(0,1]$ 上是无界的，也没有最大值. 再例如 $x=1$ 是函数 $y=f(x)=\begin{cases} -x+1, & 0 \leqslant x < 1, \\ 1, & x=1, \\ -x+3, & 1 < x \leqslant 2 \end{cases}$ 在闭区间 $[0,2]$ 上的跳跃间断点，此函数在闭区间 $[0,2]$ 上无最大值和最小值.

2.7.2 零点定理与介值定理

若 $f(x_0)=0$，则称 x_0 为函数 $f(x)$ 的**零点**.

定理 2.11（零点定理） 设函数 $f(x)$ 在闭区间 $[a,b]$ 上连续，且 $f(a)$ 与 $f(b)$ 异号，则 $f(x)$ 在开区间 (a,b) 内至少有一个零点.

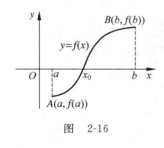

图 2-16

定理 2.11 可用符号表述为
$f \in C[a,b]$ 且 $f(a) \cdot f(b) < 0 \Rightarrow \exists x_0 \in (a,b)$，使 $f(x_0)=0$.

此定理的几何意义是若连续曲线弧 $y=f(x)$ 的两个端点位于 x 轴的不同侧，那么曲线弧与 x 轴至少有一个交点（图 2-16）.

定理 2.12（介值定理） 设函数 $f(x)$ 在闭区间 $[a,b]$ 上连续，且 $f(a) \neq f(b)$，则对介于 $f(a)$ 与 $f(b)$ 之间的任何实数 μ，在开区间 (a,b) 内至少有一点 x_0，使得
$$f(x_0) = \mu.$$

证明 作辅助函数 $F(x)=f(x)-\mu$，显然 $F(x)$ 在闭区间 $[a,b]$ 上连续. 由于 μ 介于 $f(a)$ 与 $f(b)$ 之间，所以
$$F(a) \cdot F(b) = [f(a)-\mu] \cdot [f(b)-\mu] < 0.$$
根据零点定理，在开区间 (a,b) 内至少有一点 x_0，使得 $F(x_0)=0$，即 $f(x_0)=\mu$.

推论 在闭区间上连续的函数必取得介于最大值 M 与最小值 m 之间的任何值.

例 2.48 证明方程 $x^3 - 4x^2 + 1 = 0$ 在区间 $(0,1)$ 内至少有一个根.

证明 首先要把方程根的问题转化为函数的零点问题. 因此，设辅助函数

$$f(x) = x^3 - 4x^2 + 1,$$

此函数在闭区间$[0,1]$上连续,又 $f(0)=1>0, f(1)=-2<0$.

根据零点定理,在$(0,1)$内至少有一点 x_0,使得 $f(x_0)=0$,即方程 $x^3-4x^2+1=0$ 在区间$(0,1)$内至少有一个实根 x_0.

例 2.49 设函数 $f(x)$ 在$[a,b]$上连续,且 $a<c<d<b$,证明存在一个 $\xi\in(a,b)$,使得 $mf(c)+nf(d)=(m+n)f(\xi)$,其中 m,n 为自然数.

证明 因为$[c,d]\subset[a,b]$,所以 $f(x)$ 在$[c,d]$上连续,在$[c,d]$上必有最大值 M 和最小值 N,即

$$N \leqslant f(c) \leqslant M, \quad N \leqslant f(d) \leqslant M.$$

因 m,n 为自然数,所以 $(m+n)N \leqslant mf(c)+nf(d) \leqslant (m+n)M$,即

$$N \leqslant \frac{mf(c)+nf(d)}{m+n} \leqslant M.$$

从而由最值定理及介值定理的推论,$\exists \xi \in [c,d] \subset (a,b)$,使得

$$f(\xi) = \frac{mf(c)+nf(d)}{m+n},$$

即 $mf(c)+nf(d)=(m+n)f(\xi)$.

习题 2.7

1. 根据连续函数的性质,验证方程 $x^5-3x=1$ 至少有一个根介于 $1,2$ 之间.
2. 证明方程 $x^3+3=3x^2+x$ 在区间 $(-2,0),(0,2),(2,4)$ 内各有一个实根.
3. 设 $f(x)$ 和 $g(x)$ 均在$[a,b]$上连续,且 $f(a)<g(a), f(b)>g(b)$. 证明 $\exists \xi \in (a,b)$,使得

$$f(\xi) = g(\xi).$$

4. 设 $f(x)$ 在$[a,b]$上连续,且 $a<x_1<x_2<x_3<b$,证明 $\exists \xi \in (a,b)$,使得

$$f(\xi) = \frac{f(x_1)+f(x_2)+f(x_3)}{3}.$$

复习题二

1. 求下列极限.

(1) $\lim\limits_{x\to 0}(\cos x)^{4/x^2}$;

(2) $\lim\limits_{x\to 0}\dfrac{\sqrt{1+x\sin x}-1}{x^2}$;

(3) $\lim\limits_{x\to +\infty}(\sin\sqrt{x^2+1}-\sin x)$;

(4) $\lim\limits_{x\to 1}\dfrac{x^x-1}{x\ln x}$.

2. 下列极限存在,试求常数 a 及 b 的值.

(1) $\lim\limits_{x\to\infty}\left(\dfrac{x^2+1}{x+1}-ax-b\right)=0$;

(2) $\lim\limits_{x\to +\infty}(\sqrt{x^2-x+1}-ax-b)=0$;

(3) $\lim\limits_{x\to\infty}\left(\dfrac{x+a}{x-a}\right)^x = 4$; (4) $\lim\limits_{x\to\infty}\left(\dfrac{x+a}{x-11}\right)^{\frac{x}{1000}} = e^2$.

3. 指出当 $x\to 0$ 时,下列函数分别是 x 的几阶无穷小.

(1) $\sqrt[3]{1+\sqrt[3]{x}} - 1$; (2) $\sqrt{1+\tan x} - \sqrt{1-\sin x}$;

(3) $\arcsin(\sqrt{4+x^2} - 2)$; (4) $e^{x^2} - \cos x$.

4. 设 $\lim\limits_{x\to 0}\left[1+x+\dfrac{f(x)}{x}\right]^{\frac{1}{x}} = e^3$,求 $\lim\limits_{x\to 0}\left[1+\dfrac{f(x)}{x}\right]^{\frac{1}{x}}$.

5. 已知 $f(x) = \dfrac{px^2-2}{x^2+1} + 3qx + 5$,当 $x\to\infty$ 时,p,q 取何值时 $f(x)$ 为无穷小量? p,q 取何值时 $f(x)$ 为无穷大量?

6. 函数 $y = x\sin x$ 在区间 $(0,+\infty)$ 内是否有界? 又当 $x\to +\infty$ 时,这个函数是否为无穷大? 为什么?

7. 利用夹逼准则证明

(1) $\lim\limits_{n\to\infty}\left(\dfrac{1}{n^2} + \dfrac{1}{(n+1)^2} + \cdots + \dfrac{1}{(2n)^2}\right) = 0$;

(2) 设 $A = \max\{a_1, a_2, \cdots, a_m\}\ (a_i > 0, i = 1, 2, \cdots, m)$,则有
$$\lim_{n\to\infty}\sqrt[n]{a_1^n + a_2^n + \cdots + a_m^n} = A.$$

8. 利用单调有界收敛准则证明下列数列极限存在,并求出极限值.

(1) $x_1 = 10,\ x_{n+1} = \sqrt{6+x_n}\quad (n=1,2,\cdots)$;

(2) $x_1 = \dfrac{1}{2},\ x_{n+1} = \dfrac{1+x_n^2}{2}\quad (n=1,2,\cdots)$.

9. 写出下列函数的全部间断点,并指出间断点的类型.

(1) $f(x) = \begin{cases} e^{1/(x-1)}, & x > 0 \text{ 且 } x \neq 1, \\ \ln(1+x), & -1 < x \leqslant 0; \end{cases}$

(2) $f(x) = \dfrac{\sqrt{1+x} - \sqrt[3]{1+x}}{\sin x}$.

10. 讨论下列函数的连续性,若有间断点,判别其类型.

(1) $f(x) = \lim\limits_{n\to\infty}\dfrac{nx}{1+nx^3}$; (2) $f(x) = \lim\limits_{n\to\infty}\dfrac{x+x^2 e^{\frac{n}{x}}}{1+e^{\frac{n}{x}}}$.

11. 求函数 $f(x) = \lim\limits_{n\to\infty}\dfrac{x^{2n-1}+ax^2+bx}{x^{2n}+1}$,并确定常数 a,b,使 $f(x)$ 连续.

12. 设 $f(x) = \begin{cases} (2x^2+\cos^2 x)^{x^{-2}}, & x < 0, \\ a, & x = 0, \\ \dfrac{b^x-1}{x}, & x > 0. \end{cases}$ 确定 a,b 的值,使 $f(x)$ 在 $(-\infty,+\infty)$

连续.

13. 证明下列方程存在实根.
(1) $\sin x + x + 1 = 0$； (2) $x^3 + px + q = 0$.

14. 设 $a < b < c$，求证：方程 $\dfrac{1}{x-a} + \dfrac{1}{x-b} + \dfrac{1}{x-c} = 0$ 在区间 (a,b) 与 (b,c) 内各至少有一个实根.

15. 设函数 $f(x)$ 在 $[a,b]$ 上连续，且 $a < x_1 < x_2 < \cdots < x_n < b$，证明 $\exists \xi \in (a,b)$，使得
$$f(\xi) = \frac{1}{n} \sum_{i=1}^{n} f(x_i).$$

16. 设 $f(x)$ 在 $[a,b]$ 上连续，且恒为正. 证明对任意的 $x_1, x_2 \in (a,b)$，$x_1 < x_2$，必存在一点 $\xi \in [x_1, x_2]$，使得
$$f(\xi) = \sqrt{f(x_1)f(x_2)}.$$

第 3 章

导数与微分

数学中研究导数、微分及其应用的部分称为微分学,微分学是微积分最基本、最重要的组成部分,是现代数学许多分支的基础.

在许多实际问题中,我们除了需要知道因变量随自变量 x 变化的依赖关系,还需要知道函数 $f(x)$ 变化的快慢程度. 如:变速运动过程中物体的瞬时速度、化学反应的速度、人口增长的速度、劳动生产率等,这些变化大多是不均匀的,它们归结为数学问题即是求函数的变化率——导数. 导数和微分是继连续性之后,函数研究的进一步深化. 导数反映的是因变量相对于自变量变化的快慢程度和增减情况,而微分则是指当自变量有微小变化时,函数大体上变化多少.

本章将通过对实际问题的分析,以极限概念为基础,引出微分学中两个最重要的基本概念——导数与微分,然后再建立求导数与微分的运算公式和法则,从而解决有关变化率的计算问题.

3.1 导数的概念

3.1.1 引例——变化率问题

在数学的发展史上,速度问题和切线问题都与导数概念的形成有着密切关系,下面分别对它们进行研究.

引例 1 变速直线运动的瞬时速度

设有一物体作变速直线运动,其运动方程为 $s=s(t)$,其中 s 表示物体的位移,t 表示时间. 求该物体在 t_0 时刻的瞬时速度 $v(t_0)$.

首先从物体运动的平均速度入手,物体从时刻 t_0 到 $t_0+\Delta t$ 的时间间隔内的位移为

$$\Delta s = s(t_0 + \Delta t) - s(t_0).$$

物体在 Δt 这个时间段内的平均速度为

$$\bar{v} = \frac{\Delta s}{\Delta t} = \frac{s(t_0 + \Delta t) - s(t_0)}{\Delta t}.$$

显然,若物体作匀速直线运动,$\bar{v}$ 就是该物体在任何时刻的瞬时速度.当物体作变速直线运动时,Δt 越小,$\bar{v}$ 的值就越接近 t_0 时刻的速度.

因此,当 $\Delta t \to 0$ 时,如果平均速度 $\bar{v} = \dfrac{\Delta s}{\Delta t}$ 的极限存在,就可以定义该极限为物体在 t_0 时刻的瞬时速度,即

$$v(t_0) = \lim_{\Delta t \to 0} \frac{\Delta s}{\Delta t} = \lim_{\Delta t \to 0} \frac{s(t_0 + \Delta t) - s(t_0)}{\Delta t}.$$

由此可见,物体在 t_0 时刻的瞬时速度是函数的增量 Δs 与自变量增量 Δt 的比值当 $\Delta t \to 0$ 时的极限.

引例 2　曲线的切线问题

设平面曲线 C 的方程为:$y = f(x)$,如图 3-1 所示,$M(x_0, y_0)$ 为曲线 C 上一个定点,求 C 上过点 M 的切线 MT 的斜率.

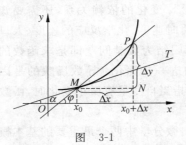

图 3-1

切线定义:在 M 点附近取曲线上的一个动点 $P(x_0 + \Delta x, y_0 + \Delta y)$,作割线 MP,当动点 P 沿曲线趋近于定点 M 时,称割线 MP 的极限位置 MT 为曲线在点 M 处的**切线**.

设切线 MT 的倾斜角为 α,割线 MP 的倾斜角为 φ,因此割线 MP 的斜率为

$$\tan\varphi = \frac{\Delta y}{\Delta x} = \frac{f(x_0 + \Delta x) - f(x_0)}{\Delta x}.$$

显然,当 $\Delta x \to 0$ 时,点 P 沿曲线 C 无限接近于定点 M,割线 MP 的极限位置即是切线 MT.若割线 MP 斜率的极限存在,则该极限是切线 MT 的斜率,即当 $\Delta x \to 0$ 时,有 $\varphi \to \alpha$,$\tan\varphi \to \tan\alpha$,于是

$$\tan\alpha = \lim_{\varphi \to \alpha} \tan\varphi = \lim_{\Delta x \to 0} \frac{\Delta y}{\Delta x}$$
$$= \lim_{\Delta x \to 0} \frac{f(x_0 + \Delta x) - f(x_0)}{\Delta x}.$$

上述两例,一个是物理学中的瞬时速度,一个是几何中的切线斜率问题,虽然二者的实际意义不同,但是从数学的角度来看,解决问题的方法本质上是一样的,归结起来就是

(1) 在某一点对应于自变量的增量 Δx,算出函数 $y = f(x)$ 的增量 Δy;

(2) 写出函数的增量与自变量的增量之比 $\dfrac{\Delta y}{\Delta x}$;

(3) 求出当 $\Delta x \to 0$ 时,$\dfrac{\Delta y}{\Delta x}$ 的极限.

在客观实际中,我们经常用这种方法分析和解决问题.因此抛开各种实际意义,可以抽象出导数的概念.

3.1.2 导数的定义

1. 函数 $y=f(x)$ 在点 x_0 处的导数

定义 3.1 设函数 $y=f(x)$ 在点 x_0 的某邻域 $U(x_0,\delta)$ 内有定义,当自变量 x 在 x_0 处取得增量 $\Delta x(x+\Delta x \in U(x_0,\delta))$ 时,因变量 y 相应地取得增量 $\Delta y=f(x_0+\Delta x)-f(x_0)$,若极限

$$\lim_{\Delta x \to 0}\frac{\Delta y}{\Delta x}=\lim_{\Delta x \to 0}\frac{f(x_0+\Delta x)-f(x_0)}{\Delta x}$$

存在,则称函数 $y=f(x)$ 在点 x_0 处可导,并称此极限值为函数 $y=f(x)$ 在点 x_0 处的**导数**,记为 $f'(x_0)$,即

$$f'(x_0)=\lim_{\Delta x \to 0}\frac{\Delta y}{\Delta x}=\lim_{\Delta x \to 0}\frac{f(x_0+\Delta x)-f(x_0)}{\Delta x} \tag{3-1}$$

也可以记为:$y'|_{x=x_0}$,$\left.\dfrac{\mathrm{d}y}{\mathrm{d}x}\right|_{x=x_0}$ 或 $\left.\dfrac{\mathrm{d}f(x)}{\mathrm{d}x}\right|_{x=x_0}$.

函数 $f(x)$ 在点 x_0 处可导有时也说成 $f(x)$ 在点 x_0 处具有导数或导数存在.

如果令 $x=x_0+\Delta x$,则 $\Delta x=x-x_0$,当 $\Delta x \to 0$ 时,$x \to x_0$,于是,式(3-1)也可以表示为

$$f'(x_0)=\lim_{x \to x_0}\frac{f(x)-f(x_0)}{x-x_0}. \tag{3-2}$$

式(3-2)为导数定义的等价表示形式,类似的等价表示形式还有

$$f'(x_0)=\lim_{h \to 0}\frac{f(x_0+h)-f(x_0)}{h}. \tag{3-3}$$

若极限 $\lim\limits_{\Delta x \to 0}\dfrac{\Delta y}{\Delta x}=\lim\limits_{\Delta x \to 0}\dfrac{f(x_0+\Delta x)-f(x_0)}{\Delta x}$ 不存在,则称函数 $y=f(x)$ 在点 x_0 处不可导或没有导数. 特别地,当 $\Delta x \to 0$ 时,如果 $\dfrac{\Delta y}{\Delta x} \to \infty$,尽管此时导数不存在,但为方便起见,也往往说函数 $f(x)$ 在点 x_0 处的导数为无穷大.

注:函数增量与自变量增量之比 $\dfrac{\Delta y}{\Delta x}$ 是函数 y 在以 x_0 及 $x_0+\Delta x$ 为端点的区间上的平均变化率;导数 $f'(x_0)$ 是函数 $y=f(x)$ 在点 x_0 处的变化率,即瞬时变化率,反映了函数 $y=f(x)$ 在点 x_0 处变化的快慢程度.

有了导数的概念,上面两个实际问题可以重述为:

(1) 变速直线运动在时刻 t_0 的瞬时速度就是路程函数 $s=s(t)$ 在 t_0 时刻的导数 $s'(t_0)$,即

$$v(t_0)=\left.\frac{\mathrm{d}s}{\mathrm{d}t}\right|_{t=t_0}.$$

(2) 平面曲线的切线斜率是曲线函数 $y=f(x)$ 在点 x_0 的导数 $f'(x_0)$，即

$$k = \tan\alpha = \frac{\mathrm{d}y}{\mathrm{d}x}\bigg|_{x=x_0}.$$

例 3.1 已知 $f'(x_0)$ 存在，求 $\lim\limits_{h\to 0}\dfrac{f(x_0)-f(x_0-2h)}{h}$.

解 $\lim\limits_{h\to 0}\dfrac{f(x_0)-f(x_0-2h)}{h}=2\lim\limits_{h\to 0}\dfrac{[f(x_0-2h)-f(x_0)]}{-2h}=2f'(x_0)$.

例 3.2 求函数 $y=\dfrac{1}{x}$ 在 $x_0\neq 0$ 处的导数.

解 根据导数的定义

$$y'|_{x=x_0} = \lim_{\Delta x\to 0}\frac{\dfrac{1}{x_0+\Delta x}-\dfrac{1}{x_0}}{\Delta x} = \lim_{\Delta x\to 0}\frac{-\Delta x}{x_0\Delta x(x_0+\Delta x)} = -\frac{1}{x_0^2}.$$

例 3.3 已知 $f(0)=1,\lim\limits_{x\to 0}\dfrac{f(x)-1}{3x}=1$，求 $f'(0)$.

解 因为 $\lim\limits_{x\to 0}\dfrac{f(x)-1}{3x}=\lim\limits_{x\to 0}\dfrac{f(x)-f(0)}{3x}=\lim\limits_{x\to 0}\dfrac{1}{3}\cdot\dfrac{f(x)-f(0)}{x-0}=\dfrac{1}{3}f'(0)=1$，

所以 $f'(0)=3$.

2. 函数 $y=f(x)$ 在区间内的导数

定义 3.2 若函数 $y=f(x)$ 在区间 I 内的每一点 x 处都可导，则称 $y=f(x)$ 在区间 I 内可导. 此时对于区间 I 内的任意一点 x，都有唯一确定的导数 $f'(x)$ 与之对应，这样就构成了一个新的函数，此函数称为函数 $y=f(x)$ 的**导函数**，简称为导数，记做

$$f'(x), \quad y', \quad \frac{\mathrm{d}y}{\mathrm{d}x} \text{ 或 } \frac{\mathrm{d}f(x)}{\mathrm{d}x}.$$

将式(3-1)中的 x_0 换成 x，即得导函数的定义式

$$f'(x) = \lim_{\Delta x\to 0}\frac{\Delta y}{\Delta x} = \lim_{\Delta x\to 0}\frac{f(x+\Delta x)-f(x)}{\Delta x}. \tag{3-4}$$

注：(1) 上式中，虽然 x 可以取区间 I 内的任意值，但在求极限的过程中，x 是常量，Δx 是变量；

(2) $f'(x_0)$ 可看做 $f'(x)$ 在点 x_0 处的函数值，即

$$f'(x_0) = f'(x)|_{x=x_0}.$$

例 3.4 求函数 $f(x)=C$（C 为常数）的导数.

解 $f'(x)=\lim\limits_{\Delta x\to 0}\dfrac{f(x+\Delta x)-f(x)}{\Delta x}=\lim\limits_{\Delta x\to 0}\dfrac{C-C}{\Delta x}=0$，即 $C'=0$.

例 3.5 求函数 $y=x^n$（$n\in\mathbf{N}$）的导数.

解 由二项式定理可知

$$\Delta y = (x+\Delta x)^n - x^n$$
$$= [x^n + C_n^1 x^{n-1}\Delta x + C_n^2 x^{n-2}(\Delta x)^2 + \cdots + (\Delta x)^n] - x^n$$
$$= C_n^1 x^{n-1}\Delta x + C_n^2 x^{n-2}(\Delta x)^2 + \cdots + (\Delta x)^n,$$

于是
$$\frac{\Delta y}{\Delta x} = C_n^1 x^{n-1} + C_n^2 x^{n-2}\Delta x + \cdots + (\Delta x)^{n-1},$$

因而
$$y' = \lim_{\Delta x \to 0}\frac{\Delta y}{\Delta x} = nx^{n-1},$$

即 $(x^n)' = nx^{n-1}$.

当我们给出求导法则后,将在 3.2 节中证明,当 n 为任意实数时,上式也成立. 即对于任意给定的实数 α,有
$$(x^\alpha)' = \alpha x^{\alpha-1}.$$

利用这个公式,可以很方便地求出幂函数的导数,例如
$$(\sqrt{x})' = (x^{\frac{1}{2}})' = \frac{1}{2}x^{\frac{1}{2}-1} = \frac{1}{2}x^{-\frac{1}{2}} = \frac{1}{2\sqrt{x}}, \quad x > 0,$$
$$\left(\frac{1}{x}\right)' = (x^{-1})' = -x^{-1-1} = -x^{-2} = -\frac{1}{x^2}, \quad x \neq 0.$$

例 3.6 求函数 $f(x) = \sin x$ 的导数以及 $(\sin x)'|_{x=\frac{\pi}{4}}$.

解
$$f'(x) = \lim_{\Delta x \to 0}\frac{f(x+\Delta x) - f(x)}{\Delta x} = \lim_{\Delta x \to 0}\frac{\sin(x+\Delta x) - \sin x}{\Delta x}$$
$$= \lim_{\Delta x \to 0}\frac{1}{\Delta x} \cdot 2\cos\left(x+\frac{\Delta x}{2}\right)\sin\frac{\Delta x}{2}$$
$$= \lim_{\Delta x \to 0}\cos\left(x+\frac{\Delta x}{2}\right) \cdot \frac{\sin\frac{\Delta x}{2}}{\frac{\Delta x}{2}} = \cos x.$$

即 $(\sin x)' = \cos x$,故 $(\sin x)'|_{x=\frac{\pi}{4}} = \cos\frac{\pi}{4} = \frac{\sqrt{2}}{2}$.

用类似的方法,可求得 $(\cos x)' = -\sin x$.

例 3.7 求函数 $f(x) = a^x (a > 0, a \neq 1)$ 的导数.

解
$$f'(x) = \lim_{\Delta x \to 0}\frac{f(x+\Delta x) - f(x)}{\Delta x} = \lim_{\Delta x \to 0}\frac{a^{x+\Delta x} - a^x}{\Delta x}$$
$$= a^x \lim_{\Delta x \to 0}\frac{a^{\Delta x} - 1}{\Delta x} = a^x \lim_{\Delta x \to 0}\frac{e^{\Delta x \ln a} - 1}{\Delta x}$$
$$= a^x \lim_{\Delta x \to 0}\frac{\Delta x \ln a}{\Delta x} = a^x \ln a.$$

即 $(a^x)' = a^x \ln a$. 特别地,有 $(e^x)' = e^x$.

3. 单侧导数

对于定义在某个闭区间或半开区间上的函数,如果要讨论该函数在端点处的变化率时,就要对导数概念加以补充,引出单侧导数的概念.

由于导数的定义是一个极限,因此,类似函数在一点的左、右极限的概念,下面引出函数 $y=f(x)$ 在点 x_0 处左、右导数的概念.

定义 3.3 如果极限 $\lim\limits_{\Delta x \to 0^-} \dfrac{f(x_0+\Delta x)-f(x_0)}{\Delta x}$ 存在,则称之为 $y=f(x)$ 点 x_0 处的**左导数**,记做 $f'_-(x_0)$;

如果极限 $\lim\limits_{\Delta x \to 0^+} \dfrac{f(x_0+\Delta x)-f(x_0)}{\Delta x}$ 存在,则称之为 $y=f(x)$ 点 x_0 处的**右导数**,记做 $f'_+(x_0)$;

左导数和右导数统称为**单侧导数**. 单侧导数也有下述等价定义:

$$f'_-(x_0) = \lim_{x \to x_0^-} \frac{f(x)-f(x_0)}{x-x_0}, \quad f'_+(x_0) = \lim_{x \to x_0^+} \frac{f(x)-f(x_0)}{x-x_0}.$$

如果函数 $y=f(x)$ 在开区间 (a,b) 内可导,且右导数 $f'_+(a)$ 和左导数 $f'_-(b)$ 都存在,就说 $f(x)$ 在闭区间 $[a,b]$ 上可导.

定理 3.1 函数 $y=f(x)$ 在点 x_0 处可导的充分必要条件是 $y=f(x)$ 在点 x_0 处的左、右导数存在且相等. 即 $f'(x_0)$ 存在 $\Leftrightarrow f'_-(x_0)=f'_+(x_0)$.

例 3.8 求函数 $f(x)=|x|$ 在 $x=0$ 处的导数.

解 $\lim\limits_{\Delta x \to 0} \dfrac{f(0+\Delta x)-f(0)}{\Delta x} = \lim\limits_{\Delta x \to 0} \dfrac{|\Delta x|}{\Delta x}$.

当 $\Delta x<0$ 时,$f'_-(0) = \lim\limits_{\Delta x \to 0^-} \dfrac{|\Delta x|}{\Delta x} = \lim\limits_{\Delta x \to 0^-} \dfrac{-\Delta x}{\Delta x} = -1$;

当 $\Delta x>0$ 时,$f'_+(0) = \lim\limits_{\Delta x \to 0^+} \dfrac{|\Delta x|}{\Delta x} = \lim\limits_{\Delta x \to 0^+} \dfrac{\Delta x}{\Delta x} = 1$.

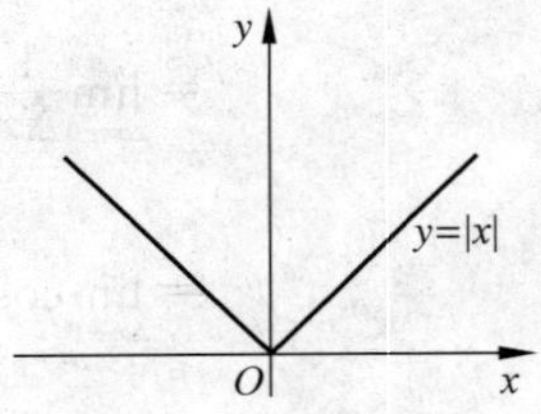

因为 $f'_-(0) \neq f'_+(0)$,即 $\lim\limits_{\Delta x \to 0} \dfrac{f(0+\Delta x)-f(0)}{\Delta x}$ 不存在,所以,函数 $f(x)=|x|$ 在 $x=0$ 处不可导(图 3-2).

图 3-2

例 3.9 已知 $f(x)=\begin{cases} x, & x<0, \\ x^3, & x \geq 0, \end{cases}$ 试求:$f'_-(0), f'_+(0)$.

解 $f(0)=0$,

$f'_-(0) = \lim\limits_{x \to 0^-} \dfrac{f(x)-f(0)}{x-0} = \lim\limits_{x \to 0^-} \dfrac{x-0}{x-0} = 1$,

$f'_+(0) = \lim\limits_{x \to 0^+} \dfrac{f(x)-f(0)}{x-0} = \lim\limits_{x \to 0^+} \dfrac{x^3-0}{x-0} = \lim\limits_{x \to 0^+} x^2 = 0$.

因为 $f'_-(0) \neq f'_+(0)$，所以，函数 $f(x)$ 在 $x=0$ 处不可导.

3.1.3 导数的几何意义

由引例中切线问题的讨论可知，函数 $y=f(x)$ 在点 x_0 处的导数 $f'(x_0)$ 在几何上表示曲线 $y=f(x)$ 在点 $M(x_0, f(x_0))$ 处的切线的斜率 k，即

$$f'(x_0) = \tan\alpha = k,$$

其中，α 是切线的倾角(图 3-3).

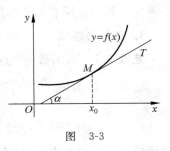

图 3-3

如果函数 $y=f(x)$ 在点 x_0 处的导数为无穷大，这时曲线 $y=f(x)$ 的割线以垂直于 x 轴的直线 $x=x_0$ 为极限位置，即曲线 $y=f(x)$ 在点 $M(x_0, f(x_0))$ 处具有垂直于 x 轴的切线 $x=x_0$.

由直线的点斜式方程，可知曲线 $y=f(x)$ 在点 $M(x_0, f(x_0))$ 处的切线方程为

$$y - f(x_0) = f'(x_0)(x - x_0).$$

过切点 $M(x_0, f(x_0))$ 且与切线垂直的直线叫做曲线 $y=f(x)$ 在点 M 处的法线. 如果 $f'(x_0) \neq 0$，那么法线的斜率为 $-\dfrac{1}{f'(x_0)}$，从而法线方程为

$$y - f(x_0) = -\frac{1}{f'(x_0)}(x - x_0).$$

例 3.10 求曲线 $y=e^x$ 在点 $(1, e)$ 处的切线方程.

解 切线的斜率为

$$y'|_{x=1} = (e^x)'|_{x=1} = e^x|_{x=1} = e,$$

于是所求切线的方程为

$$y - e = e(x - 1),$$

即

$$y = ex.$$

例 3.11 曲线 $y=\sqrt{x}$ 在哪一点处的切线与直线 $y=-2x+3$ 垂直？

解 设所求切点为 (x_0, y_0)，则切线斜率为

$$f'(x_0) = (\sqrt{x})'|_{x=x_0} = \frac{1}{2\sqrt{x}}\bigg|_{x=x_0} = \frac{1}{2\sqrt{x_0}}.$$

若切线与直线 $y=-2x+3$ 垂直，则切线斜率为 $\dfrac{1}{2}$，即

$$\frac{1}{2\sqrt{x_0}} = \frac{1}{2}.$$

解得 $x_0=1$，从而 $y_0=\sqrt{x_0}=1$，故曲线 $y=\sqrt{x}$ 在点 $(1, 1)$ 处的切线与直线 $y=-2x+3$ 垂直.

3.1.4 函数的可导性与连续性的关系

我们知道,可导与连续的概念从不同的角度反映函数的变化情况,那么它们之间有什么关系呢?可以证明有如下结论.

1. 可导必连续

定理 3.2 若函数 $y=f(x)$ 在点 x_0 处可导,则 $f(x)$ 在点 x_0 处必连续.

证明 因为 $\lim\limits_{\Delta x \to 0} \dfrac{\Delta y}{\Delta x} = f'(x_0)$ 存在,则

$$\lim_{\Delta x \to 0} \Delta y = \lim_{\Delta x \to 0} \dfrac{\Delta y}{\Delta x} \cdot \Delta x = \lim_{\Delta x \to 0} \dfrac{\Delta y}{\Delta x} \cdot \lim_{\Delta x \to 0} \Delta x = f'(x_0) \cdot 0 = 0,$$

即函数 $y=f(x)$ 在点 x_0 处连续.

2. 连续未必可导

如例 3.8,由图 3-2 可知,函数 $y=|x|$ 在点 $x=0$ 处连续,但在点 $x=0$ 处不可导.

例 3.12 讨论 $f(x)=\begin{cases} x\sin\dfrac{1}{x}, & x\neq 0, \\ 0, & x=0 \end{cases}$ 在 $x=0$ 处的连续性与可导性.

解 因为 $\lim\limits_{x \to 0} f(x) = \lim\limits_{x \to 0} x\sin\dfrac{1}{x} = 0 = f(0)$,所以 $f(x)$ 在 $x=0$ 处连续. 但是 $\lim\limits_{x \to 0} \dfrac{f(x)-f(0)}{x-0} = \lim\limits_{x \to 0} \sin\dfrac{1}{x}$ 不存在,所以 $f(x)$ 在 $x=0$ 处不可导.

由上面的讨论可知,函数连续是函数可导的必要条件,但不是充分条件. 所以**如果函数在某点不连续,即在函数的间断点处,导数一定不存在**. 另一方面,一个函数在某点连续却不一定在该点处可导.

例 3.13 设函数 $f(x)=\begin{cases} 2x^2+a, & x<1, \\ bx-3, & x\geq 1, \end{cases}$ 问 a,b 取何值时,函数在 $x=1$ 处可导,并求出 $f'(1)$.

解 由于连续是可导的必要条件,因此首先讨论 $f(x)$ 在 $x=1$ 处的连续性.

因为 $f(1)=b-3$

$$\lim_{x \to 1^-} f(x) = \lim_{x \to 1^-}(2x^2+a) = 2+a, \quad \lim_{x \to 1^+} f(x) = \lim_{x \to 1^+}(bx-3) = b-3,$$

故当 $2+a=b-3$,即 $a-b=-5$ 时,$f(x)$ 在 $x=1$ 处连续.

又因为

$$f'_-(1) = \lim_{x \to 1^-} \dfrac{f(x)-f(1)}{x-1} = \lim_{x \to 1^-} \dfrac{2x^2+a-(b-3)}{x-1}$$

$$= \lim_{x \to 1^-} \dfrac{2x^2+a-b+3}{x-1} = \lim_{x \to 1^-} \dfrac{2(x^2-1)}{x-1} = 4,$$

$$f'_+(1) = \lim_{x \to 1^+} \frac{f(x)-f(1)}{x-1} = \lim_{x \to 1^+} \frac{bx-3-(b-3)}{x-1}$$
$$= \lim_{x \to 1^-} \frac{b(x-1)}{x-1} = b,$$

故当 $b=4$ 时,$f'_-(1)=f'_+(1)$,即 $f(x)$ 在 $x=1$ 处可导. 再由 $a-b=-5$,计算得 $a=-1$. 所以,当 $a=-1$,$b=4$ 时,$f(x)$ 在 $x=1$ 处可导,且 $f'(1)=4$.

习题 3.1

1. 已知质点作直线运动,其运动方程是 $s=5t^2+6$.
   (1) 求在 $2 \leqslant t \leqslant 2+\Delta t$ 时间内的平均速度,设 $\Delta t=1, 0.1, 0.01, 0.001$;
   (2) 从上面各种平均速度的变化趋势,估计在 $t=2$ 这一时刻的速度;
   (3) 由定义计算出 $t=2$ 这一时刻的瞬时速度.

2. 已知 $f'(x_0)=A$,按照导数定义求下列极限:
   (1) $\lim\limits_{h \to 0} \dfrac{f(x_0+h)-f(x_0-h)}{h}$;
   (2) $\lim\limits_{h \to 0} \dfrac{f(x_0-3h)-f(x_0)}{h}$;
   (3) $\lim\limits_{\Delta x \to 0} \dfrac{f(x_0)-f(x_0-\Delta x)}{2\Delta x}$;
   (4) $\lim\limits_{\Delta x \to 0} \dfrac{f^2(x_0+\Delta x)-f^2(x_0)}{\Delta x}$.
   (5) $\lim\limits_{\Delta x \to 0} \dfrac{f(x_0+m\Delta x)-f(x_0-n\Delta x)}{\Delta x}$,其中 m, n 为非零常数;

3. 求 $f(x)=x^{\frac{3}{2}}$ 在点 $(4,8)$ 处的切线方程和法线方程.

4. 求下列函数的导数.
   (1) $y=\sqrt[3]{x^2}$;
   (2) $y=\ln x$;
   (3) $y=\dfrac{x\sqrt[3]{x}}{\sqrt{x}}$;
   (4) $y=\dfrac{1}{x^3}$;
   (5) $y=\log_2 x$;
   (6) $y=2^x \mathrm{e}^x$.

5. 求过点 $(-3,1)$ 且与曲线 $y=\dfrac{1}{x}$ 相切的直线方程.

6. 在抛物线 $y=x^2$ 上取横坐标为 $x_1=1, x_2=3$ 的两点,过这两点作割线,问抛物线上哪一点的切线平行于这条割线,并写出这条切线的方程.

7. 讨论下列函数在指定点处的连续性与可导性:
   (1) $f(x)=|\sin x|$ 在 $x=0$ 处;
   (2) $f(x)=\sqrt[3]{x}$ 在 $x=1$ 处;
   (3) $f(x)=\begin{cases} \dfrac{\sin(x-1)}{x-1}, & x \neq 1 \\ 0, & x=1 \end{cases}$ 在 $x=1$ 处;

(4) $f(x)=\begin{cases} x^2\sin\dfrac{1}{x}, & x\neq 0, \\ 0, & x=0 \end{cases}$ 在 $x=0$ 处.

8. 已知 $f(x)$ 在 $x=a$ 处连续,且 $\lim\limits_{x\to a}\dfrac{f(x)}{x-a}=1$,求 $f'(a)$.

9. 已知 $f(x)$ 在 $x=0$ 处连续,且 $\lim\limits_{x\to 0}\dfrac{f(x)}{\sqrt{1+2x}-1}=1$,求 $f'(0)$.

10. 设曲线 $f(x)=x^3+ax$ 与 $g(x)=bx^2+c$ 都通过点 $(-1,0)$,且在点 $(-1,0)$ 处有公共切线,求常数 a,b,c.

11. 已知 $f(x)=\begin{cases} a\sin x+b, & x\leqslant 0, \\ \mathrm{e}^{2x}, & x>0 \end{cases}$ 在 $x=0$ 处可导,求 a,b.

12. 设 $f(x)=(x-a)\varphi(x)$,其中函数 $\varphi(x)$ 在点 $x=a$ 处连续,求 $f'(a)$.

3.2 求导法则与基本初等函数的求导公式

我们已经了解按照导数的定义求导数的方法,但是,如果对每一个给定的函数都从定义出发计算它的导数,往往是很繁杂的,这对导数的应用也会带来许多不便,因此有必要研究求导数的规律.本节将介绍几个求导法则,并借助这些法则,给出上一节未讨论的几个基本初等函数的导数公式.

3.2.1 函数的和、差、积、商的求导法则

定理 3.3 如果函数 $u=u(x),v=v(x)$ 都在点 x 处具有导数,那么它们的和、差、积、商(除分母为零的点外)都在点 x 处具有导数,并且

(1) $[u(x)\pm v(x)]'=u'(x)\pm v'(x)$;

(2) $[u(x)\cdot v(x)]'=u'(x)v(x)+u(x)v'(x)$;

(3) $\left[\dfrac{u(x)}{v(x)}\right]'=\dfrac{u'(x)v(x)-u(x)v'(x)}{v^2(x)}$ $(v\neq 0)$;

以上法则都可以用导数的定义和极限的运算法则来证明,下面以法则(3)为例来证明.

证明 $\left[\dfrac{u(x)}{v(x)}\right]'=\lim\limits_{h\to 0}\dfrac{\dfrac{u(x+h)}{v(x+h)}-\dfrac{u(x)}{v(x)}}{h}=\lim\limits_{h\to 0}\dfrac{u(x+h)v(x)-u(x)v(x+h)}{v(x+h)v(x)h}$

$=\lim\limits_{h\to 0}\dfrac{[u(x+h)-u(x)]v(x)-u(x)[v(x+h)-v(x)]}{v(x+h)v(x)h}$

$=\lim\limits_{h\to 0}\dfrac{\dfrac{u(x+h)-u(x)}{h}v(x)-u(x)\dfrac{v(x+h)-v(x)}{h}}{v(x+h)v(x)}$

$$= \frac{u'(x)v(x) - u(x)v'(x)}{v^2(x)},$$

其中 $\lim\limits_{h \to 0} v(x+h) = v(x)$ 是由于 $v'(x)$ 存在,故 $v(x)$ 在点 x 处连续.

法则(3)可以简单地表示为

$$\left(\frac{u}{v}\right)' = \frac{u'v - uv'}{v^2}.$$

注:定理中的法则(1),(2)可推广到任意有限个可导函数的情形.

例如,设 $u = u(x), v = v(x), w = w(x)$ 都可导,则有

$$(u + v - w)' = u' + v' - w';$$

$$(uvw)' = [(uv)w]' = (uv)'w + (uv)w'$$

$$= (u'v + uv')w + (uv)w'$$

$$= u'vw + uv'w + uvw'.$$

在法则(2)和(3)中,如果 $v = c$(c 为常数),则有

$$(cu)' = cu', \quad \left(\frac{c}{v}\right)' = -\frac{cv'}{v^2}.$$

例 3.14 设 $f(x) = x^2 \cos x + 3\sin x - 2^x + \tan\frac{\pi}{3}$,求 $f'(x), f'(1)$ 及 $[f(1)]'$.

解 $f'(x) = \left(x^2 \cos x + 3\sin x - 2^x + \tan\frac{\pi}{3}\right)'$

$$= (x^2 \cos x)' + 3(\sin x)' - (2^x)' + \left(\tan\frac{\pi}{3}\right)'$$

$$= 2x\cos x + x^2(-\sin x) + 3\cos x - 2^x \ln 2 + 0$$

$$= x(2\cos x - x\sin x) + 3\cos x - 2^x \ln 2,$$

$f'(1) = f'(x)|_{x=1} = 2\cos 1 - \sin 1 + 3\cos 1 - 2\ln 2$

$$= 5\cos 1 - \sin 1 - 2\ln 2.$$

因为 $f(1)$ 是常数,故 $[f(1)]' = 0$.

例 3.15 $y = \tan x$,求 y'.

解 $y' = \left(\frac{\sin x}{\cos x}\right)' = \frac{(\sin x)'\cos x - \sin x(\cos x)'}{\cos^2 x} = \frac{\cos^2 x + \sin^2 x}{\cos^2 x} = \frac{1}{\cos^2 x} = \sec^2 x,$

即 $(\tan x)' = \sec^2 x$.

例 3.16 $y = \sec x$,求 y'.

解 $y' = \left(\frac{1}{\cos x}\right)' = \frac{(1)'\cos x - 1 \cdot (\cos x)'}{\cos^2 x} = \frac{\sin x}{\cos^2 x} = \sec x \tan x,$

即 $(\sec x)' = \sec x \tan x$.

用类似的方法,还可求得余切函数及余割函数的导数公式:

$$(\cot x)' = -\csc^2 x, \quad (\csc x)' = -\csc x \cot x.$$

例 3.17 $y=\sqrt{x}(\sec x - 4\tan x + \sin 1)$,求 y'.

解 $y' = \frac{1}{2}x^{-\frac{1}{2}}(\sec x - 4\tan x + \sin 1) + \sqrt{x}(\sec x \tan x - 4\sec^2 x).$

3.2.2 反函数的求导法则

定理 3.4 设函数 $x=\varphi(y)$ 在某区间 D_y 内单调、可导,且 $\varphi'(y) \neq 0$,则其反函数 $y=f(x)$ 在对应区间 D_x 内也可导,且

$$f'(x) = \frac{1}{\varphi'(y)} \quad \text{亦即} \quad \frac{\mathrm{d}y}{\mathrm{d}x} = \frac{1}{\frac{\mathrm{d}x}{\mathrm{d}y}}. \tag{3-5}$$

证明 由于函数 $x=\varphi(y)$ 在某区间 D_y 内单调且连续,由反函数的连续性可知,其反函数 $y=f(x)$ 在对应区间 D_x 内也单调且连续.

任取一点 $x \in D_x$,如果 $y=f(x)$ 在 x 处取得改变量 $\Delta x (\Delta x \neq 0, x+\Delta x \in D_x)$,则由 $y=f(x)$ 的单调性可知

$$\Delta y = f(x+\Delta x) - f(x) \neq 0,$$

再由 $y=f(x)$ 的连续性可知,当 $\Delta x \to 0$ 时,$\Delta y \to 0$,于是

$$f'(x) = \lim_{\Delta x \to 0} \frac{\Delta y}{\Delta x} = \frac{1}{\lim\limits_{\Delta y \to 0} \frac{\Delta x}{\Delta y}} = \frac{1}{\varphi'(y)}.$$

上述定理可以简单地说成:**反函数的导数等于直接函数导数的倒数**.

例 3.18 求 $y = \log_a x (a>0, a \neq 1)$ 的导数.

解 设 $x = a^y (a>0, a \neq 1)$ 为直接函数,$y = \log_a x$ 是其反函数. 函数 $x = a^y$ 在定义域 $(-\infty, +\infty)$ 内单调、可导,且

$$(a^y)' = a^y \ln a \neq 0,$$

因此,由式(3-5)可知,其反函数 $y = \log_a x$ 在对应区间 $(0, +\infty)$ 内单调、可导,有

$$(\log_a x)' = \frac{1}{(a^y)'} = \frac{1}{a^y \ln a} = \frac{1}{x \ln a},$$

则指数函数的导数公式为

$$(\log_a x)' = \frac{1}{x \ln a}, \quad a>0, a \neq 1.$$

特别地,有 $(\ln x)' = \frac{1}{x}$.

例 3.19 求 $y = \arcsin x (|x|<1)$ 的导数.

解 函数 $x = \sin y$ 在 $\left(-\frac{\pi}{2}, \frac{\pi}{2}\right)$ 内单调、可导,其导数为

$$(\sin y)' = \cos y \neq 0.$$

根据式(3-5),其反函数 $y = \arcsin x$ 在 $(-1, 1)$ 内单调、可导,且

$$(\arcsin x)' = \frac{1}{(\sin y)'} = \frac{1}{\cos y} = \frac{1}{\sqrt{1-\sin^2 y}} = \frac{1}{\sqrt{1-x^2}},$$

即反正弦函数的导数公式为

$$(\arcsin x)' = \frac{1}{\sqrt{1-x^2}}, \quad |x| < 1.$$

类似地，还可求得反余弦函数的导数公式

$$(\arccos x)' = -\frac{1}{\sqrt{1-x^2}}, \quad |x| < 1.$$

例 3.20 求 $y = \arctan x$ 的导数.

解 函数 $x = \tan y$ 在 $\left(-\dfrac{\pi}{2}, \dfrac{\pi}{2}\right)$ 内单调、可导，其导数为

$$(\tan y)' = \sec^2 y \neq 0.$$

根据式(3-5)，其反函数 $y = \arctan x$ 在 $(-\infty, +\infty)$ 内单调、可导，且

$$(\arctan x)' = \frac{1}{(\tan y)'} = \frac{1}{\sec^2 y} = \frac{1}{1+\tan^2 y} = \frac{1}{1+x^2},$$

即反正切函数的导数公式为

$$(\arctan x)' = \frac{1}{1+x^2}.$$

类似地，还可求得反余切函数的导数公式

$$(\operatorname{arccot} x)' = -\frac{1}{1+x^2}.$$

3.2.3 复合函数的求导法则

到目前为止，对于一些由基本初等函数经过四则运算形成的初等函数，我们可以求得其导数. 但对于形如 e^{x^2}，$y = \ln \arctan(3-2x)$，$\sin \dfrac{2x-1}{x^2+1}$ 等较复杂的初等函数，尚需研究复合函数的求导法则，这样才能完全解决初等函数的求导问题.

定理 3.5 设函数 $u = \varphi(x)$ 在点 x 处可导，函数 $y = f(u)$ 在其对应点 $u = \varphi(x)$ 处可导，则复合函数 $y = f(\varphi(x))$ 在点 x 处可导，且其导数为

$$[f(\varphi(x))]' = f'(u)\varphi'(x) = f'(\varphi(x))\varphi'(x),$$

亦即

$$y'_x = y'_u \cdot u'_x \quad \text{或} \quad \frac{\mathrm{d}y}{\mathrm{d}x} = \frac{\mathrm{d}y}{\mathrm{d}u} \cdot \frac{\mathrm{d}u}{\mathrm{d}x}. \tag{3-6}$$

证明 设 x 取得改变量 $\Delta x (\Delta x \neq 0)$，则 u 取得相应的改变量 Δu.

当 $u = \varphi(x)$ 在 x 的某邻域内为常数时 $(\Delta u = 0)$，$y = f(\varphi(x))$ 也是常数，此时导数为零，结论自然成立.

当 $u = \varphi(x)$ 在 x 的某邻域内不等于常数时 $(\Delta u \neq 0)$，此时函数 y 取得相应的改变

量 Δy.

由于函数 $y=f(u)$ 在点 u 处可导，因此

$$\lim_{\Delta u \to 0} \frac{\Delta y}{\Delta u} = f'(u).$$

根据极限与无穷小量的关系，有

$$\frac{\Delta y}{\Delta u} = f'(u) + \alpha,$$

其中 $\alpha \to 0$（当 $\Delta u \to 0$ 时），于是上式又可以写成

$$\Delta y = f'(u)\Delta u + \alpha \cdot \Delta u.$$

上式两边同除以 Δx（$\Delta x \neq 0$），并求 $\Delta x \to 0$ 时的极限，因为 $u=\varphi(x)$ 在点 x 处可导，故在点 x 处连续，所以当 $\Delta x \to 0$ 时，$\Delta u \to 0$，从而 $\alpha \to 0$，于是有

$$[f(\varphi(x))]' = \lim_{\Delta x \to 0} \frac{\Delta y}{\Delta x} = \lim_{\Delta x \to 0} \left[f'(u) \frac{\Delta u}{\Delta x} + \alpha \cdot \frac{\Delta u}{\Delta x} \right]$$

$$= f'(u) \lim_{\Delta x \to 0} \frac{\Delta u}{\Delta x} + \lim_{\Delta x \to 0} \alpha \cdot \lim_{\Delta x \to 0} \frac{\Delta u}{\Delta x}$$

$$= f'(u)\varphi'(x) + 0 \cdot \varphi'(x)$$

$$= f'(\varphi(x))\varphi'(x).$$

上式可以简记为

$$y'_x = y'_u \cdot u'_x \quad \text{或} \quad \frac{dy}{dx} = \frac{dy}{du} \cdot \frac{du}{dx}.$$

注：记号 $[f(\varphi(x))]'$ 与 $f'(\varphi(x))$ 的区别，前者表示对自变量为 x 的复合函数求导数，后者表示只对复合函数的外层函数关于中间变量 u 求导数，然后将 $u=\varphi(x)$ 代入．

式(3-6)称为求复合函数导数的**链式法则**．它表明，复合函数对自变量的导数等于函数对中间变量的导数乘以中间变量对自变量的导数．链式法则对于多重复合函数同样适用，例如，设

$$y = f(u), \quad u = \varphi(v), \quad v = \psi(x)$$

构成复合函数，且满足相应的求导条件，则复合函数 $y = f\{\varphi[\psi(x)]\}$ 可导，且

$$y'_x = y'_u \cdot u'_v \cdot v'_x \quad \text{或} \quad \frac{dy}{dx} = \frac{dy}{du} \cdot \frac{du}{dv} \cdot \frac{dv}{dx}.$$

例 3.21 证明幂函数 $y=x^\alpha$（$x>0$，α 为任意实数）的导数公式为

$$(x^\alpha)' = \alpha x^{\alpha-1}.$$

证明 $y = x^\alpha = e^{\alpha \ln x}$.

设 $y=e^u$，$u=\alpha \ln x$，则由链式法则有

$$\frac{dy}{dx} = \frac{dy}{du} \cdot \frac{du}{dx} = e^u \cdot \alpha \cdot \frac{1}{x} = x^\alpha \cdot \frac{\alpha}{x} = \alpha x^{\alpha-1}.$$

例 3.22 求函数 $y=\sqrt{3x^2+x+1}$ 的导数.

解 设 $y=u^{\frac{1}{2}}$, $u=3x^2+x+1$,则

$$y' = (u^{\frac{1}{2}})'_u(3x^2+x+1)'_x = \frac{1}{2}u^{\frac{1}{2}-1}(6x+1) = \frac{6x+1}{2\sqrt{3x^2+x+1}}.$$

例 3.23 求函数 $y=e^{x^2}$ 的导数.

解 $y=e^{x^2}$ 可以看做由 $y=e^u, u=x^2$ 复合而成,则

$$y' = (e^u)'_u(x^2)'_x = e^u \cdot 2x = 2xe^{x^2}.$$

例 3.24 求函数 $y=\ln\arctan(3-2x)$ 的导数.

解 设 $y=\ln u, u=\arctan v, v=3-2x$,则

$$\begin{aligned} y' &= (\ln u)'_u(\arctan v)'_v(3-2x)'_x \\ &= \frac{1}{u} \cdot \frac{1}{1+v^2} \cdot (-2) \\ &= -\frac{2}{\arctan(3-2x) \cdot [1+(3-2x)^2]} \\ &= -\frac{1}{(2x^2-6x+5)\arctan(3-2x)}. \end{aligned}$$

例 3.25 求函数 $y=\sin\dfrac{2x-1}{x^2+1}$ 的导数.

解 $\begin{aligned}y' &= \left(\sin\frac{2x-1}{x^2+1}\right)' = \cos\frac{2x-1}{x^2+1} \cdot \left(\frac{2x-1}{x^2+1}\right)' \\ &= \frac{2(x^2+1)-(2x-1)\cdot 2x}{(x^2+1)^2} \cdot \cos\frac{2x-1}{x^2+1} \\ &= \frac{2(1+x-x^2)}{(x^2+1)^2} \cdot \cos\frac{2x-1}{x^2+1}.\end{aligned}$

例 3.26 求函数 $y=\ln|x|$ 的导数.

解 因为 $y=\ln|x|=\begin{cases}\ln x, & x>0, \\ \ln(-x), & x<0,\end{cases}$ 所以,当 $x>0$ 时,

$$(\ln|x|)' = (\ln x)' = \frac{1}{x},$$

当 $x<0$ 时,

$$(\ln|x|)' = [\ln(-x)]' = \frac{1}{-x} \cdot (-x)' = \frac{1}{x},$$

因此

$$(\ln|x|)' = \frac{1}{x}.$$

例 3.27 设函数 $f(x)$ 可导,求 $y=f(\sin^2 x)+f(\cos^2 x)$ 当 $x=\dfrac{\pi}{4}$ 时的导数.

解 设 $u=\sin^2 x, v=\cos^2 x$，则
$$y' = [f(\sin^2 x)]' + [f(\cos^2 x)]' = f'(u)(\sin^2 x)' + f'(v)(\cos^2 x)'$$
$$= f'(\sin^2 x)(2\sin x)(\sin x)' + f'(\cos^2 x)(2\cos x)(\cos x)'$$
$$= f'(\sin^2 x)(2\sin x)(\cos x) + f'(\cos^2 x)(2\cos x)(-\sin x)$$
$$= \sin 2x [f'(\sin^2 x) - f'(\cos^2 x)].$$

于是，$y'|_{x=\frac{\pi}{4}} = \sin\frac{\pi}{2}\left[f'\left(\frac{1}{2}\right) - f'\left(\frac{1}{2}\right)\right] = 0.$

例 3.28 $f(x) = \begin{cases} \ln(1+x), & -1 < x \leqslant 0, \\ \sqrt{1+x} - \sqrt{1-x}, & 0 < x < 1, \end{cases}$ 求 $f'(x)$.

解 当 $-1 < x < 0$ 时，
$$f'(x) = [\ln(1+x)]' = \frac{1}{1+x}(1+x)' = \frac{1}{1+x};$$

当 $0 < x < 1$ 时，
$$f'(x) = (\sqrt{1+x} - \sqrt{1-x})'$$
$$= \frac{1}{2\sqrt{1+x}}(1+x)' - \frac{1}{2\sqrt{1-x}}(1-x)'$$
$$= \frac{1}{2}\left(\frac{1}{\sqrt{1+x}} + \frac{1}{\sqrt{1-x}}\right).$$

当 $x=0$ 时，$f(0) = \ln(1+0) = 0.$

$$f'_{-}(0) = \lim_{x \to 0^-} \frac{f(x) - f(0)}{x - 0} = \lim_{x \to 0^-} \frac{\ln(1+x)}{x} = 1;$$

$$f'_{+}(0) = \lim_{x \to 0^+} \frac{f(x) - f(0)}{x - 0} = \lim_{x \to 0^+} \frac{\sqrt{1+x} - \sqrt{1-x}}{x}$$
$$= \lim_{x \to 0^+} \frac{(\sqrt{1+x} - \sqrt{1-x})(\sqrt{1+x} + \sqrt{1-x})}{x(\sqrt{1+x} + \sqrt{1-x})}$$
$$= \lim_{x \to 0^+} \frac{2x}{x(\sqrt{1+x} + \sqrt{1-x})} = 1.$$

因为 $f'_{-}(0) = f'_{+}(0)$，所以在点 $x=0$ 处，$f'(0) = 1$，故可得

$$f'(x) = \begin{cases} \dfrac{1}{1+x}, & -1 < x \leqslant 0, \\ \dfrac{1}{2}\left(\dfrac{1}{\sqrt{1+x}} + \dfrac{1}{\sqrt{1-x}}\right), & 0 < x < 1. \end{cases}$$

3.2.4 求导法则与基本初等函数导数公式表

为了便于记忆和使用，现将求导数的基本法则及基本初等函数的导数公式汇集如下.

1. 函数的和、差、积、商的求导法则

设函数 $u=u(x), v=v(x)$ 都可导,则

(1) $(u \pm v)' = u' \pm v'$;

(2) $(Cu)' = Cu'$ (C 为常数);

(3) $(uv)' = u'v + uv'$;

(4) $\left(\dfrac{u}{v}\right)' = \dfrac{vu' - uv'}{v^2}$ ($v \neq 0$).

2. 反函数的求导法则

设函数 $x = \varphi(y)$ 在某区间 D_y 内单调、可导,且 $\varphi'(y) \neq 0$,则其反函数 $y = f(x)$ 在对应区间 D_x 内也可导,且

$$f'(x) = \frac{1}{\varphi'(y)}, \quad \text{亦即} \quad \frac{\mathrm{d}y}{\mathrm{d}x} = \frac{1}{\dfrac{\mathrm{d}x}{\mathrm{d}y}}.$$

3. 复合函数的求导法则

设 $y = f(u), u = \varphi(x)$ 都可导,则复合函数 $y = f(\varphi(x))$ 的导数为

$$[f(\varphi(x))]' = f'(u) \cdot \varphi'(x) \quad \text{或} \quad \frac{\mathrm{d}y}{\mathrm{d}x} = \frac{\mathrm{d}y}{\mathrm{d}u} \cdot \frac{\mathrm{d}u}{\mathrm{d}x}.$$

亦即 $y'_x = y'_u \cdot u'_x$.

4. 基本初等函数导数公式表

(1) $C' = 0$;

(2) $(x^\alpha)' = \alpha x^{\alpha-1}$ ($x > 0$, α 为任意实数);

(3) $(\sin x)' = \cos x$;

(4) $(\cos x)' = -\sin x$;

(5) $(\tan x)' = \sec^2 x$;

(6) $(\cot x)' = -\csc^2 x$;

(7) $(\sec x)' = \sec x \tan x$;

(8) $(\csc x)' = -\csc x \cot x$;

(9) $(a^x)' = a^x \ln a$;

(10) $(\mathrm{e}^x)' = \mathrm{e}^x$;

(11) $(\log_a x)' = \dfrac{1}{x \ln a}$;

(12) $(\ln x)' = \dfrac{1}{x}$;

(13) $(\arcsin x)' = \dfrac{1}{\sqrt{1-x^2}}$;

(14) $(\arccos x)' = -\dfrac{1}{\sqrt{1-x^2}}$;

(15) $(\arctan x)' = \dfrac{1}{1+x^2}$;

(16) $(\mathrm{arccot}\, x)' = -\dfrac{1}{1+x^2}$.

习题 3.2

1. 求下列函数的导数.

(1) $y = \cos x + 2\sec x - \mathrm{e}^x + \sin \dfrac{\pi}{2}$;

(2) $y = x \tan x + 3 \csc x$;

(3) $y = x^a + a^x + a^a$;

(4) $y = \cos x \ln x$;

(5) $y = \dfrac{1}{a + bx^n}$;

(6) $y = \dfrac{10^x - 1}{10^x + 1}$;

(7) $y=\dfrac{\tan x}{x}$; (8) $y=\dfrac{1+\sin x}{1+\cos x}$;

(9) $y=e^x(\sin x-\cos x)$; (10) $y=|x|+x$.

2. 求下列函数在给定点处的导数.

(1) $f(x)=\dfrac{1+\sqrt{x}}{1-\sqrt{x}}$，求 $f'(4)$；

(2) $f(x)=(x-1)(x-2)^2(x-3)^3$，求 $f'(1), f'(2), f'(3)$；

(3) $f(x)=3^x\cdot x^2$，求 $f'(1)$；

(4) $y=\tan x\sec x$，求 $y'|_{x=\frac{\pi}{4}}, y'|_{x=\frac{\pi}{3}}$.

3. 设 $f(x)=\begin{cases}x\arctan\dfrac{1}{x^2}, & x\neq 0,\\ 0, & x=0,\end{cases}$ 试讨论 $f'(x)$ 在 $x=0$ 处的连续性.

4. 求下列函数的导数.

(1) $y=(x^2-1)^3$； (2) $y=\sin^3 4x$； (3) $y=2^{\arctan\sqrt{x}}$；

(4) $y=e^{-\sin^2\frac{1}{x}}$； (5) $y=\ln(\cos x)$； (6) $y=\ln[\sin(1-x)]$；

(7) $y=(\sec x+\tan x)^2$； (8) $y=\sin^n x\cos nx$； (9) $y=\left(\arcsin\dfrac{x}{2}\right)^3$；

(10) $y=\left(\dfrac{1+x^2}{1-x}\right)^2$； (11) $y=\sin\sqrt{1+x^2}+\text{arccot}\sqrt{x}$； (12) $y=x\arcsin(\ln x)$；

(13) $y=\ln(x+\sqrt{x^2+a^2})$； (14) $y=\tan a^x+\arctan x^a$； (15) $y=(\arctan x^2)^3$；

(16) $y=\sqrt{x+\sqrt{x}}$； (17) $y=\arctan\dfrac{x+1}{x-1}$； (18) $y=\ln\dfrac{\sqrt{e^x}}{x^2+1}$；

(19) $y=\ln(\ln(\ln x))$； (20) $y=\cos(\arctan e^{-x})$.

5. 证明：

(1) 可导偶函数的导数是奇函数；

(2) 可导奇函数的导数是偶函数；

(3) 可导周期函数的导数是有相同周期的周期函数.

6. 设 $f(x), g(x)$ 可导，$f^2(x)+g^2(x)\neq 0$，求函数 $y=\sin\sqrt{f^2(x)+g^2(x)}$ 的导数.

7. 设 $f(x)$ 可导，求下列函数的导数 $\dfrac{dy}{dx}$：

(1) $y=f(e^{x^2})$； (2) $y=f\left(\dfrac{3x-2}{3x+2}\right)$； (3) $y=f(\tan x)+\tan(f(x))$；

(4) $y=\left[f\left(\sin\dfrac{1}{x}\right)\right]^2$； (5) $y=f(e^x)\cdot e^{f(x)}$； (6) $y=\sin\{f[\sin f(x)]\}$.

8. 设 $f(x)=\arccos x, \varphi(x)=x^2$，求 $f[\varphi'(x)], f'[\varphi(x)], [f(\varphi(x))]'$.

9. 设 $f\left(\dfrac{x}{2}\right)=\sin x$，求 $f'[f(x)], \{f[f(x)]\}'$.

3.3 高阶导数

我们知道,在变速直线运动中,位移 $s=s(t)$ 关于 t 的一阶导数是 t 时刻物体的瞬时速度,即 $v=s'(t)$. 而瞬时加速度 a 又是瞬时速度 v 关于 t 的导数,即 $a=v'=(s')'$,于是,加速度 a 是位移 s 关于 t 的导数的导数,称为 s 关于 t 的二阶导数,记做 s'' 或 $\dfrac{d^2 s}{d t^2}$.

例如自由落体的运动方程为
$$s = \frac{1}{2}gt^2,$$
所以瞬时速度
$$v = s' = \left(\frac{1}{2}gt^2\right)' = gt,$$
瞬时加速度
$$a = v' = s'' = (gt)' = g.$$

一般地,有如下定义.

定义 3.4 若函数 $y=f(x)$ 的导函数 $y'=f'(x)$ 在点 x 处仍然可导,即极限
$$\lim_{\Delta x \to 0} \frac{f'(x+\Delta x) - f'(x)}{\Delta x}$$
存在,则称 $y'=f'(x)$ 在点 x 处的导数为函数 $y=f(x)$ 在点 x 处的**二阶导数**,记做 $y''=f''(x), \dfrac{d^2 y}{d x^2}$ 或 $\dfrac{d^2 f(x)}{d x^2}$. 即
$$y'' = (y')' \text{ 或 } \frac{d^2 y}{d x^2} = \frac{d}{d x}\left(\frac{d y}{d x}\right).$$

类似地,二阶导数 $y''=f''(x)$ 的导数就称为函数 $y=f(x)$ 的**三阶导数**,记做 $y'''=f'''(x), \dfrac{d^3 y}{d x^3}$ 或 $\dfrac{d^3 f(x)}{d x^3}$.

一般地,函数 $y=f(x)$ 的 $n-1$ 阶导数的导数称为函数 $y=f(x)$ 的 **n 阶导数**,记为
$$y^{(n)}, \quad f^{(n)}(x), \quad \frac{d^n y}{d x^n} \text{ 或 } \frac{d^n f(x)}{d x^n}.$$
即
$$y^{(n)} = [y^{(n-1)}]', \quad n = 2, 3, \cdots.$$

注: $y^{(0)} = y$.

二阶及二阶以上的导数统称为**高阶导数**.

如果函数的 n 阶导数存在,则称 $f(x)$ 为 n 阶可导. n 阶导数在 x_0 处的值记为
$$y^{(n)}\big|_{x=x_0}, \quad f^{(n)}(x_0), \quad \frac{d^n y}{d x^n}\bigg|_{x=x_0}.$$

由高阶导数的定义可知,求高阶导数就是反复运用求一阶导数的方法逐次求导.

例 3.29 (1) 若 $y=x^n$(n 为正整数),则 $y'=nx^{n-1}$,$y''=n(n-1)x^{n-2}$,$\cdots$,$y^{(n)}=n!$.

(2) 若 $y=e^x$,则 $y'=e^x$,$y''=e^x$,$\cdots$,$y^{(n)}=e^x$.

(3) 若 $y=a^x$,则 $y'=a^x\ln a$,$y''=a^x(\ln a)^2$,$\cdots$,$y^{(n)}=a^x(\ln a)^n$.

(4) 若 $y=\ln x$,则

$$y'=\frac{1}{x}, \quad y''=-\frac{1}{x^2}, \quad y'''=\frac{2!}{x^3}, \quad \cdots, \quad y^{(n)}=\frac{(-1)^{n-1}(n-1)!}{x^n}.$$

注:通常规定 $0!=1$,所以这个公式当 $n=1$ 时也成立.

例 3.30 求 $y=x^3+3x^2+2x-4$ 的各阶导数.

解 $y'=3x^2+6x+2$, $y''=6x+6$, $y'''=6$,

$y^{(4)}=y^{(5)}=y^{(n)}=0$ ($n\geq 4$,且为整数).

注:若 $y=P_m(x)$ 是 m 次多项式,当 m 为小于 n 的正整数时,则 $y^{(n)}=0$.

例 3.31 $y=\arctan x$,求 $y'''(0)$.

解 $y'=\dfrac{1}{1+x^2}$, $y''=-\dfrac{2x}{(1+x^2)^2}$, $y'''=\left[-\dfrac{2x}{(1+x^2)^2}\right]'=\dfrac{2(3x^2-1)}{(1+x^2)^3}$,

所以 $y'''(0)=\dfrac{2(3x^2-1)}{(1+x^2)^3}\bigg|_{x=0}=-2$.

例 3.32 $y=\sin x$,求 $y^{(n)}$.

解 $y'=\cos x=\sin\left(x+\dfrac{\pi}{2}\right)$,

$y''=\cos\left(x+\dfrac{\pi}{2}\right)=\sin\left(x+\dfrac{\pi}{2}+\dfrac{\pi}{2}\right)=\sin\left(x+2\cdot\dfrac{\pi}{2}\right)$,

$y'''=\cos\left(x+2\cdot\dfrac{\pi}{2}\right)=\sin\left(x+3\cdot\dfrac{\pi}{2}\right)$,

$y^{(4)}=\cos\left(x+3\cdot\dfrac{\pi}{2}\right)=\sin\left(x+4\cdot\dfrac{\pi}{2}\right)$,

$\vdots$

$y^{(n)}=\sin\left(x+n\cdot\dfrac{\pi}{2}\right)$,

即 $(\sin x)^{(n)}=\sin\left(x+n\cdot\dfrac{\pi}{2}\right)$.

同理,对 $y=\cos x$ 有 $(\cos x)^{(n)}=\cos\left(x+n\cdot\dfrac{\pi}{2}\right)$.

例 3.33 求函数 $y=\sin^4 x+\cos^4 x$ 的 n 阶导数.

解 $y=\sin^4 x+\cos^4 x=(\sin^2 x+\cos^2 x)^2-2\sin^2 x\cos^2 x$

$=1-\dfrac{1}{2}\sin^2 2x=\dfrac{3}{4}+\dfrac{1}{4}\cos 4x$,

$y'=\dfrac{1}{4}\cdot\cos\left(4x+\dfrac{\pi}{2}\right)\cdot 4=\cos\left(4x+\dfrac{\pi}{2}\right)$,

$$y'' = 4\cos\left(4x + 2\cdot\frac{\pi}{2}\right),$$
$$\vdots$$
$$y^{(n)} = 4^{n-1}\cos\left(4x + n\cdot\frac{\pi}{2}\right).$$

高阶导数的计算法则：

设函数 $u(x)$ 和 $v(x)$ 在点 x 处均 n 阶可导，则

(1) $(ku(x))^{(n)} = ku^{(n)}(x)$；

(2) $(u(x) \pm v(x))^{(n)} = u^{(n)}(x) \pm v^{(n)}(x)$；

(3) 乘积高阶导数的莱布尼茨(Leibniz)公式：

$$(uv)^{(n)} = u^{(n)}v^{(0)} + C_n^1 u^{(n-1)} v^{(1)} + C_n^2 u^{(n-2)} v^{(2)} + \cdots + C_n^k u^{(n-k)} v^{(k)} + \cdots + u^{(0)} v^{(n)},$$

上式可以用数学归纳法证明，请读者自己证明.

例 3.34 $y = x^2 e^{3x}$，求 $y^{(10)}(x)$.

解 设 $u = e^{3x}, v = x^2$，则
$$u^{(k)} = 3^k e^{3x} \quad (k = 1, 2, \cdots, 10),$$
$$v' = 2x, \quad v'' = 2, \quad v^{(k)} = 0 \quad (k = 3, 4, \cdots, 10),$$

利用莱布尼茨公式，得
$$y^{(10)} = 3^{10} e^{3x} \cdot x^2 + C_{10}^1 \cdot 3^9 e^{3x} \cdot 2x + C_{10}^2 \cdot 3^8 e^{3x} \cdot 2 = 3^9 e^{3x}(3x^2 + 20x + 30).$$

习题 3.3

1. 求下列函数的二阶导数.

(1) $y = e^{-x}\sin x$；   (2) $y = xe^{x^2}$；   (3) $y = \dfrac{\ln x}{x^2}$；

(4) $y = \ln\dfrac{1+x}{1-x}$；   (5) $y = \ln(x + \sqrt{1+x^2})$；   (6) $y = (1+x^2)\arctan x$.

2. 求下列函数在给定点处的高阶导数.

(1) $f(x) = \sin\dfrac{x}{2} + \cos 2x$，求 $f^{(10)}(\pi)$；   (2) $f(x) = (1-2x)^5$，求 $f'''(1)$；

(3) $y = \dfrac{1+x}{\sqrt{1-x}}$，求 $y''|_{x=0}$；   (4) $y = 1 - \dfrac{1}{e^{x^2/2}}$，求 $y''|_{x=0}$.

3. 设 $f(u)$ 二阶可导，求下列函数的二阶导数 $\dfrac{d^2 y}{dx^2}$.

(1) $y = f(x^2)$；   (2) $y = \tan f(x)$.

4. 求下列函数的 n 阶导数.

(1) $y = e^{ax}$；   (2) $y = \ln(1+x)$；   (3) $y = x\ln x$；

(4) $y = \sin^2 x$；   (5) $y = \dfrac{1}{1+2x}$；   (6) $y = \dfrac{x^2+1}{x^2-1}$.

5. 设 $f(x)=(x-a)^n g(x)$，其中 n 为正整数，$g(x)$ 是多项式，且 $g(a)\neq 0$，证明：
$$f(a)=f'(a)=f''(a)=\cdots=f^{(n-1)}(a)=0,\quad f^{(n)}(a)=n!g(a).$$

6. 利用莱布尼茨公式计算下列高阶导数．

(1) $y=x^2\sin 2x$，求 $y^{(50)}(\pi)$；   (2) $y=e^x\cos x$，求 $y^{(4)}(1)$．

3.4 隐函数的导数以及由参数方程所确定的函数的导数

3.4.1 隐函数的导数

以上所讲的微分法，都是对函数 y 已表示成自变量 x 的明显表达式 $y=f(x)$ 来说的，形如 $y=f(x)$ 的函数称为**显函数**．例如 $y=\ln(x+2),y=\cos x$ 等，其特点是等号左端是因变量的符号，而右端是含有自变量的解析式．

但有些变量之间的函数关系是由方程 $F(x,y)=0$ 的形式确定的，由该方程所确定的函数称为**隐函数**．

如果在方程 $F(x,y)=0$ 中，当 x 取某区间内的任一值时，相应地总有满足这方程的唯一的 y 值存在，那么就说方程 $F(x,y)=0$ 在该区间内确定了一个隐函数．

例如 $x+y^3=1$，当变量 x 在 $(-\infty,+\infty)$ 取值时，变量 y 有唯一确定的值与之对应，因此，该方程可以确定一个隐函数．

注：一个方程可能确定一个隐函数或多个隐函数，也可能不存在任何隐函数．

把一个隐函数化成显函数，叫做**隐函数的显化**．例如从方程 $x+y^3=1$ 解出 $y=\sqrt[3]{1-x}$ 就是隐函数的显化．而从方程 $x^2+y^2=1$ 却可以解出两个函数 $y=\pm\sqrt{1-x^2}$．

有时隐函数的显化是有困难的，甚至是不可能的．例如由方程 $xy=e^{x+y}$ 所确定的隐函数，要将其显化就非常困难．但在实际问题中，有时需要计算隐函数的导数，因此，我们希望有一种方法，不管隐函数能否显化，都可以直接由方程求出它所确定的隐函数的导数来．

隐函数求导的方法是：将方程 $F(x,y)=0$ 的两端同时对自变量 x 求导，其中含有 y 的函数均视为 x 的复合函数，这样就可以得到一个包含 y' 的方程，从中解出 y'，即为隐函数 y 的导数．

例 3.35 求由方程 $x\sin y+y\sin x=2x$ 所确定的隐函数 y 的导数 $\dfrac{dy}{dx}$．

解 方程两边分别对 x 求导，并注意 y 是 x 的函数 $y=y(x)$，则有
$$\sin y+x\cos y\frac{dy}{dx}+\frac{dy}{dx}\sin x+y\cos x=2,$$
解得
$$\frac{dy}{dx}=\frac{2-\sin y-y\cos x}{\sin x+x\cos y}.$$

在上述结果中，分式中的 y 是由方程 $x\sin y+y\sin x=2x$ 所确定的隐函数．

例 3.36 求由方程 $xy = e^{x+y}$ 所确定的隐函数 y 的导数 y'.

解 方程两边分别对 x 求导,并注意 y 是 x 的函数 $y = y(x)$,则有
$$y + xy' = e^{x+y}(1 + y'),$$
解得
$$y' = \frac{e^{x+y} - y}{x - e^{x+y}} = \frac{xy - y}{x - xy}.$$

例 3.37 求曲线 $x^{\frac{2}{3}} + y^{\frac{2}{3}} = 2$ $(a>0)$ 在点 $M_0(1,1)$ 处的切线方程.

解 由导数的几何意义可知,所求切线的斜率为 $y'\big|_{\substack{x=1\\y=1}}$.
方程两边分别对 x 求导,得
$$\frac{2}{3}x^{-\frac{1}{3}} + \frac{2}{3}y^{-\frac{1}{3}} \cdot y' = 0,$$
解得 $y' = -\left(\dfrac{y}{x}\right)^{\frac{1}{3}}$,从而 $y'\big|_{(1,1)} = -1$. 故所求的切线方程为
$$y - 1 = -(x - 1),$$
即 $x + y = 2$.

例 3.38 求由方程 $y^2 - 2xy + 5 = 0$ 所确定的隐函数 y 的二阶导数 y''.

解 方程两边分别对 x 求导,得 $2y \cdot y' - 2(y + xy') = 0$,解得
$$y' = \frac{y}{y - x}.$$
上式两边再对 x 求导,得
$$y'' = \frac{y'(y-x) - y(y'-1)}{(y-x)^2} = \frac{y - xy'}{(y-x)^2} = \frac{y - x \cdot \dfrac{y}{y-x}}{(y-x)^2} = \frac{y^2 - 2xy}{(y-x)^3}.$$

对于某些特殊类型的函数,如幂指函数 $y = [f(x)]^{g(x)}$ $(f(x) > 0)$,或者函数是由若干个因子幂的连乘积组成,直接使用前面介绍的求导法,不能或不便求导. 这时可以先在函数两边取对数,然后再求 y 的导数,这种方法称为**对数求导法**.

例 3.39 求 $y = (\sin x)^x$ $(\sin x > 0)$ 的导数 y'.

解 将函数两边取对数,得 $\ln y = x\ln(\sin x)$,由于 y 是 x 的函数,故 $\ln y$ 是 x 的复合函数. 上式两边对 x 求导,得
$$\frac{1}{y}y' = \ln(\sin x) + x \cdot \frac{1}{\sin x} \cdot \cos x,$$
于是
$$y' = y[\ln(\sin x) + x\cot x]$$
$$= (\sin x)^x[\ln(\sin x) + x\cot x].$$

例 3.40 求 $y = (2x+1)^{\frac{3}{2}}\sqrt{\dfrac{x}{x^2-3}}$ 的导数.

解 两边取对数,得

$$\ln|y| = \frac{3}{2}\ln|2x+1| + \frac{1}{2}\ln|x| - \frac{1}{2}\ln|x^2-3|,$$

上式两边对 x 求导,由 3.2 节的例 3.26 可知

$$\frac{1}{y}y' = \frac{3}{2}\cdot\frac{2}{2x+1} + \frac{1}{2}\cdot\frac{1}{x} - \frac{1}{2}\cdot\frac{2x}{x^2-3},$$

于是

$$y' = (2x+1)^{\frac{3}{2}}\sqrt{\frac{x}{x^2-3}}\left(\frac{3}{2x+1} + \frac{1}{2x} - \frac{x}{x^2-3}\right).$$

注:考虑到 $(\ln|x|)' = (\ln x)' = \frac{1}{x}$,所以习惯上用对数求导法时,计算过程中可以略去取绝对值的步骤.

例 3.41 设函数 $y = \left(\frac{a}{b}\right)^x \left(\frac{b}{x}\right)^a \left(\frac{x}{a}\right)^b$, $a>0, b>0, \frac{a}{b}\neq 1$,求 y'.

解 两边取对数,得

$$\ln y = x\ln\frac{a}{b} + a(\ln b - \ln x) + b(\ln x - \ln a),$$

上式两边对 x 求导,得

$$\frac{1}{y}y' = \ln\frac{a}{b} - \frac{a}{x} + \frac{b}{x},$$

于是

$$y' = \left(\frac{a}{b}\right)^x \left(\frac{b}{x}\right)^a \left(\frac{x}{a}\right)^b \left(\ln\frac{a}{b} - \frac{a}{x} + \frac{b}{x}\right).$$

3.4.2 由参数方程所确定的函数的导数

设 y 与 x 的函数关系是由参数方程

$$\begin{cases} x = \varphi(t), \\ y = \psi(t), \end{cases} \quad \alpha \leqslant t \leqslant \beta \tag{3-7}$$

确定的,则称此函数关系所表达的函数为由参数方程所确定的函数.例如

$$\begin{cases} x = a\cos t, \\ y = b\sin t, \end{cases} \quad 0 \leqslant t \leqslant 2\pi$$

为椭圆的参数方程.

在实际问题中,需要计算由参数方程所确定的函数的导数.但从参数方程中消去参数 t 有时会有困难,因此,我们希望有一种方法能直接由参数方程算出它所确定的函数的导数.

如果函数 $x = \varphi(t), y = \psi(t)$ 都可导,且 $\varphi'(t) \neq 0$,设 $x = \varphi(t)$ 具有单调连续反函数 $t =$

$\varphi^{-1}(x)$，且此反函数能与函数 $y=\psi(t)$ 构成复合函数，那么由参数方程(3-7)所确定的函数可以看成由 $y=\psi(t)$ 与 $t=\varphi^{-1}(x)$ 复合而成的函数 $y=\psi(\varphi^{-1}(x))$，则根据反函数和复合函数的求导法则，有

$$\frac{dy}{dx} = \frac{dy}{dt} \cdot \frac{dt}{dx} = \frac{dy}{dt} \cdot \frac{1}{\frac{dx}{dt}} = \frac{\psi'(t)}{\varphi'(t)},$$

即

$$\frac{dy}{dx} = \frac{\psi'(t)}{\varphi'(t)} \quad \text{或} \quad \frac{dy}{dx} = \frac{\frac{dy}{dt}}{\frac{dx}{dt}}. \tag{3-8}$$

注：因为 $\frac{dy}{dx}$ 是 x 的函数，所以应表示为

$$\begin{cases} x = \varphi(t), \\ \frac{dy}{dx} = \frac{\psi'(t)}{\varphi'(t)}, \end{cases}$$

但为了方便起见，通常把 $x=\varphi(t)$ 省去。

例 3.42 已知椭圆的参数方程为 $\begin{cases} x=a\cos t, \\ y=b\sin t, \end{cases}$ 求 $\frac{dy}{dx}$。

解 $\frac{dy}{dx} = \frac{\frac{dy}{dt}}{\frac{dx}{dt}} = \frac{b\cos t}{-a\sin t} = -\frac{b}{a}\cot t$。

若曲线 C 由极坐标 $\rho=\rho(\theta)$ 表示，则曲线 C 可转化为以极角 θ 为参数的参数方程

$$\begin{cases} x = \rho\cos\theta = \rho(\theta)\cos\theta, \\ y = \rho\sin\theta = \rho(\theta)\sin\theta. \end{cases}$$

$$\frac{dy}{dx} = \frac{(\rho(\theta)\sin\theta)'}{(\rho(\theta)\cos\theta)'} = \frac{\rho'(\theta)\sin\theta + \rho(\theta)\cos\theta}{\rho'(\theta)\cos\theta - \rho(\theta)\sin\theta} = \frac{\rho'(\theta)\tan\theta + \rho(\theta)}{\rho'(\theta) - \rho(\theta)\tan\theta},$$

$\frac{dy}{dx} = \frac{\rho'(\theta)\tan\theta + \rho(\theta)}{\rho'(\theta) - \rho(\theta)\tan\theta}$ 表示在曲线 $\rho=\rho(\theta)$ 上的点 $M(\rho,\theta)$ 处切线的斜率。

如果函数 $x=\varphi(t), y=\psi(t)$ 二阶可导，且 $\varphi'(t)\neq 0$，那么又可以得到由参数方程(3-7)所确定的函数的二阶导数

$$\frac{d^2y}{dx^2} = \frac{d}{dx}\left(\frac{dy}{dx}\right) = \frac{d}{dt}\left(\frac{\psi'(t)}{\varphi'(t)}\right)\frac{dt}{dx} = \frac{\psi''(t)\varphi'(t) - \psi'(t)\varphi''(t)}{[\varphi'(t)]^2} \cdot \frac{1}{\varphi'(t)}$$

即

$$\frac{d^2y}{dx^2} = \frac{\psi''(t)\varphi'(t) - \psi'(t)\varphi''(t)}{[\varphi'(t)]^3}. \tag{3-9}$$

例 3.43 计算由摆线的参数方程 $\begin{cases} x=a(t-\sin t), \\ y=a(1-\cos t) \end{cases}$ 所确定的函数 $y=f(x)$ 的二阶导数.

解 $\dfrac{dy}{dx} = \dfrac{\dfrac{dy}{dt}}{\dfrac{dx}{dt}} = \dfrac{[a(1-\cos t)]'}{[a(t-\sin t)]'} = \dfrac{a\sin t}{a(1-\cos t)}$

$= \dfrac{\sin t}{1-\cos t} = \cot \dfrac{t}{2}$ ($t \neq 2n\pi$, n 为整数).

$\dfrac{d^2 y}{dx^2} = \dfrac{d}{dx}\left(\dfrac{dy}{dx}\right) = \dfrac{d}{dt}\left(\cot \dfrac{t}{2}\right) \cdot \dfrac{dt}{dx}$

$= -\dfrac{1}{2\sin^2 \dfrac{t}{2}} \cdot \dfrac{1}{a(1-\cos t)}$

$= -\dfrac{1}{a(1-\cos t)^2}$ ($t \neq 2n\pi$, n 为整数).

习题 3.4

1. 求由下列方程所确定的隐函数 $y=y(x)$ 的导数 $\dfrac{dy}{dx}$.

(1) $e^y = xy$;　　　　(2) $x = y + \arctan(x+y)$;　　　　(3) $y^2 + e^{xy} = \cos x$;

(4) $e^x - xy^2 + \sin y = 0$;　　(5) $x^y = y^x$;　　　　(6) $\ln y = xy + \cos x$.

2. 设方程 $\sin xy + \ln(y-x) = x$ 确定隐函数 $y=y(x)$, 求 $\dfrac{dy}{dx}\bigg|_{x=0}$.

3. 求由下列方程所确定的隐函数 $y=y(x)$ 的二阶导数 $\dfrac{d^2 y}{dx^2}$.

(1) $x^2 + y^2 = 1$;　　　　(2) $\sqrt[x]{y} = \sqrt[y]{x}$;

(3) $x = y^y$;　　　　(4) $2y - x = (x-y)\ln(x-y)$

4. 用对数求导法求下列函数的导数.

(1) $y = \left(\dfrac{x}{2+x}\right)^x$;　　　　(2) $y = \dfrac{\sqrt[3]{x-1}}{(1+x)^2 \sqrt{2x-3}} + e^{-2}$;

(3) $y = \left(\dfrac{\sin x}{x}\right)^{\ln x}$;　　　　(4) $y = (\cos x)^{\sin x}$.

5. 已知函数 $y=y(x)$ 由方程 $\sqrt{x^2+y^2} = e^{\arctan \frac{y}{x}}$ 确定, 求 $\dfrac{dy}{dx}\bigg|_{\substack{x=1 \\ y=0}}$, $\dfrac{d^2 y}{dx^2}\bigg|_{\substack{x=1 \\ y=0}}$.

6. 求曲线 $\begin{cases} x = e^t \sin 2t, \\ y = e^t \cos t \end{cases}$ 在点 $(0,1)$ 处的法线方程.

7. 求由下列参数方程所确定的函数 $y=f(x)$ 的一阶和二阶导数.

(1) $\begin{cases} x=at+b, \\ y=\dfrac{1}{2}at^2+bt; \end{cases}$ (2) $\begin{cases} x=2t-t^2, \\ y=3t-t^3; \end{cases}$

(3) $\begin{cases} x=1+t^2, \\ y=\cos t; \end{cases}$ (4) $\begin{cases} x=a\cos^3 t, \\ y=a\sin^3 t. \end{cases}$

3.5 微分及其简单应用

3.5.1 微分的定义

引例 函数增量的计算及增量的构成

一块正方形金属薄片受温度变化的影响,其边长由 x_0 变到 $x_0+\Delta x$,问此薄片的面积改变了多少?

设此正方形的边长为 x,面积为 A,则 A 是 x 的函数:$A=x^2$.金属薄片的面积改变量为
$$\Delta A = (x_0+\Delta x)^2 - x_0^2 = 2x_0\Delta x + (\Delta x)^2.$$

由上式可以看出,面积改变量 ΔA 由两部分组成:

第一部分 $2x_0\Delta x$ 是 Δx 的线性函数,是 ΔA 的主要部分,可以近似地代替 ΔA. 在图 3-4 中是带有斜线的两个矩形面积之和.

第二部分 $(\Delta x)^2$ 是比 Δx 高阶的无穷小(当 $\Delta x \to 0$ 时),即 $(\Delta x)^2 = o(\Delta x)$,在图中是带有网格线的小正方形.

所以,如果边长的改变很微小,即 $|\Delta x|$ 很小时,面积的改变量可由第一部分近似代替,即 $\Delta A \approx 2x_0\Delta x$.

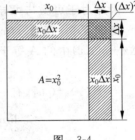

图 3-4

定义 3.5 设函数 $y=f(x)$ 在点 x_0 的某邻域 $U(x_0)$ 内有定义,当自变量在点 x_0 处取得增量 Δx 时 $(x_0+\Delta x \in U(x_0))$,如果函数相应的增量 $\Delta y = f(x_0+\Delta x) - f(x_0)$ 可以表示为
$$\Delta y = A\Delta x + o(\Delta x), \qquad (3\text{-}10)$$
其中 A 是不依赖于 Δx 的常数,则称函数 $y=f(x)$ 在点 x_0 **可微**,并称 $\Delta y = A\Delta x + o(\Delta x)$ 中第一项 $A\Delta x$ 为 $y=f(x)$ 在点 x_0 的**微分**,记做 $\mathrm{d}y$,即
$$\mathrm{d}y = A\Delta x \quad \text{或} \quad \mathrm{d}f(x) = A\Delta x. \qquad (3\text{-}11)$$

3.5.2 可微与可导的关系

如果函数 $y=f(x)$ 在点 x 可微,依定义则有

$$\Delta y = f(x+\Delta x) - f(x) = A\Delta x + o(\Delta x),$$

其中 $o(\Delta x)$ 是关于 Δx 的高阶无穷小.

从而

$$\frac{\Delta y}{\Delta x} = \frac{f(x+\Delta x) - f(x)}{\Delta x} = A + \frac{o(\Delta x)}{\Delta x},$$

于是

$$\lim_{\Delta x \to 0} \frac{\Delta y}{\Delta x} = A = f'(x).$$

由此可知,如果函数 $y=f(x)$ 在点 x 可微,则 $y=f(x)$ 在点 x 也一定可导,且 $f'(x)=A$.

反之,如果函数 $y=f(x)$ 在点 x 可导,则有

$$f'(x) = \lim_{\Delta x \to 0} \frac{\Delta y}{\Delta x}.$$

由极限与无穷小之间的关系,可得

$$\frac{\Delta y}{\Delta x} = f'(x) + \alpha,$$

其中 $\alpha \to 0$(当 $\Delta x \to 0$ 时),于是上式又可以写成

$$\Delta y = f'(x)\Delta x + \alpha \cdot \Delta x.$$

由于 $f'(x)$ 不依赖于 Δx 且 $\alpha \cdot \Delta x = o(\Delta x)$,所以函数 $y=f(x)$ 在点 x 可微.

因此对于可微与可导的关系,有如下定理.

定理 3.6 函数 $f(x)$ 在点 x 可微的充分必要条件是函数 $f(x)$ 在点 x 可导,而且 $\Delta y = A\Delta x + o(\Delta x)$ 中的 A 等于 $f'(x)$,即函数的微分为

$$\mathrm{d}y = f'(x)\Delta x. \tag{3-12}$$

当 $f'(x) \neq 0$ 时,有

$$\lim_{\Delta x \to 0} \frac{\Delta y}{\mathrm{d}y} = \lim_{\Delta x \to 0} \frac{\Delta y}{f'(x)\Delta x} = \frac{1}{f'(x)} \lim_{\Delta x \to 0} \frac{\Delta y}{\Delta x} = 1,$$

从而,当 $\Delta x \to 0$ 时,Δy 与 $\mathrm{d}y$ 是等价无穷小,所以

$$\Delta y = \mathrm{d}y + o(\mathrm{d}y),$$

即 $\mathrm{d}y$ 是 Δy 的主要部分. 又由于微分 $\mathrm{d}y = f'(x)\Delta x$ 是 Δx 的线性函数,所以在 $f'(x) \neq 0$ 的条件下,通常称微分 $\mathrm{d}y$ 为函数改变量 Δy 的线性主部($\Delta x \to 0$). 即当 $|\Delta x|$ 很小时,有近似式

$$\Delta y \approx \mathrm{d}y = f'(x)\Delta x.$$

例 3.44 已知 $y = x^2 + 1$,求 $x=1, \Delta x = 0.01$ 时 y 的增量和微分.

解 $\Delta y = (x+\Delta x)^2 + 1 - (x^2+1) = 2x\Delta x + (\Delta x)^2$,$\Delta y|_{x=1} = 2\times 1 \times 0.01 + 0.01^2 = 0.0201$;

$\mathrm{d}y = (x^2+1)'\Delta x = 2x\Delta x$, $\mathrm{d}y|_{x=1} = 2\times 1 \times 0.01 = 0.02$.

函数 $f(x)$ 在任意点的微分,称为函数的微分,记做 $\mathrm{d}y$ 或 $\mathrm{d}f(x)$,即

$$\mathrm{d}y = f'(x)\Delta x.$$

例如,$y = \sin x$ 的微分为

$$dy = (\sin x)'\Delta x = \cos x \Delta x.$$

$y = e^{-x}$ 的微分为

$$dy = (e^{-x})'\Delta x = -e^{-x}\Delta x.$$

因为当 $y=x$ 时，$dx = dy = x' \cdot \Delta x = \Delta x$，所以通常把自变量 x 的增量 Δx 称为**自变量的微分**，记做 dx，即 $dx = \Delta x$. 于是函数 $y = f(x)$ 的微分又可记做

$$dy = f'(x)dx, \tag{3-13}$$

从而有

$$\frac{dy}{dx} = f'(x)$$

注：在导数 $\dfrac{dy}{dx}$ 中，是将 $\dfrac{dy}{dx}$ 看做一个整体，而在微分中，可将 $\dfrac{dy}{dx}$ 看做是 dy 与 dx 的商，因此，导数又被称做"**微商**".

3.5.3 微分的几何意义

在直角坐标系中作 $y = f(x)$ 的图形，如图 3-5 所示. 对于某一个固定的 x_0 值，曲线上有一个确定的点 $M(x_0, y_0)$，过点 M 作曲线的切线 MT，与 x 轴的交角为 α，则该切线的斜率为 $f'(x) = \tan\alpha$. 当自变量 x 有微小增量 Δx 时，就得到曲线上的另外一点 $N(x_0 + \Delta x, y_0 + \Delta y)$，由图 3-5 可知

$$MQ = \Delta x, \quad QN = \Delta y.$$

因此，当 Δy 是曲线 $y = f(x)$ 上的点的纵坐标的增量时，微分 dy 就是曲线的切线上点的纵坐标的相应增量，即

$$dy = f'(x)\Delta x = MQ \cdot \tan\alpha = QP.$$

当 $|\Delta x|$ 很小时，$|\Delta y - dy|$ 比 $|\Delta x|$ 小得多. 因此在点 M 的邻近，我们可以用切线段 MP 来近似代替曲线弧段 $\overparen{MN}$，即"**以直代曲**"，数学上称之为非线性函数的局部线性化.

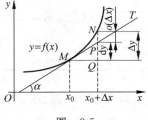

图 3-5

3.5.4 基本初等函数的微分公式与微分运算法则

函数微分的表达式

$$dy = f'(x)dx$$

揭示了函数微分与导数之间的关系. 要计算函数的微分，只要计算函数的导数，再乘以自变量的微分即可，无需任何新的讨论.

1. 基本初等函数的微分公式

由基本初等函数的求导公式，可以直接写出基本初等函数的微分公式. 为便于对照，列表如下（表 3-1）.

表 3-1 基本初等函数的微分公式

导 数 公 式	微 分 公 式
$C'=0$	$d(C)=0$
$(x^a)'=ax^{a-1}$	$d(x^a)=ax^{a-1}dx$
$(\sin x)'=\cos x$	$d(\sin x)=\cos x dx$
$(\cos x)'=-\sin x$	$d(\cos x)=-\sin x dx$
$(\tan x)'=\sec^2 x$	$d(\tan x)=\sec^2 x dx$
$(\cot x)'=-\csc^2 x$	$d(\cot x)=-\csc^2 x dx$
$(\sec x)'=\sec x \tan x$	$d(\sec x)=\sec x \tan x dx$
$(\csc x)'=-\csc x \cot x$	$d(\csc x)=-\csc x \cot x dx$
$(a^x)'=a^x \ln a$	$d(a^x)=a^x \ln a dx$
$(e^x)'=e^x$	$d(e^x)=e^x dx$
$(\log_a x)'=\dfrac{1}{x\ln a}$	$d(\log_a x)=\dfrac{1}{x\ln a}dx$
$(\ln x)'=\dfrac{1}{x}$	$d(\ln x)=\dfrac{1}{x}dx$
$(\arcsin x)'=\dfrac{1}{\sqrt{1-x^2}}$	$d(\arcsin x)=\dfrac{1}{\sqrt{1-x^2}}dx$
$(\arccos x)'=-\dfrac{1}{\sqrt{1-x^2}}$	$d(\arccos x)=-\dfrac{1}{\sqrt{1-x^2}}dx$
$(\arctan x)'=\dfrac{1}{1+x^2}$	$d(\arctan x)=\dfrac{1}{1+x^2}dx$
$(\text{arccot} x)'=-\dfrac{1}{1+x^2}$	$d(\text{arccot} x)=-\dfrac{1}{1+x^2}dx$

2. 函数和、差、积、商的微分法则

由函数和、差、积、商的求导法则,可推得相应的微分法则. 为了便于对照,列表如下(表 3-2,表中 $u=u(x),v=v(x)$ 都可导).

表 3-2 函数和、差、积、商的求导法则与微分法则

函数和、差、积、商的求导法则	函数和、差、积、商的微分法则
$(u\pm v)'=u'\pm v'$	$d(u\pm v)=du\pm dv$
$(uv)'=u'v+uv'$	$d(uv)=vdu+udv$
$(Cu)'=Cu'$	$d(Cu)=Cdu$
$\left(\dfrac{u}{v}\right)'=\dfrac{vu'-uv'}{v^2}\ (v\neq 0)$	$d\left(\dfrac{u}{v}\right)=\dfrac{vdu-udv}{v^2}\ (v\neq 0)$

3.5.5 微分形式的不变性

设函数 $y=f(u)$ 关于 u 可微,则

$$dy = f'(u)du \tag{3-14}$$

不论 u 是自变量还是中间变量(即变量 x 的可微函数 $u=\varphi(x)$),式(3-14)都成立. 这种 $f(u)$ 的微分形式保持不变的性质,称为**微分形式的不变性**.

事实上,当 u 是自变量时,函数 $y=f(u)$ 的微分为 $dy=f'(u)du$.

当 $u=\varphi(x)$ 为 x 的可微函数时,则 y 是 x 的复合函数,根据复合函数求导公式,y 对 x 的导数为

$$\frac{dy}{dx} = f'(u)\varphi'(x),$$

于是

$$dy = f'(u)\varphi'(x)dx = f'(u)du.$$

因此,不论 u 是自变量还是中间变量,都有 $dy=f'(u)du$.

例 3.45 $y=e^{ax^2+bx}$,求 dy.

解 直接利用公式 $dy=f'(x)dx$,由 $y'=e^{ax^2+bx}(2ax+b)$,得 $dy=e^{ax^2+bx}(2ax+b)dx$.

例 3.46 $y=\sqrt{1+\sin^2 x}$,求 dy.

解 利用微分形式的不变性

$$dy = d(\sqrt{1+\sin^2 x}) = \frac{1}{2\sqrt{1+\sin^2 x}} d(1+\sin^2 x)$$

$$= \frac{1}{2\sqrt{1+\sin^2 x}} 2\sin x \, d(\sin x)$$

$$= \frac{2\sin x}{2\sqrt{1+\sin^2 x}} \cdot \cos x \, dx$$

$$= \frac{\sin 2x}{2\sqrt{1+\sin^2 x}} dx.$$

例 3.47 已知 $y=x^2+xe^y$,求 y',dy.

解 利用微分形式的不变性

$$dy = d(x^2+xe^y),$$
$$dy = 2xdx + e^y dx + xe^y dy,$$
$$(1-xe^y)dy = (2x+e^y)dx,$$

从而 $dy=\dfrac{2x+e^y}{1-xe^y}dx$,所以 $y'=\dfrac{2x+e^y}{1-xe^y}$.

注:上题也可以按照 3.4 节隐函数求导数的方法,先求出 y',再写出 $dy=y'dx$.

例 3.48 在括号中填入适当的函数,使等式成立.

(1) $d(\quad)=xdx$;   (2) $d(\quad)=\sin 2t dt$;

(3) $d(\quad)=\dfrac{dx}{1+x^2}$;   (4) $d(\quad)=\dfrac{1}{\sqrt{x}}dx$.

解 (1) 因为 $d(x^2)=2xdx$,所以
$$xdx = \frac{1}{2}d(x^2) = d\left(\frac{x^2}{2}\right).$$
一般地,有
$$d\left(\frac{x^2}{2}+C\right) = xdx \ (C\text{ 为任意常数}).$$

(2) 因为 $d(\cos 2t)=-2\sin 2tdt$,所以
$$\sin 2tdt = -\frac{1}{2}d(\cos 2t) = d\left(-\frac{\cos 2t}{2}\right).$$
一般地,有
$$d\left(-\frac{\cos 2t}{2}+C\right) = \sin 2tdt \ (C\text{ 为任意常数}).$$

(3) $d(\arctan x + C) = \dfrac{dx}{1+x^2}$ (C 为任意常数).

(4) 因为 $d(\sqrt{x}) = \dfrac{1}{2\sqrt{x}}dx$,所以
$$\frac{1}{\sqrt{x}}dx = 2d(\sqrt{x}) = d(2\sqrt{x}).$$
一般地,有
$$d(2\sqrt{x}+C) = \frac{1}{\sqrt{x}}dx \ (C\text{ 为任意常数}).$$

3.5.6 微分在近似计算中的应用

前面说过,若函数 $y=f(x)$ 在点 x_0 处的导数 $f'(x_0)\neq 0$,且当 $|\Delta x|$ 很小时,可以用 dy 来近似代替 Δy,两者的误差是 $o(\Delta x)$. 一般来说,dy 要比 Δy 容易计算得多,所以在实际应用中,常常通过计算微分而得到函数改变量的近似值. 即
$$\Delta y \approx dy = f'(x_0) \cdot \Delta x. \tag{3-15}$$
式(3-15)也可以写成
$$\Delta y = f(x_0+\Delta x) - f(x_0) \approx f'(x_0) \cdot \Delta x, \tag{3-16}$$
或计算函数的近似值
$$f(x_0+\Delta x) \approx f(x_0) + f'(x_0) \cdot \Delta x. \tag{3-17}$$

例 3.49 半径为 10 cm 的金属圆片加热后,半径增加了 0.05 cm,问面积大约增大了多少?

解 设圆片半径为 r,面积为 S,则 $S=\pi r^2$.

按题意,就是求当 $r=10$ cm,$\Delta r=0.05$ cm 时,面积的改变量 ΔS,用 dS 作为其近似值
$$dS = (\pi r^2)'dr = 2\pi rdr = 2\pi \times 10 \times 0.05 \approx 3.14(\text{cm}^2).$$

所以,当半径增加 0.05 cm 时,面积大约增大 3.14 cm^2.

例 3.50 求 $\sqrt[3]{1000.3}$ 的近似值.

解 $\sqrt[3]{1000.3} = 10\sqrt[3]{1.0003}$.

设函数 $f(x) = \sqrt[3]{x}$,取 $x_0 = 1, \Delta x = 0.0003$,由式(3-17)得
$$\sqrt[3]{1.0003} = f(x_0 + \Delta x) \approx f(x_0) + f'(x_0) \cdot \Delta x$$
$$= \left(\sqrt[3]{x_0} + \frac{1}{3\sqrt[3]{x_0^2}}\Delta x\right)\bigg|_{\substack{x_0=1 \\ \Delta x=0.0003}}$$
$$= 1 + \frac{1}{3} \times 0.0003 = 1.0001,$$

所以,$\sqrt[3]{1000.3} = 10.001$.

习题 3.5

1. 已知 $y = x^3 - x$,在 $x = 2$ 处,计算当 Δx 分别等于 $1, 0.1, 0.01$ 时的 Δy 与 dy.

2. 求下列函数的微分 dy.

   (1) $y = 2^{\sqrt{x}}$; (2) $y = \dfrac{x}{1-x}$; (3) $y = \ln(\cos 2x)$;

   (4) $y = x \arcsin \dfrac{x}{2} + \sqrt{4 - x^2}$; (5) $y = e^{-ax} \sin bx$; (6) $y = \sqrt{x + \sqrt{x}}$.

3. 将适当的函数填入下列括号内,使等式成立.

   (1) $d(\quad) = -dx$; (2) $d(\quad) = 2x dx$;

   (3) $d(\quad) = \dfrac{1}{2\sqrt{x}} dx$; (4) $d(\quad) = \sec^2 3x dx$;

   (5) $d(\quad) = 2^x dx$; (6) $d(\quad) = \dfrac{1}{\sin^2 x} dx$;

   (7) $d(\quad) = \dfrac{1}{\sqrt{a^2 - x^2}} dx$; (8) $d(\quad) = \left(1 + \dfrac{1}{x^2}\right) dx$;

   (9) 设 $y = \ln\sin\sqrt{x}$,则 $dy = \underline{\qquad} d\sqrt{x} = \underline{\qquad} dx$;

   (10) 设函数 $y = f(\cos^2 3x)$ 可微,则 $dy = \underline{\qquad} d(\cos 3x) = \underline{\qquad} d(3x)$.

4. 利用微分形式的不变性,求下列方程确定的隐函数 $y = y(x)$ 的微分 dy.

   (1) $\tan y = x + y$; (2) $e^{x+y} + \cos(xy) = 0$.

5. 利用微分求参数方程 $\begin{cases} x = t - \ln(1+t), \\ y = t^3 + t^2 \end{cases}$ 确定的函数 $y = y(x)$ 的导数 $\dfrac{dy}{dx}$.

6. 利用微分求近似值.

   (1) $\arctan 1.01$; (2) $-\sin 31°$; (3) $\ln 0.999$.

复习题三

1. 设函数 $f(x)$ 在 $x=0$ 处导数存在,且 $f(0)=0$,求下列极限的值.

(1) $\lim\limits_{x\to 0}\dfrac{f(x)}{x}$;　　　(2) $\lim\limits_{x\to 0}\dfrac{f(tx)}{x}$;　　　(3) $\lim\limits_{x\to 0}\dfrac{f(tx)}{t}$;

(4) $\lim\limits_{x\to 0}\dfrac{f(tx)-f(-tx)}{x}$.

2. 已知函数 $f(x)$ 连续,且 $\lim\limits_{x\to 0}\dfrac{f(x)}{x}=3$,求曲线 $y=f(x)$ 在点 $x=0$ 处的切线方程.

3. 若 $f'(a)$ 存在,求 $\lim\limits_{x\to a}\dfrac{xf(a)-af(x)}{x-a}$.

4. 设函数 $f(x)$ 在 $x=0$ 处连续,下列命题错误的是( ).

(A) 若 $\lim\limits_{x\to 0}\dfrac{f(x)}{x}$ 存在,则 $f(0)=0$;　　(B) 若 $\lim\limits_{x\to 0}\dfrac{f(x)+f(-x)}{x}$ 存在,则 $f(0)=0$;

(C) 若 $\lim\limits_{x\to 0}\dfrac{f(x)}{x}$ 存在,则 $f'(0)$ 存在;　　(D) 若 $\lim\limits_{x\to 0}\dfrac{f(x)-f(-x)}{x}$ 存在,则 $f'(0)$ 存在.

5. 设函数 $f(x)$ 在 $x=0$ 处连续,且 $\lim\limits_{h\to 0}\dfrac{f(h^2)}{h^2}=1$,则( ).

(A) $f(0)=0$ 且 $f'_-(0)$ 存在;　　(B) $f(0)=1$ 且 $f'_-(0)$ 存在;

(C) $f(0)=0$ 且 $f'_+(0)$ 存在;　　(D) $f(0)=1$ 且 $f'_+(0)$ 存在.

6. 设函数 $f(x)=|x^3-1|\varphi(x)$,其中 $\varphi(x)$ 在 $x=1$ 处连续,则 $\varphi(1)=0$ 是 $f(x)$ 在 $x=1$ 处可导的( ).

(A) 充分必要条件;　　(B) 必要但非充分条件;

(C) 充分但非必要条件;　　(D) 既非充分也非必要条件.

7. 设 $f'(x)$ 在 $[a,b]$ 上连续,且 $f'(a)>0, f'(b)<0$,则下列结论中错误的是( ).

(A) 至少存在一点 $x_0\in(a,b)$,使得 $f(x_0)>f(a)$;

(B) 至少存在一点 $x_0\in(a,b)$,使得 $f(x_0)>f(b)$;

(C) 至少存在一点 $x_0\in(a,b)$,使得 $f'(x_0)=0$;

(D) 至少存在一点 $x_0\in(a,b)$,使得 $f(x_0)=0$.

8. (1) 如果 $f(x)$ 是偶函数,$f'(0)$ 存在,证明 $f'(0)=0$;

(2) 如果 $f(x)$ 是奇函数,且 $f'_+(0)$ 存在,那么 $f'_-(0)$ 是否存在?如果存在,$f'_+(0)$ 与 $f'_-(0)$ 有什么关系?

9. 已知函数 $f(x)=\begin{cases}x^2-1, & 0\leqslant x\leqslant 1,\\ ax+b, & 1<x\leqslant 2\end{cases}$ 在 $[0,2]$ 上连续且可导,求 a,b.

10. 在什么条件下,函数 $f(x)=\begin{cases} x^n\sin\dfrac{1}{x}, & x\neq 0 \\ 0, & x=0 \end{cases}$, n 为整数,

(1) 在 $x=0$ 处连续;(2) 在 $x=0$ 处可导;(3) 在 $x=0$ 处导函数连续.

11. 求下列函数的导数、高阶导数与微分.

(1) $y=2\mathrm{e}^x\cos x+\sin\dfrac{\pi}{5}$,求 y';

(2) $y=\arcsin\sqrt{1-x}$,求 $y'|_{x=\frac{1}{2}}$;

(3) $y=\arctan\sqrt{1+x^2}+\mathrm{e}^{\sqrt{1+x^2}}$,求 $\mathrm{d}y$;

(4) $y=x^2\ln x\cos x$,求 y';

(5) $y=\dfrac{\sqrt{1+x}-\sqrt{1-x}}{\sqrt{1+x}+\sqrt{1-x}}$,求 $\mathrm{d}y$;

(6) $y=(1+\sin x)^x$,求 $\mathrm{d}y|_{x=\pi}$;

(7) $y=\arctan \mathrm{e}^x-\ln\sqrt{\dfrac{\mathrm{e}^{2x}}{\mathrm{e}^{2x}+1}}$,求 $\dfrac{\mathrm{d}y}{\mathrm{d}x}\Big|_{x=1}$;

(8) $y=x\arctan x$,求二阶导数 y'';

(9) $y=\dfrac{1}{2x+3}$,求 $y^{(n)}(0)$.

12. 求曲线 $y=\ln x$ 上与直线 $x+y=1$ 垂直的切线方程.

13. 已知函数 $y=y(x)$ 由方程 $\mathrm{e}^y+6xy+x^2-1=0$ 所确定,求 $y''(0)$.

14. 已知函数 $f(u)$ 具有二阶导数,且 $f'(0)=1$,函数 $y=y(x)$ 由方程 $y-x\mathrm{e}^{y-1}=1$ 所确定,设 $z=f(\ln y-\sin x)$,求 $\dfrac{\mathrm{d}z}{\mathrm{d}x}\Big|_{x=0}$,$\dfrac{\mathrm{d}^2z}{\mathrm{d}x^2}\Big|_{x=0}$.

15. 求曲线 $\begin{cases} x=\cos t+\cos^2 t, \\ y=1+\sin t \end{cases}$ 在点 $t=\dfrac{\pi}{4}$ 处的法线斜率.

16. 求由参数方程 $\begin{cases} x=t-\ln(1+t^2), \\ y=\arctan t \end{cases}$ 确定的函数 $y=y(x)$ 的一阶及二阶导数.

17. 设函数 $y=y(x)$ 由参数方程 $\begin{cases} x=t^2+2t, \\ y=\ln(1+t) \end{cases}$ 确定,求曲线 $y=y(x)$ 在点 $x=3$ 处的切线方程.

18. 设函数 $f(x)$ 处处可导,且有 $f'(0)=1$,并对任何实数 x 和 h,恒有
$$f(x+h)=f(x)+f(h)+2hx,$$
求 $f'(x)$.

19. 设函数 $f(x)$ 在 $x=2$ 的某邻域内可导,且 $f'(x)=\mathrm{e}^{f(x)}$,$f(2)=1$,求 $f'''(2)$.

20. 设函数 $g(x)$ 可微,$h(x)=\mathrm{e}^{1+g(x)}$,$h'(1)=1$,$g'(1)=2$,求 $g(1)$.

第 4 章

微分中值定理与导数的应用

本章我们将以微分中值定理为基础,揭示关于导数的一些更深刻的性质,据此研究函数及其曲线的某些性态,并利用这些知识解决经济分析等方面的一些具体问题. 初步掌握导数应用的思想、方法和技巧,为将来的灵活应用奠定良好的基础.

4.1 微分中值定理

微分中值定理是用导数来研究函数本身性质的重要工具,也是解决实际问题的理论基础. 我们先讲罗尔(Rolle)中值定理,然后根据它推出拉格朗日(Lagrange)中值定理和柯西(Cauchy)中值定理.

4.1.1 罗尔中值定理

定理 4.1(罗尔中值定理) 若函数 $f(x)$ 满足以下条件:
(1) 在闭区间 $[a,b]$ 上连续;
(2) 在开区间 (a,b) 内可导;
(3) 在区间端点的函数值相等,即 $f(a)=f(b)$,

那么在开区间 (a,b) 内至少存在一点 ξ,使得
$$f'(\xi) = 0.$$

考虑罗尔中值定理(也可简称为罗尔定理)的几何意义:设曲线弧 $\overset{\frown}{AB}$ 是函数 $y=f(x)$ $(x\in[a,b])$ 的图形,这是一条连续的曲线弧. 若在 $\overset{\frown}{AB}$ 上除端点 A,B 外,处处有不垂直于 x 轴的切线,并且函数在端点处的纵坐标相等,即 $f(a)=f(b)$,则在 $\overset{\frown}{AB}$ 上至少能找到一点 C,使曲线在该点处的切线平行于 x 轴,如图 4-1 所示. 从图中可以看到,在曲线的最高点和最低点,切线是水平的.

根据以上的几何解释,我们有如下的证明.

证明 由于函数 $f(x)$ 在 $[a,b]$ 上连续,根据闭区间上连续函

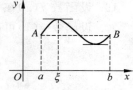

图 4-1

数的最值定理,函数 $f(x)$ 在 $[a,b]$ 上必有最大值 M 和最小值 m. 此时又有两种情况:

(1) 若 $M=m$, 即 $f(x)$ 在闭区间 $[a,b]$ 上的最大值和最小值相等,则 $f(x)$ 在 $[a,b]$ 上恒为常数: $f(x)=M=m$, 于是, 在开区间 (a,b) 内的每一点都有 $f'(x)=0$, 从而可以取 (a,b) 内的任意一点作为 ξ, 使 $f'(\xi)=0$.

(2) 若 $M>m$, 因为 $f(a)=f(b)$, 则 M 和 m 至少有一个不在端点处取得. 不失一般性, 设 $M\neq f(a)$(如果设 $m\neq f(a)$, 证法类似), 那么在 (a,b) 内至少存在一点 ξ, 使得 $f(\xi)=M$. 下面证明 $f(x)$ 在点 ξ 处的导数等于零, 即 $f'(\xi)=0$.

因为 $\xi\in(a,b)$, 根据假设可知 $f'(\xi)$ 存在, 即极限 $\lim\limits_{\Delta x\to 0}\dfrac{f(\xi+\Delta x)-f(\xi)}{\Delta x}$ 存在, 则有左、右极限都存在并且相等, 因此

$$f'(\xi)=\lim_{\Delta x\to +0}\frac{f(\xi+\Delta x)-f(\xi)}{\Delta x}=\lim_{\Delta x\to -0}\frac{f(\xi+\Delta x)-f(\xi)}{\Delta x}.$$

由于 $f(\xi)=M$ 是 $f(x)$ 在 $[a,b]$ 上的最大值, 因此不论 $\Delta x>0$ 或 $\Delta x<0$, 只要 $\xi+\Delta x\in[a,b]$, 总有

$$f(\xi+\Delta x)-f(\xi)\leqslant 0.$$

当 $\Delta x>0$ 时, 有

$$\frac{f(\xi+\Delta x)-f(\xi)}{\Delta x}\leqslant 0,$$

根据函数极限的保号性,有

$$f'_+(\xi)=\lim_{\Delta x\to +0}\frac{f(\xi+\Delta x)-f(\xi)}{\Delta x}\leqslant 0.$$

同理,当 $\Delta x<0$ 时,有

$$\frac{f(\xi+\Delta x)-f(\xi)}{\Delta x}\geqslant 0,$$

相应地有

$$f'_-(\xi)=\lim_{\Delta x\to -0}\frac{f(\xi+\Delta x)-f(\xi)}{\Delta x}\geqslant 0.$$

因此必有 $f'(\xi)=0$.

注: (1) 罗尔定理中的 3 个条件如果不全具备, 那么结论就可能不成立. 例如, 下述 3 种情形, 均不存在一点 ξ, 使得 $f'(\xi)=0$.

① $f(x)=\begin{cases} x, & 0\leqslant x<1, \\ 0, & x=1 \end{cases}$ 在闭区间 $[0,1]$ 上不连续(图 4-2);

② $f(x)=1-\sqrt[3]{x^2}$ 在开区间 $(-1,1)$ 内不可导(图 4-3);

③ $f(x)=x^2$ 在闭区间 $[0,1]$ 上端点的函数值不相等(图 4-4).

(2) 罗尔定理的条件是充分而不是必要的. 图 4-5 中的函数在闭区间 $[a,b]$ 上对定理中的 3 个条件均不满足, 但也存在一点 ξ, 使

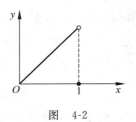

图 4-2

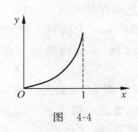

图 4-3   图 4-4

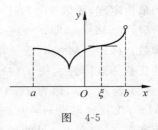

图 4-5

得 $f'(\xi)=0$.

(3) 罗尔定理中的 ξ 点不一定唯一.

例 4.1 验证函数 $f(x)=\ln\sin x$ 在 $\left[\dfrac{\pi}{6},\dfrac{5\pi}{6}\right]$ 上满足罗尔定理的条件,并求满足定理的 ξ 值.

解 因为 $f(x)=\ln\sin x$ 的定义域为 $D:2k\pi<x<2k\pi+\pi\ (k=0,\pm1,\cdots)$,所以 $f(x)$ 在 $\left[\dfrac{\pi}{6},\dfrac{5\pi}{6}\right]$ 上连续. 又 $f'(x)=\cot x$ 在 $\left(\dfrac{\pi}{6},\dfrac{5\pi}{6}\right)$ 内处处存在,并且

$$f\left(\dfrac{\pi}{6}\right)=f\left(\dfrac{5\pi}{6}\right)=-\ln 2,$$

则 $f(x)$ 在 $\left[\dfrac{\pi}{6},\dfrac{5\pi}{6}\right]$ 上满足罗尔定理的条件,故在 $\left(\dfrac{\pi}{6},\dfrac{5\pi}{6}\right)$ 内至少存在一点 ξ,使得 $f'(\xi)=\cot\xi=0$,此时 $\xi=\dfrac{\pi}{2}$.

例 4.2 证明方程 $2x^3-3x^2-12x+1=0$ 在区间 $(0,1)$ 内不可能有两个不同的实根.

证明 用反证法. 假设方程在区间 $(0,1)$ 内有两个不同的实根 a,b,且 $a<b$,则函数 $f(x)=2x^3-3x^2-12x+1$ 在闭区间 $[a,b]$ 上满足罗尔定理的全部条件,于是在 (a,b) 内至少存在一点 ξ,使得 $f'(\xi)=6\xi^2-6\xi-12=0$,此时 $\xi=-1$ 或 $\xi=2$.

考虑到 $(a,b)\subset[0,1]$,显然 -1 和 2 都不可能是 (a,b) 内的点. 由此可见,方程 $2x^3-3x^2-12x+1=0$ 在区间 $(0,1)$ 内不可能有两个不同的实根.

例 4.3 设函数 $f(x)$ 在 $[0,3]$ 上连续,在 $(0,3)$ 内可导,且 $f(0)+f(1)+f(2)=3,f(3)=1$. 证明:必存在一点 $\xi\in(0,3)$,使得 $f'(\xi)=0$.

证明 由 $f(x)$ 在 $[0,3]$ 上连续,知其在 $[0,2]$ 上连续,且 $f(x)$ 在 $[0,2]$ 上必有最大值 M 和最小值 m,于是

$$m\leqslant f(0)\leqslant M,\quad m\leqslant f(1)\leqslant M,\quad m\leqslant f(2)\leqslant M,$$

故

$$m\leqslant\dfrac{f(0)+f(1)+f(2)}{3}\leqslant M.$$

由介值定理知,至少存在一点 $c\in[0,2]$,使得

$$f(c) = \frac{f(0)+f(1)+f(2)}{3} = 1.$$

又因为 $f(c)=1=f(3)$，且函数 $f(x)$ 在 $[c,3]$ 上连续，在 $(c,3)$ 内可导，所以由罗尔定理知，必存在一点 $\xi \in (c,3) \subset (0,3)$，使得 $f'(\xi)=0$。

4.1.2 拉格朗日中值定理

罗尔定理的第三个条件 $f(a)=f(b)$ 是比较特殊的，一般的函数很难满足，这样就大大限制了罗尔定理的应用范围，如果取消这个条件而保持定理的另外两个条件不变，并将结论做相应的改变，那么就得到了微分学中的另外一个重要定理——拉格朗日中值定理，它有十分广泛的应用。

定理 4.2（拉格朗日中值定理） 若函数 $f(x)$ 满足以下条件：

(1) 在闭区间 $[a,b]$ 上连续；

(2) 在开区间 (a,b) 内可导；

那么在开区间 (a,b) 内至少存在一点 ξ，使得

$$f(b)-f(a) = f'(\xi)(b-a) \tag{4-1}$$

或

$$\frac{f(b)-f(a)}{b-a} = f'(\xi). \tag{4-2}$$

由图 4-6 易见，$\dfrac{f(b)-f(a)}{b-a}$ 是 $y=f(x)$ 上弦 AB 的斜率，而 $f'(\xi)$ 为曲线在点 C_1 和 C_2 处的切线斜率，因此拉格朗日中值定理（也可以简称为拉格朗日定理）的几何意义是：如果连续曲线 $y=f(x)$ 的弧 $\overset{\frown}{AB}$ 上除端点外，处处具有不垂直于 x 轴的切线，那么在弧上至少有一点 C，使曲线在点 C 处的切线平行于弦 AB。

拉格朗日中值定理与罗尔定理的差别在于，前者比后者少了一个条件 $f(a)=f(b)$。对于拉格朗日定理，若能够设法使区间两个端点的函数值在新条件下相等，而不改变定理中的其他条件，这样就符合了罗尔定理的条件，从而可用它的结论来证明拉格朗日定理。

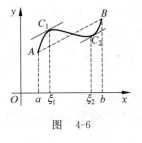

图 4-6

因此，我们构造一个与 $f(x)$ 有密切联系的函数 $F(x)$，使 $F(x)$ 满足条件 $F(a)=F(b)$。然后对函数 $F(x)$ 应用罗尔定理，得到的结论再转化到 $f(x)$ 上，证得所要的结果。这种方法称为**辅助函数法**。

从几何直观上，很自然地取辅助函数为弧 $\overset{\frown}{AB}$ 与弦 AB 所代表的函数之差即可。

直线 AB 的斜率为 $\dfrac{f(b)-f(a)}{b-a}$（图 4-6），设 AB 的方程为 $y=L(x)$，则

$$L(x) = f(a) + \frac{f(b)-f(a)}{b-a}(x-a).$$

可以构造辅助函数为

$$F(x)=f(x)-L(x)=f(x)-f(a)-\frac{f(b)-f(a)}{b-a}(x-a),$$

这里辅助函数 $F(x)$ 表示曲线 $y=f(x)$ 的纵坐标与直线 $y=L(x)$ 的纵坐标之差,则要证明的结论归结为：在 (a,b) 内至少存在一点 ξ,使得 $F'(\xi)=0$.

证明 作辅助函数 $F(x)=f(x)-f(a)-\dfrac{f(b)-f(a)}{b-a}(x-a)$.

显然函数 $F(x)$ 满足罗尔定理的条件：$F(a)=F(b)$；$F(x)$ 在闭区间 $[a,b]$ 上连续,在开区间 (a,b) 内可导,且

$$F'(x)=f'(x)-\frac{f(b)-f(a)}{b-a}.$$

根据罗尔定理可知,在 (a,b) 内至少存在一点 ξ,使 $F'(\xi)=0$,即

$$f'(\xi)-\frac{f(b)-f(a)}{b-a}=0,$$

由此得

$$f'(\xi)=\frac{f(b)-f(a)}{b-a},$$

即 $f(b)-f(a)=f'(\xi)(b-a)$.

思考：证明拉格朗日中值定理所作的辅助函数是唯一的吗？

注意：当 $b<a$ 时式(4-1)仍然成立,式(4-1)称为**拉格朗日中值公式**.

当 $f(a)=f(b)$ 时,由式(4-2)可得 $f'(\xi)=0$,这正是罗尔定理的结论. 所以说,罗尔定理是拉格朗日中值定理的特例,或者说,拉格朗日中值定理是罗尔定理的推广.

拉格朗日中值公式有时也可以写成另外的形式,如取 x 为 (a,b) 内的一点,$x+\Delta x$ 为 (a,b) 内的另外一点($\Delta x>0$ 或 $\Delta x<0$),由于 Δx 可正可负,因此,无法确定是区间 $[x,x+\Delta x]$,还是区间 $[x+\Delta x,x]$,我们只能讲"ξ 介于 x 与 $x+\Delta x$ 之间",ξ 可以表示为：$\xi=x+\theta\cdot\Delta x$,其中 $0<\theta<1$. 则 $f(x)$ 在以 x 和 $x+\Delta x$ 为端点的区间上满足拉格朗日中值定理,式(4-1)就成为

$$f(x+\Delta x)-f(x)=f'(x+\theta\Delta x)\cdot\Delta x,\quad 0<\theta<1, \tag{4-3}$$

这里数值 θ 介于 0 与 1 之间,所以 $x+\theta\Delta x$ 就介于 x 和 $x+\Delta x$ 之间,θ 的存在是肯定的,一般它的准确值是不知道的,但这并不影响式(4-3)的应用. 如果记 $f(x)$ 为 y,则式(4-3)可写成

$$\Delta y=f'(x+\theta\Delta x)\cdot\Delta x. \tag{4-4}$$

我们知道,函数的微分 $\mathrm{d}y=f'(x)\cdot\Delta x$ 是函数增量 Δy 的近似表达式,一般说来,以 $\mathrm{d}y$ 代替 Δy 时所产生的误差只有当 $\Delta x\to 0$ 时才趋于零,其误差为 $o(\Delta x)$. 而式(4-4)说明,当 Δx 为有限时,$f'(x+\theta\Delta x)\cdot\Delta x$ 是函数增量 Δy 的准确表达式. 因此这个定理也叫做**有限增量定理**(或微分中值定理). 拉格朗日中值公式又称为**有限增量公式**,它在微分学中占有重要地位,精确地表达了函数在一个区间上的增量与函数在这个区间内某点处的导数之间

的关系. 在某些问题中,当自变量 x 取得有限增量 Δx,需要函数增量的准确表达式时,拉格朗日中值定理就显示出了它的价值.

拉格朗日中值定理有如下两个简单推论.

推论 1 若函数 $y=f(x)$ 在区间 I 上每一点的导数都为零,则函数在该区间内是一个常数.

证明 在区间 I 内任取两点 x_1,x_2,并设 $x_1<x_2$,在 $[x_1,x_2]$ 上应用拉格朗日中值定理,可得
$$f(x_2)-f(x_1)=f'(\xi)(x_2-x_1),\quad x_1<\xi<x_2,$$
由已知条件 $f'(\xi)=0$,故 $f(x_2)-f(x_1)=0$,即 $f(x_2)=f(x_1)$.

因为 x_1,x_2 是区间 I 内的任意两点,所以上式表明:$f(x)$ 在该区间内的函数值总是相等的,即 $f(x)=C$(C 为常数).

推论 2 若函数 $f(x)$ 与 $g(x)$ 在区间 I 上每一点的导数都相等,则在该区间内 $f(x)$ 与 $g(x)$ 最多只相差一个常数.

这两个推论在第 5 章不定积分的研究中十分有用,从它的证明可以看出,虽然拉格朗日中值定理中 ξ 的准确值不知道,但并不妨碍式(4-1)的使用.

例 4.4 证明恒等式:$\arcsin x+\arccos x=\dfrac{\pi}{2}$ $(-1<x<1)$.

证明 $(\arcsin x+\arccos x)'=\dfrac{1}{\sqrt{1-x^2}}-\dfrac{1}{\sqrt{1-x^2}}=0$ $(-1<x<1)$.

由推论 1 可知,$\arcsin x+\arccos x=C$(C 为常数).

为了确定常数 C,令 $x=0$,有
$$C=\arcsin 0+\arccos 0=\frac{\pi}{2}\quad(-1<x<1),$$
即 $\arcsin x+\arccos x=\dfrac{\pi}{2}$ $(-1<x<1)$.

例 4.5 设函数 $f(x)$ 在 $[a,b]$ 上连续,在 (a,b) 内二阶导数存在. 又连结函数曲线上 $A(a,f(a))$,$B(b,f(b))$ 两点的直线与函数曲线交于点 $C(c,f(c))$,且 $a<c<b$. 证明:在 (a,b) 内至少存在一点 ξ,使得 $f''(\xi)=0$.

证明 显然 $f(x)$ 在 $[a,c]$,$[c,b]$ 上都满足拉格朗日中值定理的条件,于是有
$$f'(\xi_1)=\frac{f(c)-f(a)}{c-a},\quad \xi_1\in(a,c),$$
$$f'(\xi_2)=\frac{f(b)-f(c)}{b-c},\quad \xi_2\in(c,b),$$
因为 A,B,C 三点在同一条直线上,所以有
$$\frac{f(c)-f(a)}{c-a}=\frac{f(b)-f(c)}{b-c}=\frac{f(b)-f(a)}{b-a},$$

故 $f'(x)$ 在 $[\xi_1,\xi_2]$ 上满足罗尔定理的条件,则至少存在一点 $\xi\in(\xi_1,\xi_2)\subset(a,b)$,使得
$$f''(\xi)=0.$$

还可以利用拉格朗日中值定理,通过对 ξ 在其取值范围内进行适当的放大或缩小来证明不等式.

例 4.6 当 $0<a<b$ 时,证明:$\dfrac{b-a}{b}<\ln\dfrac{b}{a}<\dfrac{b-a}{a}$.

证明 设 $f(x)=\ln x$,显然 $f(x)$ 在区间 $[a,b]$ 上满足拉格朗日中值定理的条件,根据定理,应有
$$f(b)-f(a)=f'(\xi)(b-a),\quad a<\xi<b.$$
由于 $f(b)-f(a)=\ln b-\ln a=\ln\dfrac{b}{a}$,$f'(x)=\dfrac{1}{x}$,因此上式即为
$$\ln\dfrac{b}{a}=\dfrac{1}{\xi}(b-a).$$
又因为 $a<\xi<b$,故有
$$\dfrac{b-a}{b}<\dfrac{b-a}{\xi}<\dfrac{b-a}{a},$$
即
$$\dfrac{b-a}{b}<\ln\dfrac{b}{a}<\dfrac{b-a}{a}.$$

4.1.3 柯西中值定理

定理 4.3(柯西中值定理) 若函数 $f(x),g(x)$ 满足以下条件:
(1) 在闭区间 $[a,b]$ 上连续;
(2) 在开区间 (a,b) 内可导,且 $g'(x)\neq 0$;
那么在 (a,b) 内至少存在一点 ξ,使得
$$\frac{f(b)-f(a)}{g(b)-g(a)}=\frac{f'(\xi)}{g'(\xi)}. \tag{4-5}$$

要证的式(4-5)可以变形为
$$f'(\xi)-\frac{f(b)-f(a)}{g(b)-g(a)}\cdot g'(\xi)=0,\quad a<\xi<b,$$
上式又可以写成 $\left[f(x)-\dfrac{f(b)-f(a)}{g(b)-g(a)}\cdot g(x)\right]'\bigg|_{x=\xi}=0.$

令 $F(x)=f(x)-\dfrac{f(b)-f(a)}{g(b)-g(a)}\cdot g(x)$,验证 $F(x)$ 满足罗尔定理的条件即可.

证明 因为 $g(x)$ 满足拉格朗日中值定理的条件,所以至少存在一点 ξ,使
$$g(b)-g(a)=g'(\xi)(b-a)\neq 0,\quad a<\xi<b.$$
又因 $g'(x)\neq 0$,所以 $g(b)-g(a)\neq 0$.

作辅助函数
$$F(x) = f(x) - \frac{f(b)-f(a)}{g(b)-g(a)} \cdot g(x),$$
容易验证,$F(x)$在$[a,b]$上连续,在(a,b)内可导,且$F(b)=F(a)$,即$F(x)$在$[a,b]$上满足罗尔定理的条件.则在(a,b)内至少存在一点ξ,使得
$$F'(\xi) = f'(\xi) - \frac{f(b)-f(a)}{g(b)-g(a)} \cdot g'(\xi) = 0,$$
即
$$\frac{f(b)-f(a)}{g(b)-g(a)} = \frac{f'(\xi)}{g'(\xi)}.$$

容易看出,在柯西中值定理(也可以简称为柯西定理)中,当$g(x)=x$时,$g'(x)=1$,$g(a)=a$,$g(b)=b$,式(4-5)就是$\frac{f(b)-f(a)}{b-a}=f'(\xi)$,即拉格朗日定理是柯西定理当$g(x)=x$时的特殊情况.因此,拉格朗日中值定理是柯西中值定理的特例,或者说,柯西中值定理是拉格朗日中值定理的推广.

习题 4.1

1. 验证函数$f(x)=\cos x$在$\left[-\frac{\pi}{3}, \frac{\pi}{3}\right]$上满足罗尔定理的条件,并求满足定理的$\xi$值.

2. 验证函数$f(x)=x+\frac{1}{x}$在$[1,2]$上满足拉格朗日中值定理的条件,并求满足定理的ξ值.

3. 验证函数$f(x)=x^3$及$g(x)=x^2$在$[0,1]$上满足柯西中值定理的条件,并求满足定理的ξ值.

4. 不求出函数$f(x)=(x-1)(x-2)(x-3)(x-4)$的导数,说明方程$f'(x)=0$有几个实根,并指出它们所在的区间.

5. 证明方程$x^3+x+c=0$至多有一个实根,其中c为任意常数.

6. 证明下列不等式:

(1) $\frac{x}{1+x}<\ln(1+x)<x$ $(x>0)$;

(2) $|\arctan x - \arctan y| \leqslant |x-y|$;

(3) $a^b > b^a$ $(b>a>e)$;

(4) $na^{n-1}(b-a) < b^n - a^n < nb^{n-1}(b-a)$ $(0<a<b, n>1)$.

7. 已知$f(x)$在$[0,\pi]$上连续,在$(0,\pi)$内可导,证明:存在$\xi \in (0,\pi)$,使得
$$f'(\xi)\sin\xi + f(\xi)\cos\xi = 0.$$

8. 若$f(x)$在(a,b)内具有二阶导数,且$f(x_1)=f(x_2)=f(x_3)$,其中$a<x_1<x_2<x_3<b$.证明:至少存在一点$\xi \in (x_1, x_3)$,使得$f''(\xi)=0$.

9. 已知函数 $f(x)$ 在 (a,b) 内可导,且对于 (a,b) 内每一点都有 $f'(x)=f(x)$. 证明: $f(x)=Ce^x$ (C 为常数).

10. 设不恒为常数的函数 $f(x)$ 在 $[a,b]$ 上连续,在 (a,b) 内可导,且 $f(a)=f(b)$. 证明:在 (a,b) 内至少存在一点 ξ,使得 $f'(\xi)>0$.

4.2 洛必达法则

我们在第 2 章讨论过无穷小的商的极限问题,它们有的存在,有的不存在,例如 $x\to 0$ 时,$\dfrac{\sin x}{x}\to 1$,而 $\dfrac{\sin x}{x^2}$ 不存在. 我们把这类极限称为 $\dfrac{\mathbf{0}}{\mathbf{0}}$ **型未定式**. 类似地,两个无穷大的商的极限问题也是有的存在,有的不存在. 我们称之为 $\dfrac{\infty}{\infty}$ **型未定式**. 对于这类极限,即使它存在,也因为分母 $g(x)$ 的极限为零或无穷大,导致我们不能直接利用商的极限运算法则来求. 在第 2 章中,给出了求解某些未定式的方法,本章将介绍计算未定式的一种既简单又有效的方法——洛必达法则.

4.2.1 $\dfrac{\mathbf{0}}{\mathbf{0}}$ 型未定式

定理 4.4 设函数 $f(x)$ 和 $g(x)$ 满足条件:

(1) $\lim\limits_{x\to a}f(x)=\lim\limits_{x\to a}g(x)=0$;

(2) 在点 a 的某个去心邻域 $\mathring{U}(a)$ 内可导,且 $g'(x)\neq 0$;

(3) $\lim\limits_{x\to a}\dfrac{f'(x)}{g'(x)}=A$ (或 ∞);

则 $\lim\limits_{x\to a}\dfrac{f(x)}{g(x)}=\lim\limits_{x\to a}\dfrac{f'(x)}{g'(x)}=A$ (或 ∞).

定理 4.4 说明,当 $\lim\limits_{x\to a}\dfrac{f'(x)}{g'(x)}$ 存在时,$\lim\limits_{x\to a}\dfrac{f(x)}{g(x)}$ 也存在且等于 $\lim\limits_{x\to a}\dfrac{f'(x)}{g'(x)}$;当 $\lim\limits_{x\to a}\dfrac{f'(x)}{g'(x)}$ 为无穷大时,$\lim\limits_{x\to a}\dfrac{f(x)}{g(x)}$ 也是无穷大. 这种在一定条件下通过对分子、分母分别求导再求极限来确定未定式的值的方法称为**洛必达(L'Hospital)法则**.

证明 当 $x\to a$ 时,由条件(1)可知,函数 $f(x)$ 和 $g(x)$ 在点 a 处或连续或间断. 如果在点 a 处间断,那么 a 是可去间断点,所以可修改或补充定义 $f(a)=g(a)=0$,使 $f(x)$ 和 $g(x)$ 在点 a 处连续,从而在 a 的邻域 $U(a)$ 内连续,这并不影响极限 $\lim\limits_{x\to a}\dfrac{f(x)}{g(x)}$.

由条件(2)可知,在点 a 的某个去心邻域 $\mathring{U}(a)$ 内任取一点 x,在以 x 与 a 为端点的区间 $[a,x]$(或 $[x,a]$)上,$f(x)$ 和 $g(x)$ 满足柯西中值定理的条件,则在 x 与 a 之间至少存在一点 ξ,使得

$$\frac{f(x)}{g(x)} = \frac{f(x)-f(a)}{g(x)-g(a)} = \frac{f'(\xi)}{g'(\xi)} \quad (\xi 介于 x 与 a 之间).$$

因为 ξ 在 x 与 a 之间，所以当 $x \to a$ 时，有 $\xi \to a$，由条件(3)，有

$$\lim_{x \to a}\frac{f(x)}{g(x)} = \lim_{x \to a}\frac{f'(\xi)}{g'(\xi)} = \lim_{\xi \to a}\frac{f'(\xi)}{g'(\xi)} = A \quad (或 \infty).$$

注：(1) 此定理只给出了 $x \to a$ 时，$\frac{0}{0}$ 型未定式的定值问题，对于自变量的其他变化过程 $x \to a^+, x \to a^-, x \to \infty, x \to +\infty, x \to -\infty$ 都有类似的结果，这里不再一一重新叙述；

(2) 如果极限 $\lim\limits_{x \to a}\frac{f'(x)}{g'(x)}$ 仍属于 $\frac{0}{0}$ 型，且 $f'(x), g'(x)$ 满足定理4.4的条件，则可以再次使用洛必达法则．即

$$\lim_{x \to a}\frac{f(x)}{g(x)} = \lim_{x \to a}\frac{f'(x)}{g'(x)} = \lim_{x \to a}\frac{f''(x)}{g''(x)};$$

(3) 洛必达法则的条件是充分但非必要条件，即，若 $\lim\limits_{x \to a}\frac{f'(x)}{g'(x)}$ 既不等于有限数，又不等于 ∞，不能判定 $\lim\limits_{x \to a}\frac{f(x)}{g(x)}$ 不存在，此时，洛必达法则失效，说明该极限不适合用洛必达法则来求．例如

$$\lim_{x \to 0}\frac{x^2 \cdot \sin\frac{1}{x}}{e^x - 1} = \lim_{x \to 0}\frac{x^2 \cdot \sin\frac{1}{x}}{x} = \lim_{x \to 0} x \cdot \sin\frac{1}{x} = 0 \quad (当 x \to 0 时，e^x - 1 \sim x),$$

极限存在，但若错误地使用洛必达法则，有

$$\lim_{x \to 0}\frac{x^2 \cdot \sin\frac{1}{x}}{e^x - 1} = \lim_{x \to 0}\frac{2x \cdot \sin\frac{1}{x} - \cos\frac{1}{x}}{e^x} = -\lim_{x \to 0}\frac{\cos\frac{1}{x}}{e^x},$$

右侧的极限不存在，就会得出原极限不存在的错误结论．

例 4.7 求极限 $\lim\limits_{x \to 0}\frac{(1+x)^\alpha - 1}{x}$.

解 $\lim\limits_{x \to 0}\frac{(1+x)^\alpha - 1}{x} = \lim\limits_{x \to 0}\frac{\alpha(1+x)^{\alpha-1}}{1} = \alpha.$

例 4.8 求极限 $\lim\limits_{x \to 1}\frac{x^3 - 3x + 2}{x^3 + x^2 - 5x + 3}$.

解 $\lim\limits_{x \to 1}\frac{x^3 - 3x + 2}{x^3 + x^2 - 5x + 3} = \lim\limits_{x \to 1}\frac{3x^2 - 3}{3x^2 + 2x - 5} = \lim\limits_{x \to 1}\frac{6x}{6x + 2} = \frac{3}{4}.$

注意：上式 $\lim\limits_{x \to 1}\frac{6x}{6x+2}$ 已不是未定式，不能对它应用洛必达法则，否则要导致错误结果．

例 4.9 求极限 $\lim\limits_{x \to +\infty}\dfrac{\dfrac{1}{x}}{\pi - 2\arctan x}$.

解 $\lim\limits_{x\to+\infty}\dfrac{\dfrac{1}{x}}{\pi-2\arctan x}=\lim\limits_{x\to+\infty}\dfrac{-\dfrac{1}{x^2}}{-\dfrac{2}{1+x^2}}=\lim\limits_{x\to+\infty}\dfrac{1+x^2}{2x^2}=\dfrac{1}{2}.$

例 4.10 求极限 $\lim\limits_{x\to 0}\dfrac{e^x-e^{\sin x}}{\tan x-x}.$

解 $\lim\limits_{x\to 0}\dfrac{e^x-e^{\sin x}}{\tan x-x}=\lim\limits_{x\to 0}e^{\sin x}\cdot\dfrac{e^{x-\sin x}-1}{\tan x-x}=\lim\limits_{x\to 0}e^{\sin x}\cdot\dfrac{x-\sin x}{\tan x-x}$

$=1\cdot\lim\limits_{x\to 0}\dfrac{1-\cos x}{\sec^2 x-1}=\lim\limits_{x\to 0}\dfrac{\sin x}{2\sec^2 x\tan x}=\lim\limits_{x\to 0}\dfrac{x}{2\sec^2 x\cdot x}=\dfrac{1}{2}.$

注意：这里用到了等价无穷小代换 $e^{x-\sin x}-1\sim x-\sin x$ 和 $\sin x\sim x\sim\tan x$ $(x\to 0)$，以及极限 $\lim\limits_{x\to 0}e^{\sin x}=1$. 若对 $\dfrac{0}{0}$ 型未定式 $\lim\limits_{x\to 0}\dfrac{e^x-e^{\sin x}}{x-\tan x}$ 直接用洛必达法则，分子的求导过程很复杂，且需多次使用洛必达法则，为使计算简化，当函数中有某个因子是极限不为零的非未定式时，可将其先分离出来.

4.2.2 $\dfrac{\infty}{\infty}$ 型未定式

对于 $x\to a$ 时的 $\dfrac{\infty}{\infty}$ 型未定式，定理 4.5 给出了类似的求极限的方法（证明略），定理 4.4 的注解对它仍适用，仅需作相应的改动.

定理 4.5 设函数 $f(x)$ 和 $g(x)$ 满足条件：

(1) $\lim\limits_{x\to a}f(x)=\lim\limits_{x\to a}g(x)=\infty$；

(2) 在点 a 的某个去心邻域 $\mathring{U}(a)$ 内可导，且 $g'(x)\neq 0$；

(3) $\lim\limits_{x\to a}\dfrac{f'(x)}{g'(x)}=A$（或 ∞）；

则

$$\lim\limits_{x\to a}\dfrac{f(x)}{g(x)}=\lim\limits_{x\to a}\dfrac{f'(x)}{g'(x)}=A\text{（或 }\infty\text{）}.$$

例 4.11 求极限 $\lim\limits_{x\to 0^+}\dfrac{\cot x}{\ln x}.$

解 $\lim\limits_{x\to 0^+}\dfrac{\cot x}{\ln x}=\lim\limits_{x\to 0^+}\dfrac{-\csc^2 x}{\dfrac{1}{x}}=-\lim\limits_{x\to 0^+}\dfrac{x}{\sin^2 x}=-\infty.$

例 4.12 求极限 $\lim\limits_{x\to+\infty}\dfrac{\ln x}{x^n}$ $(n>0).$

解 $\lim\limits_{x\to+\infty}\dfrac{\ln x}{x^n}=\lim\limits_{x\to+\infty}\dfrac{\dfrac{1}{x}}{nx^{n-1}}=\lim\limits_{x\to+\infty}\dfrac{1}{nx^n}=0.$

例 4.13 求极限 $\lim\limits_{x\to+\infty}\dfrac{x^n}{e^{2x}}$（$n$ 为正整数）.

解 $\lim\limits_{x\to+\infty}\dfrac{x^n}{e^{2x}}=\lim\limits_{x\to+\infty}\dfrac{nx^{n-1}}{2e^{2x}}=\lim\limits_{x\to+\infty}\dfrac{n(n-1)x^{n-2}}{2^2 e^{2x}}=\cdots=\lim\limits_{x\to+\infty}\dfrac{n!}{2^n e^{2x}}=0.$

此例中的正整数 n 改为一般正实数 α 时，结论仍成立，读者可以自行验证. 这样，我们获得了一把函数趋向于无穷大的快慢标尺.

$$\text{当 } x\to+\infty \text{ 时,}\quad \left.\begin{array}{l}e^x\\ x^\alpha\\ \ln x\end{array}\right\}\to+\infty, \qquad \ln x \longrightarrow x^\alpha \longrightarrow e^x$$
$$\text{慢} \longrightarrow \text{快}$$

例 4.14 求极限 $\lim\limits_{x\to\frac{\pi}{2}}\dfrac{\tan x}{\tan 5x}$.

解 $\lim\limits_{x\to\frac{\pi}{2}}\dfrac{\tan x}{\tan 5x}=\lim\limits_{x\to\frac{\pi}{2}}\dfrac{\sin x}{\sin 5x}\cdot\dfrac{\cos 5x}{\cos x}=\lim\limits_{x\to\frac{\pi}{2}}\dfrac{\sin x}{\sin 5x}\cdot\lim\limits_{x\to\frac{\pi}{2}}\dfrac{\cos 5x}{\cos x}=\lim\limits_{x\to\frac{\pi}{2}}\dfrac{-5\sin 5x}{-\sin x}=5.$

题中 $\lim\limits_{x\to\frac{\pi}{2}}\dfrac{\tan x}{\tan 5x}$ 是 $\dfrac{\infty}{\infty}$ 型未定式，而 $\lim\limits_{x\to\frac{\pi}{2}}\dfrac{\cos 5x}{\cos x}$ 是 $\dfrac{0}{0}$ 型未定式，说明使用洛必达法则时，两种形式的未定式在同一题目中都可能出现.

4.2.3 $0\cdot\infty, \infty-\infty, 0^0, 1^\infty, \infty^0$ 型未定式

对于其他类型的未定式，如 $0\cdot\infty$，$\infty-\infty$，∞^0，0^0，1^∞ 等类型，我们可以通过恒等变形或简单变换将它们转化为 $\dfrac{0}{0}$ 或 $\dfrac{\infty}{\infty}$ 型未定式，再应用洛必达法则.

例 4.15 求极限 $\lim\limits_{x\to 0^+} x\ln x$.

解 $\lim\limits_{x\to 0^+} x\ln x \quad (0\cdot\infty \text{ 型})$

$=\lim\limits_{x\to 0^+}\dfrac{\ln x}{x^{-1}} \quad \left(\dfrac{\infty}{\infty}\text{ 型}\right)$

$=\lim\limits_{x\to 0^+}\dfrac{x^{-1}}{-x^{-2}}=0.$

例 4.16 求极限 $\lim\limits_{x\to 0}\left(\cot x-\dfrac{1}{x}\right)$.

解 $\lim\limits_{x\to 0}\left(\cot x-\dfrac{1}{x}\right)=\lim\limits_{x\to 0}\left(\dfrac{1}{\tan x}-\dfrac{1}{x}\right) \quad (\infty-\infty \text{ 型})$

$=\lim\limits_{x\to 0}\dfrac{x-\tan x}{x\tan x}=\lim\limits_{x\to 0}\dfrac{x-\tan x}{x^2} \quad \left(\dfrac{0}{0}\text{ 型}\right)$

$=\lim\limits_{x\to 0}\dfrac{1-\sec^2 x}{2x}=\lim\limits_{x\to 0}\dfrac{-2\sec^2 x\tan x}{2}=0.$

例 4.17 求极限 $\lim\limits_{x\to\infty}\left(\sin\dfrac{2}{x}+\cos\dfrac{1}{x}\right)^x$. （$1^\infty$ 型）

解 $\lim\limits_{x\to\infty}\left(\sin\dfrac{2}{x}+\cos\dfrac{1}{x}\right)^x = \lim\limits_{x\to\infty}e^{x\ln\left(\sin\frac{2}{x}+\cos\frac{1}{x}\right)}$，

其中

$$\lim_{x\to\infty}x\ln\left(\sin\frac{2}{x}+\cos\frac{1}{x}\right) \quad \left(0\cdot\infty \text{ 型},\text{令 } u=\frac{1}{x}\right)$$

$$=\lim_{u\to 0}\frac{\ln(\sin 2u+\cos u)}{u} \quad \left(\frac{0}{0} \text{ 型}\right)$$

$$=\lim_{u\to 0}\frac{2\cos 2u-\sin u}{\sin 2u+\cos u}=2,$$

故

$$\lim_{x\to\infty}\left(\sin\frac{2}{x}+\cos\frac{1}{x}\right)^x = \lim_{x\to\infty}e^{x\ln\left(\sin\frac{2}{x}+\cos\frac{1}{x}\right)}=e^2.$$

例 4.18 求极限 $\lim\limits_{x\to 0^+}x^{\sin x}$. （$0^0$ 型）

解 $\lim\limits_{x\to 0^+}x^{\sin x}=\lim\limits_{x\to 0^+}e^{\sin x\ln x}$，

其中

$$\lim_{x\to 0^+}\sin x\ln x = \lim_{x\to 0^+}\frac{\ln x}{\csc x} \quad \left(0\cdot\infty \text{ 型化为} \frac{\infty}{\infty} \text{ 型}\right)$$

$$=\lim_{x\to 0^+}\frac{\frac{1}{x}}{-\csc x\cot x}=-\lim_{x\to 0^+}\frac{\sin^2 x}{x\cos x}=-\lim_{x\to 0^+}\frac{\sin x}{x}\cdot\tan x=0,$$

故 $\lim\limits_{x\to 0^+}x^{\sin x}=\lim\limits_{x\to 0^+}e^{\sin x\ln x}=e^0=1.$

题中仅对 $\dfrac{\infty}{\infty}$ 型未定式 $\lim\limits_{x\to 0^+}\dfrac{\ln x}{\csc x}$ 使用了洛必达法则，然后整理并利用重要极限即可得解。

例 4.19 求极限 $\lim\limits_{n\to\infty}\sqrt[n]{\ln n}$. （$\infty^0$ 型）

解 n 不是连续变量，不能用洛必达法则，可以先考虑连续变量 x 的情形。

因为

$$\lim_{x\to+\infty}(\ln x)^{\frac{1}{x}} = \lim_{x\to+\infty}e^{\frac{\ln(\ln x)}{x}},$$

其中

$$\lim_{x\to+\infty}\frac{\ln(\ln x)}{x} = \lim_{x\to+\infty}\frac{1}{x\ln x}=0,$$

故

$$\lim_{x\to+\infty}(\ln x)^{\frac{1}{x}} = \lim_{x\to+\infty}e^{\frac{\ln(\ln x)}{x}}=e^0=1,$$

由 2.3 节性质 4 函数极限与数列极限的关系可得：$\lim\limits_{n\to\infty}\sqrt[n]{\ln n}=1.$

从以上例子中，我们可以看出，洛必达法则确实是求未定式的一种有效的方法，但未定式种类很多，只使用一种方法并不一定能完全奏效，最好与其他求极限的方法结合起来使用，例如，能化简时应尽可能化简，可以利用等价无穷小代换或重要极限时，应尽可能应用，这样可使运算过程简化.

习题 4.2

1. 用洛必达法则求下列各极限.

(1) $\lim\limits_{x\to 0}\dfrac{\sin x}{\sin 3x}$; (2) $\lim\limits_{x\to 0}\dfrac{a^x-b^x}{x}$; (3) $\lim\limits_{x\to 0}\dfrac{x^2+2\cos x-2}{x^4}$;

(4) $\lim\limits_{x\to 0}\dfrac{x(e^x-1)}{\cos x-1}$; (5) $\lim\limits_{x\to \frac{\pi}{2}}\dfrac{\ln(\sin x)}{(\pi-2x)^2}$; (6) $\lim\limits_{x\to +\infty}\dfrac{x+\ln x}{x\ln x}$;

(7) $\lim\limits_{x\to 0}\dfrac{\cos x-\sqrt{1+x}}{x^3}$; (8) $\lim\limits_{x\to 0}\dfrac{x-\arcsin x}{\sin^3 x}$; (9) $\lim\limits_{x\to 0}\dfrac{e^x-\sin x-1}{1-\sqrt{1-x^2}}$;

(10) $\lim\limits_{x\to 0}x^2 e^{\frac{1}{x^2}}$; (11) $\lim\limits_{x\to 0}\dfrac{1}{\tan x}\left(\dfrac{1}{\sin x}-\dfrac{1}{x}\right)$; (12) $\lim\limits_{x\to 1}\left(\dfrac{x}{x-1}-\dfrac{1}{\ln x}\right)$;

(13) $\lim\limits_{x\to 1}(1-x^2)\tan\dfrac{\pi}{2}x$; (14) $\lim\limits_{x\to 0^+}(\tan x)^x$; (15) $\lim\limits_{x\to 0^+}\left(\dfrac{1}{x}\right)^{\sin x}$;

(16) $\lim\limits_{x\to +\infty}\left(\dfrac{2}{\pi}\arctan x\right)^x$;

2. 能否用洛必达法则求下列极限？为什么？若不能则用其他方法求之.

(1) $\lim\limits_{x\to \infty}\dfrac{x+\cos x}{2x}$; (2) $\lim\limits_{x\to +\infty}\dfrac{e^x-e^{-x}}{e^x+e^{-x}}$.

3. 设 $f(x)=\begin{cases}\dfrac{g(x)-e^{-x}}{x}, & x\neq 0,\\ 0, & x=0,\end{cases}$ 其中 $g(x)$ 有二阶连续导数，且 $g(0)=1, g'(0)=-1$.

(1) 求 $f'(x)$;

(2) 讨论 $f'(x)$ 在 $(-\infty,+\infty)$ 上的连续性.

4.3 函数的单调性、极值与最值

4.3.1 函数的单调性

在中学我们已经学习了函数在区间上单调性的概念，但直接利用定义来证明函数在某区间内是单调增加还是单调减少，对于稍复杂的函数来说是很困难的. 本节将要给出利用导数的符号来判断函数单调性的方法.

如果函数 $y=f(x)$ 在区间 $[a,b]$ 上单调增加（单调减少），那么它的图形是一条沿 x 轴正向上升（下降）的曲线，如图 4-7(a), (b)所示，曲线上各点的切线斜率是非负（非正）的，即

$y' = f'(x) \geqslant 0 (y' = f'(x) \leqslant 0)$. 由此可见,函数的单调性与导数的符号有着密切的关系. 那么反过来,能否用导数的符号来判定函数的单调性呢? 定理 4.6 将给出肯定的回答,我们用拉格朗日中值定理来讨论这个问题.

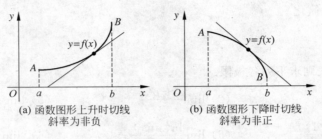

(a) 函数图形上升时切线斜率为非负   (b) 函数图形下降时切线斜率为非正

图 4-7

定理 4.6(函数单调性判别法) 设函数 $y = f(x)$ 在闭区间 $[a,b]$ 上连续,在开区间 (a,b) 内可导.

(1) 如果在 (a,b) 内 $f'(x) > 0$,那么函数 $y = f(x)$ 在 $[a,b]$ 上单调增加;

(2) 如果在 (a,b) 内 $f'(x) < 0$,那么函数 $y = f(x)$ 在 $[a,b]$ 上单调减少.

证明 在 $[a,b]$ 上任取两点 x_1, x_2,并设 $x_1 < x_2$,应用拉格朗日中值定理,得

$$f(x_2) - f(x_1) = f'(\xi)(x_2 - x_1) \quad (x_1 < \xi < x_2).$$

(1) 由条件 $f'(\xi) > 0$,而 $x_2 - x_1 > 0$,所以 $f(x_2) > f(x_1)$,$f(x)$ 在 $[a,b]$ 上单调增加;

(2) 由条件 $f'(\xi) < 0$,而 $x_2 - x_1 > 0$,所以 $f(x_2) < f(x_1)$,$f(x)$ 在 $[a,b]$ 上单调减少.

注:(1) 判别法中的闭区间若换成其他各种区间(包括无穷区间),结论仍成立;

(2) 如果 $f'(x)$ 在区间 (a,b) 内的有限个点处导数为零,在其余各点处均为正(或负)时,那么 $f(x)$ 在该区间仍然是单调增加(或单调减少)的.

例 4.20 判定函数 $y = \arctan x - x$ 在 $(-\infty, +\infty)$ 上的单调性.

解 $f(x)$ 在 $(-\infty, +\infty)$ 上可导,

$$f'(x) = \frac{1}{1+x^2} - 1 = -\frac{x^2}{1+x^2} \leqslant 0,$$

且等号仅当 $x = 0$ 时成立. 所以由定理 4.6 知 $y = \arctan x - x$ 在 $(-\infty, +\infty)$ 上单调减少.

例 4.21 讨论函数 $y = e^{-x^2}$ 的单调性.

解 函数的定义域为 $(-\infty, +\infty)$,且 $y' = -2x e^{-x^2}$.

当 $x \in (-\infty, 0)$ 时,$y' > 0$,故函数在 $(-\infty, 0)$ 上单调增加;

当 $x \in (0, +\infty)$ 时,$y' < 0$,故函数在 $(0, +\infty)$ 上单调减少.

我们注意到,$x = 0$ 是函数单调增加区间 $(-\infty, 0)$ 与单调减少区间 $(0, +\infty)$ 的分界点,且函数在分界点处的导数为零,即 $y'|_{x=0} = 0 \cdot e^0 = 0$. 我们称导数为零的点为**驻点**.

例 4.22 讨论函数 $y = 2 - (x-1)^{\frac{2}{3}}$ 的单调性.

解 函数的定义域为 $(-\infty, +\infty)$.

当 $x \neq 1$ 时,$y' = -\frac{2}{3}\frac{1}{\sqrt[3]{x-1}}$;当 $x=1$ 时,y' 不存在. 函数无驻点,但有不可导点 $x=1$.

导数不存在的点 $x=1$ 把 $(-\infty, +\infty)$ 分成两个部分区间 $(-\infty, 1)$ 及 $(1, +\infty)$.

当 $x \in (-\infty, 1)$ 时,$f'(x) > 0$,函数单调增加;

当 $x \in (1, +\infty)$ 时,$f'(x) < 0$,函数单调减少.

若函数 $f(x)$ 在定义区间内连续,那么用导数等于 0 的点及导数不存在的点来划分函数的定义区间,就能保证 $f'(x)$ 在各个部分区间内保持固定符号,因而函数 $f(x)$ 在每个部分区间上单调.

以上各例说明,有些函数在整个定义区间上可能不单调,而是在各部分区间上有不同的单调性. 如果函数在其定义区间的某个子区间内单调,则该子区间称为函数的**单调区间**.

事实上,只要 $f(x)$ 在定义区间上连续,且除了有限个导数不存在的点以外,函数有连续导数,则可用导数等于零的点(驻点)或导数不存在的点(不可导点)来划分函数 $f(x)$ 的定义区间,使得 $f'(x)$ 在各个部分区间内保持固定符号,从而 $f(x)$ 在每个部分区间上为增函数或减函数.

例 4.23 确定函数 $f(x) = x^3 - 6x^2 + 9x + 3$ 的单调区间.

解 函数的定义域为 $(-\infty, +\infty)$.

$$f'(x) = 3x^2 - 12x + 9 = 3(x-1)(x-3).$$

令 $f'(x) = 0$,得驻点 $x_1 = 1, x_2 = 3$. 于是,点 $x=1, 3$ 将函数定义域 $(-\infty, +\infty)$ 划分成三个子区间 $(-\infty, 1), (1, 3), (3, +\infty)$,列表讨论如下:

x	$(-\infty, 1)$	1	$(1, 3)$	3	$(3, +\infty)$
$f'(x)$	$+$	0	$-$	0	$+$
$f(x)$	↗		↘		↗

可见 $f(x)$ 在区间 $(-\infty, 1), (3, +\infty)$ 上单调增加,在区间 $(1, 3)$ 上单调减少,如图 4-8 所示. 这里符号 ↗ 表示 $f(x)$ 在相应的区间上单调增加,符号 ↘ 表示 $f(x)$ 在相应的区间上单调减少.

还可以利用函数的单调性证明不等式.

例 4.24 证明:当 $x > 0$ 时,$x > \ln(1+x)$.

证明 令 $f(x) = x - \ln(1+x)$,则 $f(0) = 0$,且

$$f'(x) = 1 - \frac{1}{1+x}.$$

当 $x > 0$ 时,$f'(x) > 0$,则 $f(x)$ 单调增加,故 $f(x) > f(0)$,即 $x > \ln(1+x)$.

例 4.25 证明方程 $\tan x = 1 - x$ 在 $(0, 1)$ 内有唯一实根.

证明 令 $f(x) = \tan x - 1 + x$,显然 $f(x)$ 在 $[0, 1]$ 上连续.

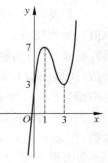

图 4-8

先证 $f(x)$ 在 $(0,1)$ 内至少有一个零点.

因为 $f(0)=-1<0, f(1)=\tan 1>0$，所以由零值定理，至少存在一个 $\xi \in (0,1)$，使得 $f(\xi)=0$.

再证 $f(x)$ 在 $(0,1)$ 内至多有一个零点.

由 $f'(x)=\sec^2 x+1>0\ (0<x<1)$，所以 $f(x)$ 在 $(0,1)$ 内单调增加，故 $f(x)$ 在 $(0,1)$ 内至多有一个零点，从而方程 $\tan x=1-x$ 在 $(0,1)$ 内有唯一实根.

4.3.2 函数的极值

在例 4.23 的图 4-8 中可以看到，当自变量沿 x 轴从左至右变化时，函数的增减性也在变化. 点 $x=1, x=3$ 是函数

$$f(x)=x^3-6x^2+9x+3$$

的单调区间的分界点. 在点 $x=1$ 的左侧邻近，函数 $f(x)$ 是单调增加的，在点 $x=1$ 的右侧邻近，函数 $f(x)$ 是单调减少的. 因此，存在着点 $x=1$ 的一个去心邻域，对于该去心邻域内的任何点 $x, f(x)<f(1)$ 均成立. 类似地，关于点 $x=3$，也存在着一个去心邻域，对于该去心邻域内的任何点 $x, f(x)>f(3)$ 均成立. 我们将函数值 $f(1)$ 和 $f(3)$ 分别称为函数 $f(x)=x^3-6x^2+9x+3$ 的极大值和极小值.

极值问题在理论和实际应用中都具有重要价值，因此我们给出极值的一般定义和判别方法.

定义 4.1 设函数 $f(x)$ 在点 x_0 的某邻域内有定义，如果对该邻域内任意异于 x_0 的点 x，均有

(1) $f(x)<f(x_0)$，则 $f(x_0)$ 是函数 $f(x)$ 的**极大值**，点 x_0 称为函数 $f(x)$ 的**极大值点**.

(2) $f(x)>f(x_0)$，则 $f(x_0)$ 是函数 $f(x)$ 的**极小值**，点 x_0 称为函数 $f(x)$ 的**极小值点**.

函数的极大值与极小值统称为函数的**极值**，使函数取得极值的点称为**极值点**.

例如，函数 $f(x)=x^3-6x^2+9x+3$ 有极大值 $f(1)=7$ 和极小值 $f(3)=3$，点 $x=1$ 和 $x=3$ 分别是函数的极大值点和极小值点，统称极值点. 函数的极值点描述了函数局部范围内的变化情况，是揭示函数性态的关键点之一.

由定义可知，函数极值的概念是局部性的，如果 $f(x_0)$ 是函数 $f(x)$ 的一个极大值（或极小值），那么仅就 x_0 的两侧邻近的一个局部范围来说，$f(x_0)$ 是函数 $f(x)$ 的最大值（或最小值）. 但就 $f(x)$ 的整个定义域来说，$f(x_0)$ 未必是最大值（或最小值），函数的一个极大值也有可能小于这一函数的某一个极小值，如图 4-9 所示.

图 4-9 中，函数 $f(x)$ 在 x_1, x_3, x_6 处分别取得极大值，在 x_2, x_5, x_7 处分别取得极小值. 其中极小值 $f(x_7)$ 比极大值 $f(x_3)$ 还大. 函数在整个闭区间 $[a,b]$ 上，只有一个极小值 $f(x_5)$ 是最小值，而没有

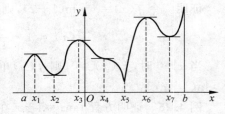

图 4-9

一个极大值是最大值.

从图中还可以看出,在函数取得极值之处,曲线或者具有水平的切线(当切线存在时)或者没有切线(如点 x_5). 但有水平切线的点不一定是极值点(如点 x_4).

现在,我们来讨论极值存在的必要条件和充分条件.

定理 4.7(可导函数极值存在的必要条件) 设函数 $f(x)$ 在点 x_0 处具有导数,且在 x_0 处取得极值,那么函数 $f(x)$ 在点 x_0 处的导数为零,即 $f'(x_0)=0$.

证明 不妨设 $f(x_0)$ 为 $f(x)$ 的一个极大值(极小值的情形类似).

根据极大值的定义,在点 x_0 的某个去心邻域内,有 $f(x)<f(x_0)$ 成立,于是

当 $x<x_0$ 时,$\dfrac{f(x)-f(x_0)}{x-x_0}>0$, 因此 $f'(x)=\lim\limits_{x\to x_0^-}\dfrac{f(x)-f(x_0)}{x-x_0}\geq 0$;

当 $x>x_0$ 时,$\dfrac{f(x)-f(x_0)}{x-x_0}<0$, 因此 $f'(x)=\lim\limits_{x\to x_0^+}\dfrac{f(x)-f(x_0)}{x-x_0}\leq 0$.

从而有 $f'(x_0)=0$.

定理 4.7 的结论可换成等价的说法:**可导函数的极值点必定是驻点**.

反过来,函数的驻点不一定就是函数的极值点. 例如,$x=0$ 是函数 $f(x)=x^3$ 的驻点,但由于函数 $f(x)=x^3$ 在 $(-\infty,+\infty)$ 内单调增加,因此 $x=0$ 不是此函数的极值点(图 4-10).

另外,连续函数的极值点也可能是导数不存在的点. 例如,函数 $f(x)=|x|$ 在 $x=0$ 处不可导,但 $x=0$ 是这函数的极小值点(图 4-11). 当然,在不可导点,函数也可能没有极值. 例如,$x=0$ 是 $f(x)=\sqrt[3]{x}$ 的不可导点,但不是它的极值点(图 4-12).

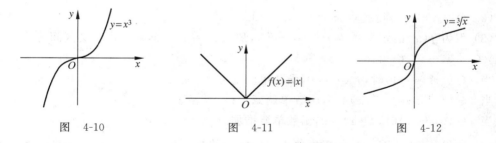

图 4-10　　　　　　　　图 4-11　　　　　　　　图 4-12

因此,求出驻点或不可导点后,还需要判定它是否为极值点. 如果仅按定义对驻点或不可导点进行判断是比较麻烦的,所以必须找到一种更合适的判定方法,下面的定理 4.8 就提供了一种很好的判定方法.

定理 4.8(判别极值的第一充分条件) 设函数 $f(x)$ 在点 x_0 处连续,在点 x_0 的某一去心邻域 $\mathring{U}(x_0,\delta)$ 内可导,且 $f'(x_0)=0$ 或 $f'(x_0)$ 不存在(即 x_0 是 $f(x)$ 的驻点或者不可导点).

(1) 若当 $x\in(x_0-\delta,x_0)$ 时,$f'(x)>0$;而当 $x\in(x_0,x_0+\delta)$ 时,$f'(x)<0$,则 $f(x)$ 在 x_0 处取得极大值;

(2) 若当 $x\in(x_0-\delta,x_0)$ 时,$f'(x)<0$;而当 $x\in(x_0,x_0+\delta)$ 时,$f'(x)>0$,则 $f(x)$ 在 x_0 处取得极小值;

(3) 若当 $x\in\overset{\circ}{U}(x_0,\delta)$ 时,$f'(x)$ 的符号保持不变,则 $f(x)$ 在 x_0 处没有极值.

证明 就情形(1)来说,根据函数单调性的判定法,因为当 $x\in(x_0-\delta,x_0)$ 时,有 $f'(x)>0$,说明在点 x_0 左侧邻近处,函数 $f(x)$ 单调增加;当 $x\in(x_0,x_0+\delta)$ 时,有 $f'(x)<0$,说明在点 x_0 右侧邻近处,函数 $f(x)$ 单调减少,所以函数 $f(x)$ 在点 x_0 处取得极大值.

类似可以证明情形(2)及情形(3).

注: 从几何意义看,若 x 渐增地经过 x_0 时,$f'(x)$ 的符号由正变负,则函数 $f(x)$ 由单增转为单减,故 $f(x_0)$ 是极大值;反之,$f'(x)$ 的符号由负变正,则函数 $f(x)$ 由单减转为单增,故 $f(x_0)$ 是极小值;若 $f'(x)$ 的符号不变,则函数 $f(x)$ 的单调性不变,故 $f(x_0)$ 不是极值点.

根据上面的两个定理,可以按下列步骤求 $f(x)$ 的极值点和极值:

(1) 求出导数 $f'(x)$;

(2) 求出 $f(x)$ 的全部驻点与不可导点;

(3) 考查 $f'(x)$ 的符号在每个驻点或不可导点的左右邻近的情形,以确定该点是否为极值点,如果是极值点,还要按定理 4.8 进一步确定是极大值点还是极小值点;

(4) 求出各极值点的函数值,就得到函数 $f(x)$ 的全部极值.

例 4.26 求函数 $f(x)=(x-1)\mathrm{e}^{\frac{\pi}{2}+\arctan x}$ 的极值.

解 (1) $f'(x)=\dfrac{x(x+1)}{1+x^2}\mathrm{e}^{\frac{\pi}{2}+\arctan x}$.

(2) 令 $f'(x)=0$,得驻点 $x_1=-1,x_2=0$.

(3) 因为 $f(x)$ 的定义域为 $(-\infty,+\infty)$,那么 $x_1=-1,x_2=0$ 将定义区间分为三个子区间:$(-\infty,-1),(-1,0)$ 和 $(0,+\infty)$.

当 $x\in(-\infty,-1)$ 时,$f'(x)>0$,函数单调增加;

当 $x\in(-1,0)$ 时,$f'(x)<0$,函数单调减少;

当 $x\in(0,+\infty)$ 时,$f'(x)>0$,函数单调增加.

(4) 所以 $x=-1$ 是函数的极大值点,且 $f(x)$ 的极大值为 $f(-1)=-2\mathrm{e}^{\frac{\pi}{4}}$;$x=0$ 是函数的极小值点,且 $f(x)$ 的极小值为 $f(0)=-\mathrm{e}^{\frac{\pi}{2}}$,将讨论结果列表如下:

x	$(-\infty,-1)$	-1	$(-1,0)$	0	$(0,+\infty)$
y'	$+$	0	$-$	0	$+$
y	↗	极大值 $-2\mathrm{e}^{\frac{\pi}{4}}$	↘	极小值 $-\mathrm{e}^{\frac{\pi}{2}}$	↗

在例 4.22 中,$x=1$ 是函数 $f(x)=2-(x-1)^{\frac{2}{3}}$ 的不可导点,且当 $x\in(-\infty,1)$ 时,$f'(x)>0$,函数单调增加;当 $x\in(1,+\infty)$ 时,$f'(x)<0$,函数单调减少. 所以,当 $x=1$ 时,

尽管 $f'(x)$ 不存在,由定理 4.8 知,$x=1$ 是函数的极大值点,且 $f(1)=2$ 是函数的极大值,如图 4-13 所示.

上述判别法是根据导数 $f'(x)$ 在驻点或不可导点 x_0 附近两侧的符号来判断的,如果函数 $f(x)$ 在驻点处的二阶导数存在且不为零时,也可利用下述定理来判定 $f(x)$ 在驻点处取得极大值还是极小值.

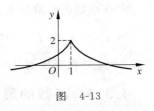

图 4-13

定理 4.9（判别极值的第二充分条件）

设函数 $f(x)$ 在点 x_0 处有二阶导数,且 $f'(x_0)=0, f''(x_0) \neq 0$,

(1) 当 $f''(x_0)<0$ 时,$f(x_0)$ 为函数 $f(x)$ 的极大值;

(2) 当 $f''(x_0)>0$ 时,$f(x_0)$ 为函数 $f(x)$ 的极小值.

证明 (1) 由于 $f''(x_0)<0$,有

$$f''(x_0) = \lim_{x \to x_0} \frac{f'(x) - f'(x_0)}{x - x_0} < 0.$$

由函数极限局部保号性,当 x 在 x_0 的一个充分小的去心邻域内时,

$$\frac{f'(x) - f'(x_0)}{x - x_0} < 0,$$

而 $f'(x_0)=0$,即 $\dfrac{f'(x)}{x-x_0}<0$.

于是,对于该邻域内不同于 x_0 的 x 来说,$f'(x)$ 与 $x-x_0$ 的符号相反,即
当 $x-x_0<0, x<x_0$ 时,$f'(x)>0$；当 $x-x_0>0, x>x_0$ 时,$f'(x)<0$.

根据定理 4.8 知：$f(x)$ 在点 x_0 处取得极大值.

类似地可以证明情形(2).

注：对于二阶可导的函数 $f(x)$,根据它在驻点 x_0 的二阶导数 $f''(x_0)$ 的符号可判定函数值 $f(x_0)$ 为何种极值. 但是如果 $f''(x_0)=0$,则第二充分条件失效,仍需要按定理 4.8 的第一充分条件来判断. 例如,函数 $f(x)=x^3$ 与 $f(x)=x^4$ 在驻点 $x=0$ 处都有 $f''(0)=0$,但是 $f(0)=0$ 不是 $f(x)=x^3$ 极值(如图 4-10 所示),却是 $f(x)=x^4$ 的极小值.

如果函数在某点不可导,那么就不能利用定理 4.9 进行判断,此时该点可能是极值点也可能不是极值点. 一般情况下用定理 4.8 判断.

例 4.27 求函数 $f(x)=(x-1)(x+1)^3$ 的极值.

解 (1) $f'(x)=(x+1)^3+3(x-1)(x+1)^2=2(2x-1)(x+1)^2$,

$f''(x)=4(x+1)^2+4(2x-1)(x+1)=12x(x+1)$；

(2) 令 $f'(x)=0$,得驻点 $x_1=-1, x_2=\dfrac{1}{2}$；

(3) $f''\left(\dfrac{1}{2}\right)=9>0$,故 $f\left(\dfrac{1}{2}\right)=-\dfrac{27}{16}$ 是函数的极小值；

但是 $f''(-1)=0$,故改用第一充分条件进行判别.

考查函数的一阶导数在驻点 $x=-1$ 的左右两侧邻近值的符号.

当 $x<-1$ 时, $f'(x)<0$; 当 $-1<x<\dfrac{1}{2}$ 时, $f'(x)<0$. 所以 $f(x)$ 在 $x=-1$ 处没有极值(图 4-14).

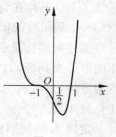

图 4-14

4.3.3 函数的最大值和最小值

在实际应用中,我们常常会遇到求最大值或最小值的问题. 如怎样才能使用料最省、效率最高、产量最大及利润最高等,这些问题在数学上可归结为求某一函数(通常称为**目标函数**)的最大值或最小值的问题. 下面先研究函数的最大值或最小值的求法,经济应用问题在 4.6 节专门讨论.

一般来说,函数的极值与最值是两个不同的概念,通过图 4-9,我们已经分析了极值的局部性特征. 最值是对整个区间而言的,是全局性的.

如果函数 $f(x)$ 在闭区间 $[a,b]$ 上连续,那么可有如下结论:

第一,由闭区间上连续函数的性质,可知 $f(x)$ 在 $[a,b]$ 上的最大值和最小值一定存在.

第二,当 $f(x)$ 在开区间 (a,b) 内可导且至多在有限个点处的导数为零时,若函数在 (a,b) 内的点 x_0 处取得最大值(或最小值),那么 $f(x_0)$ 一定也是 $f(x)$ 的极大值(或极小值),x_0 一定是函数 $f(x)$ 的驻点(即 $f'(x_0)=0$). 通常,最大值(或最小值)还可能在区间端点或不可导点上取得. 故可用如下方法求 $f(x)$ 在 $[a,b]$ 上的最大值和最小值.

(1) 求出函数 $f(x)$ 在 (a,b) 内的驻点和不可导点,得到可能的极值点 $x_1,x_2,\cdots,x_n$;

(2) 计算上述各点以及区间端点的函数值,比较

$$f(a),f(x_1),f(x_2),\cdots,f(x_n),f(b)$$

的大小,其中最大者即为函数 $f(x)$ 在 $[a,b]$ 上的最大值,最小者即为最小值.

特别地,下述情形可以比较简单地确定出函数的最大值和最小值.

(1) 如果函数 $f(x)$ 在 $[a,b]$ 上单调增加,则 $f(a)$ 和 $f(b)$ 分别是 $f(x)$ 在 $[a,b]$ 上的最小值和最大值;如果函数 $f(x)$ 在 $[a,b]$ 上单调减少,则 $f(a)$ 和 $f(b)$ 分别是 $f(x)$ 在 $[a,b]$ 上的最大值和最小值.

(2) 如果函数 $f(x)$ 在某区间(有限或无限,开或闭)内可导且只有一个极值点 x_0,那么当 $f(x_0)$ 是极大值时,$f(x_0)$ 就是 $f(x)$ 在该区间上的最大值(图 4-15(a));当 $f(x_0)$ 是极小值时,$f(x_0)$ 就是 $f(x)$ 在该区间上的最小值(图 4-15(b)).

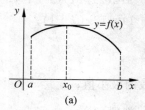 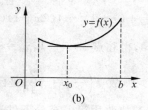

图 4-15

（3）对于某些实际问题，如果根据问题的实际意义能够确定函数 $f(x)$ 的最值一定在定义区间内取得，那么当 $f(x)$ 在定义区间内只有唯一的驻点 x_0 时，可以不必讨论该驻点是否为极值点，而直接断定 $f(x_0)$ 是 $f(x)$ 的最值.

例 4.28 求函数 $f(x)=x^3-3x+3$ 在区间 $[-3,2]$ 上的最大值和最小值.

解 $f(x)$ 在 $[-3,2]$ 上连续，故必存在最大值与最小值.
$$f'(x)=3x^2-3=3(x+1)(x-1),$$
令 $f'(x)=0$，得驻点 $x=-1$ 和 $x=1$，因为
$$f(-1)=5,\quad f(1)=1,\quad f(-3)=-15,\quad f(2)=5,$$
所以函数的最大值为 $f(-1)=f(2)=5$，最小值为 $f(-3)=-15$.

例 4.29 讨论函数 $f(x)=x^2-\dfrac{16}{x}$ 在区间 $(-\infty,0)$ 上的最值.

解 $f'(x)=2x+\dfrac{16}{x^2}=\dfrac{2x^3+16}{x^2}, x\in(-\infty,0)$，令 $f'(x)=0$，解得唯一的驻点 $x=-2$.

当 $x<-2$ 时，$f'(x)<0$，函数单调减少；当 $-2<x<0$ 时，$f'(x)>0$，函数单调增加. 所以 $x=-2$ 为极小值点.

又
$$\lim_{x\to-\infty}\left(x^2-\frac{16}{x}\right)=+\infty,\quad \lim_{x\to 0^-}\left(x^2-\frac{16}{x}\right)=+\infty,$$
故最小值为 $f(-2)=12$，函数没有最大值.

例 4.30 要生产一批无盖的圆柱形铁桶，要求每个桶的容积为定值 V，怎样设计才能使用料最省？

解 设圆柱形底面积半径为 r，高为 h，则表面积为
$$S=\pi r^2+2\pi rh\quad (r>0).$$
由题设知：$V=\pi r^2 h$，得 $h=\dfrac{V}{\pi r^2}$，故
$$S=\pi r^2+2\pi r\,\frac{V}{\pi r^2}=\pi r^2+\frac{2V}{r},$$
因为
$$S'=2\pi r-\frac{2V}{r^2}=\frac{2\pi r^3-2V}{r^2},$$
令 $S'=0$，解得唯一的驻点 $r=\sqrt[3]{\dfrac{V}{\pi}}$，此时桶高
$$h=\frac{V}{\pi r^2}=\sqrt[3]{\frac{V}{\pi}}.$$
所以，当铁桶的高等于底面半径时，所用材料最省.

习题 4.3

1. 判定函数 $y=x+\cos x$ 在 $[0,2\pi]$ 上的单调性.

2. 确定下列函数的单调区间.

(1) $y=\sqrt[3]{x^2}$；　　(2) $y=\ln(x+\sqrt{1+x^2})$；　　(3) $y=x-\ln(1+x)$；

(4) $y=2x+\dfrac{8}{x}$ $(x>0)$；　　(5) $y=x^3-3x^2-9x+14$；　　(6) $y=e^x-x-1$；

(7) $y=\dfrac{x^3}{(x-1)^2}$；　　(8) $y=x+|\sin 2x|$.

3. 证明下列不等式.

(1) 当 $x\neq 0$ 时, $e^x>x+1$；　　(2) 当 $x>1$ 时, $2\sqrt{x}>3-\dfrac{1}{x}$；

(3) 当 $x>0$ 时, $\dfrac{x}{1+x}<\ln(1+x)$；　　(4) 当 $x>0$ 时, $\arctan x+\dfrac{1}{x}>\dfrac{\pi}{2}$；

(5) 当 $x>1$ 时, $\dfrac{\ln(1+x)}{\ln x}>\dfrac{x}{1+x}$；　　(6) 当 $0<x<\dfrac{\pi}{2}$ 时, $\sin x+\tan x>2x$.

4. 讨论函数 $y=3-2(x+1)^{\frac{1}{3}}$ 的单调区间及极值.

5. 求下列函数的极值.

(1) $y=2x^3-3x^2$；　　(2) $y=(x^2-1)^3+1$；　　(3) $y=2e^x+e^{-x}$；

(4) $y=x+\sqrt{1-x}$；　　(5) $y=(2x-5)\sqrt[3]{x^2}$；　　(6) $y=-x^4+2x^2$；

(7) $y=2x+\dfrac{8}{x}$；　　(8) $y=\dfrac{1+3x}{\sqrt{1+x^2}}$；　　(9) $y=\dfrac{3x^2+4x+4}{x^2+x+1}$.

6. 已知函数 $y=f(x)$ 对一切 x 满足 $xf''(x)+3x[f'(x)]^2=1-e^{-x}$，若 $f'(x_0)=0$ $(x_0\neq 0)$，证明：$f(x_0)$ 是 $f(x)$ 的极小值.

7. 求下列函数的最大值和最小值.

(1) $f(x)=\ln(x^2+1), x\in[-1,2]$；　　(2) $f(x)=\dfrac{x^2}{x+1}, x\in\left[-\dfrac{1}{2},1\right]$；

(3) $f(x)=2x^2-x^4, x\in[-2,\sqrt{2}]$；　　(4) $f(x)=4\sin^3 x-15\sin x-12\cos^2 x, x\in[0,2\pi]$.

8. 讨论下列函数在给定区间上的最值.

(1) $f(x)=4x-x^2, x\in(-\infty,+\infty)$；　　(2) $f(x)=\dfrac{x}{x^2+1}, x\in[0,+\infty)$.

9. 讨论下列方程根的情况.

(1) $3\ln x-x=0$；　　(2) $\sin x=x$.

4.4 曲线的凹凸性与拐点

要想准确完整地描述函数的性态,仅仅知道函数的单调性、极值还是不够的,如函数 $y=x^2$ 与 $y=\sqrt{x}$ 在区间 $(0,1)$ 内的图形都是单调增加的,但曲线的弯曲方向相反,$y=x^2$ 是向上弯曲(凹)的,而 $y=\sqrt{x}$ 是向下弯曲(凸)的,它们的凹凸性不同,图形有显著的差别(图 4-16),所以必须研究曲线的凹凸性及其判别法.

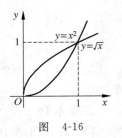

图 4-16

从几何上看,在有的曲线弧上,如果任取两点,连接这两点间的弦总位于这两点弧段的上方(图 4-17(a)),而有的曲线弧则正好相反(图 4-17(b)),曲线的这种性质就是曲线的凹凸性,因此可利用连接曲线弧上任意两点的弦的中点与曲线弧上相应点(即具有相同横坐标的点)的位置关系来描述. 下面给出曲线凹凸性的定义.

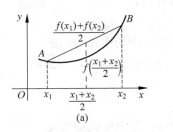 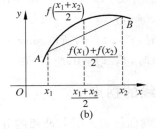

图 4-17

4.4.1 曲线的凹凸性

定义 4.2 设 $f(x)$ 在 $[a,b]$ 上连续,如果对 (a,b) 内任意两点 x_1 和 x_2,恒有

$$f\left(\frac{x_1+x_2}{2}\right) < \frac{f(x_1)+f(x_2)}{2},$$

那么称 $f(x)$ 在 $[a,b]$ 上的图形是**凹的**(或凹弧);

如果对 (a,b) 内任意两点 x_1 和 x_2,恒有

$$f\left(\frac{x_1+x_2}{2}\right) > \frac{f(x_1)+f(x_2)}{2},$$

那么称 $f(x)$ 在 $[a,b]$ 上的图形是**凸的**(或凸弧).

显然,当 $f(x)$ 在 $[a,b]$ 上的图形是凸的时,$-f(x)$ 在 $[a,b]$ 上的图形是凹的.

从图 4-18(a)、(b)明显看出,当曲线凹时,曲线上每一点的切线都在曲线下方,且切线斜率 $\tan\alpha = f'(x)$(其中 α 为切线的倾角)随着 x 的增大而增大,即 $f'(x)$ 为单调增加函数;当曲线凸时,曲线上每一点的切线都在曲线上方,且切线斜率 $f'(x)$ 随着 x 的增大而减小,

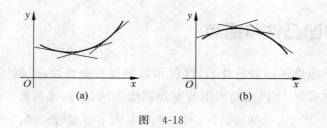

图 4-18

也就是说，$f'(x)$ 为单调减少函数。由于 $f'(x)$ 的单调性可由二阶导数 $f''(x)$ 来判定，因此有下述定理。

定理 4.10 设 $f(x)$ 在 $[a,b]$ 上连续，在 (a,b) 内二阶可导，则

(1) 若在 (a,b) 内 $f''(x) > 0$，则 $f(x)$ 在 $[a,b]$ 上的图形是凹的；

(2) 若在 (a,b) 内 $f''(x) < 0$，则 $f(x)$ 在 $[a,b]$ 上的图形是凸的。

证明略。

例 4.31 讨论曲线 $f(x) = \sin x$ 在 $(0, 2\pi)$ 内的凹凸性。

解 $f'(x) = \cos x, f''(x) = -\sin x$。

当 $x \in (0, \pi)$ 时，$f''(x) < 0$，所以 $\sin x$ 在 $(0, \pi)$ 内的图形为凸的；

当 $x \in (\pi, 2\pi)$ 时，$f''(x) > 0$，所以 $\sin x$ 在 $(\pi, 2\pi)$ 内的图形为凹的。

4.4.2 曲线的拐点

定义 4.3 连续曲线上凹弧与凸弧的分界点，称为曲线的**拐点**。

例 4.31 中，点 $(\pi, 0)$ 是曲线 $f(x) = \sin x$ 由凸变凹的分界点，所以是 $f(x)$ 的拐点。显然曲线 $f(x)$ 在拐点 $(x_0, f(x_0))$ 的两侧凹凸性不同。

设函数 $f(x)$ 在 $[a,b]$ 上连续，根据定理 4.10，二阶导数 $f''(x)$ 的符号是判断曲线凹凸性的依据。因此，当 $f''(x)$ 在点 x_0 的左、右两侧临近处符号相反时，点 $(x_0, f(x_0))$ 就是曲线的一个拐点，所以，要确定拐点，只要找出使 $f''(x)$ 符号发生变化的分界点即可。若函数 $f(x)$ 在区间 (a,b) 内具有二阶连续导数，则在这种分界点处必有 $f''(x) = 0$；此外，使 $f(x)$ 的二阶导数不存在的点，也可能是使 $f''(x)$ 的符号发生变化的分界点。

综上所述，判断曲线的凹凸性与求拐点的方法为：

(1) 求函数的二阶导数 $f''(x)$；

(2) 令 $f''(x) = 0$，求出这个方程在区间 (a,b) 内的实根以及使 $f''(x)$ 不存在的点；

(3) 以上述各点为分点，将函数的定义区间分为若干个子区间，讨论 $f''(x)$ 在各子区间内的符号，确定曲线的凹凸区间并求出拐点。

例 4.32 讨论曲线 $y = xe^{-x}$ 的凹凸区间与拐点。

解 函数的定义域为 $(-\infty, +\infty)$。$y' = e^{-x} - xe^{-x}$，$y'' = e^{-x}(x-2)$。令 $y'' = 0$，解得 $x = 2$。

当 $x<2$ 时,$y''<0$,所以曲线在 $(-\infty,2)$ 内的图形为凸的;

当 $x>2$ 时,$y''>0$,所以曲线在 $(2,+\infty)$ 内的图形为凹的.

故 $(2,2\mathrm{e}^{-2})$ 是曲线 $y=x\mathrm{e}^{-x}$ 的拐点.

例 4.33 讨论曲线 $y=(x-1)^{\frac{5}{3}}$ 的凹凸区间与拐点.

解 函数的定义域为 $(-\infty,+\infty)$.

$$y'=\frac{5}{3}(x-1)^{\frac{2}{3}}, \quad y''=\frac{10}{9}\cdot\frac{1}{\sqrt[3]{x-1}}.$$

当 $x=1$ 时,y'' 不存在.

当 $x<1$ 时,$y''<0$,所以曲线在 $(-\infty,1)$ 内的图形为凸的;

当 $x>1$ 时,$y''>0$,所以曲线在 $(1,+\infty)$ 内的图形为凹的.

故 $(1,0)$ 是曲线 $y=(x-1)^{\frac{5}{3}}$ 的拐点(图 4-19).

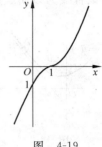

图 4-19

由例 4.33 可知,如果 $f(x)$ 在点 x_0 处的二阶导数 $f''(x_0)$ 不存在,那么,点 $(x_0,f(x_0))$ 也可能是曲线的拐点.

习题 4.4

1. 求下列曲线的凹凸区间和拐点.

(1) $y=1+\dfrac{1}{x}$ $(x>0)$;　　(2) $y=\arctan x$;　　(3) $y=\dfrac{x^2}{x+1}$;

(4) $y=\dfrac{x}{(x+1)^2}$;　　(5) $y=\ln(x^2+1)$;　　(6) $y=x^4-6x^2+2x+10$.

2. 问 a 和 b 为何值时,点 $(1,3)$ 为曲线 $y=ax^3+bx^2$ 的拐点.

3. 试决定曲线 $y=ax^3+bx^2+cx+d$ 中的 a,b,c,d,使得点 $(-2,44)$ 为驻点,点 $(1,-10)$ 为拐点.

4. 利用函数图形的凹凸性证明下列不等式.

(1) $\dfrac{1}{2}(x^3+y^3)>\left(\dfrac{x+y}{2}\right)^3$ $(x>0,y>0,x\neq y)$;

(2) $\dfrac{1}{2}(\ln x+\ln y)<\ln\left(\dfrac{x+y}{2}\right)$ $(x>0,y>0,x\neq y)$;

(3) $x\mathrm{e}^x+y\mathrm{e}^y>(x+y)\mathrm{e}^{\frac{x+y}{2}}$ $(x>0,y>0,x\neq y)$.

4.5　函数图形的描绘

为了确定函数 $f(x)$ 在定义域上某区间的图形,我们需要知道随着自变量的增大,曲线是上升还是下降,如何弯曲,以及在区间端点的位置或变化趋势. 在前面两节中,我们已经了解借助于一阶导数 $f'(x)$ 可以确定曲线的升降性和极值点,借助于二阶导数 $f''(x)$ 可以确

定曲线的凹凸性与拐点. 关于变化趋势, 一般地有渐近线、无穷趋势等. 所谓无穷趋势, 就是
$$\lim_{x\to\infty} f(x) = \infty.$$
而当曲线上的点 P 沿曲线无限远离坐标原点时, 若 P 到某直线的距离趋于零(图 4-20), 则称该直线为该曲线的**渐近线**. 在第 2 章我们已经分别介绍了三种渐近线.

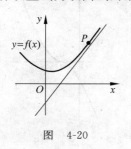

图 4-20

本节, 我们根据已经掌握的函数性态, 可以比较准确地描绘出函数的图形, 函数作图的一般步骤如下.

(1) 确定函数的定义域, 判断函数有无奇偶性、周期性;

(2) 求出方程 $f'(x)=0$ 和 $f''(x)=0$ 在定义域内的全部实根和使 $f'(x), f''(x)$ 不存在的点, 利用这些点将函数的定义域分成几个部分区间;

(3) 确定函数的单调区间、极值点、凹凸区间以及拐点(列表讨论);

(4) 确定函数图形的水平、铅直渐近线、斜渐近线以及其他变化趋势;

(5) 确定函数的某些特殊点, 如极值点、拐点与两坐标轴的交点等;

(6) 根据上述讨论结果画出函数的图形.

例 4.34 作函数 $f(x)=x^3-3x+1$ 的图形.

解 (1) 函数 $f(x)$ 的定义域为 $(-\infty,+\infty)$.

(2) $f'(x)=3x^2-3=3(x+1)(x-1), f''(x)=6x$.

令 $f'(x)=0$, 解得驻点为 $x_1=-1, x_2=1$; 令 $f''(x)=0$, 解得 $x_3=0$.

这些点将 $(-\infty,+\infty)$ 分成四个部分区间: $(-\infty,-1),(-1,0),(0,1)$ 和 $(1,+\infty)$;

(3) 列表分析如下.

x	$(-\infty,-1)$	-1	$(-1,0)$	0	$(0,1)$	1	$(1,+\infty)$
$f'(x)$	+	0	−		−	0	+
$f''(x)$	−	−	−	0	+	+	+
$f(x)$	↗∩	极大值 3	↘∩	拐点	↘∪	极小值 −1	↗∪

这里符号 "∩" 表示函数在这个区间是凸的, "∪" 表示函数在这个区间是凹的.

极大值: $f(-1)=3$; 极小值: $f(1)=-1$;

$f(0)=1$, 则拐点为 $(0,1)$;

(4) 当 $x\to+\infty$ 时, $y\to+\infty$; 当 $x\to-\infty$ 时, $y\to-\infty$, 所以无渐近线;

(5) 适当补充若干点, 如 $f(-2)=-1, f(2)=3$;

(6) 利用上面的结果, 作出函数的图形(图 4-21).

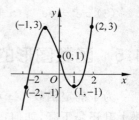

图 4-21

例 4.35 作函数 $y=\dfrac{2x^2}{(1-x)^2}$ 的图形.

解 (1) 函数的定义域为：$(-\infty,1)\cup(1,+\infty)$，无对称性.

(2) $y'=\dfrac{4x}{(1-x)^3}$，$y''=\dfrac{8x+4}{(1-x)^4}$.

令 $y'=0$，解得驻点为 $x_1=0$；令 $y''=0$，解得 $x=-\dfrac{1}{2}$.

(3) 列表分析如下.

x	$\left(-\infty,-\dfrac{1}{2}\right)$	$-\dfrac{1}{2}$	$\left(-\dfrac{1}{2},0\right)$	0	(0,1)	$(1,+\infty)$
y'	−	−	−	0	+	+
y''	−	0	+	+	+	+
y	↘,∩	拐点	↘,∪	极小值 0	↗,∪	↘,∪

极小值 $f(0)=0$，拐点为 $\left(-\dfrac{1}{2},\dfrac{2}{9}\right)$.

(4) 因为 $\lim\limits_{x\to\infty}f(x)=2$，所以有水平渐近线 $y=2$；因为 $\lim\limits_{x\to 1}f(x)=\infty$，所以有铅直渐近线 $x=1$.

(5) 绘图，描几个点 $\left(-1,\dfrac{1}{2}\right)$，$\left(-\dfrac{1}{2},\dfrac{2}{9}\right)$，$(0,0)$，$\left(3,\dfrac{9}{2}\right)$，如图 4-22 所示.

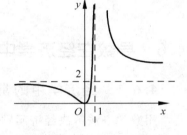

图 4-22

例 4.36 描绘函数 $y=\dfrac{x^3+4}{x^2}$ 的图形.

解 (1) 函数的定义域为 $(-\infty,0)\cup(0,+\infty)$，无对称性及周期性.

(2) $y'=1-\dfrac{8}{x^3}$；$y''=\dfrac{24}{x^4}>0$. 令 $y'=0$，解得驻点为 $x=2$.

(3) 列表分析如下.

x	$(-\infty,0)$	(0,2)	2	$(2,+\infty)$
y'	+	−	0	+
y''	+	+	+	+
y	↗∪	↘∪	极小值 3	↗∪

极小值：$f(2)=3$，无拐点.

(4) 因为 $\lim\limits_{x\to 0}\dfrac{x^3+4}{x^2}=\infty$，所以有铅直渐近线 $x=0$；

$$a = \lim_{x \to \infty} \frac{f(x)}{x} = \lim_{x \to \infty} \frac{x^3+4}{x^3} = 1,$$

$$b = \lim_{x \to \infty}[f(x)-ax] = \lim_{x \to \infty}\left(\frac{x^3+4}{x^2}-x\right)=0,$$

斜渐近线为 $y=x$.

(5) 适当补充若干点, 如 $f(-2)=-1, f(-1)=3$, $f(1)=5, f(4)=\dfrac{17}{4}$.

(6) 利用上面的结果, 作出函数的图形(图 4-23).

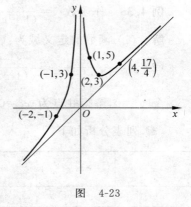

图 4-23

习题 4.5

描绘下列函数的图形.

1. $y=x^3-3x^2+6$;
2. $y=\dfrac{2x^2}{x^2-1}$;
3. $y=\dfrac{\mathrm{e}^x}{1+x}$;
4. $y=\dfrac{1}{1-x^2}$;
5. $y=\dfrac{(x+1)^3}{(x-1)^2}$.

4.6 导数在经济学中的应用

4.6.1 经济学中的常用函数

用数学方法解决经济问题时, 首先要将经济问题转化为数学问题, 即建立经济数学模型, 实际上就是找出经济变量之间的函数关系.

1. 需求函数与供给函数

1) 需求函数

需求量是指消费者在一定条件下愿意并且有支付能力购买的商品量, 它受很多因素的影响, 如消费者收入, 商品的质量、价格, 相关商品的质量、价格等.

需求函数是指在某一特定时期内, 市场上某种商品各种可能的购买量和决定这些购买量的诸因素之间的数量关系. 为了讨论方便, 先忽略其他因素(如消费者的收入、偏好和相关商品的价格等)的影响, 假定这些因素不变, 则决定某种商品的市场需求量 Q_d 的因素就是这种商品的市场价格 P. 此时, 需求函数表示的就是商品需求量和价格这两个经济量之间的数量关系, 即

$$Q_d = f(P).$$

通常, 降价使需求量增加, 涨价使需求量减少, 需求函数 Q_d 为价格 P 的单调减少函数. 其反函数 $P=f^{-1}(Q_d)$ 也称为需求函数或价格函数. 用 D 表示需求曲线, 如图 4-24 所示.

常见的需求函数有以下几种类型:

(1) 线性函数 $Q_d = a - bP$ $(a, b > 0)$；
(2) 指数函数 $Q_d = ae^{-bP}$ $(a, b > 0)$；
(3) 幂函数 $Q_d = kP^{-a}$ $(k, a > 0)$.

2) 供给函数

供给量是指在某时期内，生产者在一定条件下愿意生产并可供出售的商品量.

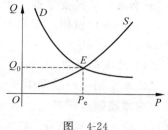

图 4-24

供给函数是指在某一特定时期内，市场上某种商品各种可能的供给量和决定这些供给量的诸因素之间的数量关系. 类似于需求函数，如果市场的每一种商品直接由生产者提供，供给量也是受多种因素影响的. 在这里不考虑其他因素的影响，只是将供给量 Q_s 看做该商品的市场价格 P 的函数，即

$$Q_s = \varphi(P).$$

由于生产者向市场提供商品的目的是赚取利润，则价格上涨将促使生产者提供更多的商品，从而是供给量增加；反之，价格下跌则使供给量减少. 通常供给函数 Q_s 可以看做是价格 P 的单调增加函数. 用 S 表示供给曲线，如图 4-24 所示.

常见的供给函数有以下几种类型：
(1) 线性函数 $Q_s = -c + dP$ $(c, d > 0)$；
(2) 指数函数 $Q_s = ae^{bP}$ $(a, b > 0)$；
(3) 幂函数 $Q_s = kP^a$ $(k, a > 0)$.

3) 市场均衡

在完全市场调节的情况下，当一种商品的需求量等于供给量时，这种商品就达到了**市场均衡**，而这时的商品价格 P_e 称为均衡价格. 在图 4-24 中就是需求曲线 D 与供给曲线 S 的交点 E 处的横坐标 $P = P_e$.

当市场价格 P 高于均衡价格 P_e 时，供给量增加而需求量相应减少，这时出现"供过于求"的现象，商品滞销，这种情况会导致价格下跌，P 减小；反之，当市场价格 P 低于均衡价格 P_e 时，需求量大于供给量，此时出现"供不应求"的现象，商品短缺，这种情况会导致价格上涨，P 增大.

例 4.37 设某种商品的供给函数和需求函数分别为

$$Q_s = 15P - 30, \quad Q_d = -4P + 160,$$

求该商品的均衡价格 P_e 和市场均衡数量.

解 由供需均衡的条件 $Q_s = Q_d$，可得

$$15P - 30 = -4P + 160,$$

因此，均衡价格为 $P_e = 10$，市场均衡数量为 $Q_e = 120$.

2. 总成本函数、总收益函数、总利润函数

在生产和产品的经营活动中人们总希望尽可能降低成本，提高收入和利润. 而成本、收

入、利润这些经济变量都与产品的产量或销量 Q 密切相关,在不考虑其他因素影响的条件下,它们都可以看做是 Q 的函数,分别称为总成本函数 $C(Q)$,总收益函数 $R(Q)$,总利润函数 $L(Q)$.

1) 总成本函数

成本是指生产活动中所使用的生产要素的价格,成本也称生产费用.

成本函数表示费用总额与产量或销量之间的依赖关系,产品成本 C 可分为固定成本 C_0 和可变成本 C_1 两部分. **固定成本**是指在生产规模和能源、材料价格不变的条件下不随产量变化的那部分成本,包括厂房、设备等固定资产的折旧费以及企业管理费等;**可变成本**是指随产量变化而变化的那部分成本,包括生产所需的原料、燃料、动力费用以及员工的工资等,即

$$C(Q) = C_0 + C_1(Q), \quad Q \geqslant 0.$$

一般地,以货币计值的总成本函数 $C(Q)$ 是产量 Q 的单调增加函数,其图像称为成本曲线. 当产量 $Q=0$ 时,对应的成本函数值 $C(0)$ 就是产品的固定成本值.

只研究总成本不能看出生产者生产水平的高低,还需要研究单位产品的成本,即平均成本,称 $\bar{C}(Q) = \dfrac{C(Q)}{Q}$ ($Q>0$) 为**单位成本函数**或**平均成本函数**.

2) 总收益函数

收益是指生产者出售一定量的产品后所得到的全部收入. 如果产品的单位售价为 P,销售量为 Q,总收益为 R,则总收益函数为

$$R(Q) = PQ.$$

当需求函数为 $P = f^{-1}(Q) = P(Q)$ 时,总收益函数为

$$R(Q) = P(Q)Q.$$

单位产品的收益称为**平均收益**,平均收益函数记为

$$\bar{R}(Q) = \frac{R(Q)}{Q} = P(Q).$$

所以,平均收益就是产品的价格.

3) 总利润函数

利润是指企业销售产品的总收益扣除总成本以后的余额.

假设生产量等于销售量,总利润函数 $L(Q)$ 为总收入函数和总成本函数的差,即

$$L(Q) = R(Q) - C(Q).$$

例 4.38 设某种产品的固定成本为 30 万元,单位产品的可变成本为 2000 元,单位产品的售价为 5000 元,试求总成本函数 $C(Q)$,总收益函数 $R(Q)$,总利润函数 $L(Q)$.

解 $C(Q) = 300\,000 + 2000Q$,

$R(Q) = 5000Q$,

$L(Q) = R(Q) - C(Q) = 5000Q - 300\,000 - 2000Q = 3000Q - 300\,000.$

3. 库存函数

我们讨论的库存函数只限于需求量确定,不允许缺货的简单情形. 先看一道例题.

例 4.39 某商店半年销售 400 件小器皿,均匀销售,为节约费用,分批进货. 每批订货费用(合同手续费、差旅费、运货费等)为 60 元,每件器皿的储存费为每月 0.2 元,试列出储存费与进货费之和与批量 x 之间的函数关系.

解 本例以半年为一个计划期进行核算. 设批量为 x(即每一批进货量为 x 件),货进店入库. 由于均匀销售,库存量由 x 件均匀地减少到 0 件,平均库内存货量为 $\dfrac{x}{2}$ 件.

半年的储存费用记做 E_1:

$$E_1 = 0.2 \times \frac{x}{2} \times 6 = 0.6x (\text{元}).$$

每次进货 x 件,半年需进货次数为 $\dfrac{400}{x}$ 次,总的进货费用记做 E_2:

$$E_2 = 60 \times \frac{400}{x} = \frac{24\,000}{x} (\text{元}),$$

于是,总的费用 E 为 $E = E_1 + E_2 = 0.6x + \dfrac{24\,000}{x} (\text{元}).$

对于这样一个库存模型,实际上我们作了如下假设.

(1) 若计划期为 T,在此计划期内对货物的需求量是确定的,记为 Q.

(2) 进货均匀,在计划期 T 内分 n 次进货,每批次进货量为 $q = \dfrac{Q}{n}$(上例中用 x 表示).

进货周期(两次进货的间隔时间)为 $t_s = \dfrac{T}{n}$.

(3) 每批进货费用为常数,记做 C_2,每件货物储存单位时间的储存费用为常数,记做 C_1.

(4) 货物均匀投放市场,一般来说,货物先入库暂存,然后均匀提出. 这时库存量的最大值就是每次的进货量 q,随时间推移均匀降至零. 一旦库存量为零,立即得到货物补充,而且进货瞬间完成,因此,平均库存量为 $\bar{q} = \dfrac{q}{2}$.

在以上假定条件下,总储存费用 E_1 为

$$E_1 = \bar{q} C_1 T = \frac{q}{2} C_1 T.$$

总的进货费用 E_2 为

$$E_2 = C_2 n = C_2 \frac{Q}{q}.$$

于是,总的费用 E 为

$$E = E_1 + E_2 = \frac{q}{2} C_1 T + C_2 \frac{Q}{q}.$$

4.6.2 导数在经济分析中的应用

前面介绍的常用经济函数反映的是某些经济变量间的关系,下面介绍导数概念在经济分析中的应用——边际与弹性.

1. 经济函数的变化率——边际

在经济分析中,通常用"平均"和"边际"两个概念来描述一个变量 y 关于另一个变量 x 的变化情况."平均"表示在 x 值的某一范围内 y 的变化情况;而"边际"表示在 x 的某一个值的"边缘上" y 的变化情况,即从 x 的一定值发生微小变化时 y 的变化情况. 显然前者是 y 的平均变化率,后者是 y 的瞬时变化率,也就是 y 对变量 x 的导数.

设函数 $f(x)$ 可导,导函数 $f'(x)$ 也称为**边际函数**. $f(x)$ 在点 $x=x_0$ 处的导数值 $f'(x_0)$ 即为 $f(x)$ 的边际函数值,它表示 $f(x)$ 在点 $x=x_0$ 处的变化速度.

1) 边际成本

总成本函数 $C(Q)$ 的导数

$$C'(Q) = \lim_{\Delta Q \to 0} \frac{\Delta C}{\Delta Q} = \lim_{\Delta Q \to 0} \frac{C(Q+\Delta Q)-C(Q)}{\Delta Q}$$

称为**边际成本**.

由于产量 Q 一般只取整数单位(离散单位),一个单位的变化就是最小的变化,现假设产量是连续变化的,则

$$C'(Q) \approx \Delta C(Q) = C(Q+1) - C(Q).$$

所以,边际成本的经济意义是:假定已经生产了 Q 个单位产品,再生产一个单位的产品总成本增加的数量(近似值).

因为 $C(Q)=C_0+C_1(Q)$,其中固定成本 C_0 与产量 Q 无关,所以 $C'(Q)=C_1'(Q)$. 这说明边际成本只与可变成本有关,而与固定成本无关.

平均成本 $\bar{C}(Q)$ 的导数称为**边际平均成本**,

$$\bar{C}'(Q) = \left(\frac{C(Q)}{Q}\right)' = \frac{C'(Q)Q-C(Q)}{Q^2} = \frac{1}{Q}(C'(Q)-\bar{C}(Q)),$$

所以边际平均成本是边际成本与平均成本之差的平均值.

例 4.40 设某产品的总成本函数为 $C(Q)=\frac{1}{2}Q^2+24Q+8500$,求:

(1) 边际成本与边际平均成本函数;

(2) 产量 Q 分别为 50 和 100 时的边际成本与边际平均成本,并解释其经济意义.

解 (1) 边际成本函数:$C'(Q)=\dfrac{dC(Q)}{dQ}=Q+24$.

平均成本函数:$\bar{C}(Q)=\dfrac{C(Q)}{Q}=\dfrac{1}{2}Q+24+\dfrac{8500}{Q}$.

边际平均成本函数：$\overline{C}'(Q) = \dfrac{d\overline{C}(Q)}{dQ} = \dfrac{1}{2} - \dfrac{8500}{Q^2}$.

(2) $C'(50) = 50 + 24 = 74$，表示当产量为 50 时，再增加生产一个单位的产品，总成本将增加 74.

$C'(100) = 100 + 24 = 124$，表示当产量为 100 时，再增加生产一个单位的产品，总成本将增加 124.

$\overline{C}'(50) = \dfrac{1}{2} - \dfrac{8500}{50^2} = -2.9$，表示当产量为 50 时，再增加生产一个单位的产品，平均成本将下降 2.9.

$\overline{C}'(100) = \dfrac{1}{2} - \dfrac{8500}{100^2} = -0.35$，表示当产量为 100 时，再增加生产一个单位的产品，平均成本将下降 0.35.

2) 边际收益

总收益函数 $R(Q)$ 的导数

$$R'(Q) = \lim_{\Delta Q \to 0} \dfrac{\Delta R}{\Delta Q} = \lim_{\Delta Q \to 0} \dfrac{R(Q + \Delta Q) - R(Q)}{\Delta Q}$$

称为**边际收益**. 它反映了总收益对销售量的变化率，其经济意义为：假定已经销售了 Q 个单位产品，再销售一个单位的产品总收益增加的数量（近似值）.

设某种产品的需求函数为 $Q = f(P)$，它是关于价格 P 的单调减少函数，其反函数 $P = f^{-1}(Q) = P(Q)$ 也是单调减少的，即价格是需求量的单调减少函数，$P = P(Q)$ 也称为需求函数或价格函数.

总收益函数为

$$R(Q) = P(Q) \cdot Q.$$

边际收益为

$$R'(Q) = P(Q) + P'(Q) \cdot Q.$$

由上式可以得到下述结论.

(1) 如果单价与销售量无关，即 $P = P(Q)$ 是常数，由于 $P'(Q) = 0$，因此 $R'(Q) = P(Q)$，即边际收益等于价格.

(2) 通常，由于 $P = P(Q)$ 是单调减少函数，有 $P'(Q) < 0$，则对任何销量 $Q(Q > 0)$，都有 $P'(Q) \cdot Q < 0$，所以边际收益 $R'(Q)$ 总是小于价格 $P(Q)$.

例 4.41 设某产品的需求函数为 $P = 200 - 0.01Q$，其中 P 为价格，Q 为销量，求销售 50 单位产品时的总收益、平均收益和边际收益，并求销量从 50 单位增加到 60 单位时收益的平均变化率.

解 总收益函数：

$$R(Q) = P(Q) \cdot Q = 200Q - 0.01Q^2.$$

销售 50 单位产品时，总收益

$$R(50) = 200 \times 50 - 0.01 \times 50^2 = 9975.$$

平均收益

$$\bar{R}(50) = \frac{R(50)}{50} = \frac{9975}{50} = 199.\hat{5}.$$

边际收益

$$R'(50) = (200Q - 0.01Q^2)'|_{Q=50} = (200 - 0.02Q)|_{Q=50} = 199,$$

其经济意义为,若已经销售了 50 个单位产品,再销售一个单位的产品总收益大约增加 199.

当销量从 50 单位增加到 60 单位时,收益的平均变化率

$$\frac{\Delta R}{\Delta Q} = \frac{R(60) - R(50)}{60 - 50} = \frac{11\,964 - 9975}{10} = 198.9.$$

3) 边际利润

总利润函数 $L(Q)$ 的导数

$$L'(Q) = \lim_{\Delta Q \to 0} \frac{\Delta L}{\Delta Q} = \lim_{\Delta Q \to 0} \frac{L(Q + \Delta Q) - L(Q)}{\Delta Q}$$

称为**边际利润**. 它反映了总利润对产量或销量的变化率,其经济意义为:假定已经生产了 Q 个单位产品,再生产一个单位的产品总利润增加(或减少)的数量(近似值).

由于总利润等于总收益与总成本之差,即

$$L(Q) = R(Q) - C(Q),$$

故

$$L'(Q) = R'(Q) - C'(Q),$$

即边际利润等于边际收益与边际成本之差.

例 4.42 某厂每月生产 Q 单位(单位:百件)时的总成本(单位:千元)函数为

$$C(Q) = Q^2 + 12Q + 100,$$

如果每百件产品的销售价格为 4 万元,请写出利润函数以及边际利润为 0 时的每月产量.

解 利润函数为

$$L(Q) = R(Q) - C(Q) = 40Q - (Q^2 + 12Q + 100) = -Q^2 + 28Q - 100.$$

边际利润为

$$L'(Q) = -2Q + 28,$$

令 $L'(Q) = 0$,得 $Q = 14$(百件).

4) 边际需求与边际价格

设某产品的需求函数 $Q = f(P)$,则需求量 Q 关于价格 P 的导数 $\dfrac{dQ}{dP} = f'(P)$ 称为**边际需求**.

$Q = f(P)$ 的反函数 $P = P(Q)$ 是价格函数,价格 P 关于需求量 Q 的导数 $\dfrac{dP}{dQ} = P'(Q)$ 称为**边际价格**.

2. 经济函数的相对变化率——弹性

弹性意指反应性. 在经济学中，与导数密切相关的另一个概念是弹性，它可以定量地描述一个经济变量对另一个经济变量变化的反应程度. 例如，商品的需求量对价格变化的反应程度称为需求的价格弹性.

1) 函数弹性的定义

定义 4.4 设函数 $y=f(x)$ 在点 $x=x_0$ 处可导，且 $f(x_0)\neq 0$. 如果极限

$$\lim_{\Delta x\to 0}\frac{\Delta y/y_0}{\Delta x/x_0}=\lim_{\Delta x\to 0}\frac{[f(x_0+\Delta x)-f(x_0)]/f(x_0)}{\Delta x/x_0} \tag{4-6}$$

存在，则称此极限值为函数 $f(x)$ 在点 x_0 处的**点弹性**. 记做

$$\left.\frac{Ey}{Ex}\right|_{x=x_0} \quad \text{或} \quad \frac{E}{Ex}f(x_0),$$

而比值

$$\frac{\Delta y/y}{\Delta x/x}=\frac{\dfrac{y_2-y_1}{(y_2+y_1)/2}}{\dfrac{x_2-x_1}{(x_2+x_1)/2}}=\frac{y_2-y_1}{x_2-x_1}\cdot\frac{x_2+x_1}{y_2+y_1} \tag{4-7}$$

是函数 $f(x)$ 从 x_1 到 x_2 两点间的平均相对变化率，称为函数 $f(x)$ 从 x_1 到 x_2 两点间的**弧弹性**. 弧弹性是强调弧上的变化，所以弧上的 x 和 y 用的是变化前后的均值.

由定义可知

$$\left.\frac{Ey}{Ex}\right|_{x=x_0}=\lim_{\Delta x\to 0}\frac{\Delta y/y_0}{\Delta x/x_0}=\lim_{\Delta x\to 0}\frac{\Delta y}{\Delta x}\cdot\frac{x_0}{y_0}=f'(x_0)\cdot\frac{x_0}{y_0},$$

且当 $|\Delta x|$ 很小时，有

$$\left.\frac{Ey}{Ex}\right|_{x=x_0}\approx\frac{\Delta y/y_0}{\Delta x/x_0}.$$

一般地，若 $f(x)$ 可导，则有

$$\frac{Ey}{Ex}=\lim_{\Delta x\to 0}\frac{\Delta y/y}{\Delta x/x}=\lim_{\Delta x\to 0}\frac{\Delta y}{\Delta x}\cdot\frac{x}{y}=f'(x)\cdot\frac{x}{y},$$

$\dfrac{Ey}{Ex}$ 是 x 的函数，称为 $f(x)$ 在 x 处的点弹性函数，简称为**弹性函数**. 它反映了 x 的变化幅度 $\dfrac{\Delta x}{x}$ 对 $f(x)$ 的变化幅度 $\dfrac{\Delta y}{y}$ 的大小的影响，也就是 $f(x)$ 对 x 变化反应的强烈程度或灵敏度. 或者说，当 x 变化 1% 时，$f(x)$ 近似地改变 $\dfrac{Ey}{Ex}\%$.

注意，由于弹性是相对变化率，所以与变量 x,y 的度量单位无关.

2) 需求的价格弹性

分析价格变动对需求影响的量度就是**需求的价格弹性**，简称**需求弹性**，通常记为 E_d. 设 $Q=f(P)$ 为需求函数，则

$$E_d = \frac{EQ}{EP} = \frac{dQ}{dP} \cdot \frac{P}{Q} = f'(P) \cdot \frac{P}{Q} \qquad (4\text{-}8)$$

需求的价格弹性有时也用微分形式 $E_d = \dfrac{d(\ln Q)}{d(\ln P)}$ 表示(请读者自己证明),对于以乘除或幂函数形式给出的需求函数,一般来说,用该形式较方便.

需求的价格弹性 E_d 表示商品需求量 Q 对价格 P 变动所做出反应的敏感程度. 一般地,由于需求规律的作用,价格和需求量是呈相反方向变化的,产品价格上涨时,需求量将减少;价格下跌时,需求量将增加. 所以常常假设需求函数是价格的减函数,则 $f'(P)<0$,从而需求的价格弹性一般为负值. 为方便起见,常用 E_d 的绝对值 $|E_d|$ 表示需求弹性的大小,即

$$|E_d| = -\frac{dQ}{dP} \cdot \frac{P}{Q} = -f'(P) \cdot \frac{P}{Q}.$$

当某商品的价格上涨(或下跌)1% 时,需求弹性表示该商品需求量将减少(或增加) $|E_d|\%$.

需求的价格弹性通常分为如下 3 类.

(1) 当 $|E_d|>1$ 时,称为富有弹性. 此时需求量变动的百分比大于价格变动的百分比,价格的变动对需求量的影响较大,即价格提高 1%,而需求量减少超过 1%. 奢侈品多属于此类.

(2) 当 $|E_d|<1$ 时,称为缺乏弹性. 此时需求量变动的百分比小于价格变动的百分比,价格的变动对需求量的影响不大,即价格提高 1%,而需求量减少不足 1%. 生活必需品多属于此类.

(3) 当 $|E_d|=1$ 时,称为单位弹性,也称单一弹性. 此时需求量变动的百分比等于价格变动的百分比. 这种情况不多见.

例 4.43 设某商品的需求函数为 $Q=100-2P$,试求:

(1) 需求的价格弹性函数;

(2) $P=10,25,30$ 时的需求弹性,并给以适当的经济解释;

(3) 从 $P_1=30$ 到 $P_2=40$ 两点间的弧弹性.

解 (1) $E_d = f'(P) \cdot \dfrac{P}{Q} = -2 \cdot \dfrac{P}{100-2P} = \dfrac{-P}{50-P}$.

(2) 当 $P=10$ 时,$|E_d|=0.25<1$,为缺乏弹性. 此时若价格提高(或降低)1%,需求量减少(或增加)0.25%.

当 $P=25$ 时,$|E_d|=1$,为单位弹性. 此时价格与需求量变动的幅度相同.

当 $P=30$ 时,$|E_d|=1.5>1$,为富有弹性. 此时若价格提高(或降低)1%,需求量减少(或增加)1.5%.

(3) 价格从 $P_1=30$ 变到 $P_2=40$,需求量则从 $Q_1=40$ 变到 $Q_2=20$.

$$\text{弧弹性} = \frac{\Delta Q/Q}{\Delta P/P} = \frac{Q_2-Q_1}{P_2-P_1} \cdot \frac{P_2+P_1}{Q_2+Q_1} = \frac{20-40}{40-30} \cdot \frac{40+30}{20+40} = -\frac{7}{3} \approx -2.33.$$

说明当商品价格从 30 涨至 40,在此区间内价格 P 每提高 1%,需求量 Q 就从 40 平均减少 2.33%.

需求函数 $Q=f(P)$ 的导数,即边际需求 $\dfrac{\mathrm{d}Q}{\mathrm{d}P}$ 可以用来度量需求 Q 对于价格 P 变化的反应,但这种度量与单位有关,$\dfrac{\mathrm{d}Q}{\mathrm{d}P}$ 表示价格提高(或降低)一个货币单位时,需求量减少(或增加)的单位数. 由于需求弹性与 Q 和 P 的单位无关,这种需求弹性的无量纲性,就能使它对于不同种类商品的需求量关于价格变动的反应程度加以分析和比较. 这样,需求价格弹性在经济分析中就更具有实用性.

3) 需求弹性与总收益

在商品经济中,商家关心的是提价($\Delta P>0$)或降价($\Delta P<0$)对总收益的影响. 应用商品的需求价格弹性,可以得出当价格变动时,总收益的变动情况.

设某种商品的需求函数为 $Q=f(P)$,则总收益为
$$R = PQ = Pf(P).$$
R 关于 P 的边际收益为
$$\frac{\mathrm{d}R}{\mathrm{d}P} = f(P) + Pf'(P) = f(P)\left[1 + \frac{P}{Q}f'(P)\right],$$
即
$$\frac{\mathrm{d}R}{\mathrm{d}P} = f(P)(1 + E_\mathrm{d}) \quad (E_\mathrm{d} < 0) = f(P)(1 - |E_\mathrm{d}|).$$

由价格 P 的微小变化(即 $|\Delta P|$ 很小时)而引起的总收益的改变量为
$$\Delta R \approx \mathrm{d}R = R'(P)\Delta P = f(P)(1 + E_\mathrm{d})\Delta P.$$

上式反映了总收益变化与需求弹性的关系.

(1) $|E_\mathrm{d}|>1$ 时,$1+E_\mathrm{d}<0$,故提价($\Delta P>0$)使总收益减少($\Delta R<0$);降价($\Delta P<0$)使总收益增加($\Delta R>0$).

(2) $|E_\mathrm{d}|<1$ 时,$1+E_\mathrm{d}>0$,故提价($\Delta P>0$)使总收益增加($\Delta R>0$);降价($\Delta P<0$)使总收益减少($\Delta R<0$).

(3) $|E_\mathrm{d}|=1$ 时,$1+E_\mathrm{d}=0$,提价或降价对总收益没有明显影响($\Delta R=0$).

另外,还可以给出 R 关于 Q 的边际收益与需求弹性 E_d 间的关系:
$$R = PQ = f^{-1}(Q)Q,$$
$$\frac{\mathrm{d}R}{\mathrm{d}Q} = \frac{1}{\frac{\mathrm{d}Q}{\mathrm{d}P}} \cdot Q + f^{-1}(Q) = \frac{1}{f'(P)} \cdot Q + P$$
$$= P\left[1 + \frac{1}{f'(P)} \cdot \frac{Q}{P}\right] = P\left(1 + \frac{1}{E_\mathrm{d}}\right)$$
$$= P\left(1 - \frac{1}{|E_\mathrm{d}|}\right).$$

借助弹性定义,容易定义出其他经济函数的弹性,如
收益的价格弹性:
$$\frac{ER}{EP} = \frac{dR}{dP} \cdot \frac{P}{R}.$$
表示当价格 P 变化 1% 时,收益近似地改变 $\frac{ER}{EP}\%$.

收益的销售弹性:
$$\frac{ER}{EQ} = \frac{dR}{dQ} \cdot \frac{Q}{R}.$$
表示当销售量 Q 变化 1% 时,收益近似地改变 $\frac{ER}{EQ}\%$.

例 4.44 设某商品的需求函数为 $Q = f(P) = 125 - P^2$.
(1) 求 $P = 5$ 时的需求弹性;
(2) 当 $P = 5$ 时,若价格上涨 1%,总收益将变化百分之几?是增加还是减少?

解 (1) $E_d = f'(P) \cdot \frac{P}{Q} = -2P \cdot \frac{P}{125 - P^2} = \frac{-2P^2}{125 - P^2}.$

当 $P = 5$ 时,$|E_d| = 0.5.$

(2) 因为 $|E_d| = 0.5 < 1$,所以价格上涨将使总收益增加.
$$R(P) = P \cdot Q = P \cdot f(P) = 125P - P^3,$$
$$\left.\frac{ER}{EP}\right|_{P=5} = \left.\frac{dR}{dP} \cdot \frac{P}{R}\right|_{P=5} = (125 - 3P^2) \cdot \left.\frac{P}{P \cdot f(P)}\right|_{P=5} = 0.5.$$

所以当 $P = 5$ 时,若价格上涨 1%,总收益将增加 0.5%.

4.6.3 函数最值的经济应用问题

研究经济变量的最大值或最小值问题,应首先建立目标函数(即欲求其最值的那个函数),并确定其定义区间,将它转化为函数的最值问题.

1. 最大利润问题

已知在生产量等于销售量的假设下,总利润函数 $L(Q)$ 为总收入函数和总成本函数的差,即
$$L(Q) = R(Q) - C(Q).$$
若产量为 Q_0 时可以获得最大利润,则根据极值存在的必要条件,应满足
$$L'(Q_0) = R'(Q_0) - C'(Q_0) = 0,$$
即取得最大利润的必要条件:边际收益等于边际成本 $R'(Q_0) = C'(Q_0)$.

根据极值存在的充分条件,应满足
$$L''(Q_0) = R''(Q_0) - C''(Q_0) < 0,$$
即边际收益的变化率小于边际成本的变化率时取得最大利润.

由以上两式可以得出,如果在某产量 $Q=Q_0$ 时边际收益等于边际成本,且若再增加产量,边际收益将小于边际成本时,可以获得最大利润.

例 4.45 设某产品产量为 Q 个单位时,总成本函数为 $C(Q)=200+50Q+Q^2$,总收益函数为 $R(Q)=100Q-Q^2$ (单位:万元),问产量为多少时可以获得最大利润? 并求出最大利润.

解 利润函数 $L(Q)=R(Q)-C(Q)$
$$= 100Q-Q^2-(200+50Q+Q^2)$$
$$= -2Q^2+50Q-200,$$
$$L'(Q)=-4Q+50.$$

令 $L'(Q)=0$,得 $Q=12.5$. 又因为 $L''(Q)=-4<0$,所以,$L(Q)$ 在 $Q=12.5$ 时取得唯一的极大值,即最大值. 从而知道当产量为 12.5 单位时,最大利润 $L(12.5)=112.5$ 万元.

2. 最大收益问题

总收益为价格与销售量的乘积,即总收益函数 $R=PQ$. 如果产品以固定价格 P_0 销售,则总收益 $R=P_0Q$ 是销售量的增函数,此时没有极值.

如果价格 P 是变量,需求函数 $Q=f(P)$ 是单调减少函数,则这种情况下总收益有极值. 在前面已经得到边际收益与需求弹性的关系:

$$\frac{dR}{dQ} = P\left(1+\frac{1}{E_d}\right).$$

若销量为 Q_0 时总收益最大,则根据极值存在的必要条件应满足 $\frac{dR}{dQ}=0$,而 $P>0$,所以可以推得,总收益最大时,$E_d=-1$.

例 4.46 某超市销售一种饮料,若每瓶定价 6 元,每月大约可以卖出 1000 瓶,若每瓶定价降低 0.02 元,则估计每月可以多卖出 10 瓶. 求每瓶定价为多少时可以获得最大收益,最大收益是多少?

解 设每瓶定价为 P 元,此时的销售量为 Q 瓶,则需求函数
$$Q = 1000+\frac{6-P}{0.02}\times 10 = 4000-500P \quad (0<P\leqslant 6).$$

总收益函数 $\qquad R(P)=P\cdot Q=4000P-500P^2.$

令 $R'(P)=4000-1000P=0$,得 $P=4$.

又 $R''(P)=-1000<0$,从而当每瓶定价为 4 元时可以获得最大收益,最大收益是 $R(4)=8000$ 元.

3. 最低平均成本问题

成本函数为 $C(Q)$ 时,平均成本函数为 $\overline{C}(Q)=\dfrac{C(Q)}{Q}$.

若产量为 Q_0 时平均成本最低,则根据极值存在的必要条件应满足
$$\frac{d\overline{C}}{dQ} = \frac{QC'(Q)-C(Q)}{Q^2} = \frac{1}{Q}[C'(Q)-\overline{C}(Q)] = 0,$$

即平均成本最低的必要条件：边际成本等于平均成本.

根据极值存在的充分条件，应满足

$$\frac{d^2\overline{C}}{dQ^2} = \frac{d}{dQ}\left[\frac{QC'(Q)-C(Q)}{Q^2}\right]$$

$$= \frac{1}{Q}\left[C''(Q) - 2\frac{QC'(Q)-C(Q)}{Q^2}\right]$$

$$= \frac{1}{Q}\left[\frac{dC'(Q)}{dQ} - 2\frac{d\overline{C}}{dQ}\right] > 0.$$

由于 $Q>0$，且当 $Q=Q_0$ 时已经有 $\frac{d\overline{C}}{dQ}=0$，因此上式可以写成 $\frac{dC'(Q)}{dQ}>0$，即平均成本最低的充分条件：边际成本的变化率大于 0.

由以上两式可以得出，如果在某产量 $Q=Q_0$ 时边际成本等于平均成本，且若再增加产量，边际成本将大于平均成本时，平均成本最低.

例 4.47 已知某厂生产 Q 件产品的成本为 $C=360\,000+200Q+\frac{Q^2}{25}$（元）.

(1) 求使平均成本最低的产量以及最低平均成本；

(2) 若产品以每件 600 元售出，要使利润最大，应生产多少件产品，并求最大利润.

解 (1) 平均成本函数为

$$\overline{C}(Q) = \frac{C}{Q} = \frac{360\,000}{Q} + 200 + \frac{Q}{25}.$$

则

$$\overline{C}'(Q) = -\frac{360\,000}{Q^2} + \frac{1}{25} = 0,$$

得

$$Q = 3000, \quad Q = -3000(舍).$$

因为

$$\overline{C}''(3000) = \frac{720\,000}{Q^3}\bigg|_{Q=3000} = \frac{8}{3}\times 10^{-5} > 0,$$

所以当生产 3000 件产品时，平均成本最低，为 $\overline{C}(3000)=440$ 元.

(2) 总利润函数为

$$L(Q) = R(Q) - C(Q) = 600Q - \left(360\,000 + 200Q + \frac{Q^2}{25}\right)$$

$$= -\frac{Q^2}{25} + 400Q - 360\,000.$$

则

$$L'(Q) = -\frac{2Q}{25} + 400 = 0,$$

得
$$Q = 5000.$$
因为
$$L''(5000) = -\frac{2}{25} < 0,$$
所以当生产 5000 件产品时,可以获得最大利润 $L(5000) = 640\,000$ 元.

4. 最大征税收益问题

如果工厂以最大利润为目的控制产量,政府对产品征税,那么政府如何确定税率 t(t 为单位产品的税收金额)以使征税收益最大? 这是下面要讨论的问题.

假设工厂的总收益函数 $R(Q)$ 和总成本函数 $C(Q)$ 已给定,因为每件产品要上税,其值就等于 t,所以平均成本要增加 t,从而上税后的总成本函数将变为
$$C_t(Q) = C(Q) + t \cdot Q$$
其中,政府征税得到的总收益是 $T = t \cdot Q$.

这是求极值的目标函数. 由于 T 与 t 和 Q 都有关系,必须选择合适的税率 t,以使政府的征税收益 T 最大.

例 4.48 一商家销售某种商品的价格满足关系 $P = 7 - 0.2Q$(万元/吨),Q 为销售量(单位:吨),商品的成本函数是 $C = 3Q + 1$(万元).

(1) 若每销售一吨商品,政府要征税 t(万元),求该商家获最大利润时的销售量;

(2) t 为何值时,政府税收总额最大,并求最大征税收益和此时的总利润.

解 (1) 总税额为
$$T = t \cdot Q,$$
收益函数为
$$R(Q) = P \cdot Q = 7Q - 0.2Q^2.$$
利润函数为
$$L = R - (C + T) = -0.2Q^2 + (4-t)Q - 1,$$
则
$$L' = -0.4Q + 4 - t = 0,$$
解得唯一驻点
$$Q = \frac{5}{2}(4-t).$$
因为 $L'' = -0.4 < 0$,所以 $Q = \frac{5}{2}(4-t)$ 为利润最大时的销售量.

(2) 将 $Q = \frac{5}{2}(4-t)$ 代入 $T = t \cdot Q$,得 $T = 10t - \frac{5}{2}t^2$.

令
$$T' = 10 - 5t = 0,$$

解得唯一驻点
$$t = 2.$$
因为 $T'' = -5 < 0$,所以当 $t=2$ 时,T 有最大值,此时,销售量 $Q=5$(吨).

最大征税收益:$T = 2 \times 5 = 10$(万元),此时的总利润:$L = -0.2 \times 5^2 + (4-2) \times 5 - 1 = 4$(万元).

习题 4.6

1. 设一企业生产某产品的日产量为 800 台,日产量为 Q 个单位时的总成本函数为
$$C(Q) = 0.1Q^2 + 2Q + 5000.$$
求:(1) 产量为 600 台时的总成本;
(2) 产量为 600 台时的平均总成本;
(3) 产量由 600 台增加到 700 台时总成本的平均变化率;
(4) 产量为 600 台时的边际成本,并解释其经济意义.

2. 某商品定价 1 元时,每月销售 20 000 件;定价 1.5 元时,销售量为 15 000 件.设需求函数是线性的,生产的固定成本为每月 10 000 元,每件产品的可变成本为 0.8 元.求:
(1) 边际利润函数 $L'(Q)$;
(2) 价格为何值时边际利润为 0;
(3) 价格为 2 元时的利润.

3. 某化工厂日产能力最高为 1000 吨,每日产品的总成本 C(单位:元)是日产量 Q(单位:吨)的函数
$$C = C(Q) = 1000 + 7Q + 50\sqrt{Q}, \quad Q \in [0, 1000].$$
(1) 求日产量为 100 吨时的边际成本;
(2) 求日产量为 100 吨时的平均单位成本.

4. 某商品的价格 P 关于需求量 Q 的函数为 $P = 10 - \dfrac{Q}{5}$,求:
(1) 总收益函数、平均收益函数和边际收益函数;
(2) 当 $Q=20$ 个单位时的总收益、平均收益和边际收益.

5. 设生产 Q 件某产品的总成本函数为
$$C(Q) = 1500 + 34Q + 0.3Q^2.$$
如果该产品销售单价为:$P=280$ 元/件,求:
(1) 该产品的总利润函数 $L(Q)$;
(2) 该产品的边际利润函数以及销量为 420 个单位时的边际利润,并解释该结果的经济意义.

6. 设某商品的需求函数为 $Q = 2e^{-\frac{P}{4}}$,求:
(1) 需求弹性函数;

(2) $P=3,4,5$ 时的需求弹性,并说明其经济意义.

7. 设某商品的需求函数为 $Q=800-10P$,其中 Q,P 分别表示需求量和价格,试分别求出需求弹性的绝对值大于 1、等于 1 的商品价格的取值范围.

8. 设某产品的需求函数为 $Q=Q(P)$,收益函数 $R=PQ$,其中 P 为产品价格. $Q(P)$ 为单调减少函数. 如果当价格为 P_0 对应产量为 Q_0 时,边际收益 $\dfrac{dR}{dQ}\Big|_{Q=Q_0}=a>0$,收益对价格的边际收益 $\dfrac{dR}{dP}\Big|_{P=P_0}=c<0$,需求对价格的弹性 $|E_d|=b>1$,求 P_0 与 Q_0.

9. 设某商品的总成本函数为 $C(x)=400+3x+\dfrac{1}{2}x^2$,而需求函数为 $P=\dfrac{100}{\sqrt{x}}$,其中 x 为产量(假定等于需求量),P 为价格,试求:
(1) 边际成本;(2) 边际收益;(3) 边际利润;(4) 收益的价格弹性.

10. 已知某商品的年需求量 Q 是价格 P 的线性函数 $Q=a-bP$,其中 $a,b>0$,试求:
(1) 需求弹性;(2) 需求弹性等于 1 时的价格.

11. 设某厂每月生产的产品固定成本为 1000 元,生产 x 个单位产品的可变成本为 $0.01x^2+10x$ 元,如果每单位产品的销售价格为 30 元,试求:总成本函数、总收入函数、总利润函数、边际成本、边际收入及边际利润为零时的产量.

12. 已知某企业的总收入函数和总成本函数分别为
$$R(x)=26x-2x^2-4x^3, \quad C(x)=x^2+8x,$$
其中,x 表示产量.求利润函数、边际收入函数、边际成本函数,以及企业获得最大利润时的产量和最大利润.

13. 某厂家打算生产一批商品投放市场,已知该商品的需求函数为 $P=P(x)=10e^{-\frac{x}{2}}$,且最大需求量为 6,其中 x 表示需求量,P 表示价格.求:
(1) 该商品的收益函数和边际收益函数;
(2) 使收益最大时的产量、最大收益和相应的价格;
(3) 画出收益函数的图形.

14. 某商品的平均成本 $\overline{C}(x)=2$,价格函数为 $P(x)=20-4x$(x 为商品数量),国家向企业每件商品征税为 t. 问:
(1) 生产商品多少时,利润最大?
(2) 在企业取得最大利润的情况下,t 为何值时才能使总税收最大?

4.7 泰勒公式

对于一些复杂函数,为了便于研究,我们往往希望用一些简单函数来近似表示,多项式是函数中最简单的一种,用多项式近似表达函数是近似计算中的一个重要内容.在第 2 章

中,我们已见过: $e^x \approx 1+x$, $\sin x \approx x$(当$|x|$充分小时)等近似计算公式,就是多项式表示函数的一个特殊情形,当然这种近似表示式还较粗糙(尤其当$|x|$较大时).

在第 3 章的微分近似计算中,也是用多项式对函数值作近似计算的,如当 x 与 x_0 很接近时,有
$$f(x) \approx f(x_0) + f'(x_0)(x-x_0).$$

此公式就说明要求函数在某点的函数值 $f(x)$,可用关于 $x-x_0$ 的一次多项式来近似计算,显然这种近似计算还存在着不足之处:首先,精确度不高,它所产生的误差仅是关于 $x-x_0$ 的高阶无穷小;其次,用它来作近似计算时,不能具体估计出误差的大小,因此对于精确度要求较高且需要估计误差的时候,就不能用关于 $x-x_0$ 的一次多项式简单近似计算.那么能否用关于 $x-x_0$ 的高次多项式作近似计算呢?如果能,需要具备怎样的条件且是否能解决上述问题呢?

先讨论函数 $f(x)$ 本身就是一个多项式的情形.设
$$f(x) = P_n(x) = a_0 + a_1(x-x_0) + a_2(x-x_0)^2 + \cdots + a_n(x-x_0)^n.$$
对上式逐次求导得
$$f'(x) = a_1 + 2a_2(x-x_0) + 3a_3(x-x_0)^2 + \cdots + na_n(x-x_0)^{n-1},$$
$$f''(x) = 2 \cdot 1 \cdot a_2 + 3 \cdot 2 \cdot a_3 \cdot (x-x_0) + 4 \cdot 3 \cdot a_4 \cdot (x-x_0)^2 + \cdots$$
$$+ n \cdot (n-1) \cdot a_n \cdot (x-x_0)^{n-2},$$
$$\vdots$$
$$f^{(n)}(x) = n!a_n.$$
由此推出
$$f(x_0) = a_0, \quad f'(x_0) = a_1, \quad f''(x_0) = 2!a_2, \quad \cdots, \quad f^{(n)}(x_0) = n!a_n,$$
或
$$a_0 = f(x_0), \quad a_1 = \frac{f'(x_0)}{1!}, \quad a_2 = \frac{f''(x_0)}{2!}, \quad \cdots, \quad a_n = \frac{f^{(n)}(x_0)}{n!}.$$
于是有
$$f(x) = f(x_0) + f'(x_0)(x-x_0) + \frac{f''(x_0)}{2!}(x-x_0)^2 + \cdots + \frac{f^{(n)}(x_0)}{n!}(x-x_0)^n.$$

对于任意一个函数 $f(x)$ 来说,如果它存在直到 n 阶的导数,则按照它的导数总可以写出相应于上式右边的形式,它与函数 $f(x)$ 之间有什么关系呢?下面的泰勒中值定理就很好地回答了这个问题.

定理 4.11(泰勒中值定理) 若函数 $f(x)$ 在含有 x_0 的某个开区间 (a,b) 内具有直到 $(n+1)$ 阶的导数,则当 $x \in (a,b)$ 时,$f(x)$ 可以表示成
$$f(x) = f(x_0) + f'(x_0)(x-x_0) + \frac{f''(x_0)}{2!}(x-x_0)^2 + \cdots$$
$$+ \frac{f^{(n)}(x_0)}{n!}(x-x_0)^n + R_n(x),$$

其中，
$$R_n(x) = \frac{f^{(n+1)}(\xi)}{(n+1)!}(x-x_0)^{n+1} \quad (\xi \text{ 介于 } x_0 \text{ 与 } x \text{ 之间}).$$

证明 令 $R_n(x) = f(x) - P_n(x)$，下面证明存在一个 ξ 介于 x_0 与 x 之间，使得
$$R_n(x) = \frac{f^{(n+1)}(\xi)}{(n+1)!}(x-x_0)^{n+1}.$$

由于 $f(x)$ 有直到 $(n+1)$ 阶的导数，$P_n(x)$ 为多项式，故 $R_n(x)$ 在 (a,b) 内有直到 $(n+1)$ 阶导数，并且 $R_n(x_0) = R'_n(x_0) = R''_n(x_0) = \cdots = R_n^{(n)}(x_0) = 0$. 现对函数 $R_n(x)$ 和 $(x-x_0)^{n+1}$ 在以 x_0 和 x 为端点的区间上应用柯西中值定理，

$$\frac{R_n(x)}{(x-x_0)^{n+1}} = \frac{R_n(x) - R_n(x_0)}{(x-x_0)^{n+1} - (x_0-x_0)^{n+1}} = \frac{R'_n(\xi_1)}{(n+1)(\xi_1-x_0)^n} \quad (\xi_1 \text{ 介于 } x_0 \text{ 与 } x \text{ 之间}),$$

$$\frac{R'_n(\xi_1)}{(n+1)(\xi_1-x_0)^n} = \frac{R'_n(\xi_1) - R'_n(x_0)}{(n+1)(\xi_1-x_0)^n - (n+1)(x_0-x_0)^n}$$
$$= \frac{R''_n(\xi_2)}{(n+1)n(\xi_2-x_0)^{n-1}} \quad (\xi_2 \text{ 介于 } \xi_1 \text{ 与 } x_0 \text{ 之间}).$$

如此继续下去，经过 $(n+1)$ 次后，存在一个 ξ_{n+1} 介于 ξ_n 与 x_0 之间，使得
$$\frac{R_n(x)}{(x-x_0)^{n+1}} = \frac{R_n^{(n+1)}(\xi_{n+1})}{(n+1)!}, \quad \text{显然 } \xi_{n+1} \text{ 介于 } x_0 \text{ 与 } x \text{ 之间}.$$

一般地，记 $\xi = \xi_{n+1}$，则有
$$\frac{R_n(x)}{(x-x_0)^{n+1}} = \frac{R_n^{(n+1)}(\xi)}{(n+1)!},$$

又因为 $R_n(x) = f(x) - P_n(x)$，而 $P_n(x)$ 为 n 次多项式，由于 $P_n^{(n+1)}(x) \equiv 0$，因此 $R_n^{(n+1)}(x) \equiv f^{(n+1)}(x)$，则

$$\frac{R_n(x)}{(x-x_0)^{n+1}} = \frac{f^{(n+1)}(\xi)}{(n+1)!} \quad \text{或} \quad R_n(x) = \frac{f^{(n+1)}(\xi)}{(n+1)!}(x-x_0)^{n+1} \quad (\xi \text{ 介于 } x_0 \text{ 与 } x \text{ 之间}).$$

注：(1) $f(x) = f(x_0) + \sum_{k=1}^{n} \frac{f^{(k)}(x_0)}{k!} \cdot (x-x_0)^k + \frac{f^{(n+1)}(\xi)}{(n+1)!} \cdot (x-x_0)^{n+1}.$

此式称为函数 $f(x)$ 按 $(x-x_0)$ 的幂展开的 **n 阶泰勒公式**；或者称之为函数 $f(x)$ 在点 x_0 处的 **n 阶泰勒展开式**.

当 $n=0$ 时，泰勒公式变为
$$f(x) = f(x_0) + \frac{f^{(0+1)}(\xi)}{(0+1)!}(x-x_0)^{0+1} = f(x_0) + f'(\xi) \cdot (x-x_0),$$

这正是拉格朗日中值定理的形式. 因此，也称泰勒公式中的余项
$$R_n(x) = \frac{f^{(n+1)}(\xi)}{(n+1)!} \cdot (x-x_0)^{n+1}$$

为拉格朗日型余项.

(2) 对固定的 n，若 $|f^{(n+1)}(x)| \leqslant M, a < x < b$，有

$$|R_n(x)| \leqslant \frac{M}{(n+1)!} \cdot |x-x_0|^{n+1},$$

此式可用作误差阶的估计.

$$\left|\frac{R_n(x)}{(x-x_0)^n}\right| \leqslant \frac{M}{(n+1)!} \cdot |x-x_0| \to 0 \quad (x \to x_0),$$

故 $R_n(x) = o[(x-x_0)^n], x \to x_0$. 即误差 $R_n(x)$ 是当 $x \to x_0$ 时比 $(x-x_0)^n$ 高阶的无穷小,这一余项表达式称为**皮亚诺型余项**.

(3) 若 $x_0 = 0$,则 ξ 在 0 与 x 之间,它表示成形式 $\xi = \theta \cdot x (0 < \theta < 1)$.

泰勒公式有较简单的形式——**麦克劳林(Maclaurin)公式**:

$$f(x) = f(0) + \frac{f'(0)}{1!}x + \frac{f''(0)}{2!}x^2 + \cdots + \frac{f^{(n)}(0)}{n!}x^n + \frac{f^{(n+1)}(\theta \cdot x)}{(n+1)!}x^{n+1} \quad (0 < \theta < 1).$$

近似公式

$$f(x) \approx f(0) + \frac{f'(0)}{1!}x + \frac{f''(0)}{2!}x^2 + \cdots + \frac{f^{(n)}(0)}{n!}x^n.$$

误差估计式

$$|R_n(x)| \leqslant \frac{M}{(n+1)!}|x|^{n+1}.$$

(4) 麦克劳林展开式是一种特殊形式的泰勒展开式,容易求. 因此求函数 $f(x)$ 在任意点 $x = x_0$ 处的泰勒展开式时,可通过变量替换 $x - x_0 = t$ 划归到这一情况. 令 $x - x_0 = t$,则 $f(x) = f(t + x_0) = F(t)$,对函数 $F(t)$ 作麦克劳林展开.

例 4.49 求 $f(x) = e^x$ 的麦克劳林公式.

解 $f^{(k)}(x) = e^x \ (k = 0, 1, 2, \cdots, n)$,

$$f(0) = f'(0) = f''(0) = \cdots = f^{(n)}(0) = e^0 = 1, \quad f^{(n+1)}(\theta \cdot x) = e^{\theta \cdot x},$$

于是

$$e^x = 1 + \frac{x}{1!} + \frac{x^2}{2!} + \cdots + \frac{x^n}{n!} + \frac{e^{\theta \cdot x}}{(n+1)!} \cdot x^{n+1} \quad (0 < \theta < 1),$$

有近似公式

$$e^x \approx 1 + \frac{x}{1!} + \frac{x^2}{2!} + \cdots + \frac{x^n}{n!}.$$

其误差的界为

$$|R_n(x)| \leqslant \frac{e^{|x|}}{(n+1)!} \cdot |x|^{n+1}.$$

函数 $y = e^x$ 的一些近似表达式如下.

(1) $y \approx 1 + x$;   (2) $y \approx 1 + x + \frac{1}{2}x^2$;   (3) $y \approx 1 + x + \frac{1}{2}x^2 + \frac{1}{6}x^3$.

例 4.50 求 $f(x) = \sin x$ 的 n 阶麦克劳林公式.

解 $f^{(n)}(x) = \sin\left(x + \frac{n\pi}{2}\right), f^{(n)}(0) = \sin\frac{n\pi}{2}$,

$f(0)=0, f'(0)=1, f''(0)=0, f^{(3)}(0)=-1, f^{(4)}(0)=0, \cdots$.

它们的值依次取 4 个数值 $0, 1, 0, -1$.

$$\sin x = x - \frac{x^3}{3!} + \frac{x^5}{5!} - \cdots + (-1)^{m-1} \frac{x^{2m-1}}{(2m-1)!} + R_{2m}(x),$$

其中，

$$R_{2m}(x) = \frac{\sin\left[\theta x + (2m+1) \cdot \frac{\pi}{2}\right]}{(2m+1)!} \cdot x^{2m+1} \quad (0 < \theta < 1).$$

函数 $y = \sin x$ 的一些近似表达式及其图像如下（图 4-25）．

(1) $y \approx x$； (2) $y \approx x - \frac{1}{3!}x^3$； (3) $y \approx x - \frac{1}{3!}x^3 + \frac{1}{5!}x^5$； (4) $y = x - \frac{x^3}{3!} + \frac{x^5}{5!} - \frac{x^7}{7!}$.

同理有

$$\cos x = 1 - \frac{x^2}{2!} + \frac{x^4}{4!} - \cdots + (-1)^m \frac{x^{2m}}{(2m)!} + R_{2m+1}(x),$$

其中，

$$R_{2m+1}(x) = \frac{\cos(\theta x + (m+1)\pi)}{(2m+2)!} \cdot x^{2m+2} \quad (0 < \theta < 1).$$

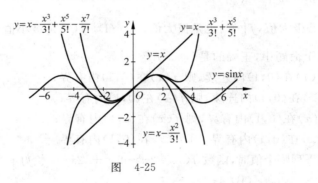

图 4-25

例 4.51 利用麦克劳林公式求极限 $\lim\limits_{x \to 0} \frac{1 - \cos x^2}{x^3 \sin x}$.

解 $\lim\limits_{x \to 0} \frac{1 - \cos x^2}{x^3 \sin x} = \lim\limits_{x \to 0} \frac{1 - \left[1 - \frac{(x^2)^2}{2!} + o(x^4)\right]}{x^3 [x + o(x)]} = \lim\limits_{x \to 0} \frac{\frac{x^4}{2} + o(x^4)}{x^4 + o(x^4)} = \frac{1}{2}$.

习题 4.7

1. 将多项式 $f(x) = x^3 + x - 2$ 按 $(x-1)$ 的幂进行展开．
2. 求 $f(x) = \tan x$ 的四阶麦克劳林展开式，并给出皮亚诺型余项．
3. 求 $\ln(1+x)$ 的 n 阶麦克劳林公式．
4. 应用三阶泰勒公式计算下列函数的近似值，并估计误差．

(1) $\sin 18°$;   (2) $\sqrt[3]{30}$.

5. 利用麦克劳林公式求极限 $\lim\limits_{x\to 0}\dfrac{6\sin x^3+x^3(x^6-6)}{x^9\ln(1+x^6)}$.

复习题四

1. 设某商品的需求函数为 $Q=160-2P$，其中 Q,P 分别表示需求量和价格，如果该商品需求弹性的绝对值等于1，则商品的价格是(　　).

(A) 10;   (B) 20;   (C) 30;   (D) 40.

2. 设函数 $y=f(x)$ 具有二阶导数，且 $f'(x)>0, f''(x)>0$，Δx 为自变量 x 在点 x_0 处的增量，Δy 与 dy 分别为 $f(x)$ 在点 x_0 处对应的增量与微分，若 $\Delta x>0$，则(　　).

(A) $0<dy<\Delta y$;   (B) $0<\Delta y<dy$;
(C) $\Delta y<dy<0$;   (D) $dy<\Delta y<0$.

3. 设 $f(x)=x\sin x+\cos x$，下列命题中正确的是(　　).

(A) $f(0)$ 是极大值，$f\left(\dfrac{\pi}{2}\right)$ 是极小值;   (B) $f(0)$ 是极小值，$f\left(\dfrac{\pi}{2}\right)$ 是极大值;
(C) $f(0)$ 是极大值，$f\left(\dfrac{\pi}{2}\right)$ 也是极大值;   (D) $f(0)$ 是极小值，$f\left(\dfrac{\pi}{2}\right)$ 也是极小值.

4. 以下四个命题中，正确的是(　　).

(A) 若 $f'(x)$ 在 $(0,1)$ 内连续，则 $f(x)$ 在 $(0,1)$ 内有界;
(B) 若 $f(x)$ 在 $(0,1)$ 内连续，则 $f(x)$ 在 $(0,1)$ 内有界;
(C) 若 $f'(x)$ 在 $(0,1)$ 内有界，则 $f(x)$ 在 $(0,1)$ 内有界;
(D) 若 $f(x)$ 在 $(0,1)$ 内有界，则 $f'(x)$ 在 $(0,1)$ 内有界.

5. 当 a 取下列哪个值时，函数 $f(x)=2x^3-9x^2+12x-a$ 恰好有两个不同的零点(　　).

(A) 2;   (B) 4;   (C) 6;   (D) 8.

6. 设 $f(x)=|x(1-x)|$，则(　　).

(A) $x=0$ 是 $f(x)$ 的极值点，但 $(0,0)$ 不是曲线 $y=f(x)$ 的拐点;
(B) $x=0$ 不是 $f(x)$ 的极值点，但 $(0,0)$ 是曲线 $y=f(x)$ 的拐点;
(C) $x=0$ 是 $f(x)$ 的极值点，且 $(0,0)$ 是曲线 $y=f(x)$ 的拐点;
(D) $x=0$ 不是 $f(x)$ 的极值点，$(0,0)$ 也不是曲线 $y=f(x)$ 的拐点.

7. 求下列极限.

(1) $\lim\limits_{x\to 0^+}\dfrac{\ln\sin x}{\cot x}$;   (2) $\lim\limits_{x\to 0}\dfrac{1}{x^2}\ln\dfrac{\sin x}{x}$;   (3) $\lim\limits_{x\to 0}\dfrac{1}{x^3}\left[\left(\dfrac{2+\cos x}{3}\right)^x-1\right]$;

(4) $\lim\limits_{x\to +\infty}\dfrac{\ln\left(1+\dfrac{1}{x}\right)}{\operatorname{arccot} x}$;   (5) $\lim\limits_{x\to 1}\left[\dfrac{1}{\sin\pi x}-\dfrac{1}{\pi(1-x)}\right]$;   (6) $\lim\limits_{x\to 0}\left(\dfrac{1}{\sin^2 x}-\dfrac{\cos^2 x}{x^2}\right)$;

(7) $\lim\limits_{x\to\frac{\pi}{4}}\dfrac{\sec^2 x-2\tan x}{\cos 4x+1}$；　(8) $\lim\limits_{x\to 0}\dfrac{\tan x-x}{x-\sin x}$；　(9) $\lim\limits_{x\to +\infty}\dfrac{e^x+2x\arctan x}{e^x-\pi x}$；

(10) $\lim\limits_{x\to 0}\dfrac{x-\sin x}{x^2(e^x-1)}$.

8. 设 $a>1$，$f(t)=a^t-at$ 在 $(-\infty,+\infty)$ 内的驻点为 $t(a)$. 问 a 为何值时，$t(a)$ 最小？并求出最小值.

9. 设函数 $f(x)$ 在 $[1,2]$ 上二阶可导，$f(1)=f(2)=0$，令 $F(x)=(x-1)^2 f(x)$. 证明：存在 $\xi\in(1,2)$，使得 $F''(\xi)=0$.

10. 设函数 $y=y(x)$ 由方程 $y\ln y-x+y=0$ 确定，试判断曲线 $y=y(x)$ 在点 $(1,1)$ 附近的凹凸性.

不定积分

在第 3 章,我们讨论了如何求一个函数的导数的问题,本章将讨论它的逆问题,即如何寻求一个可导函数 $F(x)$,使其导数恰好等于给定的函数 $f(x)$,这就属于积分学的范畴了.

5.1 不定积分的概念与性质

5.1.1 原函数与不定积分的概念

1. 原函数的定义

现在要讨论的问题是:已知函数 $f(x)$,欲求一个函数 $F(x)$,使得 $F'(x)=f(x)$,例如,已知 $f(x)=\cos x$,则可求得 $F(x)=\sin x$,因为 $(\sin x)'=\cos x$. 显然,这是微分运算的逆运算. 这时称函数 $\sin x$ 是函数 $\cos x$ 的一个原函数.

定义 5.1 若在区间 I 上,可导函数 $F(x)$ 的导数等于 $f(x)$,即 $\forall x \in I$,都有
$$F'(x) = f(x) \quad \text{或} \quad dF(x) = f(x)dx,$$
则称 $F(x)$ 是 $f(x)$ 在区间 I 上的一个原函数.

关于原函数,我们首先要问:当一个函数具备什么条件时,能保证它的原函数一定存在?下面的定理回答了这个问题(此定理的证明将在第 6 章给出).

定理 5.1(原函数存在定理) 如果函数 $f(x)$ 在区间 I 上连续,那么在区间 I 上存在可导函数 $F(x)$,使得 $\forall x \in I$,都有 $F'(x)=f(x)$.

也就是说,**连续函数的原函数一定存在**.

原函数具有如下特征:

(1) 若 $F(x)$ 是 $f(x)$ 在区间 I 上的一个原函数,则 $F(x)+C$(C 为任意常数)也都是 $f(x)$ 在区间 I 上的原函数. 这说明:如果 $f(x)$ 有一个原函数,那么它就有无穷多个原函数.

(2) 若 $F(x)$ 和 $G(x)$ 都是 $f(x)$ 在区间 I 上的原函数,则 $F(x)$ 和 $G(x)$ 至多相差一个常数.

(3) 上述(1),(2)说明:若 $f(x)$ 存在原函数,则它必存在无穷多个原函数;若 $F(x)$ 是

其中的一个原函数,则所有的原函数可写成 $F(x)+C$(C 为任意常数)的形式.

2. 不定积分的定义

定义 5.2 函数 $f(x)$ 在区间 I 上的全体原函数 $F(x)+C$(C 为任意常数),称为 $f(x)$ 在区间 I 上的不定积分,记做 $\int f(x)\mathrm{d}x$,即

$$\int f(x)\mathrm{d}x = F(x)+C,$$

上式中,记号 $\int$ 称为积分号,$f(x)$ 称为被积函数,$f(x)\mathrm{d}x$ 称为被积表达式,x 称为积分变量,C 称为积分常数.

显然由定义可知,记号 $\int f(x)\mathrm{d}x$ 表示导数为 $f(x)$ 或微分为 $f(x)\mathrm{d}x$ 的函数的全体,即被积表达式 $f(x)\mathrm{d}x$ 可看做是要求的原函数的微分.

由定义 5.2 知,求不定积分与求导数或求微分互为逆运算,它们之间有下述关系:

(1) $\dfrac{\mathrm{d}}{\mathrm{d}x}\left(\int f(x)\mathrm{d}x\right)=f(x)$ 或 $\mathrm{d}\left(\int f(x)\mathrm{d}x\right)=f(x)\mathrm{d}x$;

(2) $\int F'(x)\mathrm{d}x = F(x)+C$ 或 $\int \mathrm{d}F(x) = F(x)+C$.

当记号 $\int$ 与 d 连在一起时,两者的作用或者抵消,或者抵消后相差一个常数.

这里,需注意第(2)个等式,一个函数先进行微分运算,再进行积分运算,得到的不是一个函数,而是一簇函数,因此必须加上一个任意常数.

例 5.1 求不定积分 $\int x^3 \mathrm{d}x$.

解 因为 $\left(\dfrac{x^4}{4}\right)'=x^3$,所以 $\dfrac{x^4}{4}$ 是 x^3 的一个原函数,于是

$$\int x^3 \mathrm{d}x = \dfrac{x^4}{4}+C.$$

一般地,当 $\mu\neq -1$ 时,由于 $\left(\dfrac{1}{\mu+1}x^{\mu+1}\right)'=x^\mu$,于是有 $\int x^\mu \mathrm{d}x = \dfrac{x^{\mu+1}}{\mu+1}+C.$

例 5.2 求不定积分 $\int \dfrac{1}{x}\mathrm{d}x$.

解 被积函数 $f(x)=\dfrac{1}{x}$ 在 $(-\infty,0)\cup(0,+\infty)$ 有定义,当 $x\in(0,+\infty)$ 时,因 $(\ln x)'=\dfrac{1}{x}$,所以 $\ln x$ 是 $\dfrac{1}{x}$ 在 $(0,+\infty)$ 上的一个原函数,因此在 $(0,+\infty)$ 内有

$$\int \dfrac{1}{x}\mathrm{d}x = \ln x + C.$$

而当 $x\in(-\infty,0)$ 时,因为 $[\ln(-x)]'=\dfrac{1}{-x}\cdot(-1)=\dfrac{1}{x}$,所以 $\ln(-x)$ 是 $\dfrac{1}{x}$ 在 $(-\infty,0)$

上的一个原函数,因此在$(-\infty,0)$内有

$$\int \frac{1}{x}dx = \ln(-x) + C.$$

把上面两种情况合并在一起写,就是

$$\int \frac{1}{x}dx = \ln|x| + C.$$

例 5.3 设曲线通过点$(0,-1)$,且其上任一点处的切线斜率等于该点横坐标的平方的 3 倍,求此曲线的方程.

解 设所求曲线的方程为 $y=f(x)$,(x,y) 为曲线上任一点,由题意及导数的几何意义,有

$$f'(x) = 3x^2,$$

而

$$\int 3x^2 dx = x^3 + C,$$

故

$$y = f(x) = x^3 + C.$$

这是一簇曲线,它们互相平行,且在横坐标为 x 的点处的斜率都是 $3x^2$,将 $x=0$,$y=-1$ 代入 $y=x^3+C$ 中,得 $C=-1$.于是,所求曲线的方程为 $y=x^3-1$.

3. 不定积分的几何意义

从几何上看,求原函数的问题,就是给定曲线在点 x 处的切线斜率 $f(x)$,求该曲线. 设函数 $f(x)$ 在某区间上的一个原函数为 $F(x)$,在几何上将曲线 $y=F(x)$ 称为 $f(x)$ 的一条积分曲线,这条曲线上点 x 处的切线斜率等于 $f(x)$,即满足 $F'(x)=f(x)$. 由于 $f(x)$ 的不定积分是它的全体原函数 $F(x)+C$(C 为任意常数),当 C 取不同的值时,就得到不同的积分曲线. 由此,函数 $f(x)$ 的不定积分 $\int f(x)dx$ 表示一簇曲线,这一簇曲线可由其中任一条沿 y 轴平移而得到,我们称之为积分曲线族. 在每一条积分曲线上横坐标相同的点 x 处作切线,切线互相平行,其斜率都是 $f(x)$,如图 5-1 所示.

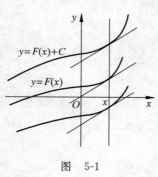

图 5-1

5.1.2 基本积分公式表

既然积分运算与微分运算是互逆的运算,那么很自然地可以由导数公式表得到相应的积分公式表,这个表通常叫做基本积分公式表.

(1) $\int k\,dx = kx + C$ (k 为常数); (2) $\int x^\mu dx = \frac{1}{\mu+1}x^{\mu+1} + C$ ($\mu \neq -1$);

(3) $\int \dfrac{1}{x} \mathrm{d}x = \ln|x| + C$; (4) $\int a^x \mathrm{d}x = \dfrac{a^x}{\ln a} + C \ (a>0, a\neq 1)$;

(5) $\int \mathrm{e}^x \mathrm{d}x = \mathrm{e}^x + C$; (6) $\int \cos x \mathrm{d}x = \sin x + C$;

(7) $\int \sin x \mathrm{d}x = -\cos x + C$; (8) $\int \dfrac{1}{\cos^2 x} \mathrm{d}x = \int \sec^2 x \mathrm{d}x = \tan x + C$;

(9) $\int \dfrac{1}{\sin^2 x} \mathrm{d}x = \int \csc^2 x \mathrm{d}x = -\cot x + C$; (10) $\int \sec x \tan x \mathrm{d}x = \sec x + C$;

(11) $\int \csc x \cot x \mathrm{d}x = -\csc x + C$; (12) $\int \dfrac{1}{\sqrt{1-x^2}} \mathrm{d}x = \arcsin x + C = -\arccos x + C$;

(13) $\int \dfrac{1}{1+x^2} \mathrm{d}x = \arctan x + C = -\operatorname{arccot} x + C$.

5.1.3 不定积分的性质

根据不定积分的定义,易证不定积分有如下的性质.

性质 1 设函数 $f(x)$ 和 $g(x)$ 都存在原函数,则 $f(x) \pm g(x)$ 也存在原函数,且有

$$\int [f(x) \pm g(x)] \mathrm{d}x = \int f(x) \mathrm{d}x \pm \int g(x) \mathrm{d}x.$$

性质 2 设函数 $f(x)$ 存在原函数,k 为非零常数,则 $kf(x)$ 也存在原函数,且有

$$\int kf(x) \mathrm{d}x = k \int f(x) \mathrm{d}x.$$

利用基本积分公式表及不定积分的性质,可求出一些简单函数的不定积分,下举几例.

例 5.4 求不定积分 $I = \int \left(\dfrac{1}{2\sqrt{x}} - \dfrac{2}{x} + \dfrac{3}{\sqrt{1-x^2}} - \sin x + 2a^x \right) \mathrm{d}x \ (a>0, a\neq 1)$.

解 $I = \dfrac{1}{2} \int x^{-\frac{1}{2}} \mathrm{d}x - 2 \int \dfrac{1}{x} \mathrm{d}x + 3 \int \dfrac{1}{\sqrt{1-x^2}} \mathrm{d}x - \int \sin x \mathrm{d}x + 2 \int a^x \mathrm{d}x$

$= \sqrt{x} - 2\ln|x| + 3\arcsin x + \cos x + \dfrac{2}{\ln a} a^x + C.$

例 5.5 求不定积分 $I = \int 2^{2x} \mathrm{e}^x \mathrm{d}x$.

解 基本积分表中没这种类型的积分,可先把被积函数变形为表中所列类型,再积分. $2^{2x} \cdot \mathrm{e}^x = 4^x \cdot \mathrm{e}^x = (4\mathrm{e})^x$,于是可把 $4\mathrm{e}$ 看做 a,并利用积分公式(4),得

$$I = \int (4\mathrm{e})^x \mathrm{d}x = \dfrac{(4\mathrm{e})^x}{\ln 4\mathrm{e}} + C = \dfrac{(4\mathrm{e})^x}{2\ln 2 + 1} + C.$$

例 5.6 求不定积分 $I = \int \dfrac{x^4}{1+x^2} \mathrm{d}x$.

解 $I = \int \dfrac{x^4 - 1 + 1}{1+x^2} \mathrm{d}x = \int \dfrac{x^4 - 1}{1+x^2} \mathrm{d}x + \int \dfrac{1}{1+x^2} \mathrm{d}x$

$$= \int (x^2-1)dx + \int \frac{1}{1+x^2}dx = \frac{x^3}{3} - x + \arctan x + C.$$

例 5.7 求不定积分 $I = \int \tan^2 x dx$.

解 $I = \int \tan^2 x dx = \int (\sec^2 x - 1)dx = \int \sec^2 x dx - \int dx = \tan x - x + C.$

例 5.8 求不定积分 $I = \int \cos^2 \frac{x}{2} dx$.

解 $I = \int \frac{1+\cos x}{2} dx = \frac{1}{2}\int dx + \frac{1}{2}\int \cos x dx = \frac{1}{2}x + \frac{1}{2}\sin x + C.$

习题 5.1

1. 求下列不定积分.

(1) $\int \frac{1}{x^4} dx$;

(2) $\int \left(1 - \frac{1}{x^2}\right)\sqrt{x\sqrt{x}} dx$;

(3) $\int \frac{(1-x)^2}{\sqrt{x}} dx$;

(4) $\int \frac{2x^2+3}{1+x^2} dx$;

(5) $\int \left(2e^x + \frac{5}{x}\right) dx$;

(6) $\int \sqrt{\frac{1+x^2}{1-x^4}} dx$;

(7) $\int e^x \left(1 - \frac{e^{-x}}{\sqrt{x}}\right) dx$;

(8) $\int (e^x + 2^x + 2^x e^x) dx$;

(9) $\int \frac{2 \cdot 3^x - 5 \cdot 2^x}{3^x} dx$;

(10) $\int \frac{3^x(e^{3x}-1)}{e^x - 1} dx$;

(11) $\int \frac{1+x+x^2}{x(1+x^2)} dx$;

(12) $\int \frac{x + \sqrt{1-x^2}}{x\sqrt{1-x^2} + (1-x^2)} dx$;

(13) $\int \csc x(\csc x - \cot x) dx$;

(14) $\int \sin^2 \frac{x}{2} dx$;

(15) $\int \frac{1}{1+\cos 2x} dx$;

(16) $\int \frac{\cos 2x}{\sin^2 x \cos^2 x} dx$;

(17) $\int \frac{1}{\sin^2 x \cos^2 x} dx$;

(18) $\int \cot^2 x dx$;

(19) $\int \frac{1+\sin 2x}{\sin x + \cos x} dx$;

(20) $\int \frac{\sin x}{1-\sin^2 x} dx$.

2. 一曲线过点 $(1,2)$, 且在任一点处的切线的斜率等于该点横坐标的倒数, 求该曲线的方程.

3. 设函数 $f(x)$ 满足下列条件, 求 $f(x)$.

(1) $f(0)=2, f(-1)=-1$;

(2) $f(x)$ 在 $x=-1, x=0$ 及 $x=4$ 处有极值;

(3) $f(x)$ 的导数是 x 的 3 次多项式函数.

5.2 换元积分法

利用基本积分公式表与不定积分的性质, 所能计算的不定积分是非常有限的, 因此, 有必要进一步研究求不定积分的方法. 本节把复合函数的微分法反过来用于求不定积分, 利用中间变量的代换, 得到复合函数的积分法, 称之为换元积分法. 换元积分法通常分成两类, 即第一类换元积分法和第二类换元积分法.

5.2.1 第一类换元积分法

设 $f(u)$ 具有原函数 $F(u)$, 即

$$F'(u) = f(u), \text{ 或 } \int f(u)\mathrm{d}u = F(u) + C.$$

如果 u 是另一个变量 x 的函数 $u = \varphi(x)$, 且 $\varphi(x)$ 可微, 那么根据复合函数的微分法, 有

$$\mathrm{d}F[\varphi(x)] = f[\varphi(x)] \cdot \varphi'(x)\mathrm{d}x,$$

根据不定积分的定义, 就有

$$\int f[\varphi(x)] \cdot \varphi'(x)\mathrm{d}x = F[\varphi(x)] + C = F(u)\big|_{u=\varphi(x)} + C = \left[\int f(u)\mathrm{d}u\right]\bigg|_{u=\varphi(x)}.$$

于是便有下述定理.

定理 5.2 设 $f(u)$ 具有原函数 $F(u)$, 且 $u = \varphi(x)$ 可微, 则有换元公式

$$\int f[\varphi(x)] \cdot \varphi'(x)\mathrm{d}x = \left[\int f(u)\mathrm{d}u\right]\bigg|_{u=\varphi(x)} = F[\varphi(x)] + C. \tag{5-1}$$

利用此定理求不定积分的方法称为**第一类换元积分法**.

如何应用式(5-1)求不定积分? 使用此公式的关键是什么?

通常需要求解的不定积分都是 $\int g(x)\mathrm{d}x$ 的形式, 如果要用式(5-1)求解, 把 $\int g(x)\mathrm{d}x$ 转化为形式 $\int f[\varphi(x)] \cdot \varphi'(x)\mathrm{d}x$ 是需要我们去做的, 即

$$\int g(x)\mathrm{d}x \xrightarrow{\text{化为}} \int f[\varphi(x)]\varphi'(x)\mathrm{d}x \xrightarrow{\text{换元}} \left[\int f(u)\mathrm{d}u\right]\bigg|_{u=\varphi(x)}.$$

这样, 函数 $g(x)$ 的积分即转化为 $f(u)$ 的积分, 只要能求得 $f(u)$ 的原函数, 那么也就得到 $g(x)$ 的原函数.

由上式可见, 求解不定积分 $\int g(x)\mathrm{d}x$, 最关键的是第一步, 即将 $g(x)\mathrm{d}x$ 凑成 $f[\varphi(x)] \cdot \varphi'(x)\mathrm{d}x$, 即凑微分, 因此第一类换元积分法也叫"**凑微分法**".

利用第一类换元积分法求解不定积分 $\int g(x)\mathrm{d}x$ 的整个过程可描述如下:

$$\int g(x)\mathrm{d}x \xrightarrow{\text{凑微分}} \int f[\varphi(x)]\varphi'(x)\mathrm{d}x \xrightarrow[\text{令}\varphi(x)=u]{\text{换元}} \int f(u)\mathrm{d}u$$

$$\xrightarrow{\text{积分公式表}} F(u) + C \xrightarrow[u=\varphi(x)]{\text{变量回代}} F[\varphi(x)] + C.$$

例 5.9 求不定积分 $I = \int \sin 2x\,\mathrm{d}x$.

解法一 $I \xrightarrow{\text{凑微分}} \dfrac{1}{2}\int \sin 2x \cdot (2x)'\mathrm{d}x = \dfrac{1}{2}\int \sin 2x\,\mathrm{d}(2x) \xrightarrow[\text{令}2x=u]{\text{换元}} \dfrac{1}{2}\int \sin u\,\mathrm{d}u$

$$\xrightarrow{\text{公式表}} -\frac{1}{2}\cos u + C \xrightarrow[u=2x]{\text{变量回代}} -\frac{1}{2}\cos 2x + C.$$

解法二 $I = \int 2\sin x \cos x \mathrm{d}x \xrightarrow{\text{凑微分}} \int 2\sin x (\sin x)' \mathrm{d}x = \int 2\sin x \mathrm{d}(\sin x)$

$\xrightarrow{\text{令} \sin x = u} \int 2u \mathrm{d}u = u^2 + C \xrightarrow{u=\sin x} \sin^2 x + C.$

解法三 $I = \int 2\cos x \sin x \mathrm{d}x \xrightarrow{\text{凑微分}} -\int 2\cos x (\cos x)' \mathrm{d}x = -\int 2\cos x \mathrm{d}(\cos x)$

$\xrightarrow{\text{令} \cos x = u} -\int 2u \mathrm{d}u = -u^2 + C \xrightarrow{u=\cos x} -\cos^2 x + C.$

以上 3 种解法用的都是凑微分法,但由于观察点不同,所得结论也不同,但显然 3 个结论可相互转化.

思考:由例 5.9 可以得到什么启示?

例 5.10 求不定积分 $I = \int \frac{1}{3+2x} \mathrm{d}x.$

解 $I = \frac{1}{2}\int \frac{1}{3+2x} \cdot 2 \mathrm{d}x = \frac{1}{2}\int \frac{1}{3+2x} \cdot (3+2x)' \mathrm{d}x = \frac{1}{2}\int \frac{1}{3+2x} \mathrm{d}(3+2x)$

$\xrightarrow{\text{令} 3+2x = u} \frac{1}{2}\int \frac{1}{u} \mathrm{d}u = \frac{1}{2}\ln|u| + C \xrightarrow{u=3+2x} \frac{1}{2}\ln|3+2x| + C.$

结论:一般地,对于积分 $\int f(ax+b) \mathrm{d}x$,总可以作变换 $u = ax+b$,把它化为:

$$\int f(ax+b) \mathrm{d}x = \frac{1}{a}\int f(ax+b) \mathrm{d}(ax+b) = \left[\frac{1}{a}\int f(u) \mathrm{d}(u)\right]\bigg|_{u=ax+b}.$$

例 5.11 求不定积分 $I = \int \frac{1}{x(1+2\ln x)} \mathrm{d}x.$

解 $I = \int \frac{1}{x} \cdot \frac{1}{1+2\ln x} \mathrm{d}x = \frac{1}{2}\int \frac{1}{1+2\ln x} \cdot (1+2\ln x)' \mathrm{d}x$

$= \frac{1}{2}\int \frac{1}{1+2\ln x} \mathrm{d}(1+2\ln x)$

$\xrightarrow{\text{令} 1+2\ln x = u} \frac{1}{2}\int \frac{1}{u} \mathrm{d}u = \frac{1}{2}\ln|u| + C$

$\xrightarrow{u=1+2\ln x} \frac{1}{2}\ln|1+2\ln x| + C.$

由本例可得积分公式:

$$\int \frac{1}{x}\varphi(\ln x) \mathrm{d}x = \int \varphi(\ln x) \mathrm{d}(\ln x) = \left[\int \varphi(u) \mathrm{d}u\right]\bigg|_{u=\ln x}.$$

注:熟练后可不写出中间变量的代换过程. 如下例.

例 5.12 求不定积分 $I = \int \frac{1}{\sqrt{a^2-x^2}} \mathrm{d}x \ (a>0).$

解 $I = \dfrac{1}{a} \displaystyle\int \dfrac{1}{\sqrt{1-\left(\dfrac{x}{a}\right)^2}} dx = \displaystyle\int \dfrac{1}{\sqrt{1-\left(\dfrac{x}{a}\right)^2}} d\left(\dfrac{x}{a}\right) = \arcsin\dfrac{x}{a} + C.$

由此得公式 $\displaystyle\int \dfrac{1}{\sqrt{a^2-x^2}} dx = \arcsin\dfrac{x}{a} + C.$

类似可得公式 $\displaystyle\int \dfrac{1}{a^2+x^2} dx = \dfrac{1}{a}\arctan\dfrac{x}{a} + C.$

例 5.13 求不定积分 $I = \displaystyle\int \dfrac{1}{x^2-8x+25} dx.$

解 利用上面的公式,有

$$I = \int \dfrac{1}{(x-4)^2+9} d(x-4) = \dfrac{1}{3}\arctan\dfrac{x-4}{3} + C.$$

例 5.14 求不定积分 $I = \displaystyle\int \dfrac{1}{a^2-x^2} dx.$

解 因为

$$\dfrac{1}{a^2-x^2} = \dfrac{1}{2a}\left(\dfrac{1}{a-x} + \dfrac{1}{a+x}\right),$$

所以

$$\begin{aligned}I &= \dfrac{1}{2a}\int\left(\dfrac{1}{a-x}+\dfrac{1}{a+x}\right)dx = \dfrac{1}{2a}\int\dfrac{1}{a-x}dx + \dfrac{1}{2a}\int\dfrac{1}{a+x}dx \\ &= -\dfrac{1}{2a}\int\dfrac{1}{a-x}d(a-x) + \dfrac{1}{2a}\int\dfrac{1}{a+x}d(a+x) \\ &= -\dfrac{1}{2a}\ln|a-x| + \dfrac{1}{2a}\ln|a+x| + C \\ &= \dfrac{1}{2a}\ln\left|\dfrac{a+x}{a-x}\right| + C.\end{aligned}$$

例 5.14 的结果也可以作为基本积分公式直接使用. 如:

$$\int \dfrac{x^3}{2-x^8} dx = \dfrac{1}{4}\int \dfrac{1}{(\sqrt{2})^2-(x^4)^2} d(x^4) = \dfrac{1}{8\sqrt{2}}\ln\left|\dfrac{\sqrt{2}+x^4}{\sqrt{2}-x^4}\right| + C.$$

例 5.15 求不定积分 $I = \displaystyle\int \dfrac{1}{\sqrt{2x+3}+\sqrt{2x-1}} dx.$

解 被积函数的特点:分母是两个根式之和,且根式中含有 x 的部分是相同的,都是 $2x$. 因此,可先对分母去根式,把复杂的部分变换到分子上去.

$$\begin{aligned}I &= \int \dfrac{(\sqrt{2x+3}-\sqrt{2x-1})}{(\sqrt{2x+3}+\sqrt{2x-1})(\sqrt{2x+3}-\sqrt{2x-1})} dx \\ &= \dfrac{1}{4}\int(\sqrt{2x+3}-\sqrt{2x-1}) dx\end{aligned}$$

$$= \frac{1}{8}\int \sqrt{2x+3}\,\mathrm{d}(2x+3) - \frac{1}{8}\int \sqrt{2x-1}\,\mathrm{d}(2x-1)$$

$$= \frac{1}{12}(2x+3)^{\frac{3}{2}} - \frac{1}{12}(2x-1)^{\frac{3}{2}} + C.$$

例 5.16 求不定积分 $I = \int \tan x\,\mathrm{d}x$.

解 $I = \int \frac{\sin x}{\cos x}\mathrm{d}x = -\int \frac{1}{\cos x}\mathrm{d}\cos x = -\ln|\cos x| + C.$

由此得公式 $\int \tan x\,\mathrm{d}x = -\ln|\cos x| + C.$

类似可得公式 $\int \cot x\,\mathrm{d}x = \ln|\sin x| + C.$

例 5.17 求不定积分 $I = \int \csc x\,\mathrm{d}x$.

解 $\int \csc x\,\mathrm{d}x = \int \frac{1}{\sin x}\mathrm{d}x = \int \frac{1}{2\sin\frac{x}{2}\cos\frac{x}{2}}\mathrm{d}x = \int \frac{1}{\tan\frac{x}{2}\cos^2\frac{x}{2}}\mathrm{d}\frac{x}{2}$

$$= \int \frac{1}{\tan\frac{x}{2}}\mathrm{d}\tan\frac{x}{2} = \ln\left|\tan\frac{x}{2}\right| + C = \ln|\csc x - \cot x| + C.$$

此题也可以按如下方式凑微分:

$$\int \csc x\,\mathrm{d}x = \int \frac{1}{\sin x}\mathrm{d}x = \int \frac{\sin x}{\sin^2 x}\mathrm{d}x = -\int \frac{1}{1-\cos^2 x}\mathrm{d}\cos x.$$

请思考:用凑微分法求解此题,还能不能从别的角度来考虑? 同学们试试看.

由此得公式 $\int \csc x\,\mathrm{d}x = \ln|\csc x - \cot x| + C.$

类似可得公式 $\int \sec x\,\mathrm{d}x = \ln|\sec x + \tan x| + C.$

例 5.18 求不定积分 $I = \int \sin^2 x \cos^5 x\,\mathrm{d}x$.

解 $I = \int \sin^2 x \cos^5 x\,\mathrm{d}x = \int \sin^2 x \cos^4 x\,\mathrm{d}\sin x = \int \sin^2 x (1-\sin^2 x)^2\,\mathrm{d}\sin x$

$$= \int (\sin^2 x - 2\sin^4 x + \sin^6 x)\,\mathrm{d}\sin x$$

$$= \frac{1}{3}\sin^3 x - \frac{2}{5}\sin^5 x + \frac{1}{7}\sin^7 x + C.$$

形如 $\int \sin^m x \cos^n x\,\mathrm{d}x$ (m,n 中至少有一个为奇数)的不定积分解题思路:

当 m,n 中至少有一个为奇数时,将奇数次方中的一个次方提出来凑微分.

例 5.19 求不定积分 $I = \int \sin^4 x \cos^2 x\,\mathrm{d}x$.

解 $I = \int \left(\frac{1-\cos 2x}{2}\right)^2 \cdot \frac{1+\cos 2x}{2} dx$

$= \frac{1}{8} \int (1 - \cos 2x - \cos^2 2x + \cos^3 2x) dx$

$= \frac{1}{8} \int dx - \frac{1}{8} \int \cos 2x dx - \frac{1}{8} \int \frac{1+\cos 4x}{2} dx + \frac{1}{16} \int (1-\sin^2 2x) d\sin 2x$

$= \frac{1}{16} x - \frac{1}{64} \sin 4x - \frac{1}{48} \sin^3 2x + C.$

形如 $\int \sin^m x \cos^n x \, dx$ (m, n 中都为偶数) 的解题思路:

当 m, n 都为偶数时, 利用公式 $\sin^2 x = \frac{1-\cos 2x}{2}$ 和 $\cos^2 x = \frac{1+\cos 2x}{2}$ 降幂.

例 5.20 求不定积分 $I = \int \cos 3x \cos 2x \, dx$.

解 由公式 $\cos A \cos B = \frac{1}{2}[\cos(A+B) + \cos(A-B)]$, 有

$$\cos 3x \cos 2x = \frac{1}{2}[\cos 5x + \cos x],$$

于是

$$I = \frac{1}{2} \int (\cos 5x + \cos x) dx = \frac{1}{10} \sin 5x + \frac{1}{2} \sin x + C.$$

形如 $\int \cos mx \cos nx \, dx, \int \sin mx \sin nx \, dx, \int \sin mx \cos nx \, dx$ 的解题思路:

利用积化和差公式(见第 1 章), 所有正弦与余弦乘积的积分都可求出.

例 5.21 求不定积分 $I = \int \frac{\sin x}{\sin x + \cos x} dx$.

解 $I = \int \frac{\sin x}{\sin x + \cos x} dx = \frac{1}{2} \int \frac{2\sin x}{\sin x + \cos x} dx$

$= \frac{1}{2} \int \frac{\sin x + \cos x + \sin x - \cos x}{\sin x + \cos x} dx$

$= \frac{1}{2} \int \frac{\sin x + \cos x}{\sin x + \cos x} dx - \frac{1}{2} \int \frac{(\sin x + \cos x)'}{\sin x + \cos x} dx$

$= \frac{1}{2} \int dx - \frac{1}{2} \int \frac{1}{\sin x + \cos x} d(\sin x + \cos x)$

$= \frac{1}{2} x - \frac{1}{2} \ln|\sin x + \cos x| + C.$

形如 $I = \int \frac{a\sin x + b\cos x}{A\sin x + B\cos x} dx$ 的解题思路:

事实上, 分子 $a\sin x + b\cos x$ 与分母 $A\sin x + B\cos x$ 一定有如下关系:

$a\sin x + b\cos x = m(A\sin x + B\cos x) + n(A\sin x + B\cos x)'$,其中 m, n 为待定常数.

于是

$$\int \frac{a\sin x + b\cos x}{A\sin x + B\cos x}dx = \int \frac{m(A\sin x + B\cos x)}{A\sin x + B\cos x}dx + \int \frac{n(A\sin x + B\cos x)'}{A\sin x + B\cos x}dx$$

$$= \int m dx + n \int \frac{d(A\sin x + B\cos x)}{A\sin x + B\cos x}$$

$$= mx + n\ln|A\sin x + B\cos x| + C.$$

5.2.2 第二类换元积分法

上面介绍的第一类换元积分法是通过变量代换 $u = \varphi(x)$,将积分 $\int f[\varphi(x)] \cdot \varphi'(x)dx$ 化为积分 $\int f(u)du$.

下面将介绍的第二类换元积分法是:适当地选择变量代换 $x = \psi(t)$,将积分 $\int f(x)dx$ 化为积分 $\int f[\psi(t)] \cdot \psi'(t)dt$,这是另一种形式的变量代换,换元公式可表示为

$$\int f(x)dx = \int f[\psi(t)] \cdot \psi'(t)dt.$$

这个公式的成立需要一定条件:首先等式右端的不定积分要存在,即 $f[\psi(t)] \cdot \psi'(t)$ 要有原函数;其次,$\int f[\psi(t)] \cdot \psi'(t)dt$ 求出后必须用 $x = \psi(t)$ 的反函数 $t = \psi^{-1}(x)$ 代回去,为了保证该反函数存在而且是单值可导的,假定直接函数 $x = \psi(t)$ 在 t 的某一区间(该区间和所考虑的 x 的积分区间相对应)上是单调的、可导的,并且 $\psi'(t) \neq 0$.

归纳上述,给出下面的定理.

定理 5.3 设 $x = \psi(t)$ 是单调、可导的函数,且 $\psi'(t) \neq 0$,又设 $f[\psi(t)] \cdot \psi'(t)$ 具有原函数,则有换元公式

$$\int f(x)dx = \left[\int f[\psi(t)] \cdot \psi'(t)dt\right]\Big|_{t=\psi^{-1}(x)}. \tag{5-2}$$

证明 设 $f[\psi(t)] \cdot \psi'(t)$ 的原函数为 $\Phi(t)$,记 $\Phi(\psi^{-1}(x)) = F(x)$,利用复合函数及反函数的求导法则,得

$$F'(x) = \frac{d}{dx}\Phi(\psi^{-1}(x)) = \frac{d\Phi}{dt} \cdot \frac{dt}{dx} = \Phi'(t) \cdot \frac{dt}{dx} = f[\psi(t)] \cdot \psi'(t) \cdot \frac{1}{\frac{dx}{dt}}$$

$$= f[\psi(t)] \cdot \psi'(t) \cdot \frac{1}{\psi'(t)} = f[\psi(t)] = f(x).$$

即 $F(x)$ 是 $f(x)$ 的原函数,所以有

$$\int f(x)\mathrm{d}x = F(x)+C = \Phi(\psi^{-1}(x))+C = \left[\int f[\psi(t)]\cdot\psi'(t)\mathrm{d}t\right]\Big|_{t=\psi^{-1}(x)}.$$

利用式(5-2)计算积分的过程可描述如下：

$$\int f(x)\mathrm{d}x \xrightarrow[\text{换元}]{x=\psi(t)} \int f(\psi(t))\psi'(t)\mathrm{d}t \xrightarrow[\text{或凑微分法}]{\text{基本积分公式表}} \Phi(t)+C \xrightarrow[\text{变量回代}]{t=\psi^{-1}(x)} \Phi(\psi^{-1}(x))+C.$$

下面举例说明第二类换元积分法的应用.

例 5.22 求不定积分 $I=\int\sqrt{a^2-x^2}\,\mathrm{d}x\ (a>0)$.

解 求这个积分的困难在于被积函数中含有根式 $\sqrt{a^2-x^2}$，如何去掉这根式呢？

可利用三角公式 $\sin^2 t+\cos^2 t=1$ 来化去根式. 由于 x 的取值范围为 $-a\leqslant x\leqslant a$，令 $x=a\sin t,-\dfrac{\pi}{2}\leqslant t\leqslant\dfrac{\pi}{2}$，那么 $\sqrt{a^2-x^2}=\sqrt{a^2-a^2\sin^2 t}=a\cos t$，$\mathrm{d}x=a\cos t\mathrm{d}t$，于是根式化成了三角式，所求积分也化为

$$I=\int\sqrt{a^2-x^2}\,\mathrm{d}x = \int a\cos t\cdot a\cos t\mathrm{d}t = a^2\int\cos^2 t\mathrm{d}t$$
$$= a^2\int\frac{1+\cos 2t}{2}\mathrm{d}t = \frac{a^2}{2}t+\frac{a^2}{2}\sin t\cos t+C.$$

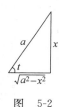

图 5-2

如图 5-2 所示，由于 $x=a\sin t,-\dfrac{\pi}{2}\leqslant t\leqslant\dfrac{\pi}{2}$，所以

$$t=\arcsin\frac{x}{a},\quad \sin t=\frac{x}{a},\quad \cos t=\sqrt{1-\sin^2 t}=\sqrt{1-\left(\frac{x}{a}\right)^2}=\frac{\sqrt{a^2-x^2}}{a};$$

于是所求积分为

$$\int\sqrt{a^2-x^2}\,\mathrm{d}x = \frac{a^2}{2}\arcsin\frac{x}{a}+\frac{x}{2}\sqrt{a^2-x^2}+C.$$

例 5.23 求不定积分 $I=\int\dfrac{1}{\sqrt{x^2+a^2}}\mathrm{d}x\ (a>0)$.

解 和例 5.22 类似，可利用三角恒等式 $1+\tan^2 t=\sec^2 t$ 来化去根式.

令 $x=a\tan t,-\dfrac{\pi}{2}<t<\dfrac{\pi}{2}$，那么 $\sqrt{x^2+a^2}=\sqrt{a^2\tan^2 t+a^2}=a\sec t$，$\mathrm{d}x=a\sec^2 t\mathrm{d}t$，于是

$$I=\int\frac{1}{\sqrt{x^2+a^2}}\mathrm{d}x = \int\frac{1}{a\sec t}\cdot a\sec^2 t\mathrm{d}t = \int\sec t\mathrm{d}t = \ln|\sec t+\tan t|+C.$$

由于 $x=a\tan t,-\dfrac{\pi}{2}<t<\dfrac{\pi}{2}$，作辅助三角形，如图 5-3 所示，所以 $\tan t=\dfrac{x}{a}$，则

$$\sec t=\sqrt{1+\tan^2 t}=\sqrt{1+\left(\frac{x}{a}\right)^2}=\frac{\sqrt{a^2+x^2}}{a};$$

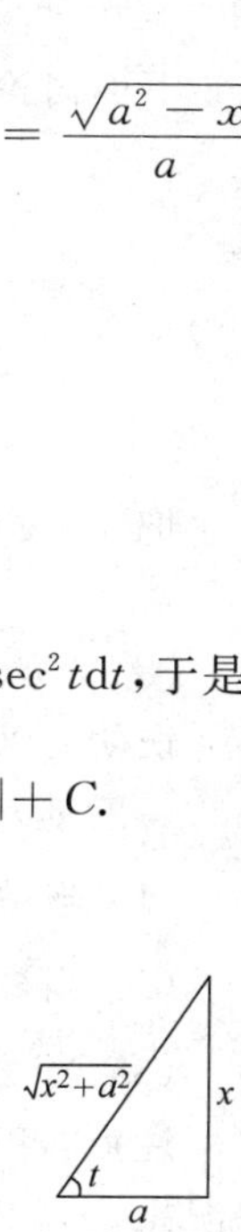

于是所求积分为

图 5-3

$$\int \frac{1}{\sqrt{x^2+a^2}}\mathrm{d}x = \ln(x+\sqrt{x^2+a^2})+C.$$

例 5.24 求不定积分 $I = \int \frac{1}{\sqrt{x^2-a^2}}\mathrm{d}x \ (a>0)$.

解 x 的取值范围显然是 $x>a$ 或 $x<-a$，下面先讨论 $x>a$ 的情形.

可利用三角恒等式 $\sec^2 t - 1 = \tan^2 t$ 来化去根式. 令 $x = a\sec t, 0 < t < \frac{\pi}{2}$, 那么 $\sqrt{x^2 - a^2} = \sqrt{a^2\sec^2 t - a^2} = a\tan t$, $\mathrm{d}x = a\sec t \tan t\, \mathrm{d}t$, 于是

$$I = \int \frac{1}{\sqrt{x^2-a^2}}\mathrm{d}x = \int \frac{1}{a\tan t} \cdot a\sec t \tan t \,\mathrm{d}t = \int \sec t\, \mathrm{d}t = \ln|\sec t + \tan t| + C.$$

由于 $\sec t = \frac{x}{a}$（图 5-4），则

$$\tan t = \sqrt{\sec^2 t - 1} = \sqrt{\left(\frac{x}{a}\right)^2 - 1} = \frac{\sqrt{x^2-a^2}}{a},$$

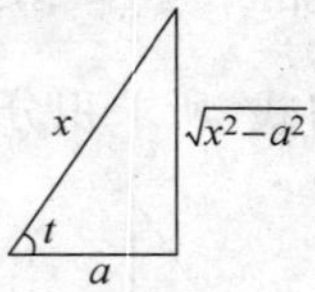

图 5-4

因此

$$\int \frac{1}{\sqrt{x^2-a^2}}\mathrm{d}x = \ln\left|\frac{x}{a} + \frac{\sqrt{x^2-a^2}}{a}\right| + C_1 = \ln(x+\sqrt{x^2-a^2})+C.$$

下面讨论 $x<-a$ 的情形，令 $x=-t$，则 $t>a$，于是利用上面讨论所得的结论，有

$$I = \int \frac{1}{\sqrt{x^2-a^2}}\mathrm{d}x = -\int \frac{1}{\sqrt{t^2-a^2}}\mathrm{d}t = -\ln(t+\sqrt{t^2-a^2})+C_1$$

$$= -\ln(-x+\sqrt{x^2-a^2})+C_1 = \ln\frac{1}{-x+\sqrt{x^2-a^2}}+C_1$$

$$= \ln|x+\sqrt{x^2-a^2}|+C \quad (\text{这里 } C = -\ln a^2 + C_1).$$

把 $x>a$ 和 $x<-a$ 两种情况综合起来，得

$$\int \frac{1}{\sqrt{x^2-a^2}}\mathrm{d}x = \ln|x+\sqrt{x^2-a^2}|+C.$$

说明：以上几例所使用的均为三角代换，三角代换的目的是化掉根式.

一般地，选取三角代换的规律如下：

(1) 当被积函数中含有 $\sqrt{a^2-x^2}$，可令 $x = a\sin t$；

(2) 当被积函数中含有 $\sqrt{x^2+a^2}$，可令 $x = a\tan t$；

(3) 当被积函数中含有 $\sqrt{x^2-a^2}$，可令 $x = a\sec t$.

注意：积分中为了化掉根式是否采用三角代换并不是绝对的，需根据被积函数的具体情况来定，如下例.

例 5.25 求不定积分 $I = \int \dfrac{x^3}{\sqrt{x^2+1}} \mathrm{d}x$.

解 本题可作如下的根式换元：即令 $\sqrt{x^2+1} = t$，则 $x^2 = t^2 - 1$，$x\mathrm{d}x = t\mathrm{d}t$，于是

$$I = \int \frac{x^2 \cdot x}{\sqrt{x^2+1}} \mathrm{d}x = \int \frac{t^2-1}{t} t \mathrm{d}t = \int (t^2-1) \mathrm{d}t = \frac{1}{3} t^3 - t + C$$

$$= \frac{1}{3}(x^2+1)^{\frac{3}{2}} - (x^2+1)^{\frac{1}{2}} + C.$$

注：本题还可用凑微分法或作三角代换 $x = \tan t$ 来求解，同学们不妨试一试.

从此例可以看出，当被积函数中含有根式 $\sqrt{x^2+1}$ 时，除可作三角代换外，有时还可用凑微分法，或作根式换元. 在本例中，根式换元最简单.

例 5.26 求不定积分 $I = \int \dfrac{1}{\sqrt{1+\mathrm{e}^x}} \mathrm{d}x$.

解 令 $\sqrt{1+\mathrm{e}^x} = t$，则 $x = \ln(t^2-1)$，$\mathrm{d}x = \dfrac{2t}{t^2-1} \mathrm{d}t$，于是

$$I = \int \frac{1}{\sqrt{1+\mathrm{e}^x}} \mathrm{d}x = \int \frac{1}{t} \cdot \frac{2t}{t^2-1} \mathrm{d}t = \int \frac{2}{t^2-1} \mathrm{d}t$$

$$= \int \left(\frac{1}{t-1} - \frac{1}{t+1} \right) \mathrm{d}t = \ln \left| \frac{t-1}{t+1} \right| + C$$

$$= \ln \left| \frac{\sqrt{1+\mathrm{e}^x}-1}{\sqrt{1+\mathrm{e}^x}+1} \right| + C = 2\ln(\sqrt{1+\mathrm{e}^x}-1) - x + C.$$

例 5.25 和 5.26 说明，根式换元是一种行之有效的方法.

例 5.27 求不定积分 $I = \int \dfrac{1}{x^4 \sqrt{x^2+1}} \mathrm{d}x$. （分母的阶较高）

解 下面仅讨论 $x > 0$ 的情形. 令 $x = \dfrac{1}{t}$，则 $\mathrm{d}x = -\dfrac{1}{t^2} \mathrm{d}t$，于是

$$I = \int \frac{1}{x^4 \sqrt{x^2+1}} \mathrm{d}x = \int \frac{1}{\left(\frac{1}{t}\right)^4 \sqrt{\left(\frac{1}{t}\right)^2+1}} \left(-\frac{1}{t^2}\right) \mathrm{d}t$$

$$= -\int \frac{t^3}{\sqrt{1+t^2}} \mathrm{d}t = -\frac{1}{2} \int \frac{t^2}{\sqrt{1+t^2}} \mathrm{d}t^2$$

$$\xrightarrow{\text{令 } u = t^2} -\frac{1}{2} \int \frac{u}{\sqrt{1+u}} \mathrm{d}u = -\frac{1}{2} \int \frac{1+u-1}{\sqrt{1+u}} \mathrm{d}u$$

$$= -\frac{1}{2} \int \sqrt{1+u} \, \mathrm{d}u + \frac{1}{2} \int \frac{1}{\sqrt{1+u}} \mathrm{d}u$$

$$= -\frac{1}{3}(\sqrt{1+u})^3 + \sqrt{1+u} + C$$

$$= -\frac{1}{3}\left(\frac{\sqrt{1+x^2}}{x}\right)^3 + \frac{\sqrt{1+x^2}}{x} + C.$$

$x<0$ 时可得类似结论.

说明：当被积函数分母的阶较高时，可采用倒代换 $x = \dfrac{1}{t}$.

例 5.28 求不定积分 $I = \displaystyle\int \dfrac{1}{\sqrt{x}(1+\sqrt[3]{x})} dx$.

解 令 $\sqrt[6]{x} = t$，即 $x = t^6$，则 $dx = 6t^5 dt$，于是

$$I = \int \frac{1}{\sqrt{x}(1+\sqrt[3]{x})} dx = \int \frac{1}{t^3(1+t^2)} 6t^5 dt = 6\int \frac{t^2}{1+t^2} dt$$

$$= 6t - 6\arctan t + C = 6\sqrt[6]{x} - 6\arctan\sqrt[6]{x} + C.$$

说明：当被积函数中含有两种或两种以上的根式 $\sqrt[k]{x}, \cdots, \sqrt[l]{x}$ 时，可采用代换 $\sqrt[n]{x} = t$（其中 n 为各根指数 $k, \cdots, l$ 的最小公倍数）.

在本节的例题中，有几个积分是以后经常会遇到的，所以它们通常也当作公式使用，这样，常用的积分公式，除了基本积分公式表中的几个外，再添加下面几个（其中常数 $a > 0$）.

(14) $\displaystyle\int \tan x \, dx = -\ln|\cos x| + C;$ (15) $\displaystyle\int \cot x \, dx = \ln|\sin x| + C;$

(16) $\displaystyle\int \sec x \, dx = \ln|\sec x + \tan x| + C;$ (17) $\displaystyle\int \csc x \, dx = \ln|\csc x - \cot x| + C;$

(18) $\displaystyle\int \dfrac{1}{a^2+x^2} dx = \dfrac{1}{a}\arctan\dfrac{x}{a} + C;$ (19) $\displaystyle\int \dfrac{1}{a^2-x^2} dx = \dfrac{1}{2a}\ln\left|\dfrac{x+a}{x-a}\right| + C;$

(20) $\displaystyle\int \dfrac{1}{\sqrt{a^2-x^2}} dx = \arcsin\dfrac{x}{a} + C;$

(21) $\displaystyle\int \sqrt{a^2-x^2} \, dx = \dfrac{a^2}{2}\arcsin\dfrac{x}{a} + \dfrac{x}{2}\sqrt{a^2-x^2} + C;$

(22) $\displaystyle\int \dfrac{1}{\sqrt{x^2+a^2}} dx = \ln(x+\sqrt{x^2+a^2}) + C;$

(23) $\displaystyle\int \dfrac{1}{\sqrt{x^2-a^2}} dx = \ln|x+\sqrt{x^2-a^2}| + C.$

习题 5.2

1. 用第一类换元积分法求下列不定积分.

(1) $\displaystyle\int x e^{-x^2} dx;$ (2) $\displaystyle\int \dfrac{e^{\arctan x}}{1+x^2} dx;$ (3) $\displaystyle\int \dfrac{10^{2\arccos x}}{\sqrt{1-x^2}} dx;$

(4) $\displaystyle\int \dfrac{1}{1-5x} dx;$ (5) $\displaystyle\int x\sqrt{2x^2+3} \, dx;$ (6) $\displaystyle\int \sin^2(2x+1)\cos(2x+1) dx;$

(7) $\int x\sec^2(1-x^2)\,\mathrm{d}x$; (8) $\int \dfrac{\sin x - \cos x}{\sqrt[3]{\sin x + \cos x}}\,\mathrm{d}x$; (9) $\int \dfrac{\sin\sqrt{x}}{\sqrt{x}}\,\mathrm{d}x$;

(10) $\int \tan^3 x \sec x\,\mathrm{d}x$; (11) $\int \dfrac{\sec^2 x}{\sqrt{\tan x - 1}}\,\mathrm{d}x$; (12) $\int \dfrac{1}{\cos^4 x}\,\mathrm{d}x$;

(13) $\int \dfrac{x+1}{\sqrt[3]{x^2+2x}}\,\mathrm{d}x$; (14) $\int \dfrac{1+2\sqrt{x}}{\sqrt{x}\,(x+\sqrt{x})}\,\mathrm{d}x$; (15) $\int \dfrac{x}{\sqrt{x^2+2}-x}\,\mathrm{d}x$;

(16) $\int \dfrac{1}{x^2-1}\,\mathrm{d}x$; (17) $\int \dfrac{x}{x^4+2x^2+5}\,\mathrm{d}x$; (18) $\int \dfrac{1}{x\ln x \ln\ln x}\,\mathrm{d}x$;

(19) $\int \dfrac{\mathrm{d}x}{x\sqrt{1-\ln^2 x}}$; (20) $\int \dfrac{\ln\tan x}{\cos x \sin x}\,\mathrm{d}x$; (21) $\int \dfrac{1}{\sqrt{x}(1+x)}\,\mathrm{d}x$;

(22) $\int \dfrac{\arctan\dfrac{1}{x}}{1+x^2}\,\mathrm{d}x$ (23) $\int \dfrac{\arcsin\sqrt{x}}{\sqrt{x}\cdot\sqrt{1-x}}\,\mathrm{d}x$; (24) $\int \dfrac{1}{\sqrt{3-2x-x^2}}\,\mathrm{d}x$;

(25) $\int \dfrac{\sin x \cos x}{1+\sin^4 x}\,\mathrm{d}x$; (26) $\int \dfrac{x\cos x + \sin x}{(x\sin x)^2}\,\mathrm{d}x$; (27) $\int \dfrac{\cos 2x}{1+\sin x \cos x}\,\mathrm{d}x$;

(28) $\int \tan\sqrt{1+x^2}\cdot\dfrac{x}{\sqrt{1+x^2}}\,\mathrm{d}x$; (29) $\int \sin 2x\cos 3x\,\mathrm{d}x$; (30) $\int \cos^2 x \sin^3 x\,\mathrm{d}x$;

(31) $\int \sin^4 x\,\mathrm{d}x$; (32) $\int \dfrac{(1-\tan x)^2}{\tan x}\,\mathrm{d}x$; (33) $\int \dfrac{1}{\csc x - \cot x}\,\mathrm{d}x$;

(34) $\int \dfrac{\sec^2 x \cos 2x}{1-\tan x}\,\mathrm{d}x$; (35) $\int \dfrac{1}{\mathrm{e}^x+\mathrm{e}^{-x}}\,\mathrm{d}x$; (36) $\int \dfrac{1}{1+\mathrm{e}^x}\,\mathrm{d}x$.

2. 求下列不定积分.

(1) $\int x^3\sqrt{4-x^2}\,\mathrm{d}x$; (2) $\int \dfrac{x^2}{\sqrt{a^2-x^2}}\,\mathrm{d}x\ (a>0)$; (3) $\int \dfrac{1}{1+\sqrt{2x}}\,\mathrm{d}x$;

(4) $\int \dfrac{1}{(2-x)\sqrt{1-x}}\,\mathrm{d}x$; (5) $\int \dfrac{\sqrt{x^2-9}}{x^2}\,\mathrm{d}x$; (6) $\int \dfrac{1}{x^2\sqrt{4+x^2}}\,\mathrm{d}x$;

(7) $\int \dfrac{1}{x\sqrt{x^2-1}}\,\mathrm{d}x$; (8) $\int \dfrac{1}{\sqrt{(x^2+1)^3}}\,\mathrm{d}x$; (9) $\int \dfrac{1}{\sqrt{x}+\sqrt[3]{x}}\,\mathrm{d}x$;

(10) $\int \dfrac{1}{\sqrt{1-2x}(1+\sqrt[3]{1-2x})}\,\mathrm{d}x$; (11) $\int \dfrac{1}{1+\sqrt{1-x^2}}\,\mathrm{d}x$; (12) $\int \dfrac{1}{x+\sqrt{1-x^2}}\,\mathrm{d}x$;

(13) $\int \dfrac{1}{\sqrt{\mathrm{e}^{2x}-1}}\,\mathrm{d}x$; (14) $\int \dfrac{1}{x}\sqrt{\dfrac{1-x}{1+x}}\,\mathrm{d}x$; (15) $\int \sqrt{3-2x-x^2}\,\mathrm{d}x$;

(16) $\int \dfrac{x+1}{\sqrt{x^2+x+1}}\,\mathrm{d}x$; (17) $\int \dfrac{\sqrt{a^2-x^2}}{x^4}\,\mathrm{d}x$; (18) $\int \dfrac{x+1}{x^2\sqrt{x^2-1}}\,\mathrm{d}x$.

5.3 分部积分法

上一节在复合函数求导法则的基础上,得到了换元积分法.现在利用两个函数乘积的求导法则,来推得另一个求积分的基本方法——**分部积分法**.

为了保证所讨论的积分存在(即原函数存在),故应要求函数 $u=u(x)$ 及 $v=v(x)$ 具有连续的导数,则两个函数乘积的导数公式为

$$(uv)' = u'v + uv',$$

移项,得

$$uv' = (uv)' - u'v,$$

对上式两边求不定积分,得

$$\int uv' dx = uv - \int u'v dx. \tag{5-3}$$

式(5-3)称为**分部积分公式**.当求 $\int uv' dx$ 有困难,而求 $\int u'v dx$ 比较容易时,分部积分法就可以发挥作用了.

为简便起见,也可以把式(5-3)写成下面的形式:

$$\int u dv = uv - \int v du. \tag{5-4}$$

例 5.29 求不定积分 $\int x\cos x dx$.

解 这个积分用上一节的换元法显然不能求得结果,现在试用分部积分法来求它,但是怎样选取 u 和 dv 呢?如果设 $u=\cos x, dv=xdx=d\dfrac{x^2}{2}$,则

$$\int x\cos x dx = \int \cos x d\frac{x^2}{2} = \frac{x^2}{2}\cos x - \int \frac{x^2}{2} d\cos x = \frac{x^2}{2}\cos x + \frac{1}{2}\int x^2 \sin x dx.$$

显然积分 $\int x^2 \sin x dx$ 比 $\int x\cos x dx$ 更难以计算.

但是,如果选取 $u=x, dv=\cos x dx=d\sin x$,则

$$\int x\cos x dx = \int x d\sin x = x\sin x - \int \sin x dx = x\sin x + \cos x + C.$$

由此可见,如果 u 和 dv 选取不当,就求不出结果.所以应用分部积分法时,恰当选取 u 和 dv 是关键.选取 u 和 dv 一般要考虑以下两点:

(1) v 要容易求得;

(2) $\int v du$ 要比 $\int u dv$ 容易积出.

例 5.30 求不定积分 $\int xe^x dx$.

解 设 $u=x, dv=e^x dx=de^x$,那么 $du=dx, v=e^x$,则

$$\int x e^x dx = \int x de^x = xe^x - \int e^x dx = xe^x - e^x + C.$$

例 5.31 求不定积分 $\int x^2 e^x dx$.

解 设 $u = x^2$, $dv = e^x dx = de^x$, 那么 $du = 2x dx$, $v = e^x$, 则

$$\int x^2 e^x dx = \int x^2 de^x = x^2 e^x - 2\int x e^x dx.$$

而 $\int x e^x dx$ 显然比 $\int x^2 e^x dx$ 更易积出,因为被积函数中 x 的幂次前者比后者降低了一次,对 $\int x e^x dx$,由例 5.30 知,再使用一次分部积分法就可以算出了,于是

$$\int x^2 e^x dx = x^2 e^x - 2(xe^x - e^x) + C = x^2 e^x - 2xe^x + 2e^x + C.$$

注:该例题使用了两次分部积分法,有些不定积分需连续使用两次或更多次分部积分法方能得到结果.

由以上例题可知,**下列不定积分可用分部积分法求解**:

$$\int x^n \sin ax\, dx, \quad \int x^n \cos ax\, dx, \quad \int x^n e^{ax} dx.$$

其中,n 为正整数,a 为实数,应将 x^n 视为分部积分公式中的 u,$\sin ax\, dx$,$\cos ax\, dx$,$e^{ax} dx$ 视为 dv.

例 5.32 求不定积分 $\int \ln x\, dx$.

解 将 dx 作为式(5-4)中的 dv,即 $u = \ln x$, $dv = dx$,则 $du = \frac{1}{x} dx$, $v = x$,于是

$$\int \ln x\, dx = x\ln x - \int x \cdot \frac{1}{x} dx = x\ln x - x + C.$$

例 5.33 求不定积分 $\int x \arcsin x\, dx$.

解 选 $u = \arcsin x$, $dv = x dx = d\frac{x^2}{2}$,则 $du = \frac{1}{\sqrt{1-x^2}} dx$, $v = \frac{x^2}{2}$,于是

$$\begin{aligned}
\int x \arcsin x\, dx &= \int \arcsin x\, d\frac{x^2}{2} = \frac{x^2}{2}\arcsin x - \int \frac{x^2}{2} d\arcsin x \\
&= \frac{x^2}{2}\arcsin x - \frac{1}{2}\int \frac{x^2}{\sqrt{1-x^2}} dx \\
&= \frac{x^2}{2}\arcsin x + \frac{1}{2}\int \frac{1-x^2-1}{\sqrt{1-x^2}} dx \\
&= \left(\frac{x^2}{2} - \frac{1}{4}\right)\arcsin x + \frac{x}{4}\sqrt{1-x^2} + C.
\end{aligned}$$

由以上两例可知,**下述类型的不定积分可使用分部积分法求解**:

$$\int x^n \ln x\, dx, \quad \int x^n \arcsin x\, dx, \quad \int x^n \arccos x\, dx, \quad \int x^n \arctan x\, dx, \quad \int x^n \text{arccot}\, x\, dx,$$

其中,第一个不定积分,n 是不为 -1 的实数;其余的不定积分,n 是不为 -1 的整数. 应将 $\ln x, \arcsin x, \arctan x$ 等理解为分部积分公式中的 u,$x^n \mathrm{d}x$ 理解为 $\mathrm{d}v$.

例 5.34 求不定积分 $\int \mathrm{e}^x \sin x \mathrm{d}x$.

解 选 $u = \sin x, \mathrm{d}v = \mathrm{e}^x \mathrm{d}x = \mathrm{d}\mathrm{e}^x$,则 $\mathrm{d}u = \cos x \mathrm{d}x, v = \mathrm{e}^x$,于是

$$\int \mathrm{e}^x \sin x \mathrm{d}x = \int \sin x \mathrm{d}\mathrm{e}^x = \mathrm{e}^x \sin x - \int \mathrm{e}^x \cos x \mathrm{d}x.$$

等式右端的积分 $\int \mathrm{e}^x \cos x \mathrm{d}x$ 与待求的积分 $\int \mathrm{e}^x \sin x \mathrm{d}x$ 属于同一类型,计算难易程度显然相当. 试着对右端的积分 $\int \mathrm{e}^x \cos x \mathrm{d}x$ 再用一次分部积分法,得

$$\int \mathrm{e}^x \cos x \mathrm{d}x = \int \cos x \mathrm{d}\mathrm{e}^x = \mathrm{e}^x \cos x + \int \mathrm{e}^x \sin x \mathrm{d}x,$$

于是,得

$$\int \mathrm{e}^x \sin x \mathrm{d}x = \int \sin x \mathrm{d}\mathrm{e}^x = \mathrm{e}^x \sin x - \left(\mathrm{e}^x \cos x + \int \mathrm{e}^x \sin x \mathrm{d}x\right)$$

$$= \mathrm{e}^x \sin x - \mathrm{e}^x \cos x - \int \mathrm{e}^x \sin x \mathrm{d}x. \tag{1}$$

由于上式右端的第三项就是所求的积分 $\int \mathrm{e}^x \sin x \mathrm{d}x$,把它移到等式的左端去,两端再同除以 2,便得

$$\int \mathrm{e}^x \sin x \mathrm{d}x = \frac{\mathrm{e}^x}{2}(\sin x - \cos x) + C. \tag{2}$$

思考:(1) 为什么式(1)的右端不加任意常数 C,而式(2)的右端就需要加上呢?
(2) 本题中,能不能选 $u = \mathrm{e}^x, \mathrm{d}v = \sin x \mathrm{d}x = \mathrm{d}(-\cos x)$ 呢? 如果可以,试试看.
(3) 能不能由本题得出这样的结论:多次使用分部积分时,u, v 应选择同类型的函数?
由例 5.34 知,**形如下述的不定积分可用分部积分法求解:**

$$\int \mathrm{e}^{kx} \sin(ax + b) \mathrm{d}x, \quad \int \mathrm{e}^{kx} \cos(ax + b) \mathrm{d}x.$$

注: 例 5.34 用了两次分部积分法后,出现了循环现象,即等式右端又出现了原来的不定积分(两端出现的所求不定积分的系数一定不同,这样不会出现相互抵消的情况),这也正是我们想要的,从而得到以所求不定积分为未知量的方程,从而求解,称这种求解不定积分的方法为**循环法**. 用分部积分法时,有些题目会出现这种情况,如例 5.34,又例如 $\int \sec^3 x \mathrm{d}x$,同学们可以试一试.

有时候,需要分部积分与其他方法结合使用. 如下例.

例 5.35 求不定积分 $\int \arctan \sqrt{x} \mathrm{d}x$.

解 为了去掉根式,先换元:令 $\sqrt{x} = t$,则 $x = t^2, \mathrm{d}x = 2t \mathrm{d}t$,于是

$$\int \arctan\sqrt{x}\,dx = \int \arctan t\,dt^2 = t^2\arctan t - \int t^2\,d\arctan t$$
$$= t^2\arctan t - t + \arctan t + C$$
$$= x\arctan\sqrt{x} - \sqrt{x} + \arctan\sqrt{x} + C.$$

*例 5.36 求不定积分 $I_n = \int \dfrac{1}{(x^2+a^2)^n}dx$ 的递推公式(其中 n 为正整数,且 $n \geqslant 2$),并用公式计算 $\int \dfrac{1}{(x^2+a^2)^2}dx$.

解 由分部积分公式,有
$$I_n = \int \frac{1}{(x^2+a^2)^n}dx = \frac{x}{(x^2+a^2)^n} + 2n\int \frac{x^2}{(x^2+a^2)^{n+1}}dx$$
$$= \frac{x}{(x^2+a^2)^n} + 2n\int \frac{x^2+a^2-a^2}{(x^2+a^2)^{n+1}}dx$$
$$= \frac{x}{(x^2+a^2)^n} + 2n\left(\int \frac{1}{(x^2+a^2)^n}dx - \int \frac{a^2}{(x^2+a^2)^{n+1}}dx\right)$$
$$= \frac{x}{(x^2+a^2)^n} + 2nI_n - 2na^2 I_{n+1},$$

由此得
$$I_{n+1} = \frac{1}{2na^2}\frac{x}{(x^2+a^2)^n} + \frac{2n-1}{2na^2}I_n.$$

从而,得 I_n 的递推公式
$$I_n = \frac{1}{2(n-1)a^2}\frac{x}{(x^2+a^2)^{n-1}} + \frac{2n-3}{2(n-1)a^2}I_{n-1}.$$

由此公式把计算 I_n 归结为计算 I_{n-1},以此类推,最后归结为计算 I_1,而
$$I_1 = \int \frac{1}{x^2+a^2}dx = \frac{1}{a}\arctan\frac{x}{a} + C,$$

所以
$$\int \frac{1}{(x^2+a^2)^2}dx = I_2 = \frac{1}{2a^2}\frac{x}{x^2+a^2} + \frac{1}{2a^2}I_1 = \frac{1}{2a^2}\frac{x}{x^2+a^2} + \frac{1}{2a^3}\arctan\frac{x}{a} + C.$$

注:当被积函数是某一函数的高次幂函数时,可以适当选取 u,dv,用分部积分公式,得到该函数的高、低次幂之间的函数关系,即递推公式,称这种求解不定积分的方法为**递推法**.

习题 5.3

1. 求下列不定积分.

(1) $\int x\sin^2 x\,dx$;

(2) $\int (x^2-1)\sin 2x\,dx$;

(3) $\int xe^{-2x}\,dx$;

(4) $\int \dfrac{\ln x}{(1-x)^2}dx$;

(5) $\int x^2 a^x\,dx$;

(6) $\int x\ln(1+x^2)\,dx$;

(7) $\int \arccos x \, dx$;   (8) $\int x^2 \arctan x \, dx$;   (9) $\int e^x \cdot \dfrac{x-1}{x^2} dx$;

(10) $\int e^{2x}(\tan x+1)^2 dx$;   (11) $\int x\tan^2 x \, dx$;   (12) $\int e^{-2x}\sin\dfrac{x}{2} dx$;

(13) $\int \cos(\ln x) dx$;   (14) $\int \sec^3 x \, dx$;   (15) $\int \dfrac{\ln\tan x}{\sin^2 x} dx$;

(16) $\int \dfrac{x\cos x}{\sin^3 x} dx$;   (17) $\int \sin x \cdot \ln\tan x \, dx$;   (18) $\int x\ln\dfrac{1+x}{1-x} dx$;

(19) $\int x\tan x \sec^4 x \, dx$;   (20) $\int \dfrac{\ln\sin x}{\sin^2 x} dx$;   (21) $\int \dfrac{x\arctan x}{\sqrt{1+x^2}} dx$;

(22) $\int e^{ax}\cos bx \, dx$.

2. 求下列不定积分.

(1) $\int x^3 e^{x^2} dx$;   (2) $\int \dfrac{\ln\ln x}{x} dx$;   (3) $\int e^{\sqrt{2x}} dx$;

(4) $\int \sin\sqrt{x}\, dx$;   (5) $\int \dfrac{\arctan e^x}{e^x} dx$;   (6) $\int e^{\frac{x}{2}} \cdot \dfrac{\cos x - \sin x}{\sqrt{\cos x}} dx$.

3. 设 $F(x)$ 为 $f(x)$ 的原函数,且当 $x \geqslant 0$ 时,$f(x)F(x) = \dfrac{xe^x}{2(1+x)^2}$,又 $F(0)=1$,$F(x)>0$,求 $f(x)$.

*4. 建立 $I_n = \int \tan^n x \, dx$ 的递推公式,其中 n 为自然数.

5.4 有理函数的积分

前面已经介绍了求不定积分的两个基本方法——换元积分法与分部积分法,下面讨论一种特殊类型的函数——有理函数的积分.

5.4.1 真分式的分解

有理函数(也称有理分式)是指由两个多项式的商所表示的函数,即具有如下形式:

$$R(x) = \frac{P_n(x)}{Q_m(x)} = \frac{a_0 x^n + a_1 x^{n-1} + \cdots + a_{n-1} x + a_n}{b_0 x^m + b_1 x^{m-1} + \cdots + b_{m-1} x + b_m}, \tag{1}$$

其中,m 和 n 都是非负整数;$a_0, a_1, \cdots, a_n, b_0, b_1, \cdots, b_m$ 都是实数,且 $a_0 \neq 0, b_0 \neq 0$. 通常假定分子多项式 $P_n(x)$ 和分母多项式 $Q_m(x)$ 之间没有公因式.

若 $n \geqslant m$,称有理分式(1)为假分式;若 $n < m$,称有理分式(1)为真分式.

由多项式除法知,假分式总可以分解为一个多项式与一个真分式之和,例如假分式 $\dfrac{x^4+2x^3+3}{x^2+1}$ 就可以分解为

$$\frac{x^4+2x^3+3}{x^2+1}=x^2+2x-1+\frac{-2x+4}{x^2+1}.$$

由于多项式的积分容易求得，因此无论假分式还是真分式的积分，最终都归结为真分式的积分，即有理函数的积分最终归结为真分式的积分．因此下面只讨论式(1)为真分式时的不定积分，而要计算真分式的积分需要用到真分式的下列性质．

根据代数学的知识，多项式 $Q_m(x)$（这里，不妨设 $b_0=1$）总可以在实数范围内分解为形如下式中的一次因式与二次质因式的连乘积．

$$Q_m(x)=(x-a)^\alpha\cdots(x-b)^\beta(x^2+px+q)^\lambda\cdots(x^2+rx+s)^\mu,$$

其中，$p^2-4q<0,\cdots,r^2-4s<0,\alpha,\cdots,\beta,\lambda,\cdots,\mu$ 为非负整数，且

$$\alpha+\cdots+\beta+2\lambda+\cdots+2\mu=m.$$

于是真分式 $R(x)=\dfrac{P_n(x)}{Q_m(x)}=\dfrac{a_0x^n+a_1x^{n-1}+\cdots+a_{n-1}x+a_n}{b_0x^m+b_1x^{m-1}+\cdots+b_{m-1}x+b_m}$（设 $a_0=1,b_0=1$，思考：为什么？）可以分解成如下的部分分式之和：

$$\begin{aligned}\frac{P_n(x)}{Q_m(x)}=&\frac{A_1}{x-a}+\frac{A_2}{(x-a)^2}+\cdots+\frac{A_\alpha}{(x-a)^\alpha}+\cdots\\&+\frac{B_1}{x-b}+\frac{B_2}{(x-b)^2}+\cdots+\frac{B_\beta}{(x-b)^\beta}\\&+\frac{M_1x+N_1}{x^2+px+q}+\frac{M_2x+N_2}{(x^2+px+q)^2}+\cdots+\frac{M_\lambda x+N_\lambda}{(x^2+px+q)^\lambda}+\cdots\\&+\frac{R_1x+S_1}{x^2+rx+s}+\frac{R_2x+S_2}{(x^2+rx+s)^2}+\cdots+\frac{R_\mu x+S_\mu}{(x^2+rx+s)^\mu},\end{aligned}\quad(2)$$

其中 $A_1,A_2,\cdots,A_\alpha,\cdots,B_1,B_2,\cdots,B_\beta,M_1,N_1,\cdots,M_\lambda,N_\lambda,\cdots,R_1,S_1,\cdots,R_\mu,S_\mu$ 等都是实常数．

例 5.37 将真分式 $\dfrac{x+3}{x^2-5x+6}$ 分解为部分分式之和．

解 由上面的理论知，$\dfrac{x+3}{x^2-5x+6}$ 可分解为如下形式的部分分式之和：

$$\frac{x+3}{x^2-5x+6}=\frac{A}{x-2}+\frac{B}{x-3},$$

其中，常数 A,B 待定．可用如下两种方法求出 A,B．

方法一 待定系数法 上式两端去分母，得

$$x+3=A(x-3)+B(x-2),\quad(3)$$

即

$$x+3=(A+B)x-(3A+2B).$$

因这是恒等式，故等式两端的对应项相等，即有

$$\begin{cases}A+B=1,\\-(3A+2B)=3,\end{cases}\quad\text{解得 }A=-5,B=6.$$

方法二　赋值法　在恒等式(3)中,给 x 赋予特殊的值,从而求出 A,B.
如在式(3) $x+3=A(x-3)+B(x-2)$ 中,令 $x=2$,得 $A=-5$;令 $x=3$,得 $B=6$.
两种方法得到了相同的结果:

$$\frac{x+3}{x^2-5x+6}=\frac{-5}{x-2}+\frac{6}{x-3}.$$

又例如,用同样的办法可以得到如下的分解式:

$$\frac{2x^2+2x+13}{(x-2)(x^2+1)^2}=\frac{1}{x-2}+\frac{-x-2}{x^2+1}+\frac{-3x-4}{(x^2+1)^2}.$$

5.4.2　有理函数的积分

由以上的讨论可知,真分式的积分归根结底归纳为如下 4 种部分分式的积分:

(1) $\int \frac{1}{x-a}dx$;

(2) $\int \frac{1}{(x-a)^n}dx\ (n>1, n\in \mathbf{N})$;

(3) $\int \frac{Ax+B}{x^2+px+q}dx\ (p^2-4q<0)$;

(4) $\int \frac{Ax+B}{(x^2+px+q)^n}dx\ (p^2-4q<0, n>1, n\in \mathbf{N})$.

(1)、(2)式的积分前面已解决,下面着重讨论(3)和(4)式.

下面以例题的形式先来讨论形如(3) $\int \frac{Ax+B}{x^2+px+q}dx(p^2-4q<0)$ 的积分如何解决.

例 5.38　求不定积分 $\int \frac{3x+5}{x^2+2x+5}dx$.

解　因为 $(x^2+2x+5)'=2x+2$,所以

$$\begin{aligned}
原式 &= 3\int \frac{x+\frac{5}{3}}{x^2+2x+5}dx = \frac{3}{2}\int \frac{2x+2+\frac{4}{3}}{x^2+2x+5}dx \\
&= \frac{3}{2}\int \frac{2x+2}{x^2+2x+5}dx + \frac{3}{2}\times \frac{4}{3}\int \frac{1}{x^2+2x+5}dx \\
&= \frac{3}{2}\int \frac{1}{x^2+2x+5}d(x^2+2x+5) + 2\int \frac{1}{(x+1)^2+4}d(x+1) \\
&= \frac{3}{2}\ln(x^2+2x+5) + \arctan \frac{x+1}{2} + C.
\end{aligned}$$

通过此例可以看出,形如(3)的不定积分一定可以通过凑微分法得到解决.

下面再来看形如(4)式的不定积分是如何解决的.

由于

$$\frac{Ax+B}{(x^2+px+q)^n} = \frac{A\left(x+\dfrac{p}{2}\right)+\dfrac{2B-Ap}{2}}{\left[\left(x+\dfrac{p}{2}\right)^2+\dfrac{4q-p^2}{4}\right]^n} \xrightarrow{\text{令 } x+\frac{p}{2}=t, \frac{2B-Ap}{2}=M} \frac{At+M}{(t^2+a^2)^n},$$

则由换元积分法有

$$\int \frac{Ax+B}{(x^2+px+q)^n}\mathrm{d}x = \int \frac{At+M}{(t^2+a^2)^n}\mathrm{d}t$$
$$= \int \frac{At}{(t^2+a^2)^n}\mathrm{d}t + M\int \frac{1}{(t^2+a^2)^n}\mathrm{d}t,$$

上式中的第一部分积分可通过凑微分法来解决.

$$\int \frac{At}{(t^2+a^2)^n}\mathrm{d}t = \frac{A}{2}\int \frac{1}{(t^2+a^2)^n}\mathrm{d}(t^2+a^2) = \frac{A}{2}\cdot\frac{1}{1-n}(t^2+a^2)^{1-n}+C.$$

上式中的第二部分 $\int \dfrac{1}{(t^2+a^2)^n}\mathrm{d}t$ 在 5.3 节的例 5.36 中已得到解决.

至此形如(1)、(2)、(3)、(4)的不定积分我们已全部解决,从而有理函数的积分也就完全解决了.

例 5.39 求不定积分 $\int \dfrac{x+3}{x^2-5x+6}\mathrm{d}x$.

解 由例 5.37 知,$\dfrac{x+3}{x^2-5x+6}=\dfrac{-5}{x-2}+\dfrac{6}{x-3}$,因此

$$\int \frac{x+3}{x^2-5x+6}\mathrm{d}x = \int\left(\frac{-5}{x-2}+\frac{6}{x-3}\right)\mathrm{d}x = 6\ln|x-3|-5\ln|x-2|+C.$$

***例 5.40** 求不定积分 $\int \dfrac{2x^2+2x+13}{(x-2)(x^2+1)^2}\mathrm{d}x$.

解 由例 5.37 知,$\dfrac{2x^2+2x+13}{(x-2)(x^2+1)^2}=\dfrac{1}{x-2}+\dfrac{-x-2}{x^2+1}+\dfrac{-3x-4}{(x^2+1)^2}$,因此

$$\text{原式} = \int \frac{1}{x-2}\mathrm{d}x - \int \frac{x+2}{x^2+1}\mathrm{d}x - \int \frac{3x+4}{(x^2+1)^2}\mathrm{d}x$$
$$= \int \frac{1}{x-2}\mathrm{d}x - \int \frac{x}{x^2+1}\mathrm{d}x - 2\int \frac{1}{x^2+1}\mathrm{d}x - 3\int \frac{x}{(x^2+1)^2}\mathrm{d}x - 4\int \frac{1}{(x^2+1)^2}\mathrm{d}x$$
$$= \ln|x-2| - \frac{1}{2}\ln(x^2+1) - 2\arctan x + \frac{3}{2}\frac{1}{x^2+1} - 4\int \frac{1}{(x^2+1)^2}\mathrm{d}x,$$

由例 5.36 的结论,可以求得

$$\int \frac{1}{(x^2+1)^2}\mathrm{d}x = \frac{1}{2}\cdot\frac{x}{x^2+1}+\frac{1}{2}\arctan x + C,$$

所以

$$\int \frac{2x^2+2x+13}{(x-2)(x^2+1)^2}\mathrm{d}x = \ln|x-2| - \frac{1}{2}\ln(x^2+1)$$

$$+ \frac{3}{2}\frac{1}{x^2+1} - \frac{2x}{x^2+1} - 4\arctan x + C.$$

把有理函数分解成部分分式之和再积分并不一定是最简便的或唯一的方法,对具体的问题需作具体的分析,下面举例说明.

例 5.41 求不定积分 $\int \frac{1}{x(x^{11}+1)}dx$.

解 此题显然在本节所讲的范畴之内,因此利用上面的做法是可以的,但较繁琐,对于此题,下面的做法显然更简洁.

$$\int \frac{1}{x(x^{11}+1)}dx \quad (\text{分子、分母同乘以 } x^{10})$$

$$= \int \frac{x^{10}}{x^{11}(x^{11}+1)}dx = \frac{1}{11}\int \frac{1}{x^{11}(x^{11}+1)}dx^{11}$$

$$= \frac{1}{11}\int \left(\frac{1}{x^{11}} - \frac{1}{x^{11}+1}\right)dx^{11} = \frac{1}{11}\ln\left|\frac{x^{11}}{x^{11}+1}\right| + C.$$

例 5.42 求不定积分 $\int \frac{x^2+1}{x^4+1}dx$.

解 $\int \frac{x^2+1}{x^4+1}dx$ （分子、分母同除以 x^2）

$$= \int \frac{1+\frac{1}{x^2}}{x^2+\frac{1}{x^2}}dx = \int \frac{1}{x^2+\frac{1}{x^2}}d\left(x-\frac{1}{x}\right)$$

$$= \int \frac{1}{\left(x-\frac{1}{x}\right)^2+2}d\left(x-\frac{1}{x}\right) = \frac{1}{\sqrt{2}}\arctan\frac{x^2-1}{\sqrt{2}x} + C.$$

通过以上两题可以看出,一个很典型、很复杂的真分式的积分,也可以通过非常简单的凑微分的方法来求解.

至此,有理函数求不定积分的问题已完全解决,而且,**有理函数的原函数都是初等函数**.

在 5.1 节,我们曾指出:初等函数在其定义区间内一定存在原函数. 这里,尚需补充说明:**初等函数的原函数并不都是初等函数**. 例如:

$$\int e^{-x^2}dx, \quad \int \frac{1}{\ln x}dx, \quad \int \frac{\sin x}{x}dx$$

等,这些不定积分我们求不出来,即不能用初等函数来表示.

习题 5.4

求下列不定积分.

(1) $\int \frac{3x+1}{x^2+3x-10}dx$;

(2) $\int \frac{3}{x^3+1}dx$;

(3) $\displaystyle\int \frac{1}{(x+1)(x+2)(x+3)}\mathrm{d}x$; (4) $\displaystyle\int \frac{x}{(x+1)^2(x-1)}\mathrm{d}x$;

(5) $\displaystyle\int \frac{1}{(x^2+1)(x^2+x+1)}\mathrm{d}x$; (6) $\displaystyle\int \frac{1}{x^4+1}\mathrm{d}x$;

(7) $\displaystyle\int \frac{x^3}{x+3}\mathrm{d}x$; (8) $\displaystyle\int \frac{x^5+x^4-8}{x^3-x}\mathrm{d}x$;

(9) $\displaystyle\int \frac{x^4}{x^4+5x^2+4}\mathrm{d}x$.

复习题五

1. 填空题.

(1) 设 e^{-x} 是 $f(x)$ 的一个原函数,则 $\displaystyle\int f(x)\mathrm{d}x = $ _____ , $\displaystyle\int f'(x)\mathrm{d}x = $ _____ , $\displaystyle\int \mathrm{e}^x f'(x)\mathrm{d}x = $ _____ .

(2) $\displaystyle\frac{\mathrm{d}}{\mathrm{d}x}\int f(\cos^2 x)\mathrm{d}x = $ _____ , $\displaystyle\frac{\mathrm{d}}{\mathrm{d}x}\left[\int f(\cos^2 x)\mathrm{d}\sin x\right] = $ _____ .

(3) 设 $\displaystyle\int f(x)\mathrm{d}x = xf(x) - \int \frac{x}{\sqrt{1+x^2}}\mathrm{d}x$,则 $f(x) = $ _____ .

(4) 设 $f(x)$ 的一个原函数是 $x\ln x - x$,则 $\displaystyle\int \mathrm{e}^{2x} f'(\mathrm{e}^x)\mathrm{d}x = $ _____ .

(5) 设 $f(x)$ 的一个原函数为 $\displaystyle\frac{\sin x}{x}$,则 $\displaystyle\int xf'(2x)\mathrm{d}x = $ _____ .

(6) 设 $f(x) = \ln x$,则 $\displaystyle\int \frac{f'(\mathrm{e}^{-2x})}{\mathrm{e}^{4x}+4}\mathrm{d}x = $ _____ , $\displaystyle\int \frac{f'(\mathrm{e}^{-2x})}{\mathrm{e}^{4x}-4}\mathrm{d}x = $ _____ , $\displaystyle\int \frac{f'(\mathrm{e}^{-2x})}{\sqrt{4+\mathrm{e}^{4x}}}\mathrm{d}x = $ _____ , $\displaystyle\int \frac{f'(\mathrm{e}^{-2x})}{\sqrt{4-\mathrm{e}^{4x}}}\mathrm{d}x = $ _____ .

(7) 设 $\displaystyle\int f'(\tan x)\mathrm{d}x = \tan x + x + C$,则 $f(x) = $ _____ .

(8) 设 $\displaystyle\int f'(\sqrt{x})\mathrm{d}x = x(\mathrm{e}^{\sqrt{x}}+1) + C$,则 $f(x) = $ _____ .

(9) 设 $F''(x) = 2x, F'(0) = 0, F(0) = 1$,则 $F(x) = $ _____ .

2. 选择题.

(1) 初等函数 $f(x)$ 在其有定义的区间内( ).

(A) 可求导数;   (B) 原函数存在,且可用初等函数表示;

(C) 可求微分;   (D) 原函数存在,但未必可用初等函数表示.

(2) 设 $\left(\displaystyle\int f(x)\mathrm{d}x\right)' = \dfrac{1}{x}$,则 $f(x) = ($).

(A) $\ln x$；　　　　(B) $\ln|x|$；　　　(C) $\dfrac{1}{x}$；　　　(D) $\dfrac{1}{x}+C$.

(3) 设 $f'(\sec^2 x)=\tan^2 x-1$，且 $f(0)=1$，则 $f(x)=(\quad)$.

(A) $\dfrac{1}{2}\sec^4 x-2\sec^2 x+1$；　　　　(B) $\dfrac{1}{2}\tan^4 x-2\tan^2 x+1$；

(C) $\dfrac{1}{2}x^2-2x+1$；　　　　　　　　(D) $\dfrac{1}{2}\sec^4 x-2\tan^2 x+1$.

(4) 设 $f'(\sin^2 x)=\cos 2x+\tan^2 x$，则 $f(x)=(\quad)$.

(A) $-x^2-\ln|1-x|+C$；　　　　(B) $-x^2+\ln|1-x|+C$；

(C) $x^2-\ln|1-x|+C$；　　　　　(D) $x^2+\ln|1-x|+C$.

(5) 设 $f(x)$ 有一个原函数 $x\ln x$，则 $\displaystyle\int xf(x)\mathrm{d}x=(\quad)$.

(A) $x^2\left(\dfrac{1}{4}-\dfrac{1}{2}\ln x\right)+C$；　　　(B) $x^2\left(\dfrac{1}{4}+\dfrac{1}{2}\ln x\right)+C$；

(C) $x^2\left(\dfrac{1}{2}-\dfrac{1}{4}\ln x\right)+C$；　　　(D) $x^2\left(\dfrac{1}{2}+\dfrac{1}{4}\ln x\right)+C$.

(6) $\displaystyle\int \dfrac{1}{1+x^2}\mathrm{d}x\neq(\quad)$.

(A) $\mathrm{arccot}\,\dfrac{1}{x}+C$；　　　　(B) $\arctan x+C$；

(C) $\arctan\dfrac{1}{x}+C$；　　　　　(D) $\dfrac{1}{2}\arctan\dfrac{2x}{1-x^2}+C$.

(7) 在区间 $(-a,a)$ 上，$f(x)=\dfrac{1}{\sqrt{a^2-x^2}}$ 的一个原函数不是$(\quad)$.

(A) $\arcsin\dfrac{x}{a}$；　　　　　　(B) $-\arccos\dfrac{x}{a}+C$；

(C) $2\arctan\sqrt{\dfrac{a+x}{a-x}}$；　　　(D) $\arctan\sqrt{\dfrac{a-x}{a+x}}$.

(8) 若 $F'(x)=f(x)$，则 $\displaystyle\int \dfrac{f(-\sqrt{x})}{\sqrt{x}}\mathrm{d}x=(\quad)$.

(A) $\dfrac{1}{2}F(-\sqrt{x})+C$；　　　(B) $-\dfrac{1}{2}F(-\sqrt{x})+C$；

(C) $-F(\sqrt{x})+C$；　　　　　　(D) $-2F(-\sqrt{x})+C$.

3. 求下列不定积分.

(1) $\displaystyle\int \dfrac{x}{(1-x)^3}\mathrm{d}x$；　　　　(2) $\displaystyle\int \dfrac{x^2}{(x^2+2x+2)^2}\mathrm{d}x$；

(3) $\displaystyle\int \dfrac{x^{11}}{x^8+3x^4+2}\mathrm{d}x$；　　(4) $\displaystyle\int \dfrac{x^2}{(x-1)^{100}}\mathrm{d}x$；

(5) $\int \dfrac{x^2}{a^6-x^6}\mathrm{d}x \ (a>0)$;

(6) $\int \dfrac{1}{\sqrt{2x^2-3x-1}}\mathrm{d}x$;

(7) $\int \sqrt{\dfrac{\ln(x+\sqrt{1+x^2})}{1+x^2}}\mathrm{d}x$;

(8) $\int \dfrac{f'(\sqrt{x})}{\sqrt{x}[1+f^2(\sqrt{x})]}\mathrm{d}x$;

(9) $\int \left[\dfrac{f(x)}{f'(x)}-\dfrac{f^2(x)f''(x)}{[f'(x)]^3}\right]\mathrm{d}x$;

(10) $\int \dfrac{\cos x}{\sqrt{2+\cos 2x}}\mathrm{d}x$;

(11) $\int \sin x\sin 2x\sin 3x\,\mathrm{d}x$;

(12) $\int \dfrac{\sin x}{1+\sin x}\mathrm{d}x$;

(13) $\int \dfrac{1}{\sin^3 x\cos x}\mathrm{d}x$;

(14) $\int \dfrac{1}{(2+\cos x)\sin x}\mathrm{d}x$;

(15) $\int \dfrac{2^x\cdot 3^x}{9^x+4^x}\mathrm{d}x$;

(16) $\int \dfrac{x+1}{x(1+x\mathrm{e}^x)}\mathrm{d}x$;

(17) $\int \dfrac{\sin^2 x}{\cos^3 x}\mathrm{d}x$;

(18) $\int \ln(1+x^2)\mathrm{d}x$;

(19) $\int \ln^2(x+\sqrt{1+x^2})\mathrm{d}x$;

(20) $\int \mathrm{e}^{2x}\sin^2 x\,\mathrm{d}x$;

(21) $\int \dfrac{x+\sin x}{1+\cos x}\mathrm{d}x$;

(22) $\int \dfrac{\ln x}{(1+x^2)^{\frac{3}{2}}}\mathrm{d}x$;

(23) $\int \dfrac{\arccos x}{(1-x^2)^{\frac{3}{2}}}\mathrm{d}x$;

(24) $\int \mathrm{e}^{\sin x}\dfrac{x\cos^3 x-\sin x}{\cos^2 x}\mathrm{d}x$;

(25) $\int \dfrac{\mathrm{e}^x(1+\sin x)}{1+\cos x}\mathrm{d}x$;

(26) $\int \arcsin\sqrt{\dfrac{x}{1+x}}\mathrm{d}x$;

(27) $\int \dfrac{x\mathrm{e}^x}{(\mathrm{e}^x+1)^2}\mathrm{d}x$;

(28) $\int \dfrac{1}{x^4\sqrt{1+x^2}}\mathrm{d}x$;

(29) $\int \dfrac{\mathrm{d}x}{(a^2-x^2)^{\frac{5}{2}}}$;

(30) $\int \dfrac{x^3}{(4^2+x^2)^{\frac{3}{2}}}\mathrm{d}x$;

(31) $\int \dfrac{x}{\sqrt{1+x^2}(1-x^2)}\mathrm{d}x$;

(32) $\int \dfrac{x}{(x^2-1)(x^2+1)}\mathrm{d}x$;

(33) $\int \dfrac{1}{(2x+1)(x^2+1)}\mathrm{d}x$;

(34) $\int \dfrac{x^3+1}{x(x-1)^3}\mathrm{d}x$;

(35) $\int \dfrac{1}{2x+\sqrt{1-x^2}}\mathrm{d}x$;

(36) $\int \dfrac{\sin 2x}{a^2\sin^2 x+b^2\cos^2 x}\mathrm{d}x \ (a\neq b)$.

第 6 章

定 积 分

本章将讨论积分学中的另一个问题——定积分问题. 我们先从几何与物理问题出发引入定积分的定义,然后讨论它的性质;介绍揭示积分法与微分法之间关系的微积分学基本定理,从而引出计算定积分的一般方法;讲述反常积分,最后讨论定积分的应用.

6.1 定积分的概念

6.1.1 问题的提出

我们从几何学中的面积问题和物理学中的路程问题来讨论定积分概念是怎样提出的.

1. 曲边梯形的面积

设函数 $y=f(x)$ 在区间 $[a,b]$ 上非负、连续. 由直线 $x=a, x=b, y=0$ 及曲线 $y=f(x)$ 所围成的图形(图 6-1)称为曲边梯形,其中曲线弧称为曲边.

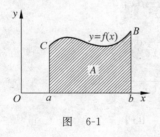

图 6-1

我们知道,矩形是特殊的直边梯形,它的高是不变的,其面积可由公式

$$矩形面积 = 底 \times 高$$

来计算. 而曲边梯形在底边上各点处的高 $f(x)$ 在区间 $[a,b]$ 上是变动的,故它的面积不能直接按上述公式来计算,然而,由于曲边梯形的高 $f(x)$ 在区间 $[a,b]$ 上是**连续**变化的,在很小的一段区间上它的变化很小,可近似地看做不变. 因此,如果把区间 $[a,b]$ **划分**为许多小区间,在每个小区间上用其中某一点处的高来**近似代替**同一个小区间上的窄曲边梯形的变高(即以不变代变),那么,每个窄曲边梯形的面积就可用与自己同底的窄矩形的面积**近似表示**,这样,我们就以所有这些窄矩形的**面积之和**作为曲边梯形面积的**近似值**. 如果把区间 $[a,b]$ 无限地细分下去,即让每个小区间的长度**都趋于零**,这时所有窄矩形面积之和的**极限**就是曲边梯形的面积. 这个方法同时也给出了计算曲边梯形面积的方法,现将过程详述如下.

(1) **分割** 在区间 $[a,b]$ 上**任意**插入 $n-1$ 个分点
$$a = x_0 < x_1 < x_2 < \cdots < x_{n-1} < x_n = b,$$
把 $[a,b]$ 分成 n 个小区间 $[x_{i-1},x_i]$，其长度为 $\Delta x_i = x_i - x_{i-1}(i=1,2,\cdots,n)$，过每个分点作平行于 y 轴的直线段，把曲边梯形分成 n 个窄曲边梯形，这 n 个窄曲边梯形的面积依次记为 $\Delta A_1, \Delta A_2, \cdots, \Delta A_n$，如图 6-2 所示.

(2) **取近似** 在每个小区间 $[x_{i-1},x_i]$ 上**任取**一点 ξ_i，作以 $[x_{i-1},x_i]$ 为底，$f(\xi_i)$ 为高的窄矩形，用窄矩形面积**近似替代**窄曲边形的面积 ΔA_i（如图 6-2），即
$$\Delta A_i \approx f(\xi_i)\Delta x_i, \quad i = 1,2,\cdots,n.$$

(3) **求和** 这 n 个窄矩形面积之和可作为所求曲边梯形面积 A 的近似值，即
$$A = \sum_{i=1}^{n} \Delta A_i \approx \sum_{i=1}^{n} f(\xi_i)\Delta x_i.$$

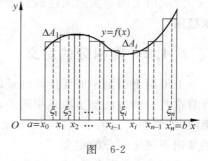

图 6-2

(4) **取极限** 为了保证所有小区间的长度都无限缩小，只需要求小区间长度的最大值趋于零即可. 为此令 $\lambda = \max_{1 \leq i \leq n}\{\Delta x_i\}$，则上述条件可表述为 $\lambda \to 0$. 当 $\lambda \to 0$ 时（这时分点无限增多，即 $n \to \infty$），取上述和式的**极限**，便得到曲边梯形的面积，即
$$A = \lim_{\lambda \to 0} \sum_{i=1}^{n} f(\xi_i)\Delta x_i.$$

2. 变速直线运动的路程

设某物体作变速直线运动，已知速度 $v = v(t)$ 是时间间隔 $[T_1, T_2]$ 上 t 的连续函数，且 $v(t) \geq 0$，计算在这段时间内物体所经过的路程 s.

我们知道，对于匀速直线运动，有公式：路程＝速度×时间.

但是，在我们的问题中，速度不是常量而是随时间变化的变量，因此，所求路程 s 不能直接用上述公式来计算. 然而，物体运动的速度是连续变化的，在很短的时间段内，速度的变化很小，近似于不变. 因此，如果把时间间隔分成若干个小的时间间隔，在每个小的时间间隔内，以匀速运动代替变速运动，那么，就可以算出部分路程的近似值；再求和，得到整个路程的近似值；最后，通过对时间间隔的无限细分的极限过程，即对所有部分路程的近似值之和取极限，就是所求变速直线运动的路程的精确值.

具体过程可描述如下：

(1) 在 $[T_1, T_2]$ 上任意插入 $n-1$ 个分点 $T_1 = t_0 < t_1 < t_2 < \cdots < t_{n-1} < t_n = T_2$，把 $[T_1, T_2]$ 分成 n 个小段 $[t_{i-1}, t_i]$，其长度为 $\Delta t_i = t_i - t_{i-1}(i=1,2,\cdots,n)$，相应地，各小段时间内物体经过的路程依次为 $\Delta s_1, \Delta s_2, \cdots, \Delta s_n$.

(2) 在时间间隔 $[t_{i-1}, t_i]$ 上任取一个时刻 τ_i，以 τ_i 时刻对应的速度 $v(\tau_i)$ 来近似代替 $[t_{i-1}, t_i]$ 上各个时刻的速度，得到部分路程 Δs_i 的近似值，即

$$\Delta s_i \approx v(\tau_i)\Delta t_i, \quad i=1,2,\cdots,n.$$

(3) 求和,即得 $s = \sum\limits_{i=1}^{n}\Delta s_i \approx \sum\limits_{i=1}^{n}v(\tau_i)\Delta t_i$.

(4) 记 $\lambda = \max\limits_{1\leqslant i\leqslant n}\{\Delta t_i\}$,并令 $\lambda\to 0$,取极限,即得 $s = \lim\limits_{\lambda\to 0}\sum\limits_{i=1}^{n}v(\tau_i)\Delta t_i$.

解决以上两个实际问题的整个过程可描述为"化整为零,以不变代变,再积零为整,最后求极限".

6.1.2 定积分的定义

上面两个引例中所要计算的量的实际意义虽然不同,前者是几何量,后者是物理量,但计算这些量的方法与步骤是相同的,并且它们都归结为具有相同结构的一种特定的和式的极限,如果抛开这两个实际问题的具体意义,抓住它们在数量关系上的共性并加以概括,就抽象出下述定积分的定义.

定义 6.1 设函数 $f(x)$ 在 $[a,b]$ 上有界,在 $[a,b]$ 中任意插入 $n-1$ 个分点
$$a = x_0 < x_1 < x_2 < \cdots < x_{n-1} < x_n = b,$$
把 $[a,b]$ 分成 n 个小区间 $[x_{i-1},x_i]$,其长度为 $\Delta x_i = x_i - x_{i-1}(i=1,2,\cdots,n)$,在每个小区间 $[x_{i-1},x_i]$ 上任取一点 ξ_i,作函数值 $f(\xi_i)$ 与小区间长度 Δx_i 的乘积 $f(\xi_i)\Delta x_i(i=1,2,\cdots,n)$,并作和 $S = \sum\limits_{i=1}^{n}f(\xi_i)\Delta x_i$,记 $\lambda = \max\limits_{1\leqslant i\leqslant n}\{\Delta t_i\}$,如果不论对 $[a,b]$ 怎样分割,也不论点 ξ_i 在 $[x_{i-1},x_i]$ 上怎样选取,只要当 $\lambda\to 0$ 时,和 S 总趋于确定的极限值 I,则称极限 I 为函数 $f(x)$ 在 $[a,b]$ 上的定积分(简称积分),记做 $\int_{a}^{b}f(x)\mathrm{d}x$,即

$$\int_{a}^{b}f(x)\mathrm{d}x = I = \lim_{\lambda\to 0}\sum_{i=1}^{n}f(\xi_i)\Delta x_i,$$

上式中,$f(x)$ 叫做被积函数,$f(x)\mathrm{d}x$ 叫做被积表达式,x 叫做积分变量,a 叫做积分下限,b 叫做积分上限,$[a,b]$ 叫做积分区间,和式 $\sum\limits_{i=1}^{n}f(\xi_i)\Delta x_i$ 称为 $f(x)$ 的(黎曼)积分和.

注意:(1) 定义中对区间的分法和点 ξ_i 的取法是任意的. 在两个任意下,和式的值会有无穷多个,但无论和式的值怎样,只要当 $\lambda\to 0$ 时,和式的值总趋于同一确定的值 I,则称 I 为函数 $f(x)$ 在 $[a,b]$ 上的定积分.

(2) 当和式 $\sum\limits_{i=1}^{n}f(\xi_i)\Delta x_i$ 的极限存在时,其极限 I 仅与被积函数 $f(x)$ 及积分区间 $[a,b]$ 有关. 如果既不改变被积函数 $f(x)$,也不改变积分区间 $[a,b]$,而只把积分变量 x 改成其他字母,例如 u 或者 t 或者 s,这时和的极限 I 不变,也就是定积分的值不变,即

$$\int_{a}^{b}f(x)\mathrm{d}x = \int_{a}^{b}f(u)\mathrm{d}u = \int_{a}^{b}f(t)\mathrm{d}t = \int_{a}^{b}f(s)\mathrm{d}s.$$

(3) 如果 $f(x)$ 在 $[a,b]$ 上的定积分存在,我们也称 $f(x)$ 在 $[a,b]$ 上可积.

(4) 在定积分的定义中,实际上假定了 $a<b$. 若 $a>b$,则规定
$$\int_a^b f(x)\mathrm{d}x = -\int_b^a f(x)\mathrm{d}x.$$
这表明,交换定积分的上、下限时,绝对值不变而符号相反. 特别地,当 $a=b$ 时,有
$$\int_a^a f(x)\mathrm{d}x = 0.$$

(5) 从定义中可看出,$f(x)$ 在 $[a,b]$ 上有界是 $f(x)$ 在 $[a,b]$ 上可积的必要条件.

对于定积分,我们关心的问题是,函数 $f(x)$ 在 $[a,b]$ 上满足怎样的条件,$f(x)$ 在 $[a,b]$ 上一定可积? 这个问题我们不做深入讨论,而只给出以下两个充分条件:

定理 6.1 若 $f(x)$ 在 $[a,b]$ 上连续,则 $f(x)$ 在 $[a,b]$ 上可积.

定理 6.2 若 $f(x)$ 在 $[a,b]$ 上有界,且只有有限个间断点,则 $f(x)$ 在 $[a,b]$ 上可积.

利用定积分的定义,前面所讨论的两个实际问题可以分别表述如下:

曲线 $y=f(x)$ ($f(x) \geqslant 0$)、直线 $x=a$、$x=b$ 及 x 轴所围成的曲边梯形的面积 A 等于函数 $f(x)$ 在区间 $[a,b]$ 上的定积分,即 $A = \int_a^b f(x)\mathrm{d}x$.

物体以变速度 $v=v(t)$ ($v(t) \geqslant 0$)作直线运动,从时刻 $t=T_1$ 到时刻 $t=T_2$,物体经过的路程 s 等于函数 $v(t)$ 在区间 $[T_1,T_2]$ 上的定积分,即 $s = \int_{T_1}^{T_2} v(t)\mathrm{d}t$.

6.1.3 定积分的几何意义

在 $[a,b]$ 上 $f(x) \geqslant 0$ 时,我们已经知道,定积分 $\int_a^b f(x)\mathrm{d}x$ 在几何上表示由曲线 $y=f(x)$、直线 $x=a$、$x=b$ 及 x 轴所围成的曲边梯形的面积;在 $[a,b]$ 上若 $f(x) \leqslant 0$ 时,由曲线 $y=f(x)$、直线 $x=a$、$x=b$ 及 x 轴所围成的曲边梯形位于 x 轴的下方(图 6-3),由定义知定积分 $\int_a^b f(x)\mathrm{d}x$ 在几何上表示上述曲边梯形面积的负值;在 $[a,b]$ 上若 $f(x)$ 有正有负时,即函数 $y=f(x)$ 的图形有些部分在 x 轴的上方,有些部分在 x 轴的下方(图 6-4),如果我们对面积赋以正、负号,在 x 轴上方的图形面积赋以正号,在 x 轴下方的图形面积赋以负号,则定积分 $\int_a^b f(x)\mathrm{d}x$ 的几何意义为:它是介于 x 轴、函数 $y=f(x)$ 的图形及两条直线 $x=a$、$x=b$ 之间的各部分面积的代数和.

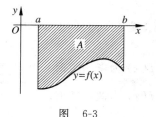

图 6-3

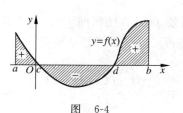

图 6-4

例 6.1 利用定义计算定积分 $\int_0^1 x^2 \,\mathrm{d}x$.

解 因为被积函数 $f(x)=x^2$ 在区间 $[0,1]$ 上连续,而连续函数一定可积,所以积分与对区间 $[0,1]$ 的分法及点 ξ_i 的取法无关. 因此,为了便于计算,不妨把区间 $[0,1]$ 分成 n 等份,分点为 $x_i=\dfrac{i}{n}, i=0,1,2,\cdots,n$;这样,每个小区间 $[x_{i-1},x_i]$ 的长度 $\Delta x_i=\dfrac{1}{n}, i=1,2,\cdots,n$,取 $\xi_i=x_i, i=1,2,\cdots,n$. 于是,得和式

$$\sum_{i=1}^n f(\xi_i)\Delta x_i = \sum_{i=1}^n \xi_i^2 \Delta x_i = \sum_{i=1}^n x_i^2 \Delta x_i = \sum_{i=1}^n \left(\frac{i}{n}\right)^2 \cdot \frac{1}{n} = \frac{1}{n^3}\sum_{i=1}^n i^2$$
$$= \frac{1}{6}\left(1+\frac{1}{n}\right)\left(2+\frac{1}{n}\right).$$

当 $\lambda \to 0$ 即 $n \to \infty$ 时,对上式取极限,则所要计算的定积分为

$$\int_0^1 x^2 \,\mathrm{d}x = \lim_{\lambda \to 0}\sum_{i=1}^n \xi_i^2 \Delta x_i = \lim_{n \to \infty}\frac{1}{6}\left(1+\frac{1}{n}\right)\left(2+\frac{1}{n}\right) = \frac{1}{3}.$$

注:在 2.1 节数列的极限开头有一个引例,提出了由曲线 $y=x^2$、直线 $x=1$ 及 x 轴所围的曲边三角形面积问题,上述定积分就表示该面积.

习题 6.1

1. 利用定积分的定义计算下列定积分.

(1) $\int_0^1 x\,\mathrm{d}x$;   (2) $\int_0^1 x^3\,\mathrm{d}x$. $\left(\text{提示}:1^3+2^3+3^3+\cdots+n^3=\dfrac{n^2(n+1)^2}{4}\right)$

2. 把下列极限表示成定积分.

(1) $\lim\limits_{n\to\infty}\dfrac{1}{n}\left(1+\cos\dfrac{1}{n}+\cos\dfrac{2}{n}+\cdots+\cos\dfrac{n-1}{n}\right)$;

(2) $\lim\limits_{n\to\infty}\left(\dfrac{1}{n+1}+\dfrac{1}{n+2}+\cdots+\dfrac{1}{n+n}\right)$.

3. 利用定积分的几何意义说明下列等式成立.

(1) $\int_0^1 (1+x)\,\mathrm{d}x = \dfrac{3}{2}$;   (2) $\int_0^a \sqrt{a^2-x^2}\,\mathrm{d}x = \dfrac{\pi}{4}a^2$;

(3) $\int_{-\pi}^{\pi} \sin x\,\mathrm{d}x = 0$;   (4) $\int_{-\frac{\pi}{2}}^{\frac{\pi}{2}} \cos x\,\mathrm{d}x = 2\int_0^{\frac{\pi}{2}} \cos x\,\mathrm{d}x$.

4. 设函数 $f(x)$ 在闭区间 $[-a,a]$ 上连续,参考第 3 题的 (3) 和 (4),利用定积分的几何意义,讨论是否可以得出下述结论:

$$\int_{-a}^a f(x)\,\mathrm{d}x = \begin{cases} 0, & \text{当 } f(x) \text{ 为奇函数时}; \\ 2\int_0^a f(x)\,\mathrm{d}x, & \text{当 } f(x) \text{ 为偶函数时.} \end{cases}$$

5. 利用定积分的几何意义,证明下列不等式.

(1) 在区间 $[a,b]$ 上,若 $f(x)>0, f'(x)>0, f''(x)>0$,则有
$$(b-a)f(a) < \int_a^b f(x)\mathrm{d}x < (b-a)\cdot\frac{f(a)+f(b)}{2};$$

(2) 在区间 $[a,b]$ 上,若 $f(x)>0, f'(x)>0, f''(x)<0$,则有
$$(b-a)\cdot\frac{f(a)+f(b)}{2} < \int_a^b f(x)\mathrm{d}x < (b-a)f(b).$$

6. 设非负函数 $f(x)$ 在闭区间 $[a,b]$ 上连续且单调递增,设 $x=\varphi(y)$ 为 $y=f(x)$ 在 $[a,b]$ 上的反函数,利用定积分的几何意义,画图说明下列等式成立.
$$\int_a^b f(x)\mathrm{d}x + \int_{f(a)}^{f(b)} \varphi(y)\mathrm{d}y = bf(b) - af(a).$$

6.2 定积分的性质

本节讨论定积分的性质.下列各性质中积分上、下限的大小,如不特别指明,均不加限制;并假定各性质中所列出的定积分都是存在的.

性质 1 函数和(差)的定积分等于定积分的和(差),即
$$\int_a^b [f(x) \pm g(x)]\mathrm{d}x = \int_a^b f(x)\mathrm{d}x \pm \int_a^b g(x)\mathrm{d}x.$$

注:性质 1 对于任意有限个函数都是成立的.

性质 2 被积函数的常数因子可以提到积分号外面,即
$$\int_a^b kf(x)\mathrm{d}x = k\int_a^b f(x)\mathrm{d}x \quad (k \text{ 为常数}).$$

性质 3 如果将积分区间分成两部分,则在整个区间上的定积分等于这两部分区间上的定积分之和,即设 $a<c<b$,则
$$\int_a^b f(x)\mathrm{d}x = \int_a^c f(x)\mathrm{d}x + \int_c^b f(x)\mathrm{d}x.$$

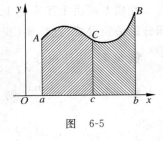

图 6-5

按定积分的几何意义,上式显然成立(图 6-5).

曲边梯形 aABb 的面积 = 曲边梯形 aACc 的面积 + 曲边梯形 cCBb 的面积.

这个性质表明定积分对于积分区间具有可加性.

性质 1,2,3 均可用定义证明,此处证明略,读者不妨试一试.

事实上,按定积分的补充规定,我们有:不论 a,b,c 的相对位置如何,只要函数 $f(x)$ 在相关区间可积,如下等式总成立:
$$\int_a^b f(x)\mathrm{d}x = \int_a^c f(x)\mathrm{d}x + \int_c^b f(x)\mathrm{d}x.$$

性质 4 如果在区间 $[a,b]$ 上,$f(x) \equiv 1$,则
$$\int_a^b 1\mathrm{d}x = \int_a^b \mathrm{d}x = b-a.$$

几何意义：以$[a,b]$为底，高为 1 的矩形的面积在数值上等于底边长度 $b-a$.

性质 5 如果在区间$[a,b]$上，$f(x)\geqslant 0$，则
$$\int_a^b f(x)\mathrm{d}x \geqslant 0 \quad (a<b).$$

此性质亦称为**定积分的保号性**，证明略. 由性质 5 可证明如下两个推论.

推论 1 如果在区间$[a,b]$上，$f(x)\geqslant g(x)$，则
$$\int_a^b f(x)\mathrm{d}x \geqslant \int_a^b g(x)\mathrm{d}x \quad (a<b).$$

证明略. 此性质称为**定积分的保序性**.

推论 2 $\left|\int_a^b f(x)\mathrm{d}x\right| \leqslant \int_a^b |f(x)|\mathrm{d}x \quad (a<b).$

例 6.2 比较定积分 $\int_0^{-2} \mathrm{e}^x \mathrm{d}x$ 与 $\int_0^{-2} x\mathrm{d}x$ 的大小.

解 在$[-2,0]$上，显然有 $\mathrm{e}^x > 0 \geqslant x$，因此由推论 1，有
$$\int_{-2}^0 \mathrm{e}^x \mathrm{d}x > \int_{-2}^0 x\mathrm{d}x,$$
即
$$\int_0^{-2} \mathrm{e}^x \mathrm{d}x < \int_0^{-2} x\mathrm{d}x.$$

性质 6 设 M 及 m 分别为函数 $f(x)$ 在区间$[a,b]$上的最大值和最小值，则
$$m(b-a) \leqslant \int_a^b f(x)\mathrm{d}x \leqslant M(b-a).$$

性质 6 可由上述推论 1、性质 2 及性质 4 证明，读者可试着给出证明. 上述公式叫做**定积分的估值公式**，此性质（或定理）称为**定积分的估值性质**（或**估值定理**）.

例 6.3 估计积分 $\int_{\frac{\pi}{4}}^{\frac{\pi}{2}} \frac{\sin x}{x}\mathrm{d}x$ 的值.

解 令 $f(x) = \frac{\sin x}{x}$，则 $f(x)$ 在 $\left[\frac{\pi}{4}, \frac{\pi}{2}\right]$ 上连续，在 $\left(\frac{\pi}{4}, \frac{\pi}{2}\right)$ 内可导，且
$$f'(x) = \frac{x\cos x - \sin x}{x^2} = \frac{\cos x(x - \tan x)}{x^2} < 0.$$

因此 $f(x) = \frac{\sin x}{x}$ 在 $\left[\frac{\pi}{4}, \frac{\pi}{2}\right]$ 上单调递减，故 $f\left(\frac{\pi}{2}\right) \leqslant f(x) \leqslant f\left(\frac{\pi}{4}\right)$，即
$$\frac{2}{\pi} \leqslant f(x) \leqslant \frac{2\sqrt{2}}{\pi},$$

于是由估值定理，
$$\frac{1}{2} \leqslant \int_{\frac{\pi}{4}}^{\frac{\pi}{2}} \frac{\sin x}{x}\mathrm{d}x \leqslant \frac{\sqrt{2}}{2}.$$

性质 7 设函数 $f(x)$ 在区间$[a,b]$上连续，则存在 $\xi \in [a,b]$，使得下式成立
$$\int_a^b f(x)\mathrm{d}x = f(\xi)(b-a) \quad (a \leqslant \xi \leqslant b).$$

这个公式叫做**积分中值公式**,此性质称为**积分中值定理**.

证明 上述公式又可以表示为
$$f(\xi) = \frac{1}{b-a}\int_a^b f(x)\mathrm{d}x \quad (a \leqslant \xi \leqslant b).$$

若对性质 6 中的不等式各除以 $b-a$,**得**
$$m \leqslant \frac{1}{b-a}\int_a^b f(x)\mathrm{d}x \leqslant M,$$

这表明,确定的数值 $\frac{1}{b-a}\int_a^b f(x)\mathrm{d}x$ 是介于连续函数 $f(x)$ 在区间 $[a,b]$ 上的最小值 m 与最大值 M 之间,根据闭区间上连续函数的介值定理(第 2 章定理 2.12 的推论),在 $[a,b]$ 上至少存在一点 ξ,使得函数 $f(x)$ 在点 ξ 处的函数值与这个确定的数值相等,即
$$f(\xi) = \frac{1}{b-a}\int_a^b f(x)\mathrm{d}x \quad (a \leqslant \xi \leqslant b),$$

上式两端各乘以 $b-a$,即得要证的不等式.

公式中的 $f(\xi)$ 可理解为图 6-6 中曲边梯形高的平均值,它是介于 $f(x)$ 在区间 $[a,b]$ 上的最小值 m 与最大值 M 之间的一个值.

因此积分中值定理有如下的**几何解释**:在 $[a,b]$ 上至少存在一点 ξ,使得以区间 $[a,b]$ 为底边、以曲线 $y=f(x)$ 为曲边的曲边梯形的面积等于同一底边而高为 $f(\xi)$ 的矩形的面积.

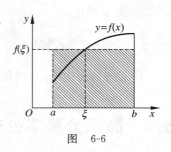

图 6-6

显然积分中值公式
$$\int_a^b f(x)\mathrm{d}x = f(\xi)(b-a) \quad (a \leqslant \xi \leqslant b)$$

不论 $a<b$ 还是 $a>b$ 都是成立的.

例 6.4 设 $f(x)$ 连续,且满足 $\lim\limits_{x\to+\infty} f(x) = 1$,求极限 $\lim\limits_{x\to+\infty}\int_x^{x+2} t\sin\frac{4}{t}f(t)\mathrm{d}t$.

分析:由于不知道 $f(x)$ 的表达式,所以想先求出积分 $\int_x^{x+2} t\sin\frac{4}{t}f(t)\mathrm{d}t$ 再求极限行不通,在此可通过积分中值定理先去掉积分号再求极限.

解 由积分中值定理,可知至少存在一点 $\xi \in [x, x+2]$,使得
$$\int_x^{x+2} t\sin\frac{4}{t}f(t)\mathrm{d}t = 2\xi\sin\frac{4}{\xi}f(\xi) \quad (x \leqslant \xi \leqslant x+2),$$

从而 $\lim\limits_{x\to+\infty}\int_x^{x+2} t\sin\frac{4}{t}f(t)\mathrm{d}t = \lim\limits_{x\to+\infty} 2\xi\sin\frac{4}{\xi}f(\xi) = \lim\limits_{\xi\to+\infty} 2\xi\sin\frac{4}{\xi}f(\xi)$

$$= 8\lim_{\xi\to+\infty}\frac{\sin\frac{4}{\xi}}{\frac{4}{\xi}}f(\xi) = 8\lim_{\xi\to+\infty}\frac{\sin\frac{4}{\xi}}{\frac{4}{\xi}} \cdot \lim_{\xi\to+\infty} f(\xi) = 8.$$

习题 6.2

1. 比较下列定积分的大小.

   (1) $\int_0^1 x\,dx$ 与 $\int_0^1 \ln(1+x)\,dx$;

   (2) $\int_0^1 e^x\,dx$ 与 $\int_0^1 (1+x)\,dx$;

   (3) $\int_0^1 e^{-x^2}\,dx$ 与 $\int_1^2 e^{-x^2}\,dx$;

   (4) $\int_0^{\frac{\pi}{4}} \sin(\sin x)\,dx$ 与 $\int_0^{\frac{\pi}{4}} \cos(\sin x)\,dx$.

2. 估计下列定积分的值所在的范围.

   (1) $I_1 = \int_{\frac{\pi}{4}}^{\frac{5\pi}{4}} (1+\cos^2 x)\,dx$;

   (2) $I_2 = \int_0^{2\pi} \dfrac{dx}{1+\frac{1}{2}\cos x}$;

   (3) $I_3 = \int_0^2 \dfrac{e^{-x}}{x+2}\,dx$;

   (4) $I_4 = \int_0^2 e^{x^2-x}\,dx$.

3. 求下列极限.

   (1) $\lim\limits_{n\to\infty} \int_0^{\frac{\pi}{4}} \sin^n x\,dx$;

   (2) $\lim\limits_{n\to\infty} \int_n^{n+p} \dfrac{\sin x}{x}\,dx$.

4. 设 $f(x)$ 连续,且满足 $\lim\limits_{x\to+\infty} f(x) = 2$,求极限 $\lim\limits_{x\to+\infty} \int_x^{x+1} t^2 \arctan \dfrac{2}{t^2} f(t)\,dt$.

6.3 微积分基本公式

从例 6.1 可以看到,虽然可以利用定义来求定积分,但当被积函数较复杂时,利用定义计算定积分显然不是一件容易的事. 因此,必须寻求计算定积分的简便方法.

下面从实际问题——变速直线运动中的位置函数 $s(t)$ 与速度函数 $v(t)$ 之间的联系来寻找解决问题的线索.

6.3.1 变速直线运动的位置函数与速度函数之间的联系

设作直线运动的物体在时刻 t 所在位置为 $s(t)$,速度为 $v(t)$.

从 6.1 节知道,物体在时间间隔 $[T_1, T_2]$ 内经过的路程可以用速度 $v(t)$ 在 $[T_1, T_2]$ 上的定积分 $\int_{T_1}^{T_2} v(t)\,dt$ 来表示;另一方面,由物理学知识知这段路程又可以用位置函数 $s(t)$ 在区间 $[T_1, T_2]$ 上的增量 $s(T_2) - s(T_1)$ 来表示,由此可见,位置函数 $s(t)$ 与速度函数 $v(t)$ 之间有如下关系:

$$\int_{T_1}^{T_2} v(t)\,dt = s(T_2) - s(T_1),$$

因为 $s'(t) = v(t)$,即位置函数是速度函数的原函数,所以上式表明:速度函数 $v(t)$ 在区间 $[T_1, T_2]$ 上的定积分等于 $v(t)$ 的原函数 $s(t)$ 在 $[T_1, T_2]$ 上的增量 $s(T_2) - s(T_1)$.

上述从变速直线运动的路程这个特殊问题中得出来的关系,在一定条件下具有普遍性. 事实上,我们将在 6.3.3 节中证明:若函数 $f(x)$ 在区间 $[a,b]$ 上连续,则 $f(x)$ 在 $[a,b]$ 上的定积分就等于 $f(x)$ 的原函数(设为 $F(x)$)在 $[a,b]$ 上的增量 $(F(b)-F(a))$.

6.3.2 积分上限函数及其导数

设 $f(x)$ 在 $[a,b]$ 上连续,并设 x 为 $[a,b]$ 上的一点,现在来考查 $f(x)$ 在部分区间 $[a,x]$ 上的定积分 $\int_a^x f(x)\mathrm{d}x$,在这里 $\int_a^x f(x)\mathrm{d}x$ 也可以写成 $\int_a^x f(t)\mathrm{d}t$(考虑一下为什么?).

首先,由于 $f(t)$ 在区间 $[a,x]$ 上连续,因此这个定积分一定存在.

其次,若上限 x 在 $[a,b]$ 上任意变动,则对于每一个给定的 x 值,定积分 $\int_a^x f(t)\mathrm{d}t$ 都有唯一的值与之对应,所以 $\int_a^x f(t)\mathrm{d}t$ 在 $[a,b]$ 上定义了一个新的函数,记做 $\Phi(x)$,即

$$\Phi(x)=\int_a^x f(t)\mathrm{d}t \quad (a\leqslant x\leqslant b), \tag{6-1}$$

函数 $\Phi(x)$ 叫做**积分上限函数**,它具有如下定理 6.3 所述的重要性质.

定理 6.3 若函数 $f(x)$ 在区间 $[a,b]$ 上连续,则积分上限函数 $\Phi(x)=\int_a^x f(t)\mathrm{d}t$ 在 $[a,b]$ 上可导,并且有

$$\Phi'(x)=\frac{\mathrm{d}}{\mathrm{d}x}\int_a^x f(t)\mathrm{d}t=f(x) \quad (a\leqslant x\leqslant b). \tag{6-2}$$

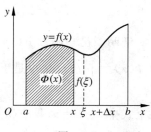

图 6-7

证明 若 $x\in(a,b)$,设 x 获得增量 Δx,让其绝对值足够小,使得 $x+\Delta x\in(a,b)$,则 $\Phi(x)$(如图 6-7 所示,图中 $\Delta x>0$)在 $x+\Delta x$ 处的函数值为

$$\Phi(x+\Delta x)=\int_a^{x+\Delta x} f(t)\mathrm{d}t,$$

由此得函数的增量为

$$\Delta\Phi=\Phi(x+\Delta x)-\Phi(x)=\int_a^{x+\Delta x}f(t)\mathrm{d}t-\int_a^x f(t)\mathrm{d}t=\int_x^{x+\Delta x}f(t)\mathrm{d}t,$$

由积分中值定理,得

$$\Delta\Phi=\int_x^{x+\Delta x}f(t)\mathrm{d}t=f(\xi)\Delta x \quad (x\leqslant\xi\leqslant x+\Delta x \text{ 或 } x+\Delta x\leqslant\xi\leqslant x).$$

对上式两端各除以 Δx,并令 $\Delta x\to 0$,取极限,即得

$$\Phi'(x)=\lim_{\Delta x\to 0}\frac{\Delta\Phi}{\Delta x}=\lim_{\Delta x\to 0}f(\xi)=\lim_{\xi\to x}f(\xi)=f(x).$$

若 $x=a$,取 $\Delta x>0$,则可证 $\Phi'_+(a)=f(a)$,同理可证 $\Phi'_-(b)=f(b)$.

由定理 6.3 及复合函数的求导法则,可得如下两个推论.

推论 1 设 $f(x)$ 连续,$\varphi(x)$ 可导,则有 $\dfrac{\mathrm{d}}{\mathrm{d}x}\int_a^{\varphi(x)}f(t)\mathrm{d}t=f(\varphi(x))\cdot\varphi'(x)$.

推论 2　设 $f(x)$ 连续，$\alpha(x), \beta(x)$ 均可导，则有

$$\frac{d}{dx}\int_{\alpha(x)}^{\beta(x)} f(t)dt = f(\beta(x))\cdot\beta'(x) - f(\alpha(x))\cdot\alpha'(x).$$

定理 6.3 指出了一个重要结论：连续函数 $f(x)$ 取变上限 x 的定积分然后求导，其结果还原为 $f(x)$ 本身．联想到原函数的定义，就可以从定理 6.3 推知 $\Phi(x)$ 是连续函数 $f(x)$ 的一个原函数．因此，有如下的定理．

定理 6.4（原函数存在定理）　如果函数 $f(x)$ 在区间 $[a,b]$ 上连续，则积分上限函数 $\Phi(x) = \int_a^x f(t)dt$ 就是 $f(x)$ 在区间 $[a,b]$ 上的一个原函数．

这个定理的**重要意义**在于：一方面肯定了连续函数的原函数是存在的，另一方面初步揭示了积分学中的定积分与原函数（不定积分）之间的联系．这就为我们有可能通过原函数来计算定积分奠定了基础．

6.3.3　牛顿-莱布尼茨公式

下面根据定理 6.4 证明一个重要定理，它给出了用原函数计算定积分的公式．

定理 6.5　设 $F(x)$ 是连续函数 $f(x)$ 在区间 $[a,b]$ 上的一个原函数，则

$$\int_a^b f(x)dx = F(b) - F(a). \tag{6-3}$$

证明　已知函数 $F(x)$ 是连续函数 $f(x)$ 的一个原函数，又根据定理 6.4 知，积分上限函数 $\Phi(x) = \int_a^x f(t)dt$ 也是 $f(x)$ 的一个原函数，于是这两个函数至多相差一个常数，即

$$F(x) - \Phi(x) = C.$$

在上式中，令 $x=a$，得 $F(a) - \Phi(a) = C$，而显然 $\Phi(a) = 0$，因此有 $C = F(a)$，即

$$F(x) - \Phi(x) = F(a),$$

再令 $x=b$，得

$$F(b) - \Phi(b) = F(a),$$

而显然

$$\Phi(b) = \int_a^b f(t)dt = \int_a^b f(x)dx,$$

于是有

$$\int_a^b f(x)dx = F(b) - F(a).$$

显然式(6-3)对 $a>b$ 的情形同样成立．

为了方便起见，以后把 $F(b) - F(a)$ 也记成 $F(x)\Big|_a^b$．

式(6-3)叫做**牛顿(Newton)-莱布尼茨(Leibniz)公式**．这个公式进一步揭示了定积分与原函数之间的联系．它表明：一个连续函数在区间 $[a,b]$ 上的定积分等于它的任一个原函数在区间 $[a,b]$ 上增量．这就给定积分提供了一个有效而简便的计算方法．通常把式(6-3)也叫做**微积分学基本公式**．

例 6.5 计算 6.1 节中的定积分 $\int_0^1 x^2 \mathrm{d}x$.

解 由于 $\dfrac{x^3}{3}$ 是 x^2 的一个原函数,所以由牛顿-莱布尼茨公式,有

$$\int_0^1 x^2 \mathrm{d}x = \dfrac{x^3}{3}\Big|_0^1 = \dfrac{1}{3}.$$

(与例 6.1 利用定义算出的结果一致,但利用公式计算非常简便.)

例 6.6 计算定积分 $\int_0^{2\pi} |\sin x| \mathrm{d}x$.

解 先去掉被积函数的绝对值符号,

$$|\sin x| = \begin{cases} \sin x, & 0 \leqslant x \leqslant \pi, \\ -\sin x, & \pi \leqslant x \leqslant 2\pi. \end{cases}$$

则 $\int_0^{2\pi} |\sin x| \mathrm{d}x = \int_0^{\pi} \sin x \mathrm{d}x + \int_{\pi}^{2\pi} (-\sin x) \mathrm{d}x = -\cos x \Big|_0^{\pi} + \cos x \Big|_{\pi}^{2\pi} = 4.$

例 6.7 设 $F(x) = \int_2^x \mathrm{e}^{-2t} \mathrm{d}t$, $G(x) = \int_a^{x^2} \sqrt{1+t^2} \mathrm{d}t$, 求 $F'(x)$ 和 $G'(x)$.

解 由定理 6.3,有

$$F'(x) = \dfrac{\mathrm{d}}{\mathrm{d}x}\left(\int_2^x \mathrm{e}^{-2t} \mathrm{d}t\right) = \mathrm{e}^{-2x};$$

由定理 6.3 的推论 1,有

$$G'(x) = \dfrac{\mathrm{d}}{\mathrm{d}x}\left(\int_a^{x^2} \sqrt{1+t^2} \mathrm{d}t\right) = 2x\sqrt{1+x^4}.$$

例 6.8 求 $\lim\limits_{x \to 0} \dfrac{\int_0^x (\mathrm{e}^t - 1 - t)^2 \mathrm{d}t}{x \sin^4 x}$.

解 易知这是一个 $\dfrac{0}{0}$ 型的未定式,利用等价无穷小代换定理及洛必达法则,有

$$\lim_{x \to 0} \dfrac{\int_0^x (\mathrm{e}^t - 1 - t)^2 \mathrm{d}t}{x \sin^4 x} = \lim_{x \to 0} \dfrac{\int_0^x (\mathrm{e}^t - 1 - t)^2 \mathrm{d}t}{x^5} = \lim_{x \to 0} \dfrac{(\mathrm{e}^x - 1 - x)^2}{5x^4}$$

$$= \lim_{x \to 0} \dfrac{2(\mathrm{e}^x - 1 - x)(\mathrm{e}^x - 1)}{20 x^3}$$

$$= \dfrac{1}{10} \lim_{x \to 0} \dfrac{\mathrm{e}^x - 1 - x}{x^2} \lim_{x \to 0} \dfrac{\mathrm{e}^x - 1}{x} = \dfrac{1}{20}.$$

例 6.9 设函数 $f(x)$ 在区间 $[a,b]$ 上连续且单增,证明下式成立:

$$\int_a^b x f(x) \mathrm{d}x \geqslant \dfrac{a+b}{2} \int_a^b f(x) \mathrm{d}x.$$

分析:利用积分上限函数的可导性,以及根据导数的符号判断函数单调性等知识.

证明 作辅助函数，令 $F(x) = \int_a^x tf(t)\mathrm{d}t - \dfrac{a+x}{2}\int_a^x f(t)\mathrm{d}t, x \in [a,b]$，则 $F(x)$ 在 $[a,b]$ 上可导，且有

$$F'(x) = xf(x) - \frac{1}{2}\int_a^x f(t)\mathrm{d}t - \frac{a+x}{2}f(x)$$

$$= \frac{1}{2}\int_a^x [f(x) - f(t)]\mathrm{d}t \geqslant 0,$$

即在 $[a,b]$ 上，$F'(x) \geqslant 0$，故 $F(x)$ 在 $[a,b]$ 上单增，则有 $F(b) \geqslant F(a)$，即证结论.

习题 6.3

1. 计算下列定积分.

(1) $\displaystyle\int_1^2 \left(x^2 + \frac{1}{x^3}\right)\mathrm{d}x$;

(2) $\displaystyle\int_4^9 \sqrt{x}(1+\sqrt{x})\mathrm{d}x$;

(3) $\displaystyle\int_{\frac{1}{\sqrt{3}}}^{\sqrt{3}} \frac{1}{1+x^2}\mathrm{d}x$;

(4) $\displaystyle\int_0^{\sqrt{3}a} \frac{1}{a^2+x^2}\mathrm{d}x$;

(5) $\displaystyle\int_{-\frac{1}{2}}^{\frac{1}{2}} \frac{1}{\sqrt{1-x^2}}\mathrm{d}x$;

(6) $\displaystyle\int_0^1 \frac{1}{\sqrt{4-x^2}}\mathrm{d}x$;

(7) $\displaystyle\int_{-e-1}^{-2} \frac{1}{1+x}\mathrm{d}x$;

(8) $\displaystyle\int_{-2}^3 \mathrm{e}^{-|x|}\mathrm{d}x$;

(9) $\displaystyle\int_1^{\sqrt{3}} \frac{1}{x^2(1+x^2)}\mathrm{d}x$;

(10) $\displaystyle\int_{-1}^0 \frac{3x^4+3x^2+1}{x^2+1}\mathrm{d}x$;

(11) $\displaystyle\int_0^{\frac{\pi}{4}} \tan^2 x\,\mathrm{d}x$;

(12) $\displaystyle\int_0^\pi |\cos x|\,\mathrm{d}x$;

(13) $\displaystyle\int_0^{\frac{\pi}{3}} \frac{\sin x}{1-\sin^2 x}\mathrm{d}x$;

(14) $\displaystyle\int_0^1 \frac{1}{(1+\mathrm{e}^x)^2}\mathrm{d}x$;

(15) $\displaystyle\int_0^2 f(x)\mathrm{d}x$，其中 $f(x) = \begin{cases} x+1, & x \leqslant 1, \\ \dfrac{x^2}{2}, & x > 1. \end{cases}$

2. 求下列函数的导数.

(1) $F(x) = \displaystyle\int_0^x \sin t^2 \cos t\,\mathrm{d}t$;

(2) $F(x) = \displaystyle\int_0^{x^3} \sqrt{1+t^2}\,\mathrm{d}t$;

(3) $F(x) = \displaystyle\int_{x^2}^{x^6} \frac{\cos t}{\sqrt{1+\mathrm{e}^t}}\mathrm{d}t$;

(4) $F(x) = \displaystyle\int_{\sin x}^{\cos x} \mathrm{e}^{t^2 - t}\mathrm{d}t$.

3. 求下列极限.

(1) $\displaystyle\lim_{x \to +\infty} \frac{\int_0^x (\arctan t)^2\mathrm{d}t}{\sqrt{x^2+1}}$;

(2) $\displaystyle\lim_{x \to 0} \frac{\left(\int_0^x \sin t^2\,\mathrm{d}t\right)^2}{\int_0^x t^2 \sin t^3\,\mathrm{d}t}$;

(3) $\displaystyle\lim_{x \to 0} \frac{\int_{\cos x}^1 \mathrm{e}^{-t^2}\mathrm{d}t}{x^2}$;

(4) $\displaystyle\lim_{x \to 2} \frac{\int_2^x \left[\int_t^2 f(u)\mathrm{d}u\right]\mathrm{d}t}{(x-2)^2}$ ($f(x)$ 连续且 $f(2) = 3$).

4. 求方程 $\displaystyle\int_0^y \mathrm{e}^{t^2}\mathrm{d}t + \int_0^{x^2} t\mathrm{e}^t\mathrm{d}t = 0$ 所确定的隐函数 y 对 x 的导数.

5. 设 $f(x)$ 连续，且满足 $f(x) = 2 + x^2 \int_0^1 f(x) \mathrm{d}x$，求 $f(x)$.

6. 已知 $f(x)$ 为连续函数，且满足 $\int_0^{2x} xf(t)\mathrm{d}t + 2\int_x^0 tf(2t)\mathrm{d}t = 2x^3(x-1)$，求 $f(x)$ 在区间 $[0,2]$ 上的最大值与最小值.

7. 已知 $f(x) = \int_0^x \sin(t-x)\mathrm{d}t$，求 $f'(x)$.

8. 设 $f(x)$ 在 $[0,1]$ 上连续且 $f(x) < 1$，证明：方程 $2x - \int_0^x f(t)\mathrm{d}t = 1$ 在 $(0,1)$ 内只有一个实根.

9. 设 $f(x)$ 在 $[a,b]$ 上连续，且 $f(x) > 0$，试证：在 (a,b) 内存在一点 ξ，使得
$$\int_a^\xi f(x)\mathrm{d}x = \frac{1}{3}\int_a^b f(x)\mathrm{d}x.$$
此题所证结论亦可改为：试证在 (a,b) 内存在一点 ξ，使得
$$\int_a^\xi f(x)\mathrm{d}x = m\int_a^b f(x)\mathrm{d}x \quad (0 < m < 1).$$

10. 设函数 $f(x)$ 在 $[0,+\infty)$ 上连续，且 $f(x) > 0$. 证明函数
$$F(x) = \frac{\int_0^x tf(t)\mathrm{d}t}{\int_0^x f(t)\mathrm{d}t}$$
在 $(0,+\infty)$ 内为单调增加函数.

6.4 定积分的换元积分法

由于牛顿-莱布尼茨公式已经把计算定积分的问题归结为求原函数（或不定积分）的问题，而在第 5 章，我们知道，利用换元法可以求出一些函数的原函数，因此，在一定的条件下，可以用换元法计算定积分. 为了说明如何用换元法计算定积分，先证下面的定理.

定理 6.6 设函数 $f(x)$ 在区间 $[a,b]$ 上连续，函数 $x = \varphi(t)$ 满足条件：

(1) $\varphi(\alpha) = a, \varphi(\beta) = b$；

(2) $\varphi(t)$ 在 $[\alpha,\beta]$（或 $[\beta,\alpha]$）上具有连续导数，且其值域不超出 $[a,b]$，则有

$$\int_a^b f(x)\mathrm{d}x = \int_\alpha^\beta f(\varphi(t))\varphi'(t)\mathrm{d}t. \tag{6-4}$$

式 (6-4) 叫做**定积分的换元积分公式**.

证明 由假设可知，上式两边的被积函数是连续的，因此不仅上式两边的定积分都存在，而且由上节的定理 6.4 知，被积函数的原函数也都存在. 于是，式 (6-4) 两边的定积分都可用牛顿-莱布尼茨公式来计算. 设 $F(x)$ 是 $f(x)$ 的一个原函数，则

$$\int_a^b f(x)\mathrm{d}x = F(b) - F(a).$$

另一方面,$\Phi(t)=F(\varphi(t))$ 可看做是由 $F(x)$ 与 $x=\varphi(t)$ 复合而成的函数,则由复合函数的求导法则,有

$$\Phi'(t) = \frac{d}{dt}F(\varphi(t)) = f(x)\varphi'(t) = f(\varphi(t))\varphi'(t),$$

这表明 $\Phi(t)$ 是 $f(\varphi(t))\varphi'(t)$ 的一个原函数,因此有

$$\int_\alpha^\beta f(\varphi(t))\varphi'(t)dt = \Phi(\beta) - \Phi(\alpha).$$

又由 $\Phi(t)=F(\varphi(t))$ 及 $\varphi(\alpha)=a, \varphi(\beta)=b$ 知

$$\Phi(\beta) - \Phi(\alpha) = F(\varphi(\beta)) - F(\varphi(\alpha)) = F(b) - F(a),$$

所以,

$$\int_a^b f(x)dx = F(b) - F(a) = \Phi(\beta) - \Phi(\alpha) = \int_\alpha^\beta f(\varphi(t))\varphi'(t)dt.$$

这就证明了定积分的换元公式(6-4).

应用换元公式时应**注意两点**:

(1) 用 $x=\varphi(t)$ 把变量 x 换成新变量 t 时,积分限也要换成相应于新变量 t 的积分限;

(2) 求出 $f(\varphi(t))\varphi'(t)$ 的一个原函数 $\Phi(t)$ 后,不必像计算不定积分那样需要把 $\Phi(t)$ 变换成原来变量 x 的函数,而只要把新变量 t 的上下限代入 $\Phi(t)$ 中然后相减就可以了.

例 6.10 求定积分 $\int_0^{\frac{1}{2}} \frac{x^2}{\sqrt{1-x^2}}dx$.

解 令 $x=\sin t$,则 $dx=\cos t dt$,当 $x=0$ 时,$t=0$;当 $x=\frac{1}{2}$ 时,$t=\frac{\pi}{6}$. 于是

$$\int_0^{\frac{1}{2}} \frac{x^2}{\sqrt{1-x^2}}dx = \int_0^{\frac{\pi}{6}} \frac{\sin^2 t}{\sqrt{1-\sin^2 t}}\cos t dt = \int_0^{\frac{\pi}{6}} \sin^2 t dt$$

$$= \int_0^{\frac{\pi}{6}} \frac{1-\cos 2t}{2}dt = \frac{1}{2}\left(t - \frac{1}{2}\sin 2t\right)\Big|_0^{\frac{\pi}{6}} = \frac{\pi}{12} - \frac{\sqrt{3}}{8}.$$

例 6.11 求定积分 $\int_0^4 \frac{x}{\sqrt{2x+1}}dx$.

解 令 $\sqrt{2x+1}=t$,则 $x=\frac{t^2-1}{2}$,$dx=tdt$,且当 $x=0$ 时,$t=1$;当 $x=4$ 时,$t=3$. 于是

$$\int_0^4 \frac{x}{\sqrt{2x+1}}dx = \int_1^3 \frac{\frac{t^2-1}{2}}{t}t dt = \frac{1}{2}\int_1^3 (t^2-1)dt = \frac{1}{2}\left(\frac{t^3}{3}-t\right)\Big|_1^3 = \frac{10}{3}.$$

例 6.12 设 $f(x)$ 在 $[-a,a]$ 上连续,证明:

(1) 若 $f(x)$ 为偶函数,则 $\int_{-a}^a f(x)dx = 2\int_{-a}^0 f(x)dx = 2\int_0^a f(x)dx$;

(2) 若 $f(x)$ 为奇函数,则 $\int_{-a}^a f(x)dx = 0$.

证明 $f(x)$ 在 $[-a,a]$ 上连续,则

$$\int_{-a}^{a} f(x)\mathrm{d}x = \int_{-a}^{0} f(x)\mathrm{d}x + \int_{0}^{a} f(x)\mathrm{d}x.$$

(1) 若 $f(x)$ 为偶函数，要证 $\int_{-a}^{a} f(x)\mathrm{d}x = 2\int_{-a}^{0} f(x)\mathrm{d}x = 2\int_{0}^{a} f(x)\mathrm{d}x$，显然只需证 $\int_{-a}^{0} f(x)\mathrm{d}x = \int_{0}^{a} f(x)\mathrm{d}x$，为此，对于 $\int_{-a}^{0} f(x)\mathrm{d}x$，令 $x=-t$，则 $\mathrm{d}x=-\mathrm{d}t$，且当 $x=-a$ 时，$t=a$；当 $x=0$ 时，$t=0$. 于是

$$\begin{aligned}\int_{-a}^{0} f(x)\mathrm{d}x &= \int_{a}^{0} f(-t)(-\mathrm{d}t) = -\int_{a}^{0} f(-t)\mathrm{d}t \\ &= \int_{0}^{a} f(-t)\mathrm{d}t = \int_{0}^{a} f(t)\mathrm{d}t = \int_{0}^{a} f(x)\mathrm{d}x.\end{aligned}$$

(2) 若 $f(x)$ 为奇函数，要证 $\int_{-a}^{a} f(x)\mathrm{d}x = 0$，显然只需证 $\int_{-a}^{0} f(x)\mathrm{d}x = -\int_{0}^{a} f(x)\mathrm{d}x$，同 (1)，对于 $\int_{-a}^{0} f(x)\mathrm{d}x$，令 $x=-t$，则 $\mathrm{d}x=-\mathrm{d}t$，于是

$$\begin{aligned}\int_{-a}^{0} f(x)\mathrm{d}x &= \int_{a}^{0} f(-t)(-\mathrm{d}t) = -\int_{a}^{0} f(-t)\mathrm{d}t \\ &= \int_{0}^{a} f(-t)\mathrm{d}t = -\int_{0}^{a} f(t)\mathrm{d}t = -\int_{0}^{a} f(x)\mathrm{d}x.\end{aligned}$$

注：利用例 6.12 的结论，可以简化计算奇、偶函数在关于原点对称的区间上的积分.

例 6.13 设 $f(x)$ 在 $[0,1]$ 上连续，证明：

(1) $\int_{0}^{\frac{\pi}{2}} f(\sin x)\mathrm{d}x = \int_{0}^{\frac{\pi}{2}} f(\cos x)\mathrm{d}x$，特别地，有 $\int_{0}^{\frac{\pi}{2}} \sin^n x\,\mathrm{d}x = \int_{0}^{\frac{\pi}{2}} \cos^n x\,\mathrm{d}x$（$n$ 为自然数）；

(2) $\int_{0}^{\pi} x f(\sin x)\mathrm{d}x = \frac{\pi}{2}\int_{0}^{\pi} f(\sin x)\mathrm{d}x$，并由此计算 $\int_{0}^{\pi} \frac{x\sin x}{1+\cos^2 x}\mathrm{d}x$.

证明 (1) 令 $x=\frac{\pi}{2}-t$，则 $\mathrm{d}x=-\mathrm{d}t$，于是

$$\int_{0}^{\frac{\pi}{2}} f(\sin x)\mathrm{d}x = \int_{\frac{\pi}{2}}^{0} f\left[\sin\left(\frac{\pi}{2}-t\right)\right](-\mathrm{d}t) = \int_{0}^{\frac{\pi}{2}} f(\cos t)\mathrm{d}t = \int_{0}^{\frac{\pi}{2}} f(\cos x)\mathrm{d}x.$$

由此结论，立刻知 $\int_{0}^{\frac{\pi}{2}} \sin^n x\,\mathrm{d}x = \int_{0}^{\frac{\pi}{2}} \cos^n x\,\mathrm{d}x$. 又例如：

$$\int_{0}^{\frac{\pi}{2}} \frac{\sin^{10} x}{\sin^{10} x + \cos^{10} x}\mathrm{d}x = \int_{0}^{\frac{\pi}{2}} \frac{\cos^{10} x}{\cos^{10} x + \sin^{10} x}\mathrm{d}x.$$

(2) 令 $x=\pi-t$，则 $\mathrm{d}x=-\mathrm{d}t$，于是

$$\begin{aligned}\int_{0}^{\pi} x f(\sin x)\mathrm{d}x &= \int_{\pi}^{0} (\pi-t) f[\sin(\pi-t)](-\mathrm{d}t) = \int_{0}^{\pi} (\pi-t) f(\sin t)\mathrm{d}t \\ &= \pi\int_{0}^{\pi} f(\sin x)\mathrm{d}x - \int_{0}^{\pi} x f(\sin x)\mathrm{d}x,\end{aligned}$$

从而，得

$$2\int_0^\pi xf(\sin x)\mathrm{d}x = \pi\int_0^\pi f(\sin x)\mathrm{d}x,$$

即

$$\int_0^\pi xf(\sin x)\mathrm{d}x = \frac{\pi}{2}\int_0^\pi f(\sin x)\mathrm{d}x.$$

由此结论，有

$$\int_0^\pi \frac{x\sin x}{1+\cos^2 x}\mathrm{d}x = \frac{\pi}{2}\int_0^\pi \frac{\sin x}{1+\cos^2 x}\mathrm{d}x = -\frac{\pi}{2}\int_0^\pi \frac{1}{1+\cos^2 x}\mathrm{d}\cos x$$

$$= -\frac{\pi}{2}\arctan(\cos x)\Big|_0^\pi = \frac{\pi^2}{4}.$$

例 6.14 设 $f(x) = \begin{cases} \dfrac{1}{1-x}, & x<0, \\ \sqrt{x}, & x\geq 0. \end{cases}$ 求 $\int_1^5 f(x-3)\mathrm{d}x$.

解 令 $x-3=t$，则 $\mathrm{d}x=\mathrm{d}t$，于是

$$\int_1^5 f(x-3)\mathrm{d}x = \int_{-2}^2 f(t)\mathrm{d}t = \int_{-2}^0 f(t)\mathrm{d}t + \int_0^2 f(t)\mathrm{d}t$$

$$= \int_{-2}^0 \frac{1}{1-t}\mathrm{d}t + \int_0^2 \sqrt{t}\,\mathrm{d}t$$

$$= -\ln|1-t|\Big|_{-2}^0 + \frac{2}{3}t^{\frac{3}{2}}\Big|_0^2 = \ln 3 + \frac{4}{3}\sqrt{2}.$$

习题 6.4

1. 计算下列定积分.

(1) $\int_{-1}^2 \dfrac{\mathrm{d}x}{(9+5x)^2}$;　　(2) $\int_0^\pi (1-\sin^3\theta)\mathrm{d}\theta$;　　(3) $\int_{-\sqrt{2}}^{\sqrt{2}} \sqrt{8-2x^2}\,\mathrm{d}x$;

(4) $\int_{\frac{1}{\sqrt{2}}}^1 \dfrac{\sqrt{1-x^2}}{x^2}\mathrm{d}x$;　　(5) $\int_1^{\sqrt{3}} \dfrac{\mathrm{d}x}{x^2\sqrt{1+x^2}}$;　　(6) $\int_{-1}^1 \dfrac{x\,\mathrm{d}x}{\sqrt{5-4x}}$;

(7) $\int_1^4 \dfrac{1}{1+\sqrt{x}}\mathrm{d}x$;　　(8) $\int_0^{\sqrt{2}a} \dfrac{x}{\sqrt{3a^2-x^2}}\mathrm{d}x\,(a>0)$;　　(9) $\int_0^1 xe^{-\frac{x^2}{3}}\mathrm{d}x$;

(10) $\int_1^{e^2} \dfrac{1}{x\sqrt{1+\ln x}}\mathrm{d}x$;　　(11) $\int_{-\frac{\pi}{2}}^{\frac{\pi}{2}} \sqrt{\cos x - \cos^3 x}\,\mathrm{d}x$;　　(12) $\int_0^1 \dfrac{x^2}{\sqrt{x^6+4}}\mathrm{d}x$;

(13) $\int_0^3 \dfrac{x^2}{\sqrt{1+x}}\mathrm{d}x$;　　(14) $\int_{-\frac{5}{3}}^1 \dfrac{\sqrt[3]{3x+5}+2}{1+\sqrt[3]{3x+5}}\mathrm{d}x$;　　(15) $\int_0^{\frac{\pi}{2}} \dfrac{\sin 2x}{1+e^{\cos^2 x}}\mathrm{d}x$;

(16) $\int_{-\frac{\pi}{2}}^{\frac{\pi}{2}} \cos 3x \cos x\,\mathrm{d}x$.

2. 利用函数的奇偶性计算下列定积分.

(1) $\int_{-\pi}^\pi x^2 \sin x\,\mathrm{d}x$;　　(2) $\int_{-\frac{\pi}{2}}^{\frac{\pi}{2}} 4\cos^4\theta\,\mathrm{d}\theta$;

(3) $\int_{-\frac{1}{2}}^{\frac{1}{2}} \frac{(\arcsin x)^2}{\sqrt{1-x^2}} \mathrm{d}x$;   (4) $\int_{-5}^{5} \frac{x^5 \sin^2 x}{x^4 + 2x^2 + 1} \mathrm{d}x$.

3. 设函数 $f(x) = \begin{cases} x\mathrm{e}^{-x^2}, & x \geqslant 0, \\ \dfrac{1}{1+\cos x}, & -1 < x < 0. \end{cases}$ 计算 $\int_{1}^{4} f(x-2) \mathrm{d}x$.

4. 设函数 $f(x)$ 在 $[-a, a]$ 上连续，证明：

(1) $\int_{-a}^{a} f(x) \mathrm{d}x = \int_{-a}^{a} f(-x) \mathrm{d}x$;

(2) $\int_{-a}^{a} f(x) \mathrm{d}x = \int_{0}^{a} [f(x) + f(-x)] \mathrm{d}x$，并由此计算 $\int_{-\frac{\pi}{2}}^{\frac{\pi}{2}} \frac{\sin^4 x}{1+\mathrm{e}^{\frac{1}{x}}} \mathrm{d}x$.

5. 设函数 $f(x)$ 在 $[a, b]$ 上连续，证明：

(1) $\int_{a}^{b} f(x) \mathrm{d}x = \int_{a}^{b} f(a+b-x) \mathrm{d}x$;

进一步可得

$$\int_{a}^{b} f(x) \mathrm{d}x = \frac{1}{2} \int_{a}^{b} [f(x) + f(a+b-x)] \mathrm{d}x;$$

(2) 特别地，当 $f(x) + f(a+b-x) = A$ 时，有 $\int_{a}^{b} f(x) \mathrm{d}x = A \cdot \dfrac{b-a}{2}$. 并由此计算 $\int_{0}^{\frac{\pi}{2}} \dfrac{\sin^{10} x}{\sin^{10} x + \cos^{10} x} \mathrm{d}x$.

6. 证明：$\int_{0}^{\pi} \sin^n x \mathrm{d}x = 2\int_{0}^{\frac{\pi}{2}} \sin^n x \mathrm{d}x$ (n 为正整数).

7. 设 $f(x)$ 在 $[0,1]$ 上连续，试证：

$$2\int_{0}^{1} x[f(x) + f(1-x)] \mathrm{d}x = \int_{0}^{1} [f(x) + f(1-x)] \mathrm{d}x.$$

6.5 定积分的分部积分法

计算不定积分有分部积分法，相应地，计算定积分也有分部积分法.

设函数 $u(x), v(x)$ 在区间 $[a, b]$ 上具有连续的导数，则有求导公式：

$$(uv)' = u'v + uv';$$

移项，得

$$uv' = (uv)' - u'v,$$

分别求这等式两端在区间 $[a,b]$ 上的定积分，得

$$\int_{a}^{b} uv' \mathrm{d}x = \int_{a}^{b} (uv)' \mathrm{d}x - \int_{a}^{b} u'v \mathrm{d}x,$$

即

$$\int_a^b uv' \mathrm{d}x = (uv)\Big|_a^b - \int_a^b u'v \mathrm{d}x, \tag{6-5}$$

上式也可简记为

$$\int_a^b u \mathrm{d}v = (uv)\Big|_a^b - \int_a^b v \mathrm{d}u, \tag{6-5}'$$

这就是定积分的分部积分公式.

例 6.15 求定积分 $\int_1^e x\ln x \mathrm{d}x$.

解 由分部积分法,有

$$\int_1^e x\ln x \mathrm{d}x = \int_1^e \ln x \mathrm{d}\frac{x^2}{2} = \left(\frac{x^2}{2}\ln x\right)\Big|_1^e - \int_1^e \frac{x^2}{2}\cdot\frac{1}{x}\mathrm{d}x = \frac{e^2+1}{4}.$$

例 6.16 设 $f(x) = \int_0^x \frac{\sin t}{\pi - t}\mathrm{d}t$,求 $\int_0^\pi f(x)\mathrm{d}x$.

解 显然 $f(0)=0, f(\pi)=\int_0^\pi \frac{\sin x}{\pi-x}\mathrm{d}x$,且有 $f'(x)=\frac{\sin x}{\pi-x}$,由分部积分法,有

$$\int_0^\pi f(x)\mathrm{d}x = (xf(x))\Big|_0^\pi - \int_0^\pi xf'(x)\mathrm{d}x = \pi\int_0^\pi \frac{\sin x}{\pi-x}\mathrm{d}x - \int_0^\pi x\frac{\sin x}{\pi-x}\mathrm{d}x$$

$$= \pi\int_0^\pi \frac{\sin x}{\pi-x}\mathrm{d}x + \int_0^\pi (\pi-x)\frac{\sin x}{\pi-x}\mathrm{d}x - \pi\int_0^\pi \frac{\sin x}{\pi-x}\mathrm{d}x$$

$$= \int_0^\pi \sin x \mathrm{d}x = 2.$$

例 6.17 证明定积分公式:

$$I_n = \int_0^{\frac{\pi}{2}} \sin^n x \mathrm{d}x = \left(\int_0^{\frac{\pi}{2}} \cos^n x \mathrm{d}x\right) = \begin{cases} \dfrac{n-1}{n}\cdot\dfrac{n-3}{n-2}\cdot\cdots\cdot\dfrac{3}{4}\cdot\dfrac{1}{2}\cdot\dfrac{\pi}{2}, & n \text{ 为正偶数}; \\ \dfrac{n-1}{n}\cdot\dfrac{n-3}{n-2}\cdot\cdots\cdot\dfrac{4}{5}\cdot\dfrac{2}{3}\cdot 1, & n \text{ 为正奇数}. \end{cases}$$

证 用分部积分法,

$$I_n = \int_0^{\frac{\pi}{2}} \sin^n x \mathrm{d}x = \int_0^{\frac{\pi}{2}} \sin^{n-1} x \cdot \sin x \mathrm{d}x = -\int_0^{\frac{\pi}{2}} \sin^{n-1} x \mathrm{d}\cos x$$

$$= (-\cos x \cdot \sin^{n-1} x)\Big|_0^{\frac{\pi}{2}} + \int_0^{\frac{\pi}{2}} \cos x \mathrm{d}\sin^{n-1} x$$

$$= (n-1)\int_0^{\frac{\pi}{2}} \cos x \sin^{n-2} x \cdot \cos x \mathrm{d}x$$

$$= (n-1)\int_0^{\frac{\pi}{2}} (1-\sin^2 x)\sin^{n-2} x \mathrm{d}x$$

$$= (n-1)\left(\int_0^{\frac{\pi}{2}} \sin^{n-2} x \mathrm{d}x - \int_0^{\frac{\pi}{2}} \sin^n x \mathrm{d}x\right)$$

$$= (n-1)I_{n-2} - (n-1)I_n,$$

从而,有
$$I_n = \frac{n-1}{n}I_{n-2} \quad (n \geqslant 2).$$
如果 $n-2 \geqslant 2$,则把 n 换成 $n-2$,得
$$I_{n-2} = \frac{n-3}{n-2}I_{n-4},$$
可依次进行下去,直到 I_n 的下标递减到 0 或 1 为止,于是有

当 n 为正偶数时,$I_n = \frac{n-1}{n} \cdot \frac{n-3}{n-2} \cdot \cdots \cdot \frac{3}{4} \cdot \frac{1}{2} \cdot I_0$;

当 n 为正奇数时,$I_n = \frac{n-1}{n} \cdot \frac{n-3}{n-2} \cdot \cdots \cdot \frac{4}{5} \cdot \frac{2}{3} \cdot I_1$.

而
$$I_0 = \int_0^{\frac{\pi}{2}} \mathrm{d}x = \frac{\pi}{2}, \quad I_1 = \int_0^{\frac{\pi}{2}} \sin x \mathrm{d}x = 1,$$
由例 6.13 已经知道,$\int_0^{\frac{\pi}{2}} \sin^n x \mathrm{d}x = \int_0^{\frac{\pi}{2}} \cos^n x \mathrm{d}x$,于是公式得证.

例如,由此公式可得
$$\int_0^{\frac{\pi}{2}} \sin^{10} x \mathrm{d}x = \int_0^{\frac{\pi}{2}} \cos^{10} x \mathrm{d}x = \frac{9}{10} \cdot \frac{7}{8} \cdot \frac{5}{6} \cdot \frac{3}{4} \cdot \frac{1}{2} \cdot \frac{\pi}{2} = \frac{63}{512}\pi.$$

习题 6.5

1. 计算下列定积分.

(1) $\int_0^1 x\mathrm{e}^{-x}\mathrm{d}x$; (2) $\int_0^1 \mathrm{e}^{\sqrt{x}}\mathrm{d}x$; (3) $\int_{\frac{\pi}{4}}^{\frac{\pi}{3}} \frac{x}{\sin^2 x}\mathrm{d}x$;

(4) $\int_1^4 \frac{\ln x}{\sqrt{x}}\mathrm{d}x$; (5) $\int_0^{\frac{1}{2}} \arcsin x \mathrm{d}x$; (6) $\int_0^1 x\arctan x \mathrm{d}x$;

(7) $\int_1^2 x\log_2 x \mathrm{d}x$; (8) $\int_0^{\frac{\pi}{2}} \mathrm{e}^{2x}\cos x \mathrm{d}x$; (9) $\int_1^{\mathrm{e}} \sin(\ln x)\mathrm{d}x$;

(10) $\int_{\frac{1}{\mathrm{e}}}^{\mathrm{e}} |\ln x|\mathrm{d}x$; (11) $\int_0^{\pi^2} \sin\sqrt{x}\mathrm{d}x$; (12) $\int_1^{16} \arctan\sqrt{\sqrt{x}-1}\mathrm{d}x$.

2. 设 $f'(3x+1) = x\mathrm{e}^{\frac{x}{2}}, f(1) = 0$,求 $f(x)$.

3. 设 $f(x) = \begin{cases} 2^{\ln x}, & x > 1, \\ \dfrac{x}{\sqrt{1+x^4}}, & |x| < 1, \end{cases}$ 求 $\int_0^3 f(x-1)\mathrm{d}x$.

4. 设 $f(x) = \int_0^x \mathrm{e}^{-t^2+2t}\mathrm{d}t$,求 $\int_0^1 (x-1)^2 f(x)\mathrm{d}x$.

5. 设 $f(x)$ 为连续函数,证明:$\int_0^x f(t)(x-t)\mathrm{d}t = \int_0^x \left(\int_0^t f(u)\mathrm{d}u\right)\mathrm{d}t$.

6.6 反常积分与 Γ 函数

在讲定积分时,我们假设函数 $f(x)$ 在闭区间 $[a,b]$ 上有界,即积分区间是有限的,被积函数是有界的,下面从两方面推广定积分的概念.

(1) 有界函数在无穷限区间 $[a,+\infty)$,$(-\infty,b]$ 或 $(-\infty,+\infty)$ 上的积分;

(2) 无界函数在有限区间 $(a,b]$,$[a,b)$ 或 $[a,b]$ 上的积分.

从而就有了所谓的**反常积分**(**也叫广义积分**)的概念.

6.6.1 无穷限区间上的反常积分

定义 6.2 设函数 $f(x)$ 在区间 $[a,+\infty)$ 上连续,取 $b>a$,如果极限 $\lim\limits_{b\to+\infty}\int_a^b f(x)\mathrm{d}x$ 存在,则称此极限为函数 $f(x)$ 在区间 $[a,+\infty)$ 上的反常积分,记做 $\int_a^{+\infty} f(x)\mathrm{d}x$,即

$$\int_a^{+\infty} f(x)\mathrm{d}x = \lim_{b\to+\infty}\int_a^b f(x)\mathrm{d}x, \tag{1}$$

这时也称**反常积分** $\int_a^{+\infty} \boldsymbol{f(x)}\mathrm{d}\boldsymbol{x}$ **收敛**;如果上述极限不存在,则称**反常积分** $\int_a^{+\infty} \boldsymbol{f(x)}\mathrm{d}\boldsymbol{x}$ **发散**,这时记号 $\int_a^{+\infty} f(x)\mathrm{d}x$ 不再表示数值.

类似地,设函数 $f(x)$ 在区间 $(-\infty,b]$ 上连续,取 $a<b$,如果极限 $\lim\limits_{a\to-\infty}\int_a^b f(x)\mathrm{d}x$ 存在,则称此极限为函数 $f(x)$ 在区间 $(-\infty,b]$ 上的反常积分,记做 $\int_{-\infty}^b f(x)\mathrm{d}x$,即

$$\int_{-\infty}^b f(x)\mathrm{d}x = \lim_{a\to-\infty}\int_a^b f(x)\mathrm{d}x. \tag{2}$$

这时也称**反常积分** $\int_{-\infty}^b \boldsymbol{f(x)}\mathrm{d}\boldsymbol{x}$ **收敛**;如果上述极限不存在,则称**反常积分** $\int_{-\infty}^b \boldsymbol{f(x)}\mathrm{d}\boldsymbol{x}$ **发散**.

设函数 $f(x)$ 在区间 $(-\infty,+\infty)$ 上连续,如果反常积分

$$\int_{-\infty}^0 f(x)\mathrm{d}x \text{ 和 } \int_0^{+\infty} f(x)\mathrm{d}x$$

都收敛,则称上述两个反常积分之和为函数 $f(x)$ 在无穷区间 $(-\infty,+\infty)$ 上的反常积分,记做 $\int_{-\infty}^{+\infty} f(x)\mathrm{d}x$,即

$$\begin{aligned}\int_{-\infty}^{+\infty} f(x)\mathrm{d}x &= \int_{-\infty}^0 f(x)\mathrm{d}x + \int_0^{+\infty} f(x)\mathrm{d}x \\ &= \lim_{a\to-\infty}\int_a^0 f(x)\mathrm{d}x + \lim_{b\to+\infty}\int_0^b f(x)\mathrm{d}x.\end{aligned} \tag{3}$$

这时也称**反常积分** $\int_{-\infty}^{+\infty} f(x)dx$ **收敛**；否则称**反常积分** $\int_{-\infty}^{+\infty} f(x)dx$ **发散**.

上述反常积分统称为**无穷限反常积分**.

例 6.18 计算反常积分 $\int_{-\infty}^{+\infty} \dfrac{1}{1+x^2}dx$

解
$$\begin{aligned}\int_{-\infty}^{+\infty} \dfrac{1}{1+x^2}dx &= \int_{-\infty}^{0} \dfrac{1}{1+x^2}dx + \int_{0}^{+\infty} \dfrac{1}{1+x^2}dx \\ &= \lim_{a\to-\infty}\int_a^0 \dfrac{1}{1+x^2}dx + \lim_{b\to+\infty}\int_0^b \dfrac{1}{1+x^2}dx \\ &= \lim_{a\to-\infty} \arctan x \Big|_a^0 + \lim_{b\to+\infty} \arctan x \Big|_0^b = \pi.\end{aligned}$$

这个反常积分的几何意义：表示位于曲线 $y=\dfrac{1}{1+x^2}$ 之下、x 轴之上的那部分不封口的平面图形的面积为 π（图 6-8）.

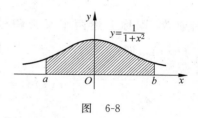

图 6-8

例 6.19 证明反常积分 $\int_a^{+\infty} \dfrac{1}{x^p}dx\ (a>0)$ 当 $p>1$ 时收敛，当 $p\leqslant 1$ 时发散.

证 当 $p=1$ 时，$\int_a^{+\infty} \dfrac{1}{x^p}dx = \int_a^{+\infty} \dfrac{1}{x}dx = \ln x \Big|_a^{+\infty} = +\infty.$

当 $p\neq 1$ 时，$\int_a^{+\infty} \dfrac{1}{x^p}dx = \dfrac{1}{1-p} x^{1-p}\Big|_a^{+\infty} = \begin{cases} +\infty, & p<1; \\ \dfrac{a^{1-p}}{p-1}, & p>1. \end{cases}$

综上，当 $p>1$ 时，该反常积分收敛，且收敛于 $\dfrac{a^{1-p}}{p-1}$；当 $p\leqslant 1$ 时，该反常积分发散.

6.6.2 无界函数的反常积分

上面讨论了无穷限反常积分，下面给出无界函数反常积分的一般定义.

定义 6.3 设函数 $f(x)$ 在区间 $[a,b)$ 上连续，在点 b 的左邻域内无界，即 $\lim\limits_{x\to b^-} f(x)=\infty$，取 $\varepsilon>0$，如果极限 $\lim\limits_{\varepsilon\to 0^+}\int_a^{b-\varepsilon} f(x)dx$ 存在，则称此极限为**函数 $f(x)$ 在区间 $[a,b]$ 上的反常积分**，记做 $\int_a^b f(x)dx$，即

$$\int_a^b f(x)dx = \lim_{\varepsilon\to 0^+}\int_a^{b-\varepsilon} f(x)dx, \tag{4}$$

这时也称**反常积分** $\int_a^b f(x)dx$ **收敛**；如果上述极限不存在，则称**反常积分** $\int_a^b f(x)dx$ **发散**.

类似地，设函数 $f(x)$ 在区间 $(a,b]$ 上连续，在点 a 的右邻域内无界，即 $\lim\limits_{x\to a^+} f(x)=\infty$，取

$\varepsilon > 0$，如果极限 $\lim\limits_{\varepsilon \to 0^+} \int_{a+\varepsilon}^{b} f(x)\mathrm{d}x$ 存在，则称此极限为函数 $f(x)$ 在区间 $(a,b]$ 上的反常积分，记做 $\int_{a}^{b} f(x)\mathrm{d}x$，即

$$\int_{a}^{b} f(x)\mathrm{d}x = \lim\limits_{\varepsilon \to 0^+} \int_{a+\varepsilon}^{b} f(x)\mathrm{d}x. \tag{5}$$

这时称反常积分 $\int_{a}^{b} f(x)\mathrm{d}x$ 收敛；如果上述极限不存在，则称反常积分 $\int_{a}^{b} f(x)\mathrm{d}x$ 发散.

设函数 $f(x)$ 在区间 $[a,b]$ 上除点 $c(a<c<b)$ 外连续，而在点 c 的邻域内无界，即 $\lim\limits_{x \to c} f(x) = \infty$，如果两个反常积分

$$\int_{a}^{c} f(x)\mathrm{d}x \text{ 和 } \int_{c}^{b} f(x)\mathrm{d}x$$

都收敛，则称上述两个反常积分之和为**函数 $f(x)$ 在区间 $[a,b]$ 上的反常积分**，记做 $\int_{a}^{b} f(x)\mathrm{d}x$，即

$$\begin{aligned}\int_{a}^{b} f(x)\mathrm{d}x &= \int_{a}^{c} f(x)\mathrm{d}x + \int_{c}^{b} f(x)\mathrm{d}x \\ &= \lim\limits_{\varepsilon_1 \to 0^+} \int_{a}^{c-\varepsilon_1} f(x)\mathrm{d}x + \lim\limits_{\varepsilon_2 \to 0^+} \int_{c+\varepsilon_2}^{b} f(x)\mathrm{d}x. \end{aligned} \tag{6}$$

这时也称**反常积分 $\int_{a}^{b} f(x)\mathrm{d}x$ 收敛**；否则称**反常积分 $\int_{a}^{b} f(x)\mathrm{d}x$ 发散**.

上述反常积分统称为无界函数的反常积分．上述定义中的 b 点、a 点或 c 点，称为函数的瑕点，因此无界函数的反常积分有时也称为**瑕积分**.

例 6.20　计算反常积分 $\int_{0}^{1} \frac{1}{\sqrt{1-x}}\mathrm{d}x$.

解　因为 $\lim\limits_{x \to 1^-} \frac{1}{\sqrt{1-x}} = +\infty$，所以被积函数在 1 的左邻域内无界，而被积函数在区间 $[0,1)$ 上连续，故有

$$\begin{aligned}\int_{0}^{1} \frac{1}{\sqrt{1-x}}\mathrm{d}x &= \lim\limits_{\varepsilon \to 0^+} \int_{0}^{1-\varepsilon} \frac{1}{\sqrt{1-x}}\mathrm{d}x \\ &= -\lim\limits_{\varepsilon \to 0^+} \int_{0}^{1-\varepsilon} \frac{1}{\sqrt{1-x}}\mathrm{d}(1-x) \\ &= \lim\limits_{\varepsilon \to 0^+} \left[-2\sqrt{1-x}\,\Big|_{0}^{1-\varepsilon}\right] = \lim\limits_{\varepsilon \to 0^+}[2 - 2\sqrt{\varepsilon}] = 2.\end{aligned}$$

这个反常积分的几何意义：表示位于曲线 $y = \frac{1}{\sqrt{1-x}}$ 之下，x 轴之上，直线 $x=0$ 与 $x=1$ 之间的不封口的图形的面积为 2（图 6-9）.

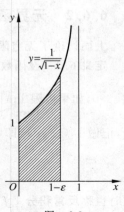

图　6-9

例 6.21 计算反常积分 $\int_0^2 \frac{1}{(1-x)^3}dx$.

解 被积函数在区间 $[0,1),(1,2]$ 上连续,由于 $\lim\limits_{x\to 1}\frac{1}{(1-x)^3}=\infty$,因此应分别考查反常积分 $\int_0^1 \frac{1}{(1-x)^3}dx$ 和 $\int_1^2 \frac{1}{(1-x)^3}dx$ 的敛散性. 而反常积分

$$\int_0^1 \frac{1}{(1-x)^3}dx = \lim_{\varepsilon\to 0^+}\int_0^{1-\varepsilon}\frac{1}{(1-x)^3}dx$$

$$= \lim_{\varepsilon\to 0^+}\frac{1}{2}\frac{1}{(1-x)^2}\Big|_0^{1-\varepsilon}$$

$$= \frac{1}{2}\lim_{\varepsilon\to 0^+}\left(\frac{1}{\varepsilon^2}-1\right)=+\infty,$$

所以反常积分 $\int_0^1 \frac{1}{(1-x)^3}dx$ 发散,从而反常积分 $\int_0^2 \frac{1}{(1-x)^3}dx$ 发散.

6.6.3 Γ 函数

对于反常积分 $\int_0^{+\infty}e^{-x}x^{s-1}dx$,可以证明当 $s>0$ 时收敛(在此不做证明),这时,它是参变量 s 的函数,称为 **Γ 函数**(读作 Gamma 函数),记做 $\Gamma(s)$,即

$$\Gamma(s) = \int_0^{+\infty}e^{-x}x^{s-1}dx \quad (s>0). \tag{7}$$

下面讨论 Γ 函数的几个重要性质.

1. 递推公式 $\Gamma(s+1)=s\Gamma(s)$.

证明 $\Gamma(s+1) = \int_0^{+\infty}e^{-x}x^s dx = -\int_0^{+\infty}x^s de^{-x} = -\left(x^s e^{-x}\Big|_0^{+\infty}-s\int_0^{+\infty}x^{s-1}e^{-x}dx\right)$

$$= s\int_0^{+\infty}x^{s-1}e^{-x}dx = s\Gamma(s).$$

显然,$\Gamma(1) = \int_0^{+\infty}e^{-x}dx = 1$.

反复运用递推公式,便有

$$\Gamma(2) = \Gamma(1+1) = 1\cdot\Gamma(1) = 1,$$
$$\Gamma(3) = \Gamma(2+1) = 2\cdot\Gamma(2) = 2!,$$
$$\Gamma(4) = \Gamma(3+1) = 3\cdot\Gamma(3) = 3!,$$
$$\vdots$$
$$\Gamma(n+1) = n\cdot\Gamma(n) = n!(\text{其中 } n \text{ 为自然数}),$$

所以,可以把 Γ 函数看成是阶乘的推广.

2. 当 $s\to 0^+$ 时,$\Gamma(s)\to+\infty$.

证明 因为 $\Gamma(s+1)=s\Gamma(s)$,因此

$$\Gamma(s) = \frac{\Gamma(s+1)}{s},$$

而 $\Gamma(1)=1$，所以，当 $s \to 0^+$ 时，$\Gamma(s) \to +\infty$.（Γ 函数在 $s>0$ 时连续）

3. $\Gamma(s)\Gamma(1-s) = \dfrac{\pi}{\sin \pi s}$ $(0<s<1)$.

此公式称为**余元公式**，在此不做证明.

例如，当 $s=\dfrac{1}{2}$ 时，由余元公式可得 $\Gamma\left(\dfrac{1}{2}\right)=\sqrt{\pi}$，即

$$\int_0^{+\infty} e^{-x} x^{-\frac{1}{2}} dx = \sqrt{\pi}.$$

4. 在 $\Gamma(s) = \displaystyle\int_0^{+\infty} e^{-x} x^{s-1} dx$ 中，作代换 $x=u^2$，有

$$\Gamma(s) = 2\int_0^{+\infty} e^{-u^2} u^{2s-1} du, \tag{8}$$

再令 $2s-1=t$，则有

$$\int_0^{+\infty} e^{-u^2} u^t du = \frac{1}{2}\Gamma\left(\frac{t+1}{2}\right), \quad t>-1,$$

上式左端是应用上常见的积分，它的值可以通过上式用 Γ 函数计算出来.

例如，在(8)中，令 $s=\dfrac{1}{2}$，得

$$2\int_0^{+\infty} e^{-u^2} du = \Gamma\left(\frac{1}{2}\right) = \sqrt{\pi},$$

从而

$$\int_0^{+\infty} e^{-u^2} du = \frac{1}{2}\Gamma\left(\frac{1}{2}\right) = \frac{\sqrt{\pi}}{2}.$$

上式左端的积分是概率论中常用的积分.

习题 6.6

1. 判断下列各反常积分的收敛性，若收敛，求其值.

(1) $\displaystyle\int_0^{+\infty} \frac{1}{\sqrt[3]{x}} dx$；

(2) $\displaystyle\int_{-\infty}^{+\infty} \frac{1}{x^2+4x+5} dx$；

(3) $\displaystyle\int_0^{+\infty} x e^{-x} dx$；

(4) $\displaystyle\int_0^{+\infty} e^{-x} \sin x\, dx$；

(5) $\displaystyle\int_0^1 \frac{x}{\sqrt{1-x^2}} dx$；

(6) $\displaystyle\int_0^2 \frac{1}{(1-x)^3} dx$；

(7) $\displaystyle\int_0^{\pi} \frac{1}{\sqrt{x}} e^{-\sqrt{x}} dx$；

(8) $\displaystyle\int_{-1}^1 \frac{1}{\sqrt{1-x^2}} dx$.

2. 讨论反常积分 $\displaystyle\int_2^{+\infty} \frac{1}{x(\ln x)^p} dx$，$p$ 取何值时收敛，p 取何值时发散？

3. 已知 $f(x) = \int_1^{\sqrt{x}} e^{-t^2} dt$，计算 $\int_0^1 \dfrac{f(x)}{\sqrt{x}} dx$.

4. 讨论反常积分 $\int_a^b \dfrac{1}{(x-a)^q} dx$，当 q 取何值时收敛，q 取何值时发散？

5. 已知 $\int_0^{+\infty} \dfrac{\sin x}{x} dx = \dfrac{\pi}{2}$，试求积分 $I_1 = \int_0^{+\infty} \dfrac{\sin x \cos x}{x} dx$ 及 $I_2 = \int_0^{+\infty} \dfrac{\sin^2 x}{x^2} dx$.

6. 用 Γ 函数表示下列积分，并计算积分值 $\left(\text{已知 } \Gamma\left(\dfrac{1}{2}\right) = \sqrt{\pi}\right)$.

(1) $\int_0^{+\infty} x^{10} e^{-x} dx$;   (2) $\int_0^{+\infty} x^{\frac{3}{2}} e^{-x} dx$;   (3) $\int_0^{+\infty} x^5 e^{-x^2} dx$.

6.7 定积分的几何应用

本节先介绍用定积分解决实际问题的思维分析方法，即定积分的微元法（也叫元素法）. 然后介绍定积分的几何应用.

6.7.1 定积分的微元法（元素法）

1. 定积分是无限积累

加法是一种积累，通常的加法是有限项相加. 回忆引出定积分概念的两个问题——曲边梯形的面积和变速直线运动的路程，从解决这两个问题的基本思想和程序来考查，我们体会到，定积分也是一种积累，曲边梯形的面积是由"小窄条面积"积累而得，即无限多个底边长趋于零的小矩形的面积相加而得；变速直线运动的路程是由"小段路程"积累而得：无限多个时间间隔趋于零的小段路程相加而成为全路程. 由上述可知，用定积分所表示的积累与通常意义下的积累不同. 这里要以无限细分区间 $[a,b]$ 而经历一个取极限的过程，也就是说，定积分是无限积累.

2. 能用定积分表示的量所具有的特点

（1）设所求量为 U，它是**不均匀**地但**连续**地分布在一个有限区间 $[a,b]$ 上，而且所求量 U **对区间 $[a,b]$ 具有可加性**，即如果将 $[a,b]$ 分成 n 个部分区间 $[x_{i-1}, x_i]$ $(i=1,2,\cdots,n)$，那么所求量 U 就相应地被分成了 n 个部分量 ΔU_i $(i=1,2,\cdots,n)$，即有 $U = \sum\limits_{i=1}^{n} \Delta U_i$.

（2）由于量 U 在区间 $[a,b]$ 上的分布不均匀，一般说来，部分量 ΔU_i 在 $[x_{i-1}, x_i]$ 上的分布也不均匀，但当区间 $[x_{i-1}, x_i]$ 的长度 Δx_i 较小时，由 U 的连续性知，U 在 $[x_{i-1}, x_i]$ 上的变化不大，故可近似地认为 U 在 $[x_{i-1}, x_i]$ 上是均匀不变的，因此我们可"**以不变代变**"写出部分量 ΔU_i $(i=1,2,\cdots,n)$ 的近似表达式

$$\Delta U_i \approx f(\xi_i) \Delta x_i, \quad i = 1,2,\cdots,n; \ x_{i-1} \leqslant \xi_i \leqslant x_i,$$

这里 $f(x)(x\in[a,b])$ 是根据具体问题所得到的函数,可结合 6.1 节中的两个引例理解 $f(x)$.

量 U 所具有的第一个特点,是它能用定积分表示的**前提**;量 U 所具有的第二个特点,是它能用定积分表示的**关键**. 这是因为有了部分量的近似表达式,只有通过**求和取极限**的过程才能过渡为定积分的表达式:

$$U = \lim_{\lambda \to 0} \sum_{i=1}^{n} f(\xi_i)\Delta x_i = \int_a^b f(x)\mathrm{d}x \quad (\text{其中}\ \lambda = \max_{1 \leqslant i \leqslant n}\{\Delta x_i\}).$$

3. 用定积分表示某一实际问题中所求量的简化程序

用定积分解决实际问题时,根据上述分析,可把"分割、取近似、求和、取极限"的过程简化为如下的两步.

(1) 设想把区间 $[a,b]$ 分成 n 个小区间,取其中任一小区间并记做 $[x, x+\mathrm{d}x]$,求出相应于该小区间的部分量 ΔU 的近似值,如果 ΔU 能近似地表示为 $[a,b]$ 上的一个连续函数在 x 点处的函数值 $f(x)$ 与区间长度 $\mathrm{d}x$ 的乘积,就把 $f(x)\mathrm{d}x$ 称为所求量 U 的微元(或元素),记做 $\mathrm{d}U$,即

$$\mathrm{d}U = f(x)\mathrm{d}x,$$

这里,ΔU 与 $\mathrm{d}U = f(x)\mathrm{d}x$ 相差一个比 $\mathrm{d}x$ 高阶的无穷小,ΔU 与 $\mathrm{d}U$ 的关系其实就是第 3 章中所讲的函数的增量 Δy 与函数的微分 $\mathrm{d}y$ 之间的关系.

(2) 定限求积分:当 $\Delta x \to 0$ 时,所有的微元无限相加,就是以微元 $\mathrm{d}U = f(x)\mathrm{d}x$ 为被积表达式,在区间 $[a,b]$ 上求定积分,即得

$$U = \int_a^b f(x)\mathrm{d}x.$$

用定积分表示具体问题的简化程序通常称为**微元法**(或**元素法**).

6.7.2 微元法在求平面图形面积中的应用

由定积分的微元法知,由连续曲线 $y=f(x)$ ($f(x)\geqslant 0, x\in[a,b]$),直线 $x=a$,$x=b$ ($a<b$) 和 x 轴所围成的曲边梯形的面积 A 的微元为(图 6-10)

$$\mathrm{d}A = f(x)\mathrm{d}x.$$

所围成的曲边梯形的面积 A 可用定积分表示为

$$A = \int_a^b f(x)\mathrm{d}x = \int_a^b y\,\mathrm{d}x.$$

而当连续曲线 $y=f(x)$ 在 $[a,b]$ 上有正有负时,则由曲线 $y=f(x)$ 与直线 $x=a$,$x=b$ ($a<b$) 和 x 轴所围成的图形(图 6-11)的面积微元为

$$\mathrm{d}A = |f(x)|\,\mathrm{d}x = |y|\,\mathrm{d}x,$$

则所求图形的面积为 $A = \int_a^b |f(x)|\,\mathrm{d}x = \int_a^b |y|\,\mathrm{d}x$.

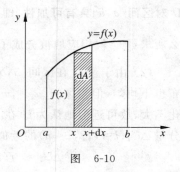

图 6-10

一般地，由两条连续曲线 $y=f(x), y=g(x)(f(x) \geqslant g(x), x \in [a,b])$ 及两条直线 $x=a, x=b(a<b)$ 所围成的平面图形的面积为（图 6-12）

$$A = \int_a^b [f(x) - g(x)] dx.$$

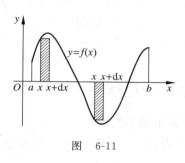

图 6-11

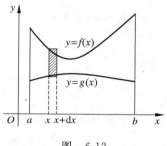

图 6-12

当连续曲线 $y=f(x)$ 与 $y=g(x)$ 在 $[a,b]$ 上的某些部分区间上 $f(x) \geqslant g(x)$，某些部分区间上 $f(x) \leqslant g(x)$，则需要求出曲线 $y=f(x)$ 与 $y=g(x)$ 的交点，用这些交点把 $[a,b]$ 分成若干个小区间后再积分（图 6-13），这时所求面积可表示为

$$A = \int_a^b |f(x) - g(x)| dx.$$

当选取 y 为积分变量时，情况类似．例如，由两条连续曲线 $x=\varphi(y), x=\psi(y)$ 及两条直线 $y=c, y=d(c<d)$ 所围成的平面图形的面积可表示为（图 6-14）

$$A = \int_c^d |\varphi(y) - \psi(y)| dy.$$

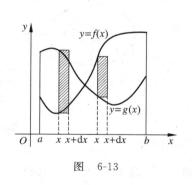

图 6-13

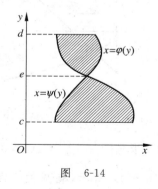

图 6-14

例 6.22 计算由曲线 $y=\sin x$ 与 $y=\sin 2x$ 在 $x=0$ 与 $x=\pi$ 之间所围图形的面积．

解 画出草图 6-15，选取 x 为积分变量，其变化区间为 $[0,\pi]$，从图 6-15 中可以看出，曲线 $y=\sin x$ 与 $y=\sin 2x$ 在 0 与 π 之间还有另一个交点．解方程组

$$\begin{cases} y = \sin x, \\ y = \sin 2x, \end{cases} x \in [0, \pi],$$

得交点 $(0,0)$，$\left(\dfrac{\pi}{3},\dfrac{\sqrt{3}}{2}\right)$，$(\pi,0)$．在区间 $\left[0,\dfrac{\pi}{3}\right]$ 上，$\sin 2x \geqslant \sin x$，此时面积微元为
$$dA = (\sin 2x - \sin x)dx,$$
而在区间 $\left[\dfrac{\pi}{3},\pi\right]$ 上，$\sin x \geqslant \sin 2x$，此时面积微元为
$$dA = (\sin x - \sin 2x)dx,$$
因此所求的面积为
$$A = \int_0^\pi |\sin x - \sin 2x|dx = \int_0^{\frac{\pi}{3}}(\sin 2x - \sin x)dx + \int_{\frac{\pi}{3}}^\pi (\sin x - \sin 2x)dx = \dfrac{5}{2}.$$

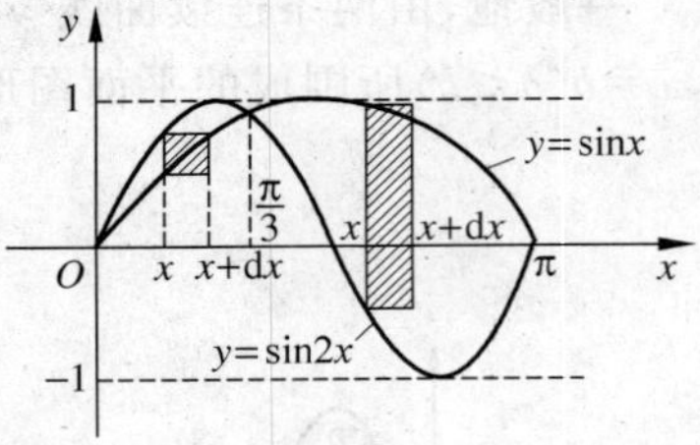

图 6-15

例 6.23 计算抛物线 $y^2 = 2x$ 与直线 $y = x - 4$ 所围图形的面积．

解 画草图 6-16 所示，可解得两条曲线的交点为 $(2,-2)$ 及 $(8,4)$．选取 y 为积分变量，其变化区间为 $[-2,4]$，面积微元为
$$dA = \left(y + 4 - \dfrac{1}{2}y^2\right)dy,$$
则所求的面积可表示为定积分
$$A = \int_{-2}^4 \left(y + 4 - \dfrac{1}{2}y^2\right)dy = 18.$$

问题：在本例中，能不能选取 x 为积分变量呢？如果选取 x 为积分变量有什么不便？

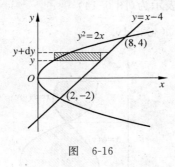

图 6-16

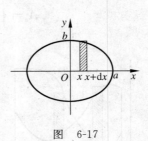

图 6-17

例 6.24 求椭圆 $\dfrac{x^2}{a^2} + \dfrac{y^2}{b^2} = 1(a>0,b>0)$ 所围的面积．

解 如图 6-17 所示，椭圆关于两坐标轴均对称，设第一象限的面积为 A_1，则所求面积为
$$A = 4A_1 = 4\int_0^a y\,dx.$$

利用椭圆的参数方程，应用定积分的换元积分法，令 $x = a\cos t$，$y = b\sin t$，则 $dx = -a\sin t\,dt$，且当 x 由 0 变到 a 时，t 由 $\dfrac{\pi}{2}$ 变到 0，故

$$A = 4\int_{\frac{\pi}{2}}^{0} b\sin t \cdot (-a\sin t)dt = 4ab\int_{0}^{\frac{\pi}{2}} \sin^2 t\, dt = \pi ab.$$

这就是椭圆的面积公式：$A=\pi ab$. 当 $a=b$ 时，可得圆的面积公式：$A=\pi a^2$.

6.7.3 微元法在求特殊立体体积中的应用

1．求旋转体的体积

旋转体：由平面图形绕这个平面内的一条直线旋转一周而成的立体称为**旋转体**，这条直线叫**旋转轴**. 圆柱、圆锥、圆台、球体都是旋转体.

（1）由连续曲线 $y=f(x)$、直线 $x=a$、$x=b(a<b)$ 和 x 轴所围成的曲边梯形（图 6-18）绕 x 轴旋转一周而成的旋转体的体积.

用微元法．先确定旋转体的体积 v 的微元 dv. 选横坐标 x 为积分变量，其变化区间为 $[a,b]$，设想把 $[a,b]$ 分成了 n 个小区间，相应于 $[a,b]$ 上的任一小区间 $[x,x+dx]$ 上的窄曲边梯形绕 x 轴旋转一周而成的薄片的体积可近似地表示为以 $|f(x)|$ 为底圆半径、以 dx 为高的扁圆柱的体积 $\pi f^2(x)dx$（图 6-19），即得体积微元

$$dV = \pi f^2(x)dx,$$

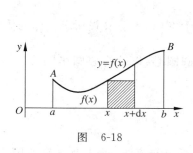

图 6-18

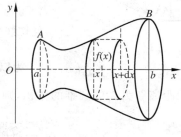

图 6-19

以上式为被积表达式，在 $[a,b]$ 上求定积分，即得所求立体的体积的定积分表达式

$$V = \int_a^b \pi f^2(x)dx = \pi \int_a^b f^2(x)dx.$$

例 6.25 连结坐标原点 O 及点 $P(h,r)$ 的直线、直线 $x=h$ 及 x 轴围成一个直角三角形．将它绕 x 轴旋转形成一个底半径为 r、高为 h 的圆锥体（图 6-20），计算此圆锥体的体积.

解 直线 OP 的方程为 $y=\dfrac{r}{h}x$，选横坐标 x 为积分变量，其变化区间为 $[0,h]$，设想把 $[0,h]$ 分成了 n 个小区间，相应于 $[0,h]$ 上的任一小区间 $[x,x+dx]$ 上的窄梯形绕 x 轴旋转一周而成的薄片（圆台）的体积可近似地

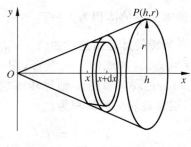

图 6-20

表示为以 $\frac{r}{h}x$ 为底圆半径、以 dx 为高的扁圆柱的体积 $\pi\left(\frac{r}{h}x\right)^2 dx$，即得体积微元

$$dV = \pi\left(\frac{r}{h}x\right)^2 dx,$$

以上式为被积表达式，在 $[0,h]$ 上求定积分，即得所求立体的体积为

$$V = \int_0^h \pi\left(\frac{r}{h}x\right)^2 dx = \frac{\pi r^2}{h^2}\int_0^h x^2 dx = \frac{\pi r^2 h}{3}.$$

这就是圆锥的体积公式的来源。

例 6.26 设 s_1 是椭圆 $\frac{x^2}{4}+\frac{y^2}{3}=1$ 绕 x 轴旋转而成的椭球面，s_2 是过点 $(4,0)$ 且与椭圆 $\frac{x^2}{4}+\frac{y^2}{3}=1$ 相切的直线绕 x 轴旋转而成的圆锥面（图 6-21）。求 s_1 与 s_2 所围成的立体的体积。

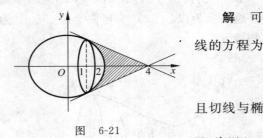

图 6-21

解 可求得过点 $(4,0)$ 且与椭圆 $\frac{x^2}{4}+\frac{y^2}{3}=1$ 相切的直线的方程为

$$y = \pm\frac{1}{2}(x-4),$$

且切线与椭圆相切于点 $\left(1, \pm\frac{3}{2}\right)$。设所求立体的体积为 V，V_1 为以 $(1,0)$ 为底圆圆心、以 $\frac{3}{2}$ 为底圆半径、以点 $(1,0)$ 到点 $(4,0)$ 的距离 3 为高的圆锥的体积，则显然

$$V_1 = \frac{1}{3}\pi \times \left(\frac{3}{2}\right)^2 \times 3 = \frac{9}{4}\pi.$$

设 V_2 为椭圆 $\frac{x^2}{4}+\frac{y^2}{3}=1$ 对应于区间 $[1,2]$ 上的部分与直线 $x=1$ 及 x 轴所围成的曲边梯形绕 x 轴旋转而成的立体的体积，则应用微元法，可得

$$V_2 = \int_1^2 \pi y^2 dx = \pi\int_1^2 3\left(1-\frac{x^2}{4}\right)dx = \frac{5}{4}\pi,$$

则所求立体的体积为 $V = V_1 - V_2 = \frac{9}{4}\pi - \frac{5}{4}\pi = \pi$.

当旋转体是由连续曲线 $y=f(x)$、$y=g(x)$、直线 $x=a$、$x=b(a<b)$ 围成的平面图形（图 6-22，这里不妨设 $f(x) \geqslant g(x)$，$x \in [a,b]$）绕 x 轴旋转而成的立体（图 6-23），由微元法，则该旋转体的体积为

$$V = \int_a^b \pi[f^2(x) - g^2(x)]dx.$$

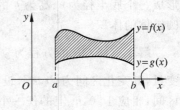

图 6-22

(2) 由连续曲线 $x=\varphi(y)$、直线 $y=c$、$y=d(c<d)$ 和 y 轴所围成的曲边梯形绕 y 轴旋转一周而成的旋转体的体积(图 6-24).

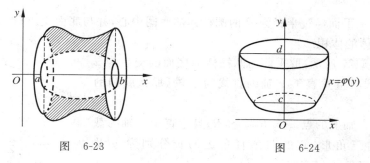

图 6-23　　　　　　　　　图 6-24

类似可得这种旋转体的体积公式为
$$V=\int_c^d \pi \varphi^2(y)\mathrm{d}y = \pi\int_c^d \varphi^2(y)\mathrm{d}y.$$

当旋转体是由连续曲线 $x=\varphi(y)$、$x=\psi(y)$、直线 $y=c$、$y=d(c<d)$ 围成的平面图形(这里不妨设 $\varphi(y)\geqslant \psi(y), y\in[c,d]$)绕 y 轴旋转而成的立体, 类似可得该旋转体的体积为
$$V=\int_c^d \pi[\varphi^2(y)-\psi^2(y)]\mathrm{d}y.$$

2. 平行截面面积已知的立体的体积

从计算旋转体体积的过程中可以看出: 如果一个立体不是旋转体, 但却知道该立体上垂直于一条定轴的各个截面的面积(图 6-25), 那么这个立体的体积也可以用定积分来计算.

取上述定轴为 x 轴, 并设该立体在过 $x=a$、$x=b(a<b)$ 且垂直于 x 轴的两个平面之间. 如图 6-25 所示, 以 $A(x)$ 表示过点 x 且垂直于 x 轴的截面的面积. 假定 $A(x)$ 为 x 的连续函数, 下面考虑用定积分计算这种立体的体积.

用微元法选 x 为积分变量, 其变化区间为 $[a,b]$, 设想把 $[a,b]$ 分成了 n 个小区间, 相应于 $[a,b]$ 上的任一小区间 $[x, x+\mathrm{d}x]$ 之间的薄片的体积(如图 6-25 所示)可近似地表示为底面积为 $A(x)$、高为 $\mathrm{d}x$ 的扁柱体(一般不是圆柱)的体积 $A(x)\mathrm{d}x$(如图 6-26 所示), 即得体积微元
$$\mathrm{d}V=A(x)\mathrm{d}x,$$

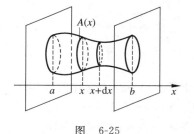　　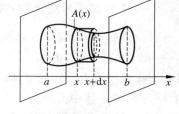

图 6-25　　　　　　　　　图 6-26

以上式为被积表达式,在$[a,b]$上求定积分,即得所求立体的体积的定积分表达式

$$V = \int_a^b A(x)\,dx.$$

例 6.27 一平面经过半径为 R 的圆柱体的底圆中心,并与底面交成角 α,计算这平面截圆柱体所得立体的体积.

解 如图 6-27 所示,取平面与圆柱体的底面的交线为 x 轴,底面上过圆心且垂直于 x 轴的直线为 y 轴,那么底圆的方程为 $x^2+y^2=R^2$.

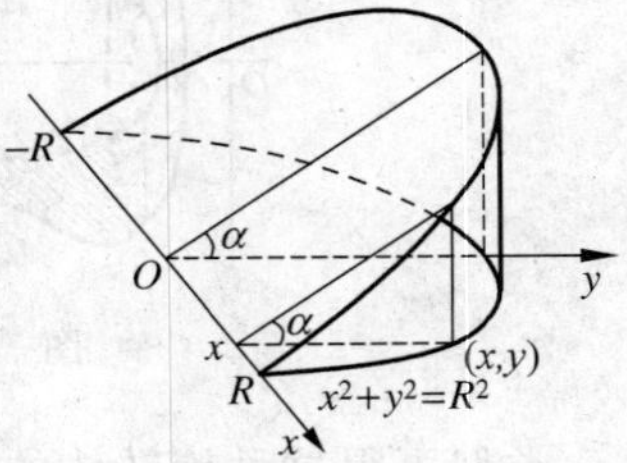

立体中过 x 轴上的点 $x(-R \leqslant x \leqslant R)$ 且垂直于 x 轴的截面是一个直角三角形,它的两条直角边的长分别为 y 及 $y\tan\alpha$,即 $\sqrt{R^2-x^2}$ 及 $\sqrt{R^2-x^2}\tan\alpha$.

因而截面面积为

$$A(x) = \frac{1}{2}(R^2-x^2)\tan\alpha,$$

于是所求立体的体积为

$$V = \int_{-R}^R \frac{1}{2}(R^2-x^2)\tan\alpha\,dx = \frac{2}{3}R^3\tan\alpha.$$

图 6-27

习题 6.7

1. 求由下列各曲线所围成的图形的面积.

   (1) $y=2x-x^2$ 与 $x+y=0$;

   (2) $y=e^x$, $y=e^{-x}$ 与 $x=1$;

   (3) $y=\sin x$, $y=\cos x$, $x=0$, $x=\frac{\pi}{2}$;

   (4) $y=\frac{x^2}{2}$ 与 $x^2+y^2=8$;(两部分都要计算)

   (5) $y=3-x^2$ 与 $y=x^2-2x-1$;

   (6) $y=-x^2+4x-3$, $x=2$ 及 $y=-x^2+4x-3$ 在点 $(3,0)$ 处的切线.

2. 求由下列曲线所围成的图形绕指定轴旋转所得旋转体的体积.

   (1) $\frac{x^2}{a^2}+\frac{y^2}{b^2}=1$ 所围图形绕 x 轴,绕 y 轴;

   (2) $y=x^3$, $x=1$, $y=0$ 绕 x 轴,绕 y 轴;

   (3) $y=\sin x(0 \leqslant x \leqslant \pi)$, $y=0$ 绕 x 轴,绕 y 轴.

3. 用平行截面面积为已知的立体的体积公式计算下列各题中立体的体积.

   (1) 半径为 R 的球体中高为 $H(H<R)$ 的球缺(图 6-28)的体积;

   (2) 底面是半径为 R 的圆,而垂直于底面上一条固定直径的所有截面都是等边三角形

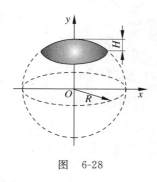
图 6-28

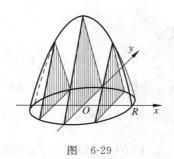
图 6-29

的立体(图 6-29)的体积.

4. 已知 a,b 满足 $\int_a^b |x| \, dx = \frac{1}{2}(a \leqslant 0 \leqslant b)$,求曲线 $y = x^2 + ax$ 与直线 $y = bx$ 所围图形面积的最大值与最小值.

6.8 定积分在经济学中的应用

6.8.1 由变化率求总量函数

设总量函数为可导函数 $F(x)$,则由前面的知识知,要求其变化率,则只需对 $F(x)$ 求导即可,即为 $F'(x)$;反之,如果知道总量函数的变化率 $F'(x)$,要求总量函数 $F(x)$,由于积分法是微分法的逆运算,因此,只需对 $F'(x)$ 积分,即计算 $\int F'(x) \, dx$ 即可.但我们知道积分的结果里面会有一个任意常数,通常的实际问题中会有确定任意常数的条件.下面举例说明.

在前面已经讲过,总收益函数 $R = R(Q)$、总成本函数 $C = C(Q)$(统称为总量函数)的导数(即变化率)称为边际收益函数、边际成本函数(统称为边际函数),分别为 $R'(Q)$ 和 $C'(Q)$;反过来,已知边际收益函数 $R'(Q)$、边际成本函数 $C'(Q)$,由积分便可得到总收益函数、总成本函数分别为

$$R(Q) = \int R'(Q) \, dQ, \tag{1}$$

$$C(Q) = \int C'(Q) \, dQ, \tag{2}$$

在用上述公式时,需给出一个确定积分常数的条件,在用式(1)时,由 $R(0)=0$(销量为 0 时,总收益为零)来确定,不过这个条件题中往往不给;在用式(2)时,一般给出固定成本 C_0,即 $C(0)=C_0$.

从而总收益函数、总成本函数可用变上限积分表示为

$$R(Q) = \int_0^Q R'(t) \, dt, \tag{3}$$

$$C(Q) = \int_0^Q C'(t)dt + C_0, \tag{4}$$

由此利润函数为

$$L(Q) = R(Q) - C(Q) = \int_0^Q [R'(t) - C'(t)]dt - C_0. \tag{5}$$

当产量由 a 个单位改变到 b 个单位时,上述经济函数的改变量分别为

$$R(b) - R(a) = \int_a^b R'(Q)dQ, \tag{6}$$

$$C(b) - C(a) = \int_a^b C'(Q)dQ, \tag{7}$$

$$L(b) - L(a) = \int_a^b L'(Q)dQ = \int_a^b [R'(Q) - C'(Q)]dQ. \tag{8}$$

上面是以总收益、总成本、总利润函数为例,说明了已知其变化率(即导数,亦即边际函数),如何求总量函数,其他的经济函数若已知其变化率求其总量函数的情况类似。

例 6.28 已知生产某商品的固定成本为 6 万元,边际收益和边际成本分别为(单位:万元/百台)

$$R'(Q) = 33 - 8Q, \quad C'(Q) = 3Q^2 - 18Q + 36.$$

(1) 求生产 Q 个产品的总成本函数;
(2) 产量由 1 百台增加到 4 百台时,总收益和总成本各增加多少?
(3) 产量为多少时,总利润最大?
(4) 求利润最大时的总收益、总成本和总利润.

解 (1) $C(Q) = \int_0^Q C'(t)dt + C_0$

$$= \int_0^Q (3t^2 - 18t + 36)dt + 6$$

$$= Q^3 - 9Q^2 + 36Q + 6.$$

(2) 由式(6)和式(7)可得总收益和总成本的增量为

$$R(4) - R(1) = \int_1^4 R'(Q)dQ = \int_1^4 (33 - 8Q)dQ = 39(万元),$$

$$C(4) - C(1) = \int_1^4 C'(Q)dQ = \int_1^4 (3Q^2 - 18Q + 36)dQ = 36(万元).$$

(3) 由极值存在的必要条件,令边际利润 $L'(Q) = 0$,即 $R'(Q) - C'(Q) = 0$,解得 $Q_1 = \frac{1}{3}$(百台),$Q_2 = 3$(百台).

$$L''(Q) = R''(Q) - C''(Q) = 10 - 6Q,$$

$$L''\left(\frac{1}{3}\right) = 8 > 0,$$

$$L''(3) = -8 < 0,$$

因此当 $Q=3$(百台)时,利润函数 $L(Q)$ 取得最大值.

(4) 由式(3)和式(4)可得利润最大时的总收益、总成本分别为
$$R(3) = \int_0^3 (33-8Q)\mathrm{d}Q = 63(万元),$$
$$C(3) = \int_0^3 (3Q^2 - 18Q + 36)\mathrm{d}Q + 6 = 60(万元),$$

则最大利润为 $L(3)=R(3)-C(3)=3$(万元).

6.8.2 收益流的现值与将来值

在 2.4 节中,我们讲到了连续复利,讲到了资金的现值和将来值. 这里先复习一下. 设有一笔资金 A(称为本金),现将这笔资金存入银行,假设银行的年利率为 r,若按连续复利计息,则 t 年后的本利和(记为 B)为
$$B = Ae^{rt},$$
则 B 称为资金 A 在 t 年后的将来值,而 A 称为 B 在 t 年前的现值. 已知 A 求 B,称为复利问题;已知 B 求 A,称为贴现问题,这时称 r 为贴现率.

由此可看出,将来值是指货币资金未来的价值,即一定量的资金在将来某一时点的价值,表现为本利和.

现值是指货币资金现在的价值,即将来某一时点的一定资金折合成现在的价值.

若设年利率为 r,以连续复利计息,从上面 A 与 B 的关系知:

若已知现值 A,要求 t 年末 A 的价值(将来值)B,则
$$B = Ae^{rt},$$
反之,若已知 t 年末得到 B 元人民币,则现在需要存入银行的本金为
$$A = Be^{-rt}.$$

由于现值 A 和将来值 B 都是常数,所以求 A 的将来值或 B 的现值只需用上面的关系式即可求出.

下面讨论如何求随时间而变化的收益流的现值和将来值. 为此,先介绍一些概念.

先介绍**收益流**与**收益流量**的概念. 若某公司的收益不是单一数额,而是每一段时间里都有收益,这样的收益可看做是一种随时间而连续变化的**收益流**. 现假设收益流是时间 t 的连续函数,则收益流对时间 t 的变化率称为**收益流量**,其实质可以理解为收益的"速率",也称为**收益率**,一般用 $P(t)$ 表示. 如果时间 t 以年为单位,收益以元为单位,则收益流量(收益率)的单位为:元/年. 若 $P(t)=b$ 为常数,则称该收益流具有常数收益流量(收益率),或称该收益流是均匀获得的. 在此也假设收益流量 $P(t)$ 为连续函数.

下面用微元法的思想讨论**收益流的现值与将来值**.

考虑从现在开始($t=0$)到 T 年后这一时间段. 利用微元法:设想将区间 $[0,T]$ 任意分成 n 个小区间,取其中一个区间并记为 $[t,t+\mathrm{d}t]$;由于收益流量 $P(t)$ 为连续函数,因此在

很短的时间间隔内,收益流量可以近似地看成常数 $P(t)$(即收益流量 $P(t)$ 在端点 t 处的函数值);则在时间间隔 $[t,t+\mathrm{d}t]$ 内,收益流的总量的近似值(即收益流微元)为 $P(t)\mathrm{d}t$;而这一金额是从现在 $(t=0)$ 算起到 t 年后获得的,将其近似看成单笔资金,则收益流微元 $P(t)\mathrm{d}t$ 可看做开始时刻在 t 年后的**将来值**. 当贴现率为 r 时,按连续贴现计算,其**现值**应为

$$P(t)\mathrm{e}^{-rt}\mathrm{d}t,$$

上式即收益流的现值微元,那么,从时刻 $t=0$ 开始到 T 年末,即时刻 $t=T$ 止,**收益流的总量的现值** A 就是如下的定积分:

$$A = \int_0^T P(t)\mathrm{e}^{-rt}\mathrm{d}t. \tag{9}$$

特别地,当 $P(t)=b$ 为常数时,总现值为

$$A = \int_0^T b\mathrm{e}^{-rt}\mathrm{d}t = \frac{b}{r}(1-\mathrm{e}^{-rT}).$$

假若收益流无限期地长久持续下去,则收益流的总现值是反常积分

$$A = \int_0^{+\infty} P(t)\mathrm{e}^{-rt}\mathrm{d}t.$$

特别地,当 $P(t)=b$ 为常数时,则总现值为

$$A = \int_0^{+\infty} b\mathrm{e}^{-rt}\mathrm{d}t = b\lim_{T\to+\infty}\int_0^T \mathrm{e}^{-rt}\mathrm{d}t = \frac{b}{r}.$$

在计算将来值时,收益 $P(t)\mathrm{d}t$ 在以后的 $(T-t)$ 年期间内获息,则 $P(t)\mathrm{d}t$ 在 $(T-t)$ 年后的将来值为

$$P(t)\mathrm{e}^{r(T-t)}\mathrm{d}t,$$

上式即收益流的将来值微元,那么,从时刻 $t=0$ 开始到 T 年末,**收益流的总量的将来值** B 就是如下的定积分:

$$B = \int_0^T P(t)\mathrm{e}^{r(T-t)}\mathrm{d}t. \tag{10}$$

特别地,当 $P(t)=b$ 为常数时,则总的将来值为

$$B = \int_0^T b\mathrm{e}^{r(T-t)}\mathrm{d}t = \mathrm{e}^{rT}\cdot\frac{b}{r}(1-\mathrm{e}^{-rT}).$$

容易看出,收益流的现值 A 与将来值 B 之间仍有如下关系:

$$B = A\mathrm{e}^{rT}.$$

一般来说,若年利率为 r,以连续复利计息,则从现在起到 T 年后该收益流的将来值等于该收益流的现值作为单笔款项存入银行 T 年后的将来值.

例 6.29 某企业一项为期 10 年的投资需购置成本 160 万元,每年的收益流量为 20 万元,按连续复利计算,求内部利率 μ(注:内部利率是使收益现值等于成本的利率).

解 由收益流的现值等于成本,得

$$160 = \int_0^{10} 20\mathrm{e}^{-\mu t}\mathrm{d}t = \left[-\frac{20}{\mu}\mathrm{e}^{-\mu t}\right]\Big|_0^{10} = \frac{20}{\mu}(1-\mathrm{e}^{-10\mu})$$

可用近似计算求得 $\mu \approx 0.04$.

例 6.30 有一个投资项目,投资成本为 4000 万元,在 10 年中每年收益为 800 万元,若年贴现率为 5%,按连续贴现计算,求收益的资本价值 W(设购置的设备 10 年后报废).

解 资本价值=收益流的现值-投入资金的现值.
$$W = \int_0^{10} 800 e^{-0.05t} dt - 4000 \approx 2295.51 \text{ 万元}.$$

换一种说法就是:当初投资 4000 万元,10 年后所获得的将来值相当于当初在银行存入 6295.51 万元 10 年后的将来值. 即同一时间投资 4000 万元与在银行存入 4000 万元,10 年后所产生的结果再还原到 10 年前其结果是不同的,10 年前投资 4000 万元所产生的效应就相当于当初不是 4000 万元,而是 6295.51 万元,多出的 2295.51 万元就是《资本论》中所阐述的资本所产生的价值,即资本价值,这就是为什么人们热衷于投资,而不是把钱存入银行.

习题 6.8

1. 已知边际成本为 $C'(Q) = 9 + \dfrac{20}{\sqrt{Q}}$,固定成本为 2000,求总成本函数.

2. 某地区居民购买冰箱的消费支出 $W(x)$ 的变化率是居民总收入 x 的函数,$W'(x) = \dfrac{1}{200\sqrt{x}}$,当居民收入由 9 亿元增加到 16 亿元时,购买冰箱的消费支出增加了多少?

3. 设生产某产品的固定成本为 1 万元,边际收益和边际成本(单位:万元/百台)分别为
$$R'(Q) = 8 - Q, \quad C'(Q) = 4 + \dfrac{Q}{4},$$
(1) 产量由 1 百台增加到 5 百台时,总成本、总收益各增加了多少万元?
(2) 产量为多少台时,总利润最大?
(3) 求利润最大时的总收益、总成本和总利润.

4. 某公司按年利率 10%(连续复利)贷款 100 万元购买设备,该设备使用 10 年后报废,公司每年可收入 b 万元.
(1) b 为何值时,公司不会亏本?
(2) 当 $b = 20$ 万元时,求内部利率 ρ(写出内部利率所满足的方程即可);
(3) 当 $b = 20$ 万元时,求收益的资本价值.

5. 有一个大型投资项目,投资成本为 10000 万元,每年可均匀收益 2000 万元,设投资年利率为 5%,按连续复利计算,当该项目可以无限期收益时,求该投资的资本价值 W.

复习题六

1. 填空题.

(1) 已知 $\int_0^x [2f(t) - 1] dt = f(x) - 1$,则 $f(0) = $ _____,$f'(0) = $ _____.

(2) 设 $n\int_0^1 xf'(2x)dx = \int_0^2 tf'(t)dt$,则 $n = $ _____.

(3) 过曲线 $y = \int_0^x (t-1)(t-2)dt$ 上点 $(0,0)$ 处的切线方程为 _____.

(4) $\dfrac{d}{dx}\int_0^x \sin(x-t)^2 dt = $ _____.

(5) $\int_{-\pi}^{\pi}(x+1)\sqrt{1-\cos 2x}\, dx = $ _____.

(6) 在曲线 $y = xe^{-x}(0 \leqslant x < +\infty)$ 下方、x 轴上方的无界图形的面积是 _____.

(7) 连续函数 $f(x)$ 满足 $\dfrac{3}{4}x^4 - \dfrac{3}{4} = \int_a^{x^3} f(t)dt$,则 $a = $ _____,$f(x) = $ _____.

(8) 设 $f(x) = \int_1^x \dfrac{2\ln t}{1+t}dt\,(x>0)$,则 $f(x) + f\left(\dfrac{1}{x}\right) = $ _____.

2. 求极限.

(1) $\lim\limits_{n\to\infty}\left(\dfrac{1}{n}\cos\dfrac{1}{n} + \dfrac{2}{n}\cos\dfrac{2}{n} + \cdots + \dfrac{n-1}{n}\cos\dfrac{n-1}{n}\right)\sin\dfrac{\pi}{n}$;

(2) $\lim\limits_{n\to\infty}\int_0^1 \dfrac{x^n e^x}{1+e^x}dx$; (3) $\lim\limits_{n\to\infty}\int_n^{n+2} x^2 e^{-x^2}dx$;

(4) $\lim\limits_{n\to\infty}\int_n^{n+2} x\sin\dfrac{2}{x}\arctan x\, dx$.

3. 已知函数 $f(x)$ 满足方程 $f(x) = 3x - \sqrt{1-x^2}\int_0^1 f^2(x)dx$,求 $f(x)$.

4. 利用定积分的性质证明不等式: $\ln(1+n) < 1 + \dfrac{1}{2} + \dfrac{1}{3} + \cdots + \dfrac{1}{n} < 1 + \ln n$.

5. 设函数 $\varphi(x)$ 在 $[0,1]$ 上可导,且有 $\int_0^1 \varphi(tx)dt = a\varphi(x)$,其中 a 为实常数,求 $\varphi(x)$ 所满足的微分方程(即含有 $\varphi(x)$ 的导数、$\varphi(x)$ 及自变量 x 的等式).

6. 已知 $f(x) = \begin{cases} x+1, & x<0, \\ x, & x\geqslant 0, \end{cases}$ 求函数 $F(x) = \int_{-1}^x f(t)dt\,(x\in[-1,1])$ 的表达式,并研究 $F(x)$ 在 $[-1,1]$ 上的连续性与可导性.

7. 设 $f(x)$ 可导,且 $f(0) = 0$,$F(x) = \int_0^x t^{n-1}f(x^n - t^n)dt$,求 $\lim\limits_{x\to 0}\dfrac{F(x)}{x^{2n}}$.

8. 设 $f(x)$ 在 $(-\infty, +\infty)$ 内连续,且在 $x\neq 0$ 时可导,又函数 $F(x) = \int_0^x xf(t)dt$,求 $F''(0)$.

9. 设函数 $f(x)$ 在 $(-\infty, +\infty)$ 内有连续的导数,求
$$\lim_{x\to 0^+}\dfrac{1}{4x^2}\int_{-x}^x [f(t+x) - f(t-x)]dt.$$

10. 设 $f(x)$ 在 $[a,b]$ 上连续,在 (a,b) 内可导,且 $f'(x)>0$,若极限 $\lim\limits_{x\to a^+}\dfrac{f(2x-a)}{x-a}$ 存在,证明:(1) 存在一点 $\xi\in(a,b)$,使得 $\dfrac{b^2-a^2}{\int_a^b f(x)\mathrm{d}x}=\dfrac{2\xi}{f(\xi)}$;

(2) 在 (a,b) 内存在异于 ξ 的一点 η,使得 $f'(\eta)(b^2-a^2)=\dfrac{2\xi}{\xi-a}\int_a^b f(x)\mathrm{d}x$.

11. 设 $f(x)$ 在 $[0,1]$ 上连续且非负,证明:存在 $x_0\in(0,1)$,使得 $x_0 f(x_0)=\int_{x_0}^1 f(x)\mathrm{d}x$.

12. 设 $f(x)$ 在 $[a,b]$ 上可导,且 $f'(x)>0$,$f(a)>0$,试证:对于图 6-30 所示的两个面积 $A(x)$ 和 $B(x)$,存在唯一的 $\xi\in(a,b)$,使得 $\dfrac{A(\xi)}{B(\xi)}=2011$.

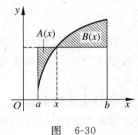

图 6-30

13. 设 $f'(x)=\arcsin x^2$,且 $f(1)=0$,求 $I=\int_0^1 f(x)\mathrm{d}x$.

14. 设 $\varphi(x)$ 为可微函数 $f(x)$ 的反函数,且 $f(1)=0$,证明:
$$\int_0^1\left[\int_0^{f(x)}\varphi(t)\mathrm{d}t\right]\mathrm{d}x=2\int_0^1 xf(x)\mathrm{d}x.$$

15. 设 $f(x)$ 在 $[0,1]$ 上有二阶连续的导数,证明:
$$\int_0^1 f(x)\mathrm{d}x=\frac{1}{2}[f(0)+f(1)]-\frac{1}{2}\int_0^1 x(1-x)f''(x)\mathrm{d}x.$$

此题亦可改为:设 $f(x)$ 在 $[a,b]$ 上有二阶连续的导数,证明
$$\int_a^b f(x)\mathrm{d}x=\frac{b-a}{2}[f(a)+f(b)]+\frac{1}{2}\int_a^b (x-a)(x-b)f''(x)\mathrm{d}x.$$

上面要证的结论是此结论的特殊情形.

16. 设函数 $f(x)$ 在 $[a,b]$ 上连续,且 $f(x)>0$,证明不等式:
$$\int_a^b f(x)\mathrm{d}x\cdot\int_a^b \frac{1}{f(x)}\mathrm{d}x\geqslant (b-a)^2.$$

17. 设 $f(x)$ 在 $[0,1]$ 上可微,且满足 $f(1)=2\int_0^{\frac{1}{2}} xf(x)\mathrm{d}x$,试证:存在一点 $\xi\in(0,1)$,使得 $f'(\xi)=-\dfrac{f(\xi)}{\xi}$.

第 7 章

多元函数微分学

我们已经讨论过一元函数微积分,在实际问题中,有很多量是由多种因素决定的,反映到数学上就是依赖两个变量或两个以上自变量的多元函数. 本章开始研究多元函数的相关问题.

本章主要内容包括:多元函数的极限和连续性、偏导数和全微分、多元函数的极值问题及多元函数微分学在经济中的应用.

7.1 空间直角坐标系与空间曲面

为了给多元函数的研究提供更多的几何背景和依据,本章将首先对空间解析几何作一简要介绍.

7.1.1 空间直角坐标系

我们知道,通过建立坐标系,可以建立几何点与有序数组之间的一一对应关系. 通过空间的一定点 O,做三条互相垂直的数轴 Ox, Oy, Oz,并且按右手系法则,即伸出右手,右手四指方向为 Ox 轴正向,手指自然弯曲 $90°$方向为 Oy 轴正向,大拇指所指方向即为 Oz 轴正向,这样就构造了一个空间直角坐标系(见图 7-1). 其中点 O 称为**坐标原点**,Ox, Oy, Oz 称为**坐标轴**,每两个坐标轴确定一个平面,称为**坐标平面**,它们是 xOy 平面,yOz 平面,xOz 平面,这三个平面将空间分为八个部分,称为八个**卦限**.

设 M 为空间中的任意一点,过 M 分别作垂直于三坐标轴的平面,与三坐标轴分别交于 P, Q, R 三点(见图 7-2). 若点 P, Q, R 在各自坐标轴上的坐标分别为 x, y, z,则称三个数 x, y, z 分别为点 M 的**横、纵、竖坐标**,记为 $M(x, y, z)$. 反之,任意给定的三元有序数组 (x, y, z),在空间中也唯一确定一点 M. 显然,空间中的点与三元有序数组 (x, y, z) 之间存在一一对应关系.

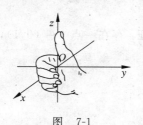

图 7-1

容易看出,原点 O 的坐标为 $(0,0,0)$;在 Ox 轴,Oy 轴,Oz 轴三坐标轴上点的坐标分别为 $(x,0,0),(0,y,0),(0,0,z)$;在 xOy 平面,yOz 平面,zOx 平面上的点的坐标分别是 $(x,y,0),(0,y,z),(x,0,z)$;八个卦限中点的坐标的符号依次是 $(+,+,+),(-,+,+)$,$(-,+,+),(-,-,+),(+,+,-),(-,+,-),(-,+,-),(-,-,-)$.

本书用大写字母 A,B,M,N 等表示点,用小写字母 a,b,x,y 等表示点的坐标.

对于空间中的任意两点 $M(x_1,y_1,z_1),N(x_2,y_2,z_2)$,定义**两点间的距离**为

$$|MN|=\sqrt{(x_1-x_2)^2+(y_1-y_2)^2+(z_1-z_2)^2}, \tag{7-1}$$

这在几何直观上是十分明显的(见图 7-3),空间任意一点 $M(x,y,z)$ 到原点 O 的距离为

$$|OM|=\sqrt{x^2+y^2+z^2}.$$

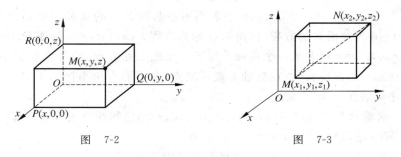

图 7-2   图 7-3

一般地,我们可以把一根数轴叫做一维空间,而把任意一个实数直接看做一维空间中的点;类似地,把坐标平面看做二维空间,二元数组看做二维空间上的点;把坐标空间看做三维空间,三元数组看做三维空间中的点.

尽管不能进一步画出更高维空间的图形,仍可以设想一个四元数组是四维空间的一个点.以此类推,一个五元数组表示五维空间的一个点等.

设 n 为正整数,于是定义一个 n 元有序数组 $(x_1,x_2,\cdots,x_n)$ 表示 n 维空间的一个点,记做 $X(x_1,x_2,\cdots,x_n)$,其中 $x_i(i=1,2,\cdots,n)$ 表示点 X 的第 i 个坐标.

四维以上空间虽然没有几何直观背景,但广泛应用于实际生活中.如某地区统计物质生产部门的产值时将物质生产部门分为农业、工业、建筑业、运输业、通信业、商业等六大部门,那么以六大部门相应产值为坐标,就得到一个六维空间.若每年以亿元为计算单位,六维空间中的一个点 $(50,100,60,40,5,200)$ 就表示该地区某一年的农业产值为 50 亿元,工业产值为 100 亿元,建筑业产值为 60 亿元,运输业产值为 40 亿元,通信业产值为 5 亿元,商业产值为 200 亿元.

一般地说,n 维空间的性质在 $n\geqslant 2$ 的情况下彼此几乎没有什么区别,但在 $n=2$ 或 $n=3$ 时得到的一系列定义、定理或公式具有一定的几何背景,形式更为简单.因此以后在讨论问题时将限定在 $n=2$ 或 $n=3$ 的情况,更高维的分析性质可以类似导出.

7.1.2 空间中的曲面与方程

在空间直角坐标系中,还可以进一步建立曲面与方程的联系. 对于含有三个变量的方程 $F(x,y,z)=0$ 来说,如果以满足方程的每一个有序组数 (x,y,z) 为坐标,就确定了空间的一个点 M. 一般地说,坐标满足方程 $F(x,y,z)=0$ 的一切点构成空间中的一张曲面. 另一方面,对于给定的一张曲面,曲面上点 M 的坐标 (x,y,z) 之间必然有一定联系. 对于许多简单曲面,这种联系常常写成一个三元方程 $F(x,y,z)=0$,如图 7-4 所示.

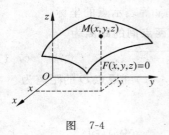

图 7-4

如果曲面 S 上任意一点的坐标 (x,y,z) 都满足方程 $F(x,y,z)=0$,而不在曲面 S 上的点都不满足方程,那么称方程 $F(x,y,z)=0$ 为**曲面 S 的方程**,而曲面 S 称为**方程 $F(x,y,z)=0$ 的图形**. 今后如不加说明,方程 $F(x,y,z)=0$ 将表示一个曲面. 对于一元或二元方程,则需要根据不同的坐标系来确定它的图形. 如方程 $x=0$ 在数轴上表示原点,在平面直角坐标系中表示 y 轴,在空间直角坐标系中则表示 yOz 平面.

例 7.1 求垂直平分两点 $A(1,-1,0)$、$B(2,0,-2)$ 之间线段的平面方程(图 7-5).

解 设 $M(x,y,z)$ 为平面上任意一点,则有
$$|AM|=|MB|,$$
即
$$\sqrt{(x-1)^2+(y+1)^2+z^2}=\sqrt{(x-2)^2+y^2+(z+2)^2},$$
整理得 $x+y-2z-3=0$.

例 7.1 得到的平面方程是一个三元一次方程. 空间平面方程的一般形式可表示为
$$Ax+By+Cz=D, \tag{7-2}$$
其中,A,B,C,D 为任意常数,且 A,B,C 不全为零.

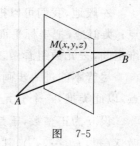

图 7-5

例 7.2 求与定点 $M_0(x_0,y_0,z_0)$ 距离为 R 的点的轨迹方程.

解 设 $M(x,y,z)$ 为轨迹上任意一点,则有
$$|MM_0|=R,$$
即
$$\sqrt{(x-x_0)^2+(y-y_0)^2+(z-z_0)^2}=R,$$
$$(x-x_0)^2+(y-y_0)^2+(z-z_0)^2=R^2, \tag{7-3}$$
这是以 $M_0(x_0,y_0,z_0)$ 为球心,R 为半径的球面方程.

在空间解析几何中,关于曲面的研究有两个基本问题:

(1) 已知一曲面作为点的几何轨迹时,建立该曲面的方程;

(2) 已知坐标 x,y 和 z 间的一个方程时,研究该方程所表示的曲面的形状.

上面两例属于基本问题(1),下面的柱面和旋转曲面的研究仍采用这种方式,常见二次曲面简介是基本问题(2)的举例.

7.1.3 柱面和旋转曲面

1. 柱面

平行于定直线 L 的直线沿定曲线 C 移动所形成的曲面称为**柱面**(图 7-6),定曲线 C 称为柱面的**准线**,动直线称为柱面的**母线**.

设柱面(图 7-7)S 的母线平行于 z 轴,准线 C 为坐标平面 xOy 内的一条曲线,其方程为
$$\begin{cases} F(x,y)=0, \\ z=0. \end{cases}$$

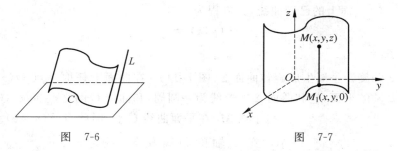

图 7-6   图 7-7

在柱面 S 上任取一点 $M(x,y,z)$,过点 M 作平行于 z 轴的直线与 xOy 平面上的曲线 C 相交于 $M_1(x,y,0)$,由于 M_1 的坐标满足方程 $F(x,y)=0$,而点 M 与 M_1 的 x,y 坐标相同,因此点 M 的坐标满足方程 $F(x,y)=0$. 反之,如果点 M 的坐标满足方程 $F(x,y)=0$,则点 M 必在过准线 C 上一点 $M_1(x,y,0)$ 且平行于 z 轴的直线上,即在曲面 S 上. 因此柱面 S 的方程是不含变量 z 的方程,即
$$F(x,y)=0 \tag{7-4}$$

类似地,不含变量 y 的方程 $G(x,z)=0$ 表示母线平行于 y 轴的柱面,其准线是 xOz 平面上的曲线 $\begin{cases} G(x,z)=0, \\ y=0. \end{cases}$ 不含变量 x 的方程 $H(y,z)=0$ 表示母线平行于 x 轴的柱面,其准线是 yOz 平面上的曲线 $\begin{cases} H(y,z)=0, \\ x=0. \end{cases}$

例如,方程 $x^2-y^2=1$ 表示准线为坐标平面 xOy 上的双曲线 $x^2-y^2=1$,且母线平行于 z 轴的柱面,称为**双曲柱面**(图 7-8). 方程 $x^2+y^2=a^2$ 表示准线为坐标平面 xOy 上的圆 $x^2+y^2=a^2$,且母线平行于 z 轴的柱面,称为**圆柱面**(图 7-9). 方程 $z^2=2y$ 表示准线是在 yOz 平面上的抛物线 $z^2=2y$,且母线平行于 x 轴的柱面,称为**抛物柱面**(图 7-10).

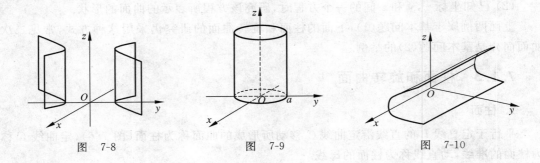

图 7-8　　　　　　　图 7-9　　　　　　　图 7-10

2. 旋转曲面

平面上的曲线 C 绕该平面上的一条定直线 L 旋转而生成的曲面称为**旋转曲面**. 该平面曲线 C 称为旋转曲面的母线, 定直线 L 称为旋转曲面的轴.

设 C 为 yOz 平面上的已知曲线, 其方程为

$$\begin{cases} F(y,z)=0, \\ x=0, \end{cases}$$

将曲线 C 绕 z 轴旋转一周生成旋转曲面 Σ（图 7-11）. 在曲面上任取一点 $M(x,y,z)$, 过点 M 作垂直于 z 轴的平面, 它和曲面 Σ 的交线为一圆周, 和曲线 C 的交点为 $M_1(0,y_1,z)$.

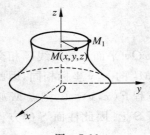

图 7-11

由于点 M_1 在平面曲线 C 上, 因此有 $F(y_1,z)=0$. 又点 M 和 M_1 到 z 轴的距离相等, 故 $\sqrt{x^2+y^2}=|y_1|$, 即 $y_1=\pm\sqrt{x^2+y^2}$, 由此可知, 旋转曲面 Σ 上任一点 $M(x,y,z)$ 满足方程

$$F(\pm\sqrt{x^2+y^2},z)=0.$$

反之, 若点 $M(x,y,z)$ 不在曲面 Σ 上, 则点 M 的坐标不满足上述方程, 因此这个方程是平面曲线 C 绕 z 轴旋转一周生成的旋转曲面的方程.

类似地, 可得平面曲线 C: $\begin{cases} F(y,z)=0, \\ x=0 \end{cases}$ 绕 y 轴旋转而成的旋转曲面的方程为

$$F(y,\pm\sqrt{x^2+z^2})=0.$$

例 7.3　yOz 面上的直线 $y=az$ 绕 z 轴旋转而成的曲面方程为 $az=\pm\sqrt{x^2+y^2}$, 即

$$x^2+y^2=a^2z^2,$$

这种曲面称为**圆锥面**（图 7-12）.

xOy 面上的椭圆 $\dfrac{x^2}{a^2}+\dfrac{y^2}{b^2}=1$ 绕 x 轴旋转而成的曲面方程为

$$\frac{x^2}{a^2}+\frac{y^2+z^2}{b^2}=1,$$

这种曲面称为**旋转椭球面**(图 7-13).

yOz 面上的抛物线 $z^2 = 2ay$ 绕 y 轴旋转而成的曲面方程为
$$x^2 + z^2 = 2ay,$$
这种曲面称为**旋转抛物面**(图 7-14).

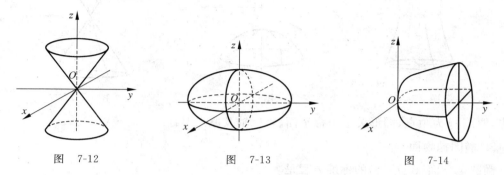

图 7-12　　　　　图 7-13　　　　　图 7-14

7.1.4　常见的二次曲面简介

三元二次方程表示的曲面称为二次曲面. 它们在空间曲面中占有重要地位,这里仅对常见的二次曲面的方程及其图形作一简要介绍.

1. 椭球面

椭球面的标准方程是
$$\frac{x^2}{a^2} + \frac{y^2}{b^2} + \frac{z^2}{c^2} = 1, \tag{7-5}$$
其中,a,b,c 为正的常数,称为椭球面的半轴. 显然球面可以看成椭球面的一个特例.

2. 单叶双曲面

单叶双曲面(图 7-15)的标准方程是
$$\frac{x^2}{a^2} + \frac{y^2}{b^2} - \frac{z^2}{c^2} = 1. \tag{7-6}$$

3. 双叶双曲面

双叶双曲面(图 7-16)的标准方程是
$$\frac{x^2}{a^2} + \frac{y^2}{b^2} - \frac{z^2}{c^2} = -1, \tag{7-7}$$
其中,点 $(0,0,\pm c)$ 为曲面的两顶点,图形关于坐标平面、坐标轴及原点对称.

4. 二次锥面

二次锥面(图 7-17)的标准方程是
$$\frac{x^2}{a^2} + \frac{y^2}{b^2} - \frac{z^2}{c^2} = 0, \tag{7-8}$$

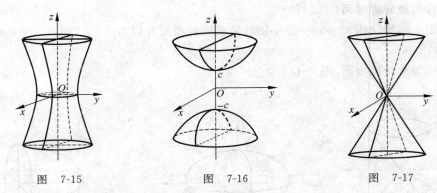

图 7-15　　　　　图 7-16　　　　　图 7-17

其中,原点 O 为顶点,图形关于坐标平面、坐标轴及原点对称.

5. 椭圆抛物面

椭圆抛物面(图 7-18)的标准方程是

$$\frac{x^2}{p}+\frac{y^2}{q}-2z=0, \tag{7-9}$$

其中,p,q 为正的常数,原点 O 为顶点. 图形关于 yOz 平面,xOz 平面对称.

6. 双曲抛物面(马鞍面)

双曲抛物面(图 7-19)的标准方程是

$$\frac{x^2}{p}-\frac{y^2}{q}+2z=0, \tag{7-10}$$

其中,p,q 为正的常数,原点 O 为鞍点. 图形关于 yOz 平面,xOz 平面对称.

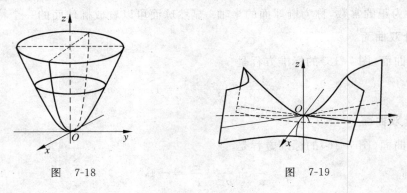

图 7-18　　　　　　　　图 7-19

习题 7.1

1. 在空间直角坐标系中,标出下列各点位置.
$A(3,-1,0)$,　$B(-1,1,2)$,　$C(0,-1,1)$,　$D(0,-1,0)$,　$E(-1,0,0)$

2. 设空间任意一点 P 的坐标为 (x,y,z).
（1）求由 P 点引至各坐标平面的垂足的坐标；
（2）求由 P 点引至各坐标轴的垂足的坐标；

3. 设某点与给定点 (a,b,c) 分别对称于下列坐标平面：(1) xOy 平面，(2) yOz 平面，(3) xOz 平面，分别求出它的坐标.

4. 设某点与给定点 $(-1,2,3)$ 分别对称于下列坐标轴：(1) Ox 轴，(2) Oy 轴，(3) Oz 轴，分别求出它的坐标.

5. 求各坐标平面的方程.

6. 求各坐标轴的方程.

7. 求与定点 $(3,0,-2)$ 距离为 4 的轨迹方程.

8. 求与两定点 $P(c,0,0)$、$Q(-c,0,0)$ 距离之和为定长 $2a$ 的点的轨迹方程.

9. 求母线平行于 x 轴且以曲面 $2x^2+y^2+z^2=16$ 与坐标平面 yz 平面交线为准线的柱面方程.

10. 求以曲面 $y^2+z^2-2x=0$ 与平面 $y=3$ 的交线为准线，且母线平行于 y 轴的柱面方程.

11. 说明下列方程确定的空间曲面的形状，并画出略图.
（1）$y^2+x^2=4$；　　　（2）$z=4x^2+9y^2$；　　　（3）$xy=1$；　　　（4）$\dfrac{x^2}{4}-\dfrac{y^2}{9}+2z=0$.

7.2 多元函数的概念

7.2.1 平面区域

平面上由一条或几条曲线所围成的连通图形称为**平面区域**，围成区域的曲线称为该区域的**边界**，包括边界在内的区域为**闭区域**，不包含边界在内的区域为**开区域**；如果区域可以包含在一个以原点为圆心，半径适当大的圆内，则该区域为**有界区域**，否则为**无界区域**，即区域延伸到无穷远处，通常用字母 D 表示区域. 设 P_1 和 P_2 为区域内的任意两点，若在 D 内存在一条或由有限条线段构成的折线将 P_1 与 P_2 连接起来，则称 D 为**连通域**，否则 D 为**非连通域**. 以后主要讨论连通域. 例如，平面上的矩形域、两个同心圆所围成的圆环形区域、第一象限的平面部分等都是连通域. 矩形域和环形域都是有界区域，第一象限平面部分是无界区域，见图 7-20.

设 $P_0(x_0,y_0)$ 是 xOy 平面上的一点，δ 为一正数，以 P_0 为圆心、δ 为半径的圆所围成的开区域

$$D_\delta = \{(x,y) \mid (x-x_0)^2+(y-y_0)^2 < \delta^2\},$$

称为**点 P_0 的 δ 邻域**.

如果 $P_0(x_0, y_0)$ 是开区域 D 内任意一点,则一定存在一个 $\delta>0$,使得 P_0 的 δ 邻域内所有点都在 D 内,如图 7-21 所示。

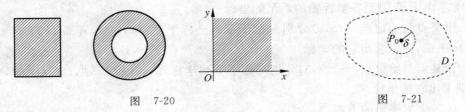

图 7-20　　　　　　　　　　图 7-21

7.2.2 多元函数的概念

一元函数中,函数关系是因变量的取值仅依赖一个自变量。在实际问题中,特别在经济问题中更需要研究的是那些因变量依赖多个自变量的函数关系。

例 7.4 在生产劳动中,生产数量 Y 要受到现有的资本数量 K 和劳动力供给数量 L 的限制,Y 随 K 及 L 的变化而变化,Y 是 K,L 的函数:$Y=F(K,L)$.

例 7.5 设圆柱体的底面半径和高分别为 r,h,则圆柱体的体积 V 可表示为

$$V = \pi r^2 h.$$

当 r,h 变化时,V 随之变化,即 V 是依赖两个自变量 r,h 的函数,称为二元函数。这里 r,h 均大于零。

下面给出二元函数的一般定义。

定义 7.1 设 D 是一个非空的二元有序数组的集合,f 为一对应法则,对于 D 内的每一有序数组 (x,y),通过 f 都有唯一确定的实数 z 与之对应,则称对应法则 f 为定义在 D 上的二元函数,记做

$$z = f(x,y), \quad (x,y) \in D,$$

变量 x,y 称为自变量,z 为因变量,D 为函数的定义域,习惯上称 z 为 x,y 的函数。

同一元函数一样,二元函数的概念包括两个基本要素:一是自变量 x,y 与因变量 z 之间的单值对应法则 f;二是定义域。从一元函数到二元函数,定义域由结构简单的区间变为形状多样的平面区域,这是造成一元函数与二元函数性质上差异的重要因素之一。

由 7.1 节知,二元函数的几何意义就是表示在区域 D 上的一张曲面。

例 7.6 函数 $z = \sqrt{1-(x-1)^2-y^2}$,其定义域为 $D = \{(x,y) \mid (x-1)^2 + y^2 \leqslant 1\}$.

在 xOy 平面上 D 是一个以点 $(1,0)$ 为圆心,半径为 1 的圆内点及圆周上的点的集合。该函数的图形为以 $(1,0,0)$ 为球心,半径为 1 的上半球面,如图 7-22 所示。

设函数 $z=f(x,y)$ 定义在区域 D 上,又设 $(x,y) \in D$,且当

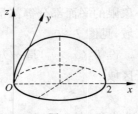

图 7-22

$t>0$ 时仍有 $(tx,ty)\in D$. 如果对 $t>0$ 有 $f(tx,ty)=t^k f(x,y)$，则称该函数为 k 次齐次函数.

齐次函数是经济学中经常遇到的一类函数. 如描绘生产情况的生产函数
$$y=f(v_1,v_2,\cdots,v_n)$$
是产出量关于各投入要素(资本的投入、劳动力的投入、原材料的投入等)的多元函数. 一般假定它为齐次函数. 即有
$$f(\lambda v_1,\lambda v_2,\cdots,\lambda v_n)=\lambda^k f(v_1,v_2,\cdots,v_n),$$
当 $k=1$ 时, 表示产出量与生产规模成比例, 称为规模报酬不变或固定规模报酬; $k>1$ 时, 称为规模报酬递增; $k<1$ 时称为规模报酬递减.

习题 7.2

1. 求下列各函数的定义域并画图表示.

   (1) $z=\sqrt{2-x^2}+\sqrt{9-y^2}$；
   (2) $z=\ln(x-2y)$；
   (3) $z=\arctan\dfrac{y}{x}$；
   (4) $z=\dfrac{\sqrt{4x-y^2}}{\ln(1-x^2-y^2)}$；
   (5) $u=\sqrt{R^2-x^2-y^2-z^2}+\sqrt{x^2+y^2+z^2-r^2}$ $(R>r)$.

2. 设函数 $f(x,y)=\dfrac{2xy}{x^2+y^2}$，求 $f\left(1,\dfrac{y}{x}\right), f(1,4)$.

3. 设函数 $f\left(x+y,\dfrac{y}{x}\right)=x^2-y^2$，求 $f(x,y)$.

4. 证明函数 $F(x,y)=\ln x\ln y$ 满足关系式
$$F(xy,uv)=F(x,u)+F(x,v)+F(y,u)+F(y,v).$$

5. 验证下列函数是否为齐次函数，若是，说明次数.

   (1) $f(x,y)=x^2+y^2-xy\arctan\dfrac{x}{y}$；
   (2) $f(x,y)=\dfrac{x+y}{x^2+y^2}, (x,y)\neq(0,0)$；
   (3) $f(x,y)=F(\sqrt{x^2+y^2})$；
   (4) $f(x,y)=xF\left(1,\dfrac{y}{x}\right)$.

7.3 二元函数的极限与连续

7.3.1 二元函数的极限

现在讨论当自变量 $x\to x_0, y\to y_0$，即点 $P(x,y)\to P_0(x_0,y_0)$ 时, 函数 $f(x,y)$ 的变化趋势. 如果在 $P(x,y)\to P_0(x_0,y_0)$ 的过程中, 其对应的函数值无限接近于某一确定的常数 A，那么常数 A 就是函数 $f(x,y)$ 当 $x\to x_0, y\to y_0$ 时的极限.

定义 7.2 设二元函数 $z=f(x,y)$ 在点 $P_0(x_0,y_0)$ 的某邻域内有定义($P_0(x_0,y_0)$ 点除

外),对任意给定的 $\varepsilon>0$,若总存在 $\delta>0$,当 $0<\sqrt{(x-x_0)^2+(y-y_0)^2}<\delta$ 时,不等式 $|f(x,y)-A|<\varepsilon$ 恒成立,则称常数 A 为函数 $f(x,y)$ 当 $P(x,y) \to P_0(x_0,y_0)$ 时的极限,记做

$$\lim_{P \to P_0} f(x,y) = A \quad 或 \quad \lim_{\substack{x \to x_0 \\ y \to y_0}} f(x,y) = A.$$

由定义 7.2 可知,二元函数的极限定义与一元函数的极限定义形式完全相同,因此一元函数的极限运算法则可以推广到二元函数中去.

例 7.7 证明:$\lim\limits_{\substack{x \to 0 \\ y \to 0}} \dfrac{x^2 y}{x^2+y^2} = 0$.

证明 对任意给定的 $\varepsilon>0$,要使 $\left|\dfrac{x^2 y}{x^2+y^2}\right|<\varepsilon$,只要

$$\left|\frac{x^2 y}{x^2+y^2}\right| = \left|\frac{2xy}{x^2+y^2}\right| \cdot \frac{|x|}{2} \leqslant \frac{|x|}{2} < \varepsilon,$$

所以,取 $\delta=\varepsilon$,当 $0<\sqrt{(x-0)^2+(y-0)^2}<\delta$,且 $(x,y) \neq (0,0)$ 时,恒有 $\left|\dfrac{x^2 y}{x^2+y^2}\right|<\varepsilon$.

例 7.8 讨论当点 $(x,y) \to (0,0)$ 时下述函数的极限.

$$f(x,y) = \begin{cases} \dfrac{2xy}{x^2+y^2}, & (x,y) \neq (0,0), \\ 0, & (x,y) = (0,0). \end{cases}$$

解 考虑 $(x,y) \to (0,0)$ 的不同方式.

当 $P(x,y)$ 沿 $y=kx$ 的方向趋近 $(0,0)$ 时,有

$$\lim_{\substack{(x,y) \to (0,0) \\ y=kx}} f(x,y) = \lim_{x \to 0} \frac{2kx^2}{(k^2+1)x^2} = \frac{2k}{k^2+1},$$

显然,极限值与 k 的取值有关.

当 $P(x,y)$ 沿曲线 $y=x^2$ 的方向趋近 $(0,0)$ 时,有

$$\lim_{\substack{(x,y) \to (0,0) \\ y=kx}} f(x,y) = \lim_{x \to 0} \frac{2x^3}{x^2+x^4} = 0.$$

表明当 $P(x,y)$ 由不同方向和路径趋近 $(0,0)$ 时,函数趋向不同的数值. 因此该函数在 $(0,0)$ 处的极限不存在.

例 7.9 计算极限 $\lim\limits_{\substack{x \to 0 \\ y \to 0}} x\sin\dfrac{1}{y}$.

解 因为 $\left|\sin\dfrac{1}{y}\right| \leqslant 1$,且 $\lim\limits_{x \to 0} x = 0$,所以 $\lim\limits_{\substack{x \to 0 \\ y \to 0}} x\sin\dfrac{1}{y} = 0$.

上述例子说明,二元函数的极限,由于自变量数目的增加,函数的变化过程远比一元函数复杂. 我们知道,一元函数可以通过左、右极限来确定极限的存在性,而二元函数在动点向定点 $P_0(x_0,y_0)$ 趋近时,趋近方向和路径要复杂得多,要考虑的是任意方向和路径,因此,

二元函数的极限也称为**全面极限**. 还要强调的是在二元函数取极限的整个变化过程中,两个自变量的变化过程同步,没有先后次序之分. 例如在例 7.9 中,若把 $x \to 0, y \to 0$ 的过程分先后次序进行,有**累次极限** $\lim\limits_{y \to 0}\left(\lim\limits_{x \to 0} x\sin\dfrac{1}{y}\right) = 0$ 和 $\lim\limits_{x \to 0}\left(\lim\limits_{y \to 0} x\sin\dfrac{1}{y}\right)$ 不存在. 显然,一般情况下二元函数极限不等于累次极限.

7.3.2 二元函数的连续性

有了二元函数的极限概念后,就可以定义二元函数的连续性.

定义 7.3 如果函数 $f(x,y)$ 在点 $P_0(x_0,y_0)$ 的某个邻域内有定义,且有
$$\lim_{P \to P_0} f(x,y) = f(x_0,y_0),$$
则称函数 $f(x,y)$ 在点 $P_0(x_0,y_0)$**处连续**,否则称函数 $f(x,y)$ 在点 $P_0(x_0,y_0)$**处间断**.

由定义,函数在 $P_0(x_0,y_0)$ 处连续必须**满足三个条件**:

(1) $f(x,y)$ 在 $P_0(x_0,y_0)$ 的某个邻域内有定义;

(2) $\lim\limits_{\substack{x \to x_0 \\ y \to y_0}} f(x,y)$ 存在;

(3) $\lim\limits_{P \to P_0} f(x,y) = f(x_0,y_0)$.

二元函数的间断点可以是一个点,也可能是一条曲线,例如函数 $f(x,y) = \dfrac{1}{x^2+y^2}$ 在原点 $(0,0)$ 处间断,函数 $f(x,y) = \dfrac{1}{x^2+y^2-1}$ 在圆周 $x^2+y^2=1$ 上每一点都间断. 如果函数 $f(x,y)$ 在区域 D 上每一点都连续,则称函数 $\boldsymbol{f(x,y)}$ **在区域 $\boldsymbol{D}$ 上连续**,$f(x,y)$ 是区域 D 上的**连续函数**. 在区域 D 上的连续函数表示空间中一张无孔无隙的曲面.

二元连续函数具有以下运算性质和法则:

(1) 设函数 $f(x,y), g(x,y)$ 都在区域 D 上连续,则函数
$$f(x,y) \pm g(x,y), f(x,y) \cdot g(x,y), \dfrac{f(x,y)}{g(x,y)}(g(x,y) \neq 0)$$
在区域 D 上也连续.

(2) 连续函数经有限次复合得到的复合函数仍为连续函数.

(3) **最大值和最小值定理** 有界闭区域 D 上的连续函数,在其闭区域上必能取到最大值和最小值.

(4) **介值定理** 有界闭区域 D 上的二元连续函数,如果其最大值与最小值不相等,则对介于最大值与最小值之间的任何数值,该函数在区域 D 上至少有一点取得这个值.

注:(1) 对于多元函数,上述运算性质与法则也成立;

(2) 一切多元初等函数在其有定义的区域内是连续的.

习题 7.3

1. 求下列极限.

   (1) $\lim\limits_{(x,y)\to(1,3)} \dfrac{3xy+x^2y^2}{x+y}$;

   (2) $\lim\limits_{(x,y)\to(0,0)} \dfrac{xy}{\sqrt{xy+1}-1}$.

2. 设函数 $f(x,y)=\dfrac{x^2y}{x^4+y^2}$,证明当 (x,y) 沿任何直线 $y=kx$ 趋向原点时,$f(x,y)$ 趋于 0,但极限 $\lim\limits_{(x,y)\to(0,0)} f(x,y)$ 不存在.

3. 证明:对函数 $f(x,y)=(x+y)\sin\dfrac{1}{x}\sin\dfrac{1}{y}$,累次极限 $\lim\limits_{y\to 0}(\lim\limits_{x\to 0} f(x,y))$ 和 $\lim\limits_{x\to 0}(\lim\limits_{y\to 0} f(x,y))$ 不存在,但极限 $\lim\limits_{(x,y)\to(0,0)} f(x,y)$ 存在.

4. 求下列函数的不连续点.

   (1) $z=\dfrac{1}{\sqrt{x^2+y^2}}$;

   (2) $z=\sin\dfrac{1}{xy}$;

   (3) $z=\dfrac{y^2+2x}{y^2-2x}$.

7.4 偏导数与全微分

7.4.1 偏导数

多元函数的极限和连续性刻画了自变量变化时函数的变化趋势,实际问题中还需要考虑函数变化的快慢问题. 我们讨论二元函数关于其中一个自变量在一点的变化率,即偏导数. 为了讲明偏导数的概念,首先介绍二元函数在一点的偏改变量.

设二元函数 $f(x,y)$ 在点 (x_0,y_0) 的某个邻域内有定义,自变量 x 在点 (x_0,y_0) 处取得改变量 Δx,而 $y=y_0$ 保持不变,此时函数 $z=f(x,y)$ 的相应改变量:

$$\Delta z_x = f(x_0+\Delta x, y_0) - f(x_0, y_0) \tag{7-11}$$

称为二元函数 $f(x,y)$ 在点 (x_0,y_0) 处对 x 的**偏改变量**.

同样函数 $f(x,y)$ 在点 (x_0,y_0) 处对 y 的**偏改变量**:

$$\Delta z_y = f(x_0, y_0+\Delta y) - f(x_0, y_0) \tag{7-12}$$

若自变量 x,y 在点 (x_0,y_0) 处分别取得改变量 $\Delta x, \Delta y$,函数 $z=f(x,y)$ 的相应改变量:

$$\Delta z = f(x_0+\Delta x, y_0+\Delta y) - f(x_0, y_0) \tag{7-13}$$

称为函数 $z=f(x,y)$ 在点 (x_0,y_0) 处的**全改变量**.

定义 7.4 设二元函数 $f(x,y)$ 在点 (x_0,y_0) 的某个邻域内有定义,自变量 x 在点 (x_0,y_0) 处取得改变量 Δx,而 $y=y_0$ 保持不变,当 $\Delta x\to 0$ 时,如果函数 z 对 x 的偏改变量 Δz_x 与 Δx 之比 $\dfrac{\Delta z_x}{\Delta x}$ 的极限存在,即

$$\lim_{\Delta x \to 0} \frac{\Delta z_x}{\Delta x} = \lim_{\Delta x \to 0} \frac{f(x_0 + \Delta x, y_0) - f(x_0, y_0)}{\Delta x} \tag{7-14}$$

存在，则称此极限为二元函数 $f(x,y)$ 在点 (x_0,y_0) 处关于 x 的偏导数，记做

$$f'_x(x_0, y_0); \quad \left.\frac{\partial f}{\partial x}\right|_{(x_0, y_0)}; \quad \left.\frac{\partial z}{\partial x}\right|_{(x_0, y_0)}; \quad z'_x(x_0, y_0).$$

同样，如果极限

$$\lim_{\Delta y \to 0} \frac{\Delta z_y}{\Delta y} = \lim_{\Delta y \to 0} \frac{f(x_0, y_0 + \Delta y) - f(x_0, y_0)}{\Delta y} \tag{7-15}$$

存在，则称此极限为二元函数 $f(x,y)$ 在点 (x_0,y_0) 处关于 y 的偏导数，记做

$$f'_y(x_0, y_0); \quad \left.\frac{\partial f}{\partial y}\right|_{(x_0, y_0)}; \quad \left.\frac{\partial z}{\partial y}\right|_{(x_0, y_0)}; \quad z'_y(x_0, y_0).$$

函数 $z=f(x,y)$ 在点 (x_0,y_0) 的偏导数也可分别看做函数 $f(x,y)$ 在该点沿 x 轴和 y 轴方向的变化率，即有

$$f'_x(x_0, y_0) = \left.\frac{\mathrm{d} f(x, y_0)}{\mathrm{d} x}\right|_{x = x_0},$$

$$f'_y(x_0, y_0) = \left.\frac{\mathrm{d} f(x_0, y)}{\mathrm{d} y}\right|_{y = y_0}.$$

需要注意的是，偏导数符号 $\frac{\partial f}{\partial x}, \frac{\partial f}{\partial y}$ 是一个整体符号，上下不能拆开，"∂"不能用微分符号"d"代替.

如果函数 $f(x,y)$ 在区域 D 内每一点都存在偏导数 $f'_x(x_0,y_0), f'_y(x_0,y_0)$，则称函数 $f(x,y)$ 在 D 内存在偏导函数，记做

$$f'_x \text{ 或 } \frac{\partial f}{\partial x} \text{ 或 } \frac{\partial z}{\partial x} \text{ 或 } z'_x \text{ 或 } f'_1;$$

$$f'_y \text{ 或 } \frac{\partial f}{\partial y} \text{ 或 } \frac{\partial z}{\partial y} \text{ 或 } z'_y \text{ 或 } f'_2;$$

显然，它们仍是 x, y 的二元函数.

例 7.10 求函数 $z = 2x^2 y^3$ 的偏导数 $f'_x, f'_y, f'_x(0,1), f'_y(1,-2)$.

解 对 x 求导时把 y 看做常数，则

$$f'_x = 4xy^3, \quad f'_x(0,1) = 4 \times 0 \times 1^3 = 0.$$

对 y 求导时把 x 看做常数，则

$$f'_y = 6x^2 y^2, \quad f'_y(1,-2) = 6 \times 1^2 \times (-2)^2 = 24.$$

求 $f'_x(0,1)$ 也可先将 $y=1$ 代入，再对 x 求导，即

$$f'_x(0,1) = (2x^2)'\big|_{x=0} = 0.$$

类似地

$$f'_y(1,-2) = (2y^3)'\big|_{y=-2} = 6 \times (-2)^2 = 24.$$

例 7.11 求函数 $z=x^y(x>0, x\neq 1)$ 的偏导数.

解 对 x 求导时把 y 看做常数,则 $z'_x=(x^y)'_x=yx^{y-1}$,
对 y 求导时把 x 看做常数,则 $z'_y=(x^y)'_y=x^y\ln x$.

例 7.12 求函数 $u=\dfrac{1}{r}, r=\sqrt{x^2+y^2+z^2}$ 的偏导数.

解 我们可以利用中间变量 r,于是

$$\frac{\partial u}{\partial x}=\frac{\mathrm{d}u}{\mathrm{d}r}\frac{\partial r}{\partial x}=-\frac{1}{r^2}\cdot\frac{2x}{2\sqrt{x^2+y^2+z^2}}=-\frac{x}{r^3}.$$

由函数的对称性

$$\frac{\partial u}{\partial y}=-\frac{y}{r^3}, \quad \frac{\partial u}{\partial z}=-\frac{z}{r^3}.$$

例 7.13 求函数 $z=f(xy)$ 的偏导数.

解 引入中间变量 $u=xy$,则 z 可看做 u 的一元函数 $z=f(u)$,于是

$$\frac{\partial z}{\partial x}=\frac{\mathrm{d}z}{\mathrm{d}u}\frac{\partial u}{\partial x}=f'(u)\cdot y=f'(xy)\cdot y,$$

$$\frac{\partial z}{\partial y}=\frac{\mathrm{d}z}{\mathrm{d}u}\frac{\partial u}{\partial y}=f'(u)\cdot y=f'(xy)\cdot x.$$

例 7.14 求函数 $f(x,y)=\begin{cases}\dfrac{2xy}{x^2+y^2}, & (x,y)\neq(0,0),\\ 0, & (x,y)=(0,0)\end{cases}$ 的偏导数.

解 当 $(x,y)\neq(0,0)$ 时,

$$\frac{\partial f}{\partial x}=\left(\frac{2xy}{x^2+y^2}\right)'_x=\frac{2y(x^2+y^2)-2xy\cdot 2x}{(x^2+y^2)^2}=\frac{2y(y^2-x^2)}{(x^2+y^2)^2},$$

$$\frac{\partial f}{\partial y}=\left(\frac{2xy}{x^2+y^2}\right)'_y=\frac{2x(x^2-y^2)}{(x^2+y^2)^2}.$$

当 $(x,y)=(0,0)$ 时,按定义得

$$f'_x(0,0)=\lim_{\Delta x\to 0}\frac{f(\Delta x,0)-f(0,0)}{\Delta x}=\lim_{\Delta x\to 0}\frac{0-0}{\Delta x}=0,$$

$$f'_y(0,0)=\lim_{\Delta y\to 0}\frac{f(0,\Delta y)-f(0,0)}{\Delta y}=\lim_{\Delta y\to 0}\frac{0-0}{\Delta x}=0.$$

上例中函数 $f(x,y)$ 在 $(0,0)$ 处间断,但仍然存在偏导数,说明偏导数的存在不能保证函数在对应点的连续性. 这是因为偏导数只刻画了函数沿 x 轴,y 轴两个特定方向的分析性质,而不是函数在对应点的整体分析性质.

函数 $z=f(x,y)$ 在点 (x_0,y_0) 处的**偏导数的几何意义**是,$f'_x(x_0,y_0)$ 表示曲面 $z=f(x,y)$ 与平面 $y=y_0$ 的交线在点 $M_0(x_0,y_0,f(x_0,y_0))$ 处的切线对 x 轴的斜率. $f'_y(x_0,y_0)$ 表示曲面 $z=f(x,y)$ 与平面 $x=x_0$ 的交线在同一点的切线对 y 轴斜率(图 7-23).

7.4.2 全微分

设二元函数 $z = f(x,y)$ 在点 (x_0, y_0) 的某个邻域内有定义,若自变量 x,y 在点 (x_0, y_0) 处分别取得改变量 $\Delta x, \Delta y$,函数 $z = f(x,y)$ 的全改变量为

$$\Delta z = f(x_0 + \Delta x, y_0 + \Delta y) - f(x_0, y_0).$$

一般地,Δz 是关于自变量的改变量 $\Delta x, \Delta y$ 的比较复杂的函数,我们希望用 $\Delta x, \Delta y$ 的线性函数近似地代替函数的全改变量 Δz,因此需要建立全微分的概念.

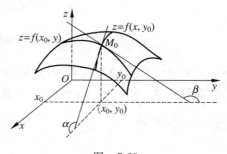

图 7-23

例如,观察一个矩形面积随边长变化而变化的情况. 这里矩形面积 S 可看做边长 x,y 的二元函数:

$$S = xy.$$

对于边长的改变量 $\Delta x, \Delta y$,面积改变量

$$\Delta S = (x + \Delta x)(y + \Delta y) - xy = x\Delta y + y\Delta x + \Delta x \Delta y,$$

其中,$x\Delta y + y\Delta x$ 是自变量改变量 $\Delta x, \Delta y$ 的线性表达式,简称**线性主部**. 余下部分 $\Delta x \Delta y$ 是比 $\rho = \sqrt{(\Delta x)^2 + (\Delta y)^2}$ 高阶的无穷小量(图 7-24).

当 $\Delta x, \Delta y$ 很小时,面积改变量 ΔS 可近似地用 $\Delta x, \Delta y$ 的**线性主部**表示,即

$$\Delta S \approx x\Delta y + y\Delta x.$$

图 7-24

定义 7.5 设二元函数 $z = f(x,y)$ 在点 (x_0, y_0) 的某个邻域内有定义,$\Delta x, \Delta y$ 分别是自变量 x,y 在点 (x_0, y_0) 处的改变量,如果函数 $z = f(x,y)$ 的全改变量

$$\Delta z = f(x_0 + \Delta x, y_0 + \Delta y) - f(x_0, y_0) = A\Delta x + B\Delta y + o(\rho),$$

其中,A,B 不依赖于 $\Delta x, \Delta y$ 而仅与 x_0, y_0 有关,$\rho = \sqrt{(\Delta x)^2 + (\Delta y)^2}$,当 $\Delta x \to 0, \Delta y \to 0$ 时,$o(\rho)$ 是比 ρ 较高阶的无穷小量,则称函数 $z = f(x,y)$ 在 (x_0, y_0) 处是可微的,称 $A\Delta x + B\Delta y$ 为函数 $z = f(x,y)$ 在 (x_0, y_0) 处的**全微分**,记做 $\mathrm{d}z$,即

$$\mathrm{d}z = A\Delta x + B\Delta y \tag{7-16}$$

如果函数 $z = f(x,y)$ 在区域 D 内的每一点都可微,则称函数 $z = f(x,y)$ 在区域 D 内可微.

多元函数可微性、连续性及偏导数的存在性,它们之间的关系可以用以下 3 个定理说明.

定理 7.1 如果函数 $z = f(x,y)$ 在点 $P(x,y)$ 处可微,则函数在该点必连续.

证明 因为函数 $z = f(x,y)$ 在点 $P(x,y)$ 处可微,由全微分定义知

$$\Delta z = A\Delta x + B\Delta y + o(\rho),$$
$$\lim_{\substack{\Delta x \to 0 \\ \Delta y \to 0}} \Delta z = \lim_{\substack{\Delta x \to 0 \\ \Delta y \to 0}} (A\Delta x + B\Delta y + o(\rho)) = 0,$$

即
$$\lim_{\substack{\Delta x \to 0 \\ \Delta y \to 0}} f(x + \Delta x, y + \Delta y) = f(x, y).$$

所以函数 $z = f(x, y)$ 在点 $P(x, y)$ 处连续.

定理 7.2 如果函数 $z = f(x, y)$ 在点 $P(x_0, y_0)$ 处可微,则在该点偏导数存在,且 $A = \frac{\partial z}{\partial x}, B = \frac{\partial z}{\partial y}$,于是

$$\mathrm{d}z = \frac{\partial z}{\partial x}\mathrm{d}x + \frac{\partial z}{\partial y}\mathrm{d}y. \tag{7-17}$$

证明 由定义 $\Delta z = A\Delta x + B\Delta y + o(\rho)$,于是,令自变量 y 保持不变,即 $\Delta y = 0$,则有
$$\Delta z = A\Delta x + o(\Delta x),$$

从而
$$\frac{\Delta z}{\Delta x} = A + \frac{o(\Delta x)}{\Delta x}.$$

当 $\Delta x \to 0$ 时,有 $\lim_{\Delta x \to 0} \frac{\Delta z}{\Delta x} = A$,即 $\frac{\partial z}{\partial x} = A$,同理可证 $\frac{\partial z}{\partial y} = B$.

我们知道,一元函数在某点的导数存在是微分存在的充分必要条件,但对于多元函数来说,情形就不同了. 当函数的各偏导数都存在时,可以写出 $\frac{\partial z}{\partial x}\Delta x + \frac{\partial z}{\partial y}\Delta y$,但它与 Δz 之差并不一定是较 ρ 高阶的无穷小,因此它不一定是函数的全微分. 换句话说,各偏导数存在只是全微分存在的必要条件而不是充分条件. 例如函数

$$f(x, y) = \begin{cases} \dfrac{xy}{\sqrt{x^2 + 2y^2}}, & x^2 + y^2 \neq 0, \\ 0, & x^2 + y^2 = 0 \end{cases}$$

在点 $(0,0)$ 处有 $f'_x(0,0) = f'_y(0,0) = 0$,所以
$$\Delta z - f'_x(0,0)\Delta x - f'_y(0,0)\Delta y = \frac{\Delta x \Delta y}{\sqrt{(\Delta x)^2 + 2(\Delta y)^2}},$$

如果考虑点 $P'(\Delta x, \Delta y)$ 沿直线 $y = kx$ 趋于 $(0,0)$,则

$$\frac{\frac{\Delta x \Delta y}{\sqrt{(\Delta x)^2 + 2(\Delta y)^2}}}{\rho} = \frac{\frac{\Delta x \Delta y}{\sqrt{(\Delta x)^2 + 2(\Delta y)^2}}}{\sqrt{(\Delta x)^2 + (\Delta y)^2}} = \frac{k}{\sqrt{1 + 2k^2}\sqrt{1 + k^2}},$$

极限取值与 k 值有关,它不能随 $\rho \to 0$ 而趋于 0,这表示 $\rho \to 0$ 时
$$\Delta z - f'_x(0,0)\Delta x - f'_y(0,0)\Delta y$$

并不是较 ρ 高阶的无穷小,因此函数在 $(0,0)$ 处的全微分并不存在,即函数在 $(0,0)$ 处是不可微分的. 但是如果再假定函数的各个偏导数连续,则可以证明函数是可微分的,即有下面的定理.

定理 7.3 如果函数 $z=f(x,y)$ 在点 (x_0,y_0) 的某邻域内偏导数 $f'_x(x,y), f'_y(x,y)$ 存在且连续,则函数在该点存在全微分,即函数可微.

证明 对自变量的改变量 $\Delta x, \Delta y$,函数的改变量可表示为
$$\Delta z = f(x_0+\Delta x, y_0+\Delta y) - f(x_0, y_0)$$
$$= [f(x_0+\Delta x, y_0+\Delta y) - f(x_0, y_0+\Delta y)] + [f(x_0, y_0+\Delta y) - f(x_0, y_0)],$$
应用一元函数微分中值定理有
$$\Delta z = f'_x(x_0+\theta_1\Delta x, y_0+\Delta y)\Delta x + f'_y(x_0, y_0+\theta_2\Delta y)\Delta y,$$
其中 $0<\theta_1<1, 0<\theta_2<1$,即有
$$\Delta z = f'_x(x_0, y_0)\Delta x + f'_y(x_0, y_0)\Delta y + [f'_x(x_0+\theta_1\Delta x, y_0+\Delta y) - f'_x(x_0, y_0)]\Delta x$$
$$+ [f'_y(x_0, y_0+\theta_2\Delta y) - f'_y(x_0, y_0)]\Delta y$$
$$= f'_x(x_0, y_0)\Delta x + f'_y(x_0, y_0)\Delta y + \alpha\Delta x + \beta\Delta y,$$
其中,$\alpha = f'_x(x_0+\theta_1\Delta x, y_0+\Delta y) - f'_x(x_0, y_0), \beta = f'_y(x_0, y_0+\theta_2\Delta y) - f'_y(x_0, y_0)$.

因 $f'_x(x,y), f'_y(x,y)$ 在点 (x_0, y_0) 处连续,显然当 $\rho\to 0$ 时,有 $\alpha\to 0, \beta\to 0$. 又因
$$\frac{|\Delta x|}{\rho}\leqslant 1, \quad \frac{|\Delta y|}{\rho}\leqslant 1,$$
从而有
$$\lim_{\rho\to 0}\frac{\alpha\Delta x+\beta\Delta y}{\rho}=0.$$
即 $\alpha\Delta x+\beta\Delta y$ 是比 ρ 高阶的无穷小,说明函数 $z=f(x,y)$ 在点 (x_0, y_0) 可微.

上述两个定理表示,偏导数连续,则函数可微;函数可微,则偏导数存在. 但反之不然. 这一点不同于一元函数导数与微分之间的等价关系. 偏导数存在及连续三者之间的关系是:

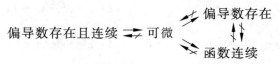

符号"$\longrightarrow$"表示一定成立;"$\longrightarrow\!\!\!\!\!/\,$"表示可能不成立.

例 7.15 计算函数 $z=x^2+e^{xy}$ 在 $(1,2)$ 的全微分.

解 因为 $\dfrac{\partial z}{\partial x}=2x+ye^{xy}, \dfrac{\partial z}{\partial y}=xe^{xy}$,所以
$$dz|_{(1,2)} = (2x+ye^{xy})|_{(1,2)}dx + xe^{xy}|_{(1,2)}dy = 2(1+e^2)dx + e^2 dy$$

全微分可被用于近似计算:计算函数的近似值使用公式
$$f(x_0+\Delta x, y_0+\Delta y) \approx f(x_0, y_0) + f'_x(x_0, y_0)\Delta x + f'_y(x_0, y_0)\Delta y;$$
计算函数改变量的近似值使用公式
$$\Delta z \approx f'_x(x_0, y_0)\Delta x + f'_y(x_0, y_0)\Delta y.$$

例 7.16 计算函数 $z=x^y$ 的全微分,并计算 $(0.97)^{1.01}$ 的近似值.

解 $z'_x=(x^y)'_x=yx^{y-1}, z'_y=(x^y)'_y=x^y\ln x$,
$$dz = yx^{y-1}\Delta x + x^y\ln x\Delta y.$$
取 $x_0=1, y_0=1, \Delta y=0.01, \Delta x=-0.03$ 代入,于是
$$(0.97)^{1.01} \approx 1+1\times1\times(-0.03)+1\times\ln1\times0.01 = 0.97.$$

例 7.17 欲造一无盖圆柱形水泥槽,其外半径为 2 m,壁厚 0.1 m,底厚 0.1 m,高 4 m,问需要多少水泥?

解 设该圆柱体底面的外半径为 r,高为 h,则其体积
$$V = \pi r^2 h,$$
$$\Delta V \approx dV = 2\pi rh\Delta r + \pi r^2\Delta h,$$
其中,$r=2, \Delta r=0.1, h=4, \Delta h=0.1$,于是
$$\Delta V \approx 2\pi rh\Delta r + \pi r^2\Delta h = 1.6\pi + 0.4\pi = 2\pi (\text{m}^3)$$
需要约 6.28m^3 的建筑材料.

习题 7.4

1. 设 $f(x,y)=x+y-\sqrt{x^2+y^2}$,求 $f'_x(3,4)$.

2. 设 $f(x,y)=\ln\left(x+\dfrac{y}{2x}\right)$,求 $f'_y(1,0)$.

3. 设 $f(x,y)=(1+xy)^y$,求 $f'_x(1,1)$ 及 $f'_y(1,1)$.

4. 设 $z=f(x,y)=\begin{cases}\dfrac{xy}{\sqrt{x^2+y^2}}, & x^2+y^2\neq0 \\ 0, & x^2+y^2=0\end{cases}$,求函数 $z=f(x,y)$ 的偏导数.

5. 求下列函数的偏导数:

(1) $z=\dfrac{xe^y}{y^2}$;

(2) $z=x^2+y^2-4xy$;

(3) $z=\tan\dfrac{y}{x}\sin xy$;

(4) $z=x\sin(x+y)$;

(5) $z=\arcsin\dfrac{x}{\sqrt{x^2+y^2}}$;

(6) $z=\arctan\dfrac{x+y}{1-xy}$;

(7) $z=\ln(x+\ln y)$;

(8) $z=\sqrt{x}\sin\dfrac{y}{x}$;

(9) $u=\dfrac{1}{r}e^{-r}, r=\sqrt{x^2+y^2+z^2}$;

(10) $u=e^{2t+\theta}\cos(t+3\theta)$.

6. 设函数 $z=\dfrac{x-y}{x+y}\ln\dfrac{y}{x}$,验证方程
$$x\dfrac{\partial z}{\partial x}+y\dfrac{\partial z}{\partial y}=0.$$

7. 设函数 $z = x^y y^x$，验证方程

$$x\frac{\partial z}{\partial x} + y\frac{\partial z}{\partial y} = z(x+y+\ln z).$$

8. 求下列函数的全微分.

(1) $z = x^m y^n$ (m,n 为常数)；   (2) $z = \dfrac{x}{y}$；

(3) $u = xy + yz + zx$；   (4) $z = \dfrac{s+t}{s-t}$；

(5) $z = \arcsin\sqrt{x^2+y^2}$；   (6) $u = \sqrt[z]{\dfrac{x}{y}}$；

(7) $u = \ln(3x - 2y + z)$；   (8) $z = \cos(xy)$.

9. 某工厂生产甲、乙两种商品，总成本 c（单位：元）对两种产量 x,y（单位：kg）的函数是 $c(x,y) = 3x^2 + 2xy + 5y^2 + 10$，求两种产量分别为 $x=8, y=6$ 时的边际成本.

10. 设生产某产品的产量 Y 与投入工时 t、原料 x 及生产资料技术更新投资 M 的函数关系可表示为 $Y = 100t^\alpha x^\beta M^\gamma (\alpha + \beta + \gamma = 1)$，求当 $t=20, x=50, M=4$ 时，分别对工时、原料及更新投资的边际产量.

11. 计算下列近似值.

(1) $\sqrt{(1.02)^3 + (1.97)^3}$；   (2) $\sin 31° \tan 44°$；   (3) $\ln(\sqrt[3]{1.03} + \sqrt[4]{0.98} - 1)$.

12. 函数 $f(x,y) = \begin{cases} (x^2+y^2)\sin\dfrac{1}{x^2+y^2}, & x^2+y^2 \neq 0 \\ 0, & x^2+y^2 = 0 \end{cases}$ 问在 $(0,0)$ 处：

(1) 偏导数是否存在？   (2) 偏导数是否连续？   (3) 是否可微？

7.5 多元复合函数微分法

7.5.1 全导数公式

设函数 $z = f(x,y)$ 是两变量 x,y 的函数，又设 $x = \varphi(t), y = \psi(t)$，于是 $z = f(\varphi(t), \psi(t))$ 是 t 的复合函数.

定理 7.4 如果函数 $z = f(x,y)$ 可微，又设 $x = \varphi(t), y = \psi(t)$ 对 t 可导，则函数 $z = f(\varphi(t), \psi(t))$ 对 t 的导数存在，且有

$$\frac{\mathrm{d}z}{\mathrm{d}t} = \frac{\partial f}{\partial x}\frac{\mathrm{d}x}{\mathrm{d}t} + \frac{\partial f}{\partial y}\frac{\mathrm{d}y}{\mathrm{d}t}. \tag{7-18}$$

证明 对应于自变量 t 的改变量 Δt，变量 $x=\varphi(t)$ 和 $y=\psi(t)$ 的改变量为 Δx 和 Δy，进一步有函数的改变量 Δz. 因为函数 $z=f(x,y)$ 可微，即有

$$\Delta z = \frac{\partial f}{\partial x}\Delta x + \frac{\partial f}{\partial y}\Delta y + o(\rho), \qquad (*)$$

其中，$\rho=\sqrt{\Delta x^2+\Delta y^2}$，对 $(*)$ 两边同除以 Δt，有

$$\frac{\Delta z}{\Delta t} = \frac{\partial f}{\partial x}\frac{\Delta x}{\Delta t} + \frac{\partial f}{\partial y}\frac{\Delta y}{\Delta t} + o\left(\sqrt{\left(\frac{\Delta x}{\Delta t}\right)^2 + \left(\frac{\Delta y}{\Delta t}\right)^2}\right),$$

又因 $x=\varphi(t), y=\psi(t)$ 可导，当 $\Delta t\to 0$ 时，对上式两边同时取极限，则有

$$\frac{\mathrm{d}z}{\mathrm{d}t} = \frac{\partial f}{\partial x}\frac{\mathrm{d}x}{\mathrm{d}t} + \frac{\partial f}{\partial y}\frac{\mathrm{d}y}{\mathrm{d}t}.$$

此公式不难推广到更一般的情况. 如果 n 元函数 $u=f(x_1,x_2,\cdots,x_n)$ 可微，且 $x_i=\varphi_i(t)(i=1,2,\cdots,n)$ 对 t 的导数存在，则有

$$\frac{\mathrm{d}u}{\mathrm{d}t} = \frac{\partial f}{\partial x_1}\frac{\mathrm{d}x_1}{\mathrm{d}t} + \frac{\partial f}{\partial x_2}\frac{\mathrm{d}x_2}{\mathrm{d}t} + \cdots + \frac{\partial f}{\partial x_n}\frac{\mathrm{d}x_n}{\mathrm{d}t}.$$

式(7-18)称为多元复合函数求导数的**链式法则**. 依赖于一个自变量的多元函数求导公式也称做**全导数公式**.

例 7.18 设 $z=\mathrm{e}^{x-2y}, x=t^2+1, y=\sin t$，求 $\dfrac{\mathrm{d}z}{\mathrm{d}t}$.

解 $\dfrac{\partial z}{\partial x}=\mathrm{e}^{x-2y}, \dfrac{\partial z}{\partial y}=\mathrm{e}^{x-2y}(-2)=-2\mathrm{e}^{x-2y}, \dfrac{\mathrm{d}x}{\mathrm{d}t}=2t, \dfrac{\mathrm{d}y}{\mathrm{d}t}=\cos t.$

则

$$\frac{\mathrm{d}z}{\mathrm{d}t} = \frac{\partial f}{\partial x}\frac{\mathrm{d}x}{\mathrm{d}t} + \frac{\partial f}{\partial y}\frac{\mathrm{d}y}{\mathrm{d}t} = \mathrm{e}^{t^2+1-2\sin t}\cdot 2t - 2\mathrm{e}^{t^2+1-2\sin t}\cdot\cos t = 2\mathrm{e}^{t^2+1-2\sin t}(t-\cos t).$$

例 7.19 设 $z=\dfrac{y}{x}, y=\sqrt{1-x^2}$，求 $\dfrac{\mathrm{d}z}{\mathrm{d}x}$.

解法一 由已知 $z=\dfrac{\sqrt{1-x^2}}{x}$，利用一元函数商的求导公式得

$$\frac{\mathrm{d}z}{\mathrm{d}x} = \frac{\dfrac{-2x\cdot x}{2\sqrt{1-x^2}}-\sqrt{1-x^2}}{x^2} = -\frac{1}{x^2\sqrt{1-x^2}}.$$

解法二 利用公式 $\dfrac{\mathrm{d}z}{\mathrm{d}x}=\dfrac{\partial z}{\partial x}+\dfrac{\partial z}{\partial y}\dfrac{\mathrm{d}y}{\mathrm{d}x}$ 求 $\dfrac{\mathrm{d}z}{\mathrm{d}x}$. 其中

$$\frac{\partial z}{\partial x}=-\frac{y}{x^2}, \quad \frac{\partial z}{\partial y}=\frac{1}{x}, \quad \frac{\mathrm{d}y}{\mathrm{d}x}=-\frac{x}{\sqrt{1-x^2}},$$

则

$$\frac{\mathrm{d}z}{\mathrm{d}x} = -\frac{1}{x^2\sqrt{1-x^2}}.$$

两种方法得到的结果是相同的.

7.5.2 复合函数求偏导数公式

进一步考虑复合函数依赖多个自变量的情况,以及链式法则的其他形式.

定理 7.5 如果函数 $u=\varphi(x,y)$, $v=\psi(x,y)$ 在点 (x,y) 处的偏导数存在,且在 (x,y) 的对应点 (u,v) 处函数 $z=f(u,v)$ 可微,则复合函数 $z=f[\varphi(x,y),\psi(x,y)]$ 对 x,y 的偏导数存在,且

$$\frac{\partial z}{\partial x} = \frac{\partial z}{\partial u}\frac{\partial u}{\partial x} + \frac{\partial z}{\partial v}\frac{\partial v}{\partial x}, \tag{7-19}$$

$$\frac{\partial z}{\partial y} = \frac{\partial z}{\partial u}\frac{\partial u}{\partial y} + \frac{\partial z}{\partial v}\frac{\partial v}{\partial y}. \tag{7-20}$$

证明略,方法与定理 7.4 的证明类似.

事实上,在求 $\frac{\partial z}{\partial x}$ 时,若将 y 看做常量,两个中间变量 u,v 就可看做是一元函数,可以应用定理 7.4. 但是由于复合函数 $z=f[\varphi(x,y),\psi(x,y)]$ 以及中间变量 $u=\varphi(x,y)$, $v=\psi(x,y)$ 都是 x,y 的二元函数,因此应该把式 (7-18) 中的 "d" 改为 "∂",再把 t 换成 x,这样便由式 (7-18) 得到式 (7-19). 同理,由式 (7-18) 也可得到式 (7-20).

例 7.20 设 $z=\mathrm{e}^{x+y}\sin(x-y)$,求 $\frac{\partial z}{\partial x}, \frac{\partial z}{\partial y}$.

解 设 $u=x+y, v=x-y$,则 $z=\mathrm{e}^u\sin v$. 又因

$$\frac{\partial z}{\partial u}=\mathrm{e}^u\sin v, \quad \frac{\partial z}{\partial v}=\mathrm{e}^u\cos v, \quad \frac{\partial u}{\partial x}=1, \quad \frac{\partial u}{\partial y}=1, \quad \frac{\partial v}{\partial x}=1, \quad \frac{\partial v}{\partial y}=-1.$$

于是

$$\frac{\partial z}{\partial x} = \frac{\partial z}{\partial u}\frac{\partial u}{\partial x} + \frac{\partial z}{\partial v}\frac{\partial v}{\partial x} = \mathrm{e}^u\sin v + \mathrm{e}^u\cos v = \mathrm{e}^{x+y}(\sin(x-y)+\cos(x-y)),$$

$$\frac{\partial z}{\partial y} = \frac{\partial z}{\partial u}\frac{\partial u}{\partial y} + \frac{\partial z}{\partial v}\frac{\partial v}{\partial y} = \mathrm{e}^u\sin v - \mathrm{e}^u\cos v = \mathrm{e}^{x+y}(\sin(x-y)-\cos(x-y)).$$

复合函数偏导数的求导法则可以推广到多个中间变量和多次复合的情况. 一般地,有几个中间变量就在公式中有几项,有几次复合,就含有几个因子乘积的项. 使用公式的关键是事先搞清各变量之间的对应关系,而不应死套公式.

例 7.21 设 $u=f(x,xy,xyz)$,且 f 存在一阶连续偏导数,求函数 u 的全部偏导数.

解 设 $P=x, Q=xy, R=xyz$,则 $u=f(P,Q,R)$. 于是

$$\frac{\partial u}{\partial x} = \frac{\partial f}{\partial P}\frac{\partial P}{\partial x} + \frac{\partial f}{\partial Q}\frac{\partial Q}{\partial x} + \frac{\partial f}{\partial R}\frac{\partial R}{\partial x} = f'_1 + yf'_2 + yzf'_3,$$

$$\frac{\partial u}{\partial y} = \frac{\partial f}{\partial P}\frac{\partial P}{\partial y} + \frac{\partial f}{\partial Q}\frac{\partial Q}{\partial y} + \frac{\partial f}{\partial R}\frac{\partial R}{\partial y} = xf'_2 + xzf'_3,$$

$$\frac{\partial u}{\partial z} = xyf'_3.$$

上例结果中，用符号 f_1' 表示对函数 f 的第一个中间变量的偏导数，即 $\dfrac{\partial f}{\partial P}$；用符号 f_2' 表示对函数 f 的第二个中间变量的偏导数，即 $\dfrac{\partial f}{\partial Q}$；用符号 f_3' 表示对函数 f 的第三个中间变量的偏导数，即 $\dfrac{\partial f}{\partial R}$. 这种表示方法不依赖于中间变量符号的选择，简洁而且含义比较清楚，在偏导数的计算中常常使用.

例 7.22 设 $u=f(x,y,z)$，且 $y=\varphi(x,t)$，$t=\psi(x,z)$，其中 f、φ、ψ 存在一阶连续偏导数. 求函数 u 对所有自变量的偏导数.

解 这类问题必须首先分清中间变量和自变量及其相互关系，显然，x、z 为自变量，y、t 为中间变量. 于是

$$\frac{\partial u}{\partial x}=\frac{\partial f}{\partial x}+\frac{\partial f}{\partial y}\frac{\partial y}{\partial x}+\frac{\partial f}{\partial z}\frac{\partial z}{\partial x}=\frac{\partial f}{\partial y}\left(\frac{\partial \varphi}{\partial x}+\frac{\partial \varphi}{\partial t}\frac{\partial \psi}{\partial x}\right)+\frac{\partial f}{\partial x}=\frac{\partial f}{\partial y}\frac{\partial \varphi}{\partial x}+\frac{\partial f}{\partial y}\frac{\partial \varphi}{\partial t}\frac{\partial \psi}{\partial x}+\frac{\partial f}{\partial x};$$

$$\frac{\partial u}{\partial z}=\frac{\partial f}{\partial x}\frac{\partial x}{\partial z}+\frac{\partial f}{\partial y}\frac{\partial y}{\partial z}+\frac{\partial f}{\partial z}=\frac{\partial f}{\partial y}\left(\frac{\partial \varphi}{\partial x}\frac{\partial x}{\partial z}+\frac{\partial \varphi}{\partial t}\frac{\partial \psi}{\partial z}\right)+\frac{\partial f}{\partial z}=\frac{\partial f}{\partial y}\frac{\partial \varphi}{\partial t}\frac{\partial \psi}{\partial z}+\frac{\partial f}{\partial z}.$$

例 7.23 $u=\sin x+f(\sin y-\sin x)$，其中 f 可微. 求证：

$$\frac{\partial u}{\partial y}\cos x+\frac{\partial u}{\partial x}\cos y=\cos x\cos y.$$

证明 设 $v=\sin y-\sin x$，于是 $u=\sin x+f(v)$，u 可看做 x,v 的函数 $F(x,v)$，由

$$\frac{\partial u}{\partial x}=\frac{\partial F}{\partial x}+\frac{\partial F}{\partial v}\frac{\partial v}{\partial x}=\cos x-f'(v)\cos x,$$

$$\frac{\partial u}{\partial y}=\frac{\partial F}{\partial x}\frac{\partial x}{\partial y}+\frac{\partial F}{\partial v}\frac{\partial v}{\partial y}=f'(v)\cos y,$$

有

$$\frac{\partial u}{\partial y}\cos x+\frac{\partial u}{\partial x}\cos y=f'(v)\cos x\cos y+(\cos x-f'(v)\cos x)\cos y=\cos x\cos y.$$

通过复合函数偏导数的计算公式很容易推出多元函数的一个重要性质，即**一阶微分形式不变性**.

设函数 $z=f(x,y)$ 可微，则当 x,y 为自变量时，有公式

$$\mathrm{d}z=\frac{\partial f}{\partial x}\mathrm{d}x+\frac{\partial f}{\partial y}\mathrm{d}y,$$

当 x,y 为 s,t 的可微函数，即 $x=x(s,t)$，$y=y(s,t)$ 为可微函数时，对复合函数 $z=f[x(s,t),y(s,t)]$ 有公式

$$\mathrm{d}z=\frac{\partial z}{\partial s}\mathrm{d}s+\frac{\partial z}{\partial t}\mathrm{d}t.$$

由链式法则

$$\frac{\partial z}{\partial s}=\frac{\partial f}{\partial x}\frac{\partial x}{\partial s}+\frac{\partial f}{\partial y}\frac{\partial y}{\partial s},$$

$$\frac{\partial z}{\partial t} = \frac{\partial f}{\partial x}\frac{\partial x}{\partial t} + \frac{\partial f}{\partial y}\frac{\partial y}{\partial t},$$

有
$$\begin{aligned} \mathrm{d}z &= \left(\frac{\partial f}{\partial x}\frac{\partial x}{\partial s} + \frac{\partial f}{\partial y}\frac{\partial y}{\partial s}\right)\mathrm{d}s + \left(\frac{\partial f}{\partial x}\frac{\partial x}{\partial t} + \frac{\partial f}{\partial y}\frac{\partial y}{\partial t}\right)\mathrm{d}t \\ &= \frac{\partial f}{\partial x}\left(\frac{\partial x}{\partial s}\mathrm{d}s + \frac{\partial x}{\partial t}\mathrm{d}t\right) + \frac{\partial f}{\partial y}\left(\frac{\partial y}{\partial s}\mathrm{d}s + \frac{\partial y}{\partial t}\mathrm{d}t\right) \\ &= \frac{\partial f}{\partial x}\mathrm{d}x + \frac{\partial f}{\partial y}\mathrm{d}y. \end{aligned}$$

这就是说,无论 x,y 是自变量还是中间变量,其微分形式不变,都有
$$\mathrm{d}z = \frac{\partial f}{\partial x}\mathrm{d}x + \frac{\partial f}{\partial y}\mathrm{d}y, \tag{7-21}$$

称为一阶**微分形式不变性**.

利用一阶微分形式不变性可以推导出**多元函数的微分法则**:

(1) $\mathrm{d}(u\pm v) = \mathrm{d}u \pm \mathrm{d}v$;

(2) $\mathrm{d}(uv) = v\mathrm{d}u + u\mathrm{d}v$;

(3) $\mathrm{d}\left(\dfrac{u}{v}\right) = \dfrac{v\mathrm{d}u - u\mathrm{d}v}{v^2}$.

利用一阶微分形式不变性可以直接计算复合函数的偏导数和微分,而不必事先找出中间变量.

例 7.24 设 $u = f(xy, yz, zx)$,其中 f 存在一阶连续偏导数. 求 $\dfrac{\partial u}{\partial x}, \dfrac{\partial u}{\partial y}, \dfrac{\partial u}{\partial z}$.

解 $\mathrm{d}u = f_1'\mathrm{d}(xy) + f_2'\mathrm{d}(yz) + f_3'\mathrm{d}(zx)$
$= f_1'(y\mathrm{d}x + x\mathrm{d}y) + f_2'(z\mathrm{d}y + y\mathrm{d}z) + f_3'(x\mathrm{d}z + z\mathrm{d}x)$
$= (f_1'y + f_3'z)\mathrm{d}x + (f_1'x + f_2'z)\mathrm{d}y + (f_2'y + f_3'x)\mathrm{d}z,$

于是
$$\frac{\partial u}{\partial x} = yf_1' + zf_3', \quad \frac{\partial u}{\partial y} = xf_1' + zf_2', \quad \frac{\partial u}{\partial z} = yf_2' + xf_3'.$$

习题 7.5

1. 求下列复合函数的一阶导数.

(1) $z = \arcsin(x - 2y), x = 3t, y = 4t^3$; (2) $z = \dfrac{y}{x}, x = \mathrm{e}^t, y = 1 - \mathrm{e}^{2t}$;

(3) $u = \dfrac{x}{y} + \dfrac{y}{z}, x = \sqrt{t}, y = \cos 2t, z = \mathrm{e}^{-3t}$.

2. 求下列复合函数的一阶偏导数.

(1) $z = x^3 y - xy^2, x = s\cos t, y = s\sin t$; (2) $z = x^2 \ln y, x = \dfrac{s}{t}, y = 3s - 2t$;

(3) $z=x\arctan(xy), x=t^2, y=se^t$; (4) $z=xe^y+ye^{-x}, x=e^t, y=st^2$.

3. 设函数 f 具有一阶连续导数,求下列复合函数的一阶偏导数.

(1) $z=\dfrac{y}{f(x^2-y^2)}$; (2) $u=xy+zf\left(\dfrac{y}{x}\right)$.

4. 设函数 f 具有一阶连续偏导数,求下列复合函数的一阶偏导数.

(1) $z=f(x^2-y^2, e^{xy})$; (2) $u=f(x, x+y, xyz)$.

5. 设 $z=(x^2+y^2)e^{\frac{x^2+y^2}{xy}}$,求 dz.

6. 设 $u=F(x,y)$,且 F 为可微函数,而 $x=r\cos\varphi, y=r\sin\varphi$,求 $\dfrac{\partial u}{\partial r}, \dfrac{\partial u}{\partial \varphi}$.

7. 设 $u=F(x^2+y^2+z^2)$,且 F 为可微函数,求 $\dfrac{\partial u}{\partial x}, \dfrac{\partial u}{\partial y}, \dfrac{\partial u}{\partial z}$.

8. 设 $z=xy+xf(u)$,其中 f 可微,而 $u=\dfrac{y}{x}$.求证

$$x\frac{\partial z}{\partial x}+y\frac{\partial z}{\partial y}=z+xy.$$

7.6 隐函数微分法

一元函数中已经讨论了隐函数的求导方法,本节根据多元复合函数的求导法则给出一般隐函数的求导公式.

7.6.1 一元隐函数的求导公式

设二元函数 $F(x,y)$ 有连续偏导数,且由方程 $F(x,y)=0$ 确定一元隐函数 $y=f(x)$,把 $y=f(x)$ 代入方程得

$$F(x, f(x))=0.$$

方程两边同时对 x 求导,由全导数公式有

$$\frac{\partial F}{\partial y}\frac{dy}{dx}+\frac{\partial F}{\partial x}=0.$$

当 $\dfrac{\partial F}{\partial y}\neq 0$ 时得**隐函数求导公式**

$$\frac{dy}{dx}=-\frac{\dfrac{\partial F}{\partial x}}{\dfrac{\partial F}{\partial y}}=-\frac{F'_x}{F'_y}. \tag{7-22}$$

例 7.25 已知方程 $y\sin x+x\ln(y+1)=1$,求 $\dfrac{dy}{dx}$.

解 设 $F(x,y)=y\sin x+x\ln(y+1)-1$,于是

$$\frac{\mathrm{d}y}{\mathrm{d}x} = -\frac{\frac{\partial F}{\partial x}}{\frac{\partial F}{\partial y}} = -\frac{y\cos x + \ln(y+1)}{\sin x + \frac{x}{y+1}} = -\frac{(y+1)y\cos x + (y+1)\ln(y+1)}{(y+1)\sin x + x}.$$

7.6.2 二元隐函数求偏导数的公式

设三元函数 $F(x,y,z)$ 有连续偏导数,且由方程 $F(x,y,z)=0$ 确定二元隐函数 $z=f(x,y)$,把 $z=f(x,y)$ 代入方程得

$$F(x,y,f(x,y)) = 0.$$

方程两边同时对 x,y 求导,根据复合函数的微分法,有

$$\frac{\partial F}{\partial z}\frac{\partial z}{\partial x} + \frac{\partial F}{\partial x} = 0, \quad \frac{\partial F}{\partial z}\frac{\partial z}{\partial y} + \frac{\partial F}{\partial y} = 0.$$

当 $\frac{\partial F}{\partial z} \neq 0$ 时,得 z 对 x 的偏导数公式

$$\frac{\partial z}{\partial x} = -\frac{\frac{\partial F}{\partial x}}{\frac{\partial F}{\partial z}} = -\frac{F'_x}{F'_z}, \tag{7-23}$$

z 对 y 的偏导数公式

$$\frac{\partial z}{\partial y} = -\frac{\frac{\partial F}{\partial y}}{\frac{\partial F}{\partial z}} = -\frac{F'_y}{F'_z}. \tag{7-24}$$

例 7.26 设函数 $z=f(x,y)$ 由方程 $z^3 = 3xyz + a^3$ 确定,求 $\frac{\partial z}{\partial x}, \frac{\partial z}{\partial y}$.

解 设 $F(x,y,z) = z^3 - 3xyz - a^3$,

$$\frac{\partial F}{\partial x} = -3yz, \quad \frac{\partial F}{\partial y} = -3xz, \quad \frac{\partial F}{\partial z} = 3z^2 - 3xy,$$

$$\frac{\partial z}{\partial x} = -\frac{-3yz}{3z^2 - 3xy} = \frac{yz}{z^2 - xy},$$

$$\frac{\partial z}{\partial y} = -\frac{-3xz}{3z^2 - 3xy} = \frac{xz}{z^2 - xy}.$$

例 7.27 设函数 $z=f(x,y)$ 为方程 $F(x-y,y-z)=0$ 确定的隐函数,其中 F,f 可微. 求 $\frac{\partial z}{\partial x}, \frac{\partial z}{\partial y}$.

解 设 $u=x-y, v=y-z$,于是

$$\frac{\partial F}{\partial x} = \frac{\partial F}{\partial u}\frac{\partial u}{\partial x} + \frac{\partial F}{\partial v}\frac{\partial v}{\partial x} = F'_u,$$

$$\frac{\partial F}{\partial y} = \frac{\partial F}{\partial u}\frac{\partial u}{\partial y} + \frac{\partial F}{\partial v}\frac{\partial v}{\partial y} = F'_v - F'_u,$$

$$\frac{\partial F}{\partial z} = \frac{\partial F}{\partial u}\frac{\partial u}{\partial z} + \frac{\partial F}{\partial v}\frac{\partial v}{\partial z} = -F'_v,$$

$$\frac{\partial z}{\partial x} = -\frac{\frac{\partial F}{\partial x}}{\frac{\partial F}{\partial z}} = \frac{F'_u}{F'_v}, \quad \frac{\partial z}{\partial y} = -\frac{\frac{\partial F}{\partial y}}{\frac{\partial F}{\partial z}} = \frac{F'_v - F'_u}{F'_v}.$$

由一个方程 $F(x,y)=C$ 确定的隐函数的导数直观上表示曲线 $F(x,y)=C$（C 为常数）在点 (x,y) 的切线斜率. 在经济学中则经常把 $-\frac{dy}{dx}$，即

$$R_{xy} = \frac{F'_x(x,y)}{F'_y(x,y)} \tag{7-25}$$

称为 x 对 y 的**边际替代率**.

例如，对于生产函数 $Y=F(K,L)$，其中 K,L 分别表示资本数量和劳动力供给数量，若取 Y_0 为常数，$F(K,L)=Y_0$ 对 F 是等量函数，那么 K 对 L 的替代率为 $R_{KL}=\frac{F'_K}{F'_L}$. 它表示产出水平保持在 Y_0 水平时，若要减少一个单位资本需要增加的劳动力投入数为 R_{KL} 单位.

*7.6.3 由方程组确定的隐函数偏导数的计算公式

前面研究的是一个方程确定的隐函数求偏导的问题. 现在考虑由方程组确定的隐函数微分法.

设方程组

$$\begin{cases} F_1(x,y,z) = 0, \\ F_2(x,y,z) = 0 \end{cases}$$

确定两个隐函数 $y=y(x),z=z(x)$，其中 F_1,F_2 存在连续偏导数. 我们来计算它们对 x 的导数.

把方程组的 y,z 看做 x 的隐函数，方程两端对 x 求导得

$$\begin{cases} \frac{\partial F_1}{\partial x} + \frac{\partial F_1}{\partial y}\frac{dy}{dx} + \frac{\partial F_1}{\partial z}\frac{dz}{dx} = 0, \\ \frac{\partial F_2}{\partial x} + \frac{\partial F_2}{\partial y}\frac{dy}{dx} + \frac{\partial F_2}{\partial z}\frac{dz}{dx} = 0, \end{cases}$$

这是关于导数 $\frac{dy}{dx},\frac{dz}{dx}$ 的线性方程组. 利用行列式解法，在系数行列式（或称**雅克比行列式**）不等于 0，即在

$$J \xlongequal{\text{def}} \frac{D(F_1,F_2)}{D(y,z)} = \begin{vmatrix} \frac{\partial F_1}{\partial y} & \frac{\partial F_1}{\partial z} \\ \frac{\partial F_2}{\partial y} & \frac{\partial F_2}{\partial z} \end{vmatrix} \neq 0$$

的条件下，解得由方程组确定的隐函数对 x 的导数

$$\frac{\mathrm{d}y}{\mathrm{d}x} = -\frac{\begin{vmatrix} \frac{\partial F_1}{\partial x} & \frac{\partial F_1}{\partial z} \\ \frac{\partial F_2}{\partial x} & \frac{\partial F_2}{\partial z} \end{vmatrix}}{\begin{vmatrix} \frac{\partial F_1}{\partial y} & \frac{\partial F_1}{\partial z} \\ \frac{\partial F_2}{\partial y} & \frac{\partial F_2}{\partial z} \end{vmatrix}}, \quad \frac{\mathrm{d}z}{\mathrm{d}x} = -\frac{\begin{vmatrix} \frac{\partial F_1}{\partial y} & \frac{\partial F_1}{\partial x} \\ \frac{\partial F_2}{\partial y} & \frac{\partial F_2}{\partial x} \end{vmatrix}}{\begin{vmatrix} \frac{\partial F_1}{\partial y} & \frac{\partial F_1}{\partial z} \\ \frac{\partial F_2}{\partial y} & \frac{\partial F_2}{\partial z} \end{vmatrix}},$$

简记为

$$\frac{\mathrm{d}y}{\mathrm{d}x} = -\frac{1}{J}\frac{D(F_1,F_2)}{D(x,z)}, \quad \frac{\mathrm{d}z}{\mathrm{d}x} = -\frac{1}{J}\frac{D(F_1,F_2)}{D(y,x)} \tag{7-26}$$

例 7.28 设方程 $z = x^2 + y^2, x^2 - xy + y^2 = 1$，求 $\frac{\mathrm{d}y}{\mathrm{d}x}, \frac{\mathrm{d}z}{\mathrm{d}x}$.

解法一 将方程 $z = x^2 + y^2, x^2 - xy + y^2 = 1$ 两端同时对 x 求导得方程组

$$\begin{cases} \frac{\mathrm{d}z}{\mathrm{d}x} = 2x + 2y\frac{\mathrm{d}y}{\mathrm{d}x}, \\ 2x - y - x\frac{\mathrm{d}y}{\mathrm{d}x} + 2y\frac{\mathrm{d}y}{\mathrm{d}x} = 0, \end{cases}$$

解方程组得 $\frac{\mathrm{d}y}{\mathrm{d}x} = \frac{2x-y}{x-2y}, \frac{\mathrm{d}z}{\mathrm{d}x} = 2x + 2y\frac{\mathrm{d}y}{\mathrm{d}x} = \frac{2(x^2-y^2)}{x-2y}$.

解法二 设 $F_1(x,y,z) = z - x^2 - y^2, F_2(x,y,z) = x^2 - xy + y^2 - 1$，得

$$J = \frac{D(F_1,F_2)}{D(y,z)} = \begin{vmatrix} -2y & 1 \\ -x+2y & 0 \end{vmatrix} = x - 2y,$$

$$\frac{D(F_1,F_2)}{D(x,z)} = \begin{vmatrix} -2x & 1 \\ 2x-y & 0 \end{vmatrix} = y - 2x,$$

$$\frac{D(F_1,F_2)}{D(y,x)} = \begin{vmatrix} -2y & -2x \\ -x+2y & 2x-y \end{vmatrix} = 2y^2 - 2x^2,$$

于是

$$\frac{\mathrm{d}y}{\mathrm{d}x} = -\frac{1}{J}\frac{D(F_1,F_2)}{D(x,z)} = \frac{2x-y}{x-2y}, \quad \frac{\mathrm{d}z}{\mathrm{d}x} = -\frac{1}{J}\frac{D(F_1,F_2)}{D(y,x)} = \frac{2(x^2-y^2)}{x-2y}.$$

一般情况下，对于含有 n 个自变量 m 个方程的方程组所确定的隐函数，可以推导出类似的求偏导数公式. 如方程组

$$\begin{cases} F_1(x,y,z,u,v) = 0, \\ F_2(x,y,z,u,v) = 0, \\ F_3(x,y,z,u,v) = 0 \end{cases}$$

确定的隐函数 $x(u,v), y(u,v), z(u,v)$,其中 F_1, F_2, F_3 存在连续偏导数,当

$$J = \frac{D(F_1, F_2, F_3)}{D(x,y,z)} = \begin{vmatrix} \frac{\partial F_1}{\partial x} & \frac{\partial F_1}{\partial y} & \frac{\partial F_1}{\partial z} \\ \frac{\partial F_2}{\partial x} & \frac{\partial F_2}{\partial y} & \frac{\partial F_2}{\partial z} \\ \frac{\partial F_3}{\partial x} & \frac{\partial F_3}{\partial y} & \frac{\partial F_3}{\partial z} \end{vmatrix} \neq 0$$

时,其偏导数可以分别表为

$$\frac{\partial x}{\partial u} = -\frac{1}{J} \frac{D(F_1, F_2, F_3)}{D(u,y,z)}, \quad \frac{\partial x}{\partial v} = -\frac{1}{J} \frac{D(F_1, F_2, F_3)}{D(v,y,z)}$$

$$\frac{\partial y}{\partial u} = -\frac{1}{J} \frac{D(F_1, F_2, F_3)}{D(x,u,z)}, \quad \frac{\partial y}{\partial v} = -\frac{1}{J} \frac{D(F_1, F_2, F_3)}{D(x,v,z)}$$

$$\frac{\partial z}{\partial u} = -\frac{1}{J} \frac{D(F_1, F_2, F_3)}{D(x,y,u)}, \quad \frac{\partial x}{\partial v} = -\frac{1}{J} \frac{D(F_1, F_2, F_3)}{D(x,y,v)}.$$

习题 7.6

1. 求下列方程所确定的隐函数的导数 $\dfrac{\mathrm{d}y}{\mathrm{d}x}$.

(1) $xy - \ln y = 0$;

(2) $\ln\sqrt{x^2 + y^2} = \arctan \dfrac{y}{x}$;

(3) $x^y = y^x$;

(4) $\sin y + \mathrm{e}^x - xy^2 = 0$.

2. 求下列方程所确定的隐函数的偏导数,其中 F 存在连续偏导数.

(1) $x + 2y + z - 2\sqrt{xyz} = 0$,求 z'_x, z'_y;

(2) $\mathrm{e}^z - xyz = 0$,求 z'_x, z'_y;

(3) $x^3 + y^3 + z^3 - 3axyz = 0$,求 z'_x, z'_y;

(4) $\dfrac{x}{z} = \ln \dfrac{y}{z}$,求 z'_x, z'_y.

3. 求下列方程所确定的隐函数的微分.

(1) $\dfrac{x^2}{a^2} + \dfrac{y^2}{b^2} + \dfrac{z^2}{c^2} = 1$,求 $\mathrm{d}z$;

(2) $z^2 y - xz^3 - 1 = 0$,求 $\mathrm{d}z$;

(3) $u^3 - 3(x+y)u^2 + z^3 = 0$,求 $\mathrm{d}u$;

(4) $F(xz, yz) = 0$,且 F 可微,求 $\mathrm{d}z$.

4. 函数 $z = z(x,y)$ 由方程 $F\left(x + \dfrac{z}{y}, y + \dfrac{z}{x}\right) = 0$ 确定,其中 F 为可微函数.证明

$$x \frac{\partial z}{\partial x} + y \frac{\partial z}{\partial y} = z - xy.$$

5. 如果 $F(x,y,z,u) = 0$,且 F 可微.证明 $\dfrac{\partial u}{\partial x} \cdot \dfrac{\partial x}{\partial y} \cdot \dfrac{\partial y}{\partial z} \cdot \dfrac{\partial z}{\partial u} = 1$.

6. 设 u,v 为 x,y 的隐函数,并由方程组 $\begin{cases} u^2-v=3x+y, \\ u-2v^2=x-2y \end{cases}$ 确定,求 $\dfrac{\partial u}{\partial x},\dfrac{\partial u}{\partial y},\dfrac{\partial v}{\partial x},\dfrac{\partial v}{\partial y}$.

7. 设生产函数
$$F(K,L)=A\left[\delta K^{-\rho}+(1-\delta)L^{-\rho}\right]^{-\frac{1}{\rho}} \quad (\rho\neq 0, 0<\delta<1),$$
求 L 对 K 的边际替代率.

7.7 高阶偏导数

设函数 $z=z(x,y)$ 为定义在区域 D 上的二元函数,那么它在区域 D 上的偏导函数 $\dfrac{\partial z}{\partial x}$, $\dfrac{\partial z}{\partial y}$ 仍然是自变量 x 和 y 的二元函数. 如果它们对 x 和 y 的偏导数存在,则将第二次求偏导得到的结果称为函数 $z=z(x,y)$ 的**二阶偏导数**.

从函数 $z=z(x,y)$ 的每一个偏导数出发,都可求得两个二阶偏导数,记做

$$\frac{\partial}{\partial x}\left(\frac{\partial z}{\partial x}\right)=\frac{\partial^2 z}{\partial x^2}=f''_{xx}(x,y)=f''_{11},$$

$$\frac{\partial}{\partial y}\left(\frac{\partial z}{\partial x}\right)=\frac{\partial^2 z}{\partial x \partial y}=f''_{xy}(x,y)=f''_{12},$$

$$\frac{\partial}{\partial x}\left(\frac{\partial z}{\partial y}\right)=\frac{\partial^2 z}{\partial y \partial x}=f''_{yx}(x,y)=f''_{21},$$

$$\frac{\partial}{\partial y}\left(\frac{\partial z}{\partial y}\right)=\frac{\partial^2 z}{\partial y^2}=f''_{yy}(x,y)=f''_{22},$$

其中, $\dfrac{\partial^2 z}{\partial x^2}$ 称为 z 对 x 的**二阶偏导数**, $\dfrac{\partial^2 z}{\partial y^2}$ 称为 z 对 y 的二阶偏导数, $\dfrac{\partial^2 z}{\partial x \partial y}$ 称为 z 先对 x 后对 y 的**二阶混合偏导数**, $\dfrac{\partial^2 z}{\partial y \partial x}$ 称为 z 先对 y 后对 x 的二阶混合偏导数.

以上 4 个偏导数仍是 x 和 y 的二元函数,如果它们对 x 和 y 的偏导数存在,则可以得到 $z=z(x,y)$ 的三阶偏导数.

一般地,对 n 阶偏导数再施行一次偏导数的运算,就可以得到 $n+1$ **阶偏导数**. 例如, n 阶偏导数 $\dfrac{\partial^n z}{\partial x^k \partial y^{n-k}}$ 对 x,y 再求一次偏导数,得到两个 $n+1$ 阶偏导数

$$\frac{\partial^{n+1} z}{\partial x^k \partial y^{n-k} \partial x}, \quad \frac{\partial^{n+1} z}{\partial x^k \partial y^{n-k+1}}.$$

二元函数的二阶偏导数有 4 个,三阶偏导数有 8 个,以此类推, n 阶偏导数有 2^n 个. 对于三元函数来说, n 阶偏导数有 3^n 个.

例 7.29 求 $z = x^3 y^2 + xy$ 的 4 个二阶偏导数.

解 $\dfrac{\partial z}{\partial x} = 3x^2 y^2 + y$, $\dfrac{\partial^2 z}{\partial x^2} = 6xy^2$, $\dfrac{\partial^2 z}{\partial x \partial y} = 6x^2 y + 1$,

$\dfrac{\partial z}{\partial y} = 2x^3 y + x$, $\dfrac{\partial^2 z}{\partial y^2} = 2x^3$, $\dfrac{\partial^2 z}{\partial y \partial x} = 6x^2 y + 1$.

例 7.30 求 $z = e^{2x} \cos y$ 的各二阶偏导数.

解 $\dfrac{\partial z}{\partial x} = 2e^{2x} \cos y$, $\dfrac{\partial^2 z}{\partial x^2} = 4e^{2x} \cos y$, $\dfrac{\partial^2 z}{\partial x \partial y} = -2e^{2x} \sin y$,

$\dfrac{\partial z}{\partial y} = -e^{2x} \sin y$, $\dfrac{\partial^2 z}{\partial y^2} = -e^{2x} \cos y$, $\dfrac{\partial^2 z}{\partial y \partial x} = -2e^{2x} \sin y$.

以上两例中两个二阶混合偏导数相等,即 $f''_{xy}(x,y) = f''_{yx}(x,y)$,一般情况下这个等式并不一定都成立,我们看下例.

例 7.31 设函数 $f(x,y) = \begin{cases} \dfrac{x^3 y}{x^2 + y^2}, & (x,y) \neq (0,0), \\ 0, & (x,y) = (0,0), \end{cases}$ 求 $f''_{xy}(0,0)$ 及 $f''_{yx}(0,0)$.

解 当 $(x,y) \neq (0,0)$ 时,有

$$f'_x(x,y) = \frac{3x^2 y(x^2 + y^2) - x^3 y \cdot 2x}{(x^2 + y^2)^2} = \frac{3x^2 y}{x^2 + y^2} - \frac{2x^4 y}{(x^2 + y^2)^2},$$

$$f'_y(x,y) = \frac{x^3}{x^2 + y^2} - \frac{2x^3 y^2}{(x^2 + y^2)^2},$$

当 $(x,y) = (0,0)$ 时,按定义得

$$f'_x(0,0) = \lim_{\Delta x \to 0} \frac{f(\Delta x, 0) - f(0,0)}{\Delta x} = 0,$$

$$f'_y(0,0) = \lim_{\Delta y \to 0} \frac{f(0, \Delta y) - f(0,0)}{\Delta y} = 0.$$

于是

$$f''_{xy}(0,0) = \lim_{\Delta y \to 0} \frac{f'_x(0, \Delta y) - f'_x(0,0)}{\Delta y} = 0,$$

$$f''_{yx}(0,0) = \lim_{\Delta x \to 0} \frac{f'_y(\Delta x, 0) - f'_y(0,0)}{\Delta x} = 1.$$

说明混合偏导数与求导次序有关,但是就通常所遇到的函数而言,这种情况不会发生,这是因为有如下定理.

定理 7.6 如果函数 $z = z(x,y)$ 的两个二阶混合偏导数 $f''_{xy}(x,y)$ 与 $f''_{yx}(x,y)$ 在区域 D 内连续,那么在该区域内

$$f''_{xy}(x,y) = f''_{yx}(x,y).$$

证明略.

例 7.32 证明函数 $u = \varphi(x-at) + \psi(x+at)$ 满足方程
$$a^2 \frac{\partial^2 u}{\partial x^2} = \frac{\partial^2 u}{\partial t^2},$$
其中,φ, ψ 存在二阶导数.

证明 因为
$$\frac{\partial u}{\partial x} = \varphi'(x-at) + \psi'(x+at), \quad \frac{\partial u}{\partial t} = -a\varphi'(x-at) + a\psi'(x+at),$$
$$\frac{\partial^2 u}{\partial x^2} = \varphi''(x-at) + \psi''(x+at), \quad \frac{\partial^2 u}{\partial t^2} = a^2\varphi''(x-at) + a^2\psi''(x+at).$$

所以
$$\frac{\partial^2 u}{\partial t^2} = a^2[\varphi''(x-at) + \psi''(x+at)] = a^2 \frac{\partial^2 u}{\partial x^2}.$$

例 7.33 求函数 $z = f\left(xy, \dfrac{x}{y}\right)$ 的二阶偏导数,其中 f 存在二阶连续偏导数.

解 因为 $\dfrac{\partial z}{\partial x} = f_1' y + f_2' \dfrac{1}{y}, \dfrac{\partial z}{\partial y} = f_1' x - f_2' \dfrac{x}{y^2}$,则

$$\frac{\partial^2 z}{\partial x^2} = y\left[f_{11}'' y + f_{12}'' \frac{1}{y}\right] + \frac{1}{y}\left[f_{21}'' y + f_{22}'' \frac{1}{y}\right]$$
$$= y^2 f_{11}'' + 2 f_{12}'' + \frac{1}{y^2} f_{22}'',$$

$$\frac{\partial^2 z}{\partial x \partial y} = f_1' + y\left[f_{11}'' x - f_{12}'' \frac{x}{y^2}\right] + \frac{1}{y}\left[f_{21}'' x - f_{22}'' \frac{x}{y^2}\right] - \frac{1}{y^2} f_2'$$
$$= f_1' - \frac{1}{y^2} f_2' + xy f_{11}'' - \frac{x}{y^3} f_{22}'',$$

$$\frac{\partial^2 z}{\partial y^2} = x\left[f_{11}'' x - f_{12}'' \frac{x}{y^2}\right] - \frac{x}{y^2}\left[f_{21}'' x - f_{22}'' \frac{x}{y^2}\right] + f_2' \frac{2x}{y^3}$$
$$= x^2 f_{11}'' - \frac{2x^2}{y^2} f_{12}'' + \frac{x^2}{y^4} f_{22}'' + \frac{2x}{y^3} f_2'.$$

本题在运算时要注意 f_1', f_2' 仍然是 x, y 的复合函数,在求二阶偏导数时不要忘记它们的复合关系.

例 7.34 设方程 $xy + yz + zx = 1$ 确定隐函数 $z = f(x, y)$,求 $\dfrac{\partial^2 z}{\partial x \partial y}$.

解 令 $F(x, y, z) = xy + yz + zx - 1$,由隐函数求偏导公式,有

$$\frac{\partial z}{\partial x} = -\frac{\dfrac{\partial F}{\partial x}}{\dfrac{\partial F}{\partial z}} = -\frac{y+z}{x+y}, \quad \frac{\partial z}{\partial y} = -\frac{\dfrac{\partial F}{\partial y}}{\dfrac{\partial F}{\partial z}} = -\frac{x+z}{x+y},$$

于是

$$\frac{\partial^2 z}{\partial x \partial y} = \frac{\partial}{\partial y}\left(\frac{\partial z}{\partial x}\right) = -\frac{\left(1+\frac{\partial z}{\partial y}\right)(x+y)-(y+z)}{(x+y)^2} = \frac{-x+z-(x+y)\frac{\partial z}{\partial y}}{(x+y)^2}.$$

将 $\dfrac{\partial z}{\partial y}$ 代入,得到

$$\frac{\partial^2 z}{\partial x \partial y} = \frac{-x+z-(x+y)\frac{\partial z}{\partial y}}{(x+y)^2} = \frac{2z}{(x+y)^2}.$$

本题在用公式求一阶偏导数时,变量 x,y,z 均作为自变量参加运算. 在进一步求二阶偏导数时,应把 z 看做 x,y 的函数,要注意在不同情况下变量之间的关系.

习题 7.7

1. 求下列函数的二阶偏导数 $\dfrac{\partial^2 z}{\partial x^2}, \dfrac{\partial^2 z}{\partial x \partial y}, \dfrac{\partial^2 z}{\partial y^2}$.

(1) $z = x^4 + y^4 - 4x^2 y^2$; (2) $z = \sin^2(ax+by)$;
(3) $z = \arcsin xy$; (4) $z = \ln(x+y^2)$;
(5) $z = y^{\ln x}$; *(6) $z^3 - 3xyz = a^3$.

2. 求下列函数的高阶偏导数.

(1) $z = x\ln(xy)$,求 $\dfrac{\partial^3 z}{\partial x^2 \partial y}$;

(2) $z = \ln(ax+by)$ (a,b 为常数),求 $\dfrac{\partial^n z}{\partial x^k \partial y^{n-k}}$;

(3) $z = \arctan \dfrac{y}{x}$,验证 $\dfrac{\partial^3 z}{\partial y^2 \partial x} = \dfrac{\partial^3 z}{\partial x \partial y^2}$;

(4) $z = \sin(x^2+y^2)$,验证 $\dfrac{\partial^3 z}{\partial x \partial y^2} = \dfrac{\partial^3 z}{\partial y \partial x \partial y}$.

3. 设 $u = f(x, xy, xyz)$,其中 f 具有二阶连续偏导数,求 $\dfrac{\partial^2 u}{\partial x \partial z}, \dfrac{\partial^2 u}{\partial x \partial y}, \dfrac{\partial^2 u}{\partial y \partial z}$.

4. 设 $u = f(x^2+y^2+z^2)$,其中 f 二次可导,求 $\dfrac{\partial^2 u}{\partial x^2}$.

5. 设 $u = f(\xi, \eta), \xi = x^2+y^2, \eta = xy$,其中 f 具有二阶连续偏导数,求 $\dfrac{\partial^2 u}{\partial y^2}$.

6. 设 $u = f(x,y)$,且 $x = r\cos\theta, y = r\sin\theta$,其中 f 具有二阶连续偏导数,证明:

$$\frac{\partial^2 u}{\partial x^2} + \frac{\partial^2 u}{\partial y^2} = \frac{\partial^2 u}{\partial r^2} + \frac{1}{r^2}\frac{\partial^2 u}{\partial \theta^2} + \frac{1}{r}\frac{\partial u}{\partial r}.$$

7. 设 $z = \ln(e^x + e^y)$,证明

$$\frac{\partial^2 z}{\partial x^2}\frac{\partial^2 z}{\partial y^2} - \left(\frac{\partial^2 z}{\partial x \partial y}\right)^2 = 0.$$

7.8 多元函数的极值与条件极值

在实际问题中，特别是经济分析和决策中经常要用到最大化或最小化方法，最终归结为函数极值问题．本节将一元函数的极值概念推广到多元函数．

7.8.1 极值

定义 7.6 设二元函数 $f(x,y)$ 在点 (x_0,y_0) 的某个邻域内有定义，如果对邻域内异于 (x_0,y_0) 的点 (x,y)，总有不等式 $f(x_0,y_0) > f(x,y)$，则称函数在点 (x_0,y_0) 取**极大值**，且称点 (x_0,y_0) 为**极大值点**；反之，如果总有不等式 $f(x_0,y_0) < f(x,y)$，则称函数在点 (x_0,y_0) 取**极小值**，且称点 (x_0,y_0) 为**极小值点**．极大值、极小值统称为**极值**．使函数取得极值的点称为**极值点**．

例 7.35 函数 $z = x^2 + y^2 + 1$ 对异于 $O(0,0)$ 的点 (x,y)，均有不等式 $f(x,y) > f(0,0) = 1$，则函数在 $O(0,0)$ 取到极小值．

极值是一个相对的局部概念．对于函数定义域内的一点 (x_0, y_0)，只要函数值 $f(x_0, y_0)$ 大于或小于该点某一邻域内(不管邻域多么小)其余所有各点的函数值，就称函数在该点取得极值．同时与一元函数相同，极大值不一定是函数在给定区域上的最大值；极小值也不一定是函数在给定区域上的最小值．

二元函数极值的概念可以推广到 n 元函数．设 n 元函数 $f(x_1, x_2, \cdots, x_n)$ 在点 $P_0(x_1^0, x_2^0, \cdots, x_n^0)$ 的某一邻域内有定义，如果对于该邻域内异于点 $P_0(x_1^0, x_2^0, \cdots, x_n^0)$ 的任何点 $P(x_1, x_2, \cdots, x_n)$，都有

$$f(x_1, x_2, \cdots, x_n) < f(x_1^0, x_2^0, \cdots, x_n^0)$$

$$(\text{或 } f(x_1, x_2, \cdots, x_n) > f(x_1^0, x_2^0, \cdots, x_n^0)),$$

则称 $f(x_1^0, x_2^0, \cdots, x_n^0)$ 为函数的一个极大(小)值，称点 $P_0(x_1^0, x_2^0, \cdots, x_n^0)$ 为函数的极大(小)值点．

在函数 $f(x,y)$ 存在一阶偏导数的条件下，如果函数在点 (x_0, y_0) 取得极值，那么对一元函数 $f(x, y_0)$ 来说也必然在 $x = x_0$ 取得极值，则有 $f_x'(x_0, y_0) = 0$；同理也必有 $f_y'(x_0, y_0) = 0$．利用二元函数的极值与偏导数之间的这种关系，可以得到函数极值存在的必要条件．

定理 7.7（极值存在的必要条件） 设二元函数 $z = f(x,y)$ 在点 (x_0, y_0) 取到极值，并且两个偏导数存在，则必有

$$f_x'(x_0, y_0) = 0, \quad f_y'(x_0, y_0) = 0.$$

需要说明的是，极值点除了可能是一阶偏导数等于零的点外，还可能是一阶导数不存在的点．一阶偏导数为零的点也不一定是极值点．我们把一阶偏导数等于零的点称为**驻点**．

例 7.36 函数 $z = -\sqrt{x^2 + y^2}$ 的图像是一个锥面．显然函数在点 $O(0,0)$ 取得极大值，但在该点处一阶偏导数不存在．

例 7.37　$z=y^2-x^2+1$ 在点 $O(0,0)$ 处的一阶偏导数为零. 但当 $|x|<|y|$ 时, $f(x,y)>f(0,0)$；当 $|x|>|y|$ 时, $f(x,y)<f(0,0)$. 即在点 $O(0,0)$ 的任意一个邻域内, 总同时存在函数值大于或小于 $f(0,0)$ 的点, 因此在点 $O(0,0)$ 不能取得极值.

定理 7.8（极值存在的充分条件）　设二元函数 $z=f(x,y)$ 在点 (x_0,y_0) 的某邻域连续, 且有一阶、二阶连续偏导数, 又 $f'_x(x_0,y_0)=0, f'_y(x_0,y_0)=0$, 如果记

$$A=f''_{xx}(x_0,y_0),\quad B=f''_{xy}(x_0,y_0),\quad C=f''_{yy}(x_0,y_0),$$

则 (1) 如果 $B^2-AC<0$, 则函数在点 (x_0,y_0) 有极值. 且当 $A>0$（或 $C>0$）为极小值, 当 $A<0$（或 $C<0$）时为极大值.

(2) 如果 $B^2-AC>0$, 则函数在点 (x_0,y_0) 无极值.

(3) 如果 $B^2-AC=0$, 则不能确定函数在点 (x_0,y_0) 有无极值.

证明略.

对于连续函数 $f(x,y)$, 只要找出有界闭区域内全部极值点, 再与边界的函数值比较就可以确定函数 $f(x,y)$ 在区域 D 上的最大值与最小值. 在求解实际问题时, 如果从问题的具体意义可以断定区域内最大（小）值存在, 且有唯一的驻点, 那么可以直接断定在该点取得最大（小）值.

例 7.38　某钢厂用钢板制造容积为 V 的一个无盖长方盒. 问如何选取长、宽、高, 使钢板用料最省.

解　设长方盒的长、宽、高分别为 x,y,z, 则表面积 $S=xy+2yz+2xz$, 且 $V=xyz$, 将 $z=\dfrac{V}{xy}$ 代入, 则 $S=xy+2\dfrac{V}{xy}(y+x)$, 由题意 $x,y>0$. 令

$$\begin{cases}\dfrac{\partial S}{\partial x}=y-\dfrac{2V}{x^2}=0,\\ \dfrac{\partial S}{\partial y}=x-\dfrac{2V}{y^2}=0,\end{cases}$$

解得 $x_0=\sqrt[3]{2V}, y_0=\sqrt[3]{2V}$, 且有 $Z_0=\dfrac{1}{2}\sqrt[3]{2V}$. 又因

$$A=S''_{xx}(x_0,y_0)=\dfrac{4V}{x^3}\bigg|_{(x_0,y_0)}=2,\quad B=S''_{xy}(x_0,y_0)=1,$$
$$C=S''_{yy}(x_0,y_0)=2,$$
$$B^2-AC=-3<0, \text{又} A>0,$$

则 S 在点 $(\sqrt[3]{2V},\sqrt[3]{2V})$ 取得极小值. 又因极值点唯一, 所以在该点处取得最小值. 即当盒子长、宽、高分别为 $\sqrt[3]{2V},\sqrt[3]{2V},\dfrac{1}{2}\sqrt[3]{2V}$ 时用料最省.

例 7.39　求函数 $u=x^3-4x^2+2xy-y^2$ 在区域 $D: |x|\leqslant 5, |y|\leqslant 5$ 上的极值.

解　令

$$\begin{cases} \dfrac{\partial u}{\partial x} = 3x^2 - 8x + 2y = 0, \\ \dfrac{\partial u}{\partial y} = 2x - 2y = 0, \end{cases}$$

解得驻点 $(x_1, y_1) = (0, 0)$, $(x_2, y_2) = (2, 2)$.

再求二阶导数

$$\dfrac{\partial^2 u}{\partial x^2} = 6x - 8, \quad \dfrac{\partial^2 u}{\partial x \partial y} = 2, \quad \dfrac{\partial^2 u}{\partial y^2} = -2.$$

在点 $(0,0)$ 处, $B^2 - AC = -12 < 0$, 又 $A = -8 < 0$, 所以 $(0,0)$ 为极大值点, 且极大值为 $u(0,0) = 0$.

在点 $(2,2)$ 处, $B^2 - AC = 12 > 0$, 所以 $(2,2)$ 不是极值点.

注：此例中 $u(0,0) = 0$ 为极大值, 但并非最大值, 因为 $u(5,5) = 50$, 说明函数的最大值在边界上取得.

7.8.2 条件极值

前面讨论的极值问题中, 自变量可以在定义域内任意取值, 没有受到约束, 通常称为无条件极值. 但在实际问题中, 求极值时往往要对自变量的取值附加一定的约束条件, 如在有限资源内求最大产出, 在有限资金下求最佳消费效用, 在产量不变的条件下求最小生产成本, 等等. 这类极值称为**条件极值**. 条件极值的**约束条件**包括等式约束和不等式约束两种. 本书只讨论等式约束下的条件极值问题.

求解二元函数条件极值问题一般有两种途径：一种是从约束方程 $g(x,y) = 0$ 中解出 $y = \varphi(x)$ 代入二元函数 $z = f(x,y)$ 中去, 得 $z = f(x, \varphi(x))$, 化条件极值为无条件极值, 然后求解一元函数 $f(x, \varphi(x))$ 的极值；另一种是下面介绍的**拉格朗日乘数法**.

设有函数

$$z = f(x, y), \tag{1}$$

求满足约束条件

$$g(x, y) = 0 \tag{2}$$

的极值.

设点 (x_0, y_0) 是所求的极值点, 那么它必然满足 $g(x_0, y_0) = 0$, 再假设在点 (x_0, y_0) 的某邻域内 $f(x, y)$ 及 $g(x, y)$ 都有一阶连续偏导数, 且 $g'_y(x_0, y_0) \neq 0$, 则由点 (2) 确定一个单值、连续的可导函数 $y = \varphi(x)$, 将它代入式 (1) 得一元函数

$$z = f(x, \varphi(x)). \tag{3}$$

由于点 (x_0, y_0) 是极值点, 也相当于一元函数式 (3) 在 $x = x_0$ 处取得极值, 由一元可导函数取得极值的必要条件知

$$\left. \dfrac{\mathrm{d}z}{\mathrm{d}x} \right|_{x=x_0} = f'_x(x_0, y_0) + f'_y(x_0, y_0) \left. \dfrac{\mathrm{d}y}{\mathrm{d}x} \right|_{x=x_0} = 0. \tag{4}$$

由方程 $g(x,y)=0$ 确定的隐函数 $y=\varphi(x)$ 的导数

$$\left.\frac{dy}{dx}\right|_{x=x_0} = -\frac{g'_x(x_0,y_0)}{g'_y(x_0,y_0)}, \tag{5}$$

将式(5)代入式(4)得

$$f'_x(x_0,y_0) - f'_y(x_0,y_0)\frac{g'_x(x_0,y_0)}{g'_y(x_0,y_0)} = 0. \tag{6}$$

式(3)与式(6)就是函数 $z=f(x,y)$ 满足约束条件 $g(x,y)=0$ 时,在点 (x_0,y_0) 处取得极值的必要条件.

令

$$\frac{f'_y(x_0,y_0)}{g'_y(x_0,y_0)} = -\lambda,$$

则上述必要条件化成

$$\begin{cases} f'_x(x_0,y_0) + \lambda g'_x(x_0,y_0) = 0, \\ f'_y(x_0,y_0) + \lambda g'_y(x_0,y_0) = 0, \\ g(x_0,y_0) = 0. \end{cases} \tag{7}$$

容易看出式(7)的前两个式子左端恰好是函数 $F(x,y)=f(x,y)+\lambda g(x,y)$ 的两个一阶偏导数 $F'_x(x,y),F'_y(x,y)$ 在点 (x_0,y_0) 处的值,λ 是待定常数.

由以上讨论,归纳出用拉格朗日乘数法求函数 $f(x,y)$ 在满足约束条件 $g(x,y)=0$ 时的极值的步骤.

第一步 构造拉格朗日函数

$$F(x,y) = f(x,y) + \lambda g(x,y), \tag{7-27}$$

其中,λ 是待定常数.

第二步 求 $F(x,y)$ 关于 x,y 的偏导数,并令其等于 0,得联立方程组

$$\begin{cases} F'_x(x,y) = f'_x(x,y) + \lambda g'_x(x,y) = 0, \\ F'_y(x,y) = f'_y(x,y) + \lambda g'_y(x,y) = 0, \\ g(x,y) = 0, \end{cases}$$

消去 λ 后解出 x,y,则 x,y **可能是极值点**.

第三步 根据实际问题的性质,判定点 (x,y) 是否为条件极值点.

例 7.40 求定点 (x_0,y_0) 到直线 $Ax+By=C$ 的最短距离.

解 定点 (x_0,y_0) 到直线上的点 (x,y) 的距离为

$$r = \sqrt{(x-x_0)^2 + (y-y_0)^2}, \quad 且有 \quad Ax+By=C.$$

问题变为在约束方程 $Ax+By=C$ 下求 r 的最小值. 欲求 r 最小,只需求 r^2 的最小值,于是设

$$F(x,y,\lambda) = (x-x_0)^2 + (y-y_0)^2 + \lambda(Ax+By-C),$$

解方程组

$$\begin{cases} F'_x(x,y,\lambda) = 2(x-x_0) + \lambda A = 0, \\ F'_y(x,y,\lambda) = 2(y-y_0) + \lambda B = 0, \\ Ax + By - C = 0, \end{cases}$$

得 $\lambda = \dfrac{2(Ax_0 + By_0 - C)}{A^2 + B^2}$.

整理得

$$r^2 = \frac{\lambda(Ax_0 + By_0 - C)}{2} = \frac{(Ax_0 + By_0 - C)^2}{A^2 + B^2},$$

可得到点 (x_0, y_0) 到直线 $Ax + By = C$ 的最短距离为

$$r = \frac{|Ax_0 + By_0 - C|}{\sqrt{A^2 + B^2}}.$$

例 7.41 已知某企业的生产函数为

$$f(x,y) = 100 x^{\frac{3}{4}} y^{\frac{1}{4}},$$

其中,x 表示劳动力的数量,每个劳动力的成本为 150 元,y 表示资本数量,单位资本的成本为 250 元,设该生产商的总预算为 5 万元,问他该如何分配这笔钱用于雇用劳动力及投入资本,以使生产量最高.

解 这是个条件极值问题,要求目标函数

$$f(x,y) = 100 x^{\frac{3}{4}} y^{\frac{1}{4}}.$$

在约束条件

$$150x + 250y = 50\,000$$

下的最大值.

拉格朗日函数

$$L(x,y) = 100 x^{\frac{3}{4}} y^{\frac{1}{4}} + \lambda(50\,000 - 150x - 250y),$$

解方程组

$$\begin{cases} L'_x = 75 x^{-\frac{1}{4}} y^{\frac{1}{4}} - 150\lambda = 0, \\ L'_y = 25 x^{\frac{3}{4}} y^{-\frac{3}{4}} - 250\lambda = 0, \\ 150x + 250y = 50\,000, \end{cases}$$

得 $x = 250, y = 50$.

这是目标函数在定义域内的唯一可能极值点,而由问题本身可知最高生产量一定存在. 故该生产商雇用 250 个劳动力及投入 50 个单位资本,可获得最大产量.

拉格朗日乘数法可以推广到自变量多于两个,约束条件多于一个的情形,如求三元函数

$$u = f(x,y,z)$$

满足约束条件 $g(x,y,z) = 0, \varphi(x,y,z) = 0$ 的条件极值,与求二元函数条件极值一样.

首先构造拉格朗日函数

$$F(x,y,z) = f(x,y,z) + \lambda_1 g(x,y,z) + \lambda_2 \varphi(x,y,z),$$

其中,λ_1,λ_2 是待定常数.

对 $F(x,y,z)$ 求关于 x,y,z 的偏导数,建立方程组

$$\begin{cases} F'_x(x,y,z) = f'_x(x,y,z) + \lambda_1 g'_x(x,y,z) + \lambda_2 \varphi'_x(x,y,z) = 0, \\ F'_y(x,y,z) = f'_y(x,y,z) + \lambda_1 g'_y(x,y,z) + \lambda_2 \varphi'_y(x,y,z) = 0, \\ F'_z(x,y,z) = f'_z(x,y,z) + \lambda_1 g'_z(x,y,z) + \lambda_2 \varphi'_z(x,y,z) = 0, \\ g(x,y,z) = 0, \\ \varphi(x,y,z) = 0, \end{cases}$$

由方程组消去 λ_1,λ_2 解出 x,y,z,则 x,y,z 可能是条件极值点. 然后根据实际问题的性质, 判定它是否为极值点.

习题 7.8

1. 求下列函数的极值.
   (1) $f(x,y) = x^2 + xy + y^2 + x - y - 1$;   (2) $f(x,y) = xy(3-x-y)$;
   (3) $f(x,y) = e^{2x}(x+y^2+2y)$;   (4) $f(x,y) = 6(x-x^2)(4y-y^2)$.

2. 求函数 $f(x,y) = 1 + xy - x - y$ 在区域 D 上的最大值与最小值,其中 D 是由曲线 $y = x^2$ 和直线 $y = 4$ 所围成的有界闭区域.

3. 已知矩形的周长为 $2p$,将矩形绕一边旋转而构成圆柱体,求所得圆柱体体积为最大时的矩形边长各为多少?

4. 已知某工厂生产甲、乙两种产品,当产量分别为 x,y 单位时,其总成本函数为 $c = c(x,y) = x^2 + 2xy + 3y^2 + 2$.若设两种产品的销售价分别为 4 和 8,求该厂利润最大时两种产品的产量及最大利润.

5. 已知某工厂生产甲、乙两种产品,当产量分别为 x,y 单位时,其总成本函数为 $c = c(x,y) = 2x^2 - 2xy + y^2 + 37.5$.若两种产品的销售价与产量有关,设甲产品销价为 $P_1 = 70 - 2x - 3y$,乙产品销价 $P_2 = 110 - 3x - 5y$,求该厂利润最大时两种产品的产量及最大利润.

6. 已知某厂生产函数为 $y = 6K^{\frac{1}{3}}L^{\frac{1}{2}}$,产品售价为 2,其中 K,L 分别为资本投入数量与劳动力投入数量.设投入劳动力价格为 3,资本价格为 4,求该厂取得最大利润时的投入水平及最大利润.

7. 在第 6 题中,如果产出量确定为 36,求这时使生产成本最小时的劳动力和资本的投入数.

8. 某人用 x 小时干工作 A,用 y 小时干工作 B,其工作效率可用函数 $f(x,y) = 2\sqrt{x} + \sqrt{y}$ 来表示. 如果工作总时数为 10 个小时,求他对这两种工作各干多少小时可取得最高效率.

7.9 多元函数微分法的应用举例

7.9.1 偏边际与偏弹性

与一元经济函数边际分析和弹性分析类似,可建立多元函数的边际分析和弹性分析,称其为偏边际和偏弹性,它们在经济学中有广泛的应用. 我们以需求函数为例予以讨论.

1. 需求函数的边际分析

假设两种商品 A,B 彼此相关,那么 A 与 B 的需求量 Q_1 和 Q_2 分别是两种商品的价格 P_1 和 P_2 及消费者的收入 y 的函数,即

$$\begin{cases} Q_1 = f(P_1,P_2,y), \\ Q_2 = g(P_1,P_2,y), \end{cases} \quad (*)$$

可以求得 6 个偏导数:

$$\frac{\partial Q_1}{\partial P_1},\frac{\partial Q_1}{\partial P_2},\frac{\partial Q_1}{\partial y},\frac{\partial Q_2}{\partial P_1},\frac{\partial Q_2}{\partial P_2},\frac{\partial Q_2}{\partial y},$$

其中, $\frac{\partial Q_1}{\partial P_1}$ 称为商品 A 的需求函数关于 P_1 的**偏边际需求**,它表示当商品 B 的价格 P_2 和消费者的收入 y 固定时,商品 A 的价格变化一个单位时,商品 A 的需求量的近似改变量; $\frac{\partial Q_1}{\partial y}$ 称为商品 A 的需求函数**关于消费者收入 y 的偏边际需求**,表示当商品的价格 P_1,P_2 固定时,消费者的收入变化一个单位时商品 A 的需求量的近似改变量. 同理可得到其他偏导数的经济意义.

对于一般的需求函数,如果 P_2,y 固定而 P_1 增加时,商品 A 的需求量 Q_1 将减少,将有 $\frac{\partial Q_1}{\partial P_1}<0$;当 P_1,P_2 固定而消费者的收入 y 增加时,一般 Q_1 将增大,将有 $\frac{\partial Q_1}{\partial y}>0$. 其他情形可类似讨论.

如果 $\frac{\partial Q_1}{\partial P_2}>0$ 和 $\frac{\partial Q_2}{\partial P_1}>0$,说明两种商品中任意一个价格减少,都将使其中一个需求量增加,另一个需求量减少,这时称 A,B 两种商品为**替代品**. 例如,苹果和香蕉,肥皂和洗衣液就是替代品. 如果 $\frac{\partial Q_1}{\partial P_2}<0$ 和 $\frac{\partial Q_2}{\partial P_1}<0$,说明两种商品中任意一个价格减少,都将使需求量 Q_1 和 Q_2 同时增加,这时称 A,B 两种商品为**互补品**,例如,汽车和汽油就是互补品.

例 7.42 设 A,B 两种商品是彼此相关的,它们的需求函数分别为

$$Q_A = \frac{50\sqrt{P_B}}{\sqrt{P_A}}, \quad Q_B = \frac{25P_A}{\sqrt[3]{P_B^2}},$$

确定设 A,B 两种商品的关系.

解 由于函数中不含有收入 y，可以求出 4 个偏导数

$$\frac{\partial Q_A}{\partial P_A} = -\frac{25\sqrt{P_B}}{\sqrt{P_A^3}}, \quad \frac{\partial Q_A}{\partial P_B} = \frac{25}{\sqrt{P_A P_B}}, \quad \frac{\partial Q_B}{\partial P_A} = \frac{25}{\sqrt[3]{P_B^2}}, \quad \frac{\partial Q_B}{\partial P_B} = -\frac{50 P_A}{3\sqrt[3]{P_B^5}},$$

因为 $P_A > 0, P_B > 0$，所以 $\dfrac{\partial Q_A}{\partial P_B} > 0, \dfrac{\partial Q_B}{\partial P_A} > 0$，说明 A, B 两种商品是替代品.

2. 需求函数的偏弹性

设 A, B 两种商品的需求函数由（*）确定，当商品 B 的价格 P_2 和消费者的收入 y 保持不变，而商品 A 的价格 P_1 发生变化时，需求量 Q_1 和 Q_2 对价格 P_1 的偏弹性分别定义为

$$E_{AA} = E_{11} = \lim_{\Delta P_1 \to 0} \frac{\Delta_1 Q_1 / Q_1}{\Delta P_1 / P_1} = \frac{P_1}{Q_1} \frac{\partial Q_1}{\partial P_1},$$

$$E_{BA} = E_{21} = \lim_{\Delta P_1 \to 0} \frac{\Delta_1 Q_2 / Q_2}{\Delta P_1 / P_1} = \frac{P_1}{Q_2} \frac{\partial Q_2}{\partial P_1},$$

其中，$\Delta_1 Q_i = Q_i(P_1 + \Delta P_1, P_2, y) - Q_i(P_1, P_2, y), i = 1, 2$.

当 P_1 和 y 不变而 P_2 变动时有偏弹性

$$E_{AB} = E_{12} = \lim_{\Delta P_2 \to 0} \frac{\Delta_2 Q_1 / Q_1}{\Delta P_2 / P_2} = \frac{P_2}{Q_1} \frac{\partial Q_1}{\partial P_2},$$

$$E_{BB} = E_{22} = \lim_{\Delta P_2 \to 0} \frac{\Delta_2 Q_2 / Q_2}{\Delta P_2 / P_2} = \frac{P_2}{Q_2} \frac{\partial Q_2}{\partial P_2},$$

其中，$\Delta_2 Q_i = Q_i(P_1, P_2 + \Delta P_2, y) - Q_i(P_1, P_2, y), i = 1, 2$.

E_{11}, E_{22} 依次是商品 A, B 的需求量对自身价格的偏弹性，称为**直接价格弹性**（或**自价格弹性**），而 E_{12}, E_{21} 则是商品 A, B 的需求量对商品 B, A 的价格的偏弹性，它们称为**交叉价格偏弹性**（或**互价格弹性**）. 相应地，$\dfrac{\Delta_2 Q_1 / Q_1}{\Delta P_2 / P_2}$ 称为 Q_1 由点 P_2 到点 $P_2 + \Delta P_2$ 的关于 P_2 的**区间（弧）交叉价格弹性**，$\dfrac{\Delta_1 Q_2 / Q_2}{\Delta P_1 / P_1}$ 称为 Q_2 由点 P_1 到点 $P_1 + \Delta P_1$ 的关于 P_1 的**区间（弧）交叉价格弹性**.

实际应用时，因为强调 Q 和 P 在区间（弧）上的变化，所以区间上的 Q 和 P 用的是变化前后的均值. 当商品 B 的价格从 P_{B1} 变到 P_{B2}，而商品 A 的需求量从 Q_{A1} 变到 Q_{A2} 时，类似于一元函数的弧弹性定义，也可以定义需求函数的弧交叉弹性：

$$E_{AB} = \frac{\Delta Q_A / Q_A}{\Delta P_B / P_B} = \frac{\dfrac{Q_{A2} - Q_{A1}}{(Q_{A2} + Q_{A1})/2}}{\dfrac{P_{B2} - P_{B1}}{(P_{B2} + P_{B1})/2}} = \frac{Q_{A2} - Q_{A1}}{P_{B2} - P_{B1}} \cdot \frac{P_{B2} + P_{B1}}{Q_{A2} + Q_{A1}}.$$

偏弹性 $E_{ij}(i, j = 1, 2)$ 具有明确的经济意义. 例如，E_{11} 表示 A, B 两种商品的价格为 P_1 和 P_2 时，A 商品的价格 P_1 改变 1% 时其销售量 Q_1 改变的百分数；E_{12} 表示 A, B 两种商品的价格为 P_1 和 P_2 时，B 商品的价格 P_2 改变 1% 时其销售量 Q_1 改变的百分数. 对 E_{21}, E_{22}

可作类似的解释.

这里需要注意的是,与在一元函数中所述的价格弹性不同,偏弹性 $E_{ij}(i,j=1,2)$ 可能有正有负,一般 $E_{ii}<0(i=1,2)$,即一种商品提价时其需求量会下降. 若 $|E_{ii}|>1$,则表明该商品提价的百分数小于需求量下降的百分数,通常可认为它是"**奢侈品**";若 $|E_{ii}|<1$ 则可认为它是"**必需品**". 又若 $E_{12}>0$,则表明 B 商品提价时 A 商品的需求量也随之增加,所以 A 商品可作为 B 商品的替代品;而若 $E_{12}<0$,则 A 商品为 B 商品的互补品. E_{21} 的符号也有类似的经济意义.

除了上述 4 种偏弹性,还有需求对收入的偏弹性

$$E_{iy} = \frac{y}{Q_i}\frac{\partial Q_i}{\partial y}, \quad i=1,2.$$

若 $E_{1y}>0$,表明随着消费者收入的增加,商品 A 的需求量也增加,所以 A 为正常品;而 $E_{1y}<0$,则表明商品 A 为低档品或劣质品. E_{2y} 的符号也有类似的意义.

例 7.43 已知两种商品 A,B 的需求量 Q_1,Q_2 和价格 P_1,P_2 之间的需求函数分别为

$$Q_1 = \frac{P_2^2}{P_1}, \quad Q_2 = \frac{P_1^2}{P_2},$$

求需求的直接价格偏弹性 E_{11} 和 E_{22},交叉价格偏弹性 E_{12} 和 E_{21}.

解 $\dfrac{\partial Q_1}{\partial P_1}=-\dfrac{P_2^2}{P_1^2},\quad \dfrac{\partial Q_1}{\partial P_2}=\dfrac{2P_2}{P_1},$

$\dfrac{\partial Q_2}{\partial P_1}=\dfrac{2P_1}{P_2},\quad \dfrac{\partial Q_2}{\partial P_2}=-\dfrac{P_1^2}{P_2^2}.$

$E_{11}=\dfrac{P_1}{Q_1}\dfrac{\partial Q_1}{\partial P_1}=-1,\quad E_{22}=\dfrac{P_2}{Q_2}\dfrac{\partial Q_2}{\partial P_2}=-1,$

$E_{12}=\dfrac{P_2}{Q_1}\dfrac{\partial Q_1}{\partial P_2}=2,\quad E_{21}=\dfrac{P_1}{Q_2}\dfrac{\partial Q_2}{\partial P_1}=2.$

由 $E_{12}>0,E_{21}>0$ 可知,这两种商品为替代品.

*7.9.2 拉格朗日乘数的一种解释

上节介绍了求目标函数

$$u = f(x_1,x_2,\cdots,x_n)$$

在约束条件

$$\varphi_j(x_1,x_2,\cdots,x_n) = b_j, \quad j=1,2,\cdots,m$$

下的极值问题,为此引入拉格朗日乘数 $\lambda_j(j=1,2,\cdots,m)$,将问题化为求函数

$$\Phi(x_1,x_2,\cdots,x_n) = f(x_1,x_2,\cdots,x_n) + \sum_{j=1}^{m}\lambda_j[b_j - \varphi_j(x_1,x_2,\cdots,x_n)]$$

的无条件极值问题. 解方程组

$$\begin{cases} \dfrac{\partial \Phi}{\partial x_i} = \dfrac{\partial f}{\partial x_i} - \sum_{j=1}^{m} \lambda_j \dfrac{\partial \varphi_j}{\partial x_i} = 0, & i=1,2,\cdots,n, \\ \varphi_j(x_1,x_2,\cdots,x_n) = b_j, & j=1,2,\cdots,m, \end{cases}$$

得最优解 $x^* = (x_1^*, x_2^*, \cdots, x_n^*)$. 这里引入拉格朗日乘数,其意义不仅是为了简化计算,拉格朗日乘数还具有特定的经济意义.

一般地说,满足条件的最优解 $x_i^*(i=1,2,\cdots,n)$ 都依赖常数 $b_1,b_2,\cdots,b_m$ 的数值. 现在假设 x_i^* 为 $b_1,b_2,\cdots,b_m$ 的可微函数,那么目标函数的最优解最终也可看做 $b_1,b_2,\cdots,b_m$ 的复合函数,即

$$\begin{aligned} u^* &= f(x_1^*, x_2^*, \cdots, x_n^*) \\ &= f(x_1^*(b_1,b_2,\cdots,b_m), x_2^*(b_1,b_2,\cdots,b_m), \cdots, x_n^*(b_1,b_2,\cdots,b_m)), \end{aligned}$$

同时有等式

$$\varphi_j(x_1^*, x_2^*, \cdots, x_n^*)$$
$$= \varphi_j(x_1^*(b_1,b_2,\cdots,b_m), x_2^*(b_1,b_2,\cdots,b_m), \cdots, x_n^*(b_1,b_2,\cdots,b_m)) = b_j, \quad j=1,2,\cdots,m; \tag{1}$$

$$u_i'(x_1^*, x_2^*, \cdots, x_n^*)$$
$$= \sum_{j=1}^{m} \lambda_j \dfrac{\partial \varphi_j(x_1^*(b_1,b_2,\cdots,b_m), x_2^*(b_1,b_2,\cdots,b_m), \cdots, x_n^*(b_1,b_2,\cdots,b_m))}{\partial x_i}, \quad i=1,2,\cdots,n. \tag{2}$$

利用链式法则求 u^* 对 b_j 的偏导数,有

$$\dfrac{\partial u^*}{\partial b_j} = u_1' \dfrac{\partial x_1^*}{\partial b_j} + u_2' \dfrac{\partial x_2^*}{\partial b_j} + \cdots + u_n' \dfrac{\partial x_n^*}{\partial b_j}, \quad j=1,2,\cdots,m.$$

将式(2)代入上式有

$$\begin{aligned} \dfrac{\partial u^*}{\partial b_j} &= \left(\sum_{j=1}^{m} \lambda_j \dfrac{\partial \varphi_j}{\partial x_1} \right) \dfrac{\partial x_1^*}{\partial b_j} + \left(\sum_{j=1}^{m} \lambda_j \dfrac{\partial \varphi_j}{\partial x_2} \right) \dfrac{\partial x_2^*}{\partial b_j} + \cdots + \left(\sum_{j=1}^{m} \lambda_j \dfrac{\partial \varphi_j}{\partial x_n} \right) \dfrac{\partial x_n^*}{\partial b_j} \\ &= \left(\dfrac{\partial \varphi_1}{\partial x_1} \dfrac{\partial x_1^*}{\partial b_j} + \dfrac{\partial \varphi_1}{\partial x_2} \dfrac{\partial x_2^*}{\partial b_j} + \cdots + \dfrac{\partial \varphi_1}{\partial x_n} \dfrac{\partial x_n^*}{\partial b_j} \right) \lambda_1 + \cdots \\ &\quad + \left(\dfrac{\partial \varphi_m}{\partial x_1} \dfrac{\partial x_1^*}{\partial b_j} + \dfrac{\partial \varphi_m}{\partial x_2} \dfrac{\partial x_2^*}{\partial b_j} + \cdots + \dfrac{\partial \varphi_m}{\partial x_n} \dfrac{\partial x_n^*}{\partial b_j} \right) \lambda_m, \end{aligned} \tag{3}$$

又因为式(1)同时对 b_j 求偏导,有

$$\dfrac{\partial \varphi_k}{\partial x_1} \dfrac{\partial x_1^*}{\partial b_j} + \dfrac{\partial \varphi_k}{\partial x_2} \dfrac{\partial x_2^*}{\partial b_j} + \cdots + \dfrac{\partial \varphi_k}{\partial x_n} \dfrac{\partial x_n^*}{\partial b_j} = \begin{cases} 0, & k \neq j, \\ 1, & k = j. \end{cases}$$

于是,式(3)简化为 $\dfrac{\partial u^*}{\partial b_j} = \lambda_j$.

结果表明,对应第 j 个方程的拉格朗日乘数 λ_j 恰好等于目标函数的最优值对第 j 个约束常数的偏导数.

在经济学中 b_j 经常表示某种资源的储存量,目标函数表示税收、利润或效用等经济量,那么拉格朗日乘数 λ_j 可以看做当第 j 种资源增加一个单位储量所产生的总目标最优值的增加量. 因此拉格朗日乘数 λ_j 就表示一个单位的第 j 种资源的边际值,称为**影子价格**. 类似地,如果 b_j 表示某消费者的预算款额,目标函数是它的消费效用价值,那么,拉格朗日乘数 λ_j 可以看做消费者在消费效用取得最大值时预算额再增加一个单位货币新增加的效用增益. 这时 λ_j 就表示预算款在效用最大化时的**影子价格**(或叫做**边际货币效用价值**).

*例 7.44 已知消费者购买两种商品,数量分别是 x,y 单位,效用函数为
$$u = f(x,y) = 2\ln x + \ln y,$$
预算约束为 $2x+4y=36$,并设效用函数满足最大值的条件. 求在预算约束下消费效用最大时消费者购买两种物品的应有水平,以及在效用最大时的边际货币效用.

解 设 $\Phi(x,y,\lambda) = 2\ln x + \ln y + \lambda(36-2x-4y)$,令
$$\begin{cases} \Phi'_x = \dfrac{2}{x} - 2\lambda = 0, \\ \Phi'_y = \dfrac{1}{y} - 4\lambda = 0, \\ \Phi'_\lambda = 36 - 2x - 4y = 0, \end{cases}$$

解方程组得 $x^* = 12, y^* = 3$ 及 $\lambda = 1/12$. 结果说明消费者购买两种物品数分别为 12 个和 3 个单位时,可得到最大消费效用. 这时边际货币效用为 $1/12$,即预算款在取得最大效用时如果再增加一个单位货币,可增加实际的价值效用为 $1/12$ 个单位.

*7.9.3 最小二乘法

从事经济问题的分析研究,常常需要探讨一些经济变量之间的定量关系. 这种定量关系一般是在大量调查研究,掌握充分数据的基础上总结出的经验公式. 最小二乘法是利用多元函数极值构造经验公式的一种有效方法. 如经过市场调查,已测得某种商品的售价 x 与需求量 y 存在某种线性关系 $y=ax+b$, a,b 未知,已有 n 组数据 $A_k(x_k,y_k)$,可以通过下列办法得出经验公式.

设 $y_i^* = ax_i + b$,那么对应于同一横坐标 x_i,实测值 y_i 与公式值 y_i^* 之间存在误差,记为
$$d_i = |y_i - y_i^*| = |ax_i + b - y_i|,$$
欲使经验公式与实测结果尽可能吻合,就要使实测值与公式值误差之和最小. 由于对误差总和求极值较为复杂,通常将问题转化为:确定 a,b 的值,使各误差的平方和
$$S(a,b) = \sum_{i=1}^n d_i^2 = \sum_{i=1}^n (ax_i + b - y_i)^2,$$
最小. 这种定值方法称为**最小二乘法**,具体运算如下.

令

$$\begin{cases} S'_a(a,b) = 2\sum_{i=1}^{n}(ax_i+b-y_i)x_i = 0, \\ S'_b(a,b) = 2\sum_{i=1}^{n}(ax_i+b-y_i) = 0, \end{cases}$$

即

$$\begin{cases} \left(\sum_{i=1}^{n}x_i^2\right)a + \left(\sum_{i=1}^{n}x_i\right)b = \sum_{i=1}^{n}x_iy_i, \\ \left(\sum_{i=1}^{n}x_i\right)a + nb = \sum_{i=1}^{n}y_i, \end{cases}$$

若记

$$\bar{x} = \frac{1}{n}\sum_{i=1}^{n}x_i, \quad \bar{y} = \frac{1}{n}\sum_{i=1}^{n}y_i,$$

解得

$$a = \frac{\sum_{i=1}^{n}(x_i-\bar{x})(y_i-\bar{y})}{\sum_{i=1}^{n}(x_i-\bar{x})^2}, \quad b = \bar{y} - a\bar{x},$$

于是得到描述价格与需求量之间关系的经验公式

$$y = ax + b.$$

习题 7.9

1. 设一商品的需求量 Q_1 与其自身价格 P_1 和另一种商品的价格 P_2 及消费者的收入 y 有以下函数关系：$Q_1 = CP_1^{-\alpha}P_2^{-\beta}y^{\gamma}$，其中 C, α, β, γ 是正常数，求直接价格偏弹性 E_{11}、交叉价格偏弹性 E_{12} 及需求收入偏弹性 E_{1y}。

2. 设数码相机的需求量 Q_A 与其自身价格 P_A 和另一种商品的价格 P_B 有以下函数关系：

$$Q_A = 120 + \frac{250}{P_A} - 10P_B - P_B^2,$$

当 $P_A = 50, P_B = 5$ 时，求(1) Q_A 对 P_A 的弹性；(2) Q_A 对 P_B 的交叉弹性。

3. 某消费者购买甲、乙两种商品，当购买量分别为 x, y 时的消费效用函数为 $U = x^{\frac{1}{2}}y$，又知两种商品的售价为 $P_x = 1, P_y = 4$，问消费者用 48 单位费用购买并达到最大消费效用时两种商品的购买量，及此时消费者的边际货币效用。

4. 若令上题中 $U = 6\ln x + 7\ln y, P_x = 2, P_y = 7$，货币预算 $M = 26$，求在预算约束下的最大消费效用，以及消费效用最大时两种物品的购买量和边际货币效用。

复习题七

1. 从下列结论中选择正确结论,将对应题号填入括号.

(1) 一阶偏导数 $f'_x(x,y)$ 及 $f'_y(x,y)$ 存在且连续是函数 $z=f(x,y)$ 可微的( ).

(A) 充分条件而非必要条件;　　　　　(B) 必要条件而非充分条件;

(C) 充分必要条件;　　　　　　　　　(D) 既非充分条件又非必要条件.

(2) 二元函数 $z=f(x,y)$ 在点 (x_0,y_0) 处两个偏导数 $f'_x(x_0,y_0), f'_y(x_0,y_0)$ 存在,是 $z=f(x,y)$ 在该点连续的( ).

(A) 充分条件而非必要条件;　　　　　(B) 必要条件而非充分条件;

(C) 充分必要条件;　　　　　　　　　(D) 既非充分条件又非必要条件.

(3) 下列说法正确的是( ).

(A) 若 $f'_x(x_0,y_0)$ 及 $f'_y(x_0,y_0)$ 存在,则 $f(x,y)$ 在点 (x_0,y_0) 连续;

(B) 若 $f(x,y)$ 在点 (x_0,y_0) 连续,则 $f(x,y)$ 在点 (x_0,y_0) 可微;

(C) 若 $f(x,y)$ 在点 (x_0,y_0) 可微,则 $f(x,y)$ 在点 (x_0,y_0) 连续;

(D) 若 $f(x,y)$ 在点 (x_0,y_0) 可微,则 $f(x,y)$ 在点 (x_0,y_0) 偏导存在且连续.

(4) 设函数 $z=f(x,y)$ 在点 (x_0,y_0) 处的两个偏导数存在,则( ).

(A) $f(x,y)$ 在点 (x_0,y_0) 连续;　　　(B) $f(x,y)$ 在点 (x_0,y_0) 必可微;

(C) $\lim\limits_{x \to x_0} f(x,y_0)$ 及 $\lim\limits_{y \to y_0} f(x_0,y)$ 都存在;　(D) $\lim\limits_{\substack{x \to x_0 \\ y \to y_0}} f(x,y)$ 存在.

(5) $f(x,y)$ 在点 (x,y) 连续是 $f(x,y)$ 在该点可微的( ).

(A) 充分条件而非必要条件;　　　　　(B) 必要条件而非充分条件;

(C) 充分必要条件;　　　　　　　　　(D) 既非充分条件又非必要条件.

(6) 二元函数 $z=f(x,y)$ 在点 (x_0,y_0) 可微的充要条件是( ).

(A) $f'_x(x_0,y_0), f'_y(x_0,y_0)$ 均存在;

(B) $z=f(x,y)$ 在点 (x_0,y_0) 处连续,且两个偏导数存在;

(C) 当 $\sqrt{(\Delta x)^2+(\Delta y)^2} \to 0$ 时, $\Delta z - f'_x(x_0,y_0)\Delta x - f'_y(x_0,y_0)\Delta y$ 是无穷小量;

(D) 当 $\sqrt{(\Delta x)^2+(\Delta y)^2} \to 0$ 时, $\dfrac{\Delta z - f'_x(x_0,y_0)\Delta x - f'_y(x_0,y_0)\Delta y}{\sqrt{(\Delta x)^2+(\Delta y)^2}}$ 是无穷小量.

2. 求下列极限.

(1) $\lim\limits_{(x,y) \to (0,0)} (x^2+y^2)^{x^2 y^2}$;

(2) $\lim\limits_{(x,y) \to (0,0)} (x+y)\sin\dfrac{1}{x}\sin\dfrac{1}{y}$;

(3) $\lim\limits_{(x,y) \to (0,0)} (x+y)\ln(x^2+y^2)$;

(4) $\lim\limits_{(x,y) \to (0,0)} \dfrac{x^2 y^2}{x^2 y^2+(x-y)^2}$.

3. 求下列函数的偏导数.

(1) $z = e^{x^2 \sin^2 y + 2xy \sin x \sin y + y^2}$;

(2) $u = x^y y^z z^x$;

(3) $u = \left(\dfrac{x-y+z}{x+y-z}\right)^n$;

(4) $z = \begin{cases} (x+y)^2 \sin \dfrac{1}{\sqrt{x^2+y^2}}, & x^2+y^2 \neq 0, \\ 0, & x^2+y^2 = 0. \end{cases}$

4. 求下列复合函数的偏导数,其中 f 可微.

(1) $u = \arcsin \xi, \xi = \sqrt{1-x^2-y^2}$, 求 $\dfrac{\partial u}{\partial x}, \dfrac{\partial u}{\partial y}$;

(2) $u = z \sin \dfrac{y}{x}, x = 3r^2+2s, y = 4r-2s^3, z = 2r^2+3s^2$, 求 $\dfrac{\partial u}{\partial r}, \dfrac{\partial u}{\partial s}$;

(3) $u = f(x,y,z), x = s^2+t^2, y = s+t, z = st$, 求 $\dfrac{\partial u}{\partial s}, \dfrac{\partial u}{\partial t}$;

(4) $u = f(x^2+y^2+z^2), x = s-t, y = s+t, z = st$, 求 $\dfrac{\partial u}{\partial s}, \dfrac{\partial u}{\partial t}$.

5. 求下列隐函数的导数或偏导数.

(1) 设 $x = t+t^{-1}, y = t^2+t^{-2}, z = t^3+t^{-3}$, 求 $\dfrac{dy}{dx}, \dfrac{dz}{dx}$;

(2) $\displaystyle\int_a^y e^{t^2} dt + \int_y^{\arctan x} \tan t \, dt = 1$, 求 $\dfrac{dy}{dx}$;

(3) 设 $z = \sqrt{x^2-y^2} + \tan \dfrac{2}{\sqrt{x^2-y^2}}$, $\dfrac{\partial z}{\partial x}, \dfrac{\partial z}{\partial y}$;

(4) 设 $u+v = x+y, \dfrac{\sin u}{\sin v} = \dfrac{x}{y}$, 求 du, dv;

(5) 设 $xu+yv = 0, yu+xv = 1$, $\dfrac{\partial u}{\partial x}, \dfrac{\partial u}{\partial y}, \dfrac{\partial v}{\partial x}, \dfrac{\partial v}{\partial y}$.

6. 设 $f(x,y) = \displaystyle\int_0^{xy} e^{-t^2} dt$, 求 $\dfrac{x}{y} \dfrac{\partial^2 f}{\partial x^2} - 2 \dfrac{\partial^2 f}{\partial x \partial y} + \dfrac{y}{x} \dfrac{\partial^2 f}{\partial y^2}$.

7. 求下列函数的极值.

(1) $z = xy\sqrt{1-\dfrac{x^2}{a^2}-\dfrac{y^2}{b^2}}$;

(2) $f(x,y) = (x^2+y^2)e^{-(x^2+y^2)}$;

(3) $f(x,y) = \sin x \sin y \sin(x+y), 0 \leqslant x \leqslant \pi, 0 \leqslant y \leqslant \pi$;

(4) $f(x,y) = x+y+4\sin x \sin y, 0 \leqslant x \leqslant \pi, 0 \leqslant y \leqslant \pi$.

8. 设 $z = f(x+\varphi(y))$, 其中 φ 为可微函数, f 为二次可微函数, 证明:
$$\dfrac{\partial z}{\partial x} \cdot \dfrac{\partial^2 z}{\partial x \partial y} = \dfrac{\partial z}{\partial y} \cdot \dfrac{\partial^2 z}{\partial x^2}.$$

9. 证明 $\displaystyle\lim_{\substack{x \to 0 \\ y \to 0}} \dfrac{x+y}{x-y}$ 不存在.

10. 设 $u=f(x-at)+g(x+at)$，其中 a 是常数. 证明：$\dfrac{\partial^2 u}{\partial t^2}=a^2\dfrac{\partial^2 u}{\partial x^2}$.

11. 某厂生产两种商品，产量分别为 x,y 单位，成本函数为 $c(x,y)=x^2+xy+y^2$，产量与两种产品价格 P_1,P_2 有以下关系：$x=40-2P_1+P_2$，$y=15+P_1-P_2$，求使得利润最大时的产量和价格.

12. 某地区用 K 单位资金投资服装工业和家用电器工业以增加出口产量，欲使两种工业品增加产量分别为 x,y，各需资金为 $\sqrt{x}$，$\sqrt{y}$ 单位. 如果已知在若干年内的产品出口销售额增量为 $s=3x+4y$，问如何投资，使出口总额增量最小？

13. 某地区用 a 单位资金投资 3 个项目，投资额分别为 x,y,z 单位，所能获得的效益为 $x^\alpha y^\beta z^\gamma$，问如何分配投资额，使收益最大？

第 8 章

二 重 积 分

本章将定积分的概念推广到二重积分,并讨论它的性质和计算方法.

8.1 二重积分的概念与性质

8.1.1 二重积分的概念

首先研究一个"曲顶柱体"的体积问题. 所谓"曲顶柱体"是指以平面闭区域 D 为底,以定义在 D 上的曲面 $z=f(x,y)$ 为顶,D 的边界线为准线,母线平行于 z 轴的柱面围成的立体. 这里函数 $z=f(x,y)$ 在 D 上连续、非负(见图 8-1).

对于平顶柱体,我们已有公式

$$\text{体积} = \text{底面积} \times \text{高}.$$

问题在于一般的曲顶柱体,高是变化不定的,因此不能直接利用上述平顶柱体体积公式计算. 与我们在计算曲边梯形面积时遇到的问题类似,前面已经通过引入定积分概念解决了曲边梯形的面积问题,可以设想采用同样的方法也能够计算出曲顶柱体的体积.

用一组曲线网把 D 分成 n 个小区域:$\Delta\sigma_1, \Delta\sigma_2, \cdots, \Delta\sigma_n$,并用 $\Delta\sigma_i$ 表示第 i 个小闭区域的面积($i=1,2,\cdots,n$),见图 8-2. 相应地,曲顶柱体被分为 n 个小曲顶柱体. 用 d_i 表示小闭区域 $\Delta\sigma_i$ 内任意两点间距离的最大值,称 d_i 为小闭区域的直径,并记 $d = \max\limits_{1 \leq i \leq n}\{d_i\}$.

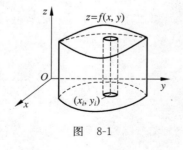

图 8-1

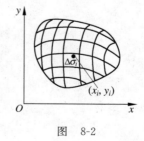

图 8-2

在 d 很小,即划分很细密时,可将小曲顶柱体近似地看做平顶柱体.在小区域 $\Delta\sigma_i$ 内任取一点 (x_i,y_i),并用 $f(x_i,y_i)$ 表示第 i 个小平顶柱体的高,则相应的第 i 个小曲顶柱体体积可近似地表示为

$$\Delta V_i \approx f(x_i,y_i)\Delta\sigma_i, \quad i=1,2,\cdots,n.$$

将所有小曲顶柱体体积的近似值相加,得到整个曲顶柱体的体积近似值:

$$V_n = \sum_{i=1}^n f(x_i,y_i)\Delta\sigma_i.$$

当区域 D 划分充分细密时,体积近似值 V_n 充分接近曲顶柱体的体积 V,特别当 $d\to 0$ 时有 $V_n \to V$,即有

$$V = \lim_{d\to 0}\sum_{i=1}^n f(x_i,y_i)\Delta\sigma_i.$$

类似地,还可以研究计算密度分布不均匀薄板的质量等问题,这些问题涉及的领域不同,但都可采用划分—近似代换—求和—取极限的方法解决,最终都归结为求和式 $\sum_{i=1}^n f(x_i,y_i)\Delta\sigma_i$ 的极限,从中可以抽象出二重积分的定义.

定义 8.1 设 $f(x,y)$ 是定义在有界闭区域 D 上的二元有界函数.将区域 D 分成 n 个小区域 $\Delta\sigma_1,\Delta\sigma_2,\cdots,\Delta\sigma_n$,在每个小区域 $\Delta\sigma_i$ 内任取一点 (x_i,y_i),$i=1,2,\cdots,n$.当 n 无限增大,且 $d=\max_{1\leqslant i\leqslant n}\{d_i\}\to 0$ 时,如果极限

$$\lim_{\substack{d\to 0 \\ (n\to\infty)}}\sum_{i=1}^n f(x_i,y_i)\Delta\sigma_i \tag{8-1}$$

存在,则称该极限为函数 $f(x,y)$ 在 D 上的二重积分,记做 $\iint_D f(x,y)\mathrm{d}\sigma$,即

$$\iint_D f(x,y)\mathrm{d}\sigma = \lim_{\substack{d\to 0 \\ (n\to\infty)}}\sum_{i=1}^n f(x_i,y_i)\Delta\sigma_i,$$

其中 $f(x,y)$ 称为**被积函数**,D 称为**积分区域**,x,y 称为**积分变量**,$\mathrm{d}\sigma$ 称为**面积元素**.

可以证明,有界闭区域上的二元连续函数的二重积分一定存在,即一定是可积的.

由二重积分的定义可知,前面讨论的曲顶柱体的体积是函数 $f(x,y)$ 在 D 上的二重积分,即

$$V = \iint_D f(x,y)\mathrm{d}\sigma.$$

根据定义,在二重积分存在的条件下,其大小仅与积分区域以及定义在区域上的函数 $f(x,y)$ 的性质有关,而与区域 D 的分法以及 (x_i,y_i) 的取法无关.因此在实际运算时,为了方便,通常采用特殊的划分和选点方法.

8.1.2 二重积分的几何意义

由二重积分的定义可知,在积分区域 D 上,若 $f(x,y) \geqslant 0$,则二重积分 $\iint\limits_{D} f(x,y)\mathrm{d}\sigma$ 可以解释为以 D 为底,以曲面 $z = f(x,y)$ 为顶的曲顶柱体的体积;如果在 D 上 $f(x,y) \leqslant 0$,则曲顶柱体在 xOy 平面的下方,二重积分的绝对值仍等于该柱体的体积,但二重积分的值是负的;如果 $f(x,y)$ 在 D 的若干子区域上是正的,而在其余子区域上是负的,则 $f(x,y)$ 在 D 上的二重积分等于这些子区域上曲顶柱体的体积的代数和,其中在 xOy 平面上方的柱体体积取正,在 xOy 平面下方的柱体体积取负.

8.1.3 二重积分的性质

对于有界闭区域 D 上的可积函数 $f(x,y), g(x,y)$,二重积分有以下性质.

性质 1 $\iint\limits_{D} kf(x,y)\mathrm{d}\sigma = k\iint\limits_{D} f(x,y)\mathrm{d}\sigma.$

性质 2 $\iint\limits_{D} [f(x,y) \pm g(x,y)]\mathrm{d}\sigma = \iint\limits_{D} f(x,y)\mathrm{d}\sigma \pm \iint\limits_{D} g(x,y)\mathrm{d}\sigma.$

性质 3 如果闭区域 D 被有限条曲线分为有限个部分闭区域,则在 D 上的二重积分等于在各个部分闭区域上的二重积分的和. 例如,D 分为两个闭区域 D_1 与 D_2,如图 8-3 所示,则

$$\iint\limits_{D} f(x,y)\mathrm{d}\sigma = \iint\limits_{D_1} f(x,y)\mathrm{d}\sigma + \iint\limits_{D_2} f(x,y)\mathrm{d}\sigma.$$

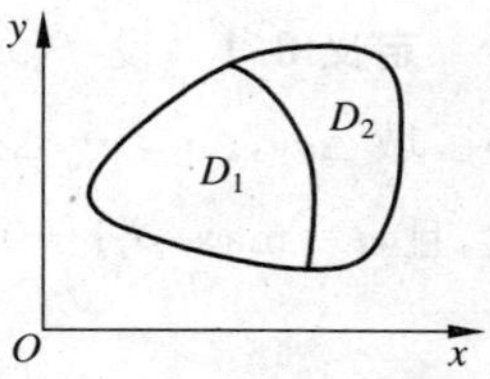

这个性质表示二重积分对于积分区域具有可加性.

图 8-3

性质 4 $\iint\limits_{D} 1\mathrm{d}\sigma = \sigma,$

式中,σ 表示积分区域 D 的面积.

性质 5 若在 D 上总有不等式 $f(x,y) \leqslant g(x,y)$,则

$$\iint\limits_{D} f(x,y)\mathrm{d}\sigma \leqslant \iint\limits_{D} g(x,y)\mathrm{d}\sigma,$$

特别地,有

$$\left| \iint\limits_{D} f(x,y)\mathrm{d}\sigma \right| \leqslant \iint\limits_{D} |f(x,y)|\mathrm{d}\sigma.$$

性质 6 设函数 $f(x,y)$ 在有界闭区域 D 上可积,且 M 和 m 分别是 $f(x,y)$ 在闭区域 D 上的最大值和最小值,则

$$m\sigma \leqslant \iint\limits_{D} g(x,y)\mathrm{d}\sigma \leqslant M\sigma,$$

式中,σ 表示积分区域 D 的面积.

性质 7(积分中值定理) 设函数 $f(x,y)$ 在有界闭区域 D 上连续,则在 D 中至少存在

一点 (ξ,η) 使得

$$\iint_D f(x,y)\mathrm{d}\sigma = f(\xi,\eta)\sigma.$$

当曲顶柱体的竖坐标连续变化时,其体积等于以某一竖坐标 $f(\xi,\eta)$ 为高,且同底的平顶柱体体积. 通常 $f(\xi,\eta)$ 也称做函数 $f(x,y)$ 在区域 D 上的平均值.

习题 8.1

1. 一立体由半球面 $x^2+y^2+z^2=a^2$,$z=0$ 围成,写出立体的体积 V 的表达式.
2. 设函数 $f(x,y)$ 在闭区域 D 上连续,证明

$$\left|\iint_D f(x,y)\mathrm{d}\sigma\right| \leqslant \iint_D |f(x,y)|\mathrm{d}\sigma.$$

3. 估计下列积分的值.

(1) $\iint_D (x+y+10)\mathrm{d}\sigma$,其中 D 是圆域:$x^2+y^2 \leqslant 4$;

(2) $\iint_D (x^2+4y^2+9)\mathrm{d}\sigma$,其中 D 是圆域:$x^2+y^2 \leqslant 4$;

(3) $\iint_D xy(x+y+1)\mathrm{d}\sigma$,其中 $D=\{(x,y)\mid 0\leqslant x\leqslant 1,0\leqslant y\leqslant 2\}$;

(4) $\iint_D \dfrac{\mathrm{d}\sigma}{100+\cos^2 x+\cos^2 y}$,其中 $D=\{(x,y)\mid |x|+|y|\leqslant 10\}$.

8.2 二重积分的计算

二重积分可以用定义直接计算,但难度太大. 在二重积分存在的条件下,一般根据它的几何意义,将二重积分化成两次定积分,即累次积分形式进行计算.

8.2.1 利用直角坐标系计算二重积分

设函数 $f(x,y)$ 为区域 D 上的非负连续函数,区域 D 由直线 $x=a$,$x=b$ 及连续曲线 $y=\varphi_1(x)$,$y=\varphi_2(x)$ 围成,见图 8-4,即

$$D=\{(x,y)\mid a\leqslant x\leqslant b,\varphi_1(x)\leqslant y\leqslant \varphi_2(x)\},$$

根据二重积分的几何意义,$\iint_D f(x,y)\mathrm{d}\sigma$ 表示以 D 为底,曲面 $z=f(x,y)$ 为顶的曲顶柱体体积. 现在来计算这个曲顶柱体体积.

先计算截面面积. 为此,在区间 $[a,b]$ 上任意取定一点 x_0,作垂直 x 轴的平面 $x=x_0$,该平面与曲顶柱体相交所得截面是以区间 $[\varphi_1(x_0),\varphi_2(x_0)]$ 为底,$z=f(x_0,y)$ 为曲边的曲边梯形,见图 8-5 阴

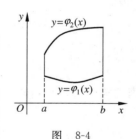

图 8-4

影部分，其面积为
$$A(x_0) = \int_{\varphi_1(x_0)}^{\varphi_2(x_0)} f(x_0, y) dy.$$

一般地，曲顶柱体与过 $[a,b]$ 上任意一点 x 并且垂直于 x 轴的平面相交的截面面积为

$$A(x) = \int_{\varphi_1(x)}^{\varphi_2(x)} f(x, y) dy,$$

式中，积分变量为 y，x 在积分过程中被看做常数.

由一元函数积分学，曲顶柱体的体积可用公式表示为

$$V = \int_a^b A(x) dx.$$

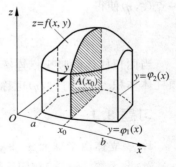

图 8-5

于是有
$$V = \int_a^b \left[\int_{\varphi_1(x)}^{\varphi_2(x)} f(x, y) dy \right] dx,$$

即得到二重积分的计算公式：
$$\iint_D f(x, y) d\sigma = \int_a^b \left[\int_{\varphi_1(x)}^{\varphi_2(x)} f(x, y) dy \right] dx,$$

或写成
$$\iint_D f(x, y) d\sigma = \int_a^b dx \int_{\varphi_1(x)}^{\varphi_2(x)} f(x, y) dy. \tag{8-2}$$

上式右端的积分称为**累次积分**. 这样就把一个二重积分问题化为先对 y 后对 x 的连续两次求定积分(即累次积分)的问题. 在求第一个积分时 x 是常数，y 是积分变量，积分上下限是 x 的函数. 在求第二个积分时 x 是积分变量，积分上下限均是常数.

在上述讨论中，假定 $f(x, y) \geqslant 0$，但实际上公式(8-2)的成立并不受此条件限制.

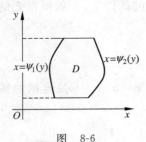

图 8-6

类似地，如果积分区域 D 可以由直线 $y=c$，$y=d$ 及连续曲线 $x=\psi_1(y)$，$x=\psi_2(y)$ 围成，见图 8-6，即

$$D = \{(x, y) \mid c \leqslant y \leqslant d, \psi_1(y) \leqslant x \leqslant \psi_2(y)\},$$

那么就有
$$\iint_D f(x, y) d\sigma = \int_c^d \left[\int_{\psi_1(y)}^{\psi_2(y)} f(x, y) dx \right] dy \tag{8-3}$$

上式右端的积分叫做先对 x、后对 y 的二次积分，这个积分也常记做

$$\int_c^d dy \int_{\psi_1(y)}^{\psi_2(y)} f(x, y) dx,$$

因此式(8-3)也写作
$$\iint_D f(x, y) d\sigma = \int_c^d dy \int_{\psi_1(y)}^{\psi_2(y)} f(x, y) dx.$$

以后，称图 8-4 所示的积分区域为 **X 型区域**，图 8-6 所示的积分区域为 **Y 型区域**．应用式(8-2)时，积分区域必须是 X 型区域．X 型区域的特点是：穿过 D 内部且平行于 y 轴的直线与闭区域 D 的边界相交不多于两点；而应用式(8-3)时，积分区域必须是 Y 型区域，Y 型区域的特点是：穿过 D 内部且平行于 x 轴的直线与 D 的边界相交不多于两点；如图 8-7 那样的积分区域，可以把 D 分成几个部分，使得每个部分是 X 型区域或 Y 型区域．例如在图 8-7 中把图分为三部分，每一部分都是 X 型区域，从而在这三部分上的二重积分都可以应用式(8-2)，求得各部分二重积分后，利用积分性质 3，它们的和就是在 D 上的二重积分．

如果积分区域 D 既是 X 型的又是 Y 型的，可用 $D=\{(x,y)\mid a\leqslant x\leqslant b,\varphi_1(x)\leqslant y\leqslant \varphi_2(x)\}$ 表示，也可用 $D=\{(x,y)\mid c\leqslant y\leqslant d,\psi_1(y)\leqslant x\leqslant \psi_2(y)\}$（图 8-8），则

$$\int_a^b \mathrm{d}x \int_{\varphi_2(x)}^{\varphi_1(x)} f(x,y)\mathrm{d}y = \int_c^d \mathrm{d}y \int_{\psi_1(y)}^{\psi_2(y)} f(x,y)\mathrm{d}x.$$

上式表明，这两个不同次序的二次积分相等，因为都等于同一个二重积分 $\iint\limits_D f(x,y)\mathrm{d}\sigma$．

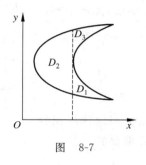

图 8-7

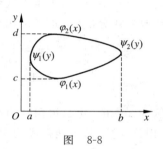

图 8-8

将二重积分化为二次积分时，确定积分限是关键．积分限是根据积分区域 D 来确定的，要先画出区域 D 的图形，根据被积函数的特点，将区域 D 看成 X 型区域或 Y 型区域再确定积分限．

例 8.1 计算二重积分 $\iint\limits_D x^2 \mathrm{e}^y \mathrm{d}\sigma$，其中 $D=\{(x,y)\mid 1\leqslant x\leqslant 2, 0\leqslant y\leqslant 1\}$．

解法一 将区域 D 看成 X 型区域，利用式(8-2)可得

$$\iint\limits_D x^2 \mathrm{e}^y \mathrm{d}\sigma = \int_1^2 x^2 \mathrm{d}x \int_0^1 \mathrm{e}^y \mathrm{d}y = \int_1^2 x^2 \mathrm{e}^y \Big|_0^1 \mathrm{d}x = \int_1^2 x^2(\mathrm{e}-1)\mathrm{d}x = \frac{7}{3}(\mathrm{e}-1).$$

解法二 将区域 D 看成 Y 型区域，利用式(8-3)可得

$$\iint\limits_D x^2 \mathrm{e}^y \mathrm{d}\sigma = \int_0^1 \mathrm{d}y \int_1^2 x^2 \mathrm{e}^y \mathrm{d}x = \int_0^1 \mathrm{e}^y \frac{x^3}{3}\Big|_1^2 \mathrm{d}y = \int_0^1 \frac{7}{3}\mathrm{e}^y \mathrm{d}y = \frac{7}{3}(\mathrm{e}-1).$$

例 8.2 计算积分 $\iint\limits_D \frac{x^2}{y^2} \mathrm{d}\sigma$，其中 D 是由直线 $y=x, x=2$ 及 $xy=1$ 围成的区域．

解法一 区域 D 如图 8-9 所示．将闭区域 D 看成 Y 型区域，先对 x 积分．考虑积分变量 x 沿 x 轴方向变化的情况．整个区域分为两个区域 D_1 和 D_2，于是

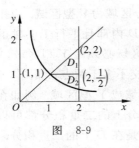

图 8-9

$$\iint_D \frac{x^2}{y^2}d\sigma = \iint_{D_1}\frac{x^2}{y^2}d\sigma + \iint_{D_2}\frac{x^2}{y^2}d\sigma$$

$$= \int_1^2 dy \int_y^2 \frac{x^2}{y^2}dx + \int_{\frac{1}{2}}^1 dy \int_{\frac{1}{y}}^2 \frac{x^2}{y^2}dx$$

$$= \int_1^2 \left(\frac{8}{3y^2} - \frac{1}{3}y\right)dy + \int_{\frac{1}{2}}^1 \left(\frac{8}{3y^2} - \frac{1}{3y^5}\right)dy$$

$$= \frac{5}{6} + \frac{17}{12} = \frac{9}{4}.$$

解法二 将闭区域 D 看成 X 型区域，先对 y 积分.

$$\iint_D \frac{x^2}{y^2}d\sigma = \int_1^2 dx \int_{\frac{1}{x}}^x \frac{x^2}{y^2}dy = \int_1^2 (x^3 - x)dx = \frac{9}{4}.$$

例 8.3 计算积分 $I = \int_0^1 dx \int_x^1 e^{-y^2}dy$.

解 本题先对 y 积分，但由于难以找到 e^{-y^2} 的原函数，无法求解．画出区域 D 的图形，如图 8-10 所示，改变积分次序，先对 x 积分．

$$I = \int_0^1 dx \int_x^1 e^{-y^2}dy = \int_0^1 dy \int_0^y e^{-y^2}dx$$

$$= \int_0^1 y e^{-y^2}dy = \frac{1 - e^{-1}}{2}.$$

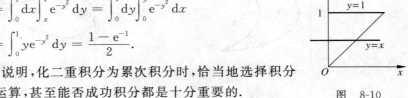

图 8-10

例 8.2 和例 8.3 说明，化二重积分为累次积分时，恰当地选择积分次序，对于简化积分运算，甚至能否成功积分都是十分重要的．

8.2.2 利用极坐标计算二重积分

有些二重积分，积分区域 D 的边界曲线用极坐标方程来表示比较方便，且被积函数用极坐标变量 r,θ 表示比较简单．这时，可以考虑利用极坐标计算二重积分．

首先，在极坐标系下，$x = r\cos\theta, y = r\sin\theta$. 用以极点（即坐标系原点）为中心的一族同心圆（$r$ = 常数）和一族射线（θ = 常数），将 D 分成 n 个小区域 $\Delta\sigma_i (i = 1, 2, \cdots, n)$. 从中取出半径为 r 和 $r+dr$ 的圆弧，以及夹角为 θ 和 $\theta+d\theta$ 的射线所围成的小区域 $\Delta\sigma$（见图 8-11），当 $dr, d\theta$ 很小时，$\Delta\sigma$ 可以近似看做以 $rd\theta$ 为长，dr 为宽的小矩形，于是面积元素为 $d\sigma = rd\theta dr$,

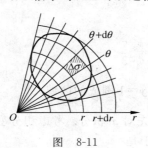

图 8-11

则相应的小曲顶柱体的体积为

$$dV = f(r\cos\theta, r\sin\theta)rd\theta dr,$$

由此得到极坐标系下二重积分的表达式为

$$\iint_D f(x,y)d\sigma = \iint_D f(r\cos\theta, r\sin\theta)rd\theta dr.$$

极坐标系下的二重积分同样可以化为累次积分计算．

如果极点 O 在积分区域 D 内部，且 D 由连续曲线 $r = r(\theta)$ 围

成(图 8-12),即有
$$D = \{(r,\theta) \mid 0 \leqslant r \leqslant r(\theta), 0 \leqslant \theta \leqslant 2\pi\},$$
那么
$$\iint_D f(r\cos\theta, r\sin\theta) r \mathrm{d}\theta \mathrm{d}r = \int_0^{2\pi} \mathrm{d}\theta \int_0^{r(\theta)} f(r\cos\theta, r\sin\theta) r \mathrm{d}r. \tag{8-4}$$

如果极点 O 在积分区域 D 外部,且 D 由两条射线 $\theta=\alpha, \theta=\beta$ 以及两条连续曲线 $r=r_1(\theta), r=r_2(\theta)$ 围成(图 8-13),即有
$$D = \{(r,\theta) \mid r_1(\theta) \leqslant r \leqslant r_2(\theta), \alpha \leqslant \theta \leqslant \beta\},$$
那么
$$\iint_D f(r\cos\theta, r\sin\theta) r \mathrm{d}\theta \mathrm{d}r = \int_\alpha^\beta \mathrm{d}\theta \int_{r_1(\theta)}^{r_2(\theta)} f(r\cos\theta, r\sin\theta) r \mathrm{d}r. \tag{8-5}$$

如果极点 O 在积分区域 D 边界上,且 D 由两条射线 $\theta=\alpha, \theta=\beta$ 以及连续曲线 $r=r(\theta)$ 围成(图 8-14),则
$$D = \{(r,\theta) \mid 0 \leqslant r \leqslant r(\theta), \alpha \leqslant \theta \leqslant \beta\},$$
那么
$$\iint_D f(r\cos\theta, r\sin\theta) r \mathrm{d}\theta \mathrm{d}r = \int_\alpha^\beta \mathrm{d}\theta \int_0^{r(\theta)} f(r\cos\theta, r\sin\theta) r \mathrm{d}r. \tag{8-6}$$

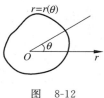
图 8-12

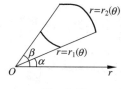
图 8-13

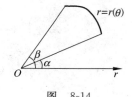
图 8-14

例 8.4 计算积分 $I = \iint_D \mathrm{e}^{-(x^2+y^2)} \mathrm{d}x\mathrm{d}y$,其中 D 为圆域:$x^2+y^2 \leqslant a^2$,如图 8-15 所示.

解 在极坐标系下,区域 D 可表示为 $0 \leqslant r \leqslant a, 0 \leqslant \theta \leqslant 2\pi$,则
$$I = \int_0^{2\pi} \mathrm{d}\theta \int_0^a \mathrm{e}^{-r^2} r \mathrm{d}r = \pi(1-\mathrm{e}^{-a^2}).$$

例 8.5 计算二重积分 $I = \iint_D \arctan\dfrac{y}{x} \mathrm{d}x\mathrm{d}y$,其中 D 为圆域:$a^2 \leqslant x^2+y^2 \leqslant b^2$,及 $x \geqslant 0$,$y \geqslant 0$,如图 8-16 所示.

解 在极坐标系下,区域 D 可表示为 $a \leqslant r \leqslant b, 0 \leqslant \theta \leqslant \dfrac{\pi}{2}$,则
$$I = \int_0^{\frac{\pi}{2}} \mathrm{d}\theta \int_a^b \arctan(\tan\theta) r \mathrm{d}r = \int_0^{\frac{\pi}{2}} \theta \mathrm{d}\theta \int_a^b r \mathrm{d}r = \frac{\pi^2}{16}(b^2-a^2).$$

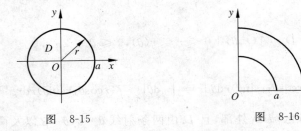

图 8-15　　　　　图 8-16

例 8.6　计算球面 $x^2+y^2+z^2=16$ 与柱面 $x^2+y^2=4x$ 所包围的立体的体积,如图 8-17(a)所示.

解　由于所求立体关于坐标平面 xOy 和 xOz 是对称的,故体积

$$V=4\iint_D \sqrt{16-x^2-y^2}\,dxdy,$$

其中,D 为半圆周 $y=\sqrt{4x-x^2}$ 与 x 轴所围成的区域,如图 8-17(b)所示.

在极坐标系中,

$$D=\left\{(r,\theta)\,\Big|\,0\leqslant\theta\leqslant\frac{\pi}{2},0\leqslant r\leqslant 4\cos\theta\right\},$$

$$V=4\iint_D \sqrt{16-x^2-y^2}\,dxdy=4\int_0^{\frac{\pi}{2}}d\theta\int_0^{4\cos\theta}\sqrt{16-r^2}\,rdr$$

$$=4\int_0^{\frac{\pi}{2}}\left[-\frac{1}{2}\cdot\frac{2}{3}(16-r^2)^{\frac{3}{2}}\right]\Big|_0^{4\cos\theta}d\theta$$

$$=\frac{256}{3}\int_0^{\frac{\pi}{2}}(1-\sin^3\theta)d\theta=\frac{256}{3}\left(\frac{\pi}{2}-\frac{2}{3}\right).$$

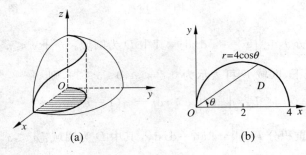

图 8-17

由以上例题可以看出,当积分区域 D 是圆或圆的一部分或被积函数为 $f(x^2+y^2)$,$f\left(\dfrac{y}{x}\right)$,$f\left(\dfrac{x}{y}\right)$ 等形式,在直角坐标系下计算二重积分困难时,一般采用极坐标计算二重积分比较方便.

坐标系的选择与被积函数和积分区域有很直接的关系.合适选取可以简化计算,请看

下例.

例 8.7 计算二重积分 $I = \iint\limits_{D}(x+y)\mathrm{d}x\mathrm{d}y$，其中 D 为 $y = -x, y = x+2$ 及 $x = \sqrt{1-(1-y)^2}$ 所围成的闭区域(图 8-18).

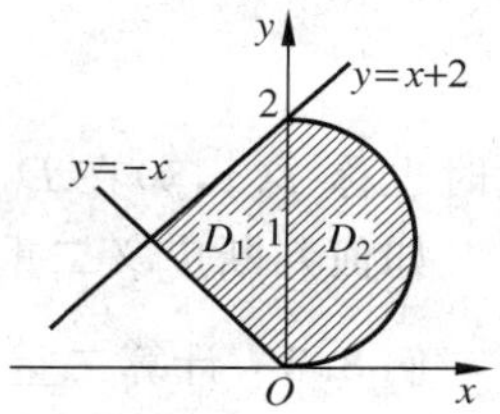

解 $I = \iint\limits_{D_1}(x+y)\mathrm{d}x\mathrm{d}y + \iint\limits_{D_2}(x+y)\mathrm{d}x\mathrm{d}y,$

$$\iint\limits_{D_1}(x+y)\mathrm{d}x\mathrm{d}y = \int_{-1}^{0}\mathrm{d}x\int_{-x}^{x+2}(x+y)\mathrm{d}(x+y)$$

$$= \int_{-1}^{0}\frac{1}{2}(x+y)^2\bigg|_{-x}^{x+2}\mathrm{d}x$$

$$= \int_{-1}^{0}2(x+1)^2\mathrm{d}x = \frac{2}{3},$$

图 8-18

$$\iint\limits_{D_2}(x+y)\mathrm{d}x\mathrm{d}y = \int_{0}^{\frac{\pi}{2}}\mathrm{d}\theta\int_{0}^{2\sin\theta}r(\cos\theta+\sin\theta)r\mathrm{d}r = \frac{8}{3}\int_{0}^{\frac{\pi}{2}}(\sin^3\theta\cos\theta+\sin^4\theta)\mathrm{d}\theta$$

$$= \frac{8}{3}\int_{0}^{\frac{\pi}{2}}\left[\sin^3\theta\cos\theta + \left(\frac{1-\cos2\theta}{2}\right)^2\right]\mathrm{d}\theta$$

$$= \frac{8}{3}\int_{0}^{\frac{\pi}{2}}\sin^3\theta\mathrm{d}\sin\theta + \frac{8}{3}\int_{0}^{\frac{\pi}{2}}\left(\frac{3}{8} - \frac{\cos2\theta}{2} + \frac{\cos4\theta}{8}\right)\mathrm{d}\theta$$

$$= \frac{2}{3} + \frac{8}{3}\times\frac{3}{8}\times\frac{\pi}{2} = \frac{2}{3} + \frac{\pi}{2}.$$

所以 $I = \frac{2}{3} + \frac{2}{3} + \frac{\pi}{2} = \frac{4}{3} + \frac{\pi}{2}.$

8.2.3 反常(广义)二重积分简介

前面讨论的二重积分,要求满足两个条件:
(1) 积分区域 D 是有界闭区域;
(2) 被积函数在有界闭区域 D 上有界.

但在实际问题中,会遇到 D 是无限区域或函数在有限区域内无界这两种积分问题,因此需要把积分的概念推广. 积分区域无限的称为无穷二重积分;被积函数在有限区域内无界的称为二重瑕积分. 这两种积分统称为反常(广义)二重积分,我们只讨论无穷二重积分.

设函数 $f(x,y)$ 在平面无界区域 D 内有定义,用任意光滑曲线 r 在 D 内划出有界闭区域 D_r,如图 8-19 所示,二重积分 $\iint\limits_{D_r}f(x,y)\mathrm{d}\sigma$ 存在. 如果曲线以任何方式连续变动,使得当区域 D_r 无限扩展而

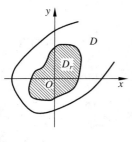

图 8-19

趋于区域 D 时,极限 $\lim\limits_{D_r \to D}\iint\limits_{D_r} f(x,y)\mathrm{d}\sigma$ 存在,则称该极限为函数 $f(x,y)$ 在 D 上的广义二重积分,记做 $\iint\limits_{D} f(x,y)\mathrm{d}\sigma$,即

$$\iint\limits_{D} f(x,y)\mathrm{d}\sigma = \lim_{D_r \to D}\iint\limits_{D_r} f(x,y)\mathrm{d}\sigma, \qquad (8\text{-}7)$$

这时也称 $f(x,y)$ 在 D 上的积分收敛;否则称 $f(x,y)$ 在 D 上的积分发散.

如何判断广义二重积分的敛散性,我们不作讨论,仅用例题说明其计算方法.

例 8.8 计算二重积分 $\iint\limits_{D} x\mathrm{e}^{-y^2}\mathrm{d}x\mathrm{d}y$,其中积分区域 D 是曲线 $y=4x^2$ 与 $y=9x^2$ 在第一象限围成的无限区域.

解 区域 D 如图 8-20 所示.

设 $D_b = \left\{(x,y) \mid 0 \leqslant y \leqslant b, \dfrac{1}{3}\sqrt{y} \leqslant x \leqslant \dfrac{1}{2}\sqrt{y}\right\}$,则

$$\iint\limits_{D_b} x\mathrm{e}^{-y^2}\mathrm{d}x\mathrm{d}y = \int_0^b \mathrm{e}^{-y^2}\mathrm{d}y \int_{\frac{1}{3}\sqrt{y}}^{\frac{1}{2}\sqrt{y}} x\,\mathrm{d}x$$

$$= \frac{1}{2}\int_0^b \left(\frac{1}{4}y - \frac{1}{9}y\right)\mathrm{e}^{-y^2}\mathrm{d}y$$

$$= \frac{5}{72}\int_0^b y\mathrm{e}^{-y^2}\mathrm{d}y = \frac{5}{144}(1-\mathrm{e}^{-b^2}).$$

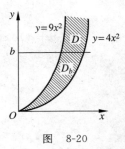

图 8-20

显然有 $D_b \to D (b \to +\infty)$. 于是有

$$\iint\limits_{D} x\mathrm{e}^{-y^2}\mathrm{d}x\mathrm{d}y = \lim_{b \to +\infty}\iint\limits_{D_b} x\mathrm{e}^{-y^2}\mathrm{d}x\mathrm{d}y = \frac{5}{144}\lim_{b \to +\infty}(1-\mathrm{e}^{-b^2}) = \frac{5}{144}.$$

例 8.9 计算积分 $\int_0^{+\infty} \mathrm{e}^{-x^2}\mathrm{d}x$.

解 $\int_0^{+\infty} \mathrm{e}^{-x^2}\mathrm{d}x = \dfrac{1}{2}\int_{-\infty}^{+\infty} \mathrm{e}^{-x^2}\mathrm{d}x = \dfrac{1}{2}\lim\limits_{R \to +\infty}\int_{-R}^{R} \mathrm{e}^{-x^2}\mathrm{d}x.$

记 $D = \{(x,y) \mid -R \leqslant x \leqslant R, -R \leqslant y \leqslant R\}$,

$D_1: 0 \leqslant x^2 + y^2 \leqslant R^2$,

$D_2: 0 \leqslant x^2 + y^2 \leqslant 2R^2$,

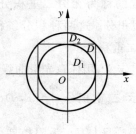

图 8-21

如图 8-21 所示,有 $D_1 \subset D \subset D_2$. 因为 $\mathrm{e}^{-(x^2+y^2)} \geqslant 0$,则有

$$\iint\limits_{D_1} \mathrm{e}^{-(x^2+y^2)}\mathrm{d}x\mathrm{d}y \leqslant \iint\limits_{D} \mathrm{e}^{-(x^2+y^2)}\mathrm{d}x\mathrm{d}y \leqslant \iint\limits_{D_2} \mathrm{e}^{-(x^2+y^2)}\mathrm{d}x\mathrm{d}y,$$

又因 $\iint\limits_{D} \mathrm{e}^{-(x^2+y^2)}\mathrm{d}x\mathrm{d}y = \int_{-R}^{R} \mathrm{e}^{-x^2}\mathrm{d}x \int_{-R}^{R} \mathrm{e}^{-y^2}\mathrm{d}y = \left[\int_{-R}^{R} \mathrm{e}^{-x^2}\mathrm{d}x\right]^2$,

利用例 8.4 的结果,从而

$$\pi(1-\mathrm{e}^{-R^2}) \leqslant \left[\int_{-R}^{R}\mathrm{e}^{-x^2}\mathrm{d}x\right]^2 \leqslant \pi(1-\mathrm{e}^{-2R^2}),$$

令 $R\to +\infty$,有

$$\pi \leqslant \lim_{R\to +\infty}\left[\int_{-R}^{R}\mathrm{e}^{-x^2}\mathrm{d}x\right]^2 \leqslant \pi,$$

所以

$$\int_{-\infty}^{+\infty}\mathrm{e}^{-x^2}\mathrm{d}x = \sqrt{\pi},$$

从而有

$$\int_{0}^{+\infty}\mathrm{e}^{-x^2}\mathrm{d}x = \frac{1}{2}\sqrt{\pi}, \tag{8-8}$$

通常称积分 $\int_{-\infty}^{+\infty}\mathrm{e}^{-x^2}\mathrm{d}x$ 为泊松积分.

定积分证明题有时可以转化为二重积分的计算证明,请看下面的例子.

例 8.10 设 $f(x)$ 在 $[a,b]$ 上连续,证明 $\left(\int_{a}^{b}f(x)\mathrm{d}x\right)^2 \leqslant (b-a)\int_{a}^{b}f^2(x)\mathrm{d}x.$

证明 记 $D=\{(x,y)\,|\,a\leqslant x\leqslant b, a\leqslant y\leqslant b\}$.

$$\left(\int_{a}^{b}f(x)\mathrm{d}x\right)^2 = \int_{a}^{b}f(x)\mathrm{d}x \cdot \int_{a}^{b}f(x)\mathrm{d}x,$$

$$\int_{a}^{b}f(x)\mathrm{d}x \cdot \int_{a}^{b}f(y)\mathrm{d}y = \iint_{D}f(x)f(y)\mathrm{d}\sigma.$$

因为

$$[f(x)-f(y)]^2 \geqslant 0,$$

所以

$$f(x)f(y) \leqslant \frac{1}{2}[f^2(x)+f^2(y)],$$

$$\iint_{D}f(x)f(y)\mathrm{d}\sigma \leqslant \iint_{D}\frac{1}{2}[f^2(x)+f^2(y)]\mathrm{d}\sigma = \iint_{D}f^2(x)\mathrm{d}\sigma = \int_{a}^{b}\mathrm{d}y\int_{a}^{b}f^2(x)\mathrm{d}x$$

$$= \int_{a}^{b}\mathrm{d}x\int_{a}^{b}f^2(x)\mathrm{d}y = \int_{a}^{b}f^2(x)(b-a)\mathrm{d}x = (b-a)\int_{a}^{b}f^2(x)\mathrm{d}x,$$

所以

$$\left(\int_{a}^{b}f(x)\mathrm{d}x\right)^2 \leqslant (b-a)\int_{a}^{b}f^2(x)\mathrm{d}x.$$

习题 8.2

1. 将二重积分化为累次积分(要求按两种次序). 积分区域给定如下.

(1) D:$x+y=1, x-y=1, x=0$ 所围成的区域;

(2) D:$y=x, y=3x, x=1, x=3$ 所围成的区域;

(3) D：$x=3, x=5, 3x-2y+4=0, 3x-2y+1=0$ 所围成的区域；

(4) D：$y=x^2, y=4-x^2$ 所围成的区域；

(5) D：$y=2x, 2y=x, xy=2$ 所围成的区域在第一象限的部分；

(6) D：椭圆 $\dfrac{x^2}{4}+\dfrac{y^2}{9}=1$ 所围成的区域；

(7) D：圆 $(x-2)^2+(y-3)^2=4$ 所围成的区域；

(8) D：$y=x, y=2$ 及 $x+y=6$ 所围成的区域.

2. 交换下列累次积分的次序.

(1) $\displaystyle\int_0^1 dy \int_y^{\sqrt{y}} f(x,y) dx$；

(2) $\displaystyle\int_0^2 dx \int_x^{2x} f(x,y) dy$；

(3) $\displaystyle\int_1^e dx \int_0^{\ln x} f(x,y) dy$；

(4) $\displaystyle\int_0^a dx \int_x^{\sqrt{2ax-x^2}} f(x,y) dy$；

(5) $\displaystyle\int_{-6}^2 dx \int_{\frac{x^2}{4}-1}^{2-x} f(x,y) dy$；

(6) $\displaystyle\int_0^{2a} dx \int_{\sqrt{2ax-x^2}}^{\sqrt{2ax}} f(x,y) dy$；

(7) $\displaystyle\int_0^1 dx \int_0^{x^2} f(x,y) dy + \int_1^3 dx \int_0^{\frac{1}{2}(3-x)} f(x,y) dy$；

(8) $\displaystyle\int_0^1 dx \int_0^x f(x,y) dy + \int_1^2 dx \int_0^{2-x} f(x,y) dy$；

3. 计算下列二重积分.

(1) $\displaystyle\iint_D e^{x+y} d\sigma, D$：$x=0, y=0, x=1, y=1$ 所围成的区域；

(2) $\displaystyle\iint_D x\sin(x+y) d\sigma, D$：$x=0, y=0, x=\pi, y=\dfrac{\pi}{2}$ 所围成的区域；

(3) $\displaystyle\iint_D y^2\sqrt{1-x^2} d\sigma, D$：$x^2+y^2=1$ 所围成的区域；

(4) $\displaystyle\iint_D (x^2+y) d\sigma, D$：$y=x^2, y^2=x$ 所围成的区域；

(5) $\displaystyle\iint_D (x+6y) d\sigma, D$：$y=5x, y=x, x=1$ 所围成的区域；

(6) $\displaystyle\iint_D xy d\sigma, D$：$y=x, y=\pi, x=0$ 所围成的区域；

(7) $\displaystyle\iint_D \dfrac{x}{y+1} d\sigma, D$：$y=x^2+1, y=2x, x=0$ 所围成的区域；

(8) $\displaystyle\iint_D |y-x^2| d\sigma, D$：$0 \leqslant y \leqslant 2, |x|=1$ 所围成的区域.

4. 将下列二重积分化为极坐标形式.

(1) $\displaystyle\iint_D f(x,y) d\sigma, D$：$x^2+y^2=ax \ (a>0)$ 所围成的区域；

(2) $\iint\limits_{D} f(x,y)\mathrm{d}\sigma, D: a^2 \leqslant x^2 + y^2 \leqslant b^2 (a,b > 0)$ 所围成的区域;

(3) $\iint\limits_{D} f(x,y)\mathrm{d}\sigma, D: x = 0, y = 0, x + y = 1$ 所围成的区域;

(4) $\iint\limits_{D} f(x,y)\mathrm{d}\sigma, D: y = \dfrac{x^2}{a}, y = a (a > 0)$ 所围成的区域;

(5) $\int_0^{2R} \mathrm{d}y \int_0^{\sqrt{2Ry-y^2}} f(x,y)\mathrm{d}x$;

(6) $\int_0^R \mathrm{d}x \int_0^{\sqrt{R^2-x^2}} f(x^2+y^2)\mathrm{d}y$;

(7) $\int_0^{\frac{R}{\sqrt{1+R^2}}} \mathrm{d}x \int_0^{Rx} f\left(\dfrac{y}{x}\right)\mathrm{d}y + \int_{\frac{R}{\sqrt{1+R^2}}}^{R} \mathrm{d}x \int_0^{\sqrt{R^2-x^2}} f\left(\dfrac{y}{x}\right)\mathrm{d}y$.

5. 计算下列二重积分.

(1) $\iint\limits_{D} y\,\mathrm{d}x\mathrm{d}y, D: x^2 + y^2 \leqslant a^2, x \geqslant 0, y \geqslant 0 (a > 0)$ 所确定的区域;

(2) $\iint\limits_{D} \mathrm{e}^{-(x^2+y^2)}\mathrm{d}x\mathrm{d}y, D: x^2 + y^2 \leqslant 1$ 所确定的区域;

(3) $\iint\limits_{D} \ln(1 + x^2 + y^2)\mathrm{d}x\mathrm{d}y, D: x^2 + y^2 \leqslant 1, x \geqslant 0, y \geqslant 0$ 所确定的区域;

(4) $\iint\limits_{D} (h - 2x - 3y)\mathrm{d}x\mathrm{d}y, D: x^2 + y^2 \leqslant R^2$ 所确定的区域;

(5) $\iint\limits_{D} \sqrt{R^2 - x^2 - y^2}\,\mathrm{d}x\mathrm{d}y, D: x^2 + y^2 \leqslant R^2$ 所确定的区域;

(6) $\iint\limits_{D} \arctan\dfrac{y}{x}\mathrm{d}x\mathrm{d}y, D: x^2 + y^2 \leqslant a^2, x \geqslant 0, y \geqslant 0$ 所确定的区域.

复习题八

1. 设函数 $f(x,y)$ 在平面区域 D 上连续,恒正,证明: $\iint\limits_{D} f(x,y)\mathrm{d}\sigma > 0$.

2. 设函数 $f(x,y)$ 在平面区域 D 上连续,并在任意一个小区域 σ 上 $\iint\limits_{\sigma} f(x,y)\mathrm{d}\sigma = 0$,证明:在 D 内 $f(x,y) \equiv 0$.

3. 计算下列二重积分.

(1) $\iint\limits_{|x|+|y|\leqslant 1} (|x| + |y|)\mathrm{d}x\mathrm{d}y$;

(2) $\iint\limits_{x^2+y^2 \leq 1} \left(\dfrac{x+y}{\sqrt{2}} - x^2 - y^2\right) dxdy$.

4. 计算 $\iint\limits_{D} f(x,y) d\sigma$, 其中 $f(x,y) = \begin{cases} x^2 y, & 1 \leq x \leq 2, 0 \leq y \leq x, \\ 0, & \text{其他}. \end{cases}$ $D = \{(x,y) \mid x^2 + y^2 \geq 2x\}$.

5. 计算 $I = \int_{-\infty}^{+\infty}\int_{-\infty}^{+\infty} \min\{x,y\} e^{-(x^2+y^2)} dxdy$.

第 9 章

无穷级数

无穷级数是微积分的一个重要组成部分,它是表示函数、研究函数的性质以及进行数值计算的一个有力工具. 本章先讨论常数项级数的基本概念、性质及判别其敛散性的方法,然后讲述幂级数的基本性质、如何求幂级数的和函数及如何将函数展开成幂级数.

9.1 常数项级数的概念与性质

9.1.1 常数项级数的概念

1. 常数项级数收敛与发散的定义

引例 用较简单的数来逼近一个较复杂的数

在中学的学习中我们已经知道,有理数 $\frac{1}{3}$ 写成分数,就是 $0.\dot{3}$,它显然可以理解为这样的一个"和":

$$0.3 + 0.03 + 0.003 + \cdots + \underbrace{0.0\cdots03}_{n-1\text{个}0} + \cdots \tag{1}$$

即无穷多个数

$$0.3, 0.03, 0.003, \cdots, \underbrace{0.0\cdots03}_{n-1\text{个}0}, \cdots \tag{2}$$

的和.

从这个例子中看到,研究无穷多个数的和是有必要的,那么,如何定义这无穷多个数的和呢?

下面就来讨论这个问题,在上面的引例中,"和" $\frac{1}{3}$ 显然就是等比数列(2)的前 n 项和 s_n 的极限. 因此把 $\lim\limits_{n\to\infty} s_n$ 定义为(1)的和是合情合理的. 下面给出一般的定义.

一般地,把数列

$$u_1, u_2, u_3, \cdots, u_n, \cdots \tag{3}$$

的各项依次用加号连接所得的表达式

$$u_1 + u_2 + u_3 + \cdots + u_n + \cdots \tag{4}$$

叫做(**常数项**)**无穷级数**.简称**常数项级数**或**数项级数**,记为 $\sum_{n=1}^{\infty} u_n$,即

$$\sum_{n=1}^{\infty} u_n = u_1 + u_2 + u_3 + \cdots + u_n + \cdots,$$

其中,第 n 项 u_n 叫做级数 $\sum_{n=1}^{\infty} u_n$ 的**一般项**.

作(常数项)级数(4)的前 n 项和,记做 s_n,即

$$s_n = u_1 + u_2 + u_3 + \cdots + u_n,$$

s_n 称为级数(4)的前 n 项部分和,简称**部分和**.

当 n 依次取 $1,2,3,\cdots$ 时,便得到一个新的数列:

$$s_1 = u_1, \quad s_2 = u_1 + u_2, \quad s_3 = u_1 + u_2 + u_3, \quad \cdots, \quad s_n = u_1 + u_2 + u_3 + \cdots + u_n, \cdots$$

于是,级数(4)的和是否存在就转化为由部分和组成的数列 $\{s_n\}$ 是否收敛的问题了.

定义 9.1 如果级数 $\sum_{n=1}^{\infty} u_n$ 的部分和数列 $\{s_n\}$ 有极限 s,即 $\lim_{n \to \infty} s_n = s$,则称无穷级数 $\sum_{n=1}^{\infty} u_n$ **收敛**,这时极限 s 叫做级数的和,并写成

$$s = u_1 + u_2 + u_3 + \cdots + u_n + \cdots = \sum_{n=1}^{\infty} u_n.$$

如果 $\{s_n\}$ 没有极限,则称无穷级数 $\sum_{n=1}^{\infty} u_n$ **发散**.

显然,当级数收敛时,其部分和 s_n 是级数的和 s 的近似值,它们之间的差值

$$r_n = s - s_n = u_{n+1} + u_{n+2} + \cdots$$

叫做级数(4)的**余项**.用近似值 s_n 代替和 s 所产生的误差是这个余项的绝对值,即 $|r_n|$.

例 9.1 无穷级数

$$\sum_{n=0}^{\infty} aq^n = a + aq + aq^2 + \cdots + aq^{n-1} + \cdots \tag{5}$$

叫做**等比级数**(也叫**几何级数**),其中 $a \neq 0$,q 叫做级数的公比,试讨论级数(5)的收敛性.

解 当 $q \neq 1$ 时,部分和

$$s_n = a + aq + aq^2 + \cdots + aq^{n-1} = \frac{a(1-q^n)}{1-q} = \frac{a}{1-q} - \frac{aq^n}{1-q}.$$

当 $|q| < 1$ 时,由于 $\lim_{n \to \infty} q^n = 0$,于是 $\lim_{n \to \infty} s_n = \frac{a}{1-q}$,因此这时级数(5)收敛,且收敛于和 $\frac{a}{1-q}$;

当 $|q| > 1$ 时,由于 $\lim_{n \to \infty} q^n = \infty$,于是 $\lim_{n \to \infty} s_n = \infty$,因此这时级数(5)发散;

当 $|q| = 1$ 时,这时分 $q = 1$ 和 $q = -1$ 两种情况:

当 $q = 1$ 时,$s_n = na$,因 $a \neq 0$,从而 $\lim_{n \to \infty} s_n = \infty$,因此这时级数(5)发散;

当 $q=-1$ 时,级数(5)变为
$$a-a+a-a+a-a+\cdots+(-1)^{n-1}a+\cdots,$$
显然,s_n 随着 n 为奇数或为偶数而等于 $a(a\neq 0)$ 或等于 0,故 $\{s_n\}$ 的极限不存在,因此这时级数(5)发散.

综上所述,等比级数(5)当 $|q|<1$ 时收敛,且其和为 $\dfrac{a}{1-q}$;当 $|q|\geqslant 1$ 时发散.

例 9.2 某合同规定,从签约之日起,由甲方永不停止地每年支付给乙方 500 万元人民币,设年利率为 5%,分别以:(1)年复利计算利息;(2)连续复利计算利息,则该合同的现值等于多少?

解 (1) 以年复利计息,则
第一笔付款发生在签约当天,
$$\text{第一笔付款的现值(单位:百万元)} = 5;$$
第二笔付款发生在一年后,因此
$$\text{第二笔付款的现值(单位:百万元)} = \frac{5}{1.05};$$
第三笔付款发生在两年后,因此
$$\text{第三笔付款的现值(单位:百万元)} = \frac{5}{1.05^2};$$
如此继续下去直至永远,则
$$\text{总的现值} = 5 + \frac{5}{1.05} + \frac{5}{1.05^2} + \cdots + \frac{5}{1.05^n} + \cdots,$$
这是一个以 5 为首项,以 $\dfrac{1}{1.05}$ 为公比的等比级数,显然收敛,且
$$\text{总的现值} = \frac{5}{1-\dfrac{1}{1.05}} = 105(\text{百万}),$$
也就是说,如果按年复利计息,甲方现在需存入 10 500 万元,即可永不停止地每年支付给乙方 500 万元.

(2) 以连续复利计息,则
$$\text{第一笔付款的现值(单位:百万元)} = 5;$$
$$\text{第二笔付款的现值(单位:百万元)} = 5e^{-0.05};$$
$$\text{第三笔付款的现值(单位:百万元)} = 5(e^{-0.05})^2;$$
一直这样下去,得
$$\text{总的现值} = 5 + 5e^{-0.05} + 5(e^{-0.05})^2 + \cdots + 5(e^{-0.05})^n + \cdots,$$

这是一个以 5 为首项，以 $e^{-0.05}$ 为公比的等比级数，显然收敛，且

$$\text{总的现值} = \frac{5}{1-e^{-0.05}} \approx 102.5(\text{百万}),$$

也就是说，如果以连续复利计息，甲方现在大约需存入 10 250 万元，即可永不停止地每年支付给乙方 500 万元. 显然后一种比前一种节省了 250 万元.

例 9.3 判别级数 $\dfrac{1}{1\times 2}+\dfrac{1}{2\times 3}+\cdots+\dfrac{1}{n(n+1)}+\cdots$ 的收敛性.

解 由于级数的一般项

$$u_n = \frac{1}{n(n+1)} = \frac{1}{n} - \frac{1}{n+1} \quad (n=1,2,\cdots),$$

所以

$$s_n = \frac{1}{1\times 2}+\frac{1}{2\times 3}+\cdots+\frac{1}{n(n+1)}$$
$$= \left(1-\frac{1}{2}\right)+\left(\frac{1}{2}-\frac{1}{3}\right)+\cdots+\left(\frac{1}{n}-\frac{1}{n+1}\right) = 1-\frac{1}{n+1},$$

而

$$\lim_{n\to\infty} s_n = \lim_{n\to\infty}\left(1-\frac{1}{n+1}\right) = 1,$$

故级数收敛，且其和为 1，即

$$\frac{1}{1\times 2}+\frac{1}{2\times 3}+\cdots+\frac{1}{n(n+1)}+\cdots = 1.$$

例 9.4 证明调和级数 $\sum\limits_{n=1}^{\infty}\dfrac{1}{n}$ 发散.

证明 调和级数 $\sum\limits_{n=1}^{\infty}\dfrac{1}{n}$ 的前 n 项（在此取 $n=2^m$）部分和为

$$s_n = s_{2^m} = 1+\frac{1}{2}+\frac{1}{3}+\frac{1}{4}+\cdots+\frac{1}{2^m-1}+\frac{1}{2^m}$$
$$= 1+\frac{1}{2}+\left(\frac{1}{3}+\frac{1}{4}\right)+\left(\frac{1}{5}+\frac{1}{6}+\frac{1}{7}+\frac{1}{8}\right)+\left(\frac{1}{9}+\frac{1}{10}+\cdots+\frac{1}{16}\right)$$
$$+\left(\frac{1}{17}+\frac{1}{18}+\cdots+\frac{1}{32}\right)+\cdots+\underbrace{\left(\frac{1}{2^{m-1}+1}+\frac{1}{2^{m-1}+2}+\cdots+\frac{1}{2^m}\right)}_{2^{m-1}\text{项}}$$
$$> 1+\underbrace{\frac{1}{2}+\frac{1}{2}+\frac{1}{2}+\cdots+\frac{1}{2}}_{m\uparrow \frac{1}{2}} = 1+\frac{m}{2}.$$

此时 $\lim\limits_{m\to\infty} s_{2^m} \geq \lim\limits_{m\to\infty}\left(1+\dfrac{m}{2}\right) = +\infty$，因此 $\lim\limits_{n\to\infty} s_n$ 不存在. 故调和级数 $\sum\limits_{n=1}^{\infty}\dfrac{1}{n}$ 发散.

2. 级数收敛的必要条件

定理 9.1（级数收敛的必要条件） 若级数 $\sum\limits_{n=1}^{\infty} u_n$ 收敛，则必有 $\lim\limits_{n\to\infty} u_n = 0$.

证明 设级数 $\sum\limits_{n=1}^{\infty} u_n$ 收敛于 s，且其前 n 项部分和为 s_n，则有

$$\lim_{n\to\infty} s_n = s, \quad \lim_{n\to\infty} s_{n-1} = s.$$

由于 $u_n = s_n - s_{n-1}$，于是 $\lim u_n = \lim(s_n - s_{n-1}) = \lim s_n - \lim s_{n-1} = s - s = 0$. 得证.

由于一个命题与其逆否命题是同真同假的，因此可以得到定理 9.1 的**逆否命题**：

推论 1 如果级数的一般项不趋于零，则该级数一定发散.

例 9.5 判断级数 $\sum\limits_{n=2}^{\infty} \dfrac{1}{\sqrt[n]{\ln n}}$ 的收敛性.

解 一般项 $u_n = \dfrac{1}{\sqrt[n]{\ln n}}$，对于连续变量 x，有

$$\lim_{x\to+\infty} \frac{1}{\sqrt[x]{\ln x}} = \lim_{x\to+\infty} e^{-\frac{\ln\ln x}{x}} = e^0 = 1,$$

因此 $\lim\limits_{n\to\infty} \dfrac{1}{\sqrt[n]{\ln n}} = \lim\limits_{x\to+\infty} \dfrac{1}{\sqrt[x]{\ln x}} = 1 \neq 0$，由推论 1 知，级数 $\sum\limits_{n=2}^{\infty} \dfrac{1}{\sqrt[n]{\ln n}}$ 发散.

注意 级数的一般项趋于零并不是级数收敛的充分条件. 例如，调和级数 $\sum\limits_{n=1}^{\infty} \dfrac{1}{n}$，虽然它的一般项 $u_n = \dfrac{1}{n} \to 0 (n\to\infty)$，但是它是发散的. 对于调和级数的发散性，也可用**反证法**证明如下：

证明 假设调和级数 $\sum\limits_{n=1}^{\infty} \dfrac{1}{n}$ 收敛，且收敛于 s，设它的部分和为 s_n，则有 $\lim\limits_{n\to\infty} s_n = s$.

显然，对于调和级数 $\sum\limits_{n=1}^{\infty} \dfrac{1}{n}$ 的前 $2n$ 项部分和 s_{2n}，也有 $\lim\limits_{n\to\infty} s_{2n} = s$. 于是，有 $\lim\limits_{n\to\infty}(s_{2n} - s_n) = s - s = 0$，

而事实上，

$$s_{2n} - s_n = \frac{1}{n+1} + \frac{1}{n+2} + \cdots + \frac{1}{2n} > \underbrace{\frac{1}{2n} + \frac{1}{2n} + \cdots + \frac{1}{2n}}_{n\text{个}} = \frac{1}{2},$$

由极限的保号性，有

$$\lim_{n\to\infty}(s_{2n} - s_n) \geqslant \frac{1}{2} \neq 0.$$

两个结果矛盾，这说明假设是错误的，故调和级数发散.

9.1.2 常数项级数的性质

性质 1 ① 如果级数 $\sum_{n=1}^{\infty} u_n$ 收敛于和 s，则它的各项同乘以一个任意常数 k 所得的级数 $\sum_{n=1}^{\infty} k u_n$ 也收敛，且收敛于 ks；

② 如果级数 $\sum_{n=1}^{\infty} u_n$ 发散，则它的各项同乘以一个非零常数 k 所得的级数 $\sum_{n=1}^{\infty} k u_n$ 也发散.

证明 ① 设 $\sum_{n=1}^{\infty} u_n$ 与 $\sum_{n=1}^{\infty} k u_n$ 的部分和分别为 s_n 与 t_n，且设 $\sum_{n=1}^{\infty} u_n$ 收敛于 s，则 $t_n = k s_n$，又因 $\lim_{n \to \infty} s_n = s$. 所以 $\lim_{n \to \infty} t_n = \lim_{n \to \infty} k s_n = ks$. 即级数 $\sum_{n=1}^{\infty} k u_n$ 收敛于 ks.

② 证明略（提示：用反证法）.

性质 2 如果级数 $\sum_{n=1}^{\infty} u_n$ 与 $\sum_{n=1}^{\infty} v_n$ 分别收敛于和 s 与 t，则级数 $\sum_{n=1}^{\infty} (u_n \pm v_n)$ 也收敛，且其和为 $s \pm t$.

证明略（提示：用定义证）.

性质 2 也可以简单地说成：**两个收敛级数逐项相加或逐项相减所得的级数仍收敛**.

由性质 2 可得如下推论：

推论 2 一个收敛级数与一个发散级数逐项相加或逐项相减所得的级数一定发散.

证明略（提示：用反证法）.

注：两个发散级数逐项相加或逐项相减所得的级数可能收敛，也可能发散.

例如，级数　$1 + 1 + \cdots + 1 + \cdots$

与级数　$-1 - 1 - \cdots - 1 - \cdots$，

逐项相加所得的级数显然收敛；而逐项相减所得的级数显然发散.

例 9.6 利用推论 2 说明级数

$$\left(1 + \frac{1}{3}\right) + \left(\frac{1}{2} + \frac{1}{3^2}\right) + \cdots + \left(\frac{1}{n} + \frac{1}{3^n}\right) + \cdots$$

的敛散性.

解 上述级数显然可看成是由调和级数 $\sum_{n=1}^{\infty} \frac{1}{n}$ 与等比级数 $\sum_{n=1}^{\infty} \frac{1}{3^n}$ 逐项相加得到的级数，由前面的讨论知，调和级数 $\sum_{n=1}^{\infty} \frac{1}{n}$ 发散，而等比级数 $\sum_{n=1}^{\infty} \frac{1}{3^n}$ 收敛，由推论 2 知，上述级数发散.

性质 3 在级数中去掉、加上或改变有限项，不会改变级数的敛散性.

证明 我们只需证明"在级数的前面部分去掉或加上有限项，不会改变级数的敛散性"，因为其他情形(即在级数中任意去掉、加上或改变有限项的情形)都可以看成在级数的前面部分先去掉有限项,然后再加上有限项的结果.

设将级数(设其部分和为 s_n)
$$u_1 + u_2 + \cdots + u_k + u_{k+1} + \cdots + u_{k+n} + \cdots$$
的前 k 项去掉,则得级数
$$u_{k+1} + u_{k+2} + \cdots + u_{k+n} + \cdots,$$
于是新得级数的部分和 t_n 为
$$t_n = u_{k+1} + u_{k+2} + \cdots + u_{k+n} = s_{k+n} - s_k,$$
其中,s_{k+n} 是原来级数的前 $k+n$ 项的和,因 s_k 是常数,所以当 $n \to \infty$ 时,t_n 与 s_{k+n} 或者同时具有极限,或者同时没有极限,由此命题得证.

类似地,可以证明在级数的前面加上有限项,不会改变级数的收敛性.

性质 4 如果级数 $\sum_{n=1}^{\infty} u_n$ 收敛,则对此级数的项任意加括号后所成的级数
$$(u_1 + u_2 + \cdots + u_{n_1}) + (u_{n_1+1} + u_{n_1+2} + \cdots + u_{n_2}) + \cdots + (u_{n_{k-1}+1} + u_{n_{k-1}+2} + \cdots + u_{n_k}) + \cdots \tag{6}$$
仍收敛,且其和不变.

证明 设级数 $\sum_{n=1}^{\infty} u_n$(相应于前 n 项)的部分和为 s_n,加括号后所成的级数(6)(相应于前 k 项)的部分和为 t_k,则
$$t_1 = u_1 + u_2 + \cdots + u_{n_1} = s_{n_1},$$
$$t_2 = (u_1 + u_2 + \cdots + u_{n_1}) + (u_{n_1+1} + u_{n_1+2} + \cdots + u_{n_2}) = s_{n_2},$$
$$\vdots$$
$$t_k = (u_1 + u_2 + \cdots + u_{n_1}) + \cdots + (u_{n_{k-1}+1} + u_{n_{k-1}+2} + \cdots + u_{n_k}) = s_{n_k},$$
$$\vdots$$

可见,数列 $\{t_k\}$ 是数列 $\{s_n\}$ 的一个子列,由数列 $\{s_n\}$ 的收敛性以及收敛数列与其子列的关系可知,数列 $\{t_k\}$ 必定收敛,并且有
$$\lim_{k \to \infty} t_k = \lim_{n \to \infty} s_n,$$
即加括号后所成的级数收敛,且其和不变.

由性质 4 的逆否命题,立即可得以下推论.

推论 3 如果加括号后所成的级数发散,则原级数一定发散.

注:如果加括号后所成的级数收敛,则不能断定去括号后原来的级数也收敛.

例如,级数 $(1-1)+(1-1)+\cdots+(1-1)+\cdots$ 收敛于零,但级数 $1-1+1-1+\cdots+1-1+\cdots$ 却是发散的.

例 9.7 用推论 3 证明调和级数 $\sum\limits_{n=1}^{\infty}\dfrac{1}{n}$ 的发散性.

证明 考虑给调和级数 $\sum\limits_{n=1}^{\infty}\dfrac{1}{n}$ 按如下规律加括号后所成的级数

$$1+\frac{1}{2}+\left(\frac{1}{3}+\frac{1}{4}\right)+\left(\frac{1}{5}+\frac{1}{6}+\frac{1}{7}+\frac{1}{8}\right)+\left(\frac{1}{9}+\frac{1}{10}+\cdots+\frac{1}{16}\right)$$
$$+\left(\frac{1}{17}+\frac{1}{18}+\cdots+\frac{1}{32}\right)+\cdots+\underbrace{\left(\frac{1}{2^{m-1}+1}+\frac{1}{2^{m-1}+2}+\cdots+\frac{1}{2^m}\right)}_{2^{m-1}\text{项}}+\cdots, \tag{7}$$

可以看到,每个括号中的数之和都大于 $\dfrac{1}{2}$,即级数(7)的每一项都大于 $\dfrac{1}{2}$,由推论 1 知级数(7)发散,再利用推论 3 知调和级数发散.

例 9.8 讨论级数 $1+\dfrac{1}{3}+\dfrac{1}{2}+\dfrac{1}{3^2}+\cdots+\dfrac{1}{n}+\dfrac{1}{3^n}+\cdots$ 的敛散性.

解 要讨论 $1+\dfrac{1}{3}+\dfrac{1}{2}+\dfrac{1}{3^2}+\cdots+\dfrac{1}{n}+\dfrac{1}{3^n}+\cdots$ 的敛散性,先讨论加括号后所成的级数

$$\left(1+\frac{1}{3}\right)+\left(\frac{1}{2}+\frac{1}{3^2}\right)+\cdots+\left(\frac{1}{n}+\frac{1}{3^n}\right)+\cdots$$

的敛散性. 由例 9.6 知,级数 $\left(1+\dfrac{1}{3}\right)+\left(\dfrac{1}{2}+\dfrac{1}{3^2}\right)+\cdots+\left(\dfrac{1}{n}+\dfrac{1}{3^n}\right)+\cdots$ 发散,再由推论 3 知原级数 $1+\dfrac{1}{3}+\dfrac{1}{2}+\dfrac{1}{3^2}+\cdots+\dfrac{1}{n}+\dfrac{1}{3^n}+\cdots$ 也发散.

习题 9.1

1. 写出下列级数的一般项.

(1) $\ln 2+\ln\dfrac{3}{2}+\ln\dfrac{4}{3}+\ln\dfrac{5}{4}+\cdots$;

(2) $\dfrac{\sqrt{x}}{2}+\dfrac{x}{2\times 4}+\dfrac{x\sqrt{x}}{2\times 4\times 6}+\dfrac{x^2}{2\times 4\times 6\times 8}+\cdots$;

(3) $\dfrac{a^2}{3}-\dfrac{a^3}{5}+\dfrac{a^4}{7}-\dfrac{a^5}{9}+\cdots$;

(4) $1-\dfrac{1}{2}x+\dfrac{1\times 3}{2\times 4}x^2-\dfrac{1\times 3\times 5}{2\times 4\times 6}x^3+\dfrac{1\times 3\times 5\times 7}{2\times 4\times 6\times 8}x^4-\cdots$.

2. 用级数收敛的定义判别下列级数的敛散性,若收敛,求其和.

(1) $\sum\limits_{n=1}^{\infty}\ln\dfrac{n+3}{n+4}$;   (2) $\sum\limits_{n=1}^{\infty}\dfrac{1}{(2n-1)(2n+1)}$;

(3) $\sum\limits_{n=1}^{\infty}\dfrac{n}{(n+1)!}$;   (4) $\sum\limits_{n=1}^{\infty}\dfrac{1}{\sqrt{n(n+1)}(\sqrt{n}+\sqrt{n+1})}$.

3. 判别下列级数的敛散性.

(1) $\sum_{n=1}^{\infty} \dfrac{n^n}{(n+1)^n}$;

(2) $\sum_{n=2}^{\infty} \dfrac{1}{\sqrt[n]{\ln n}}$;

(3) $\sum_{n=1}^{\infty} \left(\dfrac{1}{2^n} + \dfrac{1}{3^n}\right)$;

(4) $\sum_{n=1}^{\infty} (-1)^n \dfrac{2^n}{3^n}$;

(5) $\sum_{n=1}^{\infty} \left(\dfrac{3^n}{5^n} - \dfrac{2}{3}n\right)$;

(6) $\sum_{n=1}^{\infty} \left(\dfrac{1}{n^2+n+1} + \dfrac{2}{n^2+n+2} + \cdots + \dfrac{n}{n^2+n+n}\right)$.

4. 证明下列结论.

(1) 若级数 $\sum_{n=1}^{\infty} u_n$ 收敛于 s,则级数 $\sum_{n=1}^{\infty} (u_n + u_{n+1})$ 也收敛,且收敛于 $2s - u_1$;

(2) 若级数 $\sum_{n=1}^{\infty} (u_{2n-1} + u_{2n})$ 收敛于 s,又 $\lim_{n\to\infty} u_n = 0$,则级数 $\sum_{n=1}^{\infty} u_n$ 收敛,且收敛于 s.

5. 若级数 $\sum_{n=1}^{\infty} u_n$ 的部分和 $s_n = \arctan n$,试写出 u_1、u_n、级数 $\sum_{n=1}^{\infty} u_n$ 及其和 s.

6. 设银行存款的年利率为 10%,若以复利计息,应在银行中一次存入多少资金,才能保证从存入之日起,以后每年能从银行提取 300 万元以支付职工福利直到永远?

7. 设有抛物线 $y = nx^2 + \dfrac{1}{n}$ 和 $y = (n+1)x^2 + \dfrac{1}{n+1}$,记它们交点的横坐标的绝对值为 a_n,求(1):这两条抛物线所围成的平面图形的面积 s_n;(2) 级数 $\sum_{n=1}^{\infty} \dfrac{s_n}{a_n}$ 的和.

9.2 正项级数

定义 9.2 若级数 $\sum_{n=1}^{\infty} u_n$ 的一般项 $u_n \geqslant 0$,则称该级数为正项级数.

9.2.1 正项级数收敛的充要条件

设 $\sum_{n=1}^{\infty} u_n$ 为一正项级数,它的部分和为 s_n,显然,数列 $\{s_n\}$ 为一单调增加的数列:

$$0 \leqslant s_1 \leqslant s_2 \leqslant s_3 \leqslant \cdots \leqslant s_n \leqslant \cdots,$$

如果数列 $\{s_n\}$ 有界,即 s_n 总不大于某一常数 M,根据单调有界的数列必有极限的准则可知 $\lim_{n\to\infty} s_n$ 一定存在,不妨设 $\lim_{n\to\infty} s_n = s$,则正项级数 $\sum_{n=1}^{\infty} u_n$ 收敛于 s,且 $s_n \leqslant s \leqslant M$.

反之,如果正项级数 $\sum_{n=1}^{\infty} u_n$ 收敛于 s,即 $\lim_{n\to\infty} s_n = s$,根据收敛的数列必有界的性质可知,数列 $\{s_n\}$ 有界.

由此,可得到如下重要结论:

定理 9.2　正项级数 $\sum_{n=1}^{\infty} u_n$ 收敛的充分必要条件是它的部分和数列 $\{s_n\}$ 有界.

此定理称为**正项级数收敛的充要条件**.

由定理 9.2 可证,若正项级数 $\sum_{n=1}^{\infty} u_n$ 发散,则必有 $\sum_{n=1}^{\infty} u_n = +\infty$.

9.2.2　正项级数的比较审敛法

根据定理 9.2,可得关于正项级数的比较审敛法.

定理 9.3(比较审敛法)　设 $\sum_{n=1}^{\infty} u_n$ 和 $\sum_{n=1}^{\infty} v_n$ 都是正项级数,且 $u_n \leqslant v_n (n=1,2,\cdots)$,
① 若 $\sum_{n=1}^{\infty} v_n$ 收敛,则 $\sum_{n=1}^{\infty} u_n$ 也收敛;② 反之,若 $\sum_{n=1}^{\infty} u_n$ 发散,则 $\sum_{n=1}^{\infty} v_n$ 也发散.

证明　设级数 $\sum_{n=1}^{\infty} v_n$ 的部分和为 t_n,级数 $\sum_{n=1}^{\infty} u_n$ 的部分和为 s_n.

① 设级数 $\sum_{n=1}^{\infty} v_n$ 收敛于 t,则

$$s_n = u_1 + u_2 + \cdots + u_n \leqslant v_1 + v_2 + \cdots + v_n = t_n \leqslant t \quad (n=1,2,\cdots),$$

这说明部分和数列 $\{s_n\}$ 有界,由定理 9.2 知,级数 $\sum_{n=1}^{\infty} u_n$ 收敛.

② 用反证法:假设级数 $\sum_{n=1}^{\infty} u_n$ 发散,而级数 $\sum_{n=1}^{\infty} v_n$ 收敛,且收敛于 t,则有 $s_n \leqslant t_n \leqslant t$. 即部分和数列 $\{s_n\}$ 有界,由定理 9.2 知,级数 $\sum_{n=1}^{\infty} u_n$ 收敛,与题设矛盾,故命题得证.

由上一节级数的性质,不难得到如下推论.

推论　设 $\sum_{n=1}^{\infty} u_n$ 和 $\sum_{n=1}^{\infty} v_n$ 都是正项级数,若存在正整数 N 及正的常数 k,使得当 $n > N$ 时,有 $u_n \leqslant k v_n$,则
① 若 $\sum_{n=1}^{\infty} v_n$ 收敛,则 $\sum_{n=1}^{\infty} u_n$ 也收敛;② 反之,若 $\sum_{n=1}^{\infty} u_n$ 发散,则 $\sum_{n=1}^{\infty} v_n$ 也发散.

例 9.9　讨论 p-级数

$$1 + \frac{1}{2^p} + \frac{1}{3^p} + \cdots + \frac{1}{n^p} + \cdots \tag{1}$$

的敛散性,其中 p 为常数.

解　当 $p \leqslant 1$ 时,$\frac{1}{n^p} \geqslant \frac{1}{n}$,由于调和级数 $\sum_{n=1}^{\infty} \frac{1}{n}$ 发散,由比较审敛法可知,级数(1)发散;

当 $p>1$ 时,因为当 $n-1 \leqslant x \leqslant n$ 时,有 $\frac{1}{n^p} \leqslant \frac{1}{x^p}$,所以

$$\frac{1}{n^p} = \int_{n-1}^{n} \frac{1}{n^p} \mathrm{d}x \leqslant \int_{n-1}^{n} \frac{1}{x^p} \mathrm{d}x = \frac{1}{p-1}\left[\frac{1}{(n-1)^{p-1}} - \frac{1}{n^{p-1}}\right] \quad (n=2,3,\cdots).$$

考虑级数

$$\sum_{n=2}^{\infty}\left[\frac{1}{(n-1)^{p-1}} - \frac{1}{n^{p-1}}\right] \tag{2}$$

的敛散性. 级数(2)的前 n 项部分和

$$s_n = \left[1 - \frac{1}{2^{p-1}}\right] + \left[\frac{1}{2^{p-1}} - \frac{1}{3^{p-1}}\right] + \cdots + \left[\frac{1}{n^{p-1}} - \frac{1}{(n+1)^{p-1}}\right] = 1 - \frac{1}{(n+1)^{p-1}},$$

因此

$$\lim_{n\to\infty} s_n = \lim_{n\to\infty}\left(1 - \frac{1}{(n+1)^{p-1}}\right) = 1.$$

故级数(2)收敛,由比较审敛法知,此时级数(1)收敛.

综上所述可知,p-级数当 $p \leqslant 1$ 时发散,而当 $p>1$ 时收敛.

注:利用比较审敛法判别正项级数的敛散性时,最关键的是寻找敛散性已知的正项级数作为比较对象. 那么哪些级数可作为比较对象呢?这里,几何级数、调和级数、p-级数都是重要的参考级数.

例 9.10 讨论级数 (1) $\sum_{n=1}^{\infty} \frac{1}{\sqrt{n(n+1)}}$ 与 (2) $\sum_{n=1}^{\infty} \frac{1}{n^2+n-10}$ 的敛散性.

解 (1) 因为 $n(n+1) < (n+1)^2$,所以 $\frac{1}{\sqrt{n(n+1)}} > \frac{1}{n+1}$,而级数 $\sum_{n=1}^{\infty} \frac{1}{n+1}$ 是发散的,因此由比较审敛法知级数 $\sum_{n=1}^{\infty} \frac{1}{\sqrt{n(n+1)}}$ 发散.

(2) 当 $n>10$ 时,因为 $n^2+n-10 > n^2$,所以 $\frac{1}{n^2+n-10} < \frac{1}{n^2}$,而级数 $\sum_{n=1}^{\infty} \frac{1}{n^2}$ 收敛,由比较审敛法知级数 $\sum_{n=1}^{\infty} \frac{1}{n^2+n-10}$ 收敛.

事实上,下面给出的比较审敛法的极限形式,应用起来更方便.

定理 9.4(比较审敛法的极限形式) 设 $\sum_{n=1}^{\infty} u_n$ 和 $\sum_{n=1}^{\infty} v_n$ 都是正项级数,如果 $\lim_{n\to\infty} \frac{u_n}{v_n} = l$($l$ 或为数或为 $+\infty$),则

(1) 当 $0 < l < +\infty$ 时,级数 $\sum_{n=1}^{\infty} u_n$ 与 $\sum_{n=1}^{\infty} v_n$ 同时收敛或同时发散;

(2) 当 $l = 0$ 时,若 $\sum_{n=1}^{\infty} u_n$ 发散,则 $\sum_{n=1}^{\infty} v_n$ 也发散;若 $\sum_{n=1}^{\infty} v_n$ 收敛,则 $\sum_{n=1}^{\infty} u_n$ 也收敛;

(3) 当 $l = +\infty$ 时,若 $\sum\limits_{n=1}^{\infty} v_n$ 发散,则 $\sum\limits_{n=1}^{\infty} u_n$ 也发散;若 $\sum\limits_{n=1}^{\infty} u_n$ 收敛,则 $\sum\limits_{n=1}^{\infty} v_n$ 也收敛.

证明 (1) 由极限的定义知,取 $\varepsilon = \dfrac{l}{2} > 0$,则存在正整数 N,当 $n > N$ 时,有

$$\left|\dfrac{u_n}{v_n} - l\right| < \dfrac{l}{2}, \quad \text{即} \quad \dfrac{l}{2} v_n < u_n < \dfrac{3}{2} l v_n.$$

若 $\sum\limits_{n=1}^{\infty} v_n$ 收敛,因 $u_n < \dfrac{3}{2} l v_n$,由比较审敛法的推论知,级数 $\sum\limits_{n=1}^{\infty} u_n$ 收敛;

若 $\sum\limits_{n=1}^{\infty} v_n$ 发散,因 $u_n > \dfrac{l}{2} v_n$,由比较审敛法的推论知,级数 $\sum\limits_{n=1}^{\infty} u_n$ 发散.

即级数 $\sum\limits_{n=1}^{\infty} u_n$ 与 $\sum\limits_{n=1}^{\infty} v_n$ 同时收敛或同时发散.

(2) 由极限的定义知,取 $\varepsilon = \dfrac{1}{2}$,则存在正整数 N,当 $n > N$ 时,有

$$\left|\dfrac{u_n}{v_n} - 0\right| < \dfrac{1}{2}, \quad \text{即} \quad -\dfrac{1}{2} v_n < u_n < \dfrac{1}{2} v_n.$$

因为 $u_n < \dfrac{1}{2} v_n$,由比较审敛法的推论知,若 $\sum\limits_{n=1}^{\infty} v_n$ 收敛,则 $\sum\limits_{n=1}^{\infty} u_n$ 收敛;若 $\sum\limits_{n=1}^{\infty} u_n$ 发散,则 $\sum\limits_{n=1}^{\infty} v_n$ 发散.

(3) 由于 $\lim\limits_{n \to \infty} \dfrac{u_n}{v_n} = +\infty$,即 $\lim\limits_{n \to \infty} \dfrac{v_n}{u_n} = 0$,再利用(2)的结论即可证明(3).

注:欲判别正项级数 $\sum\limits_{n=1}^{\infty} u_n$(当 $n \to \infty$ 时,$u_n \to 0$)的敛散性,若以正项级数 $\sum\limits_{n=1}^{\infty} v_n$(当 $n \to \infty$ 时,$v_n \to 0$)作为比较对象(或参考级数),则比较审敛法的极限形式,实质上是考查当 $n \to \infty$ 时,这两个级数的通项 u_n 与 v_n 趋于零的"快慢"程度,即比较两个无穷小的阶:

① 当 $n \to \infty$ 时,若 u_n 与 v_n 是同阶无穷小,则级数 $\sum\limits_{n=1}^{\infty} u_n$ 与 $\sum\limits_{n=1}^{\infty} v_n$ 有相同的敛散性;

② 当 $n \to \infty$ 时,若 u_n 是比 v_n 较高阶的无穷小,则当 $\sum\limits_{n=1}^{\infty} v_n$ 收敛时,$\sum\limits_{n=1}^{\infty} u_n$ 必收敛;若 u_n 是比 v_n 较低阶的无穷小,当则 $\sum\limits_{n=1}^{\infty} v_n$ 发散时,$\sum\limits_{n=1}^{\infty} u_n$ 必发散.

正因为如此,在判别正项级数 $\sum\limits_{n=1}^{\infty} u_n$ 的敛散性时,可将该级数的通项 u_n 或其部分因子用等价无穷小代换,代换后得到的新级数与级数 $\sum\limits_{n=1}^{\infty} u_n$ 的敛散性相同.

例 9.11 判别级数 $\sum_{n=1}^{\infty}\left(1-\cos\frac{1}{n}\right)$ 的收敛性.

解 因 $\lim_{x\to 0}\frac{1-\cos x}{x^2}=\frac{1}{2}$,故 $\lim_{n\to\infty}\frac{1-\cos\frac{1}{n}}{\frac{1}{n^2}}=\frac{1}{2}$,由比较审敛法的极限形式知,级数 $\sum_{n=1}^{\infty}\left(1-\cos\frac{1}{n}\right)$ 与级数 $\sum_{n=1}^{\infty}\frac{1}{n^2}$ 有相同的敛散性,而 $\sum_{n=1}^{\infty}\frac{1}{n^2}$ 收敛,故 $\sum_{n=1}^{\infty}\left(1-\cos\frac{1}{n}\right)$ 收敛.

例 9.12 设 $a_n>0\ (n=1,2,\cdots)$,$s_n=a_1+a_2+\cdots+a_n$,试判别级数 $\sum_{n=1}^{\infty}\frac{a_n}{s_n^2}$ 的敛散性.

解 记 $b_n=\frac{a_n}{s_n^2}$,因 $\{s_n\}$ 严格单调增加,即 $s_{n-1}<s_n$,又因 $a_n=s_n-s_{n-1}$,因此有

$$0<b_n=\frac{a_n}{s_n^2}=\frac{s_n-s_{n-1}}{s_n^2}<\frac{s_n-s_{n-1}}{s_n\cdot s_{n-1}}=\frac{1}{s_{n-1}}-\frac{1}{s_n}\quad(n\geqslant 2).$$

记 $c_n=\frac{1}{s_{n-1}}-\frac{1}{s_n}\ (n\geqslant 2)$,设 $\sum_{n=2}^{\infty}c_n$ 前 n 项部分和为 σ_n,则

$$0<\sigma_n=c_2+c_3+\cdots+c_n+c_{n+1}=\frac{1}{s_1}-\frac{1}{s_{n+1}}<\frac{1}{s_1}=\frac{1}{a_1}.$$

这表明正项级数 $\sum_{n=2}^{\infty}c_n$ 的部分和数列 $\{\sigma_n\}$ 有界,由正项级数收敛的充要条件知,级数 $\sum_{n=2}^{\infty}c_n$ 收敛,再由比较审敛法知级数 $\sum_{n=1}^{\infty}b_n$ 收敛,即 $\sum_{n=1}^{\infty}\frac{a_n}{s_n^2}$ 收敛.

将所给正项级数与等比级数比较,能得到在实用上很方便的比值审敛法和根值审敛法.

9.2.3 正项级数的比值审敛法和根值审敛法

定理 9.5(比值审敛法,达朗贝尔(d'Alembert)判别法) 若正项级数 $\sum_{n=1}^{\infty}u_n$ 的后项与前项之比值的极限等于 $\rho\ (0\leqslant\rho\leqslant+\infty)$,即 $\lim_{n\to\infty}\frac{u_{n+1}}{u_n}=\rho$,则

(1) 当 $\rho<1$ 时,级数收敛;
(2) 当 $\rho>1$ 时,级数发散;
(3) 当 $\rho=1$ 时,级数可能收敛也可能发散.

证明 (1) 当 $\rho<1$ 时,取一个适当小的正数 ε,使得 $\rho+\varepsilon=r<1$,根据极限的定义,存在正整数 N,当 $n>N$ 时,有不等式

$$\left|\frac{u_{n+1}}{u_n}-\rho\right|<\varepsilon,$$

从而有 $\frac{u_{n+1}}{u_n}<\rho+\varepsilon=r$，即 $u_{n+1}<ru_n(n>N)$. 因此,

$$u_{N+1}<ru_N, \quad u_{N+2}<ru_{N+1}<r^2u_N, \quad u_{N+3}<ru_{N+2}<r^3u_N, \cdots,$$

显然，等比级数 $\sum_{n=1}^{\infty}r^n u_N$ 收敛(公比为 r，且 $0<r<1$)，故由比较审敛法的推论知，级数 $\sum_{n=1}^{\infty}u_n$ 收敛.

(2) 当 $\rho>1$ 时，取一个适当小的正数 ε，使得 $\rho-\varepsilon=r>1$，根据极限的定义，存在正整数 N，当 $n>N$ 时，有不等式

$$\left|\frac{u_{n+1}}{u_n}-\rho\right|<\varepsilon,$$

从而有 $r=\rho-\varepsilon<\frac{u_{n+1}}{u_n}$，即 $u_{n+1}>ru_n(n>N)$. 因此有

$$u_{N+1}>ru_N, \quad u_{N+2}>ru_{N+1}>r^2u_N, \quad u_{N+3}>ru_{N+2}>r^3u_N, \cdots,$$

显然，等比级数 $\sum_{n=1}^{\infty}r^n u_N$ 发散(公比为 r，且 $r>1$)，故由比较审敛法的推论知，级数 $\sum_{n=1}^{\infty}u_n$ 发散.

(3) 当 $\rho=1$ 时级数可能收敛也可能发散. 例如，p-级数，不论 p 为何值，都有

$$\lim_{n\to\infty}\frac{u_{n+1}}{u_n}=\lim_{n\to\infty}\frac{\frac{1}{(n+1)^p}}{\frac{1}{n^p}}=1.$$

但我们知道，p-级数当 $p\leqslant 1$ 时发散，而当 $p>1$ 时收敛，因此根据 $\rho=1$ 不能判别级数的敛散性.

例 9.13 讨论下列级数的敛散性：

(1) $\sum_{n=1}^{\infty}\frac{1}{n!}$；　　(2) $\sum_{n=1}^{\infty}\frac{n^n}{n!}$；　　(3) $\sum_{n=1}^{\infty}\frac{1}{2n^2-n-\ln n}$.

解 (1) 因为 $\lim_{n\to\infty}\frac{u_{n+1}}{u_n}=\lim_{n\to\infty}\frac{\frac{1}{(n+1)!}}{\frac{1}{n!}}=\lim_{n\to\infty}\frac{1}{n+1}=0<1,$

由比值审敛法知，所给级数收敛.

(2) 因为 $\lim_{n\to\infty}\frac{u_{n+1}}{u_n}=\lim_{n\to\infty}\frac{\frac{(n+1)^{n+1}}{(n+1)!}}{\frac{n^n}{n!}}=\lim_{n\to\infty}\frac{(n+1)^n}{n^n}=\lim_{n\to\infty}\left(1+\frac{1}{n}\right)^n=\mathrm{e}>1,$

由比值审敛法知，所给级数发散.

(3) 因为 $\lim_{n\to\infty}\frac{u_{n+1}}{u_n}=\lim_{n\to\infty}\frac{\frac{1}{2(n+1)^2-(n+1)-\ln(n+1)}}{\frac{1}{2n^2-n-\ln n}}=1,$

由比值审敛法不能判定所给级数的敛散性,此时比值审敛法失效,改用其他方法来判别. 因

$$\lim_{n\to\infty}\frac{u_n}{\frac{1}{n^2}}=\lim_{n\to\infty}\frac{\frac{1}{2n^2-n-\ln n}}{\frac{1}{n^2}}=\frac{1}{2},$$

故 $\sum_{n=1}^{\infty}\frac{1}{2n^2-n-\ln n}$ 与 $\sum_{n=1}^{\infty}\frac{1}{n^2}$ 有相同的敛散性,而 $\sum_{n=1}^{\infty}\frac{1}{n^2}$ 收敛,故 $\sum_{n=1}^{\infty}\frac{1}{2n^2-n-\ln n}$ 收敛.

将所给正项级数与等比级数比较,还能得到在实用上很方便的根值审敛法.

定理 9.6(柯西根值审敛法) 设 $\sum_{n=1}^{\infty}u_n$ 为正项级数,如果它的一般项 u_n 的 n 次根式的极限等于 ρ $(0\leqslant\rho\leqslant+\infty)$,即 $\lim_{n\to\infty}\sqrt[n]{u_n}=\rho$,则

(1) 当 $\rho<1$ 时,级数收敛;

(2) 当 $\rho>1$ 时,级数发散;

(3) 当 $\rho=1$ 时,级数可能收敛也可能发散.

证明略(证明类似于定理 9.5 的证明,读者不妨试一试).

例 9.14 讨论级数 $\sum_{n=1}^{\infty}\frac{x^n}{n}$ $(x>0)$ 的敛散性.

解 因为 $\lim_{n\to\infty}\sqrt[n]{u_n}=\lim_{n\to\infty}\sqrt[n]{\frac{x^n}{n}}=\lim_{n\to\infty}\frac{x}{\sqrt[n]{n}}=x,$

由根值审敛法即定理 9.6 知,当 $x<1$ 时,收敛;当 $x>1$ 时,发散;当 $x=1$ 时,级数变为调和级数 $\sum_{n=1}^{\infty}\frac{1}{n}$,发散. 故综上可知,当 $x<1$ 时原级数收敛;当 $x\geqslant 1$ 时原级数发散.

*9.2.4 正项级数的积分审敛法

把正项级数与无穷限反常积分相比较,可得正项级数的积分审敛法.

定理 9.7(柯西积分审敛法) 设正项级数 $\sum_{n=1}^{\infty}u_n$ 的一般项单调减少,若存在 $[1,+\infty)$ 上的非负单调减少函数 $f(x)$,使得

$$f(n)=u_n \quad (n=1,2,\cdots),$$

则级数 $\sum_{n=1}^{\infty}u_n$ 与无穷限反常积分 $\int_1^{+\infty}f(x)\mathrm{d}x$ 具有相同的敛散性.

证明 显然,级数 $\sum_{n=1}^{\infty}\int_n^{n+1}f(x)\mathrm{d}x$ 可以表示成无穷限反常积分 $\int_1^{+\infty}f(x)\mathrm{d}x$.

当 $n\leqslant x\leqslant n+1$ 时,由于 $f(x)$ 在 $[1,+\infty)$ 上非负单调减少,故有

$$u_{n+1}=\int_n^{n+1}f(n+1)\mathrm{d}x\leqslant\int_n^{n+1}f(x)\mathrm{d}x\leqslant\int_n^{n+1}f(n)\mathrm{d}x=u_n \quad (n=1,2,\cdots).$$

若级数 $\sum_{n=1}^{\infty}\int_n^{n+1}f(x)\mathrm{d}x$ 收敛$\left(\text{即}\int_1^{+\infty}f(x)\mathrm{d}x\text{ 收敛}\right)$，由于 $u_{n+1}\leqslant\int_n^{n+1}f(x)\mathrm{d}x$，根据比较审敛法知 $\sum_{n=1}^{\infty}u_n$ 收敛，从而 $\sum_{n=1}^{\infty}u_n$ 收敛；

若级数 $\sum_{n=1}^{\infty}\int_n^{n+1}f(x)\mathrm{d}x$ 发散$\left(\text{即}\int_1^{+\infty}f(x)\mathrm{d}x\text{ 发散}\right)$，由于 $\int_n^{n+1}f(x)\mathrm{d}x\leqslant u_n$，根据比较审敛法知 $\sum_{n=1}^{\infty}u_n$ 发散．

综上，级数 $\sum_{n=1}^{\infty}u_n$ 与无穷限反常积分 $\int_1^{+\infty}f(x)\mathrm{d}x$ 具有相同的敛散性．

下面，以 p-级数（这里 $p>0$）为例，来讨论积分审敛法的应用.

函数 $f(x)=\dfrac{1}{x^p}$ 与 p-级数的一般项 $u_n=\dfrac{1}{n^p}$ 之间显然满足上述积分审敛法的条件，由积分审敛法知，p-级数 $\sum_{n=1}^{\infty}\dfrac{1}{n^p}(p>0)$ 与反常积分 $\int_1^{+\infty}\dfrac{1}{x^p}\mathrm{d}x(p>0)$ 同时收敛或同时发散，而反常积分 $\int_1^{+\infty}\dfrac{1}{x^p}\mathrm{d}x(p>0)$ 当 $p\leqslant 1$ 时发散，当 $p>1$ 时收敛，从而知 p-级数 $\sum_{n=1}^{\infty}\dfrac{1}{n^p}(p>0)$ 当 $p\leqslant 1$ 时发散，当 $p>1$ 时收敛，这与例 9.9 所得结论一致.

因此，调和级数 $\sum_{n=1}^{\infty}\dfrac{1}{n}$ 的发散性又可以根据无穷限反常积分 $\int_1^{+\infty}\dfrac{1}{x}\mathrm{d}x$ 的发散性得出．这是调和级数发散性的又一种证明方法．

*例 9.15 设 $\dfrac{a_{n+1}}{a_n}\leqslant\dfrac{b_{n+1}}{b_n}$ $(n=1,2,\cdots,a_n>0,b_n>0)$，证明：

（1）若级数 $\sum_{n=1}^{\infty}b_n$ 收敛，则 $\sum_{n=1}^{\infty}a_n$ 收敛；

（2）若级数 $\sum_{n=1}^{\infty}a_n$ 发散，则 $\sum_{n=1}^{\infty}b_n$ 发散.

证明 由题设条件 $\dfrac{a_{n+1}}{a_n}\leqslant\dfrac{b_{n+1}}{b_n}$ $(n=1,2,\cdots,a_n>0,b_n>0)$，有

$$\frac{a_2}{a_1}\cdot\frac{a_3}{a_2}\cdot\frac{a_4}{a_3}\cdot\cdots\cdot\frac{a_{n+1}}{a_n}\leqslant\frac{b_2}{b_1}\cdot\frac{b_3}{b_2}\cdot\frac{b_4}{b_3}\cdot\cdots\cdot\frac{b_{n+1}}{b_n},$$

即

$$\frac{a_{n+1}}{a_1}\leqslant\frac{b_{n+1}}{b_1},$$

从而有

$$a_n\leqslant\frac{a_1}{b_1}b_n.$$

(1) 若 $\sum\limits_{n=1}^{\infty} b_n$ 收敛,则由比较审敛法的推论可知,级数 $\sum\limits_{n=1}^{\infty} a_n$ 收敛;

(2) 若 $\sum\limits_{n=1}^{\infty} a_n$ 发散,则由比较审敛法的推论可知,级数 $\sum\limits_{n=1}^{\infty} b_n$ 也发散.

习题 9.2

1. 判别下列级数的敛散性.

(1) $\sum\limits_{n=1}^{\infty} \dfrac{1}{n\sqrt[3]{n+2}}$; (2) $\sum\limits_{n=1}^{\infty} \dfrac{1}{n\sqrt[n]{n}}$; (3) $\sum\limits_{n=1}^{\infty} \dfrac{\ln n}{\sqrt{n}}$;

(4) $\sum\limits_{n=1}^{\infty} \dfrac{1}{3^n - n}$; (5) $\sum\limits_{n=1}^{\infty} \left[\dfrac{1}{n} - \ln\left(1 + \dfrac{1}{n}\right)\right]$; (6) $\sum\limits_{n=1}^{\infty} 2^n \sin \dfrac{\pi}{3^n}$;

(7) $\sum\limits_{n=1}^{\infty} (\sqrt{n+1} - \sqrt{n})^p \sin \dfrac{1}{n}$; (8) $\sum\limits_{n=1}^{\infty} \dfrac{1}{1+a^n}\ (a>0)$; (9) $\sum\limits_{n=1}^{\infty} \dfrac{a^n}{1+a^{2n}}\ (a>0)$;

(10) $\sum\limits_{n=1}^{\infty} \int_0^{\frac{\pi}{n^2}} \dfrac{\sin x}{1+x} \mathrm{d}x$.

2. 判别下列级数的敛散性.

(1) $\sum\limits_{n=1}^{\infty} \dfrac{n!}{5^n}$; (2) $\sum\limits_{n=1}^{\infty} \dfrac{3^n \cdot n!}{n^n}$; (3) $\sum\limits_{n=1}^{\infty} \dfrac{n! x^n}{n^n}\ (0<x<e)$;

(4) $\sum\limits_{n=1}^{\infty} n\left(\dfrac{2}{3}\right)^n$; (5) $\sum\limits_{n=1}^{\infty} \dfrac{x^n}{3^n}\ (x>0)$; (6) $\sum\limits_{n=1}^{\infty} \dfrac{1}{2^n}\left(\dfrac{n+1}{n}\right)^{n^2}$;

(7) $\sum\limits_{n=1}^{\infty} \dfrac{n^3(\sqrt{2}+1)^n}{3^n}$; (8) $\sum\limits_{n=1}^{\infty} \dfrac{n\cos^2 \dfrac{n\pi}{3}}{2^n}$; (9) $\sum\limits_{n=1}^{\infty} \dfrac{\ln n}{n^{\frac{3}{2}}}$;

(10) $\sum\limits_{n=1}^{\infty} \dfrac{x^n}{(1+x)(1+x^2)\cdots(1+x^n)}\ (x>0)$.

3. 利用级数收敛的必要条件证明: $\lim\limits_{n \to \infty} \dfrac{2^n \cdot n!}{n^n} = 0$.

4. 已知级数 $\sum\limits_{n=1}^{\infty} a_n^2$ 和 $\sum\limits_{n=1}^{\infty} b_n^2$ 都收敛,证明级数 $\sum\limits_{n=1}^{\infty} (a_n + b_n)^2$ 也收敛.

5. 设对一切 n,有 $a_n \leqslant b_n \leqslant c_n$,判断下列结论是否正确,若正确,请证明;若不正确,举出反例说明之.

(1) 若级数 $\sum\limits_{n=1}^{\infty} a_n$ 和 $\sum\limits_{n=1}^{\infty} c_n$ 都收敛,则级数 $\sum\limits_{n=1}^{\infty} b_n$ 收敛;

(2) 若级数 $\sum\limits_{n=1}^{\infty} a_n$ 和 $\sum\limits_{n=1}^{\infty} c_n$ 都发散,则级数 $\sum\limits_{n=1}^{\infty} b_n$ 发散.

6. 设正项级数 $\sum\limits_{n=1}^{\infty} u_n$ 收敛,证明下列级数均收敛.

(1) $\sum\limits_{n=1}^{\infty} u_{2n-1}$;   (2) $\sum\limits_{n=1}^{\infty} u_n^2$;   (3) $\sum\limits_{n=1}^{\infty} \dfrac{u_n}{n}$;

(4) $\sum\limits_{n=1}^{\infty} u_n \cdot u_{n+1}$;   (5) $\sum\limits_{n=1}^{\infty} \sqrt{u_n \cdot u_{n+1}}$;   (6) $\sum\limits_{n=1}^{\infty} \dfrac{\sqrt{u_n}}{n^p}\left(p > \dfrac{1}{2}\right)$.

7. 设 $a_n = \int_0^{\frac{\pi}{4}} \tan^n x \, dx$.

(1) 求 $\sum\limits_{n=1}^{\infty} \dfrac{1}{n}(a_n + a_{n+2})$ 的值;   (2) 试证:对任意常数 $\lambda > 0$,级数 $\sum\limits_{n=1}^{\infty} \dfrac{a_n}{n^\lambda}$ 收敛.

9.3 任意项级数

定义 9.3   一般项 $u_n(n=1,2,\cdots)$ 取任意实数的级数 $\sum\limits_{n=1}^{\infty} u_n$ 称为任意项级数.

9.3.1 交错级数及其审敛法

定义 9.4   各项正负交错的级数,称为交错级数,即

$$\sum_{n=1}^{\infty}(-1)^{n-1}u_n = u_1 - u_2 + u_3 - u_4 + \cdots + (-1)^{n-1}u_n + \cdots \quad (u_n > 0), \tag{1}$$

或

$$\sum_{n=1}^{\infty}(-1)^n u_n = -u_1 + u_2 - u_3 + u_4 - \cdots + (-1)^n u_n + \cdots \quad (u_n > 0). \tag{2}$$

以交错级数(1)为例,下面给出关于交错级数的一个审敛法.

定理 9.8(莱布尼茨(Leibniz)审敛法)   若交错级数 $\sum\limits_{n=1}^{\infty}(-1)^{n-1}u_n(u_n > 0)$ 满足:

(1) $u_n \geqslant u_{n+1}$;   (2) $\lim\limits_{n \to \infty} u_n = 0$;

则级数收敛,且其和 $s \leqslant u_1$,其余项 r_n 的绝对值 $|r_n| \leqslant u_{n+1}$.

证明   先证明级数的前 $2n$ 项部分和 s_{2n} 的极限存在,为此把 s_{2n} 写成两种形式:

$$s_{2n} = (u_1 - u_2) + (u_3 - u_4) + \cdots + (u_{2n-1} - u_{2n}), \tag{I}$$

及

$$s_{2n} = u_1 - (u_2 - u_3) - (u_4 - u_5) - \cdots - (u_{2n-2} - u_{2n-1}) - u_{2n}. \tag{II}$$

根据条件(1)知:(Ⅰ)和(Ⅱ)所有括号中的差都是非负的. 由式(Ⅰ)知:数列 $\{s_{2n}\}$ 是单调递增的;由式(Ⅱ)知:$s_{2n} \leqslant u_1$. 于是,由单调有界数列必有极限的准则知,$\lim\limits_{n \to \infty} s_{2n}$ 一定存在,若设 $\lim\limits_{n \to \infty} s_{2n} = s$,则显然 $s \leqslant u_1$.

再证级数的前 $2n+1$ 项部分和 s_{2n+1} 的极限也是 s. 事实上,有 $s_{2n+1}=s_{2n}+u_{2n+1}$,由条件 (2) 知,$\lim\limits_{n\to\infty}u_{2n+1}=0$. 于是有 $\lim\limits_{n\to\infty}s_{2n+1}=\lim\limits_{n\to\infty}(s_{2n}+u_{2n+1})=s$.

由于级数的前偶数项和与前奇数项和趋于同一极限 s,故级数 $\sum\limits_{n=1}^{\infty}(-1)^{n-1}u_n$ 的部分和 s_n 当 $n\to\infty$ 时具有极限 s,且 $s\leqslant u_1$.

最后,不难看出,余项
$$r_n=\pm(u_{n+1}-u_{n+2}+u_{n+3}-u_{n+4}+\cdots)$$
的绝对值
$$|r_n|=u_{n+1}-u_{n+2}+u_{n+3}-u_{n+4}+\cdots,$$
上式右端也是一个交错级数,它也满足定理 9.8 的两个条件,由上面的证明知,右端级数也收敛,且其和 $|r_n|\leqslant u_{n+1}$.

例 9.16 判断交错级数 $\sum\limits_{n=2}^{\infty}(-1)^n\dfrac{\ln n}{n}$ 的敛散性.

解 交错级数 $\sum\limits_{n=2}^{\infty}(-1)^n\dfrac{\ln n}{n}$ 满足:

(1) $\dfrac{\ln n}{n}>\dfrac{\ln(n+1)}{n+1}$ $(n>2)$;$\dfrac{\ln n}{n}$ 的单调递减性可通过函数 $f(x)=\dfrac{\ln x}{x}$ 的单调递减性得知.

因为 $f'(x)=\left(\dfrac{\ln x}{x}\right)'=\dfrac{1-\ln x}{x^2}<0$ $(x>\mathrm{e})$,

故函数 $f(x)$ 在 $[\mathrm{e},+\infty)$ 上单调递减,从而 $\dfrac{\ln n}{n}$ 当 $n>2$ 时单调递减.

(2) $\lim\limits_{n\to\infty}\dfrac{\ln n}{n}=0$. 因为
$$\lim_{n\to\infty}\dfrac{\ln n}{n}=\lim_{x\to+\infty}\dfrac{\ln x}{x}=\lim_{x\to+\infty}\dfrac{1}{x}=0,$$
因此,由莱布尼茨审敛法知,交错级数 $\sum\limits_{n=2}^{\infty}(-1)^n\dfrac{\ln n}{n}$ 收敛.

9.3.2 绝对收敛与条件收敛

定义 9.5 设 $\sum\limits_{n=1}^{\infty}u_n$ 是任意项级数,如果级数 $\sum\limits_{n=1}^{\infty}|u_n|$ 收敛,则称级数 $\sum\limits_{n=1}^{\infty}u_n$ 绝对收敛;如果 $\sum\limits_{n=1}^{\infty}u_n$ 收敛,而 $\sum\limits_{n=1}^{\infty}|u_n|$ 发散,则称级数 $\sum\limits_{n=1}^{\infty}u_n$ 条件收敛.

例如,级数 $\sum\limits_{n=1}^{\infty}(-1)^n\dfrac{1}{n^2}$ 是绝对收敛的;而级数 $\sum\limits_{n=1}^{\infty}(-1)^n\dfrac{1}{n}$ 是条件收敛的.

级数绝对收敛与级数收敛有如下的重要关系:

定理 9.9　如果级数 $\sum_{n=1}^{\infty} u_n$ 绝对收敛,则级数 $\sum_{n=1}^{\infty} u_n$ 必收敛.

证明　设级数 $\sum_{n=1}^{\infty} u_n$ 绝对收敛,即正项级数 $\sum_{n=1}^{\infty} |u_n|$ 收敛,令

$$v_n = \frac{1}{2}(|u_n| + u_n) \quad (n=1,2,\cdots),$$

显然 $v_n \geq 0$ 且 $v_n \leq |u_n|$ $(n=1,2,\cdots)$,由比较审敛法知,正项级数 $\sum_{n=1}^{\infty} v_n$ 收敛,从而级数 $\sum_{n=1}^{\infty} 2v_n$ 也收敛,而 $u_n = 2v_n - |u_n|$,由级数的基本性质 2 知级数 $\sum_{n=1}^{\infty} u_n$ 收敛.

注:(1) 定理 9.9 的逆命题显然不成立;

(2) 定理 9.9 说明:对于一般的任意项级数 $\sum_{n=1}^{\infty} u_n$,如果我们能够判定级数 $\sum_{n=1}^{\infty} |u_n|$ 收敛,则级数 $\sum_{n=1}^{\infty} u_n$ 一定收敛. 这就使得一大类级数的敛散性判别问题,转化为正项级数的敛散性判别问题;

(3) 一般来说,如果 $\sum_{n=1}^{\infty} |u_n|$ 发散,并不能断定 $\sum_{n=1}^{\infty} u_n$ 也发散. 但是,如果用比值或根值审敛法判定 $\sum_{n=1}^{\infty} |u_n|$ 发散,则可以断定 $\sum_{n=1}^{\infty} u_n$ 必发散. 这是因为从这两个审敛法的证明可知,上述两个审敛法判定 $\sum_{n=1}^{\infty} |u_n|$ 发散的依据是 $|u_n| \nrightarrow 0$,从而 $u_n \nrightarrow 0$,因此 $\sum_{n=1}^{\infty} u_n$ 一定发散.

例 9.17　判别下列级数的敛散性.

(1) $\sum_{n=1}^{\infty} \frac{\sin n}{n^2}$;　　(2) $\sum_{n=1}^{\infty} (-1)^n \frac{1}{2^n} \left(1+\frac{1}{n}\right)^{n^2}$;　　(3) $\sum_{n=1}^{\infty} (-1)^{n-1} \frac{2^{n^2}}{n!}$.

解　(1) 因为 $\left|\frac{\sin n}{n^2}\right| \leq \frac{1}{n^2}$,而 $\sum_{n=1}^{\infty} \frac{1}{n^2}$ 收敛,所以 $\sum_{n=1}^{\infty} \frac{\sin n}{n^2}$ 收敛,而且是绝对收敛.

(2) 先判别正项级数 $\sum_{n=1}^{\infty} \frac{1}{2^n} \left(1+\frac{1}{n}\right)^{n^2}$ 的敛散性,因为

$$\lim_{n\to\infty} \sqrt[n]{u_n} = \lim_{n\to\infty} \sqrt[n]{\frac{1}{2^n}\left(1+\frac{1}{n}\right)^{n^2}} = \lim_{n\to\infty} \frac{1}{2}\left(1+\frac{1}{n}\right)^n = \frac{e}{2} > 1,$$

故 $\sum_{n=1}^{\infty} \frac{1}{2^n}\left(1+\frac{1}{n}\right)^{n^2}$ 发散. 由于是用根值审敛法判定的,故 $\sum_{n=1}^{\infty} (-1)^n \frac{1}{2^n}\left(1+\frac{1}{n}\right)^{n^2}$ 也发散.

(3) 先判别正项级数 $\sum_{n=1}^{\infty} \frac{2^{n^2}}{n!}$ 的敛散性,因为

$$\lim_{n\to\infty} \frac{u_{n+1}}{u_n} = \lim_{n\to\infty} \frac{\frac{2^{(n+1)^2}}{(n+1)!}}{\frac{2^{n^2}}{n!}} = \lim_{n\to\infty} \frac{2^{2n+1}}{n+1} = +\infty,$$

故正项级数 $\sum_{n=1}^{\infty} \dfrac{2^{n^2}}{n!}$ 发散,由于是用比值审敛法判定的,故 $\sum_{n=1}^{\infty}(-1)^{n-1}\dfrac{2^{n^2}}{n!}$ 也发散.

习题 9.3

1. 判别下列交错级数的敛散性.

(1) $\sum_{n=1}^{\infty} \dfrac{(-1)^n}{\sqrt{n}}$; (2) $\sum_{n=1}^{\infty} \dfrac{(-1)^n}{\sqrt[n+1]{\ln(n+1)}}$; (3) $\sum_{n=1}^{\infty} (-1)^{n+1} \dfrac{n}{(n+1)^2}$;

(4) $\sum_{n=1}^{\infty} (-1)^n \sin\dfrac{x}{n} \ (x>0)$; (5) $\sum_{n=1}^{\infty} \dfrac{(-1)^n}{n-\ln n}$;

(6) $1-\dfrac{1}{2}+\dfrac{1}{3!}-\dfrac{1}{4}+\dfrac{1}{5!}-\dfrac{1}{6}+\cdots$; (7) $\dfrac{1}{\sqrt{2}-1}-\dfrac{1}{\sqrt{2}+1}+\dfrac{1}{\sqrt{3}-1}-\dfrac{1}{\sqrt{3}+1}+\cdots$.

2. 判别下列级数是否收敛?若收敛,是条件收敛还是绝对收敛?

(1) $\sum_{n=1}^{\infty} \dfrac{(-1)^{n-1}}{3n+2}$; (2) $\sum_{n=1}^{\infty} \left[\dfrac{(-1)^n}{n}+\dfrac{1}{\sqrt[3]{n}}\right]$;

(3) $\sum_{n=1}^{\infty} \dfrac{(-1)^n \ln\left(2+\dfrac{1}{n}\right)}{\sqrt{(2n-1)(2n+1)}}$; (4) $\sum_{n=1}^{\infty} \dfrac{\sin n\alpha}{(\ln 10)^n}$;

(5) $\sum_{n=1}^{\infty} (-1)^{\frac{n(n-1)}{2}} \dfrac{n!}{2^{n^2}}$; (6) $\sum_{n=1}^{\infty} n!\left(\dfrac{x}{n}\right)^n \ (x\neq \mathrm{e})$;

(7) $\sum_{n=1}^{\infty} \dfrac{n!}{n^n} 2^n \sin\dfrac{n\pi}{5}$; (8) $\sum_{n=1}^{\infty} (-1)^n \dfrac{n^3}{2^n}$;

(9) $\sum_{n=1}^{\infty} (-1)^n \ln\left(1+\dfrac{1}{n}\right)$; (10) $\sum_{n=1}^{\infty} (-1)^n \int_0^{\frac{1}{n}} \dfrac{\sqrt{x}}{1+x^2} \mathrm{d}x$.

3. 设常数 $\lambda>0$,且级数 $\sum_{n=1}^{\infty} a_n^2$ 收敛,证明:级数 $\sum_{n=1}^{\infty} (-1)^n \dfrac{|a_n|}{\sqrt{n^2+\lambda}}$ 绝对收敛.

*4. 讨论级数 $\sum_{n=1}^{\infty} \sin\dfrac{n^2+n\alpha+\beta}{n}\pi$ 的敛散性,其中 α,β 为常数.

9.4 幂级数

9.4.1 函数项级数的概念

如果给定一个定义在区间 I 上的函数列:
$$u_1(x), \quad u_2(x), \quad u_3(x), \quad \cdots, u_n(x), \cdots,$$
则由该函数列构成的表达式
$$u_1(x)+u_2(x)+u_3(x)+\cdots+u_n(x)+\cdots \tag{1}$$

称为定义在区间 I 上的(函数项)无穷级数,简称**函数项级数**.

对于每一个确定的值 $x_0 \in I$,函数项级数(1)就变为常数项级数
$$u_1(x_0) + u_2(x_0) + u_3(x_0) + \cdots + u_n(x_0) + \cdots, \tag{2}$$
级数(2)可能收敛也可能发散.

如果级数(2)收敛,则称点 x_0 是函数项级数(1)的**收敛点**;

如果级数(2)发散,则称点 x_0 是函数项级数(1)的**发散点**.

函数项级数(1)的所有收敛点的全体称为它的**收敛域**;

函数项级数(1)的所有发散点的全体称为它的**发散域**.

对应于收敛域 I 内的任意一个数 x,函数项级数成为一收敛的常数项级数,因而有一确定的和 s,这样,在收敛域 I 上,函数项级数的和是 x 的函数 $s(x)$,通常称 $s(x)$ 是函数项级数(1)的**和函数**,它的定义域就是级数(1)的收敛域,并写成
$$s(x) = u_1(x) + u_2(x) + u_3(x) + \cdots + u_n(x) + \cdots, \quad x \in I,$$
函数项级数(1)的前 n 项部分和记做 $s_n(x)$,则在收敛域上有 $\lim_{n \to \infty} s_n(x) = s(x)$. 仍记 $r_n(x) = s(x) - s_n(x)$ 为余项,则在收敛域上,有 $\lim_{n \to \infty} r_n(x) = 0$.

9.4.2 幂级数及其收敛性

函数项级数中最简单而又常见的一类级数就是各项都是幂函数的函数项级数,即所谓的幂级数,它的形式是
$$a_0 + a_1(x - x_0) + a_2(x - x_0)^2 + \cdots + a_n(x - x_0)^n + \cdots, \tag{3}$$
其中,$a_0, a_1, a_2, \cdots, a_n, \cdots$ 叫做幂级数的系数,级数(3)可简记为 $\sum_{n=0}^{\infty} a_n(x - x_0)^n$.

在(3)中,若 $x_0 = 0$,则幂级数(3)变成最简单的形式:
$$\sum_{n=0}^{\infty} a_n x^n = a_0 + a_1 x + a_2 x^2 + \cdots + a_n x^n + \cdots. \tag{4}$$

下面就来研究幂级数(4),因为幂级数(4)研究清楚了,幂级数(3)可通过变量代换(令 $x - x_0 = t$)变成形如(4)的幂级数来研究. 比如,幂级数
$$1 + x + x^2 + \cdots + x^n + \cdots,$$
$$1 + x + \frac{1}{2!}x^2 + \cdots + \frac{1}{n!}x^n + \cdots$$
都是形如(4)的幂级数.

对于一个给定的幂级数,我们关心的是它在哪些点收敛,哪些点发散?即 x 取数轴上的哪些点时,幂级数收敛,取哪些点时发散?也就是幂级数的收敛域与发散域是怎样的?在收敛域上的和函数是什么?这就是幂级数的收敛性问题.

例如,考查幂级数
$$1 + x + x^2 + \cdots + x^n + \cdots$$

的收敛性. 当 $x \neq 0$ 时,这是一个以 x 为公比的等比级数,由例 9.1 知,当 $|x|<1$ 时,上述级数收敛,且其和为 $\frac{1}{1-x}$;而当 $|x| \geqslant 1$ 时,上述级数发散. 因此,其收敛域是开区间 $(-1,1)$,发散域是 $(-\infty,-1] \cup [1,+\infty)$. 若 x 在收敛域 $(-1,1)$ 内取值,则

$$1+x+x^2+\cdots+x^n+\cdots=\frac{1}{1-x}.$$

例如,$x=\frac{1}{2}$,则有 $1+\frac{1}{2}+\left(\frac{1}{2}\right)^2+\cdots+\left(\frac{1}{2}\right)^n+\cdots=\frac{1}{1-\frac{1}{2}}=2.$

从该例可以看出,这个幂级数的收敛域是一个区间,那么我们要问:如果一个幂级数的收敛点不仅仅只有 $x=0$ 一点,如果还有别的收敛点,那么它的收敛域一定是区间吗?下面的定理回答了这个问题.

定理 9.10(阿贝尔定理) （1）如果幂级数 $\sum_{n=0}^{\infty} a_n x^n$ 当 $x=x_0(x_0 \neq 0)$ 时收敛,则对于满足不等式 $|x|<|x_0|$ 的一切 x,该幂级数绝对收敛；（2）反之,如果幂级数 $\sum_{n=0}^{\infty} a_n x^n$ 当 $x=x_0$ 时发散,则对于满足不等式 $|x|>|x_0|$ 的一切 x,该幂级数发散.

证明 （1）设 $x_0(x_0 \neq 0)$ 是幂级数 $\sum_{n=0}^{\infty} a_n x^n$ 的收敛点,由题设知,常数项级数

$$\sum_{n=0}^{\infty} a_n x_0^n = a_0 + a_1 x_0 + a_2 x_0^2 + \cdots + a_n x_0^n + \cdots$$

收敛. 根据级数收敛的必要条件,有 $\lim_{n\to\infty} a_n x_0^n = 0.$

根据收敛的数列必有界的性质知,一定存在一个正实数 M,使得

$$|a_n x_0^n| \leqslant M \quad (n=0,1,2,\cdots),$$

这样级数 $\sum_{n=0}^{\infty} a_n x^n$ 的一般项 $a_n x^n$ 的绝对值满足

$$|a_n x^n| = \left|a_n x_0^n \cdot \frac{x^n}{x_0^n}\right| = |a_n x_0^n| \cdot \left|\frac{x}{x_0}\right|^n \leqslant M \left|\frac{x}{x_0}\right|^n.$$

由于当 $|x|<|x_0|$ 时,等比级数 $\sum_{n=0}^{\infty} M \left|\frac{x}{x_0}\right|^n$（公比 $\left|\frac{x}{x_0}\right|<1$）收敛,由比较审敛法知,级数 $\sum_{n=0}^{\infty} |a_n x^n|$ 收敛,即 $\sum_{n=0}^{\infty} a_n x^n$ 绝对收敛.

（2）反证法：假设当 $x=x_0$ 时幂级数 $\sum_{n=0}^{\infty} a_n x^n$ 发散,而有一点 x_1 满足不等式 $|x_1|>|x_0|$ 且使级数收敛,则根据本定理的结论（1）可知,当 $x=x_0$ 时幂级数 $\sum_{n=0}^{\infty} a_n x^n$ 绝对收敛,与题设矛盾.

由此定理可得如下的重要信息：如果幂级数 $\sum_{n=0}^{\infty} a_n x^n$ 在 $x = x_0$ 处收敛，则对于开区间 $(-|x_0|, |x_0|)$ 内的任何 x，级数 $\sum_{n=0}^{\infty} a_n x^n$ 绝对收敛；如果 $\sum_{n=0}^{\infty} a_n x^n$ 在 $x = x_0$ 处发散，则对于闭区间 $[-|x_0|, |x_0|]$ 之外的任何 x，级数 $\sum_{n=0}^{\infty} a_n x^n$ 发散.

如果幂级数 $\sum_{n=0}^{\infty} a_n x^n$ 在数轴上既有收敛点（不仅原点），又有发散点，由于任一幂级数 $\sum_{n=0}^{\infty} a_n x^n$ 都在原点收敛，

图 9-1

因此从原点沿数轴向右走，最初只遇到收敛点，然后就只遇到发散点. 这两部分的分界点可能是收敛点也可能是发散点. 从原点沿数轴向左走的情况亦是如此. 两个分界点 P 与 P' 在原点两侧，且由定理 9.10 可以证明它们到原点的距离相等（图 9-1）.

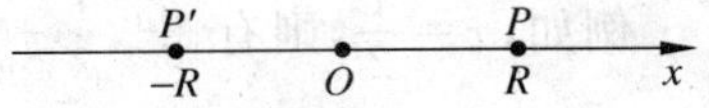

从上面的几何说明，可得到如下的重要推论.

推论 如果幂级数 $\sum_{n=0}^{\infty} a_n x^n$ 不是仅在 $x = 0$ 一点收敛，也不是在整个数轴上都收敛，则必有一个确定的正数 R 存在，使得

当 $|x| < R$ 时，幂级数绝对收敛；

当 $|x| > R$ 时，幂级数发散；

当 $x = R$ 与 $x = -R$ 时，幂级数可能收敛也可能发散.

正数 R 通常叫做幂级数 $\sum_{n=0}^{\infty} a_n x^n$ 的收敛半径；开区间 $(-R, R)$ 叫做幂级数的收敛区间；由幂级数在 $x = \pm R$ 处的收敛性就可以决定它在区间 $(-R, R)$ 或 $[-R, R)$ 或 $(-R, R]$ 或 $[-R, R]$ 上收敛，该区间就是幂级数 $\sum_{n=0}^{\infty} a_n x^n$ 的收敛域.

如果幂级数 $\sum_{n=0}^{\infty} a_n x^n$ 仅在 $x = 0$ 处收敛，这时它的收敛域只有一点 $x = 0$，但为了方便起见，我们规定这时收敛半径 $R = 0$，此时收敛域为 $\{x = 0\}$.

如果幂级数 $\sum_{n=0}^{\infty} a_n x^n$ 对一切的 x 都收敛，即在整个数轴上的任一点处都收敛，这时我们规定收敛半径 $R = +\infty$，此时收敛域为 $(-\infty, +\infty)$.

下面的定理给出了求收敛半径的方法.

定理 9.11 如果幂级数 $\sum_{n=0}^{\infty} a_n x^n$ 的相邻两项的系数满足：$\lim_{n \to \infty} \left| \dfrac{a_{n+1}}{a_n} \right| = l$，则该幂级数的收敛半径为

$$R = \begin{cases} \dfrac{1}{l}, & l \neq 0, \\ +\infty, & l = 0, \\ 0, & l = +\infty. \end{cases}$$

证明 考查幂级数 $\sum\limits_{n=0}^{\infty} a_n x^n$ 的各项取绝对值所成的正项级数 $\sum\limits_{n=0}^{\infty} |a_n x^n|$ 相邻两项之比（此处设 $u_n = |a_n x^n|$）：

$$\frac{u_{n+1}}{u_n} = \frac{|a_{n+1} x^{n+1}|}{|a_n x^n|} = \left| \frac{a_{n+1}}{a_n} \right| |x| \quad (\text{设 } u_n = |a_n x^n|).$$

(1) 如果 $\lim\limits_{n \to \infty} \left| \dfrac{a_{n+1}}{a_n} \right| = l \ (l \neq 0)$ 存在，则 $\lim\limits_{n \to \infty} \dfrac{u_{n+1}}{u_n} = \lim\limits_{n \to \infty} \left| \dfrac{a_{n+1}}{a_n} \right| |x| = l|x|$. 根据比值审敛法，则当 $l|x| < 1$ 即 $|x| < \dfrac{1}{l}$ 时，级数 $\sum\limits_{n=0}^{\infty} |a_n x^n|$ 收敛，从而级数 $\sum\limits_{n=0}^{\infty} a_n x^n$ 绝对收敛；而当 $l|x| > 1$ 即 $|x| > \dfrac{1}{l}$ 时，级数 $\sum\limits_{n=0}^{\infty} |a_n x^n|$ 发散，从而级数 $\sum\limits_{n=0}^{\infty} a_n x^n$ 也发散，故收敛半径 $R = \dfrac{1}{l}$.

(2) 如果 $l = 0$，则无论 x 取什么值，$\lim\limits_{n \to \infty} \dfrac{u_{n+1}}{u_n} = \lim\limits_{n \to \infty} \left| \dfrac{a_{n+1}}{a_n} \right| |x| = l|x| = 0$. 根据比值审敛法，则级数 $\sum\limits_{n=0}^{\infty} |a_n x^n|$ 收敛，从而级数 $\sum\limits_{n=0}^{\infty} a_n x^n$ 收敛，故收敛半径 $R = +\infty$.

(3) 如果 $l = +\infty$，只要 $x \neq 0$，则 $\lim\limits_{n \to \infty} \dfrac{u_{n+1}}{u_n} = \lim\limits_{n \to \infty} \left| \dfrac{a_{n+1}}{a_n} \right| |x| = l|x| = +\infty$. 根据比值审敛法，则级数 $\sum\limits_{n=0}^{\infty} |a_n x^n|$ 发散，从而级数 $\sum\limits_{n=0}^{\infty} a_n x^n$ 也发散，故收敛半径 $R = 0$.

注：从定理的叙述中可以看出，此定理只适用于既有奇次幂项又有偶次幂项的幂级数，对于缺少奇次幂项或偶次幂项的幂级数，需要用比值审敛法求收敛半径.

例 9.18 求幂级数 $\sum\limits_{n=0}^{\infty} \dfrac{2^n}{n^2+1} x^n$ 的收敛半径、收敛区间及收敛域.

解 已知 $a_n = \dfrac{2^n}{n^2+1}$，因为

$$l = \lim_{n \to \infty} \left| \frac{a_{n+1}}{a_n} \right| = \lim_{n \to \infty} \frac{\dfrac{2^{n+1}}{(n+1)^2+1}}{\dfrac{2^n}{n^2+1}} = 2,$$

所以收敛半径 $R = \dfrac{1}{l} = \dfrac{1}{2}$；收敛区间为 $\left(-\dfrac{1}{2}, \dfrac{1}{2} \right)$.

当 $x = -\dfrac{1}{2}$ 及 $\dfrac{1}{2}$ 时，幂级数变为常数项级数 $\sum\limits_{n=0}^{\infty} (-1)^n \dfrac{1}{n^2+1}$ 及 $\sum\limits_{n=0}^{\infty} \dfrac{1}{n^2+1}$，均收敛，故收

敛域为 $\left[-\dfrac{1}{2}, \dfrac{1}{2}\right]$.

例 9.19 求幂级数 $\sum\limits_{n=0}^{\infty} \dfrac{(-1)^n}{3^n} x^{2n+1}$ 的收敛半径与收敛域.

解 这是缺偶次幂项的幂级数. 此时不能用定理 9.11,只能用比值审敛法求收敛半径. 记 $u_n = \left|\dfrac{(-1)^n}{3^n} x^{2n+1}\right| = \dfrac{1}{3^n}|x|^{2n+1}$,由于

$$\lim_{n\to\infty} \dfrac{u_{n+1}}{u_n} = \lim_{n\to\infty} \dfrac{\dfrac{1}{3^{n+1}}|x|^{2(n+1)+1}}{\dfrac{1}{3^n}|x|^{2n+1}} = \dfrac{x^2}{3},$$

故当 $\dfrac{x^2}{3} < 1$,即 $|x| < \sqrt{3}$ 时,级数 $\sum\limits_{n=0}^{\infty} \dfrac{(-1)^n}{3^n} x^{2n+1}$ 绝对收敛;当 $\dfrac{x^2}{3} > 1$,即 $|x| > \sqrt{3}$ 时,级数 $\sum\limits_{n=0}^{\infty} \dfrac{(-1)^n}{3^n} x^{2n+1}$ 发散. 所以级数 $\sum\limits_{n=0}^{\infty} \dfrac{(-1)^n}{3^n} x^{2n+1}$ 的收敛半径为 $R = \sqrt{3}$.

而当 $x = -\sqrt{3}$ 及 $\sqrt{3}$ 时,幂级数变为常数项级数 $\sum\limits_{n=0}^{\infty} (-1)^{n+1} \cdot \sqrt{3}$ 及 $\sum\limits_{n=0}^{\infty} (-1)^n \cdot \sqrt{3}$,均发散,故收敛域为 $(-\sqrt{3}, \sqrt{3})$.

例 9.20 求幂级数 $\sum\limits_{n=1}^{\infty} \dfrac{(2x-3)^n}{2n-1}$ 的收敛域.

解 令 $t = 2x - 3$,则所给幂级数化为 $\sum\limits_{n=1}^{\infty} \dfrac{t^n}{2n-1}$,对于这个 t 的幂级数,可以求得其收敛半径 $R = 1$,收敛域为 $[-1, 1)$.

由 $t = 2x - 3$,即 $-1 \leqslant 2x - 3 < 1$,可解得 $1 \leqslant x < 2$. 所求幂级数的收敛域为 $[1, 2)$.

9.4.3 幂级数的性质

1. 幂级数的加法运算性质

设幂级数 $\sum\limits_{n=0}^{\infty} a_n x^n$ 和 $\sum\limits_{n=0}^{\infty} b_n x^n$ 的收敛半径分别为 $R_1(>0)$ 和 $R_2(>0)$,记 $R = \min(R_1, R_2)$,则在区间 $(-R, R)$ 内,可证明两个幂级数可逐项相加或逐项相减,即

$$\sum_{n=0}^{\infty} a_n x^n \pm \sum_{n=0}^{\infty} b_n x^n = \sum_{n=0}^{\infty} (a_n \pm b_n) x^n.$$

2. 幂级数和函数的性质

设幂级数 $\sum\limits_{n=0}^{\infty} a_n x^n$ 的收敛半径为 $R(>0)$,它的和函数 $s(x)$ 具有下列重要性质.

性质 1 幂级数 $\sum_{n=0}^{\infty} a_n x^n$ 的和函数 $s(x)$ 在其收敛域上连续.

性质 2 幂级数 $\sum_{n=0}^{\infty} a_n x^n$ 的和函数 $s(x)$ 在其收敛区间 $(-R,R)$ 内可导,且有逐项求导公式:

$$s'(x) = \left(\sum_{n=0}^{\infty} a_n x^n\right)' = \sum_{n=1}^{\infty} n a_n x^{n-1},$$

反复利用性质 2 可得:幂级数 $\sum_{n=0}^{\infty} a_n x^n$ 的和函数 $s(x)$ 在其收敛区间 $(-R,R)$ 内具有任意阶导数.

性质 3 幂级数 $\sum_{n=0}^{\infty} a_n x^n$ 的和函数 $s(x)$ 在其收敛区间 $(-R,R)$ 内可积,且有逐项积分公式:

$$\int_0^x s(x) \mathrm{d}x = \int_0^x \left[\sum_{n=0}^{\infty} a_n x^n\right] \mathrm{d}x = \sum_{n=0}^{\infty} \int_0^x a_n x^n \mathrm{d}x = \sum_{n=0}^{\infty} \frac{a_n}{n+1} x^{n+1}.$$

注:利用性质 2 或性质 3 逐项求导或逐项积分后所得到的幂级数与原级数具有相同的收敛半径,但在端点处的敛散性可能发生改变.

例 9.21 求幂级数 $\sum_{n=1}^{\infty} (-1)^{n-1} n x^{n-1}$ 的和函数.

解 易求得幂级数的收敛域为 $(-1,1)$,设幂级数的和函数为 $s(x)$,则

$$s(x) = \sum_{n=1}^{\infty} (-1)^{n-1} n x^{n-1} \quad (-1 < x < 1).$$

利用性质 3,对上式从 0 到 x 积分,得

$$\int_0^x s(x) \mathrm{d}x = \int_0^x \mathrm{d}x - \int_0^x 2x \mathrm{d}x + \int_0^x 3x^2 \mathrm{d}x - \cdots + (-1)^{n-1} \int_0^x n x^{n-1} \mathrm{d}x + \cdots$$

$$= x - x^2 + x^3 - \cdots + (-1)^{n-1} x^n + \cdots = \frac{x}{1+x} \quad (-1 < x < 1),$$

对上式两端求导,得

$$s(x) = \left(\frac{x}{1+x}\right)' = \frac{1}{(1+x)^2} \quad (-1 < x < 1),$$

即在区间 $(-1,1)$ 内,幂级数 $\sum_{n=1}^{\infty} (-1)^{n-1} n x^{n-1}$ 收敛于 $\frac{1}{(1+x)^2}$.

例 9.22 求幂级数 $\sum_{n=1}^{\infty} (-1)^{n-1} \frac{x^n}{n}$ 的收敛域及和函数.

解 易求得所给幂级数的收敛域为 $(-1,1]$,设幂级数的和函数为 $s(x)$,即

$$s(x) = \sum_{n=1}^{\infty} (-1)^{n-1} \frac{x^n}{n}, \quad x \in (-1,1],$$

利用性质 2，对上式两端求导，得

$$s'(x) = \sum_{n=1}^{\infty} \left[(-1)^{n-1} \frac{x^n}{n} \right]' = \sum_{n=1}^{\infty} (-1)^{n-1} x^{n-1} = \frac{1}{1+x}, \quad x \in (-1,1),$$

利用性质 3，对上式两端积分，得

$$s(x) - s(0) = \int_0^x \frac{1}{1+x} dx = \ln(1+x), \quad x \in (-1,1],$$

又显然 $s(0)=0$，故

$$s(x) = \int_0^x \frac{1}{1+x} dx = \ln(1+x), \quad x \in (-1,1],$$

即

$$\sum_{n=1}^{\infty} (-1)^{n-1} \frac{x^n}{n} = \ln(1+x), \quad x \in (-1,1].$$

特别地，当 $x=1$ 时，有

$$1 - \frac{1}{2} + \frac{1}{3} - \frac{1}{4} + \cdots + (-1)^{n-1} \frac{1}{n} + \cdots = \ln(1+1) = \ln 2,$$

即交错级数 $\sum_{n=1}^{\infty} \frac{(-1)^{n-1}}{n} = 1 - \frac{1}{2} + \frac{1}{3} - \frac{1}{4} + \cdots + \frac{(-1)^{n-1}}{n} + \cdots$ 收敛于 $\ln 2$.

注：由此例可以看出，我们可以利用幂级数的和函数求常数项级数的和.

例 9.23 求常数项级数 $\sum_{n=1}^{\infty} \frac{1}{(2n-1) \cdot 2^n}$ 的和.

解 $\sum_{n=1}^{\infty} \frac{1}{(2n-1) \cdot 2^n}$ 可看成幂级数 $\sum_{n=1}^{\infty} \frac{1}{(2n-1) \cdot 2^n} x^{2n-1}$ 当 $x=1$ 时所对应的常数项级数，因此可先求幂级数 $\sum_{n=1}^{\infty} \frac{1}{(2n-1) \cdot 2^n} x^{2n-1}$ 的和函数 $s(x)$，则 $\sum_{n=1}^{\infty} \frac{1}{(2n-1) \cdot 2^n} = s(1)$.

在收敛域内，$s(x) = \sum_{n=1}^{\infty} \frac{1}{(2n-1) \cdot 2^n} x^{2n-1}$，显然 $s(0) = 0$.

由性质 2，得

$$s'(x) = \sum_{n=1}^{\infty} \frac{1}{2^n} x^{2n-2} = \frac{1}{2} \sum_{n=1}^{\infty} \left(\frac{x^2}{2} \right)^{n-1} = \frac{1}{2} \cdot \frac{1}{1 - \frac{x^2}{2}} = \frac{1}{2 - x^2} \quad \left(\frac{x^2}{2} < 1 \right)$$

显然原级数的收敛半径 $R = \sqrt{2}$，应用性质 3，对上式两端从 0 到 $x (|x| < \sqrt{2})$ 积分，得

$$s(x) - s(0) = \int_0^x s'(x) dx = \int_0^x \frac{1}{2-x^2} dx = \frac{1}{2\sqrt{2}} \ln \left| \frac{\sqrt{2}+x}{\sqrt{2}-x} \right|.$$

由于 $s(0)=0$，故 $s(x) = \frac{1}{2\sqrt{2}} \ln \left| \frac{\sqrt{2}+x}{\sqrt{2}-x} \right|$.

从而 $\sum_{n=1}^{\infty} \dfrac{1}{(2n-1)\cdot 2^n} = s(1) = \dfrac{1}{2\sqrt{2}}\ln\left|\dfrac{\sqrt{2}+1}{\sqrt{2}-1}\right| = \dfrac{1}{\sqrt{2}}\ln(\sqrt{2}+1).$

例 9.24 设幂级数 $\sum_{n=0}^{\infty} \dfrac{x^{2n}}{(2n)!!}$ 的和函数为 $s(x)$(这里设 $0!!=1$),验证和函数 $s(x)$ 满足关系式 $s'(x) - xs(x) = 0$,并求出 $s(x)$ 的表达式.

解 易求得幂级数 $\sum_{n=0}^{\infty} \dfrac{x^{2n}}{(2n)!!}$ 的收敛域为 $(-\infty, +\infty)$,由题设,有

$$s(x) = \sum_{n=0}^{\infty} \dfrac{x^{2n}}{(2n)!!} = 1 + \dfrac{x^2}{2} + \dfrac{x^4}{2\times 4} + \dfrac{x^6}{2\times 4\times 6} + \dfrac{x^8}{2\times 4\times 6\times 8} + \cdots, \text{显然 } s(0)=1, \tag{1}$$

对上式两端求导,得 $s'(x) = x + \dfrac{x^3}{2} + \dfrac{x^5}{2\times 4} + \dfrac{x^7}{2\times 4\times 6} + \cdots,$

$$= x\left(1 + \dfrac{x^2}{2} + \dfrac{x^4}{2\times 4} + \dfrac{x^6}{2\times 4\times 6} + \cdots\right) = xs(x),$$

即 $s(x)$ 满足关系式 $s'(x) = xs(x).$

由式(1),立即可知 $s(x) \geqslant 1$,因此 $s'(x) = xs(x)$,即

$$\dfrac{s'(x)}{s(x)} = x, \quad 即 \ [\ln s(x)]' = x,$$

从而可得 $\ln s(x) = \dfrac{x^2}{2} + c_1$,即

$$s(x) = e^{c_1} \cdot e^{\frac{x^2}{2}} = C e^{\frac{x^2}{2}} \quad (\text{其中 } C = e^{c_1}),$$

由于 $s(0)=1$,因此 $C=1$,从而可知和函数为 $s(x) = e^{\frac{x^2}{2}}.$

注:在学完第 10 章后,和函数 $s(x)$ 也可通过求解微分方程 $s'(x) = xs(x)$,且 $s(0)=1$ 求得.

习题 9.4

1. 求下列幂级数的收敛域.

(1) $\sum_{n=1}^{\infty} \dfrac{(-1)^n}{n} x^n$; (2) $\sum_{n=2}^{\infty} \dfrac{1}{n^2 \ln n} x^n$; (3) $\sum_{n=1}^{\infty} \dfrac{x^n}{(2n)!!}$;

(4) $\sum_{n=1}^{\infty} \dfrac{x^n}{n\cdot 2^n}$; (5) $\sum_{n=0}^{\infty} \dfrac{2^n}{n^2+1} x^n$; (6) $\sum_{n=1}^{\infty} n! x^n$;

(7) $\sum_{n=2}^{\infty} (-1)^n \dfrac{x^{2n-3}}{2^n \cdot n}$; (8) $\sum_{n=1}^{\infty} (-1)^{n-1} \dfrac{2n+1}{n} x^{2n}$; (9) $\sum_{n=1}^{\infty} \dfrac{1}{2^n \cdot n} (x-2)^n.$

2. 求下列幂级数的收敛域,并求其和函数.

(1) $\sum_{n=0}^{\infty} \frac{(-1)^n}{2n+1} x^{2n+2}$;

(2) $\sum_{n=1}^{\infty} \frac{x^{2n}}{2^n \cdot n}$;

(3) $\sum_{n=1}^{\infty} \frac{x^n}{n(n+1)}$;

(4) $\sum_{n=1}^{\infty} (-1)^{n-1} \frac{2n+1}{n} x^{2n}$.

3. 求幂级数 $\sum_{n=1}^{\infty} n(n+1)x^n$ 的和函数、收敛域，并求数项级数 $\sum_{n=1}^{\infty} \frac{n(n+1)}{2^n}$ 的和.

4. 求极限 $\lim_{n \to \infty} \left(\frac{1^2}{2} + \frac{2^2}{2^2} + \frac{3^2}{2^3} + \cdots + \frac{n^2}{2^n} \right)$.

5. 求幂级数 $1 + \sum_{n=1}^{\infty} (-1)^n \frac{x^{2n}}{2n} (|x| < 1)$ 的和函数及其极值.

6. 设幂级数 $\sum_{n=0}^{\infty} \frac{x^{2n}}{(2n)!}$ 的和函数为 $s(x)$（这里设 $0! = 1$），验证和函数 $s(x)$ 满足关系式 $s''(x) = s(x)$，并且有 $s(0) = 1, s'(0) = 0$.

9.5 函数的幂级数展开

9.5.1 泰勒(Tayor)级数

前面讨论了幂级数的收敛域及其和函数的性质，但在许多应用中，我们遇到的却是与之相反的问题：也就是给定函数 $f(x)$，要考虑它是否能在区间 I 内"展开成幂级数"，就是说，是否能找到这样的幂级数，它在区间 I 内收敛，且其和函数恰好就是给定的函数 $f(x)$？如果能找到这样的幂级数，我们就说，函数 $f(x)$ 在区间 I 内能展开成幂级数，或简单地说函数 $f(x)$ 能展开成幂级数，而该级数在收敛区间内就表达了 $f(x)$.

由 4.7 节中的泰勒中值定理知，若函数 $f(x)$ 在点 x_0 的某一邻域内具有直到 $n+1$ 阶的导数，则在该邻域内 $f(x)$ 可表示为关于 $(x-x_0)$ 的一个 n 次多项式与一个余项 $R_n(x)$ 之和：

$$f(x) = f(x_0) + f'(x_0)(x-x_0) + \frac{f''(x_0)}{2!}(x-x_0)^2 + \cdots + \frac{f^{(n)}(x_0)}{n!}(x-x_0)^n + R_n(x), \tag{1}$$

其中，$R_n(x) = \frac{f^{(n+1)}(\xi)}{(n+1)!}(x-x_0)^{n+1}$ (ξ 介于 x 与 x_0 之间)，称为**拉格朗日型余项**.

这时，在该邻域内，$f(x)$ 可以用 n 次多项式

$$p_n(x) = f(x_0) + f'(x_0)(x-x_0) + \frac{f''(x_0)}{2!}(x-x_0)^2 + \cdots + \frac{f^{(n)}(x_0)}{n!}(x-x_0)^n \tag{2}$$

来近似表达，其误差等于余项的绝对值 $|R_n(x)|$. 显然，如果 $|R_n(x)|$ 随着 n 的增大而减小，

那么就可以用增加多项式(2)的项数的办法来提高精确度.而要增加多项式的项数,自然应该要求 $f(x)$ 可导的阶越高越好,最好是任意阶可导.

如果 $f(x)$ 在点 x_0 的某邻域内具有各阶导数 $f'(x),f''(x),\cdots,f^{(n)}(x),\cdots$,这时可以设想多项式(2)的项数趋于无穷而成为幂级数:

$$f(x_0)+f'(x_0)(x-x_0)+\frac{f''(x_0)}{2!}(x-x_0)^2+\cdots+\frac{f^{(n)}(x_0)}{n!}(x-x_0)^n+\cdots. \quad (3)$$

幂级数(3)称为函数 $f(x)$ 的**泰勒级数**.显然,当 $x=x_0$ 时,$f(x)$ 的泰勒级数收敛于 $f(x_0)$,但除 $x=x_0$ 之外,它是否一定收敛?如果收敛,是否一定收敛于 $f(x)$?下面的定理回答了这个问题.

定理 9.12 设函数 $f(x)$ 在点 x_0 的某邻域 $U(x_0)$ 内具有各阶导数,则 $f(x)$ 在该邻域内能展开成泰勒级数的充要条件是:$f(x)$ 的泰勒公式(1)中的余项 $R_n(x)$ 满足 $\lim\limits_{n\to\infty}R_n(x)=0$.

证明 先证必要性:设 $f(x)$ 在 $U(x_0)$ 内能展开成泰勒级数,即

$$f(x)=f(x_0)+f'(x_0)(x-x_0)+\frac{f''(x_0)}{2!}(x-x_0)^2+\cdots+\frac{f^{(n)}(x_0)}{n!}(x-x_0)^n+\cdots \quad (4)$$

对一切 $x\in U(x_0)$ 成立.如果把 $f(x)$ 的 n 阶泰勒公式(1)写成

$$f(x)=s_{n+1}(x)+R_n(x), \quad (1')$$

其中,$s_{n+1}(x)$ 是 $f(x)$ 的泰勒级数(3)的前 $(n+1)$ 项之和,因为由式(4)有

$$\lim_{n\to\infty}s_{n+1}(x)=f(x),$$

所以

$$\lim_{n\to\infty}R_n(x)=\lim_{n\to\infty}[f(x)-s_{n+1}(x)]=f(x)-f(x)=0.$$

这就证明了必要性.

再证充分性:设 $\lim\limits_{n\to\infty}R_n(x)=0$ 对一切 $x\in U(x_0)$ 成立,由 $f(x)$ 的 n 阶泰勒公式 $(1')$ 有

$$s_{n+1}(x)=f(x)-R_n(x),$$

令 $n\to\infty$ 对上式取极限,得

$$\lim_{n\to\infty}s_{n+1}(x)=\lim_{n\to\infty}[f(x)-R_n(x)]=f(x),$$

即 $f(x)$ 的泰勒级数(3)在 $U(x_0)$ 内收敛于 $f(x)$,这就证明了充分性.

特殊地,在 $f(x)$ 的泰勒级数(3)中取 $x_0=0$,得

$$f(0)+f'(0)x+\frac{f''(0)}{2!}x^2+\cdots+\frac{f^{(n)}(0)}{n!}x^n+\cdots, \quad (5)$$

式(5)称为函数 $f(x)$ 的**麦克劳林级数**.

定理 9.12 说明:$f(x)$ 的泰勒级数(3)在收敛区间内不一定收敛于 $f(x)$,而只有在某些条件下(例如泰勒公式(1)中 $\lim\limits_{n\to\infty}R_n(x)=0$ 时)才收敛于 $f(x)$.

例如,函数 $f(x) = \begin{cases} e^{-\frac{1}{x^2}}, & x \neq 0, \\ 0, & x = 0 \end{cases}$ 在 $x=0$ 点任意阶可导,且 $f^{(n)}(0) = 0$ ($n = 0, 1,$ $2, \cdots$),所以 $f(x)$ 的麦克劳林级数为 $\sum_{n=0}^{\infty} 0 \cdot x^n$,该级数在 $(-\infty, +\infty)$ 内收敛,且和函数为 $s(x) \equiv 0$. 可见,除 $x = 0$ 外, $f(x)$ 的麦克劳林级数处处不收敛于 $f(x)$.

那么,除了定理 9.12,还有没有别的判别 $f(x)$ 的泰勒级数(3)在收敛区间收敛于 $f(x)$ 的方法呢?下面再给出一判别定理:

定理 9.13 设函数 $f(x)$ 在点 x_0 的某邻域 $U(x_0)$ 内具有各阶导数,若 $\exists M > 0, \forall x \in U(x_0)$,恒有 $|f^{(n)}(x)| \leqslant M$ ($n = 0, 1, 2, \cdots$),则 $f(x)$ 在 $U(x_0)$ 内能展开成点 x_0 的泰勒级数.

证明 由题设知, $f(x)$ 的泰勒公式(1)中的余项 $R_n(x)$ 满足

$$|R_n(x)| = \left| \frac{f^{(n+1)}(\xi)}{(n+1)!} (x-x_0)^{n+1} \right|$$
$$= \frac{|f^{(n+1)}(\xi)|}{(n+1)!} |x-x_0|^{n+1} \leqslant \frac{M}{(n+1)!} |x-x_0|^{n+1},$$

而级数 $\sum_{n=0}^{\infty} \frac{M}{(n+1)!} |x-x_0|^{n+1}$ 在 $(-\infty, +\infty)$ 内收敛,由级数收敛的必要条件知

$$\lim_{n \to \infty} \frac{M}{(n+1)!} |x-x_0|^{n+1} = 0,$$

从而有 $\lim_{n \to \infty} |R_n(x)| = 0$,再由定理 9.12 知结论成立.

如果 $f(x)$ 能展开成关于 $(x-x_0)$ 的幂级数,那么这个展开式是不是一定就是它的泰勒级数?即展开式是否唯一?下面的定理又回答了这个问题.

定理 9.14 设函数 $f(x)$ 在点 x_0 的某邻域 $U(x_0)$ 内具有任意阶导数,且 $f(x)$ 在该邻域内能展开成 $(x-x_0)$ 的幂级数,即 $f(x) = \sum_{n=0}^{\infty} a_n (x-x_0)^n$,则其系数

$$a_n = \frac{f^{(n)}(x_0)}{n!} \quad (n = 0, 1, 2, \cdots),$$

且展开式是唯一的(这里规定 $0! = 1$).

证明 因幂级数 $\sum_{n=0}^{\infty} a_n(x-x_0)^n$ 在 $U(x_0)$ 内收敛于 $f(x)$,即

$$f(x) = a_0 + a_1(x-x_0) + a_2(x-x_0)^2 + \cdots + a_n(x-x_0)^n + \cdots,$$

由幂级数的和函数的解析性质 2,对上式求导任意次,得

$$f(x) = a_0 + a_1(x-x_0) + a_2(x-x_0)^2 + \cdots + a_n(x-x_0)^n + \cdots,$$
$$f'(x) = a_1 + 2a_2(x-x_0) + 3a_3(x-x_0)^2 + \cdots + na_n(x-x_0)^{n-1} + \cdots,$$
$$f''(x) = 2a_2 + 3 \times 2 a_3(x-x_0) + \cdots + n(n-1)a_n(x-x_0)^{n-2} + \cdots,$$
$$\vdots$$

$$f^{(n)}(x) = n!a_n + (n+1)n(n-1)\cdots 2a_{n+1}(x-x_0) + \cdots,$$
$$\vdots$$

在上面所有的式子中,令 $x=x_0$,则可得

$$f(x_0) = a_0, \quad f'(x_0) = a_1, \quad f''(x_0) = 2a_2, \quad \cdots, \quad f^{(n)}(x_0) = n!a_n, \cdots,$$

即得

$$a_n = \frac{f^{(n)}(x_0)}{n!} \quad (n = 0, 1, 2, \cdots),$$

此系数称为**泰勒系数**,这说明泰勒系数是唯一的,因此展开式唯一.

特殊地,当 $x_0 = 0$ 时,如果 $f(x)$ 能展开成 x 的幂级数,由定理 9.14 知,这个幂级数就是 $f(x)$ 的麦克劳林级数.

前面已经指出:如果函数 $f(x)$ 在 x_0 的某邻域内具有各阶导数,则可以写出 $f(x)$ 的泰勒级数,但该级数是否能在某个区间内收敛,以及是否收敛于 $f(x)$ 却需要进一步考查.下面将具体讨论把函数 $f(x)$ 展开为 $(x-x_0)$ 的幂级数的方法.

9.5.2 函数展开成幂级数的方法

1. 直接法(泰勒级数法)

要把 $f(x)$ 展开为 $(x-x_0)$ 的幂级数,可按如下步骤进行:

第一步 求泰勒系数 $a_n = \frac{f^{(n)}(x_0)}{n!}(n=0,1,2,\cdots)$,写出幂级数(即泰勒级数)

$$a_0 + a_1(x-x_0) + a_2(x-x_0)^2 + \cdots + a_n(x-x_0)^n + \cdots,$$

并求出其收敛域;

第二步 在收敛域内,讨论 $\lim\limits_{n\to\infty} R_n(x) = 0$ 或者 $|f^{(n)}(x)| \leqslant M$ 是否成立;

第三步 若第二步中两个式子中的任何一个成立,则第一步写出的幂级数就是 $f(x)$ 在 x_0 点处的幂级数(即泰勒级数)展开式.

在实际应用中,往往需要把函数 $f(x)$ 在 $x_0 = 0$ 处展开成幂级数,即展开成麦克劳林级数.下面就以此种情况为例着重讨论.

例 9.25 将函数 $f(x) = e^x$ 展开成 x 的幂级数.

解 $f(x) = e^x$ 在 $(-\infty, +\infty)$ 内任意阶可导,且

$$f(x) = f'(x) = f''(x) = \cdots = f^{(n)}(x) = \cdots = e^x,$$

因此

$$f(0) = f'(0) = f''(0) = \cdots = f^{(n)}(0) = \cdots = e^0 = 1.$$

于是可写出 $f(x) = e^x$ 的麦克劳林级数:

$$1 + x + \frac{1}{2!}x^2 + \cdots + \frac{1}{n!}x^n + \cdots,$$

可求得其收敛半径 $R = +\infty$,即收敛域为 $(-\infty, +\infty)$.

对于任何的有限数 x，由于 ξ 介于 0 与 x 之间，余项的绝对值为

$$|R_n(x)| = \frac{e^\xi}{(n+1)!}|x|^{n+1} \leqslant e^{|x|} \cdot \frac{|x|^{n+1}}{(n+1)!},$$

因为级数 $\sum\limits_{n=0}^{\infty} \frac{|x|^{n+1}}{(n+1)!}$ 收敛，故 $\lim\limits_{n\to\infty} \frac{|x|^{n+1}}{(n+1)!} = 0$，又因 $e^{|x|}$ 有限，则 $\lim\limits_{n\to\infty} e^{|x|} \cdot \frac{|x|^{n+1}}{(n+1)!} = 0$，从而 $\lim\limits_{n\to\infty} |R_n(x)| = 0$，故 $\lim\limits_{n\to\infty} R_n(x) = 0$，于是由定理 9.12 知，$f(x) = e^x$ 在 $(-\infty, +\infty)$ 内可以展开成 x 的幂级数(或麦克劳林级数)，即

$$e^x = 1 + x + \frac{1}{2!}x^2 + \cdots + \frac{1}{n!}x^n + \cdots = \sum_{n=0}^{\infty} \frac{1}{n!}x^n \quad (-\infty < x < +\infty). \tag{6}$$

例 9.26 将函数 $f(x) = \sin x$ 展开成 x 的幂级数.

解 $f(x) = \sin x$ 在 $(-\infty, +\infty)$ 内任意阶可导，且

$$f^{(n)}(x) = \sin\left(x + n \cdot \frac{\pi}{2}\right) \quad (n = 0, 1, 2, \cdots),$$

$f^{(n)}(0)$ 循环地取 $0, 1, 0, -1, \cdots (n = 0, 1, 2, \cdots)$，于是 $f(x) = \sin x$ 的麦克劳林级数为

$$x - \frac{1}{3!}x^3 + \frac{1}{5!}x^5 - \cdots + (-1)^{n-1} \frac{1}{(2n-1)!}x^{2n-1} + \cdots,$$

可求得其收敛半径 $R = +\infty$，即收敛域为 $(-\infty, +\infty)$.

由于对于任何的有限数 x，有

$$|f^{(n)}(x)| = \left|\sin\left(x + n \cdot \frac{\pi}{2}\right)\right| \leqslant 1 \quad (n = 0, 1, 2, \cdots),$$

于是由定理 9.13 知，$f(x) = \sin x$ 在 $(-\infty, +\infty)$ 内可以展开成 x 的幂级数：

$$\sin x = x - \frac{1}{3!}x^3 - \cdots + (-1)^n \frac{1}{(2n+1)!}x^{2n+1} + \cdots$$

$$= \sum_{n=0}^{\infty} \frac{(-1)^n}{(2n+1)!}x^{2n+1} \quad (-\infty < x < +\infty). \tag{7}$$

用直接法同样可以将函数 $f(x) = \cos x$ 展开成 x 的幂级数：

$$\cos x = 1 - \frac{1}{2!}x^2 + \frac{1}{4!}x^4 - \cdots + (-1)^n \frac{1}{(2n)!}x^{2n} + \cdots$$

$$= \sum_{n=0}^{\infty} \frac{(-1)^n}{(2n)!}x^{2n} \quad (-\infty < x < +\infty). \tag{8}$$

上面所讲的直接法，是直接由公式 $a_n = \frac{f^{(n)}(x_0)}{n}$ $(n = 0, 1, 2, \cdots)$ 计算幂级数的系数，再考查余项是否趋于零或 $|f^{(n)}(x)| \leqslant M$ 是否成立. 这种直接展开的方法计算量大，而且研究余项即使在初等函数中也不是一件容易的事，因此，我们希望寻求一种不同于直接法的方法，能更容易求出函数的幂级数展开式. 下面介绍的间接法恰好具有这样的特点.

2. 间接法

间接法就是利用一些已知函数的幂级数展开式、幂级数的运算性质(如四则运算、逐项

求导、逐项积分等)以及变量替换等,将所给函数展开成幂级数的方法. 这样做不但计算简单,而且可以避免研究余项. 下面举例说明.

例 9.27 用间接法将函数 $\cos x$ 展开成 x 的幂级数.

解 由例 9.26 知 $\sin x$ 的幂级数展开式为

$$\sin x = x - \frac{1}{3!}x^3 + \frac{1}{5!}x^5 - \cdots + (-1)^n \frac{1}{(2n+1)!}x^{2n+1} + \cdots \quad (-\infty < x < +\infty),$$

由幂级数和函数的解析性质 2,对上式两端求导,得

$$\cos x = 1 - \frac{1}{2!}x^2 + \frac{1}{4!}x^4 - \cdots + (-1)^n \frac{1}{2n!}x^{2n} + \cdots \quad (-\infty < x < +\infty).$$

例 9.28 用间接法将函数 $\frac{1}{1+x^2}$ 展开成 x 的幂级数.

解 由前面的知识知

$$\frac{1}{1-x} = 1 + x + x^2 + \cdots + x^n + \cdots \quad (-1 < x < 1),$$

在上式中,把 x 换成 $-x^2$,立即得

$$\frac{1}{1+x^2} = 1 - x^2 + x^4 - \cdots + (-1)^n x^{2n} + \cdots \quad (-1 < x < 1).$$

例 9.29 将函数 $\ln(1+x)$ 展开成 x 的幂级数.

解 由于 $[\ln(1+x)]' = \frac{1}{1+x}$,而函数 $\frac{1}{1+x}$ 的幂级数展开式为

$$\frac{1}{1+x} = 1 - x + x^2 + \cdots + (-1)^n x^n + \cdots \quad (-1 < x < 1),$$

对上式两端从 0 到 x 积分,得

$$\begin{aligned}\ln(1+x) &= \int_0^x \frac{1}{1+x}dx = \int_0^x dx - \int_0^x x dx + \int_0^x x^2 dx + \cdots + (-1)^n \int_0^x x^n dx + \cdots \\ &= x - \frac{x^2}{2} + \frac{x^3}{3} + \cdots + (-1)^n \frac{x^{n+1}}{n+1} + \cdots \quad (-1 < x < 1).\end{aligned}$$

上式右端的级数 $\sum_{n=0}^{\infty} (-1)^n \frac{x^{n+1}}{n+1}$ 显然在端点 $x = -1$ 处发散,而在端点 $x = 1$ 处收敛,而左端的和函数 $\ln(1+x)$ 显然在 $x = 1$ 处有定义且连续,因此右端的幂级数在 $x = 1$ 处收敛于函数 $\ln(1+x)$ 在 $x = 1$ 处的函数值 $\ln 2$,即有

$$\ln(1+x) = x - \frac{x^2}{2} + \frac{x^3}{3} + \cdots + (-1)^n \frac{x^{n+1}}{n+1} + \cdots \quad (-1 < x \leqslant 1). \tag{9}$$

注:假定已经得到函数 $f(x)$ 在开区间 $(-R, R)$ 内的展开式

$$f(x) = \sum_{n=0}^{\infty} a_n x^n \quad (-R < x < R),$$

如果上式右端的幂级数在该区间的端点 $x = -R$(或 $x = R$)收敛,而函数 $f(x)$ 在 $x = -R$(或 $x = R$)处有定义且连续,那么根据幂级数和函数的连续性知,该展开式对 $x = -R$(或 $x = R$)

也成立,如例 9.29 那样.

3. 将函数展开成$(x-x_0)$的幂级数

如果要将函数展开成$(x-x_0)$的幂级数,可以先作变量代换$t=x-x_0$,然后将函数展开成 t 的幂级数,然后再把 t 用$(x-x_0)$换回即可. 中间的变量替换可不设出来, 只要能把思想体现出来即可. 下面举例说明.

例 9.30 将函数 $\sin^2\dfrac{x}{2}$ 展开成 $\left(x-\dfrac{\pi}{4}\right)$ 的幂级数.

解 因为
$$\sin^2\dfrac{x}{2}=\dfrac{1-\cos x}{2}=\dfrac{1}{2}-\dfrac{1}{2}\cos x=\dfrac{1}{2}-\dfrac{1}{2}\cos\left[\dfrac{\pi}{4}+\left(x-\dfrac{\pi}{4}\right)\right]$$
$$=\dfrac{1}{2}-\dfrac{1}{2}\left[\cos\dfrac{\pi}{4}\cos\left(x-\dfrac{\pi}{4}\right)-\sin\dfrac{\pi}{4}\sin\left(x-\dfrac{\pi}{4}\right)\right]$$
$$=\dfrac{1}{2}-\dfrac{1}{2\sqrt{2}}\left[\cos\left(x-\dfrac{\pi}{4}\right)-\sin\left(x-\dfrac{\pi}{4}\right)\right],$$

将展开式 $\sin x=\sum\limits_{n=0}^{\infty}\dfrac{(-1)^n}{(2n+1)!}x^{2n+1}$ 及 $\cos x=\sum\limits_{n=0}^{\infty}\dfrac{(-1)^n}{2n!}x^{2n}$ 中的 x 换成 $\left(x-\dfrac{\pi}{4}\right)$,得

$$\sin\left(x-\dfrac{\pi}{4}\right)=\sum\limits_{n=0}^{\infty}\dfrac{(-1)^n}{(2n+1)!}\left(x-\dfrac{\pi}{4}\right)^{2n+1} \quad (-\infty<x<+\infty),$$

$$\cos\left(x-\dfrac{\pi}{4}\right)=\sum\limits_{n=0}^{\infty}\dfrac{(-1)^n}{(2n)!}\left(x-\dfrac{\pi}{4}\right)^{2n} \quad (-\infty<x<+\infty),$$

于是, $\sin^2\dfrac{x}{2}=\dfrac{1}{2}-\dfrac{1}{2\sqrt{2}}\left[\sum\limits_{n=0}^{\infty}\dfrac{(-1)^n}{(2n)!}\left(x-\dfrac{\pi}{4}\right)^{2n}-\sum\limits_{n=0}^{\infty}\dfrac{(-1)^n}{(2n+1)!}\left(x-\dfrac{\pi}{4}\right)^{2n+1}\right]$

$$=\dfrac{1}{2\sqrt{2}}\left[(\sqrt{2}-1)+\left(x-\dfrac{\pi}{4}\right)+\dfrac{1}{2!}\left(x-\dfrac{\pi}{4}\right)^2-\dfrac{1}{3!}\left(x-\dfrac{\pi}{4}\right)^3-\dfrac{1}{4!}\left(x-\dfrac{\pi}{4}\right)^4\right.$$
$$\left.+\cdots+(-1)^{n-1}\dfrac{1}{2n!}\left(x-\dfrac{\pi}{4}\right)^{2n}+(-1)^n\dfrac{1}{(2n+1)!}\left(x-\dfrac{\pi}{4}\right)^{2n+1}+\cdots\right].$$

例 9.31 将函数 $\dfrac{1}{x^2+4x+3}$ 展开成$(x-1)$的幂级数.

解 因为 $\dfrac{1}{x^2+4x+3}=\dfrac{1}{(x+1)(x+3)}=\dfrac{1}{2(x+1)}-\dfrac{1}{2(x+3)}$

$$=\dfrac{1}{2[2+(x-1)]}-\dfrac{1}{2[4+(x-1)]}$$

$$=\dfrac{1}{4}\cdot\dfrac{1}{1+\dfrac{x-1}{2}}-\dfrac{1}{8}\cdot\dfrac{1}{1+\dfrac{x-1}{4}}$$

将展开式 $\dfrac{1}{1+x}=\sum\limits_{n=0}^{\infty}(-1)^n x^n (|x|<1)$ 中的 x 分别换成 $\dfrac{x-1}{2}$ 和 $\dfrac{x-1}{4}$,得

$$\frac{1}{1+\frac{x-1}{2}} = \sum_{n=0}^{\infty}(-1)^n\left(\frac{x-1}{2}\right)^n \quad \left(\left|\frac{x-1}{2}\right|<1,\text{即}-1<x<3\right),$$

$$\frac{1}{1+\frac{x-1}{4}} = \sum_{n=0}^{\infty}(-1)^n\left(\frac{x-1}{4}\right)^n \quad \left(\left|\frac{x-1}{4}\right|<1,\text{即}-3<x<5\right),$$

上面两式同时成立的 x 的取值范围为 $-1<x<3$. 从而,得

$$\frac{1}{x^2+4x+3} = \frac{1}{4}\sum_{n=0}^{\infty}(-1)^n\left(\frac{x-1}{2}\right)^n - \frac{1}{8}\sum_{n=0}^{\infty}(-1)^n\left(\frac{x-1}{4}\right)^n$$

$$= \sum_{n=0}^{\infty}(-1)^n\left[\frac{1}{2^{n+2}} - \frac{1}{2^{2n+3}}\right](x-1)^n \quad (-1<x<3).$$

4. 常用函数的麦克劳林展开式

(1) $\dfrac{1}{1-x} = 1+x+x^2+x^3+\cdots+x^n+\cdots \quad (-1<x<1)$;

(2) $e^x = 1+x+\dfrac{1}{2!}x^2+\dfrac{1}{3!}x^3+\cdots+\dfrac{1}{n!}x^n+\cdots \quad (-\infty<x<+\infty)$;

(3) $\sin x = x - \dfrac{1}{3!}x^3 + \dfrac{1}{5!}x^5 - \cdots + (-1)^{n-1}\dfrac{1}{(2n-1)!}x^{2n-1}+\cdots \quad (-\infty<x<+\infty)$;

(4) $\cos x = 1 - \dfrac{1}{2!}x^2 + \dfrac{1}{4!}x^4 - \cdots + (-1)^n\dfrac{1}{2n!}x^{2n}+\cdots \quad (-\infty<x<+\infty)$;

(5) $\ln(1+x) = x - \dfrac{x^2}{2} + \dfrac{x^3}{3} - \cdots + (-1)^n\dfrac{x^{n+1}}{n+1}+\cdots \quad (-1<x\leqslant 1)$;

(6) $(1+x)^m = 1 + mx + \dfrac{m(m-1)}{2!}x^2 + \cdots + \dfrac{m(m-1)\cdots(m-n+1)}{n!}x^n+\cdots \quad (-1<x<1)$;

(7) $\arctan x = x - \dfrac{1}{3}x^3 + \dfrac{1}{5}x^5 - \cdots + (-1)^n\dfrac{1}{(2n+1)}x^{2n+1}+\cdots \quad (-1\leqslant x\leqslant 1)$.

例 9.32 求级数 $\sum\limits_{n=0}^{\infty}\dfrac{x^{2n}}{(2n)!!}$ 的和函数 $s(x)$.

解 $\sum\limits_{n=0}^{\infty}\dfrac{x^{2n}}{(2n)!!} = 1 + \dfrac{x^2}{2} + \dfrac{x^4}{2\cdot 4} + \dfrac{x^6}{2\cdot 4\cdot 6} + \cdots + \dfrac{x^{2n}}{2\cdot 4\cdot 6\cdots(2n)} + \cdots$

$$= 1 + \frac{x^2}{2} + \frac{(x^2)^2}{2^2(1\cdot 2)} + \frac{(x^2)^3}{2^3(1\cdot 2\cdot 3)} + \cdots + \frac{(x^2)^n}{2^n(1\cdot 2\cdot 3\cdots n)} + \cdots$$

$$= 1 + \left(\frac{x^2}{2}\right) + \frac{1}{2!}\left(\frac{x^2}{2}\right)^2 + \frac{1}{3!}\left(\frac{x^2}{2}\right)^3 + \cdots + \frac{1}{n!}\left(\frac{x^2}{2}\right)^n + \cdots,$$

联想到函数 e^x 的幂级数展开式

$$e^x = 1 + x + \frac{1}{2!}x^2 + \frac{1}{3!}x^3 + \cdots + \frac{1}{n!}x^n + \cdots \quad (-\infty<x<+\infty),$$

可知级数

$$1+\left(\frac{x^2}{2}\right)+\frac{1}{2!}\left(\frac{x^2}{2}\right)^2+\frac{1}{3!}\left(\frac{x^2}{2}\right)^3+\cdots+\frac{1}{n!}\left(\frac{x^2}{2}\right)^n+\cdots$$

收敛于 $e^{\frac{x^2}{2}}$,即有

$$\sum_{n=0}^{\infty}\frac{x^{2n}}{(2n)!!}=e^{\frac{x^2}{2}}\quad(-\infty<x<+\infty).$$

例 9.33 求数项级数 $\sum_{n=0}^{\infty}(-1)^n\frac{n}{(2n+1)!}$ 的和.

解 因为 $\frac{n}{(2n+1)!}=\frac{1}{2}\left(\frac{1}{(2n)!}-\frac{1}{(2n+1)!}\right)$,所以

$$\sum_{n=0}^{\infty}(-1)^n\frac{n}{(2n+1)!}=\frac{1}{2}\sum_{n=0}^{\infty}(-1)^n\left(\frac{1}{(2n)!}-\frac{1}{(2n+1)!}\right)$$
$$=\frac{1}{2}\left[\sum_{n=0}^{\infty}\frac{(-1)^n}{(2n)!}-\sum_{n=0}^{\infty}\frac{(-1)^n}{(2n+1)!}\right],$$

由于

$$\cos x=\sum_{n=0}^{\infty}\frac{(-1)^n}{(2n)!}x^{2n}\ \text{及}\ \sin x=\sum_{n=0}^{\infty}\frac{(-1)^n}{(2n+1)!}x^{2n+1}\quad(-\infty<x<+\infty),$$

则

$$\cos 1=\sum_{n=0}^{\infty}\frac{(-1)^n}{(2n)!},\quad \sin 1=\sum_{n=0}^{\infty}\frac{(-1)^n}{(2n+1)!},$$

因此

$$\sum_{n=0}^{\infty}(-1)^n\frac{n}{(2n+1)!}=\frac{1}{2}(\cos 1-\sin 1).$$

习题 9.5

1. 用间接法将下列函数展开成麦克劳林级数,并求其收敛域.

(1) $f(x)=\arctan x$；

(2) $f(x)=a^x(a>0, a\neq 1)$；

(3) $f(x)=\ln(a+x)(a>0)$；

(4) $f(x)=e^{\frac{x^2}{3}}$；

(5) $f(x)=\sqrt[3]{8-x^3}$；

(6) $f(x)=\frac{x^2}{\sqrt{1-x^2}}$；

(7) $f(x)=\sin^2 x$；

(8) $f(x)=\frac{x}{x^2-x-2}$；

(9) $f(x)=\ln(1-x-2x^2)$；

(10) $f(x)=\int_0^x e^{-t^2}dt$.

2. 将下列函数在指定点展开成幂级数,并求其收敛域.

(1) $f(x)=e^x, x=1$；

(2) $f(x)=\sin x, x=\frac{\pi}{3}$；

(3) $f(x)=\frac{1}{x^2+3x+2}, x=-4$；

(4) $f(x)=\ln\frac{1}{2+2x+x^2}, x=-1$.

3. 设 $f(x) = \begin{cases} \dfrac{1+x^2}{x}\arctan x, & x \neq 0, \\ 1, & x = 0, \end{cases}$ 试将 $f(x)$ 展开成 x 的幂级数,并求常数项级数 $\sum_{n=1}^{\infty} \dfrac{(-1)^n}{1-4n^2}$ 的和.

4. 将级数 $\sum_{n=0}^{\infty} \dfrac{(-1)^n}{(2n+1)! \cdot 2^{2n}} x^{2n+1}$ 的和函数展开为 $(x-1)$ 的幂级数.

9.6 函数幂级数展开式的应用

9.6.1 利用幂级数展开式求函数的 n 阶导数

用幂级数展开式求函数 $f(x)$ 在点 x_0 处的 n 阶导数 $f^{(n)}(x_0)$ 的思路:

(1) 假设已得到函数 $f(x)$ 的幂级数展开式为 $f(x) = \sum_{n=0}^{\infty} a_n(x-x_0)^n$;

(2) 由于 $f(x)$ 的泰勒展开式为

$$f(x) = \sum_{n=0}^{\infty} \frac{f^{(n)}(x_0)}{n!}(x-x_0)^n,$$

由幂级数展开式的唯一性,上述两展开式应为同一展开式,因此有

$$\frac{f^{(n)}(x_0)}{n!} = a_n \quad \text{即} \quad f^{(n)}(x_0) = a_n \cdot n! \quad (n=0,1,2,\cdots);$$

(3) 特别地,当 $x_0 = 0$ 时,$f^{(n)}(0) = a_n \cdot n!$ $(n=0,1,2,\cdots)$.

下面举例说明.

例 9.34 设 $f(x) = \arcsin x$,求 $f^{(n)}(0)$ $(n=1,2,\cdots)$.

解 先求 $f(x)$ 关于 x 的幂级数展开式.
因为

$$f'(x) = (\arcsin x)' = \frac{1}{\sqrt{1-x^2}},$$

在函数 $(1+x)^m$ 关于 x 的幂级数展开式中,取 $m = -\dfrac{1}{2}$,并以 $-x^2$ 替换 x,得

$$\frac{1}{\sqrt{1-x^2}} = [1+(-x^2)]^{-\frac{1}{2}}$$

$$= 1 + \left(-\frac{1}{2}\right)(-x^2) + \frac{1}{2!}\left(-\frac{1}{2}\right)\left(-\frac{3}{2}\right)(-x^2)^2 + \cdots$$

$$+ \frac{1}{n!}\left(-\frac{1}{2}\right)\left(-\frac{3}{2}\right)\cdots\left(-\frac{1}{2}-n+1\right)(-x^2)^n + \cdots$$

$$= 1 + \frac{1}{2}x^2 + \frac{1\cdot 3}{2\cdot 4}x^4 + \cdots + \frac{(2n-1)!!}{(2n)!!}x^{2n} + \cdots$$

$$= 1 + \sum_{n=1}^{\infty} \frac{(2n-1)!!}{(2n)!!}x^{2n} \quad (-1 < x < 1).$$

于是

$$f'(x) = \frac{1}{\sqrt{1-x^2}} = 1 + \sum_{n=1}^{\infty} \frac{(2n-1)!!}{(2n)!!}x^{2n} \quad (-1 < x < 1).$$

上式从 0 到 x 求积分,并注意到 $f(0)=0$,得

$$f(x) = x + \sum_{n=1}^{\infty} \frac{(2n-1)!!}{(2n)!!} \cdot \frac{x^{2n+1}}{2n+1} \quad (-1 < x < 1).$$

由此得

$$a_{2n} = 0 \, (n=0,1,2,\cdots);$$

$$a_1 = 1, \quad a_{2n+1} = \frac{(2n-1)!!}{(2n)!!} \cdot \frac{1}{2n+1} \quad (n=1,2,\cdots).$$

于是

$$f'(0) = 1,$$

$$\begin{cases} f^{(2n+1)}(0) = a_{2n+1} \cdot (2n+1)! = [(2n-1)!!]^2, & n=1,2,\cdots, \\ f^{(2n)}(0) = 0, & n=1,2,\cdots. \end{cases}$$

例 9.35 设 $f(x) = (x-1)^5 \mathrm{e}^{-x}$,求 $f^{(10)}(1)$.

解 $\mathrm{e}^{-x} = \mathrm{e}^{-(x-1)-1} = \mathrm{e}^{-1} \cdot \mathrm{e}^{-(x-1)}$. 由展开式

$$\mathrm{e}^x = 1 + x + \frac{1}{2!}x^2 + \cdots + \frac{1}{n!}x^n + \cdots \quad (-\infty < x < +\infty),$$

有

$$\mathrm{e}^{-(x-1)} = 1 - (x-1) + \frac{1}{2!}[-(x-1)]^2 + \cdots$$

$$+ \frac{1}{n!}[-(x-1)]^n + \cdots \quad (-\infty < -(x-1) < +\infty),$$

即

$$\mathrm{e}^{-(x-1)} = 1 - (x-1) + \frac{1}{2!}(x-1)^2 + \cdots + \frac{(-1)^n}{n!}(x-1)^n + \cdots$$

$$= \sum_{n=0}^{\infty} \frac{(-1)^n}{n!}(x-1)^n \quad (-\infty < x < +\infty),$$

从而

$$f(x) = (x-1)^5 \mathrm{e}^{-x} = \mathrm{e}^{-1} \sum_{n=0}^{\infty} \frac{(-1)^n}{n!}(x-1)^{n+5} \quad (-\infty < x < +\infty),$$

因此,$f^{(10)}(1) = a_{10} \cdot 10! = \mathrm{e}^{-1} \cdot \dfrac{(-1)^5}{5!} \cdot 10! = -10 \times 9 \times 8 \times 7 \times 6 \mathrm{e}^{-1}.$

9.6.2 函数的幂级数展开式在近似计算中的应用

例 9.36 计算 $\sqrt[5]{240}$ 的近似值,要求误差不超过 0.0001.

解 因为

$$\sqrt[5]{240} = \sqrt[5]{243-3} = \sqrt[5]{3^5-3} = 3\left(1-\frac{1}{3^4}\right)^{\frac{1}{5}},$$

所以在函数 $(1+x)^m$ 关于 x 的幂级数展开式中取 $m=\frac{1}{5}, x=-\frac{1}{3^4}$,得

$$\sqrt[5]{240} = 3\left(1-\frac{1}{3^4}\right)^{\frac{1}{5}} = 3\left(1-\frac{1}{5}\cdot\frac{1}{3^4}-\frac{1\cdot 4}{5^2\cdot 2!}\cdot\frac{1}{3^8}-\frac{1\cdot 4\cdot 9}{5^3\cdot 3!}\cdot\frac{1}{3^{12}}-\cdots\right),$$

这个级数收敛很快,取前两项的和作为其近似值,误差为

$$|r_2| = 3\left(\frac{1\cdot 4}{5^2\cdot 2!}\cdot\frac{1}{3^8}+\frac{1\cdot 4\cdot 9}{5^3\cdot 3!}\cdot\frac{1}{3^{12}}+\frac{1\cdot 4\cdot 9\cdot 14}{5^4\cdot 4!}\cdot\frac{1}{3^{16}}+\cdots\right)$$

$$< 3\cdot\frac{1\cdot 4}{5^2\cdot 2!}\cdot\frac{1}{3^8}\left(1+\frac{1}{81}+\left(\frac{1}{81}\right)^2+\cdots\right)$$

$$= \frac{6}{25}\cdot\frac{1}{3^8}\cdot\frac{1}{1-\frac{1}{81}} = \frac{1}{25\times 27\times 40} < \frac{1}{20\,000},$$

于是取近似值为 $\sqrt[5]{240} \approx 3\left(1-\frac{1}{5}\cdot\frac{1}{3^4}\right) \approx 2.9926$.

例 9.37 计算定积分 $\int_0^1 e^{-x^2}dx$ 的近似值,要求误差不超过 0.0001.

解 将 e^x 的幂级数展开式中的 x 换成 $-x^2$,得被积函数 e^{-x^2} 的幂级数展开式

$$e^{-x^2} = 1-x^2+\frac{1}{2!}x^4-\cdots+\frac{(-1)^n}{n!}x^{2n}-\cdots,$$

上式两端从 0 到 1 求定积分,得

$$\int_0^1 e^{-x^2}dx = \int_0^1 dx - \int_0^1 x^2 dx + \int_0^1 \frac{1}{2!}x^4 dx - \cdots + \int_0^1 \frac{(-1)^n}{n!}x^{2n}dx + \cdots$$

$$= 1-\frac{1}{3}+\frac{1}{2!}\cdot\frac{1}{5}-\cdots+\frac{(-1)^n}{n!}\cdot\frac{1}{2n+1}+\cdots,$$

此级数为交错级数,试取前 N 项的和作为近似值,其误差为

$$|r_N| = \frac{1}{N!}\cdot\frac{1}{2N+1}-\frac{1}{(N+1)!}\cdot\frac{1}{2(N+1)+1}+\cdots < \frac{1}{N!}\cdot\frac{1}{2N+1},$$

要使误差不超过 0.0001,只要 $\frac{1}{N!}\cdot\frac{1}{2N+1} \leq 0.0001$ 即可,即只要 $(2N+1)\times N! \geq 10\,000$ 即可,显然 $N=7$ 即可使误差满足要求.

所以,可取前 7 项的和作为近似值

$$\int_0^1 e^{-x^2}dx \approx 1 - \frac{1}{3} + \frac{1}{2!}\cdot\frac{1}{5} - \frac{1}{3!}\cdot\frac{1}{7} + \frac{1}{4!}\cdot\frac{1}{9} - \frac{1}{5!}\cdot\frac{1}{11} + \frac{1}{6!}\cdot\frac{1}{13} \approx 0.7468.$$

习题 9.6

1. 利用函数的幂级数展开式求函数的高阶导数.

(1) $f(x) = x^4 \cos x$，求 $f^{(10)}(0)$；

(2) $f(x) = x\ln(1-x^2)$，求 $f^{(101)}(0)$；

(3) $f(x) = \ln\dfrac{1}{2+2x+x^2}$，求 $f^{(n)}(-1)$；

(4) $f(x) = \dfrac{x-1}{4-x}$，求 $f^{(n)}(1)$.

2. 利用函数的幂级数展开式求下列各数的近似值，要求误差不超过 10^{-4}.

(1) $\cos 2°$；

(2) $\sqrt[9]{522}$；

(3) $\displaystyle\int_0^{0.5}\frac{\arctan x}{x}dx$；

(4) $\displaystyle\int_0^{0.5}\frac{1}{1+x^4}dx$.

复习题九

1. 填空题.

(1) 对级数 $\displaystyle\sum_{n=1}^\infty u_n$，$\lim\limits_{n\to\infty}u_n = 0$ 是它收敛的 _____ 条件，不是收敛的 _____ 条件.

(2) 部分和数列 $\{s_n\}$ 有上界是正项级数 $\displaystyle\sum_{n=1}^\infty u_n$ 收敛的 _____ 条件.

(3) 若级数 $\displaystyle\sum_{n=1}^\infty u_n$ 绝对收敛，则级数 $\displaystyle\sum_{n=1}^\infty u_n$ 必定 _____；若级数 $\displaystyle\sum_{n=1}^\infty u_n$ 条件收敛，则级数 $\displaystyle\sum_{n=1}^\infty |u_n|$ 必定 _____.

(4) 若级数 $\displaystyle\sum_{n=1}^\infty u_n$ 的部分和为 $s_n = \dfrac{2n}{n+1}$，则 $u_n =$ _____，$\displaystyle\sum_{n=1}^\infty u_n =$ _____.

(5) 设幂级数 $\displaystyle\sum_{n=1}^\infty a_n x^n$ 的收敛区间为 $(-3,3)$，则幂级数 $\displaystyle\sum_{n=1}^\infty n a_n (x-1)^{n-1}$ 的收敛区间为 _____.

(6) 若幂级数 $\displaystyle\sum_{n=1}^\infty a_n(x-2)^n$ 在 $x=5$ 处收敛，则它在 $x=0$ 处 _____.

(7) 级数 $\displaystyle\sum_{n=1}^\infty \dfrac{2n+1}{n!}$ 的和 $s =$ _____.

(8) 设 $f(x) = \begin{cases}\dfrac{\sin x}{x}, & x \neq 0;\\ 1, & x = 0,\end{cases}$ 则 $f^{(50)}(0) =$ _____.

2. 单项选择题.

(1) 设 $\alpha = \dfrac{1}{n^n}, \beta = \dfrac{1}{n!}$,当 $n \to \infty$ 时,(　　).

(A) α 与 β 是等价无穷小；　　　　(B) α 与 β 是同阶但不等价的无穷小；

(C) α 是比 β 高阶的无穷小；　　　　(D) α 是比 β 低阶的无穷小.

(2) 设级数 $\sum\limits_{n=1}^{\infty}(-1)^n \cdot a_n \cdot 2^n$ 收敛,则级数 $\sum\limits_{n=1}^{\infty} a_n$(　　).

(A) 发散；　　(B) 绝对收敛；　　(C) 条件收敛；　　(D) 敛散性不能确定.

(3) 设 $k > 0$,则级数 $\sum\limits_{n=1}^{\infty}(-1)^n \dfrac{k+n}{n^2}$(　　).

(A) 发散；　　(B) 绝对收敛；　　(C) 条件收敛；　　(D) 敛散性与 k 有关.

(4) 设 a 为常数,则级数 $\sum\limits_{n=1}^{\infty}\left(\dfrac{\sin na}{n^2} - \dfrac{1}{\sqrt{n}}\right)$(　　).

(A) 发散；　　(B) 绝对收敛；　　(C) 条件收敛；　　(D) 敛散性与 a 有关.

(5) 设级数 $\sum\limits_{n=1}^{\infty} a_n$ 绝对收敛,则级数 $\sum\limits_{n=1}^{\infty}\left(1+\dfrac{1}{n}\right)^n a_n$(　　).

(A) 发散；　　(B) 绝对收敛；　　(C) 条件收敛；　　(D) 敛散性不能确定.

(6) 设 $0 \leqslant a_n < \dfrac{1}{n}(n=1,2,\cdots)$,则下列级数中肯定收敛的是(　　).

(A) $\sum\limits_{n=1}^{\infty} a_n$；　　(B) $\sum\limits_{n=1}^{\infty}(-1)^n a_n$；　　(C) $\sum\limits_{n=1}^{\infty}\sqrt{a_n}$；　　(D) $\sum\limits_{n=1}^{\infty}(-1)^n a_n^2$.

(7) 幂级数 $\sum\limits_{n=1}^{\infty}\dfrac{(-1)^{n+1}}{n(2n+1)}(2x)^{2n}$ 的收敛域是(　　).

(A) $\left[-\dfrac{1}{2}, \dfrac{1}{2}\right]$；　　　　　　　　(B) $\left(-\dfrac{1}{2}, \dfrac{1}{2}\right]$；

(C) $\left[-\dfrac{1}{2}, \dfrac{1}{2}\right)$；　　　　　　　　(D) $\left(-\dfrac{1}{2}, \dfrac{1}{2}\right)$.

3. 设级数 $\sum\limits_{n=1}^{\infty} u_n$ 收敛,且 $\lim\limits_{n \to \infty} \dfrac{v_n}{u_n} = 1$,问级数 $\sum\limits_{n=1}^{\infty} v_n$ 是否收敛? 试说明理由.

4. 求下列数项级数的和.

(1) $\sum\limits_{n=1}^{\infty} \dfrac{n^2}{n!}$；　　(2) $\sum\limits_{n=1}^{\infty}(-1)^{n+1} \cdot \dfrac{1}{n+1}$；　　(3) $\sum\limits_{n=0}^{\infty}(-1)^n \dfrac{n+1}{(2n+1)!}$

5. 已知 $\sum\limits_{n=1}^{\infty}(-1)^{n-1} a_n = 4, \sum\limits_{n=1}^{\infty} a_{2n-1} = 9$,证明:级数 $\sum\limits_{n=1}^{\infty} a_n$ 收敛,并求其和.

6. 已知函数 $f(x)$ 在 $x = 0$ 的某邻域内二阶可导,且 $\lim\limits_{x \to 0} \dfrac{f(x)}{x} = 0$,证明:级数 $\sum\limits_{n=1}^{\infty} f\left(\dfrac{1}{n}\right)$ 绝对收敛.

7. 试将函数 $f(x) = \dfrac{x^2 - 4x + 14}{(x-3)^2(2x+5)}$ 展开成麦克劳林级数,并求其收敛域.

8. 设 $f(x) = \dfrac{x+4}{2x^2 - 5x - 3}$,求 $f^{(199)}(1)$.

9. 设 a_n 是曲线 $y = x^n$ 与 $y = x^{n+1}$ 所围区域的面积($n = 1, 2, \cdots$),设 $s_1 = \sum\limits_{n=1}^{\infty} a_n$, $s_{21} = \sum\limits_{n=1}^{\infty} a_{2n-1}$,求 s_1 及 s_{21}.

10. 设 $a_0 = 0, a_{n+1} = \sqrt{2 + a_n}$ ($n = 0, 1, 2, \cdots$),讨论级数 $\sum\limits_{n=1}^{\infty} (-1)^{n-1} \sqrt{2 - a_n}$ 是绝对收敛、条件收敛还是发散?

11. 讨论级数 $1 - \dfrac{1}{2^x} + \dfrac{1}{3} - \dfrac{1}{4^x} + \dfrac{1}{5} - \dfrac{1}{6^x} + \cdots + \dfrac{1}{2n-1} - \dfrac{1}{(2n)^x} + \cdots$ 在哪些 x 处收敛,哪些 x 处发散?

12. 已知数列 $\{na_n\}$ 收敛,级数 $\sum\limits_{n=2}^{\infty} n(a_n - a_{n-1})$ 也收敛,证明:级数 $\sum\limits_{n=1}^{\infty} a_n$ 收敛.

13. 讨论级数 $\sum\limits_{n=1}^{\infty} \left[\dfrac{1}{n} - \ln\left(1 + \dfrac{1}{n}\right) \right]$ 的敛散性;已知 $x_n = 1 + \dfrac{1}{2} + \dfrac{1}{3} + \cdots + \dfrac{1}{n} - \ln(1+n)$,证明:数列 $\{x_n\}$ 收敛,并求 $\lim\limits_{n \to \infty} \dfrac{1}{\ln n}\left(1 + \dfrac{1}{2} + \dfrac{1}{3} + \cdots + \dfrac{1}{n}\right)$.

14. 假设 $a_n > 0, b_n > 0$ ($n = 1, 2, \cdots$),则

(1) 若存在常数 $\alpha > 0$,使得 $\dfrac{b_n}{b_{n+1}} a_n - a_{n+1} \geqslant \alpha$ ($n = 1, 2, \cdots$),则级数 $\sum\limits_{n=1}^{\infty} b_n$ 收敛;

(2) 若级数 $\sum\limits_{n=1}^{\infty} \dfrac{1}{a_n}$ 发散,且 $\dfrac{b_n}{b_{n+1}} a_n - a_{n+1} \leqslant 0$,则级数 $\sum\limits_{n=1}^{\infty} b_n$ 发散.

第 10 章

微分方程与差分方程

函数是客观事物内在联系在数量方面的反映,利用函数关系又可以对客观事物的规律进行研究.因此如何寻找出所需要的函数关系,在实践中具有重要意义.在许多问题中,往往不能直接找出所需要的函数关系,但是分析问题所提供的情况,有时可以列出所求函数的导数满足的关系式,这种关系式就是所谓的微分方程.分析问题并列出微分方程的过程就是建立微分方程.对它进行研究,找出未知函数,就是解微分方程.

在科学技术和经济管理的许多实际问题中,变量的数据多数按时间间隔周期统计,因此,各有关变量的取值是离散变化的,研究这类离散数学模型的有力工具即差分方程.

本章将结合具体的例子介绍微分方程、差分方程的基本概念和几种常见的解法.

10.1 微分方程的基本概念

先举两个具体的例子来说明微分方程的概念.

例 10.1 一曲线过点 $(0,2)$,且在该曲线上任一点 $M(x,y)$ 处切线的斜率为 $5x^4$,求此曲线的方程.

解 设所求曲线的方程为 $y=y(x)$.根据导数的几何意义,可知未知函数 $y=y(x)$ 应满足关系式

$$\frac{\mathrm{d}y}{\mathrm{d}x} = 5x^4, \tag{1}$$

此外,未知函数 $y=y(x)$ 还应满足条件:$x=0$ 时,$y=2$,简记为

$$y\mid_{x=0} = 2. \tag{2}$$

把式(1)两端积分,得 $y = \int 5x^4 \mathrm{d}x$,即

$$y = x^5 + C \quad (C \text{ 是任意常数}), \tag{3}$$

把条件 $y\mid_{x=0}=2$ 代入式(3),得 $C=2$,因此,所求曲线方程为

$$y = x^5 + 2. \tag{4}$$

例 10.2 列车在平直线路上以 20m/s 的速度行驶,当制动时列车获得加速度

-0.4 m/s^2. 问开始制动后多长时间列车才能停止,以及列车在这段时间里行驶了多少路程?

解 设列车在开始制动后 t 秒时行驶了 s 米. 根据题意,反映制动阶段列车运动规律的函数 $s=s(t)$ 应满足关系式

$$\frac{\mathrm{d}^2 s}{\mathrm{d}t^2} = -0.4, \tag{5}$$

此外,未知函数 $s=s(t)$ 还应满足条件:$t=0$ 时,$s=0$,$v=\dfrac{\mathrm{d}s}{\mathrm{d}t}=20$. 简记为

$$s\big|_{t=0} = 0, \quad \frac{\mathrm{d}s}{\mathrm{d}t}\bigg|_{t=0} = 20. \tag{6}$$

把式(5)两端积分一次,得

$$v = \frac{\mathrm{d}s}{\mathrm{d}t} = -0.4t + C_1, \tag{7}$$

再积分一次,得

$$s = -0.2t^2 + C_1 t + C_2 \quad (C_1, C_2 \text{ 都是任意常数}). \tag{8}$$

将条件 $\dfrac{\mathrm{d}s}{\mathrm{d}t}\bigg|_{t=0}=20$ 代入式(7)得 $C_1=20$,将条件 $s\big|_{t=0}=0$ 代入式(8)得 $C_2=0$. 将 C_1,C_2 的值代入式(7)及式(8)得

$$v = \frac{\mathrm{d}s}{\mathrm{d}t} = -0.4t + 20, \tag{9}$$

$$s = -0.2t^2 + 20t. \tag{10}$$

在式(9)中令 $v=0$,得到列车从开始制动到完全停止所需的时间

$$t = \frac{20}{0.4} = 50 (\text{s}).$$

再把 $t=50$ 代入式(10),得到列车在制动阶段行驶的路程

$$s = -0.2 \times 50^2 + 20 \times 50 = 500 (\text{m}).$$

上述两个例子中的等式(1)和(5)都含有未知函数的导数. 一般地,含有未知函数的导数(或微分)的等式叫做**微分方程**. 未知函数是一元函数的微分方程叫**常微分方程**,如式(1)和式(5);未知函数是多元函数的微分方程叫**偏微分方程**,如 $\dfrac{\partial z}{\partial x} + \dfrac{\partial z}{\partial y} = z$. 本章只讨论常微分方程,并将其简称为微分方程.

微分方程中出现的未知函数的最高阶导数的阶数,叫做**微分方程的阶**. 如式(1)是一阶微分方程;式(5)是二阶微分方程.

如果某个函数在区间 I 上满足微分方程,即将这个函数代入微分方程能使该方程成为恒等式,就称该函数是**此微分方程在区间 I 上的解**. 如果微分方程的解中含有相互独立的任意常数(任意常数不能合并),且任意常数的个数与微分方程的阶数相同,那么称其为**微分方程的通解**. 例如式(3)为式(1)的通解,式(8)为式(5)的通解.

由于微分方程的通解中含有任意常数,所以要完全确定地反映某一特定事物的规律性,还必须确定这些常数的值. 为此,要根据实际情况,提出一定的条件,用来确定常数的值. 这种用于确定通解中任意常数的值的条件,称为**初始条件或初值条件**. 由初始条件确定了通解中的任意常数的解叫做**特解**. 例如式(4)是微分方程(1)满足初始条件(2)的特解;式(10)是微分方程(5)满足初始条件(6)的特解. 求微分方程满足初始条件的解的问题称为**微分方程的初值问题**.

微分方程解的图形称为**微分方程的积分曲线**. 通解的图形是一族积分曲线,特解的图形是依据初始条件而确定的积分曲线族中的某一特定曲线.

习题 10.1

1. 指出下列各微分方程的阶数.
 (1) $x(y')^2 + 6yy' + x = 0$;
 (2) $(x-y)dx + (x+y)dy = 0$;
 (3) $\dfrac{d^2 S}{dt^2} + 2\dfrac{dS}{dt} + S = 0$;
 (4) $x^4 (y''')^2 - 4yy'' + y = 0$.

2. 试求下列微分方程在指定形式下的解.
 (1) $y'' + 5y' + 6y = 0$,形如 $y = e^{rx}$ 的解;
 (2) $x^2 y'' + 6xy' + 4y = 0$,形如 $y = x^\lambda$ 的解.

3. 写出由下列条件确定的曲线所满足的微分方程.
 (1) 曲线上点 $P(x, y)$ 处的切线的斜率等于该点的横坐标的平方;
 (2) 曲线上点 $P(x, y)$ 处的法线与 x 轴的交点为 Q,且线段 PQ 被 y 轴平分;
 (3) 曲线上点 $P(x, y)$ 处的切线与 y 轴的交点为 Q,线段 PQ 的长度为 2,且曲线经过点 $(2, 0)$;
 (4) 曲线上点 $M(x, y)$ 处的切线与 x 轴、y 轴的交点依次为 P 与 Q,线段 PM 被点 Q 平分,且曲线经过点 $(3, 1)$.

10.2 一阶微分方程

一阶微分方程的一般形式为
$$F(x, y, y') = 0,$$
如果上式关于 y' 可解出,则方程可写作
$$y' = f(x, y), \tag{11}$$
或写成对称的形式
$$P(x, y)dx + Q(x, y)dy = 0,$$
这里,既可将 y 看做自变量 x 的函数,也可将 x 看做自变量 y 的函数. 由于上述方程中所涉及的表达式 F, f, P 及 Q 的多样性与复杂性,很难用一个通用公式来表达所有情况下的解,

因此，下面分类型讨论几种特殊形式的一阶微分方程的解法.

10.2.1 可分离变量的微分方程

如果一阶微分方程(11)可以化为
$$f(x)dx = g(y)dy \tag{10-1}$$
的形式，则称此方程为**可分离变量的微分方程**. 将可分离变量的微分方程化为式(10-1)的过程称为**分离变量**.

若式(10-1)中的函数 $f(x)$ 与 $g(y)$ 都是连续的，就可以用积分的方法求出此类方程的通解. 即对式(10-1)两端积分
$$\int f(x)dx = \int g(y)dy.$$
设 $F(x)$ 与 $G(y)$ 分别是 $f(x)$ 与 $g(y)$ 的原函数，于是有 $F(x) = G(y) + C$ 为式(10-1)的隐式通解.

例 10.3 求微分方程 $\dfrac{dy}{dx} = 2xy$ 的通解.

解 （1）当 $y \neq 0$ 时，分离变量得
$$\frac{dy}{y} = 2xdx,$$
两边积分得
$$\ln|y| = x^2 + \ln|C_1|,$$
从而 $y = C_1 e^{x^2}$（C_1 为不为零的任意常数）.

（2）$y = 0$ 也是原方程的解.

所以方程的通解为 $y = Ce^{x^2}$（C 为任意常数）.

例 10.4 某商品的需求量 Q 对价格 P 的弹性为 $-P\ln 3$. 已知该商品的最大需求量为 1200，求需求量 Q 与价格 P 的函数关系.

解 设价格为 P 时需求量为 $Q(P)$. 由题意有
$$\frac{P}{Q}\frac{dQ}{dP} = -P\ln 3,$$
此方程为可分离变量的微分方程，分离变量得
$$\frac{dQ}{Q} = -\ln 3 dP.$$
解得
$$Q = C3^{-P}.$$
由商品的最大需求量为 1200 知，上述方程满足条件 $Q|_{P=0} = 1200$. 将此初始条件代入通解得 $C = 1200$.

因此，需求量 Q 与价格 P 的函数关系为 $Q = 1200 \times 3^{-P}$.

10.2.2 一阶线性微分方程

如果一阶微分方程(11)可以化为

$$\frac{\mathrm{d}y}{\mathrm{d}x} + P(x)y = Q(x), \tag{10-2}$$

则称其为**一阶线性微分方程**,其中 $P(x), Q(x)$ 是连续函数. 如果 $Q(x) \equiv 0$,则方程

$$\frac{\mathrm{d}y}{\mathrm{d}x} + P(x)y = 0 \tag{12}$$

称为**一阶齐次线性微分方程**. 当 $Q(x)$ 不恒为 0 时,式(10-2)称为**一阶非齐次线性微分方程**.

一阶齐次线性微分方程(12)是可分离变量的方程,利用分离变量解法可得其通解为

$$y = C\mathrm{e}^{-\int P(x)\mathrm{d}x}. \tag{13}$$

对于一阶非齐次线性微分方程(10-2),将其变形为

$$\frac{\mathrm{d}y}{y} = \left[\frac{Q(x)}{y} - P(x)\right]\mathrm{d}x,$$

两边积分得

$$\ln|y| = \int \frac{Q(x)}{y}\mathrm{d}x - \int P(x)\mathrm{d}x,$$

即

$$y = \pm \mathrm{e}^{\int \frac{Q(x)}{y}\mathrm{d}x} \cdot \mathrm{e}^{-\int P(x)\mathrm{d}x}.$$

尽管 $\pm \mathrm{e}^{\int \frac{Q(x)}{y}\mathrm{d}x}$ 不能直接积出来,但它一定为 x 的函数,令 $u(x) = \pm \mathrm{e}^{\int \frac{Q(x)}{y}\mathrm{d}x}$,则一阶非齐次线性方程(10-2)解的形式为

$$y = u(x)\mathrm{e}^{-\int P(x)\mathrm{d}x}. \tag{14}$$

对上式求导代入式(10-2)得 $u'(x) = Q(x)\mathrm{e}^{\int P(x)\mathrm{d}x}$,积分得

$$u(x) = \int Q(x)\mathrm{e}^{\int P(x)\mathrm{d}x}\mathrm{d}x + C.$$

于是非齐次线性方程(10-2)的通解为

$$y = \mathrm{e}^{-\int P(x)\mathrm{d}x}\left[\int Q(x)\mathrm{e}^{\int P(x)\mathrm{d}x}\mathrm{d}x + C\right]. \tag{15}$$

将式(15)改写成两项之和

$$y = C\mathrm{e}^{-\int P(x)\mathrm{d}x} + \mathrm{e}^{-\int P(x)\mathrm{d}x}\int Q(x)\mathrm{e}^{\int P(x)\mathrm{d}x}\mathrm{d}x,$$

即一阶非齐次线性方程的通解等于对应的齐次线性方程通解与非齐次线性方程的一个特解之和.

这种将齐次线性微分方程通解中的任意常数 C 变为待定函数 $u(x)$ 求非齐次线性微分方程通解的方法称为**常数变易法**. 常数变易法是求解线性微分方程常用的一种方法.

例 10.5 求方程 $\dfrac{dy}{dx} - \dfrac{2y}{x+1} = (x+1)^{\frac{5}{2}}$ 的通解.

解 对应的一阶齐次线性方程为
$$\dfrac{dy}{dx} - \dfrac{2y}{x+1} = 0.$$

分离变量得其通解为 $y = C(x+1)^2$.

由常数变易法,令原方程的解为 $y = u(x)(x+1)^2$,求导代入原方程得 $u'(x) = (x+1)^{\frac{1}{2}}$,于是
$$u(x) = \dfrac{2}{3}(x+1)^{\frac{3}{2}} + C \quad (C \text{ 为任意常数}).$$

从而原方程的通解为 $y = (x+1)^2 \left[\dfrac{2}{3}(x+1)^{\frac{3}{2}} + C \right]$ (C 为任意常数).

例 10.6 如图 10-1 所示,平行于 y 轴的动直线被曲线 $y = f(x)$ 与 $y = x^3 (x \geqslant 0)$ 截下的线段 PQ 之长在数值上等于阴影部分的面积,求曲线 $y = f(x)$.

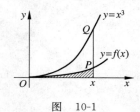

图 10-1

解 由题意得
$$\int_0^x f(x) dx = x^3 - f(x),$$

两边求导得 $f(x) = 3x^2 - f'(x)$,即
$$y' + y = 3x^2,$$

由公式(15)解此一阶线性微分方程得
$$y = e^{-\int dx}\left[\int 3x^2 e^{\int dx} dx + C \right].$$

通过两次分部积分得 $y = Ce^{-x} + 3x^2 - 6x + 6$. 将积分方程里含有的初始条件 $y|_{x=0} = 0$ 代入通解得 $C = -6$,所以,曲线的方程为 $y = -6e^{-x} + 3x^2 - 6x + 6$.

注:积分方程经常会隐含初始条件.

10.2.3 用适当的变量替换解微分方程

1. 齐次方程

如果一阶微分方程(11)可化为
$$\dfrac{dy}{dx} = \varphi\left(\dfrac{y}{x}\right), \tag{10-3}$$

则称其为**齐次方程**.

在齐次方程 $\dfrac{dy}{dx} = \varphi\left(\dfrac{y}{x}\right)$ 中,引进新的未知函数 $u = \dfrac{y}{x}$,即 $y = ux$,那么 $\dfrac{dy}{dx} = u + x\dfrac{du}{dx}$,代入式(10-3)得
$$u + x\dfrac{du}{dx} = \varphi(u),$$

此方程为可分离变量方程,可通过分离变量的方法求解.

例 10.7 求方程 $y^2 + x^2 \dfrac{dy}{dx} = xy \dfrac{dy}{dx}$ 的通解.

解 原方程可写成

$$\frac{dy}{dx} = \frac{y^2}{xy - x^2} = \frac{\left(\dfrac{y}{x}\right)^2}{\dfrac{y}{x} - 1},$$

是齐次方程. 令 $\dfrac{y}{x} = u$,则 $y = ux$,$\dfrac{dy}{dx} = u + x\dfrac{du}{dx}$,于是原方程变为

$$u + x\frac{du}{dx} = \frac{u^2}{u-1}, \quad 即 \quad x\frac{du}{dx} = \frac{u}{u-1}.$$

分离变量得微分方程的通解为 $ux = Ce^u$(C 为任意常数),将 $\dfrac{y}{x}$ 代入左式中的 u,便得原方程的通解为 $y = Ce^{\frac{y}{x}}$(C 为任意常数).

*2. 准齐次方程

如果一阶微分方程(11)可化为

$$\frac{dy}{dx} = g\left(\frac{ax + by + c}{a_1 x + b_1 y + c_1}\right), \tag{10-4}$$

则称其为**准齐次方程**,其中 a, b, c, a_1, b_1, c_1 均为常数.

显然,当 $c = c_1 = 0$ 时,方程(10-4)是齐次方程. 当 c, c_1 不全为零时,可以经过适当的变换将式(10-4)化成齐次或可分离变量方程.

(1) 当 $\begin{vmatrix} a & b \\ a_1 & b_1 \end{vmatrix} \neq 0$,即 $ab_1 \neq a_1 b$ 时,引入新的变量 $\begin{cases} x = X + \alpha \\ y = Y + \beta \end{cases}$,其中 α, β 为待定常数,代入方程(10-4)得

$$\frac{dY}{dX} = g\left(\frac{aX + bY + a\alpha + b\beta + c}{a_1 X + b_1 Y + a_1\alpha + b_1\beta + c_1}\right). \tag{16}$$

选择适当的 α, β 使 $\begin{cases} a\alpha + b\beta + c = 0, \\ a_1\alpha + b_1\beta + c_1 = 0, \end{cases}$ 因为 $\begin{vmatrix} a & b \\ a_1 & b_1 \end{vmatrix} \neq 0$,由方程组的理论,这样的 α, β 存在且唯一. 于是由式(16)得

$$\frac{dY}{dX} = g\left(\frac{aX + bY}{a_1 X + b_1 Y}\right),$$

此式为齐次方程.

(2) 当 $\begin{vmatrix} a & b \\ a_1 & b_1 \end{vmatrix} = 0$,即 $\dfrac{a_1}{a} = \dfrac{b_1}{b} = \lambda$ 时,方程(10-4)变成

$$\frac{dy}{dx} = g\left(\frac{ax + by + c}{\lambda(ax + by) + c_1}\right). \tag{17}$$

令 $z=ax+by$，则 $\dfrac{\mathrm{d}z}{\mathrm{d}x}=a+b\dfrac{\mathrm{d}y}{\mathrm{d}x}$，式(17)变为

$$\frac{\mathrm{d}z}{\mathrm{d}x}=a+bg\left(\frac{z+c}{\lambda z+c_1}\right),$$

此式为可分离变量的微分方程.

例 10.8　求方程 $\dfrac{\mathrm{d}y}{\mathrm{d}x}=\dfrac{-x+y-2}{x+y+4}$ 的通解.

解　因为 $\begin{vmatrix}-1&1\\1&1\end{vmatrix}=-2\neq 0$，方程组 $\begin{cases}-\alpha+\beta-2=0,\\ \alpha+\beta+4=0\end{cases}$ 的解为 $\begin{cases}\alpha=-3,\\ \beta=-1.\end{cases}$

令 $\begin{cases}x=X-3,\\ y=Y-1,\end{cases}$ 代入原方程得

$$\frac{\mathrm{d}Y}{\mathrm{d}X}=\frac{-X+Y}{X+Y}.$$

其通解为 $\sqrt{X^2+Y^2}=C\exp\left\{-\arctan\dfrac{Y}{X}\right\}$（$C$ 是不为零的任意常数），

原方程的通解为 $\sqrt{(x+3)^2+(y+1)^2}=C\exp\left\{-\arctan\dfrac{y+1}{x+3}\right\}$（$C$ 是不为零的任意常数）.

例 10.9　求方程 $\dfrac{\mathrm{d}y}{\mathrm{d}x}=\dfrac{x+2y+1}{2x+4y-1}$ 的通解.

解　因为 $\begin{vmatrix}1&2\\2&4\end{vmatrix}=0$，令 $z=x+2y$，则 $\dfrac{\mathrm{d}z}{\mathrm{d}x}=1+2\dfrac{\mathrm{d}y}{\mathrm{d}x}$.

原方程化为 $\dfrac{\mathrm{d}z}{\mathrm{d}x}=1+\dfrac{2(z+1)}{2z-1}$，即

$$\frac{\mathrm{d}z}{\mathrm{d}x}=\frac{4z+1}{2z-1},$$

解此可分离变量方程得其通解为 $4z-3\ln|4z+1|=8x+C$. 将 $z=x+2y$ 代入左式，得原方程的通解为

$$8y-4x-3\ln|4x+8y+1|=C\quad(C\text{ 是任意常数}).$$

此外，$4x+8y+1=0$ 也为原方程的解.

3. 伯努利方程

如果一阶微分方程(11)可化为

$$\frac{\mathrm{d}y}{\mathrm{d}x}+P(x)y=Q(x)y^n\quad(n\neq 0,1),\tag{10-5}$$

就称其为**伯努利方程**.

伯努利方程(10-5)与一阶线性微分方程

$$\frac{\mathrm{d}y}{\mathrm{d}x}+P(x)y=Q(x)$$

很相像. 因此, 在方程(10-5)的两侧同时除以 y^n, 得

$$y^{-n}\frac{\mathrm{d}y}{\mathrm{d}x}+P(x)y^{1-n}=Q(x),$$

令 $z=y^{1-n}$, 则 $\frac{\mathrm{d}z}{\mathrm{d}x}=(1-n)y^{-n}\frac{\mathrm{d}y}{\mathrm{d}x}$, 伯努利方程(10-5)化为

$$\frac{\mathrm{d}z}{\mathrm{d}x}+(1-n)P(x)z=(1-n)Q(x),$$

此方程为一阶线性微分方程, 由此便可求解伯努利方程.

例 10.10 求方程 $\frac{\mathrm{d}y}{\mathrm{d}x}+\frac{y}{x}=a(\ln x)y^2$ 的通解.

解 方程两端同除以 y^2, 得

$$y^{-2}\frac{\mathrm{d}y}{\mathrm{d}x}+\frac{1}{x}y^{-1}=a\ln x,$$

令 $z=y^{-1}$, $\frac{\mathrm{d}z}{\mathrm{d}x}=-y^{-2}\frac{\mathrm{d}y}{\mathrm{d}x}$, 则上述方程化为

$$\frac{\mathrm{d}z}{\mathrm{d}x}-\frac{1}{x}z=-a\ln x.$$

这是一阶线性方程, 它的通解为

$$z=x\left[C-\frac{a}{2}(\ln x)^2\right] \quad (C \text{ 为任意常数}).$$

将 $z=y^{-1}$ 代入上式, 得所求方程的通解为 $yx\left[C-\frac{a}{2}(\ln x)^2\right]=1$ (C 为任意常数).

例 10.11 设 $y=f(x)$ 在 $(1,+\infty)$ 上连续, 若由曲线 $y=f(x)$, 直线 $x=1, x=t(t>1)$ 与 x 轴所围成的平面图形绕 x 轴旋转一周所成的旋转体的体积为 $V(t)=\frac{\pi}{3}[t^2f(t)-f(1)]$, 求 $f(x)$ 满足的微分方程, 并求该微分方程满足条件 $y|_{x=2}=\frac{2}{9}$ 的解.

解 利用旋转体的体积公式得

$$\pi\int_1^t f^2(x)\mathrm{d}x=\frac{\pi}{3}[t^2f(t)-f(1)],$$

方程两边对 t 求导得

$$f^2(t)=\frac{1}{3}[2tf(t)+t^2f'(t)],$$

因本题以 x 为自变量, 所以将上式中的自变量 t 换成 x, 从而得到

$$y'+\frac{2}{x}y=\frac{3}{x^2}y^2.$$

此方程为伯努利方程. 方程的两端除以 y^2, 得

$$y^{-2}\frac{\mathrm{d}y}{\mathrm{d}x}+\frac{2}{x}y^{-1}=\frac{3}{x^2},$$

令 $z=y^{-1}$，$\dfrac{dz}{dx}=-y^{-2}\dfrac{dy}{dx}$，则上述方程化为

$$\frac{dz}{dx}-\frac{2}{x}z=-\frac{3}{x^2}.$$

解此一阶线性微分方程得

$$y^{-1}=z=e^{\int\frac{2}{x}dx}\left(-\int\frac{3}{x^2}e^{-\int\frac{2}{x}dx}dx+c\right)=Cx^2+\frac{1}{x},$$

代入 $y|_{x=2}=\dfrac{2}{9}$，得 $C=1$，所求曲线的方程为 $y=\dfrac{x}{x^3+1}$.

10.2.4 一阶微分方程的应用

例 10.12（治污模型） 某湖泊的水量为 V，每年排入湖泊内含污染物 A 的污水量为 $\dfrac{V}{6}$，流入湖泊内不含 A 的水量为 $\dfrac{V}{6}$，流出湖泊的水量为 $\dfrac{V}{3}$. 已知 1999 年底湖中 A 的含量为 $5m_0$，超过国家规定指标，为治理污染，从 2000 年初起，限定排入湖泊中含 A 污水的浓度不超过 $\dfrac{m_0}{V}$. 问至多经过多少年，湖泊中污染物 A 的含量降至 m_0 以内？（注：设湖水中 A 的浓度是均匀的.）

此题属于微分方程的应用，其求解基本步骤可以概括为：

(1) 根据实际要求，确定要研究的量，如自变量、未知函数、必要参数等，有时需要建立坐标系.

(2) 找出这些量所满足的基本规律（几何的、物理的、经济的规律等）. 若一时看不出规律，可用"微元法"进行分析，寻找变量和它们的微小增量或变化率之间的关系. 选取研究对象后，研究对象在一定时间内量的变化一般遵循广义物质守恒律，即

$$\text{净变化率 = 输入率 - 输出率},$$

通过对时间取极限可得到微分方程.

(3) 列出方程和定解条件（初始条件和边界条件），并解方程（对于微分方程建模还需讨论所得方程的解是否有意义？是否反映了原问题的实质？是否可以深化和改进？）.

下面，我们根据以上步骤来分析此题中所关心的问题：

(1) 时间：令 2000 年初 $t=0$；

(2) 污染物 A 的总量：令第 t 年湖泊中污染物 A 的总量为 $m(t)$；

(3) t 时刻湖泊中污染物 A 的浓度为 $\dfrac{m(t)}{V}$；

(4) 在一定时间间隔 $[t,t+dt]$ 内，排入湖泊中污染物 A 的量为 $\dfrac{m_0}{V}\dfrac{V}{6}dt=\dfrac{m_0}{6}dt$；

(5) 在同一时间间隔 $[t,t+dt]$ 内，流出湖泊中污染物 A 的量为 $\dfrac{m(t)}{V}\dfrac{V}{3}dt=\dfrac{m(t)}{3}dt$；

(6) 在同一时间间隔 $[t, t+\mathrm{d}t]$ 内,湖泊中污染物 A 的改变量为 $\mathrm{d}m(t) = \left(\dfrac{m_0}{6} - \dfrac{m(t)}{3}\right)\mathrm{d}t$.

解 通过以上分析知,第 t 年湖泊中污染物 A 的含量 m 满足

$$\mathrm{d}m = \left(\dfrac{m_0}{6} - \dfrac{m}{3}\right)\mathrm{d}t.$$

由分离变量法解得 $m = \dfrac{m_0}{2} - C\mathrm{e}^{-\frac{1}{3}t}$,代入初始条件 $m|_{t=0} = 5m_0$,得 $C = -\dfrac{9}{2}m_0$. 于是

$$m = \dfrac{m_0}{2}(1 + 9\mathrm{e}^{-\frac{1}{3}t}).$$

令 $m = m_0$,得 $t = 6\ln 3$,即至多经过 $6\ln 3$ 年,湖泊中污染物 A 的含量降至 m_0 以内.

例 10.13(价格调整模型) 已知某商品的需求函数与供给函数分别为

$$Q_\mathrm{d} = a - bP \quad (a,b>0) \quad 与 \quad Q_\mathrm{s} = -c + dP \quad (c,d>0).$$

(1) 确定市场处于均衡状态时,商品的价格;
(2) 设 $P = P(t)$,且 $P(t)$ 的变化率与超额需求成正比,又商品的初始价格为 P_0,求 $P(t)$ 的表达式;
(3) 求 $\lim\limits_{t \to +\infty} P(t)$.

解 (1) 由 $Q_\mathrm{d} = Q_\mathrm{s}$,即 $a - bP = -c + dP$,解得均衡价格 $P_\mathrm{e} = \dfrac{a+c}{b+d}$.

(2) 由题设,此价格调整模型为

$$\begin{cases} \dfrac{\mathrm{d}P}{\mathrm{d}t} = k(Q_\mathrm{d} - Q_\mathrm{s}), \quad k > 0, \\ P|_{t=0} = P_0, \end{cases}$$

其中,$k > 0$ 是调节系数. 将 Q_d 与 Q_s 代入上式,整理,得到一阶线性微分方程

$$\dfrac{\mathrm{d}P}{\mathrm{d}t} + k(b+d)P = k(a+c),$$

其通解为

$$P(t) = C\mathrm{e}^{-k(b+d)t} + P_\mathrm{e}.$$

将初始条件 $P|_{t=0} = P_0$ 代入通解得 $C = P_0 - P_\mathrm{e}$,于是价格调整模型的解为

$$P(t) = (P_0 - P_\mathrm{e})\mathrm{e}^{-k(b+d)t} + P_\mathrm{e}.$$

(3) $\lim\limits_{t \to +\infty} P(t) = P_\mathrm{e}$,不论初始价格如何,当 $t \to +\infty$ 时,都有 $P(t) \to P_\mathrm{e}$,如图 10-2 所示.

例 10.14(轨迹模型) 设一条河的两岸为平行直线,水流速度为 a,有一鸭子从岸边点 A 游向正对岸点 O,设鸭子的游速为 $b(b>a)$,且鸭子游动方向始终朝着点 O,已知 $OA = h$,求鸭子游过的轨迹的方程.

解 如图 10-3 所示,取 O 为坐标原点,河岸朝顺水方向为 x 轴,y 轴指向对岸. 设在时刻 t 鸭子位于点 $P(x,y)$,则鸭子运动速度

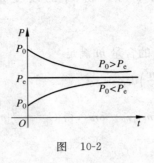
图 10-2

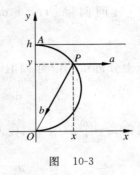
图 10-3

$$\boldsymbol{v}=(v_x,v_y)=\left(\frac{\mathrm{d}x}{\mathrm{d}t},\frac{\mathrm{d}y}{\mathrm{d}t}\right),\text{故有}\frac{\mathrm{d}x}{\mathrm{d}y}=\frac{v_x}{v_y}.$$

另一方面,

$$\boldsymbol{v}=\boldsymbol{a}+\boldsymbol{b}=(a,0)+b\left(\frac{-x}{\sqrt{x^2+y^2}},\frac{-y}{\sqrt{x^2+y^2}}\right),$$

所以, $\boldsymbol{v}=\left(a-\dfrac{bx}{\sqrt{x^2+y^2}},-\dfrac{by}{\sqrt{x^2+y^2}}\right)$, 因此

$$\frac{\mathrm{d}x}{\mathrm{d}y}=\frac{x}{y}-\frac{a}{b}\sqrt{\left(\frac{x}{y}\right)^2+1}.$$

此方程为齐次方程,其通解为 $x=\dfrac{1}{2C}\left[(Cy)^{1-\frac{a}{b}}-(Cy)^{1+\frac{a}{b}}\right]$.

将 $x|_{y=h}=0$ 代入上式,得 $C=\dfrac{1}{h}$,故鸭子游过的轨迹方程为

$$x=\frac{h}{2}\left[\left(\frac{y}{h}\right)^{1-\frac{a}{b}}-\left(\frac{y}{h}\right)^{1+\frac{a}{b}}\right],\quad 0\leqslant y\leqslant h.$$

习题 10.2

1. 求解下列一阶微分方程.

(1) $y'-2y=\mathrm{e}^x+x$;

(2) $\dfrac{\mathrm{d}y}{\mathrm{d}x}+y=\mathrm{e}^{-x}$;

(3) $y^2+x^2\dfrac{\mathrm{d}y}{\mathrm{d}x}=xy\dfrac{\mathrm{d}y}{\mathrm{d}x}$;

(4) $(x^3+y^3)\mathrm{d}x-3xy^2\mathrm{d}y=0$;

(5) $\dfrac{\mathrm{d}y}{\mathrm{d}x}-y=xy^5$;

(6) $y\dfrac{\mathrm{d}y}{\mathrm{d}x}-y^2=x^2$;

(7) $(y^2-6x)\dfrac{\mathrm{d}y}{\mathrm{d}x}+2y=0$;

(8) $y\ln y\mathrm{d}x+(x-\ln y)\mathrm{d}y=0$;

(9) $(2x+y-4)\mathrm{d}x+(x+y-1)\mathrm{d}y=0$; (10) $y'=\cos(x+y)$.

2. 已知 $y=f(x)$ 为可微函数,求下列各积分方程的解.

(1) $f(x) = \int_0^{3x} f\left(\dfrac{t}{3}\right) dt + e^x$; (2) $y = x^2 + \int_0^x ty(t) dt$;

(3) $\int_1^x \dfrac{f(t)}{f^2(t)+t} dt = f(x) - 1$; (4) $\int_0^1 f(ax) da = \dfrac{1}{2} f(x) + 1$;

(5) $f(x) - \int_0^x (e^t+1) f'(t) dt = xe^x$; (6) $f(x)\cos x + 2\int_0^x f(t)\sin t dt = x+1$.

3. 已知某商品的需求量 Q 对价格 P 的弹性 $\eta = -2P^2$,而市场对该商品的最大需求量为 10 000 件,即 $Q(0) = 10\,000$,求需求函数 $Q(P)$.

4. 已知某曲线经过点 $(1,1)$,它的切线在纵轴上的截距等于切点的横坐标,求它的方程.

5. 一曲线过点 $(2,3)$,它在两坐标轴间的任意切线均被切点所平分,求该曲线的方程.

6. 设降落伞从跳伞塔下落后,所受空气阻力与速度成正比(比例系数为 k),并设降落伞离开跳伞塔时 $(t=0)$ 速度为 0,求降落伞下落速度与时间的函数关系.

7. 一房间容积为 100m³,开始时房间空气中含有二氧化碳 0.12%,为了改善房间的空气质量,用一台风量为 10m³/min 的排风扇通入含 0.04% 二氧化碳的新鲜空气,同时以相同的风量将混合均匀的空气排出,求排出 10min 后房间中二氧化碳含量的百分比.

10.3 可降阶的二阶微分方程

对于某些二阶微分方程,我们可以通过适当的变量代换,将它们化为一阶微分方程求解,这种类型的方程称为可降阶的方程,相应的求解方法称为降阶法. 本节将讨论三类可降阶的微分方程的解法.

10.3.1 $y''=f(x)$ 型的微分方程

此类微分方程的特点是方程的右端仅含有自变量 x,可通过逐次积分求其通解. 事实上,只要将 y' 作为新的未知函数,两边积分,得
$$y' = \int f(x) dx + C_1,$$
上式两端再次积分就得通解 $y = \int \left(\int f(x) dx \right) dx + C_1 x + C_2$. 这种逐次积分的方法,可推广到更高阶微分方程 $y^{(n)} = f(x)$.

例 10.15 求微分方程 $y''' = e^{2x} - \cos x$ 的通解.

解 对所给方程连续积分三次,得
$$y'' = \dfrac{1}{2} e^{2x} - \sin x + C_1 \quad (C_1 \text{ 为任意常数}),$$
$$y' = \dfrac{1}{4} e^{2x} + \cos x + C_1 x + C_2 \quad (C_1, C_2 \text{ 为任意常数}),$$

$$y = \frac{1}{8}e^{2x} + \sin x + \frac{1}{2}C_1 x^2 + C_2 x + C_3 \quad (C_1, C_2, C_3 \text{ 为任意常数}),$$

通常记为 $y = \frac{1}{8}e^{2x} + \sin x + D_1 x^2 + D_2 x + D_3 (D_1, D_2, D_3$ 为任意常数$)$，这就是所给方程的通解．

10.3.2 $y'' = f(x, y')$ 型的微分方程

此类微分方程的特点是方程的右端不显含未知函数 y. 设 $y' = p(x)$，那么 $y'' = p'(x)$，从而方程化为

$$p' = f(x, p),$$

这是关于变量 x, p 的一阶微分方程．

例 10.16 求初值问题 $\begin{cases} (1+x^2)y'' = 2xy', \\ y|_{x=0} = 1, y'|_{x=0} = 3 \end{cases}$ 的解．

解 方程的右端不显含未知函数 y，设 $y' = p(x)$，代入方程并分离变量后，有

$$\frac{dp}{p} = \frac{2x}{1+x^2}dx.$$

两边积分，得 $p = C_1(1+x^2)$．

由条件 $y'|_{x=0} = 3$，得 $C_1 = 3$，即 $y' = 3(1+x^2)$．

两边再积分，得 $y = x^3 + 3x + C_2$. 又由条件 $y|_{x=0} = 1$，得 $C_2 = 1$，于是所求的特解为 $y = x^3 + 3x + 1$．

例 10.17 设对任意 $x > 0$，曲线 $y = f(x)$ 上点 $(x, f(x))$ 处的切线在 y 轴上的截距等于 $\frac{1}{x}\int_0^x f(t)dt$，求 $f(x)$ 的一般表达式．

解 曲线 $y = f(x)$ 上点 $(x, f(x))$ 处的切线方程为 $Y - f(x) = f'(x)(X - x)$. 切线在 y 轴上的截距等于 $f(x) - xf'(x)$，故

$$\frac{1}{x}\int_0^x f(t)dt = f(x) - xf'(x).$$

即

$$\int_0^x f(t)dt = xf(x) - x^2 f'(x).$$

上式两侧对 x 求导得 $xf''(x) + f'(x) = 0$，即

$$xy'' + y' = 0.$$

易得 $(xy')' = 0$，从而得 $xy' = C_1$，即 $y' = \frac{C_1}{x}(C_1$ 为任意常数$)$．

两边再次积分得 $y = C_1 \ln x + C_2 (C_1, C_2$ 为任意常数$)$．

10.3.3 $y'' = f(y, y')$ 型的微分方程

此类微分方程的特点是方程的右端不显含自变量 x. 设 $y' = p(y)$，那么

$$y'' = \frac{d^2y}{dx^2} = \frac{d}{dx}\left(\frac{dy}{dx}\right) = \frac{dp(y)}{dx} = \frac{dp}{dy} \cdot \frac{dy}{dx} = p\frac{dp}{dy},$$

从而方程化为 $p\dfrac{dp}{dy} = f(y,p)$，这是关于变量 y,p 的一阶微分方程.

例 10.18 求 $yy'' - y'^2 = 0$ 的通解.

解法一 设 $y' = p(y)$，则 $y'' = p\dfrac{dp}{dy}$，代入方程，得

$$yp\frac{dp}{dy} - p^2 = 0.$$

此方程为可分离变量微分方程，通过分离变量法得 $y' = p = C_1 y$ (C_1 为任意常数).

再分离变量并两边积分，得原方程的通解为 $y = C_2 e^{C_1 x}$ (C_1, C_2 为任意常数).

解法二 当 $y \neq 0$ 时，方程两侧同时除以 y^2 得：$\dfrac{yy'' - y'^2}{y^2} = 0$，即

$$\left(\frac{y'}{y}\right)' = 0.$$

从而得 $y' = C_1 y$ (C_1 为任意常数).

再分离变量并两边积分得 $y = C_2 e^{C_1 x}$ ($C_2 \neq 0$).

由于 $y = 0$ 为原方程的解，所以原方程的通解为 $y = C_2 e^{C_1 x}$ (C_1, C_2 为任意常数).

解法三 当 $y \neq 0, y' \neq 0$ 时，原方程可化为 $\dfrac{y''}{y'} = \dfrac{y'}{y}$，即

$$(\ln|y'|)' = (\ln|y|)'.$$

从而得 $y' = C_1 y$ ($C_1 \neq 0$).

再分离变量并两边积分得 $y = C_2 e^{C_1 x}$ ($C_2 \neq 0$).

由于 $y = 0, y' = 0$ 为原方程的解，所以原方程的通解为 $y = C_2 e^{C_1 x}$ (C_1, C_2 为任意常数).

例 10.17，例 10.18 的解法二、三称为**恰当方程解法**. 即将方程两侧变形为容易积分的形式. 此方法技巧性较强，仅适合于一些较为特殊的微分方程.

习题 10.3

1. 求下列各微分方程的通解.

(1) $(1+x^2)y'' = 1$；　　　　　(2) $yy'' + (y')^2 = 0$.　　　　(3) $y'' = xe^x$；

(4) $y'' + y' = x^2$；　　　　　(5) $(1-y)y'' + 2y'^2 = 0$；　　(6) $y'' + y'^2 = 2e^{-y}$；

(7) $(1-x^2)y'' - xy' = 2$ ($|x| < 1$)；　(8) $xy'' + y' = \ln x$.

2. 试求 $xy'' = y' + x^2$ 经过点 $(1,0)$ 且在此点的切线与直线 $y = 3x - 3$ 垂直的积分曲线.

3. 质量为 m 的质点受力 F 的作用沿 Ox 轴作直线运动. 设力 F 仅是时间 t 的函数，即

$F=F(t)$. 在开始时刻 $t=0$ 时 $F(0)=F_0$, 随着时间 t 的增大,力 F 均匀地减小,直到 $t=T$ 时,$F(T)=0$. 如果开始时质点位于原点,且初速度为零,求此质点的运动规律.

10.4 二阶线性微分方程

如果微分方程是关于未知函数及其各阶导数的一次方程,则称其为**线性微分方程**. 本节主要对二阶线性微分方程进行讨论,至于更高阶的情形可以以此类推,本节不再详细论述.

10.4.1 二阶线性微分方程解的理论

二阶线性微分方程的一般形式为

$$y'' + P(x)y' + Q(x)y = f(x). \tag{10-6}$$

若方程右端 $f(x) \equiv 0$,

$$y'' + P(x)y' + Q(x)y = 0 \tag{10-7}$$

称为**二阶齐次线性微分方程**,若 $f(x)$ 不恒为 0,则称式(10-6)为**二阶非齐次线性微分方程**.

定理 10.1 如果函数 $y_1(x)$ 与 $y_2(x)$ 是二阶齐次线性微分方程(10-7)的两个线性无关解,那么

$$y = C_1 y_1(x) + C_2 y_2(x) \quad (C_1, C_2 \text{ 是任意常数})$$

就是方程(10-7)的通解.

对于两个函数,它们线性相关与否,只要看它们的比是否为常数,如果比为常数,那么它们就线性相关,否则就线性无关.

例如 $y_1 = \cos x$ 与 $y_2 = \sin x$ 是方程 $y'' + y = 0$ 的两个解,并且 $\frac{y_1}{y_2} = \cot x$ 不为常数,即它们线性无关,所以 $y = C_1 \cos x + C_2 \sin x$ 为 $y'' + y = 0$ 的通解.

定理 10.2 设 y^* 是二阶非齐次线性微分方程(10-6)的一个特解,$Y = C_1 y_1 + C_2 y_2$ 是对应的齐次线性微分方程(10-7)的通解,那么

$$y = Y + y^*$$

就是方程(10-6)的通解.

定理 10.3(解的叠加原理) 设二阶非齐次线性微分方程(10-6)的右端 $f(x)$ 是几个函数之和,即

$$y'' + P(x)y' + Q(x)y = f_1(x) + f_2(x) + \cdots + f_m(x), \tag{18}$$

而 y_k^* 是方程

$$y'' + P(x)y' + Q(x)y = f_k(x) \quad (k = 1, 2, \cdots m)$$

的特解,那么 $y_1^* + y_2^* + \cdots + y_m^*$ 就是原方程(18)的特解.

例 10.19 已知方程 $\frac{dy}{dx} - \frac{y}{x} + xf(x) = 0$ 的一个特解为 $y^* = x(1-e^x)$,求原方程的通解.

解 利用线性微分方程解的结构理论,只需求相应齐次线性方程的通解.

相应齐次线性微分方程为
$$\frac{\mathrm{d}y}{\mathrm{d}x} - \frac{y}{x} = 0,$$

分离变量得齐次线性微分方程的通解为 $y=Cx$,C 为任意常数,所以原方程的通解为 $y=Cx+x(1-\mathrm{e}^x)=C_1 x - x\mathrm{e}^x$,其中 $C_1 = C+1$ 为任意常数.

显然,利用线性微分方程解的结构理论,比先求出 $f(x)$,再解线性微分方程容易的多.

10.4.2 二阶常系数线性微分方程

若二阶线性微分方程(10-6)中的 $P(x)$ 与 $Q(x)$ 都是常数,即
$$y'' + py' + qy = f(x) \quad (p,q \text{ 是常数}), \tag{10-8}$$
就称为**二阶常系数非齐次线性微分方程**,其对应的**二阶常系数齐次线性微分方程**为
$$y'' + py' + qy = 0 \quad (p,q \text{ 是常数}). \tag{10-9}$$

1. 二阶常系数齐次线性微分方程

在二阶常系数齐次线性微分方程(10-9)中,未知函数 y 以及其一阶、二阶导数的线性组合为零,所以未知函数 y 的导函数是 y 的常数倍.因此,设 $y=\mathrm{e}^{rx}$,求导并将 y,y' 与 y'' 代入式(10-9)得到 $(r^2 + pr + q)\mathrm{e}^{rx} = 0$,即
$$r^2 + pr + q = 0. \tag{10-10}$$

这说明,只要 r 满足代数方程(10-10),函数 $y=\mathrm{e}^{rx}$ 就是微分方程(10-9)的解.我们称式(10-10)为微分方程(10-9)的**特征方程**.特征方程(10-10)是一个二次代数方程,它的根 r_1, r_2 可用公式
$$r_{1,2} = \frac{-p \pm \sqrt{p^2 - 4q}}{2}$$

求出.它们有三种不同的情形,分别对应着二阶常系数齐次线性微分方程(10-9)的通解的三种不同情况.分别叙述如下.

(1) 特征方程有两个不相等的实根 r_1, r_2 时,函数 $y_1 = \mathrm{e}^{r_1 x}$ 与 $y_2 = \mathrm{e}^{r_2 x}$ 是方程(10-9)的两个解.因为 $\dfrac{y_1}{y_2} = \dfrac{\mathrm{e}^{r_1 x}}{\mathrm{e}^{r_2 x}} = \mathrm{e}^{(r_1 - r_2)x}$ 不是常数,所以 y_1 与 y_2 线性无关,方程(10-9)的通解为
$$y = C_1 \mathrm{e}^{r_1 x} + C_2 \mathrm{e}^{r_2 x}.$$

(2) 特征方程有两个相等的实根 $r_1 = r_2 = -\dfrac{p}{2}$ 时,我们只得到方程(10-9)的一个解 $y_1 = \mathrm{e}^{r_1 x}$.为了得到方程(10-9)的通解,还需要求出另外一个解 y_2,并且要求 $\dfrac{y_2}{y_1} \neq$ 常数.所以,设 $\dfrac{y_2}{y_1} = u(x)$($u(x)$ 不为常数),即 $y_2 = u(x)\mathrm{e}^{r_1 x}$,其中 $u(x)$ 为待定函数.对 y_2 求一阶、二阶导数代

入式(10-9)得 $u''=0$. 只需取一个不为常数的函数 $u(x)$ 且满足 $u''=0$,故可以取简单函数 $u=x$,由此得到方程(10-9)与 y_1 线性无关的另一个解 $y_2=xe^{r_1x}$. 因此方程(10-9)的通解为

$$y=(C_1+C_2x)e^{r_1x}.$$

(3) 特征方程有一对共轭复根 $r_1=\alpha+i\beta, r_2=\alpha-i\beta(\beta\neq 0)$ 时,函数 $y_1=e^{(\alpha+i\beta)x}$ 与 $y_2=e^{(\alpha-i\beta)x}$ 是微分方程(10-9)的两个线性无关的复数形式的解,使用不方便. 故由欧拉公式 $e^{i\theta}=\cos\theta+i\sin\theta$,得

$$y_1=e^{(\alpha+i\beta)x}=e^{\alpha x}(\cos\beta x+i\sin\beta x),$$

$$y_2=e^{(\alpha-i\beta)x}=e^{\alpha x}(\cos\beta x-i\sin\beta x).$$

利用共轭复数的性质,得到

$$\bar{y}_1=\frac{1}{2}(y_1+y_2)=e^{\alpha x}\cos\beta x,$$

$$\bar{y}_2=\frac{1}{2i}(y_1-y_2)=e^{\alpha x}\sin\beta x.$$

因为 $\dfrac{\bar{y}_1}{\bar{y}_2}=\cot\beta x$ 不是常数,所以 $\bar{y}_1, \bar{y}_2$ 是式(10-9)的两个线性无关的解. 因此方程(10-9)的通解为

$$y=e^{\alpha x}(C_1\cos\beta x+C_2\sin\beta x).$$

综上所述,求二阶常系数齐次线性微分方程(10-9)的通解的步骤可归纳为:

(1) 写出微分方程(10-9)的特征方程 $r^2+pr+q=0$,求出特征方程的两个根 r_1,r_2;

(2) 根据特征方程两个根的不同情况,写出微分方程(10-9)的通解(表 10-1).

表 10-1 二阶常系数齐次微分方程(10-9)的通解

特征方程 $r^2+pr+q=0$ 的两个根 r_1,r_2	微分方程 $y''+py'+qy=0$ 的通解
两个不相等的实根 r_1,r_2	$y=C_1e^{r_1x}+C_2e^{r_2x}$
两个相等的实根 $r_1=r_2$	$y=(C_1+C_2x)e^{r_1x}$
一对共轭复根 $r_{1,2}=\alpha\pm i\beta$	$y=e^{\alpha x}(C_1\cos\beta x+C_2\sin\beta x)$

例 10.20 求微分方程 $y''-4y'+3y=0$ 在初始条件 $y|_{x=0}=6, y'|_{x=0}=10$ 下的特解.

解 特征方程为 $r^2-4r+3=0$,特征根 $r_1=1,r_2=3$. 所求通解为 $y=C_1e^x+C_2e^{3x}$. 由 $y|_{x=0}=6$,得 $C_1+C_2=6$,由 $y'|_{x=0}=10$,得 $C_1+3C_2=10$,即 $C_1=4,C_2=2$. 因此所求特解为 $y=4e^x+2e^{3x}$.

例 10.21 求微分方程 $y''+2y'+y=0$ 的通解.

解 特征方程为 $r^2+2r+1=0$,特征根 $r_1=r_2=-1$. 所求通解为 $y=(C_1+C_2x)e^{-x}$.

例 10.22 求微分方程 $y''-2y'+2y=0$ 的通解.

解 特征方程为 $r^2-2r+2=0$,特征根 $r_1=1+i, r_2=1-i$. 所求通解为 $y=e^x(C_1\cos x+C_2\sin x)$.

2. 二阶常系数非齐次线性微分方程

对于一般的二阶常系数非齐次线性微分方程
$$y'' + py' + qy = f(x) \quad (p, q \text{ 是常数}),$$
即使右侧的函数 $f(x)$ 是基本初等函数,该方程未必有初等函数的解.因此,我们只讨论以下两种特殊情况:

1) $f(x) = P_n(x)e^{\lambda x}$ 型

其中 $P_n(x)$ 是 n 次多项式,λ 是常数.由于多项式与指数函数乘积的一阶、二阶导数仍是多项式与指数函数的乘积,而非齐次线性方程(10-8)左端系数均为常数,所以方程(10-8)的特解应该是多项式与指数函数乘积的形式.设方程(10-8)的特解为
$$y^* = Q(x)e^{\lambda x},$$
其中 $Q(x)$ 为待定的多项式.将其代入方程(10-8)有
$$[Q''(x) + (2\lambda + p)Q'(x) + (\lambda^2 + p\lambda + q)Q(x)]e^{\lambda x} = P_n(x)e^{\lambda x}.$$
由于 $e^{\lambda x} \neq 0$,消去 $e^{\lambda x}$ 有
$$Q''(x) + (2\lambda + p)Q'(x) + (\lambda^2 + p\lambda + q)Q(x) = P_n(x).$$
从上式可以看到,$Q(x)$ 的形式可分成以下三种情形.

(1) 如果 λ 不是特征方程 $r^2 + pr + q = 0$ 的根,则 $\lambda^2 + p\lambda + q \neq 0$,因此,$Q(x)$ 为 n 次多项式,$y^* = Q_n(x)e^{\lambda x}$.

(2) 如果 λ 是特征方程 $r^2 + pr + q = 0$ 的单根,则 $\lambda^2 + p\lambda + q = 0$,但 $2\lambda + p \neq 0$,因此,$Q(x)$ 为 $n+1$ 次多项式,$y^* = xQ_n(x)e^{\lambda x}$.

(3) 如果 λ 是特征方程 $r^2 + pr + q = 0$ 的二重根,则 $\lambda^2 + p\lambda + q = 0$,且 $2\lambda + p = 0$,因此,$Q(x)$ 为 $n+2$ 次多项式,$y^* = x^2 Q_n(x)e^{\lambda x}$.

2) $f(x) = e^{\lambda x}[P_l(x)\cos\omega x + P_m(x)\sin\omega x]$ 型

其中 λ, ω 为常数,$\omega \neq 0$,$P_l(x)$ 和 $P_m(x)$ 分别是 x 的 l 和 m 次多项式.由于 $f(x)$ 是由指数函数、多项式与正弦函数或余弦函数乘积构成,这种函数的一阶、二阶导数仍是这种类型的函数,而非齐次线性微分方程(10-8)左端系数均为常数,通过类似于前一种类型的推导可得方程(10-8)的特解形式为
$$y^* = x^k e^{\lambda x}[Q_n^{(1)}(x)\cos\omega x + Q_n^{(2)}(x)\sin\omega x],$$
其中,$Q_n^{(1)}(x), Q_n^{(2)}(x)$ 为待定的 n(其中 $n = \max\{l, m\}$)次多项式,如果 $\delta = \lambda \pm i\omega$ 不是特征方程的根,则 k 取 0;如果 $\delta = \lambda \pm i\omega$ 是特征方程的单根,则 k 取 1.

综上所述,二阶常系数非齐次微分方程(10-8)的求解步骤是:

(1) 根据方程(10-8)中 $f(x)$ 的形式写出待定特解 y^* 的形式,见表 10-2;

(2) 将 y^* 代入方程(10-8)中得到一个恒等式,比较等式两端的系数可得到 y^* 的确定的表达式;

(3) 写出方程(10-8)的通解 $y = Y + y^*$,其中 Y 是对应的齐次线性微分方程的通解.

表 10-2　二阶常系数非齐次线性微分方程(10-8)的特解形式

$f(x)$ 的形式	确定待定特解的条件	待定特解 y^* 的形式
$P_n(x)e^{\lambda x}$	λ 不是特征根	$Q_n(x)e^{\lambda x}$
	λ 是特征单根	$xQ_n(x)e^{\lambda x}$
	λ 是特征二重根	$x^2 Q_n(x)e^{\lambda x}$
$e^{\lambda x}[P_l(x)\cos\omega x + P_m(x)\sin\omega x]$ (令 $n=\max\{l,m\}, \delta=\lambda\pm i\omega$)	δ 不是特征根	$e^{\lambda x}[Q_n^{(1)}(x)\cos\omega x + Q_n^{(2)}(x)\sin\omega x]$
	δ 是特征单根	$xe^{\lambda x}[Q_n^{(1)}(x)\cos\omega x + Q_n^{(2)}(x)\sin\omega x]$

例 10.23　求微分方程 $y''-3y'+2y=4e^{3x}$ 的通解.

解　相应的齐次线性微分方程的通解为 $Y=C_1e^x+C_2e^{2x}$.

由于 $\lambda=3$ 不是特征根,设原方程的特解为
$$y^* = Ae^{3x},$$
将其代入原方程整理得 $A=2$,即 $y^*=2e^{3x}$,所以,原方程的通解为 $y=C_1e^x+C_2e^{2x}+2e^{3x}$.

例 10.24　求微分方程 $y''-y'=1$ 的通解.

解　相应的齐次线性微分方程的通解为 $Y=C_1e^x+C_2$.

由于 $\lambda=0$ 是特征单根,设原方程的特解为
$$y^* = Ax,$$
将其代入原方程整理得 $A=-1$. 原方程的通解为 $y=C_1e^x+C_2-x$.

例 10.25　求微分方程 $y''-2y'+y=e^x$ 的通解.

解　相应的齐次线性微分方程的通解为 $Y=e^x(C_1+C_2x)$.

由于 $\lambda=1$ 是二重特征根,设原方程的特解为
$$y^* = Ax^2e^x,$$
将其代入原方程整理得 $A=\dfrac{1}{2}$,即 $y^*=\dfrac{1}{2}x^2e^x$,所以,原方程的通解为 $y=e^x(C_1+C_2x)+\dfrac{1}{2}x^2e^x$.

例 10.26　已知 $y_1^*=xe^x+e^{2x}, y_2^*=xe^x+e^{-x}, y_3^*=xe^x+e^{2x}+e^{-x}$ 是某二阶常系数非齐次线性微分方程的三个特解,求此微分方程.

解　由线性微分方程解的理论知 $y_1=y_3^*-y_1^*=e^{-x}, y_2=y_3^*-y_2^*=e^{2x}$ 是所求方程对应的齐次线性微分方程的两个线性无关解,所以对应的齐次线性微分方程为 $y''-y'-2y=0$.

$y^*=y_1^*-y_2=xe^x$ 是所求方程的一个特解,将其代入 $y''-y'-2y$ 得到的微分方程 $y''-y'-2y=e^x-2xe^x$ 就是所求方程.

例 10.27　设曲线 $y=f(x)$ 有二阶连续导数,且满足 $f(x)=\sin x+\displaystyle\int_0^x (x-t)f(t)dt$,求此曲线的方程.

解　积分方程两侧对 x 求导得

$$f'(x) = \cos x + \int_0^x f(t)\mathrm{d}t,$$

上述方程两侧再次对 x 求导得 $f''(x) - f(x) = -\sin x$,即
$$y'' - y = -\sin x. \quad \text{而且 } y(0) = 0, y'(0) = 1.$$

对应的齐次线性微分方程的通解为 $Y = C_1\mathrm{e}^x + C_2\mathrm{e}^{-x}$.

由于 $\delta = \pm\mathrm{i}$ 不是特征方程的根,令特解
$$y^* = A\sin x + B\cos x,$$

对其求二阶导数代入方程得 $A = \dfrac{1}{2}, B = 0$,方程的通解为 $y = C_1\mathrm{e}^x + C_2\mathrm{e}^{-x} + \dfrac{1}{2}\sin x$.

将 $y(0) = 0, y'(0) = 1$ 代入通解得
$$\begin{cases} 0 = C_1 + C_2, \\ 1 = C_1 - C_2 + \dfrac{1}{2} \end{cases} \Rightarrow \begin{cases} C_1 = \dfrac{1}{4}, \\ C_2 = -\dfrac{1}{4}. \end{cases}$$

所以,曲线的方程为 $f(x) = \dfrac{1}{4}\mathrm{e}^x - \dfrac{1}{4}\mathrm{e}^{-x} + \dfrac{1}{2}\sin x$.

例 10.28 求微分方程 $y'' + y = 2\cos^2 x$ 的通解.

解 此微分方程可化为 $y'' + y = \cos 2x + 1$,需要解的叠加原理.

相应的齐次线性微分方程的通解为 $Y = C_1\cos x + C_2\sin x$.

由于 $\delta = \pm 2\mathrm{i}$ 不是特征根,设
$$y_1^* = A\cos 2x + B\sin 2x$$

为 $y'' + y = \cos 2x$ 的特解,将其代入此方程得 $A = -\dfrac{1}{3}, B = 0$,所以 $y_1^* = -\dfrac{1}{3}\cos 2x$.

由于 $\lambda = 0$ 不是特征根,设 $y_2^* = C$ 为 $y'' + y = 1$ 的特解,将其代入此方程得 $y_2^* = 1$.

所以原方程的通解为 $y = C_1\cos x + C_2\sin x - \dfrac{1}{3}\cos 2x + 1$.

*10.4.3 欧拉方程

形如
$$x^n y^{(n)} + p_1 x^{n-1} y^{(n-1)} + \cdots + p_{n-1} xy' + p_n y = f(x) \tag{10-11}$$

的方程称为 n 阶欧拉(Euler)方程,其中 $p_1, p_2, \cdots, p_n$ 为常数.

寻找一个变换,使其求导后出现 $\dfrac{1}{x}$,所以令 $t = \ln x$,即 $x = \mathrm{e}^t$(若 $x < 0$,则设 $x = -\mathrm{e}^t$),那么,

$$\frac{\mathrm{d}y}{\mathrm{d}x} = \frac{\mathrm{d}y}{\mathrm{d}t}\frac{\mathrm{d}t}{\mathrm{d}x} = \frac{1}{x}\frac{\mathrm{d}y}{\mathrm{d}t},$$

$$\frac{\mathrm{d}^2 y}{\mathrm{d}x^2} = \frac{\mathrm{d}}{\mathrm{d}x}\left(\frac{\mathrm{d}y}{\mathrm{d}x}\right) = \frac{\mathrm{d}}{\mathrm{d}x}\left(\frac{1}{x}\frac{\mathrm{d}y}{\mathrm{d}t}\right) = \frac{\mathrm{d}^2 y}{\mathrm{d}t^2}\frac{\mathrm{d}t}{\mathrm{d}x}\frac{1}{x} - \frac{1}{x^2}\frac{\mathrm{d}y}{\mathrm{d}t} = \frac{1}{x^2}\left(\frac{\mathrm{d}^2 y}{\mathrm{d}t^2} - \frac{\mathrm{d}y}{\mathrm{d}t}\right),$$

......

用 D 表示对自变量 t 的求导运算,则
$$x^k y^{(k)} = D(D-1)(D-2)\cdots(D-k+1)y,$$
将以上结果代入欧拉方程,**欧拉方程可化为关于自变量 t 的常系数线性微分方程.**

例 10.29 求 $x^2 y'' + 3xy' - 3y = x^3$ 的通解.

解 令 $x = e^t$,则 $t = \ln x$,原方程变为
$$\frac{d^2 y}{dt^2} + 2\frac{dy}{dt} - 3y = e^{3t},$$
对应的齐次线性微分方程的通解为 $Y = C_1 e^{-3t} + C_2 e^t$.

由于 $\lambda = 3$ 不是特征根,设 $y^* = Ae^{3t}$,对其求一阶、二阶导数代入上述方程得 $A = \frac{1}{12}$.

方程的通解为 $y = C_1 e^{-3t} + C_2 e^t + \frac{e^{3t}}{12}$,将其还原为 x 的函数,原方程的通解为
$$y = \frac{C_1}{x^3} + C_2 x + \frac{1}{12} x^3.$$

习题 10.4

1. 求下列二阶齐次线性微分方程的通解.
   (1) $y'' + y' - 2y = 0$;
   (2) $y'' - 4y' = 0$;
   (3) $y'' + y = 0$;
   (4) $y'' + 6y' + 13y = 0$;
   (5) $4\dfrac{d^2 x}{dt^2} - 20\dfrac{dx}{dt} + 25x = 0$;
   (6) $y'' - 4y' + 5y = 0$.

2. 求下列二阶齐次线性微分方程满足所给初始条件的特解.
   (1) $y'' - 4y' + 3y = 0, y|_{x=0} = 6, y'|_{x=0} = 10$;
   (2) $4y'' + 4y' + y = 0, y|_{x=0} = 2, y'|_{x=0} = 0$;
   (3) $y'' - 3y' - 4y = 0, y|_{x=0} = 0, y'|_{x=0} = -5$;
   (4) $y'' + 4y' + 29y = 0, y|_{x=0} = 0, y'|_{x=0} = 15$;
   (5) $y'' + 25y = 0, y|_{x=0} = 2, y'|_{x=0} = 5$;
   (6) $y'' - 4y' + 13y = 0, y|_{x=0} = 0, y'|_{x=0} = 3$.

3. 求下列二阶常系数线性微分方程的通解.
   (1) $y'' - 2y' - 3y = 3x + 1$;
   (2) $y'' - 3y' + 2y = xe^{2x}$;
   (3) $y'' + y = x\cos 2x$;
   (4) $y'' - y = \sin^2 x$.

4. 求下列欧拉方程的通解.
   (1) $x^3 y''' + x^2 y'' - 4xy' = 3x^2$;
   (2) $x^3 y''' - x^2 y'' + 2xy' - 2y = x\sin(\ln x)$;
   (3) $x^3 y''' + 3x^2 y'' + xy' - y = x\ln x$;
   (4) $4x^4 y''' - 4x^3 y'' + 4x^2 y' = 1$;
   (5) $x^2 \ln x y'' - xy' + y = 0$;
   (6) $(4x-1)^2 y'' - 2(4x-1)y' + 8y = 0$.

5. 已知 $y_1 = e^x, y_2 = e^x + e^{\frac{\pi}{2}}, y_3 = e^x + e^{-x}$ 都是某二阶非齐次线性微分方程的解，求此微分方程．

6. 设 $y = y(x)$ 在 $(-\infty, \infty)$ 内具有二阶导数，且 $\dfrac{dx}{dy} \neq 0$，$x = x(y)$ 是 $y = y(x)$ 的反函数，求 $\dfrac{d^2 y}{dx^2} + (x + e^{2y})\left(\dfrac{dy}{dx}\right)^3 = 0$ 的通解．

7. 用变换 $t = \tan x$，把微分方程
$$\cos^4 x \dfrac{d^2 y}{dx^2} + 2\cos^2 x (1 - \sin x \cos x) \dfrac{dy}{dx} + y = \tan x$$
化成 y 关于 t 的微分方程，并求原方程的通解．

8. 利用代换 $y = \dfrac{u}{\cos x}$ 将 $y''\cos x - 2y'\sin x + 3y\cos x = e^x$ 化简，并求出原方程的解．

10.5 差分与差分方程的概念、线性差分方程解的结构

在科学技术和经济管理的许多实际问题中，变量的数据多数按时间间隔周期统计，因此，各有关变量的取值是离散变化的，通常称这类变量为**离散型变量**．如何寻求它们之间的关系和变化规律呢？差分方程是研究这类离散数学模型的有力工具．

10.5.1 差分的概念

一般地，在连续变化的时间范围内，如果函数 $y = y(t)$ 不仅连续而且可导，则变量 y 关于时间 t 的变化率用 $\dfrac{dy}{dt}$ 来刻画；但在某些场合，时间 t 只能离散地取值，此时，对离散型的变量 y，我们常取在规定的时间区间上的差商 $\dfrac{\Delta y}{\Delta t}$ 来刻画变量 y 的变化率．如果选择 $\Delta t = 1$，则
$$\Delta y = y(t+1) - y(t)$$
可以近似表示变量 y 的变化率．由此给出差分的定义．

假设函数 $y = f(t)$ 的自变量 t 只取非负整数，相应的函数值可以排成一个数列
$$f(0), f(1), f(2), \cdots, f(t), f(t+1), \cdots,$$
将其简记为
$$y_0, y_1, y_2, \cdots, y_t, y_{t+1}, \cdots.$$
当自变量从 t 变到 $t+1$ 时，因变量的改变量 $y_{t+1} - y_t$ 称为函数 y 在点 t 的**差分**，也称为函数 y_t 的**一阶差分**，记为 Δy_t，即
$$\Delta y_t = y_{t+1} - y_t \quad (t = 0, 1, 2, \cdots).$$
一阶差分的差分称为**二阶差分** $\Delta^2 y_t$，即
$$\Delta^2 y_t = \Delta(\Delta y_t) = \Delta y_{t+1} - \Delta y_t$$

$$= (y_{t+2} - y_{t+1}) - (y_{t+1} - y_t)$$
$$= y_{t+2} - 2y_{t+1} + y_t.$$

类似可定义**三阶差分**,**四阶差分**,…

$$\Delta^3 y_t = \Delta(\Delta^2 y_t), \quad \Delta^4 y_t = \Delta(\Delta^3 y_t), \cdots.$$

以此类推,函数 y_t 的 $n-1$ 阶差分的差分称为 **n 阶差分**,记为 $\Delta^n y_t$,即

$$\Delta^n y_t = \Delta^{n-1} y_{t+1} - \Delta^{n-1} y_t = \sum_{i=0}^{n} (-1)^i C_n^i y_{t+n-i}.$$

二阶及二阶以上的差分统称为**高阶差分**.

例 10.30 已知 $y_t = C$(C 为常数),求 Δy_t.

解 $\Delta y_t = y_{t+1} - y_t = C - C = 0.$

所以,常数的差分为零.

例 10.31 已知 $y_t = t^a (t \neq 0)$,求 Δy_t.

解 $\Delta y_t = y_{t+1} - y_t = (t+1)^a - t^a.$

特别地,当 n 为正整数时,$\Delta(t^n) = \sum_{i=1}^{n} C_n^i t^{n-i}$,阶数降了一阶.因此,对于 n 次多项式,它的 n 阶差分为常数,n 阶以上的差分为 0.

例 10.32 已知 $y_t = \sin t$,求 Δy_t.

解 $\Delta y_t = y_{t+1} - y_t = \sin(t+1) - \sin t = 2\cos\dfrac{2t+1}{2}\sin\dfrac{1}{2}.$

同理可得 $\Delta(\cos t) = -2\sin\dfrac{2t+1}{2}\sin\dfrac{1}{2}.$

正弦(或余弦)函数的差分是正弦与余弦的线性组合.

例 10.33 已知 $y_t = a^t (0 < a \neq 1)$,求 $\Delta^n y_t$.

解 $\Delta y_t = y_{t+1} - y_t = a^{t+1} - a^t = a^t(a-1)$,所以 $\Delta^n a^t = (a-1)^n a^t.$

指数函数的差分等于指数函数乘以一个常数.

例 10.34 设阶乘函数 $y_t = t^{(n)} = t(t-1)(t-2)\cdots(t-n+1)$,$t^{(0)} = 1$,求 $\Delta^n y_t$.

解 $\Delta y_t = (t+1)t(t-1)\cdots(t+1-n+1) - t(t-1)(t-2)\cdots(t-n+1)$
$= t(t-1)(t-2)\cdots(t-n+2)[(t+1)-(t-n+1)]$
$= n t^{(n-1)}.$

所以 $\Delta^n t^{(n)} = n!$. 这一结果与函数 $y = x^n$ 求 n 阶导数的结论类似.

10.5.2 差分方程的概念

我们称含有未知函数差分或含有未知函数几个不同时期值的符号的方程为**差分方程**,其一般形式为

$$F(t, y_t, \Delta y_t, \Delta^2 y_t, \cdots, \Delta^n y_t) = 0,$$

或 $G(t, y_t, y_{t+1}, y_{t+2}, \cdots, y_{t+n}) = 0$,

或 $H(t, y_t, y_{t-1}, y_{t-2}, \cdots, y_{t-n}) = 0$.

由差分方程的定义及性质知,这些不同的形式之间可以相互转化.因此,将在差分方程中出现的未知函数的最大下标与最小下标的差称为**差分方程的阶**.例如,$y_{t+3} - 2y_{t+1} - 3y_{t-2} = 1$ 为五阶差分方程.尽管差分方程 $\Delta^3 y_t + y_t = 2^t$ 含有三阶差分 $\Delta^3 y_t$,但它可化为 $y_{t+3} - 3y_{t+2} + 3y_{t+1} = 2^t$,因此,它是二阶差分方程.

代入差分方程使之成为恒等式的函数称为**差分方程的解**.若在差分方程的解中,含有相互独立的任意常数的个数与该方程的阶数相同,则称此解为**差分方程的通解**.为了反映某一事物在变化过程中的客观规律性,往往根据事物在初始时刻所处的状态对差分方程附加一定条件,称之为**初始条件**.当通解中任意常数被初始条件确定后,这个解称为**差分方程的特解**.

10.5.3 线性差分方程解的结构

若差分方程中所含未知函数及未知函数的各阶差分均为一次的,则称其为**线性差分方程**. n 阶线性差分方程的一般形式为

$$y_{t+n} + a_1(t) y_{t+n-1} + \cdots + a_n(t) y_t = f(t), \tag{10-12}$$

若方程右端 $f(t) \equiv 0$,

$$y_{t+n} + a_1(t) y_{t+n-1} + \cdots + a_n(t) y_t = 0 \tag{10-13}$$

称为 n **阶齐次线性差分方程**,若 $f(t)$ 不恒为零,则称 (10-12) 为 n **阶非齐次线性差分方程**. 与线性微分方程解的理论类似,我们给出 n 阶线性差分方程解的结构.

定理 10.4 若函数 $y_t^{(1)}, y_t^{(2)}, \cdots, y_t^{(n)}$ 是 n 阶齐次线性差分方程 (10-13) 的 n 个线性无关的解,则它们的线性组合

$$y_t = C_1 y_t^{(1)} + C_2 y_t^{(2)} + \cdots + C_n y_t^{(n)} \quad (C_1, C_2, \cdots, C_n \text{ 为任意常数})$$

是方程 (10-13) 的通解.

定理 10.5 设 y_t^* 是 n 阶非齐次线性差分方程 (10-12) 的一个特解,

$$Y_t = C_1 y_t^{(1)} + C_2 y_t^{(2)} + \cdots + C_n y_t^{(n)}$$

是对应的齐次差分方程 (10-13) 的通解,那么 $y_t = Y_t + y_t^*$ 是 n 阶非齐次线性差分方程 (10-12) 的通解.

定理 10.6(解的叠加原理) 设 n 阶非齐次线性差分方程 (10-12) 的右端 $f(t)$ 是几个函数之和,即

$$y_{t+n} + a_1(t) y_{t+n-1} + \cdots + a_n(t) y_t = f_1(t) + f_2(t) + \cdots + f_m(t), \tag{19}$$

而 $y_t^{(k)*}$ 是方程

$$y_{t+n} + a_1(t) y_{t+n-1} + \cdots + a_n(t) y_t = f_k(t) \quad (k = 1, 2, \cdots, m)$$

的特解,那么 $y_t^{(1)*} + y_t^{(2)*} + \cdots + y_t^{(m)*}$ 就是原方程 (19) 的特解.

习题 10.5

1. 求下列函数的一阶及二阶差分.
   (1) $y_t = 2^t + t - 3$; (2) $y_t = 3^t + 2^t$; (3) $y_t = \ln(t+1)$.

2. 确定下列差分方程的阶.
   (1) $\Delta^3 y_t + y_t + 3 = 0$; (2) $\Delta^2 y_t - 3\Delta y_t = 5$;
   (3) $\Delta^3 y_t + 5\Delta y_t = y_t$; (4) $y_{t-2} - y_{t-4} = y_{t+2}$.

3. 已知 $y_1(t) = 4t^3$, $y_2(t) = 3t^2$ 是差分方程 $3y_{t+2} + a(t)y_{t+1} = f(t)$ 的两个特解,求该方程的通解.

4. 已知 $y_1(t) = 2^t$, $y_2(t) = 2^t - 3t$ 是差分方程 $y_{t+1} + a(t)y_t = f(t)$ 的两个特解,求 $a(t)$, $f(t)$.

5. 证明函数差分的四则运算性质.
   (1) $\Delta(Cy_t) = C\Delta y_t$ (C 为常数);
   (2) $\Delta(y_t \pm z_t) = \Delta y_t \pm \Delta z_t$;
   (3) $\Delta(y_t \cdot z_t) = z_t \Delta y_t + y_{t+1} \Delta z_t = y_t \Delta z_t + z_{t+1} \Delta y_t$;
   (4) $\Delta\left(\dfrac{y_t}{z_t}\right) = \dfrac{z_t \Delta y_t - y_t \Delta z_t}{z_{t+1} \cdot z_t} = \dfrac{z_{t+1} \Delta y_t - y_{t+1} \Delta z_t}{z_{t+1} \cdot z_t}$ ($z_t \neq 0$).

10.6 一阶常系数线性差分方程

一阶常系数线性差分方程的一般形式为
$$y_{t+1} - py_t = f(t) \quad (\text{常数 } p \neq 0). \tag{10-14}$$
若方程右端 $f(t) \equiv 0$,
$$y_{t+1} - py_t = 0 \tag{10-15}$$
称为**一阶常系数齐次线性差分方程**,若 $f(t)$ 不恒为零,则称(10-14)为**一阶常系数非齐次线性差分方程**.

10.6.1 一阶常系数齐次线性差分方程的求解

对于一阶常系数齐次线性差分方程(10-15),通常有如下两种解法.

1. 迭代法

将方程(10-15)改写为
$$y_{t+1} = py_t \quad (t = 0, 1, 2, \cdots),$$
若 y_0 已知,由上式逐次迭代得
$$y_1 = py_0,$$
$$y_2 = py_1 = p^2 y_0,$$

$$y_3 = py_2 = p^3 y_0,$$
$$\vdots$$

由数学归纳法易得 $y_t = p^t y_0$,令 $y_0 = C$ 为任意常数,方程(10-15)的通解为 $y_t = Cp^t$.

2. 特征根法

由于方程 $y_{t+1} - py_t = 0$ 等同于 $\Delta y_t + (1-p)y_t = 0$,可以看出 y_t 的形式为指数函数,于是设 $y_t = r^t$,代入 $y_{t+1} - py_t = 0$ 得 $r^{t+1} - pr^t = 0$,即

$$r - p = 0, \tag{10-16}$$

称方程(10-16)为齐次差分方程(10-15)的**特征方程**,而 $r = p$ 为特征方程的根(简称**特征根**).于是齐次差分方程(10-15)的通解为 $y_t = Cp^t$(C 为任意常数).

例 10.35 求差分方程 $3y_{t+1} - 2y_t = 0$ 的通解.

解 事实上原方程是 $y_{t+1} - \frac{2}{3}y_t = 0$,所以其通解为 $y_t = C\left(\frac{2}{3}\right)^t$ (C 为任意常数).

10.6.2 一阶常系数非齐次线性差分方程的求解

与常系数非齐次线性微分方程求解方法类似,对于一阶常系数线性差分方程

$$y_{t+1} - py_t = f(t) \quad (\text{常数 } p \neq 0),$$

当右侧的函数 $f(t)$ 是 $\lambda^t P_n(t)$ ($\lambda > 0$) 或 $\lambda^t(a\cos\omega t + b\sin\omega t)$ ($\lambda > 0$) 形式时,可按表 10-3 确定待定特解的形式,比较方程两端的系数,可得到特解 y_t^* (本节中的 $P_n(t)$ 与 $Q_n(t)$ 是 n 次多项式).其求解步骤是:

(1) 根据方程(10-14)中 $f(t)$ 的形式写出待定特解 y_t^* 的形式,见表 10-3;

(2) 将 y_t^* 代入方程(10-14)中得到一个恒等式,比较等式两端的系数可得到 y_t^* 的确定的表达式;

(3) 写出方程(10-14)的通解 $y_t = Cp^t + y_t^*$.

表 10-3 一阶常系数非齐次线性差分方程(10-14)的特解形式

$f(t)$ 的形式($\lambda > 0$)	确定待定特解的条件	待定特解 y_t^* 的形式
$\lambda^t P_n(t)$	λ 不是特征根	$\lambda^t Q_n(t)$
	λ 是特征单根	$t\lambda^t Q_n(t)$
$\lambda^t(a\cos\omega t + b\sin\omega t)$	δ 不是特征根	$\lambda^t(A\cos\omega t + B\sin\omega t)$
令 $\delta = \lambda(\cos\omega + i\sin\omega)$	δ 是特征单根	$t\lambda^t(A\cos\omega t + B\sin\omega t)$

例 10.36 求差分方程 $y_{t+1} - 3y_t = 2t$ 满足 $y_0 = \frac{1}{2}$ 的特解.

解 对应的齐次差分方程的通解为 $Y_t = C3^t$ (C 为任意常数).
因为 $\lambda = 1$ 不是特征方程的根,令特解
$$y_t^* = At + B,$$

代入原方程得 $y_t^* = -t - \dfrac{1}{2}$. 原方程的通解为 $y_t = C3^t - t - \dfrac{1}{2}$.

将 $y_0 = \dfrac{1}{2}$ 代入通解之中，求得 $C=1$，于是，所求方程的特解为 $y_t = 3^t - t - \dfrac{1}{2}$.

例 10.37 求差分方程 $2y_{t+1} - y_t = 3\left(\dfrac{1}{2}\right)^t$ 的通解.

解 对应的齐次差分方程的通解为 $Y_t = C\left(\dfrac{1}{2}\right)^t$ (C 为任意常数).

因为 $\lambda = \dfrac{1}{2}$ 是特征单根，设其特解为

$$y_t^* = At \cdot \left(\dfrac{1}{2}\right)^t,$$

代入方程得 $A=3$. 原方程的通解为 $y_t = (C+3t)\left(\dfrac{1}{2}\right)^t$.

例 10.38 求差分方程 $y_{t+1} - 5y_t = \cos\dfrac{\pi}{2}t$ 的通解.

解 对应齐次差分方程的通解为 $Y_t = C5^t$ (C 为任意常数).

因为 $\delta = \cos\dfrac{\pi}{2} + i\sin\dfrac{\pi}{2} = i$ 不是特征根，故设特解

$$y_t^* = A\cos\dfrac{\pi}{2}t + B\sin\dfrac{\pi}{2}t,$$

将其代入原方程得 $A = -\dfrac{5}{26}, B = \dfrac{1}{26}$，方程的通解为

$$y_t = C5^t - \dfrac{5}{26}\cos\dfrac{\pi}{2}t + \dfrac{1}{26}\sin\dfrac{\pi}{2}t \quad (C \text{ 为任意常数}).$$

例 10.39 求差分方程 $y_{t+1} + y_t = \sin\pi t$ 的通解.

解 对应齐次差分方程的通解为 $Y_t = C(-1)^t$ (C 为任意常数).
因为 $\delta = \cos\pi + i\sin\pi = -1$ 是特征单根，故设特解

$$y_t^* = t(A\cos\pi t + B\sin\pi t),$$

将其代入原方程得 $A=0, B=-1$，方程的通解为

$$y_t = C(-1)^t - t\sin\pi t \quad (C \text{ 为任意常数}).$$

10.6.3 一阶常系数差分方程在经济中的应用

例 10.40（贷款模型） 某人向银行贷款 A 元，分 n 等期等额还款，银行每期贷款利率为 i. 假设每个还款周期的最后时刻银行自动扣款；每期还款额为 PMT(periodic payment)元；令 y_t 表示还需还款 $t(t \leqslant n)$ 次时欠银行款额（称为那一时刻的现值），即 $y_n = A, y_0 = 0$. 试：

(1) 用差分方程求每期还款额；

(2) 若还需还款 $m(m \leqslant n)$ 次时提前还款，求还款额 y_m；

(3) 某人购房时向银行贷款 100 万元，银行贷款年利率为 6%，按月等额还款方式按揭

20 年还清贷款. 求每月还款额, 已还款刚好 5 年时提前还清贷款额.

解 y_t 满足的差分方程为
$$y_{t+1}(1+i) - \text{PMT} = y_t \quad \text{且} \quad y_0 = 0,$$
于是有贷款模型
$$\begin{cases} y_{t+1} - \dfrac{1}{1+i} y_t = \dfrac{\text{PMT}}{1+i}, \\ y_0 = 0. \end{cases}$$

解此一阶常系数非齐次线性差分方程, 其通解为
$$y_t = C \frac{1}{(1+i)^t} + \frac{\text{PMT}}{i}.$$

将初始条件 $y_0=0$ 代入通解得 $C = -\dfrac{\text{PMT}}{i}$, 即
$$y_t = \text{PMT} \frac{1-(1+i)^{-t}}{i}.$$

(1) 每期还款额 $\text{PMT} = A \cdot \dfrac{i}{1-(1+i)^{-n}}$;

(2) 若还需还款 $m(m<n)$ 次时刻提前还款, 还款额 $y_m = \text{PMT} \dfrac{1-(1+i)^{-m}}{i}$;

(3) 由题意知 $i = 6\% \div 12 = 0.005, n = 20 \times 12 = 240, y_{240} = 1\,000\,000$ 元.
$$\text{PMT} = 1\,000\,000 \times \frac{0.005}{1-(1+0.005)^{-240}} = 7164.31 \text{ (元)}.$$

还款刚好 5 年时, $m = 15 \times 12 = 180$,
$$y_{180} = 7164.31 \frac{1-(1+0.005)^{-180}}{0.005} = 848\,995.96 \text{(元)}.$$

例 10.41（价格调整模型） 假设生产某种产品有一个固定的生产周期, 并以此周期作为度量时间 t 的单位. 在这种情况下规定, 第 t 期的供给量 Q_{st} 由前一期的价格 P_{t-1} 决定, 即供给量 "滞后" 于价格一个周期, 而第 t 期的需求量 Q_{dt} 由现在价格 P_t 决定, 即需求量是 "非时滞" 的. 假设需求与供给是价格的线性函数, 每个周期中市场的价格总是确定在市场售罄的水平上, 便有动态供需模型
$$\begin{cases} Q_{dt} = a - bP_t, & a,b > 0, \\ Q_{st} = -c + dP_{t-1}, & c,d > 0, \\ Q_{dt} = Q_{st}. \end{cases}$$

又设 $t=0$ 时, P_0 为初始价格.

(1) 确定价格 P_t 满足的差分方程, 并解此差分方程;

(2) 分析价格 P_t 随时间 t 的变化情况.

解 (1) 由 $Q_{st} = Q_{dt}$, 即 $a - bP_t = -c + dP_{t-1}$, 得
$$P_t + \frac{d}{b} P_{t-1} = \frac{a+c}{b} \quad \text{或} \quad P_{t+1} + \frac{d}{b} P_t = \frac{a+c}{b},$$

解此一阶常系数差分方程得

$$P_t = C\left(-\frac{d}{b}\right)^t + \frac{a+c}{b+d} \quad (C\text{ 为任意常数}).$$

将 $t=0$ 时的初始价格 P_0 代入上式得 $C = P_0 - \frac{a+c}{b+d}$. 记 $P_e = \frac{a+c}{b+d}$(静态均衡价格),于是,满足初始价格为 P_0 时的解为

$$P_t = (P_0 - P_e)\left(-\frac{d}{b}\right)^t + P_e.$$

(2) ① 若初始价格 $P_0 = P_e$,则 $P_t = P_e$,这是"静态均衡"的情形.

② 若初始价格 $P_0 \neq P_e$,当 $d<b$ 时,量的变化对供给价格的影响大于对消费价格的影响,价格 P_t(振荡)稳定地趋于均衡价格 P_e;

当 $d>b$ 时,价格 P_t 以不断增大的方式振荡,在这种情况下不稳定价格不以平衡价格为极限.

当 $d=b$ 时,在 $t \to +\infty$ 时,价格 P_t 在 P_0 与 $2P_e - P_0$ 之间来回摆动.

习题 10.6

1. 求下列一阶差分方程的通解.

(1) $y_{t+1} - y_t = 3$;

(2) $y_{t+1} - y_t = t2^t$;

(3) $2y_{t+1} - 6y_t = 3^t$;

(4) $y_{t+1} - y_t = e^t$;

(5) $y_{t+1} - 4y_t = 4^{t+1}$;

(6) $y_{t+1} + 2y_t = (-2)^t$;

(7) $y_{t+1} - 3y_t = \cos\frac{\pi}{2}t$;

(8) $y_{t+1} + 2y_t = 2^t \sin\pi t$.

2. 求下列一阶差分方程在给定初始条件下的特解.

(1) $y_{t+1} - 3y_t = -1$ 且 $y_0 = \frac{1}{2}$;

(2) $2y_{t+1} - y_t = 2+t$ 且 $y_0 = 4$;

(3) $y_{t+1} - y_t = 2^t$ 且 $y_0 = 5$;

(4) $y_{t+1} - 5y_t = 3$ 且 $y_0 = \frac{7}{3}$;

(5) $y_{t+1} + y_t = 2^t$ 且 $y_0 = 2$;

(6) $y_{t+1} + 4y_t = 5t^2 + 2t - 1$ 且 $y_0 = 1$.

3. (**存款模型**)某人分 n 等期将 PMT 元存入银行的养老账户,每期存款利率为 i. 假设存款周期的最后时刻银行自动划款,令 y_t 表示存款 $t(t \leq n)$ 次时养老账户内的款额(称为那一时刻的将来值),即 $y_0 = 0$.

(1) 试建立并求解 y_t 满足的差分方程.

(2) 某人 25 岁开始每月存入银行养老账户 1000 元,共缴纳 30 年. 银行存款年利率为 6%,按月复利. 计算此人 60 岁时养老账户内的金额.

(3) 某人今年 30 岁,想建立养老账户,每月等额缴纳,计划缴纳 30 年. 银行存款年利率为 6%,按月复利. 此人希望 60 岁时养老账户内有 100 万元,他每月应缴纳多少元?

4. (**污水处理模型**)某污水处理厂清除水中污染物对污水进行处理,并生产出有用的肥料和清洁用水.这种处理过程每小时从处理池中清出 12% 的残留物.

(1) 问一天后还有百分之几的污染物残留在池中?
(2) 使污染物减半需要多长时间?
(3) 要降到原来污染物含量的 10% 需要多长时间?

10.7 二阶常系数线性差分方程

二阶常系数差分方程的一般形式为
$$y_{t+2} + py_{t+1} + qy_t = f(t), \tag{10-17}$$
其中,p,q 是常数,且 $q \neq 0$,$f(t)$ 为 t 的已知函数.若方程右端 $f(t) \equiv 0$,
$$y_{t+2} + py_{t+1} + qy_t = 0 \tag{10-18}$$
称为二阶齐次常系数线性差分方程,若 $f(t)$ 不恒为零,则称(10-17)为二阶非齐次常系数线性差分方程.

10.7.1 二阶常系数齐次线性差分方程的解法

显然,方程(10-18)可改写成
$$\Delta^2 y_t + (2+p)\Delta y_t + (1+p+q)y_t = 0 \quad (q \neq 0),$$
因此,y_t 的形式应为指数函数.设 $y_t = r^t$,代入方程(10-18)得 $r^t(r^2+pr+q)=0$,即
$$(r^2 + pr + q) = 0, \tag{10-19}$$
方程(10-19)称为齐次差分方程(10-18)的**特征方程**,特征方程的根简称为**特征根**.由此可见,函数 $y_t = r^t$ 是二阶齐次常系数线性差分方程(10-18)的解的充分必要条件是 r 为特征方程(10-19)的根.

与求解二阶常系数齐次线性微分方程的步骤完全类似,求二阶常系数齐次线性差分方程(10-18)的步骤如下:

(1) 写出差分方程(10-18)的特征方程 $r^2+pr+q=0$ ($q \neq 0$),求出特征根 r_1, r_2;
(2) 根据特征方程的两个根的不同情况,写出差分方程(10-18)的通解,见表 10-4.

表 10-4 二阶常系数齐次差分方程(10-18)的通解

特征方程 $r^2+pr+q=0$ 的两个根 r_1, r_2	差分方程 $y_{t+2}+py_{t+1}+qy_t=0$ 的通解
两个不相等的实根 r_1, r_2	$y_t = C_1 r_1^t + C_2 r_2^t$
两个相等的实根 $r_1 = r_2 = -\dfrac{p}{2}$	$y_t = (C_1 + C_2 t)\left(-\dfrac{p}{2}\right)^t$
一对共轭复根 $r_{1,2} = \alpha \pm i\beta$	$y_t = \rho^t(C_1 \cos\theta t + C_2 \sin\theta t)$ 其中 ρ 为复根的模,θ 为复根的主辐角

例 10.42 求 $y_{t+2}+4y_{t+1}+3y_t=0$ 的通解.

解 其特征方程为 $r^2+4r+3=0$,特征根为 $r_1=-1, r_2=-3$.
原方程的通解为 $y_t=C_1(-1)^t+C_2(-3)^t$ (C_1,C_2 是任意常数).

例 10.43 求 $y_{t+2}+4y_{t+1}+4y_t=0$ 的通解.

解 其特征方程为 $r^2+4r+4=0$,特征根为 $r_1=r_2=-2$.
原方程的通解为 $y_t=(C_1+C_2 t)(-2)^t$ (C_1,C_2 是任意常数).

例 10.44 求 $y_{t+2}+y_t=0$ 的通解.

解 其特征方程为 $r^2+1=0$,特征根为 $r_1=\mathrm{i}, r_2=-\mathrm{i}$.
原方程的通解为 $y_t=C_1\sin\dfrac{\pi}{2}t+C_2\cos\dfrac{\pi}{2}t$ (C_1,C_2 是任意常数).

10.7.2 二阶常系数非齐次线性差分方程的解法

对于二阶常系数非齐次线性差分方程
$$y_{t+2}+py_{t+1}+qy_t=f(t) \quad (\text{常数 } q\neq 0),$$

当右侧的函数 $f(t)$ 是 $\lambda^t P_n(t)(\lambda>0)$ 或 $\lambda^t(a\cos\omega t+b\sin\omega t)(\lambda>0)$ 形式时,其求解步骤是:

(1) 根据方程(10-17)中 $f(t)$ 的形式写出待定特解 y_t^* 的形式,见表 10-5;

(2) 将 y_t^* 代入方程(10-17)中得到一个恒等式,比较等式两端的系数可得到 y_t^* 的确定的表达式;

(3) 写出方程(10-17)的通解 $y_t=Y_t+y_t^*$,其中 Y_t 是对应齐次差分方程的通解.

表 10-5 二阶常系数非齐次差分方程(10-17)的特解形式

$f(t)$ 的形式($\lambda>0$)	确定待定特解的条件	待定特解 y_t^* 的形式
$\lambda^t P_n(t)$	λ 不是特征根	$\lambda^t Q_n(t)$
	λ 是特征单根	$t\lambda^t Q_n(t)$
	λ 是特征二重根	$t^2\lambda^t Q_n(t)$
$\lambda^t(a\cos\omega t+b\sin\omega t)$ 令 $\delta=\lambda(\cos\omega+\mathrm{i}\sin\omega)$	δ 不是特征根	$\lambda^t(A\cos\omega t+B\sin\omega t)$
	δ 是特征单根	$t\lambda^t(A\cos\omega t+B\sin\omega t)$
	δ 是特征二重根	$t^2\lambda^t(A\cos\omega t+B\sin\omega t)$

例 10.45 求 $y_{t+2}+5y_{t+1}+4y_t=t$ 的通解.

解 对应的齐次差分方程的通解为 $Y_t=C_1(-1)^t+C_2(-4)^t$, C_1,C_2 是任意常数.
因为 $\lambda=1$ 不是特征根,令特解
$$y_t^*=At+B,$$

代入原方程得 $A=\dfrac{1}{10}, B=-\dfrac{7}{100}$,所求通解为

$$y_t=C_1(-1)^t+C_2(-4)^t+\dfrac{1}{10}t-\dfrac{7}{100}, \quad C_1,C_2 \text{ 是任意常数}.$$

例 10.46 求 $y_{t+2}-y_{t+1}-6y_t=3^t(2t+1)$ 的通解.

解 对应的齐次差分方程的通解为 $Y_t=C_1(-2)^t+C_2 3^t$. 由于 $\lambda=3$ 是特征单根,令特解
$$y_t^*=t(At+B)3^t,$$
代入原方程得 $A=\dfrac{1}{15}, B=-\dfrac{2}{25}$,所求通解为
$$y_t=C_1(-2)^t+C_2 3^t+3^t\left(\dfrac{1}{15}t^2-\dfrac{2}{25}t\right), \quad C_1,C_2 \text{ 是任意常数}.$$

例 10.47 求 $y_{t+2}-4y_{t+1}+4y_t=2^{t+3}$ 的通解.

解 对应的齐次差分方程的通解为 $Y_t=2^t(C_1+C_2 t)$. 由于 $\lambda=2$ 是特征二重根,令特解
$$y_t^*=At^2 \cdot 2^t,$$
代入原方程得 $A=1$,所求通解为
$$y_t=2^t(C_1+C_2 t+t^2), \quad C_1,C_2 \text{ 是任意常数}.$$

例 10.48 求 $3y_{t+2}-2y_{t+1}-y_t=10\sin\dfrac{\pi}{2}t$ 的通解.

解 对应的齐次差分方程的通解为 $Y_t=C_1\left(-\dfrac{1}{3}\right)^t+C_2$.

由于 $\delta=\cos\dfrac{\pi}{2}+\mathrm{i}\sin\dfrac{\pi}{2}=\mathrm{i}$ 不是特征根,令特解
$$y_t^*=A\cos\dfrac{\pi}{2}t+B\sin\dfrac{\pi}{2}t,$$
代入原方程得 $A=1, B=-2$,所求通解为
$$y_t=C_1\left(-\dfrac{1}{3}\right)^t+C_2+\cos\dfrac{\pi}{2}t-2\sin\dfrac{\pi}{2}t, \quad C_1,C_2 \text{ 是任意常数}.$$

例 10.49 求 $y_{t+2}-y_t=2\cos\pi t$ 的通解.

解 对应的齐次差分方程的通解为 $Y_t=C_1(-1)^t+C_2$.

由于 $\delta=\cos\pi+\mathrm{i}\sin\pi=-1$ 是特征单根,令特解
$$y_t^*=t(A\cos\pi t+B\sin\pi t),$$
代入原方程得 $A=1, B=0$,所求通解为
$$y_t=C_1(-1)^t+C_2+t\cos\pi t, \quad C_1,C_2 \text{ 是任意常数}.$$

例 10.50 求 $y_{t+2}+2y_{t+1}+y_t=4\sin\pi t$ 的通解.

解 对应的齐次差分方程的通解为 $Y_t=(C_1+C_2 t)(-1)^t$.

由于 $\delta=\cos\pi+\mathrm{i}\sin\pi=-1$ 是特征二重根,令特解
$$y_t^*=t^2(A\cos\pi t+B\sin\pi t),$$
代入原方程得 $A=0, B=2$,所求通解为
$$y_t=(C_1+C_2)(-1)^t+2t^2\sin\pi t, \quad C_1,C_2 \text{ 是任意常数}.$$

习题 10.7

1. 求下列二阶齐次差分方程的通解.
   (1) $y_{t+2}-3y_{t+1}-4y_t=0$；
   (2) $y_{t+2}-2y_{t+1}+y_t=0$；
   (3) $y_{t+2}+6y_{t+1}+9y_t=0$；
   (4) $y_{t+2}-y_t=0$；
   (5) $y_{t+2}-y_{t+1}+y_t=0$；
   (6) $y_{t+2}+y_t=0$.

2. 求下列二阶差分方程在给定初始条件下的特解.
   (1) $y_{t+2}-2y_{t+1}+2y_t=0$ 且 $y_0=2, y_1=2$；
   (2) $y_{t+2}-4y_{t+1}+16y_t=0$ 且 $y_0=0, y_1=1$；
   (3) $y_{t+2}+3y_{t+1}-\dfrac{7}{4}y_t=9$ 且 $y_0=6, y_1=3$.

3. 求下列二阶差分方程的通解.
   (1) $y_{t+2}-y_{t+1}-2y_t=4$；
   (2) $y_{t+2}-4y_{t+1}+4y_t=2t+3$；
   (3) $y_{t+2}-3y_{t+1}+2y_t=4^t$；
   (4) $y_{t+2}+2y_{t+1}+y_t=9\cdot 2^t$；
   (5) $y_{t+2}-3y_{t+1}+2y_t=3\cdot 5^t$；
   (6) $y_{t+2}+3y_{t+1}+2y_t=20+4t+6t^2$；
   (7) $y_{t+2}-4y_{t+1}+4y_t=25\sin\dfrac{\pi}{2}t$；
   (8) $y_{t+2}-4y_{t+1}+5y_t=10\cos\pi t$；
   (9) $y_{t+2}-4y_t=2^t\cos\pi t$；
   (10) $y_{t+2}-2y_{t+1}+4y_t=a+bt$，其中 a,b 为常数.

复习题十

1. 求以 $y=(C_1+C_2 x)\mathrm{e}^{-x}+x^2\mathrm{e}^{-x}$（其中 C_1, C_2 为任意常数）为通解的线性微分方程.

2. 已知 $y_1=\mathrm{e}^x, y_2=2\mathrm{e}^x, y_3=\mathrm{e}^x+\dfrac{1}{\pi}$ 都是某二阶常系数线性微分方程的解，求此微分方程.

3. 设函数 $f(t)$ 在 $[0,+\infty)$ 上可导，且满足 $f(t)=\mathrm{e}^{\pi t^2}+\iint\limits_{x^2+y^2\leqslant t^2} f(\sqrt{x^2+y^2})\mathrm{d}x\mathrm{d}y$，求 $f(t)$.

4. 设函数 $y=f(x)$ 在 $(0,+\infty)$ 上连续可导，且满足 $f(x)=1+\dfrac{1}{x}\int_0^x f(t)\mathrm{d}t$，求 $f(x)$.

5. 设函数 $y=y(x)$ 在 $(-\infty,\infty)$ 内具有二阶导数，且 $y'\neq 0$，$x=x(y)$ 是 $y=y(x)$ 的反函数，求 $\dfrac{\mathrm{d}^2 x}{\mathrm{d}y^2}+(y+\sin x)\left(\dfrac{\mathrm{d}x}{\mathrm{d}y}\right)^3=0$ 的通解.

6. 设函数 $f(u)$ 有连续的二阶导数，且 $z=f(\mathrm{e}^x\sin y)$ 满足 $\dfrac{\partial^2 z}{\partial x^2}+\dfrac{\partial^2 z}{\partial y^2}=\mathrm{e}^{2x}z$，求 $f(u)$.

7. 设函数 $f(u,v)$ 具有连续的一阶偏导数，且满足 $f'_u(u,v)+f'_v(u,v)=uv$，求 $y(x)=f(x,x)\mathrm{e}^{-2x}$ 所满足的一阶微分方程，并求其通解．

8. 设函数 $u=f(\ln\sqrt{x^2+y^2})$ 具有二阶连续导数，且满足方程 $\dfrac{\partial^2 u}{\partial x^2}+\dfrac{\partial^2 u}{\partial y^2}=(x^2+y^2)^{\frac{3}{2}}$，求函数 f 的表达式．

9. 设一元函数 $u=f(r)$ 在 $(0,+\infty)$ 内有二阶连续导数，且 $f(1)=0, f'(1)=1$，又 $u=f(\sqrt{x^2+y^2+z^2})$ 满足方程 $\dfrac{\partial^2 u}{\partial x^2}+\dfrac{\partial^2 u}{\partial y^2}+\dfrac{\partial^2 u}{\partial z^2}=0$，求 $f(r)$．

10. 设函数 $u=f(xyz)$ 有三阶连续导数，且 $f(0)=0, f'(1)=1, \dfrac{\partial^3 u}{\partial x \partial y \partial z}=x^2y^2z^2 f'''(xyz)$，求函数 u 的表达式．

11. 设函数 $u=u(\sqrt{x^2+y^2})$ 有二阶连续导数，且满足方程 $\dfrac{\partial^2 u}{\partial x^2}+\dfrac{\partial^2 u}{\partial y^2}-\dfrac{1}{x}\dfrac{\partial u}{\partial x}+u=x^2+y^2$，求函数 u 的表达式．

12. 设函数 $f(x,y)$ 二阶偏导数连续，满足 $\dfrac{\partial^2 f}{\partial x \partial y}=0$，且在极坐标下可表示成 $f(x,y)=h(r)$，其中 $r=\sqrt{x^2+y^2}$，求函数 $f(x,y)$ 的表达式．

13. 求满足 $x=\displaystyle\int_0^x f(t)\mathrm{d}t+\int_0^x tf(t-x)\mathrm{d}t$ 的可微函数 $f(x)$．

14. 设函数 $f(x)$ 在 $(0,+\infty)$ 内可导，$f(1)=3$，且 $\displaystyle\int_1^{xy}f(t)\mathrm{d}t=x\int_1^y f(t)\mathrm{d}t+y\int_1^x f(t)\mathrm{d}t$，求 $f(x)$．

15. 设函数 $f(x)$ 在闭区间 $[a,b]$ 上连续，$\forall x_1,x_2\in[a,b], x_1\neq x_2$，函数 $f(x)$ 满足方程 $\dfrac{1}{x_2-x_1}\displaystyle\int_{x_1}^{x_2}f(x)\mathrm{d}x=\dfrac{1}{2}[f(x_1)+f(x_2)]$．求 $f(x)$．

16. 设一个化工厂每立方米的废水中含有 3.08kg 盐酸，这些废水经过一条河流流入一个湖泊中，废水流入湖泊的速率是 $20\mathrm{m}^3/\mathrm{h}$，开始时湖中有水 $4\,000\,000\mathrm{m}^3$，河流中流入湖泊的不含盐酸的水是 $1000\mathrm{m}^3/\mathrm{h}$，湖泊中混合均匀的水流出的速率是 $1000\mathrm{m}^3/\mathrm{h}$，求该厂排污开始一年时，湖泊水中盐酸的含量．

17. 从船上向海中沉放某种探测仪器，按探测要求，需确定仪器的下沉深度 y（从海平面算起）与下沉速度 v 之间的函数关系．设仪器在重力作用下，从海平面静止开始铅直下沉，在下沉过程中还受到阻力和浮力的作用．设仪器的质量为 m，体积为 B，海水密度为 ρ，仪器所受的阻力与下沉速度成正比，比例系数为 $k(k>0)$．试建立 y 与 v 所满足的微分方程，并求函数关系式 $y=y(v)$．

18. 设函数 $f(x)$ 二阶连续可导，$h>0$ 为常数，分别称
$$\Delta_h f(x)=f(x+h)-f(x), \quad \Delta_h^2 f(x)=\Delta_h(\Delta_h f(x))$$
为 $f(x)$ 的步长为 h 的一阶和二阶差分．证明

$$\Delta_h^2 f(x) = \int_0^h \mathrm{d}z \int_0^h f''(x+y+z)\mathrm{d}y.$$

19. 选择适当的变量代换,化差分方程$(t+1)^2 y_{t+1} + 2t^2 y_t = e^t$为常系数线性差分方程,并求其通解.

20. 选择适当的变量代换,化差分方程$\dfrac{y_{t+2}}{t+3} + \dfrac{2y_{t+1}}{t+2} - \dfrac{3y_t}{t+1} = 2 \cdot 3^t$为常系数线性差分方程,并求其通解.

部分习题答案

第 1 章

复习题一

1. (1) $(-\infty,-2)\cup(-2,+\infty)$；　(2) $(-\infty,-3]\cup[3,+\infty)$；
(3) $(-1,1)\cup(1,+\infty)$；　(4) $(-\infty,-1)\cup[0,+\infty)$.

2. (1) 不同；　(2) 不同；　(3) 相同；　(4) 不同.

3. (1) 非奇非偶；　(2) 偶；　(3) 奇；　(4) 偶.

4. (1) $y=\sqrt{u}, u=\ln v, v=x^2+1$；　(2) $y=2^u, u=v^2, v=\sin\omega, \omega=\dfrac{1}{x}$；

(3) $y=\sin u, u=\lg v, v=x^2+1$；　(4) $y=u^2, u=\arcsin v, v=\dfrac{2x}{1+x^2}$.

5. (1) $f(2)=2a, f(5)=5a$；
(2) $a=0$ 时, $f(x)$ 是以 2 为周期的周期函数.

6. $f[f(x)]=\begin{cases} 0, & |x|<\sqrt{2}, \\ 4-(4-x^2)^2, & \sqrt{2}\leqslant x\leqslant 2, \\ 4-(4-x^2)^2, & -2\leqslant x\leqslant -\sqrt{2}, \\ 4, & |x|>2. \end{cases}$

7. (1) $y=\log_2\dfrac{x}{1-x},\ 0<x<1$；

(2) $y=\dfrac{1+\arcsin\dfrac{x-1}{2}}{1-\arcsin\dfrac{x-1}{2}},\ 1-2\sin 1\leqslant x<1+2\sin 1$；

(3) $y=-\sqrt{1-x^2},\ 0\leqslant x\leqslant 1$；　(4) $y=\begin{cases} x, & -\infty<x<1, \\ \sqrt{x}, & 1\leqslant x\leqslant 16, \\ \log_2 x, & 16<x<+\infty. \end{cases}$

8. $f[f(x)]=\dfrac{(1-x^2)^2}{x^2(x^2-2)},\ f\left[\dfrac{1}{f(x)}\right]=\dfrac{1}{x^2(2-x^2)}$.

9. $|z|=1, \arg z=-\dfrac{\pi}{3}+2k\pi, k\in\mathbf{Z}$.

10. $z_1 \cdot z_2 = 2e^{\frac{\pi}{12}i}, \dfrac{z_1}{z_2} = \dfrac{1}{2}e^{\frac{5\pi}{12}i}.$

第 2 章

习题 2.1

4. 只有(4)正确,其他都不正确.

习题 2.2

3. (1) $f(0+0)=1, f(0-0)=-1.$

(2) 不存在,因为在 $x=0$ 处的左右极限都存在,不相等.

(3) $\lim\limits_{x \to 1} \dfrac{|x|}{x} = 1.$

4. $\delta = 0.0002.$

5. 两个无穷小的商未必是无穷小,例如 $x, 3x, x^2, \sin x$ 都是 $x \to 0$ 时的无穷小,但是

$$\lim_{x \to 0} \dfrac{x^2}{3x} = 0, \quad \lim_{x \to 0} \dfrac{3x}{x^2} = \infty, \quad \lim_{x \to 0} \dfrac{\sin x}{x} = 1, \quad \lim_{x \to 0} \dfrac{\sin x}{3x} = \dfrac{1}{3}.$$

习题 2.3

1. (1) $a=0, b=6$; (2) $a=-1, b=5$; (3) $a=2, b=-8.$

6. 不一定,例如 $x_n = \dfrac{1}{n} > y_n = 0, n=1,2,\cdots$,这里 $a=b=0, a$ 不大于 b;

正确结论应该是: 设 $x_n > y_n (n=1,2,\cdots)$,且 $\lim\limits_{n \to \infty} x_n = a, \lim\limits_{n \to \infty} y_n = b$,则 $a \geq b$;

若 $\lim\limits_{n \to \infty} x_n = a, \lim\limits_{n \to \infty} y_n = b$ 且 $a > b$,那么 $\exists N \in \mathbf{N}^*$,当 $n > N$ 时,有 $x_n > y_n.$

8. (1) $\dfrac{1}{5}$; (2) 0; (3) $\dfrac{4}{3}$; (4) $-\dfrac{1}{2}$; (5) 0; (6) $\dfrac{1}{2}.$

9. (1) 0; (2) -1; (3) n; (4) 1; (5) $2x$; (6) $3x^2$; (7) $\dfrac{2^{20}}{3^{30}}$; (8) 1;

(9) $\dfrac{1}{2}$; (10) 1.

10. (1) 水平渐近线为 $y=-3$;铅直渐近线为 $x=0$ 和 $x=-3.$

(2) 铅直渐近线为 $x=1$;斜渐近线为 $y = \dfrac{1}{4}x - \dfrac{5}{4}.$

(3) 斜渐近线为 $y = \dfrac{x}{2} - \dfrac{\pi}{2}, y = \dfrac{x}{2} + \dfrac{\pi}{2}.$

11. (1) $a=\sqrt{2}, b=\sqrt{2}$; (2) $a=-1, b=1.$

习题 2.4

1. (1) x; (2) e^2; (3) $\dfrac{1}{2}$; (4) $\sqrt{2}$; (5) $\dfrac{\beta^2-\alpha^2}{2}$; (6) e^{-4};

(7) $e^{-\frac{2}{3}}$; (8) e^{-1}; (9) e^2; (10) $e^{\frac{1}{2}}$; (11) e; (12) 1.

3. (1) 2; (2) 1.

习题 2.5

1. (1) 3 阶; (2) 1 阶; (3) 1 阶; (4) 2 阶; (5) 3 阶; (6) 2 阶.

2. (1) $\dfrac{m^2}{2}$; (2) 0; (3) $-\dfrac{1}{2}$; (4) 1; (5) $\dfrac{1}{2}$; (6) 1; (7) $1+\sqrt{2}$;

(8) 1; (9) $\dfrac{1}{3}$; (10) 1; (11) $\alpha-\beta$; (12) e^β; (13) $\alpha-\beta$; (14) $\ln 2-\ln 3$.

习题 2.6

1. (1) $x=2$ 是第二类无穷型间断点; (2) $x=0$ 是第一类可去间断点;

(3) $x=0$ 是第一类可去间断点; (4) $x=0$ 是第二类振荡型间断点;

(5) $x=0$ 是第一类跳跃间断点, $x=-1$ 是第二类无穷间断点;

(6) $x=0, x=k\pi+\dfrac{\pi}{2}(k\in \mathbf{Z})$ 是第一类可去间断点,

$x=k\pi(k\neq 0, k\in \mathbf{Z})$ 是第二类无穷型间断点;

(7) $x=1, x=2$ 是第一类跳跃间断点;

(8) $x=1$ 是第二类振荡型间断点, $x=-1$ 是第一类可去间断点, $x=0$ 是第一类跳跃间断点, $x=-2,-3,-4,-5,\cdots$, 是第二类无穷型间断点.

2. (1) $\sqrt{2}$; (2) 0; (3) e^2; (4) $\dfrac{\sqrt{2}}{2}$; (5) $\dfrac{1}{2}$; (6) $\cos a$; (7) 1; (8) $-\dfrac{1}{2}$.

3. (1) $f(x)=\begin{cases} -x, & |x|>1, \\ 0, & |x|=1, \\ x, & |x|<1. \end{cases}$ $x=1, x=-1$ 为第一类跳跃间断点.

(2) $f(x)=e^{\frac{x}{\sin x}}$, $x=0$ 是函数 $f(x)$ 的可去间断点, 令 $f(0)=e$, 则 $f(x)$ 在 $x=0$ 由间断变为连续; $x=k\pi(k=\pm 1,\pm 2,\cdots)$ 均是第二类无穷间断点.

4. $a=1, b=2, F(x)$ 在 $(-\infty,+\infty)$ 内连续.

复习题二

1. (1) e^{-2}; (2) $\dfrac{1}{2}$; (3) 0, 提示: 先利用和差化积公式;

(4) 1,提示,令 $t=x\ln x$.

2. (1) $a=1, b=-1$;　　(2) $a=1, b=-\frac{1}{2}$;　　(3) $a=\ln 2$;　　(4) $a=1989$.

3. (1) $\frac{1}{3}$ 阶;　　(2) 1 阶;　　(3) 2 阶;　　(4) 2 阶.

4. e^2.

5. $p=-5, q=0$ 时,$f(x)$ 为 $x\to\infty$ 时的无穷小量;
$q\neq 0, p$ 为任意实数时,$f(x)$ 为 $x\to\infty$ 时的无穷大量.

6. 函数 $y=x\sin x$ 在区间 $(0,+\infty)$ 内无界,例如取 $x_n=2n\pi+\frac{\pi}{2}, n=1,2,3,\cdots$,则
$y(x_n)=2n\pi+\frac{\pi}{2}$,对于任意给定的正数 M,只要 $n>M$,总有 $|y(x_n)|>M$,
即函数 $y=x\sin x$ 在区间 $(0,+\infty)$ 内无界.
函数 $y=x\sin x$ 在区间 $(0,+\infty)$ 内不是无穷大,例如取 $x_n'=2n\pi, n=1,2,3,\cdots$,则
$y(x_n')=0$,总有 $|y(x_n')|=0<1$,即函数 $y=x\sin x$ 在区间 $(0,+\infty)$ 内不是无穷大.

8. (1) 3;　　(2) 1.

9. (1) $x=0$ 是第一类跳跃间断点;$x=1$ 是第二类无穷间断点;
(2) $x=0$ 是第一类可去间断点,$x=k\pi(k\neq 0, k\in \mathbf{Z})$ 是第二类无穷型间断点.

10. (1) $f(x)=\begin{cases} 0, & x=0, \\ \dfrac{1}{x^2}, & x\neq 0. \end{cases}$　$x=0$ 是第二类无穷间断点;

(2) $f(x)=\begin{cases} x^2, & x>0, \\ x, & x<0. \end{cases}$　$x=0$ 是第一类可去间断点.

11. $f(x)=\begin{cases} ax^2+bx, & |x|<1, \\ \dfrac{1}{x}, & |x|>1, \\ \dfrac{-1+a-b}{2}, & x=-1, \\ \dfrac{1+a+b}{2}, & x=1. \end{cases}$　当 $\begin{cases} a=0 \\ b=1 \end{cases}$ 时,$f(x)$ 连续.

12. $a=e, b=e^e$.

第 3 章

习题 3.1

1. (1) $25, 20.5, 20.05, 20.005$;　　(2) 20;　　(3) 20

2. (1) $2A$； (2) $-3A$； (3) $\dfrac{A}{2}$； (4) $2f(x_0)A$； (5) $(m+n)A$.

3. 切线方程 $y-8=3(x-4)$；法线方程 $y-8=-\dfrac{1}{3}(x-4)$.

4. (1) $\dfrac{2}{3}x^{-\frac{1}{3}}$； (2) $\dfrac{1}{x}$； (3) $\dfrac{5}{6}x^{-\frac{1}{6}}$； (4) $-\dfrac{3}{x^4}$； (5) $\dfrac{1}{x\ln 2}$； (6) $(2e)^x(\ln 2+1)$.

5. 切线方程 $y=-\dfrac{x}{9}+\dfrac{2}{3}$ 或 $y=-x-2$.

6. $(2,4), y=4x-4$.

7. (1) 在 $x=0$ 处连续，不可导； (2) 在 $x=1$ 处连续，可导；
(3) 在 $x=1$ 处不连续，不可导；(4) 在 $x=0$ 处连续，可导.

8. 1.

9. 1.

10. $a=-1, b=-1, c=1$.

11. $a=2, b=1$.

12. $\varphi(a)$.

习题 3.2

1. (1) $-\sin x+2\sec x\tan x-e^x$； (2) $\tan x+x\sec^2 x-3\csc x\cot x$；

(3) $ax^{a-1}+a^x\ln a$； (4) $-\sin x\ln x+\dfrac{\cos x}{x}$； (5) $-\dfrac{bnx^{n-1}}{(a+bx^n)^2}$；

(6) $\dfrac{10^x\ln 100}{(10^x+1)^2}$； (7) $\dfrac{x\sec^2 x-\tan x}{x^2}$； (8) $\dfrac{1+\sin x+\cos x}{(1+\cos x)^2}$；

(9) $2e^x\sin x$； (10) $(|x|+x)'=\begin{cases}2, & x>0,\\ 0, & x<0.\end{cases}$

2. (1) $f'(4)=\dfrac{1}{2}$； (2) $f'(1)=-8, f'(2)=0, f'(3)=0$；

(3) $f'(1)=3\ln 3+6$； (4) $y'|_{x=\frac{\pi}{4}}=3\sqrt{2}, y'|_{x=\frac{\pi}{3}}=14$.

3. $f'(x)$ 在 $x=0$ 处连续；

4. (1) $y=6x(x^2-1)^2$； (2) $12\sin^2 4x\cdot\cos 4x$； (3) $\dfrac{2^{\arctan\sqrt{x}}\ln 2}{2(1+x)\sqrt{x}}$；

(4) $e^{-\sin^2\frac{1}{x}}\cdot\dfrac{1}{x^2}\cdot\sin\dfrac{2}{x}$； (5) $-\tan x$； (6) $-\cot(1-x)$；

(7) $2\sec x(\sec x+\tan x)^2$； (8) $n\sin^{n-1}x\cos(n+1)x$；

(9) $\dfrac{3}{\sqrt{4-x^2}}\left(\arcsin\dfrac{x}{2}\right)^2$； (10) $2\left(\dfrac{1+x^2}{1-x}\right)\dfrac{2x-x^2+1}{(1-x)^2}$；

(11) $\dfrac{x\cos\sqrt{1+x^2}}{\sqrt{1+x^2}}-\dfrac{1}{2\sqrt{x}(1+x)}$;   (12) $\arcsin(\ln x)+\dfrac{1}{\sqrt{1-\ln^2 x}}$;   (13) $\dfrac{1}{\sqrt{x^2+a^2}}$;

(14) $\sec^2(a^x)\cdot a^x\ln a+\dfrac{ax^{a-1}}{1+x^{2a}}$;   (15) $(\arctan x^2)^2\cdot\dfrac{6x}{1+x^4}$;

(16) $\dfrac{1}{2\sqrt{x+\sqrt{x}}}\left(1+\dfrac{1}{2\sqrt{x}}\right)$;   (17) $-\dfrac{1}{x^2+1}$;   (18) $\dfrac{1}{2}-\dfrac{2x}{x^2+1}$;

(19) $\dfrac{1}{x\ln(x)\ln(\ln(x))}$;   (20) $\dfrac{e^x}{e^{2x}+1}\sin[\arctan e^{-x}]$.

6. $\dfrac{dy}{dx}=\dfrac{f(x)f'(x)+g(x)g'(x)}{\sqrt{f^2(x)+g^2(x)}}\cos\sqrt{f^2(x)+g^2(x)}$;

7. (1) $\dfrac{dy}{dx}=f'(e^{x^2})e^{x^2}2x$;

(2) $\dfrac{dy}{dx}=f'\left(\dfrac{3x-2}{3x+2}\right)\cdot\dfrac{12}{(3x+2)^2}$;

(3) $\dfrac{dy}{dx}=f'(\tan x)\sec^2 x+\sec^2(f(x))f'(x)$;

(4) $\dfrac{dy}{dx}=2f\left(\sin\dfrac{1}{x}\right)\cdot f'\left(\sin\dfrac{1}{x}\right)\cdot\cos\dfrac{1}{x}\cdot\left(-\dfrac{1}{x^2}\right)$;

(5) $\dfrac{dy}{dx}=e^x f'(e^x)\cdot e^{f^2(x)}+2f(x)f'(x)f(e^x)\cdot e^{f^2(x)}$;

(6) $\dfrac{dy}{dx}=\cos\{f[\sin f(x)]\}\cdot f'[\sin f(x)]\cdot\cos f(x)\cdot f'(x)$.

8. $f[\varphi'(x)]=f(2x)=\arccos 2x$,

$f'[\varphi(x)]=-\dfrac{1}{\sqrt{1-\varphi^2(x)}}=-\dfrac{1}{\sqrt{1-x^4}}$,

$[f(\varphi(x))]'=f'(\varphi(x))\cdot\varphi'(x)=-\dfrac{2x}{\sqrt{1-x^4}}$.

9. $2\cos(2\sin 2x),4\cos(2\sin 2x)\cdot\cos 2x$.

习题 3.3

1. (1) $-2e^{-x}\cos x$;   (2) $6xe^{x^2}+4x^3 e^{x^2}$;   (3) $\dfrac{6\ln x-5}{x^4}$;

(4) $\dfrac{1}{(1-x)^2}-\dfrac{1}{(1+x)^2}$;   (5) $\dfrac{-x}{(1+x^2)^{3/2}}$;   (6) $2\arctan x+\dfrac{2x}{1+x^2}$.

2. (1) $-\dfrac{1}{2^{10}}-2^{10}$;   (2) -480;   (3) $\dfrac{7}{4}$;   (4) 1.

3. (1) $2f'(x^2)+4x^2 f''(x^2)$;   (2) $\sec^2[f(x)]\{2\tan[f(x)]\cdot[f'(x)]^2+f''(x)\}$.

4. (1) $a^n e^{ax}$; (2) $(-1)^{n-1}\dfrac{(n-1)!}{(1+x)^n}$; (3) $(-1)^n\dfrac{(n-2)!}{x^{n-1}}(n\geqslant 2)$;

(4) $2^{n-1}\sin\left[2x+(n-1)\cdot\dfrac{\pi}{2}\right]$; (5) $\dfrac{(-1)^n\cdot 2^n\cdot n!}{(1+2x)^{n+1}}$;

(6) $(-1)^n n!\left[\dfrac{1}{(x-1)^{n+1}}-\dfrac{1}{(x+1)^{n+1}}\right]$.

6. (1) $2^{50}\cdot 50\pi$; (2) $-4e\cos 1$.

习题 3.4

1. (1) $\dfrac{y}{e^y-x}$; (2) $\dfrac{(x+y)^2}{2+(x+y)^2}$; (3) $-\dfrac{ye^{xy}+\sin x}{xe^{xy}+2y}$; (4) $\dfrac{y^2-e^x}{\cos y-2xy}$;

(5) $\dfrac{y(y-x\ln y)}{x(x-y\ln x)}$; (6) $\dfrac{y^2-y\sin x}{1-xy}$.

2. $\left.\dfrac{dy}{dx}\right|_{x=0}=1$.

3. (1) $\dfrac{dy}{dx}=-\dfrac{x}{y}$, $\dfrac{d^2y}{dx^2}=-\dfrac{1}{y^3}$; (2) $\dfrac{dy}{dx}=\dfrac{\ln x+1}{\ln y+1}$, $\dfrac{d^2y}{dx^2}=\dfrac{y(\ln y+1)^2-x(\ln x+1)^2}{xy(\ln y+1)^3}$;

(3) $\dfrac{dy}{dx}=\dfrac{1}{x(1+\ln y)}$, $\dfrac{d^2y}{dx^2}=-\dfrac{y(1+\ln y)^2+1}{x^2y(1+\ln y)^3}$;

(4) $\dfrac{dy}{dx}=1-\dfrac{1}{\ln(x-y)+3}$, $\dfrac{d^2y}{dx^2}=\dfrac{1}{(\ln(x-y)+3)^3(x-y)}$.

4. (1) $\left(\dfrac{x}{2+x}\right)^x\left[\ln\dfrac{x}{2+x}+\dfrac{2}{2+x}\right]$;

(2) $\dfrac{\sqrt[3]{x-1}}{(1+x)^2\sqrt{2x-3}}\left[\dfrac{1}{3(x-1)}-\dfrac{2}{1+x}-\dfrac{1}{2x-3}\right]$;

(3) $\left(\dfrac{\sin x}{x}\right)^{\ln x}\left[\dfrac{1}{x}(\ln\sin x-2\ln x)+\cot x\cdot\ln x\right]$;

(4) $(\cos x)^{\sin x}[\cos x\ln(\cos x)-\sin x\tan x]$.

5. $1, 2$.

6. $2x+y-1=0$.

7. (1) $t+\dfrac{b}{a}, \dfrac{1}{a}$; (2) $\dfrac{3}{2}(1+t), \dfrac{3}{4(1-t)}$; (3) $\dfrac{-\sin t}{2t}, \dfrac{\sin t-t\cos t}{4t^3}$;

(4) $-\tan t, \dfrac{\sec^4 t}{3a\sin t}$.

习题 3.5

1. $\Delta y=18, dy=11$; $\Delta y=1.161, dy=1.1$; $\Delta y=0.110601, dy=0.11$.

2. (1) $\dfrac{2^{\sqrt{x}-1}\ln 2}{\sqrt{x}}\mathrm{d}x$； (2) $\dfrac{\mathrm{d}x}{(1-x)^2}$； (3) $-2\tan 2x\mathrm{d}x$； (4) $\arcsin\dfrac{x}{2}\mathrm{d}x$；

(5) $(-a\mathrm{e}^{-ax}\sin bx+b\mathrm{e}^{-ax}\cos bx)\mathrm{d}x$； (6) $\dfrac{1}{2\sqrt{x+\sqrt{x}}}\left(1+\dfrac{1}{2\sqrt{x}}\right)\mathrm{d}x$.

3. (1) $-x+c$； (2) x^2+c； (3) $\sqrt{x}+c$； (4) $\dfrac{1}{3}\tan 3x+c$；

(5) $\dfrac{2^x}{\ln 2}+c$； (6) $-\cot x+c$； (7) $\arcsin\dfrac{x}{a}+c$； (8) $x-\dfrac{1}{x}+c$；

(9) $\cot\sqrt{x},\dfrac{\cot\sqrt{x}}{2\sqrt{x}}$； (10) $2\cos 3x\cdot f'(\cos^2 3x),-\sin 6x\cdot f'(\cos^2 3x)$.

4. (1) $\cot^2 y\mathrm{d}x$； (2) $\dfrac{y\sin(xy)-\mathrm{e}^{x+y}}{\mathrm{e}^{x+y}-x\sin(xy)}\mathrm{d}x$.

5. $3t^2+5t+2$.

6. (1) 0.79； (2) -0.5151； (3) -0.001.

复习题三

1. (1) $f'(0)$； (2) $tf'(0)$； (3) 0； (4) $2tf'(0)$.

2. $y=3x$.

3. $f(a)-af'(a)$.

4. (D)

5. (C)

6. (A)，提示：将 $f(x)$ 作为分段函数讨论其左右导数.

7. (D)，提示：利用导数定义、介值定理与极限的保号性.

8. (1) 略； (2) $f'_-(0)$存在，$f'_-(0)=f'_+(0)$.

9. $a=2,b=-2$.

10. (1) $n>0$； (2) $n>1$； (3) $n>2$.

11. (1) $2\mathrm{e}^x(\cos x-\sin x)$； (2) -1； (3) $\left(\dfrac{x}{(2+x^2)\sqrt{1+x^2}}+\dfrac{x\mathrm{e}^{\sqrt{1+x^2}}}{\sqrt{1+x^2}}\right)\mathrm{d}x$；

(4) $2x\ln x\cos x+x\cos x-x^2\ln x\sin x$； (5) $\dfrac{\mathrm{d}x}{\sqrt{1-x^2}+1-x^2}$；

(6) $-\pi\mathrm{d}x$； (7) $\dfrac{\mathrm{e}-1}{\mathrm{e}^2+1}$； (8) $\dfrac{2}{(1+x^2)^2}$； (9) $\dfrac{1}{3}(-1)^n\left(\dfrac{2}{3}\right)^n n!$.

12. $y=x-1$.

13. $y''(0)=-2$.

14. $0,1$.

15. $\sqrt{2}+1$.
16. $\dfrac{1}{(t-1)^2}, -\dfrac{2(1+t^2)}{(t-1)^5}$.
17. $x-8y+8\ln2-3=0$.
18. $2x+1$.
19. $2e^3$.
20. $-\ln2-1$.

第 4 章

习题 4.1

1. $\xi=0$.
2. $\xi=\sqrt{2}$.
3. $\xi=\dfrac{2}{3}$.
5. 提示：可以用反证法.
7. 提示：令 $F(x)=f(x)\sin x$，用罗尔定理.
8. 提示：用两次罗尔定理.
9. 提示：令 $F(x)=f(x)e^{-x}$，用推论1.
10. 提示：用拉格朗日中值定理.

习题 4.2

1. (1) $\dfrac{1}{3}$； (2) $\ln\dfrac{a}{b}$； (3) $\dfrac{1}{12}$； (4) -2； (5) $-\dfrac{1}{8}$； (6) 0； (7) ∞；
(8) $-\dfrac{1}{6}$； (9) 1； (10) $+\infty$； (11) $\dfrac{1}{6}$； (12) $\dfrac{1}{2}$； (13) $\dfrac{4}{\pi}$； (14) 1；
(15) 1； (16) $e^{-\frac{2}{\pi}}$.

2. (1) $\dfrac{1}{2}$； (2) 1.

3. (1) $f'(x)=\begin{cases}\dfrac{xg'(x)-g(x)+(x+1)e^{-x}}{x^2}, & x\neq 0 \\ \dfrac{g''(0)-1}{2}, & x=0;\end{cases}$ (2) 在 $(-\infty,+\infty)$ 上连续.

习题 4.3

1. 单调增加.

2. (1) 在 $(-\infty,0)$ 内单调减少,在 $(0,+\infty)$ 内单调增加;
(2) 在 $(-\infty,+\infty)$ 内单调增加;
(3) 在 $(-1,0)$ 内单调减少,在 $(0,+\infty)$ 内单调增加;
(4) 在 $(0,2)$ 内单调减少,在 $(2,+\infty)$ 内单调增加;
(5) 在 $(-\infty,-1)$ 和 $(3,+\infty)$ 内单调增加,在 $(-1,3)$ 内单调减少;
(6) 在 $(-\infty,0)$ 内单调减少,在 $(0,+\infty)$ 内单调增加;
(7) 在 $(-\infty,1)$ 和 $(3,+\infty)$ 内单调增加,在 $(1,3)$ 内单调减少;
(8) 在 $\left(\dfrac{k\pi}{2},\dfrac{k\pi}{2}+\dfrac{\pi}{3}\right)$ 内单调增加,在 $\left(\dfrac{k\pi}{2}+\dfrac{\pi}{3},\dfrac{k\pi}{2}+\dfrac{\pi}{2}\right)$ 内单调减少 $(k=0,\pm1,\pm2,\cdots)$.

4. 在 $(-\infty,+\infty)$ 内单调减少,但无极值;

5. (1) 极大值 $y(0)=0$,极小值 $y(1)=-1$;　　(2) 极小值 $y(0)=0$;
(3) 极小值 $y(-\ln\sqrt{2})=2\sqrt{2}$;　　(4) 极大值 $y\left(\dfrac{3}{4}\right)=\dfrac{5}{4}$;
(5) 极大值 $y(0)=0$,极小值 $y(1)=-3$;　　(6) 极大值 $y(\pm1)=1$,极小值 $y(0)=0$;
(7) 极大值 $y(-2)=-8$,极小值 $y(2)=8$;　　(8) 极大值 $y(3)=\sqrt{10}$;
(9) 极小值 $y(-2)=\dfrac{8}{3}$,极大值 $y(0)=4$.

7. (1) 最大值 $f(2)=\ln5$,最小值 $f(0)=0$;
(2) 最大值 $f\left(-\dfrac{1}{2}\right)=f(1)=\dfrac{1}{2}$,最小值 $f(0)=0$;
(3) 最大值 $f(\pm1)=1$,最小值 $f(-2)=-8$;
(4) 最大值 $f\left(\dfrac{3\pi}{2}\right)=11$,最小值 $f\left(\dfrac{\pi}{6}\right)=f\left(\dfrac{5\pi}{6}\right)=-16$.

8. (1) 最大值 $f(2)=4$,无最小值;　　(2) 最大值 $f(1)=\dfrac{1}{2}$,最小值 $f(0)=0$.

9. (1) 两个实根;　　(2) 一个实根.

习题 4.4

1. (1) 在 $(0,+\infty)$ 内是凹的,无拐点;
(2) 在 $(-\infty,0)$ 内是凹的,在 $(0,+\infty)$ 内是凸的,拐点为 $(0,0)$;
(3) 在 $(-\infty,-1)$ 内是凸的,在 $(-1,+\infty)$ 内是凹的,无拐点;
(4) 在 $(-\infty,-1)$ 和 $(-1,2)$ 内是凸的,在 $(2,+\infty)$ 内是凹的,拐点为 $\left(2,\dfrac{2}{9}\right)$;
(5) 在 $(-\infty,-1)$ 和 $(1,+\infty)$ 内是凸的,在 $(-1,1)$ 内是凹的,拐点为 $(-1,\ln2)$ 和 $(1,\ln2)$;
(6) 在 $(-\infty,-1)$ 和 $(1,+\infty)$ 内是凹的,在 $(-1,1)$ 内是凸的,拐点为 $(-1,3)$ 和 $(1,7)$.

2. $a=-\dfrac{3}{2},b=\dfrac{9}{2}$.

3. $a=1, b=-3, c=-24, d=16$.

习题 4.5

1. 在 $(-\infty, 0)$ 和 $(2, +\infty)$ 内单调增加,在 $(0, 2)$ 内单调减少,极大值 $y(0)=6$,极小值 $y(2)=2$,在 $(-\infty, 1)$ 内是凸的,在 $(1, +\infty)$ 内是凹的,拐点为 $(1, 4)$,无渐近线.

2. 偶函数,关于 y 轴对称,在 $(-\infty, -1)$ 和 $(-1, 0)$ 内单调增加,在 $(0, 1)$ 和 $(1, +\infty)$ 内单调减少,极大值 $y(0)=0$,在 $(-\infty, -1)$ 和 $(1, +\infty)$ 内是凹的,在 $(-1, 1)$ 内是凸的,无拐点,水平渐近线 $y=2$,垂直渐近线 $x=-1$ 和 $x=1$.

3. 在 $(-\infty, -1)$ 和 $(-1, 0)$ 内单调减少,在 $(0, +\infty)$ 内单调增加,极小值 $y(0)=1$,在 $(-\infty, -1)$ 内是凸的,在 $(-1, +\infty)$ 内是凹的,无拐点,水平渐近线 $y=0$,垂直渐近线 $x=-1$.

4. 在 $(-\infty, -1)$ 和 $(-1, 0)$ 内单调减少,在 $(0, 1)$ 和 $(1, +\infty)$ 内单调增加,极小值 $y(0)=1$,在 $(-\infty, -1)$ 和 $(1, +\infty)$ 内是凸的,在 $(-1, 1)$ 内是凹的,无拐点,水平渐近线 $y=0$,垂直渐近线 $x=-1$ 和 $x=1$.

5. 在 $(-\infty, 1)$ 和 $(5, +\infty)$ 内单调增加,在 $(1, 5)$ 内单调减少,极小值 $y(5)=\dfrac{27}{2}$,在 $(-\infty, -1)$ 内是凸的,在 $(-1, 1)$ 和 $(1, +\infty)$ 内是凹的,拐点为 $(-1, 0)$,垂直渐近线 $x=1$,斜渐近线 $y=x+5$.

习题 4.6

1. (1) 42 200;　　(2) $\dfrac{211}{3}$;　　(3) 132;

(4) 122 说明,当产量达到 600 台时,再增加一台的产量,总成本大约增加 122.

2. (1) $L'(Q)=2.2-0.0002Q$;　　(2) 1.9;　　(3) 2000.

3. (1) 9.5;　　(2) 22.

4. (1) $R(Q)=PQ=10Q-\dfrac{1}{5}Q^2$,$\bar{R}(Q)=\dfrac{R(Q)}{Q}=10-\dfrac{1}{5}Q$,$R'(Q)=10-\dfrac{2}{5}Q$;

(2) $R(20)=120$,$\bar{R}(20)=6$,$R'(20)=2$.

5. (1) $L(Q)=-1500+246Q-0.3Q^2$;　　(2) $L'(Q)=246-0.6Q$,$L(420)=-6$ 说明,销售量达到 420 件时,多销售一件该产品,总利润会减少 6 元.

6. (1) $-\dfrac{P}{4}$;

(2) 当 $P=3$ 时,$|E_d|=0.75<1$,为缺乏弹性.此时若价格提高(或降低)1%,需求量减少(或增加)0.75%,应当作出适当涨价的决策.

当 $P=4$ 时,$|E_d|=1$,为单位弹性.此时价格与需求量变动的幅度相同.

当 $P=5$ 时,$|E_d|=1.25>1$,为富有弹性.此时若价格提高(或降低)1%,需求量减少

(或增加)1.25%,应当作出适当降价的决策.

7. 当$|E_d|=1$时,$P=40$;当$|E_d|>1$时,$40<P\leqslant 80$.

8. $P_0=\dfrac{ab}{b-1}$,$Q_0=\dfrac{c}{1-b}$.

9. (1) $C'(x)=3+x$;　(2) $R'(x)=\dfrac{50}{\sqrt{x}}$;　(3) $L'(x)=\dfrac{50}{\sqrt{x}}-3-x$;　(4) $\dfrac{ER}{EP}=-1$.

10. (1) $E_d=-\dfrac{bP}{a-bP}$;　(2) $P=\dfrac{a}{2b}$.

11. 总成本函数 $C(x)=0.01x^2+10x+1000$,总收入函数 $R(x)=30x$,

总利润函数 $L(x)=R(x)-C(x)=20x-0.01x^2-1000$;

边际成本 $C'(x)=0.02x+10$,边际收入 $R'(x)=30$,边际利润 $L'(x)=-0.02x+20$;

边际利润为零时的产量为 1000 个单位.

12. 利润函数为 $L(x)=R(x)-C(x)=18x-3x^2-4x^3$;

边际收入函数为 $\dfrac{dR}{dx}=26-4x-12x^2$;

边际成本函数为 $\dfrac{dC}{dx}=2x+8$;

当产量为 1 时利润最大,最大利润为 11.

13. (1) 收益函数为 $R(x)=Px=10xe^{-\frac{x}{2}}$,$0\leqslant x\leqslant 6$;

边际收益函数为 $\dfrac{dR}{dx}=5(2-x)e^{-\frac{x}{2}}$;

(2) 产量 $x=2$ 时,最大收益为 $R(2)=20e^{-1}$,相应的价格为 $P=10e^{-1}$.

(3) 略.

14. (1) $x=\dfrac{18-t}{8}$ 时,最大利润 $L\left(\dfrac{18-t}{8}\right)=\dfrac{(18-t)^2}{16}$;(2) $t=9$ 时,总税额最大.

习题 4.7

1. $f(x)=4(x-1)+3(x-1)^2+(x-1)^3$.

2. $\tan x=x+\dfrac{2}{3!}x^3+o(x^4)$.

3. $\ln(1+x)=x-\dfrac{x^2}{2}+\dfrac{x^3}{3}-\cdots+(-1)^{n-1}\dfrac{x^n}{n}+(-1)^n\dfrac{1}{n+1}\left(\dfrac{x}{1+\theta x}\right)^{n+1}$ 　$(0<\theta<1)$.

4. (1) $\sin 18°\approx 0.3090$,　$|R_3|<2.03\times 10^{-4}$;

(2) $\sqrt[3]{30}\approx 3.10724$,　$|R_3|<1.88\times 10^{-5}$.

5. $\dfrac{1}{20}$.

复习题四

1. (D). 2. (A). 3. (B). 4. (C). 5. (B). 6. (C).

7. (1) 0; (2) $-\dfrac{1}{6}$; (3) $-\dfrac{1}{6}$; (4) 1; (5) 0; (6) $\dfrac{4}{3}$; (7) $\dfrac{1}{2}$;

(8) 2; (9) 1; (10) $\dfrac{1}{6}$.

8. $a = e^e$ 时,$t(e^e) = 1 - \dfrac{1}{e}$ 是最小值.

9. 提示：用两次罗尔定理.

10. 在点 $(1,1)$ 附近是凸的.

第 5 章

习题 5.1

1. (1) $-\dfrac{1}{3}x^{-3} + C$; (2) $\dfrac{4}{7}x^{\frac{7}{4}} + 4x^{-\frac{1}{4}} + C$; (3) $\dfrac{2}{5}x^{\frac{5}{2}} - \dfrac{4}{3}x^{\frac{3}{2}} + 2x^{\frac{1}{2}} + C$;

(4) $2x + \arctan x + C$; (5) $2e^x + 5\ln|x| + C$; (6) $\arcsin x + C$;

(7) $e^x - 2\sqrt{x} + C$; (8) $e^x + \dfrac{2^x}{\ln 2} + \dfrac{2^x e^x}{1 + \ln 2} + C$; (9) $2x - \dfrac{5}{\ln \frac{2}{3}}\left(\dfrac{2}{3}\right)^x + C$;

(10) $\dfrac{3^x e^{2x}}{2 + \ln 3} + \dfrac{3^x e^x}{1 + \ln 3} + \dfrac{3^x}{\ln 3} + C$; (11) $\arctan x + \ln|x| + C$;

(12) $\arcsin x + C$; (13) $\csc x - \cot x + C$; (14) $\dfrac{1}{2}x - \dfrac{1}{2}\sin x + C$;

(15) $\dfrac{1}{2}\tan x + C$; (16) $-\cot x - \tan x + C$; (17) $\tan x - \cot x + C$;

(18) $-\cot x - x + C$; (19) $\sin x - \cos x + C$; (20) $\sec x + C$.

2. $y = \ln x + 2$.

3. $f(x) = x^4 - 4x^3 - 8x^2 + 2$. (提示：可设 $f'(x) = ax(x+1)(x-4)$)

习题 5.2

1. (1) $-\dfrac{1}{2}e^{-x^2} + C$; (2) $e^{\arctan x} + C$; (3) $-\dfrac{10^{2\arccos x}}{2\ln 10} + C$;

(4) $-\dfrac{1}{5}\ln|1 - 5x| + C$; (5) $\dfrac{1}{6}(2x^2 + 3)^{\frac{3}{2}} + C$; (6) $\dfrac{1}{6}\sin^3(2x+1) + C$;

(7) $-\dfrac{1}{2}\tan(1 - x^2) + C$; (8) $-\dfrac{3}{2}(\sin x + \cos x)^{\frac{2}{3}} + C$; (9) $-2\cos\sqrt{x} + C$;

(10) $\frac{1}{3}\sec^3 x - \sec x + C$;　(11) $2\sqrt{\tan x - 1} + C$;　(12) $\tan x + \frac{1}{3}\tan^3 x + C$;

(13) $\frac{3}{4}(x^2 + 2x)^{\frac{2}{3}} + C$;　(14) $2\ln|x + \sqrt{x}| + C$;　(15) $\frac{1}{6}(x^2 + 2)^{\frac{3}{2}} + \frac{1}{6}x^3 + C$;

(16) $\frac{1}{2}\ln\left|\frac{x-1}{x+1}\right| + C$;　(17) $\frac{1}{4}\arctan\frac{x^2+1}{2} + C$;　(18) $\ln|\ln\ln x| + C$;

(19) $\arcsin\ln x + C$;　(20) $\frac{1}{2}(\ln\tan x)^2 + C$;　(21) $2\arctan\sqrt{x} + C$;

(22) $-\frac{1}{2}\left(\arctan\frac{1}{x}\right)^2 + C$;　(23) $(\arcsin\sqrt{x})^2 + C$;　(24) $\arcsin\frac{1+x}{2} + C$;

(25) $\frac{1}{2}\arctan(\sin^2 x) + C$;　(26) $-\frac{1}{x\sin x} + C$;　(27) $\ln(1 + \sin x \cos x) + C$;

(28) $-\ln|\cos\sqrt{1+x^2}| + C$;　(29) $\frac{1}{2}\cos x - \frac{1}{10}\cos 5x + C$;　(30) $\frac{1}{5}\cos^5 x - \frac{1}{3}\cos^3 x + C$;

(31) $\frac{3}{8}x - \frac{1}{4}\sin 2x + \frac{1}{32}\sin 4x + C$;　(32) $\ln|\tan x| - 2x + C$;

(33) $\ln|\csc x - \cot x| + \ln|\sin x| + C$;　(34) $x - \ln|\cos x| + C$;　(35) $\arctan(e^x) + C$;

(36) $x - \ln(1 + e^x) + C$.

2. (1) $\frac{1}{5}(4-x^2)^{\frac{5}{2}} - \frac{4}{3}(4-x^2)^{\frac{3}{2}} + C$;　(2) $\frac{a^2}{2}\arcsin\frac{x}{a} - \frac{x}{2}\sqrt{a^2 - x^2} + C$;

(3) $\sqrt{2x} - \ln(1 + \sqrt{2x}) + C$;　(4) $-2\arctan\sqrt{1-x} + C$;

(5) $\ln|x + \sqrt{x^2 - 9}| - \frac{\sqrt{x^2 - 9}}{x} + C$;　(6) $-\frac{\sqrt{4 + x^2}}{4x} + C$;

(7) $\arccos\frac{1}{|x|} + C$ 或 $\arctan\sqrt{x^2 - 1} + C$;　(8) $\frac{x}{\sqrt{x^2 + 1}} + C$;

(9) $2\sqrt{x} - 3\sqrt[3]{x} + 6\sqrt[6]{x} - 6\ln(1 + \sqrt[6]{x}) + C$;　(10) $3\arctan\sqrt[6]{1-2x} - 3\sqrt[6]{1-2x} + C$;

(11) $\arcsin x + \frac{\sqrt{1-x^2} - 1}{x} + C$;

(12) $\frac{1}{2}\arcsin x + \frac{1}{2}\ln|x + \sqrt{1-x^2}| + C$;

(13) $\arctan\sqrt{e^{2x} - 1} + C$; 或 $-\arcsin e^{-x} + C$;

(14) $2\arctan\sqrt{\frac{1-x}{1+x}} + \ln\left|\frac{\sqrt{\frac{1-x}{1+x}} - 1}{\sqrt{\frac{1-x}{1+x}} + 1}\right| + C$.

(15) $2\arcsin\frac{x+1}{2} + \frac{x+1}{2}\sqrt{3 - 2x - x^2} + C$;

(16) $\sqrt{x^2+x+1}+\frac{1}{2}\ln(x+\frac{1}{2}+\sqrt{x^2+x+1})+C$;

(17) $-\frac{(a^2-x^2)^{\frac{3}{2}}}{3a^2x^3}+C$;   (18) $\frac{\sqrt{x^2-1}}{x}-\arcsin\frac{1}{|x|}+C$.

习题 5.3

1. (1) $\frac{x^2}{4}-\frac{x}{4}\sin 2x-\frac{1}{8}\cos 2x+C$;

(2) $-\frac{x^2}{2}\cos 2x+\frac{x}{2}\sin 2x+\frac{3}{4}\cos 2x+C$;

(3) $-\frac{1}{4}e^{-2x}(2x+1)+C$;   (4) $\frac{\ln x}{1-x}+\ln\left|\frac{1-x}{x}\right|+C$;

(5) $\frac{x^2 a^x}{\ln a}-\frac{2xa^x}{(\ln a)^2}+\frac{2a^x}{(\ln a)^3}+C$;

(6) $\frac{1}{2}[x^2\ln(1+x^2)-x^2+\ln(1+x^2)]+C$;   (7) $x\arccos x-\sqrt{1-x^2}+C$;

(8) $\frac{1}{3}x^3\arctan x-\frac{1}{6}x^2+\frac{1}{6}\ln(1+x^2)+C$;   (9) $\frac{e^x}{x}+C$;

(10) $e^{2x}\tan x+C$;   (11) $-\frac{1}{2}x^2+x\tan x+\ln|\cos x|+C$;

(12) $-\frac{2}{17}e^{-2x}\left(\cos\frac{x}{2}+4\sin\frac{x}{2}\right)+C$;   (13) $\frac{x}{2}[\sin(\ln x)+\cos(\ln x)]+C$;

(14) $\frac{1}{2}\sec x\tan x+\frac{1}{2}\ln|\sec x+\tan x|+C$;   (15) $-\cot x(\ln\tan x+1)+C$;

(16) $-\frac{x}{2\sin^2 x}-\frac{\cot x}{2}+C$;   (17) $-\cos x\cdot\ln\tan x+\ln|\csc x-\cot x|+C$;

(18) $\frac{1}{2}(x^2-1)\ln\frac{1+x}{1-x}+x+C$;   (19) $\frac{1}{4}x\sec^4 x-\frac{1}{4}\tan x-\frac{1}{12}\tan^3 x+C$;

(20) $-\cot x\ln\sin x-\cot x-x+C$;   (21) $\sqrt{1+x^2}\arctan x-\ln(x+\sqrt{1+x^2})+C$;

(22) $\frac{1}{a^2+b^2}e^{ax}(a\cos bx+b\sin bx)+C$.

2. (1) $\frac{1}{2}e^{x^2}(x^2-1)+C$;   (2) $\ln x\cdot\ln\ln x-\ln x+C$;

(3) $e^{\sqrt{2x}}(\sqrt{2x}-1)+C$;   (4) $-2\sqrt{x}\cos\sqrt{x}+2\sin\sqrt{x}+C$;

(5) $x-e^{-x}\arctan e^x-\frac{1}{2}\ln(1+e^{2x})+C$;   (6) $2e^{\frac{x}{2}}\sqrt{\cos x}+C$.

3. $\frac{xe^{\frac{x}{2}}}{2(1+x)^{\frac{3}{2}}}$.

4. $I_n = \dfrac{1}{n-1}\tan^{n-1}x - I_{n-2}$ $(n \geqslant 2)$, $I_0 = x + C$, $I_1 = -\ln|\cos x| + C$.

习题 5.4

(1) $\ln|x-2| + 2\ln|x+5| + C$;

(2) $\ln|x+1| - \dfrac{1}{2}\ln(x^2 - x + 1) + \sqrt{3}\arctan\dfrac{2x-1}{\sqrt{3}} + C$;

(3) $\dfrac{1}{2}\ln|x+1| + \dfrac{1}{2}\ln|x+3| - \ln|x+2| + C$;

(4) $\dfrac{1}{4}\ln\left|\dfrac{x-1}{x+1}\right| - \dfrac{1}{2(x+1)} + C$;

(5) $\dfrac{1}{2}\ln\dfrac{x^2+x+1}{x^2+1} + \dfrac{1}{\sqrt{3}}\arctan\dfrac{2x+1}{\sqrt{3}} + C$;

(6) $\dfrac{1}{2\sqrt{2}}\arctan\dfrac{x-\frac{1}{x}}{\sqrt{2}} - \dfrac{1}{4\sqrt{2}}\ln\left|\dfrac{x+\frac{1}{x}-\sqrt{2}}{x+\frac{1}{x}+\sqrt{2}}\right| + C$;

(7) $\dfrac{1}{3}x^3 - \dfrac{3}{2}x^2 + 9x - 27\ln|x+3| + C$;

(8) $\dfrac{1}{3}x^3 + \dfrac{1}{2}x^2 + x + 8\ln|x| - 3\ln|x-1| - 4\ln|x+1| + C$;

(9) $x + \dfrac{1}{3}\arctan x - \dfrac{8}{3}\arctan\dfrac{x}{2} + C$.

复习题五

1. (1) $e^{-x} + C, -e^{-x} + C, x + C$;   (2) $f(\cos^2 x), f(\cos^2 x)\cos x$;

(3) $\ln(x + \sqrt{1+x^2}) + C$;   (4) $e^x + C$;   (5) $\dfrac{1}{4}\left(\cos 2x - \dfrac{\sin 2x}{x}\right) + C$;

(6) $\dfrac{1}{4}\arctan\dfrac{e^{2x}}{2} + C$, $\dfrac{1}{8}\ln\dfrac{e^{2x}-2}{e^{2x}+2} + C$, $\dfrac{1}{2}\ln(e^{2x} + \sqrt{4+e^{4x}}) + C$, $\dfrac{1}{2}\arcsin\dfrac{e^{2x}}{2} + C$;

(7) $\dfrac{1}{3}x^3 + 2x + C$;   (8) $\dfrac{e^x}{2}(x+1) + x + C$;   (9) $\dfrac{1}{3}x^3 + 1$.

2. (1) D;   (2) C;   (3) C;   (4) A;   (5) B;   (6) C;   (7) D;   (8) D.

3. (1) $-\dfrac{1}{1-x} + \dfrac{1}{2(1-x)^2} + C$;   (2) $\arctan(x+1) + \dfrac{1}{x^2+2x+2} + C$;

(3) $\dfrac{1}{4}x^4 - \dfrac{3}{8}\ln(x^8 + 3x^4 + 2) + \dfrac{5}{8}\ln\dfrac{x^4+1}{x^4+2} + C$;

(4) $-\left[\dfrac{1}{97(x-1)^{97}} + \dfrac{2}{98(x-1)^{98}} + \dfrac{1}{99(x-1)^{99}}\right] + C$;

(5) $\frac{1}{6a^3}\ln\left|\frac{a^3+x^3}{a^3-x^3}\right|+C$;　(6) $\frac{1}{\sqrt{2}}\ln\left|\sqrt{2}\left(x-\frac{3}{4}\right)+\sqrt{2x^2-3x-1}\right|+C$;

(7) $\frac{2}{3}[\ln(x+\sqrt{1+x^2})]^{\frac{3}{2}}+C$;　(8) $2\arctan[f(\sqrt{x})]+C$;　(9) $\frac{1}{2}\left[\frac{f(x)}{f'(x)}\right]^2+C$;

(10) $\frac{1}{\sqrt{2}}\arcsin\frac{\sqrt{2}\sin x}{\sqrt{3}}+C$;　(11) $\frac{1}{8}\left(\frac{1}{3}\cos 6x-\frac{1}{2}\cos 4x-\cos 2x\right)+C$;

(12) $\sec x+x-\tan x+C$;　(13) $\ln|\tan x|-\frac{1}{2\sin^2 x}+C$;

(14) $\frac{1}{3}\ln(2+\cos x)-\frac{1}{2}\ln(1+\cos x)+\frac{1}{6}\ln(1-\cos x)+C$;

(15) $\frac{1}{\ln 2-\ln 3}\arctan\left(\frac{2}{3}\right)^x+C$; 或 $\frac{1}{\ln 3-\ln 2}\arctan\left(\frac{3}{2}\right)^x+C$;

(16) $\ln\left|\frac{xe^x}{1+xe^x}\right|+C$;　(17) $\frac{1}{2}\sec x\tan x-\frac{1}{2}\ln|\sec x+\tan x|+C$;

(18) $x\ln(1+x^2)-2x+2\arctan x+C$;

(19) $x\ln^2(x+\sqrt{1+x^2})-2\sqrt{1+x^2}\ln(x+\sqrt{1+x^2})+2x+C$;

(20) $\frac{1}{8}e^{2x}(2-\cos 2x-\sin 2x)+C$;　　(21) $x\tan\frac{x}{2}+C$;

(22) $\frac{x}{\sqrt{1+x^2}}\ln x-\ln(x+\sqrt{1+x^2})+C$;

(23) $\frac{x}{\sqrt{1-x^2}}\arccos x-\ln\sqrt{1-x^2}+C$;

(24) $e^{\sin x}(x-\sec x)+C$;　　(25) $e^x\tan\frac{x}{2}+C$;

(26) $x\arcsin\sqrt{\frac{x}{1+x}}-\sqrt{x}+\arctan\sqrt{x}+C$;

(27) $\frac{xe^x}{e^x+1}-\ln(1+e^x)+C$;　(28) $-\frac{\sqrt{(1+x^2)^3}}{3x^3}+\frac{\sqrt{1+x^2}}{x}+C$;

(29) $\frac{1}{3a^4}\left[\frac{3x}{\sqrt{a^2-x^2}}+\frac{x^3}{\sqrt{(a^2-x^2)^3}}\right]+C$;　(30) $\sqrt{4^2+x^2}+\frac{16}{\sqrt{4^2+x^2}}+C$;

(31) $\frac{1}{2\sqrt{2}}\ln\left|\frac{\sqrt{2}+\sqrt{1+x^2}}{\sqrt{2}-\sqrt{1+x^2}}\right|+C$;　(32) $\frac{1}{4}\ln\left|\frac{x^2-1}{x^2+1}\right|+C$;

(33) $\frac{1}{5}\ln\frac{(2x+1)^2}{x^2+1}+\frac{1}{5}\arctan x+C$;　(34) $\ln\frac{(x-1)^2}{|x|}-\frac{1}{x-1}-\frac{1}{(x-1)^2}+C$;

(35) $\frac{1}{5}\arcsin x+\frac{2}{5}\ln|2x+\sqrt{1-x^2}|+C$;　(36) $\frac{1}{a^2-b^2}\ln(a^2\sin^2 x+b^2\cos^2 x)+C$.

第 6 章

习题 6.1

1. (1) $\dfrac{1}{2}$；　(2) $\dfrac{1}{4}$.

2. (1) $\int_0^1 \cos x\,\mathrm{d}x$；　(2) $\int_0^1 \dfrac{1}{1+x}\,\mathrm{d}x$.

习题 6.2

1. (1) $\int_0^1 x\,\mathrm{d}x > \int_0^1 \ln(1+x)\,\mathrm{d}x$；　(2) $\int_0^1 \mathrm{e}^x\,\mathrm{d}x > \int_0^1 (1+x)\,\mathrm{d}x$；

(3) $\int_0^1 \mathrm{e}^{-x^2}\,\mathrm{d}x > \int_1^2 \mathrm{e}^{-x^2}\,\mathrm{d}x$；　(4) $\int_0^{\frac{\pi}{4}} \sin(\sin x)\,\mathrm{d}x < \int_0^{\frac{\pi}{4}} \cos(\sin x)\,\mathrm{d}x$.

2. (1) $\pi \leqslant I_1 \leqslant 2\pi$；　(2) $\dfrac{4}{3}\pi \leqslant I_2 \leqslant 4\pi$；　(3) $\dfrac{1}{2\mathrm{e}^2} \leqslant I_3 \leqslant 1$；　(4) $2\mathrm{e}^{-\frac{1}{4}} \leqslant I_4 \leqslant 2\mathrm{e}^2$.

3. (1) 0；　(2) 0.

4. 4.

习题 6.3

1. (1) $\dfrac{65}{24}$；　(2) $45\dfrac{1}{6}$；　(3) $\dfrac{\pi}{6}$；　(4) $\dfrac{\pi}{3a}$；　(5) $\dfrac{\pi}{3}$；　(6) $\dfrac{\pi}{6}$；　(7) -1；

(8) $2-\mathrm{e}^{-2}-\mathrm{e}^{-3}$；　(9) $1-\dfrac{\sqrt{3}}{3}-\dfrac{\pi}{12}$；　(10) $\dfrac{\pi}{4}+1$；　(11) $1-\dfrac{\pi}{4}$；

(12) 2；　(13) 1；　(14) $\dfrac{1}{2}-\ln(1+\mathrm{e})+\dfrac{1}{1+\mathrm{e}}+\ln 2$；　(15) $\dfrac{8}{3}$.

2. (1) $\sin x^2 \cos x$；　(2) $3x^2\sqrt{1+x^6}$；　(3) $\dfrac{6x^5 \cos x^6}{\sqrt{1+\mathrm{e}^{x^6}}} - \dfrac{2x\cos x^2}{\sqrt{1+\mathrm{e}^{x^2}}}$；

(4) $-(\sin x \mathrm{e}^{\cos^2 x - \cos x} + \cos x \mathrm{e}^{\sin^2 x - \sin x})$.

3. (1) $\dfrac{\pi^2}{4}$；　(2) $\dfrac{2}{3}$；　(3) $\dfrac{1}{2\mathrm{e}}$；　(4) $-\dfrac{3}{2}$.

4. $\dfrac{\mathrm{d}y}{\mathrm{d}x} = -2x^3 \mathrm{e}^{x^2-y^2}$.

5. $2+3x^2$.

6. $M = f(2) = 6,\ m = f\left(\dfrac{1}{2}\right) = -\dfrac{3}{4}$.

7. $f'(x) = -\sin x$.

8. 令 $F(x) = 2x - \int_0^x f(t)dt - 1$,利用零点定理及单调性.

9. 令 $F(t) = \int_a^t f(x)dx$,利用介值定理.

10. 提示:只需证明 $F'(x) > 0 (x > 0)$.

习题 6.4

1. (1) $\dfrac{3}{76}$;　(2) $\pi - \dfrac{4}{3}$;　(3) $\sqrt{2}(\pi+2)$;　(4) $1 - \dfrac{\pi}{4}$;　(5) $\sqrt{2} - \dfrac{2}{3}\sqrt{3}$;

(6) $\dfrac{1}{6}$;　(7) $2\left(1 + \ln\dfrac{2}{3}\right)$;　(8) $(\sqrt{3}-1)a$;　(9) $\dfrac{3}{2}(1 - e^{-\frac{1}{3}})$;　(10) $2(\sqrt{3}-1)$;

(11) $\dfrac{4}{3}$;　(12) $\dfrac{1}{3}(\ln(1+\sqrt{5}) - \ln 2)$;　(13) $\dfrac{76}{15}$;　(14) $\dfrac{8}{3} + \ln 3$;

(15) $1 + \ln 2 - \ln(1+e)$;　(16) 0.

2. (1) 0;　(2) $\dfrac{3}{2}\pi$;　(3) $\dfrac{\pi^3}{324}$;　(4) 0.

3. $\tan\dfrac{1}{2} + \dfrac{1}{2}(1 - e^{-4})$.

4. 提示:(1) 作代换,$x = -t$;　(2) $\dfrac{3}{16}\pi$.

5. (1) 提示:作代换,$a+b-x=t$.　(2) $\dfrac{\pi}{4}$.

7. 提示:作代换,令 $1-x=t$.

习题 6.5

1. (1) $1 - \dfrac{2}{e}$;　(2) 2;　(3) $\left(\dfrac{1}{4} - \dfrac{\sqrt{3}}{9}\right)\pi + \dfrac{1}{2}\ln\dfrac{3}{2}$;　(4) $4(2\ln 2 - 1)$;

(5) $\dfrac{\pi}{12} + \dfrac{\sqrt{3}}{2} - 1$;　(6) $\dfrac{\pi}{4} - \dfrac{1}{2}$;　(7) $2 - \dfrac{3}{4\ln 2}$;　(8) $\dfrac{1}{5}(e^{\pi} - 2)$;

(9) $\dfrac{1}{2}(e\sin 1 - e\cos 1 + 1)$;　(10) $2\left(1 - \dfrac{1}{e}\right)$;　(11) 2π;　(12) $\dfrac{16}{3}\pi - 2\sqrt{3}$.

2. $f(x) = 2(x-1)e^{\frac{x-1}{6}} - 12e^{\frac{x-1}{6}} + 12$.

3. $\dfrac{1}{1+\ln 2}(2^{1+\ln 2} - 1)$.

4. $\dfrac{1}{6}(e-2)$.

5. 提示:分部积分法:$\int_0^x \left(\int_0^t f(u)du\right)dt = \left(t\int_0^t f(u)du\right)\Big|_0^x - \int_0^x tf(t)dt$.

习题 6.6

1. (1) 发散； (2) π； (3) 1； (4) $\frac{1}{2}$； (5) 1； (6) 发散；
(7) $2(1-e^{-\sqrt{\pi}})$； (8) π.

2. $p>1$ 时收敛,且收敛于 $\frac{(\ln 2)^{1-p}}{p-1}$；$p\leqslant 1$ 时发散.

3. $e^{-1}-1$.

4. $q<1$ 时收敛,且收敛于 $\frac{(b-a)^{1-q}}{1-q}$；$q\geqslant 1$ 时发散.

5. $I_1=\frac{\pi}{4}, I_2=\frac{\pi}{2}$.

6. (1) $\Gamma(11)=10!$； (2) $\Gamma\left(\frac{5}{2}\right)=\frac{3}{4}\sqrt{\pi}$； (3) $\frac{1}{2}\Gamma(3)=1$.

习题 6.7

1. (1) $\frac{9}{2}$； (2) $e+\frac{1}{e}-2$； (3) $2(\sqrt{2}-1)$； (4) $2\pi+\frac{4}{3}, 6\pi-\frac{4}{3}$；
(5) 9； (6) $\frac{1}{3}$.

2. (1) $\frac{4}{3}\pi ab^2, \frac{4}{3}\pi a^2 b$； (2) $\frac{\pi}{7}, \frac{2}{5}\pi$； (3) $\frac{\pi^2}{2}, 2\pi^2$.

3. (1) $\pi H^2\left(R-\frac{H}{3}\right)$； (2) $\frac{4\sqrt{3}}{3}R^3$.

4. $a=0, b=1$ 时或 $a=-1, b=0$ 时,取最小值 $\frac{1}{6}$；$a=-\frac{\sqrt{2}}{2}, b=\frac{\sqrt{2}}{2}$ 时,取最大值 $\frac{\sqrt{2}}{3}$.

习题 6.8

1. $C'(Q)=9Q+40\sqrt{Q}+2000$.

2. $\frac{1}{100}$(亿).

3. (1) 19万,20万； (2) 320台； (3) 20.48万,15.08万,5.4万.

4. (1) $\frac{10}{1-e^{-1}}\approx 15.81$万元； (2) $1-e^{-10\rho}=5\rho$； (3) $100-200e^{-1}\approx 26.48$万元.

5. 3亿元.

复习题六

1. (1) 1,1； (2) 4； (3) $y=2x$； (4) $\sin x^2$； (5) $4\sqrt{2}$； (6) 1；

(7) $\pm 1, x^{\frac{1}{3}}$;   (8) $\ln^2 x$.

2. (1) $\pi(\sin 1 + \cos 1 - 1)$;   (2) 0;   (3) 0;   (4) 2π.

3. $f(x) = 3x - 3\sqrt{1-x^2}$ 及 $f(x) = 3x - \frac{3}{2}\sqrt{1-x^2}$.

4. 提示：令 $f(x) = \frac{1}{x}$，则 $f(x)$ 在 $(0, +\infty)$ 单调递减，利用

$$\int_n^{n+1} \frac{1}{x} dx < \int_n^{n+1} \frac{1}{n} dx = \frac{1}{n} \text{ 及 } \frac{1}{n} = \int_{n-1}^{n} \frac{1}{n} dx < \int_{n-1}^{n} \frac{1}{x} dx \text{ 即可证明}.$$

5. $ax\varphi'(x) = (1-a)\varphi(x)$.

6. $F(x) = \begin{cases} \frac{1}{2}x^2 + x + \frac{1}{2}, & -1 \leqslant x < 0, \\ \frac{1}{2}x^2 + \frac{1}{2}, & 0 \leqslant x \leqslant 1, \end{cases}$ $F(x)$ 在 $[-1, 1]$ 上连续；

$x \neq 0$ 时，$F'(x) = \begin{cases} x+1, & -1 \leqslant x < 0, \\ x, & 0 < x \leqslant 1, \end{cases}$ $x = 0$ 时 $F(x)$ 不可导.

7. $\frac{1}{2n} f'(0)$.

8. $2f(0)$.

9. $f'(0)$.

10. 提示：(1) 令 $F(x) = \int_a^x f(t) dt, G(x) = x^2$，在 $[a, b]$ 上应用柯西中值定理.

(2) 要证 $f'(\eta)(b^2 - a^2) = \frac{2\xi}{\xi - a} \int_a^b f(x) dx$，即要证 $2\xi \int_a^b f(x) dx = f'(\eta)(b^2 - a^2)(\xi - a)$，即要证 $f(\xi) = f'(\eta)(\xi - a)$，应用拉格朗日中值定理.

11. 提示：令 $F(x) = x \int_1^x f(x) dx$，则 $F(0) = F(1) = 0$，应用罗尔定理.

12. 提示：令 $F(x) = A(x) - 2011 B(x)$.

13. $\frac{1}{2} - \frac{\pi}{4}$.（提示：分部积分法）

14. 提示：分部积分法，且 $\varphi[f(x)] = x$.

15. 提示：分部积分法.

16. 提示：令 $F(x) = \int_a^x f(t) dt \cdot \int_a^x \frac{1}{f(t)} dt - (x-a)^2$.

17. 令 $F(x) = xf(x)$，由积分中值定理知，存在一点 $c \in [0, 1]$，使得 $cf(c) = 2\int_0^{\frac{1}{2}} xf(x) dx$，从而有 $F(c) = cf(c) = f(1) = F(1)$，对 $F(x)$ 在 $[c, 1]$ 上应用罗尔定理，则存在点 $\xi \in (c, 1) \subset (0, 1)$，使得 $F'(\xi) = 0$，即结论.

第 7 章

习题 7.1

2. (1) $(x,y,0),(0,y,z),(x,0,z)$;　(2) $(x,0,0),(0,y,0),(0,0,z)$.

3. (1) $(a,b,-c)$;　(2) $(-a,b,c)$;　(3) $(a,-b,c)$.

4. (1) $(-1,-2,-3)$;　(2) $(1,2,-3)$;　(3) $(1,-2,3)$.

5. xOy 平面：$z=0$；yOz 平面：$x=0$；xOz 平面：$y=0$.

6. x 轴：$\begin{cases} y=0, \\ z=0; \end{cases}$ y 轴：$\begin{cases} x=0, \\ z=0; \end{cases}$ z 轴：$\begin{cases} x=0, \\ y=0. \end{cases}$

7. $(x-3)^2+y^2+(z+2)^2=4^2$.

8. $\dfrac{x^2}{a^2}+\dfrac{y^2}{a^2-c^2}+\dfrac{z^2}{a^2-c^2}=1$.

9. $y^2+z^2=16$.

10. $2x-z^2=9$.

11. (1) 柱面；　(2) 椭圆抛物面；　(3) 柱面；　(4) 双曲抛物面. 图略.

习题 7.2

1. (1) $D=\{(x,y)\mid |x|<2, |y|<3\}$;

(2) $D=\{(x,y)\mid x-2y>0\}$;

(3) $D=\{(x,y)\mid x\neq 0\}$;

(4) $D=\{(x,y)\mid 0<x^2+y^2<1, 4x-y^2\geq 0\}$;

(5) $D=\{(x,y,z)\mid r^2\leq x^2+y^2+z^2\leq R^2\}$.

2. $f\left(1,\dfrac{y}{x}\right)=\dfrac{2xy}{x^2+y^2}, f(1,4)=\dfrac{8}{17}$.

3. $\dfrac{x^2(1-y)}{(1+y)}$.

5. (1) 是；　(2) 是；　(3) 否；　(4) 是.

习题 7.3

1. (1) $\dfrac{9}{2}$；　(2) 2.

4. (1) $(0,0)$；　(2) $x=0$ 或 $y=0$；　(3) $y^2=2x$.

习题 7.4

1. $\dfrac{2}{5}$.   2. $\dfrac{1}{2}$.   3. $f'_x(1,1)=1,\qquad f'_y(1,1)=1+2\ln 2.$

4. $f'_x=\begin{cases}\dfrac{y^3}{(x^2+y^2)^{\frac{3}{2}}}, & x^2+y^2\neq 0,\\ 0, & x^2+y^2=0;\end{cases}\qquad f'_y=\begin{cases}\dfrac{x^3}{(x^2+y^2)^{\frac{3}{2}}}, & x^2+y^2\neq 0,\\ 0, & x^2+y^2=0.\end{cases}$

5. (1) $z'_x=\dfrac{e^y}{y^2},\ z'_y=\dfrac{xe^y(y-2)}{y^3}$;   (2) $z'_x=2x-4y,\ z'_y=2y-4x$;

(3) $z'_x=-\dfrac{y}{x^2}\sin(xy)\sec^2\dfrac{y}{x}+y\tan\dfrac{y}{x}\cos(xy),\ z'_y=\dfrac{1}{x}\sin(xy)\sec^2\dfrac{y}{x}+x\tan\dfrac{y}{x}\cos(xy)$;

(4) $z'_x=\sin(x+y)+x\cos(x+y),\ z'_y=x\cos(x+y)$;

(5) $z'_x=\dfrac{|y|}{x^2+y^2},\ z'_y=-\dfrac{x\,\mathrm{sgn}\,y}{x^2+y^2}$;   (6) $z'_x=\dfrac{1}{1+x^2},\quad z'_y=\dfrac{1}{1+y^2}$;

(7) $z'_x=\dfrac{1}{x+\ln y},\quad z'_y=\dfrac{1}{y(x+\ln y)}$;

(8) $z'_x=\dfrac{1}{2\sqrt{x}}\sin\dfrac{y}{x}-\dfrac{y}{x\sqrt{x}}\cos\dfrac{y}{x},\ z'_y=\dfrac{1}{\sqrt{x}}\cos\dfrac{y}{x}$;

(9) $u'_x=-\dfrac{e^{-r}}{r^3}(1+r)x,\quad u'_y=-\dfrac{e^{-r}}{r^3}(1+r)y,\quad u'_z=-\dfrac{e^{-r}}{r^3}(1+r)z$;

(10) $u'_t=e^{2t+\theta}(2\cos(t+3\theta)-\sin(t+3\theta)),\quad u'_\theta=e^{2t+\theta}(\cos(t+3\theta)-3\sin(t+3\theta))$.

8. (1) $\mathrm{d}z=mx^{m-1}y^n\mathrm{d}x+nx^my^{n-1}\mathrm{d}y$;   (2) $\mathrm{d}z=\dfrac{y\mathrm{d}x-x\mathrm{d}y}{y^2}$;

(3) $\mathrm{d}u=(y+z)\mathrm{d}x+(x+z)\mathrm{d}y+(x+y)\mathrm{d}z$;   (4) $\mathrm{d}z=\dfrac{-2t\mathrm{d}s+2s\mathrm{d}t}{(s-t)^2}$;

(5) $\mathrm{d}z=\dfrac{x\mathrm{d}x+y\mathrm{d}y}{\sqrt{1-x^2-y^2}\sqrt{x^2+y^2}}$;   (6) $\mathrm{d}u=\left(\dfrac{x}{y}\right)^{\frac{1}{z}}\left[\dfrac{1}{zx}\mathrm{d}x-\dfrac{1}{yz}\mathrm{d}y-\dfrac{1}{z^2}\ln\dfrac{x}{y}\mathrm{d}z\right]$;

(7) $\mathrm{d}u=\dfrac{3\mathrm{d}x-2\mathrm{d}y+\mathrm{d}z}{3x-2y+z}$;   (8) $\mathrm{d}z=-\sin(xy)(x\mathrm{d}y+y\mathrm{d}x)$.

9. $c'_x(8,6)=60,\quad c'_y(8,6)=76.$

10. $Y'_t(20,50,4)=5\alpha\,20^\alpha\,50^\beta 4^\gamma,\ Y'_x(20,50,4)=2\beta\,20^\alpha\,50^\beta 4^\gamma,\ Y'_M(20,50,4)=25\gamma\,20^\alpha\,50^\beta 4^\gamma.$

11. (1) 2.95； (2) 0.498； (3) $0.005.$

12. (1) 偏导数存在且为零； (2) 偏导数不连续； (3) 函数在$(0,0)$可微.

习题 7.5

1. (1) $\dfrac{1}{\sqrt{1-(3t-8t^3)^2}}(3-24t^2)$;　　(2) $-e^{-t}-e^t$;

(3) $\dfrac{1}{2\sqrt{t}}\sec 2t+2\sqrt{t}\tan 2t\sec 2t+e^{3t}(-2\sin 2t+3\cos 2t)$.

2. (1) $\dfrac{\partial z}{\partial s}=4s^3\cos^3 t\sin t-3s^2\sin^2 t\cos t$,

$\dfrac{\partial z}{\partial t}=-3s^4\cos^2 t\sin^2 t+s^4\cos^4 t-2s^3\cos^2 t\sin t+s^3\sin^3 t$;

(2) $\dfrac{\partial z}{\partial s}=\dfrac{2s}{t^2}\ln(3s-2t)+\dfrac{3s^2}{(3s-2t)t^2}$, $\dfrac{\partial z}{\partial t}=-\dfrac{2s^2}{t^3}\ln(3s-2t)-\dfrac{2s^2}{t^2(3s-2t)}$;

(3) $\dfrac{\partial z}{\partial s}=\dfrac{t^4 e^t}{1+t^4 s^2 e^{2t}}$, $\dfrac{\partial z}{\partial t}=2t\arctan(st^2 e^t)+\dfrac{2st^3 e^t+t^4 se^t}{1+t^4 s^2 e^{2t}}$;

(4) $\dfrac{\partial z}{\partial s}=t^2(e^{t+st^2}+e^{-e^t})$, $\dfrac{\partial z}{\partial t}=e^{t+st^2}st^2 e^{-e^t+t}+2ste^{t+st^2}+2ste^{-e^t}$.

3. (1) $\dfrac{\partial z}{\partial x}=\dfrac{-2xyf'(x^2-y^2)}{f^2(x^2-y^2)}$, $\dfrac{\partial z}{\partial y}=\dfrac{2y^2 f'(x^2-y^2)+f(x^2-y^2)}{f^2(x^2-y^2)}$;

(2) $\dfrac{\partial u}{\partial x}=y-\dfrac{zy}{x^2}f'\left(\dfrac{y}{x}\right)$, $\dfrac{\partial u}{\partial y}=x+\dfrac{z}{x}f'\left(\dfrac{y}{x}\right)$, $\dfrac{\partial u}{\partial z}=f\left(\dfrac{y}{x}\right)$.

4. (1) $\dfrac{\partial z}{\partial x}=2xf'_1+ye^{xy}f'_2$, $\dfrac{\partial z}{\partial y}=-2yf'_1+xe^{xy}f'_2$;

(2) $\dfrac{\partial u}{\partial x}=f'_1+f'_2+yzf'_3$, $\dfrac{\partial u}{\partial y}=f'_2+xzf'_3$, $\dfrac{\partial u}{\partial z}=xyf'_3$.

5. $dz=\dfrac{1}{x^2 y^2}e^{\frac{x^2+y^2}{xy}}[(x^4-y^4+2x^3 y)ydx+(y^4-x^4+2xy^3)xdy]$.

6. $\dfrac{\partial u}{\partial r}=F'_x\cos\varphi+F'_y\sin\varphi$, $\dfrac{\partial u}{\partial \varphi}=-F'_x r\sin\varphi+F'_y r\cos\varphi$.

7. $\dfrac{\partial u}{\partial x}=2xF'$, $\dfrac{\partial u}{\partial y}=2yF'$, $\dfrac{\partial u}{\partial z}=2zF'$.

习题 7.6

1. (1) $\dfrac{y^2}{1-xy}$;　　(2) $\dfrac{x+y}{x-y}$;　　(3) $\dfrac{y^2-xy\ln y}{x^2-xy\ln x}$;　　(4) $\dfrac{y^2-e^x}{\cos y-2xy}$.

2. (1) $z'_x=\dfrac{yz-\sqrt{xyz}}{\sqrt{xyz}-xy}$, $z'_y=\dfrac{xz-2\sqrt{xyz}}{\sqrt{xyz}-xy}$;　　(2) $z'_x=\dfrac{yz}{e^z-xy}$, $z'_y=\dfrac{xz}{e^z-xy}$;

(3) $z'_x=\dfrac{ayz-x^2}{z^2-axy}$, $z'_y=\dfrac{axz-y^2}{z^2-axy}$;　　(4) $z'_x=\dfrac{z}{x-z}$, $z'_y=\dfrac{-z^2}{y(x-z)}$.

3. (1) $dz = -\dfrac{c^2 x}{a^2 z}dx - \dfrac{c^2 y}{b^2 z}dy$; (2) $dz = \dfrac{z^2 dx - z dy}{2y - 3zx}$;

(3) $du = \dfrac{u^2 dx + u^2 dy - z^2 dz}{u^2 - 2u(x+y)}$; (4) $dz = -\dfrac{z(F_1' dx + F_2' dy)}{xF_1' + yF_2'}$.

6. $\dfrac{\partial u}{\partial x} = \dfrac{1-12v}{1-8uv}, \dfrac{\partial u}{\partial y} = \dfrac{-2-4v}{1-8uv}, \dfrac{\partial v}{\partial x} = \dfrac{2u-3}{1-8uv}, \dfrac{\partial v}{\partial y} = \dfrac{-4u-1}{1-8uv}(1-8uv \neq 0)$.

7. L 对 K 的边际替代率 $R_{LK} = \dfrac{\delta}{1-\delta}\left(\dfrac{L}{K}\right)^{\rho+1}$.

习题 7.7

1. (1) $\dfrac{\partial^2 z}{\partial x^2} = 12x^2 - 8y^2, \dfrac{\partial^2 z}{\partial x \partial y} = -16xy, \dfrac{\partial^2 z}{\partial y^2} = 12y^2 - 8x^2$;

(2) $\dfrac{\partial^2 z}{\partial x^2} = 2a^2\cos 2(ax+by), \dfrac{\partial^2 z}{\partial x \partial y} = 2ab\cos 2(ax+by), \dfrac{\partial^2 z}{\partial y^2} = 2b^2\cos 2(ax+by)$;

(3) $\dfrac{\partial^2 z}{\partial x^2} = \dfrac{xy^3}{\sqrt{(1-x^2y^2)^3}}, \dfrac{\partial^2 z}{\partial x \partial y} = \dfrac{1}{\sqrt{(1-x^2y^2)^3}}, \dfrac{\partial^2 z}{\partial y^2} = \dfrac{x^3 y}{\sqrt{(1-x^2y^2)^3}}$;

(4) $\dfrac{\partial^2 z}{\partial x^2} = -\dfrac{1}{(x+y^2)^2}, \dfrac{\partial^2 z}{\partial x \partial y} = -\dfrac{2y}{(x+y^2)^2}, \dfrac{\partial^2 z}{\partial y^2} = \dfrac{2(x-y^2)}{(x+y^2)^2}$;

(5) $\dfrac{\partial^2 z}{\partial x^2} = \dfrac{\ln y}{x^2}(\ln y - 1)y^{\ln x}, \dfrac{\partial^2 z}{\partial x \partial y} = \dfrac{\ln x \ln y + 1}{xy}y^{\ln x}, \dfrac{\partial^2 z}{\partial y^2} = \dfrac{\ln x(\ln x - 1)}{y^2}y^{\ln x}$;

(6) $\dfrac{\partial^2 z}{\partial x^2} = -\dfrac{2xy^3 z}{(z^2-xy)^3}, \dfrac{\partial^2 z}{\partial x \partial y} = \dfrac{z(z^4 - 2xyz^2 - x^2y^2)}{(z^2-xy)^3}, \dfrac{\partial^2 z}{\partial y^2} = -\dfrac{2x^3 yz}{(z^2-xy)^3}$.

2. (1) 0; (2) $\dfrac{(-1)^{n-1}(n-1)! \, a^k b^{n-k}}{(ax+by)^n}$.

3. $\dfrac{\partial^2 u}{\partial x \partial y} = f_2' + zf_3' + xyf_{21}'' + xyf_{22}'' + xzf_{31}'' + 2xyzf_{23}'' + xyz^2 f_{33}''$,

$\dfrac{\partial^2 u}{\partial x \partial z} = yf_3' + xyf_{31}'' + xy^2 f_{23}'' + xy^2 z f_{33}'', \dfrac{\partial^2 u}{\partial y \partial z} = xf_3' + x^2 yf_{32}'' + x^2 yzf_{33}''$.

4. $\dfrac{\partial^2 u}{\partial x^2} = 2f'(x^2+y^2+z^2) + 4x^2 f''(x^2+y^2+z^2)$.

5. $\dfrac{\partial^2 u}{\partial y^2} = 2f_1' + 4y^2 f_{11}'' + 4xyf_{12}'' + x^2 f_{22}''$.

习题 7.8

1. (1) 在 $x=-1, y=1$ 时取极小值 -2; (2) 在 $x=1, y=1$ 时取极大值 1;

(3) 在 $x=\dfrac{1}{2}, y=-1$ 时取极小值 $-\dfrac{e}{2}$; (4) 在 $x=\dfrac{1}{2}, y=2$ 时取极大值 6.

2. 最大值 3,最小值 -9.

3. 长 $\frac{2}{3}p$,宽 $\frac{1}{3}p$,矩形绕短边旋转.

4. 在 $x=1,y=1$ 时取得最大利润 4.

5. 当 $x=5,y=7.5$ 时取得最大利润 550.

6. $K=8,L=16$ 时 $y=48$,最大利润为 16.

7. $K=3\sqrt[5]{24}$,$L=6\sqrt[5]{24}$.

8. $x=8,y=2$ 时效率最高.

习题 7.9

1. $E_{11}=-\alpha,E_{12}=-\beta,E_{1y}=\gamma$

2. $E_{AA}=-\frac{1}{10},E_{AB}=-2$

3. $x=16,y=8$ 时边际货币效用为 1

4. $x=6,y=2$ 时最大效用为 $6\ln 6+7\ln 2=12.14$,最大效用时边际货币效用为 $\frac{1}{2}$.

复习题七

1. (1) A; (2) D; (3) C; (4) C; (5) B; (6) D.

2. (1) 1; (2) 0; (3) 0; (4) 不存在.

3. (1) $z'_x=2e^{x^2\sin^2 y+2xy\sin x\sin y+y^2}(x\sin^2 y+y\sin x\sin y+xy\cos x\sin y)$,

$z'_y=2e^{x^2\sin^2 y+2xy\sin x\sin y+y^2}(x^2\sin y\cos y+x\sin x\sin y+xy\sin x\cos y+y)$;

(2) $\frac{\partial u}{\partial x}=yx^{y-1}y^zz^x+x^yy^zz^x\ln z,\frac{\partial u}{\partial y}=zx^yy^{z-1}z^x+x^yy^zz^x\ln x$,

$\frac{\partial u}{\partial z}=xx^yy^zz^{x-1}+x^yy^zz^x\ln y$;

(3) $\frac{\partial u}{\partial x}=\frac{2n(y-z)}{(x+y-z)^2}\left(\frac{x-y+z}{x+y-z}\right)^{n-1},\frac{\partial u}{\partial y}=-\frac{2xn}{(x+y-z)^2}\left(\frac{x-y+z}{x+y-z}\right)^{n-1}$,

$\frac{\partial u}{\partial z}=\frac{2nx}{(x+y-z)^2}\left(\frac{x-y+z}{x+y-z}\right)^{n-1}$;

(4) $\frac{\partial z}{\partial x}=\begin{cases}2(x+y)\sin\frac{1}{\sqrt{x^2+y^2}}-\frac{x(x+y)^2}{\sqrt{(x^2+y^2)^3}}\cos\frac{1}{\sqrt{x^2+y^2}}, & x^2+y^2\neq 0, \\ 0, & x^2+y^2=0,\end{cases}$

$\frac{\partial z}{\partial y}=\begin{cases}2(x+y)\sin\frac{1}{\sqrt{x^2+y^2}}-\frac{y(x+y)^2}{\sqrt{(x^2+y^2)^3}}\cos\frac{1}{\sqrt{x^2+y^2}}, & x^2+y^2\neq 0, \\ 0, & x^2+y^2=0.\end{cases}$

4. (1) $\frac{\partial u}{\partial x}=\frac{-x}{\sqrt{x^2+y^2}}\cdot\frac{1}{\sqrt{1-x^2-y^2}},\frac{\partial u}{\partial y}=\frac{-y}{\sqrt{x^2+y^2}}\cdot\frac{1}{\sqrt{1-x^2-y^2}}$;

(2) $\dfrac{\partial u}{\partial r}=-\dfrac{6ryz}{x^2}\cos\dfrac{y}{x}+\dfrac{4z}{x}\cos\dfrac{y}{x}+4r\sin\dfrac{y}{x},\dfrac{\partial u}{\partial s}=-\dfrac{2yz}{x^2}\cos\dfrac{y}{x}-\dfrac{6s^2z}{x}\cos\dfrac{y}{x}+6s\sin\dfrac{y}{x}$;

(3) $\dfrac{\partial u}{\partial s}=2sf_1'+f_2'+tf_3',\dfrac{\partial u}{\partial t}=2tf_1'+f_2'+sf_3'$;

(4) $\dfrac{\partial u}{\partial s}=2s(2+t^2)f'(x^2+y^2+z^2),\dfrac{\partial u}{\partial t}=2t(s^2+2)f'(x^2+y^2+z^2)$.

5. (1) $\dfrac{dy}{dx}=2\left(t+\dfrac{1}{t}\right),\dfrac{dz}{dx}=3\left(t^2+\dfrac{1}{t^2}+1\right)$;   (2) $\dfrac{dy}{dx}=\dfrac{x}{(\tan y-e^{y^2})(1+x^2)}$;

(3) $\dfrac{\partial z}{\partial x}=\left[\dfrac{1}{\sqrt{x^2-y^2}}-\dfrac{\sec^2\dfrac{2}{\sqrt{x^2-y^2}}}{\sqrt{(x^2-y^2)^3}}\right]2x,\dfrac{\partial z}{\partial y}=\left[\dfrac{-1}{\sqrt{x^2-y^2}}+\dfrac{\sec^2\dfrac{2}{\sqrt{x^2-y^2}}}{\sqrt{(x^2-y^2)^3}}\right]2y$;

(4) $du=\dfrac{(\sin v+x\cos v)dx-(\sin u-x\cos u)dy}{x\cos v+y\cos u}$,

$dv=\dfrac{-(\sin v-y\cos u)dx+(\sin u+y\cos u)dy}{x\cos v+y\cos u}$;

(5) $\dfrac{\partial u}{\partial x}=\dfrac{-xu+yv}{x^2-y^2},\dfrac{\partial v}{\partial x}=\dfrac{yu-xv}{x^2-y^2},\dfrac{\partial u}{\partial y}=\dfrac{-xv+yu}{x^2-y^2},\dfrac{\partial v}{\partial y}=\dfrac{-xu+yv}{x^2-y^2}$.

6. $-2e^{-x^2y^2}$.

7. (1) 当 $\dfrac{x}{a}=-\dfrac{y}{b}=\pm\dfrac{1}{\sqrt{3}}$ 时,$z_{极小}=-\dfrac{ab}{3\sqrt{3}}$;当 $\dfrac{x}{a}=\dfrac{y}{b}=\pm\dfrac{1}{\sqrt{3}}$ 时,$z_{极大}=\dfrac{ab}{3\sqrt{3}}$;

(2) 当 $x=0,y=0$ 时,$z_{极小}=0$;当 $x^2+y^2=1$ 时,$z_{极大}=e^{-1}$;

(3) 当 $x=y=\dfrac{2\pi}{3}$ 时,$z_{极小}=-\dfrac{3\sqrt{3}}{8}$;当 $x=y=\dfrac{\pi}{3}$ 时,$z_{极大}=\dfrac{3\sqrt{3}}{8}$;

(4) 当 $x=y=\dfrac{7}{12}\pi$ 时,$z_{极大}=\dfrac{7\pi}{6}-1$.

11. $x=8,y=7,P_1=40,P_2=48$.

12. 服装工业投资 $\dfrac{4}{7}K$,家用电器工业投资 $\dfrac{3}{7}K$.

13. $x=\dfrac{a\alpha}{\alpha+\beta+\gamma},y=\dfrac{a\beta}{\alpha+\beta+\gamma},z=\dfrac{a\gamma}{\alpha+\beta+\gamma}$.

第 8 章

习题 8.1

1. $V=\iint\limits_{D}\sqrt{a^2-x^2-y^2}\,d\sigma,D:x^2+y^2\leqslant a^2$.

3. (1) $8\pi(5-\sqrt{2})\leqslant\iint\limits_{D}(x+y+10)d\sigma\leqslant 8\pi(5+\sqrt{2})$;

(2) $36\pi \leqslant \iint\limits_D (x^2+4y^2+9)\mathrm{d}\sigma \leqslant 100\pi$; (3) $0\leqslant I \leqslant 16$; (4) $\dfrac{100}{51} \leqslant I \leqslant 2$.

习题 8.2

1. (1) $\int_0^1 \mathrm{d}x \int_{x-1}^{1-x} f(x,y)\mathrm{d}y$ 或 $\int_{-1}^0 \mathrm{d}y \int_0^{y+1} f(x,y)\mathrm{d}x + \int_0^1 \mathrm{d}y \int_0^{1-y} f(x,y)\mathrm{d}x$;

(2) $\int_1^3 \mathrm{d}x \int_x^{3x} f(x,y)\mathrm{d}y$ 或 $\int_1^3 \mathrm{d}y \int_1^y f(x,y)\mathrm{d}x + \int_3^9 \mathrm{d}y \int_{\frac{1}{3}y}^3 f(x,y)\mathrm{d}x$;

(3) $\int_3^5 \mathrm{d}x \int_{\frac{3x+1}{2}}^{\frac{3x+4}{2}} f(x,y)\mathrm{d}y$ 或 $\int_5^{6.5} \mathrm{d}y \int_3^{\frac{2y-1}{3}} f(x,y)\mathrm{d}x + \int_{6.5}^8 \mathrm{d}y \int_{\frac{2y-4}{3}}^{\frac{2y-1}{3}} f(x,y)\mathrm{d}x + \int_8^{9.5} \mathrm{d}y \int_{\frac{2y-4}{3}}^5 f(x,y)\mathrm{d}x$;

(4) $\int_{-\sqrt{2}}^{\sqrt{2}} \mathrm{d}x \int_{x^2}^{4-x^2} f(x,y)\mathrm{d}y$ 或 $\int_0^2 \mathrm{d}y \int_{-\sqrt{y}}^{\sqrt{y}} f(x,y)\mathrm{d}x + \int_2^4 \mathrm{d}y \int_{-\sqrt{4-y}}^{\sqrt{4-y}} f(x,y)\mathrm{d}x$;

(5) $\int_0^1 \mathrm{d}x \int_{\frac{x}{2}}^{2x} f(x,y)\mathrm{d}y + \int_1^2 \mathrm{d}x \int_{\frac{x}{2}}^{\frac{2}{x}} f(x,y)\mathrm{d}y$ 或 $\int_0^1 \mathrm{d}y \int_{\frac{y}{2}}^{2y} f(x,y)\mathrm{d}x + \int_1^2 \mathrm{d}y \int_{\frac{y}{2}}^{\frac{2}{y}} f(x,y)\mathrm{d}x$;

(6) $\int_{-2}^2 \mathrm{d}x \int_{-3\sqrt{1-\frac{x^2}{4}}}^{3\sqrt{1-\frac{x^2}{4}}} f(x,y)\mathrm{d}y$ 或 $\int_{-3}^3 \mathrm{d}y \int_{-2\sqrt{1-\frac{y^2}{9}}}^{2\sqrt{1-\frac{y^2}{9}}} f(x,y)\mathrm{d}x$;

(7) $\int_0^4 \mathrm{d}x \int_{3-\sqrt{4x-x^2}}^{3+\sqrt{4x+x^2}} f(x,y)\mathrm{d}y$ 或 $\int_1^5 \mathrm{d}y \int_{2-\sqrt{4-(y-3)^2}}^{2+\sqrt{4-(y-3)^2}} f(x,y)\mathrm{d}x$;

(8) $\int_2^3 \mathrm{d}x \int_2^x f(x,y)\mathrm{d}y + \int_3^4 \mathrm{d}x \int_2^{6-x} f(x,y)\mathrm{d}y$ 或 $\int_2^3 \mathrm{d}y \int_y^{6-y} f(x,y)\mathrm{d}x$.

2. (1) $\int_0^1 \mathrm{d}x \int_{x^2}^x f(x,y)\mathrm{d}y$; (2) $\int_0^2 \mathrm{d}y \int_{\frac{y}{2}}^y f(x,y)\mathrm{d}x + \int_2^4 \mathrm{d}y \int_{\frac{y}{2}}^2 f(x,y)\mathrm{d}x$;

(3) $\int_0^1 \mathrm{d}y \int_{\mathrm{e}^y}^{\mathrm{e}} f(x,y)\mathrm{d}x$; (4) $\int_0^a \mathrm{d}y \int_{a-\sqrt{a^2-y^2}}^y f(x,y)\mathrm{d}x$

(5) $\int_{-1}^0 \mathrm{d}y \int_{-2\sqrt{y+1}}^{2\sqrt{y+1}} f(x,y)\mathrm{d}x + \int_0^8 \mathrm{d}y \int_{-2\sqrt{y+1}}^{2-y} f(x,y)\mathrm{d}x$;

(6) $\int_0^a \mathrm{d}y \int_{\frac{y^2}{2a}}^{a-\sqrt{a^2-y^2}} f(x,y)\mathrm{d}x + \int_0^a \mathrm{d}y \int_{a+\sqrt{a^2-y^2}}^{2a} f(x,y)\mathrm{d}x + \int_a^{2a} \mathrm{d}y \int_{\frac{y^2}{2a}}^{2a} f(x,y)\mathrm{d}x$;

(7) $\int_0^1 \mathrm{d}y \int_{\sqrt{y}}^{3-2y} f(x,y)\mathrm{d}x$; (8) $\int_0^1 \mathrm{d}y \int_y^{2-y} f(x,y)\mathrm{d}x$.

3. (1) $(\mathrm{e}-1)^2$; (2) $\pi-2$; (3) $\dfrac{32}{45}$; (4) $\dfrac{33}{140}$; (5) $\dfrac{76}{3}$; (6) $\dfrac{\pi^4}{8}$;

(7) $\dfrac{9}{8}\ln 3 - \ln 2 - \dfrac{1}{2}$; (8) $\dfrac{46}{15}$.

4. (1) $I = \int_{-\frac{\pi}{2}}^{\frac{\pi}{2}} \mathrm{d}\theta \int_0^{a\cos\theta} f(r\cos\theta, r\sin\theta) r\mathrm{d}r$;

(2) $I = \int_0^{2\pi} \mathrm{d}\theta \int_a^b f(r\cos\theta, r\sin\theta) r\mathrm{d}r$;

(3) $I = \int_0^{\frac{\pi}{2}} d\theta \int_0^{\frac{1}{\cos\theta+\sin\theta}} f(r\cos\theta, r\sin\theta) r dr$;

(4) $I = \int_0^{\frac{\pi}{4}} d\theta \int_0^{a\frac{\sin\theta}{\cos^2\theta}} f(r\cos\theta, r\sin\theta) r dr + \int_{\frac{\pi}{4}}^{\frac{3\pi}{4}} d\theta \int_0^{\frac{a}{\sin\theta}} f(r\cos\theta, r\sin\theta) r dr$
$+ \int_{\frac{3\pi}{4}}^{\pi} d\theta \int_0^{a\frac{-\sin\theta}{\cos^2\theta}} f(r\cos\theta, r\sin\theta) r dr$;

(5) $I = \int_0^{\frac{\pi}{2}} d\theta \int_0^{2R\sin\theta} f(r\cos\theta, r\sin\theta) r dr$; (6) $I = \int_0^{\frac{\pi}{2}} d\theta \int_0^{R} f(r^2) r dr$;

(7) $I = \frac{R^2}{2} \int_0^{\arctan R} f(\tan\theta) d\theta$.

5. (1) $\frac{a^3}{3}$; (2) $\pi\left(1-\frac{1}{e}\right)$; (3) $\frac{\pi}{4}(\ln 4 - 1)$; (4) $\pi R^2 h$; (5) $\frac{2}{3}\pi R^3$;

(6) $\frac{\pi^2 a^2}{16}$.

复习题八

3. (1) $\frac{4}{3}$; (2) $-\frac{\pi}{2}$.

4. $\frac{49}{20}$.

5. $-\sqrt{\frac{\pi}{2}}$.

第 9 章

习题 9.1

1. (1) $\ln\frac{n+1}{n}$; (2) $\frac{(\sqrt{x})^n}{(2n)!!}$; (3) $(-1)^{n-1}\frac{a^{n+1}}{2n+1}$;

(4) $u_1 = 1, u_n = (-1)^{n-1}\frac{(2n-3)!!}{(2n-2)!!}x^{n-1} (n \geq 2)$.

2. (1) 因 $\lim\limits_{n\to\infty} s_n = \infty$,故发散；(2) 收敛于 $\frac{1}{2}$；

(3) 因 $\frac{n}{(n+1)!} = \frac{1}{n!} - \frac{1}{(n+1)!}$,故 $\lim\limits_{n\to\infty} s_n = \lim\limits_{n\to\infty}\left(1 - \frac{1}{(n+1)!}\right) = 1$,收敛于 1.

(4) 因 $\frac{1}{\sqrt{n(n+1)}(\sqrt{n}+\sqrt{n+1})} = \frac{\sqrt{n+1}-\sqrt{n}}{\sqrt{n(n+1)}} = \frac{1}{\sqrt{n}} - \frac{1}{\sqrt{n+1}}$,故级数收敛于 1.

3. (1) 发散； (2) 发散； (3) 收敛； (4) 收敛； (5) 发散； (6) 发散.

5. $u_1 = \dfrac{\pi}{4}$；$u_n = \arctan \dfrac{1}{n^2-n+1} (n \geqslant 2)$；$\sum\limits_{n=1}^{\infty} u_n = \dfrac{\pi}{4} + \sum\limits_{n=2}^{\infty} \arctan \dfrac{1}{n^2-n+1}$；

$s = \lim\limits_{n\to\infty} s_n = \lim\limits_{n\to\infty} \arctan n = \dfrac{\pi}{2}$.

6. $\sum\limits_{n=1}^{\infty} \dfrac{300}{1.1^n} = 3000$ 万元.

7. (1) $a_n = \dfrac{1}{\sqrt{n(n+1)}}$；$s_n = \dfrac{4}{3} \cdot \dfrac{1}{n(n+1)\sqrt{n(n+1)}}$；　(2) $\sum\limits_{n=1}^{\infty} \dfrac{s_n}{a_n} = \dfrac{4}{3}$.

习题 9.2

1. (1) 收敛；　(2) 发散；　(3) 发散；　(4) 收敛；　(5) 收敛；　(6) 收敛；
(7) $p>0$ 时收敛，$p \leqslant 0$ 时发散；　(8) $a>1$ 时收敛，$0<a \leqslant 1$ 时发散；
(9) $a=1$ 时发散，$0<a<1$ 或 $a>1$ 时收敛；　(10) 收敛.

2. (1) 发散；　(2) 发散；　(3) 收敛；　(4) 收敛；　(5) $x<3$ 时收敛；
(6) 发散；　(7) 收敛；　(8) 收敛；　(9) 收敛；　(10) 收敛.

4. 提示：$0 \leqslant (a_n+b_n)^2 \leqslant 2(a_n^2+b_n^2)$.

5. (1) 提示：$0 < c_n - b_n \leqslant c_n - a_n$，$\sum\limits_{n=1}^{\infty}(c_n-a_n)$ 收敛 $\Rightarrow \sum\limits_{n=1}^{\infty}(c_n-b_n)$ 收敛 $\Rightarrow \sum\limits_{n=1}^{\infty} b_n$ 收敛.

(2) 反例：$-\dfrac{1}{n} < \dfrac{1}{n^2} < \dfrac{1}{n}$，$\sum\limits_{n=1}^{\infty}\left(-\dfrac{1}{n}\right)$ 和 $\sum\limits_{n=1}^{\infty} \dfrac{1}{n}$ 都发散，但 $\sum\limits_{n=1}^{\infty} \dfrac{1}{n^2}$ 收敛.

7. (1) $a_n + a_{n+2} = \dfrac{1}{n+1}$，$\sum\limits_{n=1}^{\infty} \dfrac{1}{n}(a_n + a_{n+2}) = \sum\limits_{n=1}^{\infty} \dfrac{1}{n(n+1)} = 1$.

(2) $0 < a_n = \int_0^{\pi/4} \tan^n x \, dx \xrightarrow{\text{令 } \tan x = t} \int_0^1 t^n \cdot \dfrac{1}{1+t^2} dt < \int_0^1 t^n dt = \dfrac{1}{n+1}$.

或由于 $a_n = \int_0^{\pi/4} \tan^n x \, dx > 0$，故 $a_n < a_n + a_{n+2} = \dfrac{1}{n+1}$.

则对任意常数 $\lambda > 0$，有 $0 < \dfrac{a_n}{n^\lambda} < \dfrac{\frac{1}{n+1}}{n^\lambda} = \dfrac{1}{n^\lambda(n+1)} \sim \dfrac{1}{n^{1+\lambda}} (n \to \infty)$.

习题 9.3

1. (1) 收敛；　(2) 发散；　(3) 收敛；　(4) 收敛；　(5) 收敛；　(6) 发散；
(7) 发散.

2. (1) 条件收敛；　(2) 发散；　(3) 条件收敛；　(4) 绝对收敛；　(5) 绝对收敛；
(6) $|x|<e$ 时绝对收敛，$|x|>e$ 时发散；　(7) 绝对收敛；　(8) 绝对收敛；
(9) 条件收敛；　(10) 绝对收敛，提示：$\int_0^{1/n} \dfrac{\sqrt{x}}{1+x^2} dx < \int_0^{1/n} \sqrt{x} \, dx = \dfrac{2}{3} \cdot \dfrac{1}{n^{3/2}}$.

3. 提示: $\dfrac{|a_n|}{\sqrt{n^2+\lambda}} < \dfrac{|a_n|}{n} \leqslant \dfrac{1}{2}\left(a_n^2 + \dfrac{1}{n^2}\right).$

*4. 提示: $u_n = \sin\dfrac{n^2+n\alpha+\beta}{n}\pi = \sin\left[n\pi + \left(\alpha + \dfrac{\beta}{n}\right)\pi\right] = (-1)^n \sin\left(\alpha + \dfrac{\beta}{n}\right)\pi.$

(1) 当 $\alpha \neq 0, \pm 1, \pm 2, \cdots$ 时, $\lim\limits_{n\to\infty}\sin\left(\alpha + \dfrac{\beta}{n}\right)\pi = \sin\alpha\pi \neq 0$, 级数发散.

(2) 当 $\alpha = 0, \pm 1, \pm 2, \cdots$ 时, $\sin\left(\alpha + \dfrac{\beta}{n}\right)\pi = (-1)^\alpha \sin\dfrac{\beta}{n}\pi.$

① 当 $\beta = 0$ 时, $u_n = 0$, 级数 $\sum\limits_{n=1}^{\infty} u_n$ 绝对收敛;

② 当 $\beta \neq 0$ 时, 不妨设 $\beta > 0$(当 $\beta < 0$ 时情况类似)级数 $\sum\limits_{n=1}^{\infty} u_n$ 是交错级数, 满足莱布尼茨条件, 级数条件收敛.

习题 9.4

1. (1) $(-1,1]$;   (2) $[-1,1]$;   (3) $(-\infty, +\infty)$;   (4) $[-2,2]$;
(5) $[-1/2, 1/2]$;   (6) $\{0\}$;   (7) $[-\sqrt{2}, \sqrt{2}]$;   (8) $(-1,1)$;   (9) $[0,4]$.

2. (1) $x\arctan x, x \in [-1,1]$;   (2) $s(x) = \ln 2 - \ln(2-x^2), x \in (-\sqrt{2}, \sqrt{2})$;

(3) $s(x) = \begin{cases} \dfrac{1-x}{x}\ln(1-x) + 1, & x \in [-1, 0) \cup (0, 1), \\ 0, & x = 0, \\ 1, & x = 1; \end{cases}$

(4) $s(x) = \dfrac{2x^2}{1+x^2} + \ln(1+x^2), x \in (-1, 1).$

$\left(\text{提示:} \sum\limits_{n=1}^{\infty} (-1)^{n-1} \dfrac{2n+1}{n} x^{2n} = 2\sum\limits_{n=1}^{\infty} (-1)^{n-1} \dfrac{2n+1}{2n} x^{2n} = 2\sum\limits_{n=1}^{\infty} (-1)^{n-1} x^{2n}\right.$

$\left. + 2\sum\limits_{n=1}^{\infty} (-1)^{n-1} \dfrac{1}{2n} x^{2n}.\right)$

3. $s(x) = \dfrac{2x}{(1-x)^3}, (-1 < x < 1);$ $\sum\limits_{n=1}^{\infty} \dfrac{n(n+1)}{2^n} = 8.$

4. $s(x) = \sum\limits_{n=1}^{\infty} n^2 x^n = \dfrac{x(1+x)}{(1-x)^3}, -1 < x < 1;$ $\lim\limits_{n\to\infty}\left(\dfrac{1^2}{2} + \dfrac{2^2}{2^2} + \dfrac{3^2}{2^3} + \cdots + \dfrac{n^2}{2^n}\right) = s\left(\dfrac{1}{2}\right) = 6.$

5. 和函数 $s(x) = 1 - \dfrac{1}{2}\ln(1+x^2), |x| < 1;$ 有极大值 $s(0) = 1.$

习题 9.5

1. (1) $\sum\limits_{n=0}^{\infty} \dfrac{(-1)^n}{2n+1} x^{2n+1}, [-1, 1]$;   (2) $\sum\limits_{n=0}^{\infty} \dfrac{(\ln a)^n}{n!} x^n, (-\infty, +\infty)$;

(3) $\ln a + \sum\limits_{n=0}^{\infty} \dfrac{(-1)^n}{(n+1)a^{n+1}} x^{n+1}, (-a, a]$;   (4) $\sum\limits_{n=0}^{\infty} \dfrac{x^{2n}}{3^n \cdot n!}, (-\infty, +\infty)$;

(5) $2\left[1-\dfrac{x^3}{24}-\sum\limits_{n=2}^{\infty}\dfrac{2\cdot 5\cdot 8\cdot\cdots\cdot(3n-4)}{n!\cdot 3^n\cdot 8^n}x^{3n}\right],[-2,2]$;

(6) $\sum\limits_{n=0}^{\infty}\dfrac{(2n)!}{(2^n n!)^2}x^{2n+2},(-1,1)$; (7) $\sum\limits_{n=1}^{\infty}\dfrac{(-1)^{n+1}2^{2n-1}}{(2n)!}x^{2n},(-\infty,+\infty)$;

(8) $\dfrac{1}{3}\sum\limits_{n=0}^{\infty}\left[(-1)^n-\dfrac{1}{2^n}\right]x^n,(-1,1)$; (9) $\sum\limits_{n=0}^{\infty}\dfrac{(-1)^n-2^{n+1}}{n+1}x^{n+1},\left[-\dfrac{1}{2},\dfrac{1}{2}\right)$;

(10) $\sum\limits_{n=0}^{\infty}\dfrac{(-1)^n}{n!(2n+1)}x^{2n+1},(-\infty,+\infty)$.

2. (1) $\mathrm{e}\sum\limits_{n=0}^{\infty}\dfrac{(x-1)^n}{n!},(-\infty,+\infty)$;

(2) $\dfrac{\sqrt{3}}{2}\sum\limits_{n=0}^{\infty}\left[\dfrac{(-1)^n}{(2n)!}\left(x-\dfrac{\pi}{3}\right)^{2n}\right]+\dfrac{1}{2}\sum\limits_{n=1}^{\infty}\left[\dfrac{(-1)^{n-1}}{(2n-1)!}\left(x-\dfrac{\pi}{3}\right)^{2n-1}\right],(-\infty,+\infty)$;

(3) $\sum\limits_{n=0}^{\infty}\left(\dfrac{1}{2^{n+1}}-\dfrac{1}{3^{n+1}}\right)(x+4)^n,(-6,-2)$; (4) $\sum\limits_{n=0}^{\infty}\dfrac{(-1)^{n+1}}{n+1}(x+1)^{2n+2},[-2,0]$.

3. $f(x)=1+2\sum\limits_{n=1}^{\infty}\dfrac{(-1)^n x^{2n}}{1-4n^2},[-1,1];\ \dfrac{\pi}{4}-\dfrac{1}{2}$.

4. $\sum\limits_{n=0}^{\infty}\dfrac{(-1)^n}{(2n+1)!\cdot 2^{2n}}x^{2n+1}=2\sin\dfrac{x}{2},(-\infty,+\infty)$;

$2\sin\dfrac{x}{2}=\sum\limits_{n=0}^{\infty}(-1)^n\dfrac{2\sin\dfrac{1}{2}}{(2n)!4^n}(x-1)^{2n}+\sum\limits_{n=0}^{\infty}(-1)^n\dfrac{\cos\dfrac{1}{2}}{(2n+1)!4^n}(x-1)^{2n+1},(-\infty,+\infty)$.

习题 9.6

1. (1) -5040; (2) $-\dfrac{101!}{50}$;

(3) $f^{(2n-1)}(-1)=0,f^{(2n)}(-1)=\dfrac{(-1)^n\cdot(2n)!}{n},n=1,2,\cdots$;

(4) $f^{(n)}(1)=\dfrac{n!}{3^n},n=1,2,\cdots$.

2. (1) 0.9994; (2) 2.0043; (3) 0.487; (4) 0.4940.

复习题九

1. (1) 必要,充分; (2) 充要; (3) 收敛,发散; (4) $s_n=\dfrac{2}{n(n+1)},2$;

(5) $(-2,4)$; (6) 绝对收敛; (7) $3\mathrm{e}-1$; (8) $-\dfrac{1}{51}$.

2. (1) C; (2) B; (3) C; (4) A; (5) B; (6) D; (7) A.

3. 提示：级数 $\sum_{n=1}^{\infty} \frac{(-1)^n}{\sqrt{n}}$ 与 $\sum_{n=1}^{\infty}\left[\frac{(-1)^n}{\sqrt{n}}+\frac{1}{n}\right]$ 作比较.

4. (1) $2e$；　(2) $1-\ln 2$；　(3) $\frac{1}{2}(\sin 1+\cos 1)$.

5. $\sum_{n=1}^{\infty} a_{2n}=5$；$\sum_{n=1}^{\infty} a_n=14$.

6. 提示：$\lim_{x\to 0}\frac{f(x)}{x}=0 \Rightarrow f(0)=f'(0)=0 \Rightarrow f''(0)=\lim_{x\to 0}\frac{f'(x)-f'(0)}{x-0}=\lim_{x\to 0}\frac{f'(x)}{x}$.

而 $\lim_{x\to 0}\frac{f(x)}{x^2}=\lim_{x\to 0}\frac{f'(x)}{2x}=\frac{1}{2}f''(0)$，从而 $\lim_{n\to\infty}\frac{f\left(\frac{1}{n}\right)}{\frac{1}{n^2}}=\frac{1}{2}f''(0)$.

7. $f(x)=\dfrac{x^2-4x+14}{(x-3)^2(2x+5)}=\dfrac{1}{(x-3)^2}+\dfrac{1}{(2x+5)}$

$=\sum_{n=0}^{\infty}\left[\dfrac{n+1}{3^{n+2}}+(-1)^n\dfrac{2^n}{5^{n+1}}\right]x^n\ \left(|x|<\dfrac{5}{2}\right)$.

8. $f^{(199)}(1)=a_{199}\cdot(199)! = -\left[\dfrac{1}{2^{200}}+(-1)^{199}\cdot\dfrac{2^{199}}{3^{200}}\right]\cdot(199)!$.

9. $s_1=\dfrac{1}{2}$；$s_{21}=1-\ln 2$.

10. 提示：可证 $\{a_n\}$ 单增且有界，且可求得 $\lim_{n\to\infty} a_n=2$；用比值审敛法可判定 $\sum_{n=1}^{\infty}\sqrt{2-a_n}$ 收敛，因此 $\sum_{n=1}^{\infty}(-1)^{n-1}\sqrt{2-a_n}$ 绝对收敛.

11. $x=1$ 时条件收敛，其他情况均发散.

12. 提示：考查两个级数的前 n 项部分和之间的关系.

13. 提示：可判断出级数 $\sum_{n=1}^{\infty}\left[\dfrac{1}{n}-\ln\left(1+\dfrac{1}{n}\right)\right]$ 收敛；而 x_n 恰好为级数的前 n 项部分和；

$\lim_{n\to\infty}\dfrac{1}{\ln n}\left(1+\dfrac{1}{2}+\dfrac{1}{3}+\cdots+\dfrac{1}{n}\right)=1$.

14. (1) 提示：$\dfrac{b_n}{b_{n+1}}a_n-a_{n+1}\geqslant\alpha \Rightarrow b_{n+1}\leqslant\dfrac{a_nb_n-a_{n+1}b_{n+1}}{\alpha}$，

则 $s_n=b_1+b_2+\cdots+b_n\leqslant b_1+\dfrac{a_1b_1-a_2b_2}{\alpha}+\cdots+\dfrac{a_{n-1}b_{n-1}-a_nb_n}{\alpha}$

$=b_1+\dfrac{a_1b_1-a_nb_n}{\alpha}<b_1+\dfrac{a_1b_1}{\alpha}$.

即部分和数列 $\{s_n\}$ 有界，从而级数 $\sum_{n=1}^{\infty}b_n$ 收敛.

(2) 提示：$\dfrac{b_n}{b_{n+1}}a_n - a_{n+1} \leqslant 0 \Rightarrow \dfrac{b_n}{b_{n+1}} \leqslant \dfrac{a_{n+1}}{a_n} \Rightarrow b_{n+1} \geqslant \dfrac{a_1 b_1}{a_{n+1}}$.

第 10 章

习题 10.1

1. (1) 一阶； (2) 一阶； (3) 二阶； (4) 三阶.

2. (1) $y_1 = e^{-2x}, y_2 = e^{-3x}$； (2) $y_1 = x^{-1}, y_2 = x^{-4}$.

3. (1) $y' = x^2$； (2) $yy' + 2x = 0$； (3) $\begin{cases} x^2(1+y'^2) = 4, \\ y|_{x=2} = 0; \end{cases}$ (4) $\begin{cases} 2xy' - y = 0, \\ y|_{x=3} = 1. \end{cases}$

习题 10.2

1. (1) $y = Ce^{2x} - e^x - \dfrac{1}{2}x - \dfrac{1}{4}$； (2) $y = e^{-x}(x+C)$； (3) $y = Ce^{\frac{y}{x}}$； (4) $x^3 - 2y^3 = Cx$；

(5) $\dfrac{1}{y^4} = \dfrac{1}{4} - x + Ce^{-4x}$； (6) $y^2 = Ce^{2x} - x^2 - x - \dfrac{1}{2}$； (7) $x = \dfrac{1}{2}y^2 + Cy^3$；

(8) $2x\ln y = \ln^2 y + C$； (9) $2x^2 + 2xy + y^2 - 8x - 2y = C$； (10) $\tan\dfrac{x+y}{2} = x + c$.

2. (1) $f(x) = -\dfrac{1}{2}e^x + \dfrac{3}{2}e^{3x}$； (2) $y = 2e^{\frac{x^2}{2}} - 2$； (3) $f(x) = \sqrt{x}$；

(4) $f(x) = Cx + 2$； (5) $y = -\dfrac{1}{2}x^2 - x$； (6) $f(x) = \sin x + \cos x$.

3. $Q(P) = 10000 e^{-P^2}$；

4. $y = x - x\ln x$.

5. $xy = 6$.

6. $v = \dfrac{mg}{k}(1 - e^{-\frac{k t}{m}})$.

7. 提示：微分方程为 $\begin{cases} \dfrac{dx}{dt} = -\dfrac{1}{10}(x - 0.04), \\ x(0) = 0.12, \end{cases}$ 二氧化碳含量的百分比为 0.07%.

习题 10.3

1. (1) $y = x\arctan x - \dfrac{1}{2}\ln(1+x^2) + C_1 x + C_2$； (2) $y^2 = C_1 x + C_2$；

(3) $y = e^x(x-2) + C_1 x + C_2$； (4) $y = \dfrac{1}{3}x^3 - x^2 + 2x + C_1 + C_2 e^{-x}$；

(5) $y = 1 - \dfrac{1}{C_1 x + C_2}$;　　(6) $e^y = x^2 + C_1 x + C_2$;

(7) $y = C_1 \arcsin x + C_2 + (\arcsin x)^2$;　　(8) $y = x\ln x - 2x + C_1 \ln x + C_2$.

2. $y = \dfrac{1}{3} x^3 - \dfrac{2}{3} x^2 + \dfrac{1}{3}$.

3. 所求质点的运动规律为 $x = \dfrac{F_0}{m}\left(\dfrac{1}{2} t^2 - \dfrac{t^3}{6T}\right), 0 \leqslant t \leqslant T$.

习题 10.4

1. (1) $y = C_1 e^x + C_2 e^{-2x}$;　　(2) $y = C_1 + C_2 e^{4x}$;　　(3) $y = C_1 \cos x + C_2 \sin x$;

(4) $y = e^{-3x}(C_1 \cos 2x + C_2 \sin 2x)$;　　(5) $x = (C_1 + C_2 t) e^{\frac{5}{2} t}$;

(6) $y = e^{2x}(C_1 \cos x + C_2 \sin x)$.

2. (1) $y = 4e^x + 2e^{3x}$;　　(2) $y = (2 + x) e^{-\frac{1}{2} x}$;　　(3) $y = e^{-x} - e^{4x}$;

(4) $y = 3e^{-2x} \sin 5x$;　　(5) $y = 2\cos 5x + \sin 5x$;　　(6) $y = e^{2x} \sin 3x$.

3. (1) $y = C_1 e^{-x} + C_2 e^{3x} - x + \dfrac{1}{3}$;　　(2) $y = C_1 e^x + C_2 e^{2x} + \dfrac{x^2 - 2x}{2} e^{2x}$;

(3) $y = C_1 \cos x + C_2 \sin x - \dfrac{1}{3} x \cos 2x + \dfrac{4}{9} \sin 2x$;　　(4) $y = C_1 e^x + C_2 e^{-x} - \dfrac{1}{2} + \dfrac{\cos 2x}{10}$.

4. (1) $y = C_1 + \dfrac{C_2}{x} + C_3 x^3 - \dfrac{x^2}{2}$;

(2) $y = (C_1 + C_2 \ln x) x + C_3 x^2 + \dfrac{x}{2}(\sin \ln x + \cos \ln x)$;

(3) $y = C_1 x + \dfrac{1}{\sqrt{x}}\left[C_2 \cos\left(\dfrac{\sqrt{3}}{2} \ln x\right) + C_3 \sin\left(\dfrac{\sqrt{3}}{2} \ln x\right)\right] + \dfrac{x}{6} \ln x (\ln x - 2)$;

(4) $y = C_1 + C_2 x^2 + C_3 x^2 \ln x - \dfrac{1}{36 x}$;　　(5) $y = C_1 x + C_2 (1 + \ln x)$;

(6) 可用两次变量替换. $y = C_1 (4x - 1) + C_2 \sqrt{4x - 1}$.

5. $y'' + y' = 2e^x$.

6. $x = C_1 e^y + C_2 e^{-y} + \dfrac{e^{2y}}{3}$.

7. $\dfrac{d^2 y}{dt^2} + 2 \dfrac{dy}{dt} + y = t, y = (C_1 \tan x + C_2) e^{-\tan x} + \tan x - 2$.

8. $\dfrac{d^2 u}{dx^2} + 4u = e^x, y = \dfrac{C_1 \cos 2x + C_2 \sin 2x + 0.2 e^x}{\cos x}$.

习题 10.5

1. (1) $\Delta y_t = 2^t + 1, \Delta^2 y_t = 2^t$;　　(2) $\Delta y_t = 2 \cdot 3^t + 2^t, \Delta^2 y_t = 4 \cdot 3^t + 2^t$;

(3) $\Delta y_t = \ln\dfrac{t+2}{t+1}$, $\Delta^2 y_t = \ln\dfrac{t^2+4t+3}{t^2+4t+4}$.

2. (1) 二阶； (2) 二阶； (3) 三阶； (4) 六阶.

3. $y_t = C(4t^3 - 3t^2) + 3t^2$.

4. $a(t) = -1 - \dfrac{1}{t}$； $f(t) = \left(1 - \dfrac{1}{t}\right) \cdot 2^t$.

习题 10.6

1. (1) $y_t = C + 3t$；　(2) $y_t = C + (t-2)2^t$；　(3) $y_t = C3^t + \dfrac{t}{6}3^t$；

(4) $y_t = C + \dfrac{1}{e-1}e^t$；　(5) $y_t = C4^t + 4^t t$；　(6) $y_t = C(-2)^t + t(-2)^{t-1}$；

(7) $y_t = C3^t - \dfrac{3}{10}\cos\dfrac{\pi}{2}t + \dfrac{1}{10}\sin\dfrac{\pi}{2}t$；　(8) $y_t = C(-2)^t - t2^{t-1}\sin\pi t$.

2. (1) $\tilde{y}_t = \dfrac{1}{2}$；　(2) $\tilde{y}_t = \left(\dfrac{1}{2}\right)^{t-2} + t$；　(3) $\tilde{y}_t = 4 + 2^t$；　(4) $\tilde{y}_t = \dfrac{37}{12}5^t - \dfrac{3}{4}$；

(5) $\tilde{y}_t = \dfrac{5}{3}(-1)^t + \dfrac{2^t}{3}$；　(6) $\tilde{y}_t = \dfrac{7}{5}(-4)^t + t^2 - \dfrac{2}{5}$.

3. (1) $\begin{cases} y_{t+1} - (1+i)y_t = \text{PMT}, \\ y_0 = 0; \end{cases}$　$y_t = \text{PMT}\dfrac{(1+i)^t - 1}{i}$；　(2) 1 354 940.27 元；

(3) 995.51 元.

4. (1) 一天后，含污染物水平降低了 95% 以上，还有不到 5% 的污染物残留在池中；

(2) 5.42 小时；　(3) 18 小时.

习题 10.7

1. (1) $y_t = C_1(-1)^t + C_2 4^t$；　(2) $y_t = C_1 + C_2 t$；　(3) $y_t = (C_1 + C_2 t)(-3)^t$；

(4) $y_t = C_1 + C_2(-1)^t$；　(5) $y_t = C_1 \cos\dfrac{\pi}{3}t + C_2 \sin\dfrac{\pi}{3}t$；

(6) $y_t = C_1 \cos\dfrac{\pi}{2}t + C_2 \sin\dfrac{\pi}{2}t$.

2. (1) $\tilde{y}_t = 2(\sqrt{2})^t \cos\dfrac{\pi}{4}t$；　(2) $\tilde{y}_t = \dfrac{\sqrt{3}}{6}4^t \sin\dfrac{\pi}{3}t$；

(3) $\tilde{y}_t = \dfrac{1}{2}\left(-\dfrac{7}{2}\right)^t + \dfrac{3}{2}\left(\dfrac{1}{2}\right)^t + 4$.

3. (1) $y_t = C_1(-1)^t + C_2 2^t - 2$；　(2) $y_t = (C_1 + C_2 t)2^t + 2t + 7$；

(3) $y_t = C_1 + C_2 2^t + \dfrac{4^t}{6}$；　(4) $y_t = (C_1 + C_2 t)(-1)^t + 2^t$；　(5) $y_t = C_1 + C_2 2^t + \dfrac{5^t}{4}$；

(6) $y_t = C_1(-1)^t + C_2(-2)^t + t^2 - t + 3$;   (7) $y_t = 2^t(C_1 + C_2 t) + 4\cos\frac{\pi}{2}t + 3\sin\frac{\pi}{2}t$;

(8) $y_t = (\sqrt{5})^t(C_1\cos\omega t + C_2\sin\omega t) + \cos\pi t, \omega = \arctan\frac{1}{2}$;

(9) $y_t = C_1(-2)^t + C_2 2^t + 2^{t-3}t\cos\pi t$;   (10) $y_t = \left(C_1\cos\frac{\pi}{3}t + C_2\sin\frac{\pi}{3}t\right)2^t + \frac{1}{3}(a+bt)$.

复习题十

1. $y'' + 2y' + y = 2e^{-x}$.
2. $y'' - y' = 0$.
3. $f(t) = e^{\pi t^2}(\pi t^2 + 1)$.
4. $y = f(x) = \ln x + C$.
5. $y = C_1 e^x + C_2 e^{-x} - \dfrac{\sin x}{2}$.
6. $\dfrac{d^2 z}{du^2} - z = 0, z(u) = f(u) = C_1 e^u + C_2 e^{-u}$.
7. $y' + 2y = x^2 e^{-2x}, y = \left(\dfrac{x^3}{3} + C\right)e^{-2x}$.
8. $f(t) = \dfrac{1}{25}e^{5t} + C_1 t + C_2$.
9. $f(r) = 1 - \dfrac{1}{r}$.
10. $u = \dfrac{3}{2}(xyz)^{\frac{2}{3}}$.
11. $u = C_1\cos\sqrt{x^2+y^2} + C_2\sin\sqrt{x^2+y^2} + x^2 + y^2 - 2$.
12. $f(x,y) = C_1(x^2+y^2) + C_2$.
13. $f(x) = \cos x - \sin x$.
14. $f(x) = 3\ln x + 3$.
15. $f(x) = \dfrac{f(b)-f(a)}{b-a}(x-a) + f(a)$.
16. $\dfrac{dx}{dt} + \dfrac{1}{4000 + 0.02t}x = 61.6, x(t) = \dfrac{3080}{51}\left(4000 + 0.02t - 4000\left(\dfrac{4000}{4000+0.02t}\right)^{50}\right)$.

排污一年时,$t = 365 \times 24 = 8760$ 小时,此时湖泊水中盐酸的含量 $x(8760) \approx 223\,824$ (kg).

17. $mv\dfrac{dv}{dy} = mg - kv - B\rho g, y = -\dfrac{m}{k}v - \dfrac{m(mg - B\rho g)}{k^2}\ln\dfrac{mg - B\rho g - kv}{mg - B\rho g}$.

19. 设 $z_t = t^2 y_t, y_t = \dfrac{C(-2)^t}{t^2} + \dfrac{e^t}{(e+2)t^2}$.

20. 设 $z_t = \dfrac{y_t}{t+1}, y_t = (t+1)\left[C_1 + C_2(-3)^t + \dfrac{1}{6}3^t\right]$.

参 考 文 献

[1] 吴传生. 经济数学——微积分[M]. 2版. 北京:高等教育出版社,2009.
[2] 刘书田,孙惠玲. 微积分[M]. 北京:北京大学出版社,2006.
[3] 曹克明. 微积分[M]. 北京:中国财政经济出版社,2007.
[4] 同济大学应用数学系. 微积分(上、下册)[M]. 北京:高等教育出版社,1999.
[5] Barnett R A, Ziegler M R, Byleen K E. Calculus For Business, Economics, Life Sciences, and Social Sciences[M]. 9th ed. Beijing: Higher Education Press, 2005.
[6] Finney R L, Weir M D, Giordano F R. 托马斯微积分[M]. 叶其孝,等,译. 10版. 北京:高等教育出版社,2003.
[7] Dornbusch R, Fischer S, Startz R, Atkins F. Macroeconomics[M]. 7th ed. McGraw-Hill Ryerson Higher Education, 2004.
[8] 同济大学数学教研室. 高等数学[M]. 4版. 北京:高等教育出版社,1996.
[9] 孙毅,赵建华,王国铭等. 微积分(上、下册)[M]. 北京:清华大学出版社,2006.
[10] 萧树铁,扈志明. 微积分(上、下册)[M]. 北京:清华大学出版社,2006.
[11] 李心灿,季文铎,余仁胜等. 大学生数学竞赛试题、研究生入学考试难题解析选编[M]. 北京:机械工业出版社,2005.
[12] 刘书田,孙惠玲等. 微积分解题方法与技巧[M]. 北京:北京大学出版社,2012.
[13] 陈文灯,黄先开. 考研数学复习指南[M]. 北京:世界图书出版社,2010.